国外电子与通信教材系列

无线通信原理与应用

（第二版）

Wireless Communications

Principles and Practice

Second Edition

［美］　Theodore S. Rappaport　著

周文安　　付秀花　　王志辉　　等译
宋俊德　　审校

U0198105

电子工業出版社
Publishing House of Electronics Industry
北京·BEIJING

内 容 简 介

本书是高等学校无线通信课程的权威教材。全书深入浅出地讨论了无线通信技术与系统设计方面的内容，包括无线网络涉及的所有基本课题（特别是3G系统和无线局域网），讲解了无线网络技术的最新发展和全球主要的无线通信标准。全书共分为11章，集中讨论了蜂窝的概念、移动无线电传播、调制技术、多址技术及无线系统与标准，并结合理论对无线通信系统的各个方面进行精辟的论述和统计分析。本书的语言生动、流畅，并以详细的讲解和实际的例子来阐明重要的知识点。

本书适合作为通信工程和电子信息类相关专业高年级本科生与研究生的教材，对有一定通信理论基础的工程技术人员也有很好的参考价值。

Authorized translation from the English language edition, entitled Wireless Communications: Principles and Practice, Second Edition. ISBN: 9780130422323 by Theodore S. Rappaport, Published by Pearson Education, Inc., publishing as Prentice Hall, Copyright © 2002 by Pearson Education, Inc.

All rights Reserved. No part of this book may be reproduced or transmitted in any forms or by any means, electronic or mechanical, including photocopying recording or by any information storage retrieval systems, without permission from Pearson Education, Inc.

CHINESE SIMPLIFIED language edition published by PEARSON EDUCATION ASIA LTD. and PUBLISHING HOUSE OF ELECTRONICS INDUSTRY, Copyright © 2018.

本书中文简体字版专有出版权由Pearson Education（培生教育出版集团）授予电子工业出版社，未经出版者预先书面许可，不得以任何方式复制或抄袭本书的任何部分。

本书封面贴有Pearson Education（培生教育出版集团）激光防伪标签，无标签者不得销售。

版权贸易合同登记号　图字：01-2005-6588

图书在版编目（CIP）数据

无线通信原理与应用：第二版/（美）西奥多·S.拉帕波特（Theodore S. Rappaport）著；周文安等译.
北京：电子工业出版社，2018.1
书名原文：Wireless Communications: Principles and Practice, Second Edition
国外电子与通信教材系列
ISBN 978-7-121-33367-5

Ⅰ.①无…　Ⅱ.①西…②周…　Ⅲ.①无线电通信－高等学校－教材　Ⅳ.①TN92

中国版本图书馆 CIP 数据核字（2017）第 325733 号

策划编辑：谭海平
责任编辑：谭海平
印　　刷：三河市鑫金马印装有限公司
装　　订：三河市鑫金马印装有限公司
出版发行：电子工业出版社
　　　　　北京市海淀区万寿路 173 信箱　　邮编：100036
开　　本：787×1092　1/16　印张：32.25　字数：908 千字
版　　次：2018 年 1 月第 1 版（原著第 2 版）
印　　次：2023 年 12 月第 8 次印刷
定　　价：79.00 元

凡所购买电子工业出版社图书有缺损问题，请向购买书店调换。若书店售缺，请与本社发行部联系，联系及邮购电话：（010）88254888，88258888。

质量投诉请发邮件至 zlts@phei.com.cn，盗版侵权举报请发邮件至 dbqq@phei.com.cn。

本书咨询联系方式：（010）88254552，tan02@phei.com.cn。

序

　　2001年7月间，电子工业出版社的领导同志邀请各高校十几位通信领域方面的老师，商量引进国外教材问题。与会同志对出版社提出的计划十分赞同，大家认为，这对我国通信事业、特别是对高等院校通信学科的教学工作会很有好处。

　　教材建设是高校教学建设的主要内容之一。编写、出版一本好的教材，意味着开设了一门好的课程，甚至可能预示着一个崭新学科的诞生。20世纪40年代 MIT 林肯实验室出版的一套 28 本雷达丛书，对近代电子学科、特别是对雷达技术的推动作用，就是一个很好的例子。

　　我国领导部门对教材建设一直非常重视。20世纪80年代，在原教委教材编审委员会的领导下，汇集了高等院校几百位富有教学经验的专家，编写、出版了一大批教材；很多院校还根据学校的特点和需要，陆续编写了大量的讲义和参考书。这些教材对高校的教学工作发挥了极好的作用。近年来，随着教学改革不断深入和科学技术的飞速进步，有的教材内容已比较陈旧、落后，难以适应教学的要求，特别是在电子学和通信技术发展神速、可以讲是日新月异的今天，如何适应这种情况，更是一个必须认真考虑的问题。解决这个问题，除了依靠高校的老师和专家撰写新的符合要求的教科书外，引进和出版一些国外优秀电子与通信教材，尤其是有选择地引进一批英文原版教材，是会有好处的。

　　一年多来，电子工业出版社为此做了很多工作。他们成立了一个"国外电子与通信教材系列"项目组，选派了富有经验的业务骨干负责有关工作，收集了230余种通信教材和参考书的详细资料，调来了100余种原版教材样书，依靠由20余位专家组成的出版委员会，从中精选了40多种，内容丰富，覆盖了电路理论与应用、信号与系统、数字信号处理、微电子、通信系统、电磁场与微波等方面，既可作为通信专业本科生和研究生的教学用书，也可作为有关专业人员的参考材料。此外，这批教材，有的翻译为中文，还有部分教材直接影印出版，以供教师用英语直接授课。希望这些教材的引进和出版对高校通信教学和教材改革能起一定作用。

　　在这里，我还要感谢参加工作的各位教授、专家、老师与参加翻译、编辑和出版的同志们。各位专家认真负责、严谨细致、不辞辛劳、不怕琐碎和精益求精的态度，充分体现了中国教育工作者和出版工作者的良好美德。

　　随着我国经济建设的发展和科学技术的不断进步，对高校教学工作会不断提出新的要求和希望。我想，无论如何，要做好引进国外教材的工作，一定要联系我国的实际。教材和学术专著不同，既要注意科学性、学术性，也要重视可读性，要深入浅出，便于读者自学；引进的教材要适应高校教学改革的需要，针对目前一些教材内容较为陈旧的问题，有目的地引进一些先进的和正在发展中的交叉学科的参考书；要与国内出版的教材相配套，安排好出版英文原版教材和翻译教材的比例。我们努力使这套教材能尽量满足上述要求，希望它们能放在学生们的课桌上，发挥一定的作用。

　　最后，预祝"国外电子与通信教材系列"项目取得成功，为我国电子与通信教学和通信产业的发展培土施肥。也恳切希望读者能对这些书籍的不足之处、特别是翻译中存在的问题，提出意见和建议，以便再版时更正。

吴佑寿

中国工程院院士、清华大学教授

"国外电子与通信教材系列"出版委员会主任

出 版 说 明

进入 21 世纪以来，我国信息产业在生产和科研方面都大大加快了发展速度，并已成为国民经济发展的支柱产业之一。但是，与世界上其他信息产业发达的国家相比，我国在技术开发、教育培训等方面都还存在着较大的差距。特别是在加入 WTO 后的今天，我国信息产业面临着国外竞争对手的严峻挑战。

作为我国信息产业的专业科技出版社，我们始终关注着全球电子信息技术的发展方向，始终把引进国外优秀电子与通信信息技术教材和专业书籍放在我们工作的重要位置上。在 2000 年至 2001 年间，我社先后从世界著名出版公司引进出版了 40 余种教材，形成了一套"国外计算机科学教材系列"，在全国高校以及科研部门中受到了欢迎和好评，得到了计算机领域的广大教师与科研工作者的充分肯定。

引进和出版一些国外优秀电子与通信教材，尤其是有选择地引进一批英文原版教材，将有助于我国信息产业培养具有国际竞争能力的技术人才，也将有助于我国国内在电子与通信教学工作中掌握和跟踪国际发展水平。根据国内信息产业的现状、教育部《关于"十五"期间普通高等教育教材建设与改革的意见》的指示精神以及高等院校老师们反映的各种意见，我们决定引进"国外电子与通信教材系列"，并随后开展了大量准备工作。此次引进的国外电子与通信教材均来自国际著名出版商，其中影印教材约占一半。教材内容涉及的学科方向包括电路理论与应用、信号与系统、数字信号处理、微电子、通信系统、电磁场与微波等，其中既有本科专业课程教材，也有研究生课程教材，以适应不同院系、不同专业、不同层次的师生对教材的需求，广大师生可自由选择和自由组合使用。我们还将与国外出版商一起，陆续推出一些教材的教学支持资料，为授课教师提供帮助。

此外，"国外电子与通信教材系列"的引进和出版工作得到了教育部高等教育司的大力支持和帮助，其中的部分引进教材已通过"教育部高等学校电子信息科学与工程类专业教学指导委员会"的审核，并得到教育部高等教育司的批准，纳入了"教育部高等教育司推荐——国外优秀信息科学与技术系列教学用书"。

为做好该系列教材的翻译工作，我们聘请了清华大学、北京大学、北京邮电大学、南京邮电大学、东南大学、西安交通大学、天津大学、西安电子科技大学、电子科技大学、中山大学、哈尔滨工业大学、西南交通大学等著名高校的教授和骨干教师参与教材的翻译和审校工作。许多教授在国内电子与通信专业领域享有较高的声望，具有丰富的教学经验，他们的渊博学识从根本上保证了教材的翻译质量和专业学术方面的严格与准确。我们在此对他们的辛勤工作与贡献表示衷心的感谢。此外，对于编辑的选择，我们达到了专业对口；对于从英文原书中发现的错误，我们通过与作者联络、从网上下载勘误表等方式，逐一进行了修订；同时，我们对审校、排版、印制质量进行了严格把关。

今后，我们将进一步加强同各高校教师的密切关系，努力引进更多的国外优秀教材和教学参考书，为我国电子与通信教材达到世界先进水平而努力。由于我们对国内外电子与通信教育的发展仍存在一些认识上的不足，在选题、翻译、出版等方面的工作中还有许多需要改进的地方，恳请广大师生和读者提出批评及建议。

电子工业出版社

教材出版委员会

主　任　　吴佑寿　　中国工程院院士、清华大学教授

副主任　　林金桐　　北京邮电大学校长、教授、博士生导师
　　　　　杨千里　　总参通信部副部长，中国电子学会会士、副理事长
　　　　　　　　　　中国通信学会常务理事、博士生导师

委　员　　林孝康　　清华大学教授、博士生导师、电子工程系副主任、通信与微波研究所所长
　　　　　　　　　　教育部电子信息科学与工程类专业教学指导分委员会委员

　　　　　徐安士　　北京大学教授、博士生导师、电子学系主任

　　　　　樊昌信　　西安电子科技大学教授、博士生导师
　　　　　　　　　　中国通信学会理事、IEEE 会士

　　　　　程时昕　　东南大学教授、博士生导师

　　　　　郁道银　　天津大学副校长、教授、博士生导师
　　　　　　　　　　教育部电子信息科学与工程类专业教学指导分委员会委员

　　　　　阮秋琦　　北京交通大学教授、博士生导师
　　　　　　　　　　计算机与信息技术学院院长、信息科学研究所所长
　　　　　　　　　　国务院学位委员会学科评议组成员

　　　　　张晓林　　北京航空航天大学教授、博士生导师、电子信息工程学院院长
　　　　　　　　　　教育部电子信息科学与电气信息类基础课程教学指导分委员会副主任委员
　　　　　　　　　　中国电子学会常务理事

　　　　　郑宝玉　　南京邮电大学副校长、教授、博士生导师
　　　　　　　　　　教育部电子信息与电气学科教学指导委员会委员

　　　　　朱世华　　西安交通大学副校长、教授、博士生导师
　　　　　　　　　　教育部电子信息科学与工程类专业教学指导分委员会副主任委员

　　　　　彭启琮　　电子科技大学教授、博士生导师、通信与信息工程学院院长
　　　　　　　　　　教育部电子信息科学与电气信息类基础课程教学指导分委员会委员

　　　　　毛军发　　上海交通大学教授、博士生导师、电子信息与电气工程学院副院长
　　　　　　　　　　教育部电子信息与电气学科教学指导委员会委员

　　　　　赵尔沅　　北京邮电大学教授、《中国邮电高校学报（英文版）》编委会主任

　　　　　钟允若　　原邮电科学研究院副院长、总工程师

　　　　　刘　彩　　中国通信学会副理事长兼秘书长，教授级高工
　　　　　　　　　　信息产业部通信科技委副主任

　　　　　杜振民　　电子工业出版社原副社长

　　　　　王志功　　东南大学教授、博士生导师、射频与光电集成电路研究所所长
　　　　　　　　　　教育部高等学校电子电气基础课程教学指导分委员会主任委员

　　　　　张中兆　　哈尔滨工业大学教授、博士生导师、电子与信息技术研究院院长

　　　　　范平志　　西南交通大学教授、博士生导师、计算机与通信工程学院院长

译 者 序

如今在信息通信领域里，发展最快、应用最广的就是无线电通信技术，其在移动中实现的无线通信又称为移动通信。现在，人们把二者合称为无线（wireless）移动（mobile）通信。这一应用已深入到人们生活和工作的各个方面。在该领域工作和学习的学生、大学教师、研究人员、工程技术人员及管理人员，都非常希望有一本在理论、技术和应用方面讲解得系统而又全面的教材。本书就是为满足这一需求而进行的有益探索。

众所周知，作为大学的本科生和研究生的教材，首先要保证提供一定深度和广度的基本理论，从而为学生的未来学习和工作打下扎实的基础。尽管技术和应用的发展日新月异，但是只要掌握好这些基本理论，就能不断地通过继续学习而跟上技术的飞速发展。掌握基本理论对学生、研究人员和技术人员是非常重要的，本书在基本理论方面进行了从易到难的阐述，并为读者提供了大量的习题和实例，从而能更好地掌握与运用基本理论。

由于本书阐述的重点是无线电通信系统（含个人通信），因此作者在讲述了一定的基础理论之后，介绍了一些技术开发、设计和应用的相关内容。这样，认真学习过本书的学生在毕业后就可以顺利地成为一名称职的研究设计人员和工程师。而一些正在从事研究、开发、设计和应用的工作人员，也能通过学习本书来指导有关的工作。

如前所述，无线移动通信系统的飞速发展要求我们不但要掌握它的过去、现在，还要掌握它的未来。本书中也简要介绍了一些与无线移动通信系统（含个人通信）相关的标准和发展方向，以帮助读者掌握未来，与时俱进。

由于本书作者既是大学教师和研究人员，也负责过工程技术培训，因此他知道如何结合以上三种实践经验才能写出一本受多方面人员欢迎的图书。时代在飞速发展，技术也是千变万化，因此不可能撰写出一直可用的、内容无需变化的相关著作。但我们相信作者会随着理论、技术和应用的进展而不断对本书进行修改和完善。

谢谢在信息与通信领域学习和工作的人们，特别是那些在无线移动通信与因特网（个人通信）领域工作的精英们，是你们的勤奋和努力为人类的学习、工作和生活创造了美好未来。相信本书会为你实现这一目标做出贡献。

本书翻译工作由周文安和付秀花负责，同时为本书翻译提供帮助的还有王志辉、刘露、金旭、何新、陈刚、张玲玲、刘娜、孙博辉、胡浩、王家政、胡萍、刘博、罗戈锋、胡伟俊、徐波、吕婷、刘颖兮、刘雁、董丽蓉、陈少蓓、赵莹、宋希东、解冰，在此表示感谢。全书最后由周文安、付秀花、王志辉进行统稿与校对工作，并由宋俊德教授进行了审校。虽然我们在翻译的过程中尽了最大努力，但是由于水平有限，加之时间仓促，不当和疏漏之处在所难免，敬请读者不吝指正。

宋俊德

北京邮电大学

电子工程学院

前　　言

　　撰写本书第二版的目的是引导初学者进入并了解当今世界发展最快的工程领域之一——个人无线通信。本书按照先易后难的思路，对无线通信系统的核心设计、应用工具、研究与开发中涉及的重要技术概念及其不断发展的标准进行了详尽介绍。本书的作者既是一名教师和研究人员，同时也担任着技术培训和咨询等工作，因此有着丰富的教学经验和实践经验。书中的内容继续沿用了1990年第一次引入电子工程专业的课程模式，在那时全世界只有不到五百万的无线电话用户。到了21世纪，已经有超过6亿人成为无线电话服务的使用者，占到了世界人口的10%，并且这个数字将在2010年到达50%。

　　本书在第一版的基础上又进行了修改和更新，可作为工程师和研究人员的参考用书，也可作为本科生和研究生的专业教材。本书包含了无线通信中的基础理论和实际应用，适合所有的无线技术人员使用。为了强调重要概念，书中提供了大量的工程实例和课后习题。第二版中又增加了最近更新的无线工程技术标准，使其更加适合企业的短期培训课程及其他领域的人员使用。

　　书中引用了若干篇期刊文章，以提供给感兴趣的读者阅读，这些文章对于掌握其他领域的技术是很有必要的。为了方便初学者，应电气和电子工程师协会（IEEE）之邀，作者还编写了两册无线技术期刊摘要，这些期刊包含了无线通信产业所用到的相关技术内容。摘要丛书对于读者理解无线通信技术很有帮助，但不是必需的，可以作为本书的补充材料使用。本书提供了详尽的自学教程和丰富的参考资料，可以作为读者的自学用书、教学参考书或使用手册。同时，为了帮助读者巩固所学知识，本书还提供了大量的例子和习题。

　　本书面向那些已经掌握诸如概率论、通信原理和电磁学基础等技术概念的学生和工程师。然而，就如同无线通信产业本身一样，书中综合了许多不同技术学科的内容，所以并不是所有读者对本书讲解的主题都学习过预备课程。为了提供广泛的背景知识，本书中的重要概念都是首先围绕原理展开，以便于读者掌握无线通信技术的基础。本书可作为工业应用中的指导手册或作为课堂上的教材。

　　本书的内容和章节的顺序采用1991年作者在弗吉尼亚综合理工学院和州立大学研究生一年级课程的教学中所使用的授课方式。第1章介绍了无线通信技术的发展，以及无线系统从第一代模拟技术到第二代数字技术的演进；讲述了世界范围内蜂窝无线通信的增长和20世纪90年代中期无线通信产业的状况。第2章总体介绍了21世纪重要的现代无线通信系统，比如第三代（3G）移动通信、无线局域网（WLAN）、本地多点业务分配系统（LMDS）及蓝牙技术。通过阅读第2章的内容，可以使读者体会到无线技术中的各种业务（如语音服务、数据业务、多媒体业务等）是如何深入到我们的日常生活中。第3章介绍了诸如频率复用、切换等蜂窝无线通信中的基本概念，这些概念是利用有限频带向移动用户提供无线通信服务的核心。第3章也讲述了中继效率的原理，以及移动台和基站间的干扰是怎样影响蜂窝系统容量的。第4章介绍了无线传输路径损耗、链路预算和对数正态阴影衰落的问题，并描述了许多不同的运营环境中无线电波传播的大尺度效应的建模和预测方法。第5章讲述了无线电波传播的小尺度效应问题（比如衰落、时延扩展和多普勒扩展），并讲述了如何测量和建模不同信号带宽和运动速度通过多径信道对瞬时接收信号所产生的影响。无线电波的传播已经成为有史以来最难分析和设计的问题，因为它不像有线通信系统那样能够提供一个稳定、固定的传播路径。当通信的一端运动的时候，无线电信道是随机的，并且经历阴影衰落和多径衰落。第5章还新增了在智能天线和定位系统发展与分析中至关重要的空－时信道建模。

第6章介绍了无线通信中最常用的模拟和数字调制技术，并讲述了在选择调制方式时的评价方法。此外还阐述了诸如接收机的复杂度、调制和解调的实现、衰落信道的误比特率（BER）与频谱利用率等问题。信道编码、自适应均衡和天线分集等概念在第7章进行了讲解。在人们步行和驾车时使用的便携式无线通信系统中，可以单独地或综合地使用这些方法，以提高在衰落和噪声环境下的数字移动无线通信的质量（即减少BER）。

第8章介绍了语音编码技术。在过去的十年里，语音编码技术在降低高质量数字化语音传输系统中所需要的传输数据速率方面取得了显著的进展，这使无线系统设计者能够将终端用户的业务和网络的体系结构进行匹配。在本章中还提到了推动自适应脉冲编码调制和线性预测编码发展的原理，同时也讨论了如何使用这些技术在已有的和将来的蜂窝、无线与个人通信系统中评估语音质量。第9章介绍了时分、频分和码分多址技术，以及最新的分组预留和空分多址等多址接入技术。第9章还讲述了每种接入方式是如何容纳大量移动用户的，并解释了多址接入技术如何影响蜂窝系统的容量和网络结构。第10章描述了广域无线通信系统的组网问题，并提供了目前世界上已经投入使用或将来推荐使用的蜂窝、无线和个人通信系统采用的组网方案。第11章通过描述和比较现有的第二代蜂窝、无绳和个人通信系统，总结了前9章的主要内容。第11章还提出了个人通信系统的设计和实现中的一些折中方法，这一章讨论的主要电信标准的相关信息可以单独作为某些商用的广域无线系统的参考资料。

附录中包含中继理论、噪声系数、噪声计算和扩频码分系统的高斯近似法，为那些对解决实际无线通信问题感兴趣的读者提供了详细的参考内容。附录中还包括了几百个工程中用到的数学公式和恒等式。作者尝试将更多的有用信息放在附录中，这样会使学生们在使用时更加方便，实际工程师也利用它们解决超出本书讲解之外的更多问题。

如果本书作为工业界人士的使用，第1章~第4章、第9章及第11章对那些在蜂窝系统设计和射频测试/维护领域工作的工程师会有所帮助。而第1章、第2章、第6章~第8章和第11章则是为刚进入无线领域的技术人员和现代数字信号处理工程师精心准备的。对于更广泛的读者，如网络操作者、管理人员、运营商及相关的专业政策管理人员等，相信他们会和工程师一样对第1章、第2章和第10章、第11章的内容感兴趣。

如果在本科教学中使用这本教材，指导教师可能会集中讲解第1章~第6章或第1章~第5章及第9章，在本科生课程的第二学期或是研究生课程中可以按层次讲解其他章节。同样，第1章、第2章、第3章、第4章、第6章、第8章、第9章及第10章的有用材料可以很容易加到有关通信和网络原理的本科生课程中。如果在研究生课程中使用这本教材，那么可在半学期内完成第1章~第6章及第10章的授课，并在接下来的学期教授第7章~第8章及第11章的内容。在第2章、第10章和第11章中，作者添加了那些在实际网络实施和世界标准中重要的但是很少写出来的内容。

如果没有早先的几位弗吉尼亚综合理工学院研究生的帮助和创造性的工作，那么就不可能完成这本书的撰写。我很高兴得到Rias Muhamed、Varun Kapoor、Kevin Saldanha和Anil Doradla的帮助与鼓励，他们是我在教授蜂窝无线电和个人移动通信课程时认识的。Kevin Saldanha还为这本书制作了排版文件（这可不是一件小任务）。在编辑和修改这本书中的一些章节时，这些同学的帮助是不可估量的，他们在整个过程中不断地给我鼓励。另外，以下各位对本书提供了不少有益的建议和评论，他们的研究工作对本书亦产生了很大的影响：Scott Seidel, Joe Liberti, Dwayne Hawbaker, Marty Feuerstein, Yingie Li, Ken Blackard, Victor Fung, Weifang Huang, Prabhakar Koushik,

Orlando Landron，Francis Dominique，Greg Bump，Bert Thoma。Zhigang Rong、Jeff Laster、Michael Buehrer、Keith Brafford 和 Sandip Sandhu 在最初的文稿中也提供了很多有用的建议和帮助。在第二版中，我还要对在准备新材料中给我很大帮助的人表示衷心的感谢，他们是 Hao Xu、Roger Skidmore、Paulo Cardieri、Greg Durgin、Kristen Funk、Ben Henty、Neal Patwari 和 Aurelia Scharnhorst。

本书在实用性方面得到了业界评论家的很多帮助。Bell Atlantic Mobile Systems 的 Roman Zaputowycz、McCaw Communications 的 Mike Bamburak、Ortel 的 David McKay、PrimeCo 的 Jihad Hermes、Ariel Communications 的 Robert Rowe、Qualcomm 的 William Gardner、AT&T Wireless 的 John Snapp 提供了非常有价值的原始材料，并且告诉我如何才能以最好的方式将知识与技术展现给学生和工程师。Metawave 的 Marty 和 Cellalar One 的 Mike Lord 提供了广泛的、全面的评论，这在很大程度上提高了原稿的写作水平。Agilent Technologies 的 Larry Sakayama、Florida Institute 的 Philip DiPiazza 教授和 Triplecom 的 Jeff Stosser 等人为第二版提出了很多有价值的观点。Wireless Valley Communications 技术组等一些机构也为本书的修改提供了很多反馈意见和实际的建议。

学术界和无线通信领域的许多教师也提供了非常有益的建议。包括北加州州立大学的 J. Keith 教授、弗吉尼亚技术学院的 William H. Tranter 和纽约州立大学的 Thomas Robertazzi 教授。弗吉尼亚技术学院的 Jeffrey Reed 教授和 Brian Woerner 教授还从教学的角度提供了极好的建议。我非常感激以上所有人的贡献。同时，我还想感谢世界各地曾提供过很有价值的反馈信息及发现很多拼写错误的教师、学生和工程师们。

我由衷感谢美国国家科学基金、美国国防高级研究项目局和移动便携无线电研究项目小组的发起人及友人的帮助，他们从 1988 年开始就一直支持我们的研究和教学活动。普度大学的许多优秀的教师，特别是我的导师 Clare D. McGillem 教授使我学习到有关通信的知识及如何完成一个研究项目。我很幸运能成为普度大学的毕业生中同时从事工程实践和教学工作的一员。

最后，感谢我的家人和学生，以及 Prentice Hall 的 Bernard Goodwin，他们帮助我将这本书呈献给大家。

Theodore S. Rappaport

目　　录

第1章　无线通信系统概述

　　1897年，马可尼（Guglielmo Marconi）第一次向世人展示了无线电通信的威力，实现了在英格兰海峡行驶的船只之间保持持续的通信。从此以后，移动物体之间的通信就得到了举世瞩目的发展，全世界的人们不断地经历着新的无线通信方法的产生，并且享受着多种多样的无线通信服务。特别是在过去的十年中，无线移动通信的数字和射频电路制造技术方面取得了突破性进展。新一代大规模集成电路等技术的出现，使得移动设备的体积更小、价格更便宜、功能更可靠，这些都极大推动了移动无线通信的发展。此外，数字交换技术也推动了移动通信网络的大规模发展。相信在未来的十年中，无线移动通信将以更快的步伐向前迈进。

1.1　移动无线通信的发展

　　本书首先回顾了移动无线通信的发展历史。通过这个简短的回顾，读者可以体会到蜂窝无线通信和个人通信服务（PCS）给我们的生活所带来的巨大影响；并且在未来的几十年间，这种影响还将持续出现。同时，对于刚涉足蜂窝无线电领域的初学者而言，通过回顾无线通信的历史，可以了解到政府部门和业务竞争者在新的无线通信系统及相关服务和技术的发展中所产生的深远影响。虽然本书并没有考虑蜂窝无线通信和个人通信中相关的技术政策问题，但是必须指出，相关技术政策同样是新技术、新服务发展中的基本推动力之一，因为管理无线频谱使用的是政府部门，而不是服务提供商、设备制造商、企业家或者研究人员。因此，如果一个国家想在迅速发展的无线个人通信领域中保持竞争力，那么政府管理人员就应该不断地参与到新技术的研究和开发中。

　　目前，无线通信技术进入了其有史以来发展最快的时期，技术的发展使网络能够得到快速部署并广泛应用。最初，移动通信是缓慢地伴随着技术的发展而发展的。直到20世纪60年代和20世纪70年代，在贝尔实验室（Bell Laboratories）提出了蜂窝的概念（[Nob62], [Mac79], [You79]）之后，才出现了真正能够向所有人提供无线通信服务的技术。在20世纪70年代，随着高可靠度的、小型化的晶体射频电路的发展，无线通信的时代来临了。之后，这些技术逐渐成熟，并直接推动了近年来全球蜂窝和个人通信系统的飞速发展。应该看到，在未来的面向客户的移动和便携式通信系统的发展中，客户需求、数字信号处理技术、接入和网络方面的技术的发展等都会起到重要的作用；同时，影响新业务开展的频谱分配方案和相关的管理政策也会是未来无线通信发展中的重要因素。

　　下面的市场分析数据显示了无线通信用户数量的增长情况。图1.1从技术对日常生活的影响方面，比较了移动通信技术和20世纪发明的其他重要技术。需要指出的是，图1.1中标有"移动电话"的曲线并不包括非电话的移动无线应用，例如寻呼、娱乐无线通信、调度、民用无线电（CB）、公共服务、无绳电话或地面微波无线系统。事实上，在1990年，美国国内获得许可证的非蜂窝无线系统就已拥有超过1200万的用户，这比当时的蜂窝通信的用户数目多两倍[FCC91]。随着20世纪90年代末无线用户数的显著增长，Nextel公司购买了私有移动无线许可证，组成了全国性的商业蜂窝服务。这是一种新颖的商业模式，它使得如今的蜂窝和个人通信系统（PCS）的消费者比非蜂窝通信系统的用户数量多很多。图1.1显示了在移动电话发展初期，由于技术难度大、成本高，35年里只占有了很少的市场份额。但是，在过去的十年中，蜂窝电话的用户已经和使用电视和录像机的用户一样多了。

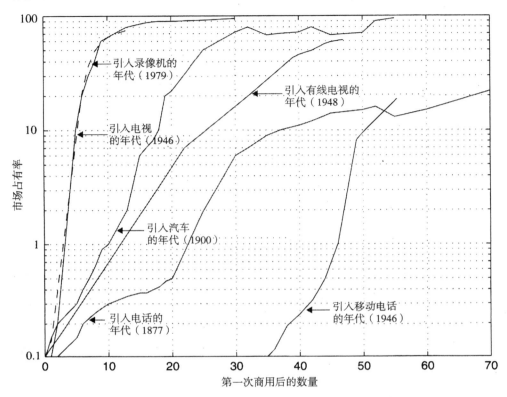

图 1.1　　与本世纪其他受欢迎的发明相比，移动电话的发展

　　截至 1934 年，美国已有 194 个城市的警备系统和 58 个州立警察局采用了调幅（AM）移动通信系统来保证公众安全。据估计，在 20 世纪 30 年代中期，大约有 5000 个移动设备安装了无线电接收装置。对于这些早期的移动通信用户而言，车辆点火装置的噪声是他们面临的主要问题[Nob62]。1935 年，Edwin Armstrong 第一次展示了频率调制（FM）技术的强大功能。自此以后，调频技术成为全球移动通信系统中使用的主要调制技术。第二次世界大战加速了制造业及小型化技术的发展，并在战后大量的单向和双向无线电通信系统与电视系统中得到了运用。美国移动用户的数目从 1940 年的几千人迅速上升，分别达到 1948 年的 8.6 万人、1958 年的 69.5 万人和 1962 年的 140 万人[Nob62]。在 20 世纪 60 年代，大部分移动用户都没有连接到公用交换电话网（PSTN）上，所以不能在汽车上直接拨打固定电话。随着民用无线电与诸如车库门遥控开关、无绳电话等无线设备的兴起，到 1995 年，移动和便携式通信的用户量已经达到了 1 亿左右，占美国人口总数的 37%。1991 年的研究表明，美国投入使用的无绳电话介于 2500 万到 4000 万之间[Rap91c]，2001 年的数量已超过 1 亿。全球蜂窝移动电话用户数从 1984 年的 2.5 万增长到 1993 年的 2500 万（[Kuc91]，[Goo91]，[ITU94]）。从那以后，无线服务的用户数以每年超过 50% 的速度增长。正如第 2 章将要提到的，全球蜂窝和PCS 的消费者在 2001 年底达到了约 6.3 亿，而有线电话的用户也达到了 10 亿左右。可以肯定的是，21 世纪初，全球的移动用户数将与有线电话用户数一样多！而且在这段时期，超过 1% 的无线通信消费者开始不再使用家用有线电话服务，而仅仅使用其蜂窝电话接入服务商提供的服务。消费者们正期待着无线通信业务的不断发展，并将采用无线作为其未来惟一的电话接入方式。

1.2　美国移动无线电话

1946 年，美国的 25 个主要城市首次引入了公众移动电话服务。每个系统使用单个大功率的发射机和高塔，覆盖距离超过 50 km。虽然实际的电话语音只占用了 3 kHz 的基带带宽；但在 20 世纪 40 年代后期，采用半双工模式（在这种模式下，只有通话中的一个用户可以讲话）的语音—键通电话系统需要使用 120 kHz 带宽。之所以使用这样的带宽，是因为批量生产精密的射频滤波器和低噪声前端接收放大器比较困难。后来，技术的发展使得所占用的信道带宽减小到原来的一半，即 60 kHz。于是，1950 年美国联邦通信委员会（FCC）在没有分配新的频带的情况下，将各个市场的移动电话信道数增加了一倍。到了 20 世纪 60 年代中期，语音传输的调频带宽减到了 30 kHz。由此可以看到，从第二次世界大战以后到 20 世纪 60 年代中期，技术的进步使频谱利用率提高到原来的四倍。同样，在 20 世纪 50 年代和 20 世纪 60 年代，人们提出了自动信道中继，并在改进的移动电话业务（IMTS）中实现了这一技术。有了 IMTS，电话公司开始提供全双工、自动拨号、自动中继电话系统[Cal88]。然而，IMTS 很快就到了饱和状态。到 1976 年，为纽约市的 1000 万人口提供服务的贝尔公司（Bell Mobile Phone），其移动电话业务只有 12 个信道，只能为 543 个付费的用户提供服务，然而此时有 3700 多个用户在排队等待[Cal88]。同时，由于呼叫阻塞、信道数量少，其提供的服务也不尽人意。目前，美国仍在使用 IMTS；当然，这与今天美国的蜂窝系统相比，其频谱效率是很低的。

20 世纪 50 年代和 20 世纪 60 年代期间，AT&T 的贝尔实验室和全世界其他的通信公司一起，提出并发展了蜂窝无线电话的概念和技术。蜂窝的概念是把整个覆盖范围划分成小的单元，每个单元复用频带的一部分以提高频带的利用率，其代价是更多的系统基础设施的开销[Mac79]。实际上，蜂窝系统中关于无线频谱分配的基本概念和 FCC 使用的频谱分配的方法相类似；例如，它给某个地区的电视台和无线电台分配不同的频带，再在其他地区把这些相同的频带分配给其他的电视台或无线电台。只要分配相同频谱的两个发射机间的距离足以避免相互干扰，这种频谱复用的方式就可以实现。与此类似的是，蜂窝电话技术依赖于在同一个服务区内能够复用相同的信道（这一概念在 1968 年由 AT&T 向 FCC 提出），但直到 20 世纪 70 年代后期才出现能够实现蜂窝电话的技术。1983 年，FCC 最终为美国高级移动电话系统（AMPS）分配了 666 路双向的信道（800 MHz 频带上的 40 MHz 带宽，每个信道有一个单向的 30 kHz 带宽，这样每个双向信道占用了 60 kHz 带宽）[You79]。根据 FCC 的规定，每个城市（称为一个市场）只允许有两个蜂窝无线系统提供商，这样为每个市场提供了双头垄断的局面以保证一定程度的竞争。AMPS 是美国的第一个蜂窝电话系统，并于 1983 年在伊利诺伊州的芝加哥由 Ameritech 公司部署[Bou91]。1989 年，FCC 另外给美国蜂窝服务提供商批准了 166 个信道（10 MHz），以适应蜂窝电话的快速发展需求。图 1.2 描述了当前美国蜂窝电话使用的频带。蜂窝无线系统运行在干扰受限的环境下，依赖于适当的频率复用规划（它是特定地区的传播特性的函数）和频分多址（FDMA）来提高容量。本书的后续章节将继续阐明这些概念。

1991 年后期，美国的主要城市安装了第一套数字蜂窝系统（USDC）。USDC 标准（电子工业协会美国数字蜂窝暂行标准 IS-54 和后来的 IS-136）允许蜂窝运营商逐步将一些单用户的模拟信道改成数字信道，使 30 kHz 带宽的信道可以同时容纳 3 个用户[EIA90]。美国电信公司为了使更多的用户使用数字电话，逐渐淘汰了 AMPS 系统。正如第 9 章和第 11 章中所述，USDC 的容量是 AMPS 的三倍。其原因是数字调制（π/4 差分四相相移键控）、语音编码和时分多址（TDMA）代替了模拟调频和频分多址。假设数字信号处理速度进一步提高，那么在未来的几年内，语音编码技术能进一步允许每 30 kHz 的信道带宽提供 6 个用户的容量。不过，第 2 章将会介绍宽带 CDMA 技术将逐步取代 IS-136。

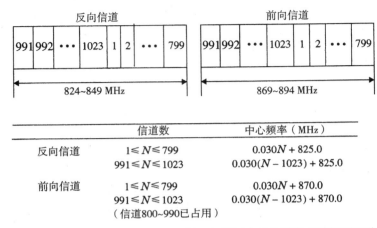

	信道数	中心频率（MHz）
反向信道	$1 \leq N \leq 799$	$0.030N + 825.0$
	$991 \leq N \leq 1023$	$0.030(N - 1023) + 825.0$
前向信道	$1 \leq N \leq 799$	$0.030N + 870.0$
	$991 \leq N \leq 1023$	$0.030(N - 1023) + 870.0$

（信道800~990已占用）

图 1.2　美国蜂窝无线业务的频谱分配。在两栏里相同标志的信道构成了基站和移动终端之间双向通信的前向和反向信道对。注意，每对中的前向和反向信道间有 45 MHz 的间隔

基于码分多址（CDMA）的蜂窝系统由 Qualcomm 公司开发，并由电信工业协会（TIA）标准化为 IS-95。该系统通过在 1.25 MHz 的频带里使用直接序列扩频来支持可变的用户数。模拟 AMPS 系统需要的最低信噪比为 18 dB，以获得可以接受的通话质量；而 CDMA 系统由于具有天然的抗干扰能力，因此可以在更低的信噪比下工作。这使得 CDMA 系统能在每一个小区里使用相同的频率，从而大大提高系统容量[Gil91]。和其他数字蜂窝系统不同的是，Qualcomm 公司给 CDMA 系统使用了具有语音检测的可变速率语音编码器，从而显著地减少了所需的传输数据速率，并减少了移动发射机的电池损耗。

在 20 世纪 90 年代初，新的专用移动无线电服务（SMR）得到了发展，并开始与美国的蜂窝移动系统进行竞争。通过从美国许多独立的私人无线服务提供商那里购买无线系统许可证，Nextel 公司和摩托罗拉公司形成了 800 MHz 的扩展 SMR（E-SMR）网络，它能提供与蜂窝系统类似的容量和服务。通过使用摩托罗拉公司的集成无线系统（MIRS），SMR 在相同的网络上集成了语音广播、蜂窝电话、电报和数据传输业务[Fil95]。1995 年，摩托罗拉公司用集成数字增强型网络（iDen）取代了 MIRS。

1995 年初，美国政府将 1800/1900 MHz 频段的个人通信服务许可证拍卖给了无线服务提供商，这必将产生与蜂窝和 SMR 相互补充、相互竞争的新无线服务。拿到 PCS 许可证的条件之一是能够在 2000 年前实现大多数区域的覆盖。美国的各大主要城市都已分配了五个 PCS 许可证（参见第 11 章的结尾）。

1.3　全球移动通信系统

全球已经制定了很多移动无线系统的标准，今后还会出现更多的标准。表 1.1 至表 1.3 列出了北美、欧洲和日本常用的寻呼、无绳、蜂窝与个人通信标准。1.4 节描述了几种基本的无线系统的差异（详见第 11 章）。

全球最普遍使用的寻呼系统标准是邮局编码标准咨询组（POCSAG）（[CCI86], [San82]）。20 世纪 70 年代后期，POCSAG 由英国邮电部开发，并支持二进制的频移键控（FSK），其信号速率为 512 bps、1200 bps 和 2400 bps。新的寻呼系统（诸如 FLEX、ReFLEX 和 ERMES）通过使用四阶调制，提供了高达 6400 bps 的速率，目前正在全球范围内迅速发展。

表 1.1 北美的主要移动无线标准

标准	类型	出现的年份	多址接入	频段	调制	信道带宽
AMPS	蜂窝	1983	FDMA	824~894 MHz	FM	30 kHz
NAMPS	蜂窝	1992	FDMA	824~894 MHz	FM	10 kHz
USDC	蜂窝	1991	TDMA	824~894 MHz	π/4-DQPSK	30 kHz
CDPD	蜂窝	1993	FH/ 分组	824~894 MHz	GMSK	30 kHz
IS-95	蜂窝 /PCS	1993	CDMA	824~894 MHz 1.8~2.0 GHz	QPSK/BPSK	1.25 MHz
GSC	寻呼	20 世纪 70 年代	单工	若干	FSK	12.5 kHz
POCSAG	寻呼	20 世纪 70 年代	单工	若干	FSK	12.5 kHz
FLEX	寻呼	1993	单工	若干	4-FSK	15 kHz
DCS-1900 (GSM)	PCS	1994	TDMA	1.85~1.99 GHz	GMSK	200 kHz
PACS	无绳 /PCS	1994	TDMA/FDMA	1.85~1.99 GHz	π/4-DQPSK	300 kHz
MIRS	SMR/PCS	1994	TDMA	若干	16-QAM	25 kHz
iDen	SMR/PCS	1995	TDMA	若干	16-QAM	25 kHz

表 1.2 欧洲的主要移动无线标准

标准	类型	出现的年份	多址接入	频段	调制	信道带宽
ETACS	蜂窝	1985	FDMA	900 MHz	FM	25 kHz
NMT-450	蜂窝	1981	FDMA	450~470 MHz	FM	25 kHz
NMT-900	蜂窝	1986	FDMA	890~960 MHz	FM	12.5 kHz
GSM	蜂窝 /PCS	1990	TDMA	890~960 MHz	GMSK	200 kHz
G-450	蜂窝	1985	FDMA	450~465 MHz	FM	20 kHz/10 kHz
ERMES	寻呼	1993	FDMA	若干	4-FSK	25 kHz
CT2	无绳	1989	FDMA	864~868 MHz	GFSK	100 kHz
DECT	无绳	1993	TDMA	1880~1900 MHz	GFSK	1.728 MHz
DCS-1800	无绳 /PCS	1993	TDMA	1710~1880 MHz	GMSK	200 kHz

表 1.3 日本的主要移动无线标准

标准	类型	年份	多址接入	频段	调制	信道带宽
JTACS	蜂窝	1988	FDMA	860~925 MHz	FM	25 kHz
PDC	蜂窝	1993	TDMA	810~1501 MHz	π/4-DQPSK	25 kHz
NTT	蜂窝	1979	FDMA	400/800 MHz	FM	25 kHz
NTACS	蜂窝	1993	FDMA	843~925 MHz	FM	12.5 kHz
NTT	寻呼	1979	FDMA	280 MHz	FSK	12.5 kHz
NEC	寻呼	1979	FDMA	若干	FSK	10 kHz
PHS	无绳	1993	TDMA	1895~1907 MHz	π/4-DQPSK	300 kHz

在欧洲发展起来的 CT2 和欧洲数字无绳电话（DECT）标准，是欧洲和亚洲最普遍使用的两种无绳电话标准。CT2 系统使用覆盖区域很小的微蜂窝和安装在街灯或建筑物边缘的天线，覆盖范围一般小于 100 m。CT2 系统使用频移键控和 32 Kbps 的自适应差分脉冲编码调制（ADPCM）语音编码器来获得高质量的语音传输。CT2 不支持基站间的切换，而是提供小范围的 PSTN 接入。DECT 系统为办公和商务用户提供了数据和语音传输。在美国，由贝尔公司和摩托罗拉公司开发的个人接入通信系统（PACS）标准，可在办公建筑内接入无线语音和数据电话系统或无线本地环路。日本的个人手提电话系统（PHS）标准支持室内和本地环路应用。本地环路的概念将在第 10 章解释。

日本电话电报公司（NTT）部署了世界上第一个蜂窝系统。该系统于 1979 年实现，在 800 MHz 频段使用 600 个 FM 双向信道（每个单向为 25 kHz）。在欧洲，北欧移动电话系统（NMT 450）于 1981 年发展起来，使用了 450 MHz 频段和 25 kHz 的信道。欧洲全接入蜂窝系统（ETACS）于 1985 年出现，它和美国的 AMPS 系统基本相同，不过其信道带宽更窄，这导致了其信噪比性能和覆盖范围都稍差一些。同样在 1985 年，德国引入了 C-450 蜂窝标准。由于使用了不同的频率和通信协议，第一代的欧洲蜂窝系统相互并不兼容。目前，泛欧数字蜂窝标准 GSM（全球移动通信系统）逐步代替了这些系统。1990 年，GSM 首次在新的 900 MHz 的频带上得到应用，该频段用于欧洲的蜂窝电话服务[Mal89]。正如在第 2 章和第 11 章中所述，作为具有现代网络特征的第一个全球数字蜂窝系统，GSM 标准得到了世界范围内的普遍接受。它也被视为全球高于 1800 MHz 个人通信服务的强劲竞争者。在日本，太平洋数字蜂窝（PDC）标准使用了和北美 USDC 系统相似的方法来提供数字蜂窝覆盖。

1.4　　无线通信系统的实例

大多数人对日常生活中使用的无线通信系统都很熟悉。车库门开启遥控器、家庭娱乐设备遥控器、无绳电话、手持对讲机、寻呼机（也叫 BP 机）和蜂窝电话都是无线通信系统的例子。然而，各种移动系统的成本、复杂度、性能和提供的服务类型则大不相同。

"移动"（mobile）这个术语曾用来表示任何在使用中可以移动的无线终端。近来，"移动"这个术语则描述可以在高速移动设备上使用的无线终端（例如，快速运动的汽车上的蜂窝移动电话），而术语"便携"（portable）描述可以手持的、在行进中使用的无线终端（例如，对讲机或室内的无绳电话）。术语"定购者"（subscriber）用来描述移动或便携用户，因为在大多数移动通信系统中，每个用户都要为使用该系统付费，每个用户的通信设备称为定购单元。一般情况下，无线系统中的用户群称为用户或移动用户，其中很多用户使用便携终端。移动终端和固定的基站通信，基站连接到民用电源上和固定的骨干网络上。表 1.4 列出了用来描述无线通信系统基本要素的术语定义。

表 1.4　　无线通信系统的术语定义

术语	定义
基站	移动无线系统中的固定站台，用来和移动台进行无线通信。基站建在覆盖区域的中央或边缘，包含无线信道和架在塔上的发射天线、接收天线
控制信道	用于传输呼叫建立、呼叫请求、呼叫初始化和其他标志或实现控制用途
前向信道	用来从基站向用户传输信息的无线信道
全双工系统	同时允许双向通信的通信系统。发送和接收一般使用两个不同的信道（例如 FDD），而新的无绳或个人通信系统使用 TDD 技术
半双工系统	使用一条信道进行发送和接收操作、只允许单向通信的通信系统。在任意一个指定的时刻，用户只能发送或接收信息
切换	将移动台从一个信道或基站切换到另一个信道或基站的过程
移动台	在蜂窝移动服务中，计划在不确定的地点并在移动中使用的终端。移动台可以是便携的手持部件，或是安装在移动车辆上
移动交换中心	在大范围服务区域中协调呼叫路由的交换中心。在蜂窝系统中，移动交换中心将蜂窝基站和用户连到公用交换电话网上。移动交换中心也称为移动电话交换局
寻呼	将简短的信息广播到整个服务区域中，一般通过许多基站同时广播的方式进行
反向信道	用来从移动台向基站传输信息的无线信道
漫游	移动台可以在不是最初登记的其他区域内通信
单工系统	只提供单向通信的通信系统
定购者	使用移动通信服务而付费的使用者
收发信机	能同时发送和接收无线信号的设备

移动无线传输系统可以划分成单工、半双工、全双工系统。在单工系统中，只有一个方向的通信是可能的。信息只被接收、不被确认的系统（如寻呼）都是单工系统。半双工系统允许双向通信，但发送和接收都使用相同的无线信道。这意味着在任何一个确定的时间，用户只能发送或接收信息。像"按下通话"和"放开收听"等限制是半双工的显著特征。而全双工系统允许用户和基站之间同时进行发送和接收。

频分复用（FDD）同时为用户和基站提供了无线电传输信道，这样可以在发送信号的同时接收到来的信号。在基站中，使用不同的发射天线和接收天线以对应分离的信道。然而在用户单元中，使用单个天线来传输和接收信号，并使用一种称为双工器的设备实现同一天线上的信号传输与接收。对于 FDD 系统，发送和接收的信道频率至少要间隔标称频率的 5%，以保证在廉价的制造成本下能够提供具备足够隔离度的双工器。

在 FDD 中，一对有着固定频率间隔的单向信道用做系统中的特定无线信道。从基站向用户传输信息的信道称为前向通道，而用来从用户向基站传输信息的信道称为反向信道。在美国的 AMPS 标准中，反向信道比前向信道的频率低 45 MHz。全双工移动无线系统不但提供了许多标准电话的功能，而且具有移动性。全双工和半双工系统使用收发机进行无线通信。模拟无线系统只采用 FDD，在第 9 章中将详细讨论。

时分双工（TDD）方式即在时间上分享一条信道，将其一部分时间用于从基站向用户发送信息，而其余的时间用于从用户向基站发送信息。如果信道的数据传输速率远大于终端用户的数据速率，就可以通过存储用户数据然后突发的方式来实现单一信道上的全双工操作。TDD 只在数字传输和数字调制时才可以使用，并且对定时很敏感。正是由于这个原因，TDD 最近才开始使用，而且只用在室内或小范围的无线应用场合。在这些场合下覆盖的距离比传统蜂窝系统覆盖的距离要小得多，相应的无线传输时延也小得多。

1.4.1　寻呼系统

寻呼系统是给用户发送简短消息的通信系统。根据不同的服务种类，消息可以是数字、字母或声音。寻呼系统一般用来通知用户回应某个电话，或是到一个已知的地方去获得更进一步的信息。在现代寻呼系统中，也可以发送标题新闻，股票行情和传真。通过电话或调制解调器拨打寻呼台号码（一般都是免费的电话号码），将消息发送到寻呼用户。给出的消息称为寻呼信息。寻呼系统通过基站将携带寻呼信息的载波以广播的方式发送到整个服务覆盖范围内。

不同寻呼系统的复杂性和覆盖区域有很大的不同。简单的寻呼系统只能覆盖 2 ~ 5 km 的范围，或局限于某一建筑物内，而大范围寻呼系统能覆盖全球。虽然寻呼机结构简单且价格便宜，但所需的发射系统很复杂。大范围寻呼系统的组成包括：电话线网络，许多的基站发射站，以及能同时将消息发射到每个基站的高无线发射塔（也称为联播）。联播发射站可以建在同一个服务区域，或是在不同的城市，甚至不同的国家。寻呼系统可设计成能向用户提供可靠的通信，而不管用户在什么地方（建筑物内，行驶在公路上，或者在飞机上）。这样，每个基站为了能有最大的覆盖范围，就需要采用较大的发射功率（以千瓦计）和较低的数据速率（每秒数千比特）。图 1.3 显示了一个大范围的寻呼系统结构图。

例 1.1　寻呼系统用来提供高度可靠的覆盖，甚至包括建筑物内部。建筑物能削弱无线信号 20 ~
　　　30 dB，这使得寻呼公司很难选择基站的位置。因此，寻呼发射站一般建在城市中央高大建筑物的顶部，并且需要在城市边界上架设额外的基站，再使用联播方式来覆盖整个区域。为了在每个寻呼机上获得最大的信噪比，寻呼系统采用了低射频带宽以及只有 6400 bps 或更低的数据速率。

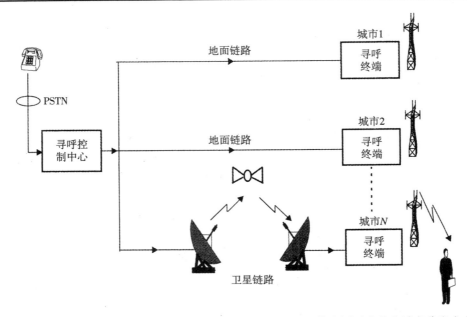

图 1.3　大范围寻呼系统结构图。寻呼控制中心将收到的寻呼信息同时在几个城市分发出去

1.4.2　无绳电话系统

无绳电话系统是使用无线电来连接便携手持机和专用基站的全双工系统，而专用基站通过电话线连到公用电话交换网上。在第一代无绳电话系统（于20世纪80年代制造）中，便携部分只能和专用基站部分通信，并且只能达到几十米远。早期的无绳电话只能作为连在公用电话交换网用户线上的电话分机，使用范围限于室内。

第二代无绳电话最近才引入，允许用户在诸如市中心的许多室外场所使用，比如伦敦和香港。现代无绳电话有时可以和寻呼结合使用，以便用户收到寻呼时用无绳电话来回电。无绳电话系统向用户提供了有限范围内的移动性，不能使用户在基站覆盖范围之外移动时保持呼叫。典型的第二代无绳电话基站能覆盖几百米的范围。图 1.4 给出了无绳电话系统的示意图。

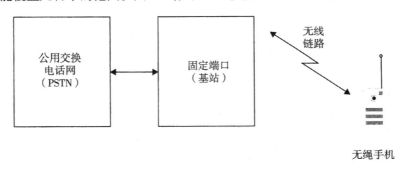

图 1.4　无线电话系统的示意图

1.4.3　蜂窝移动电话系统

蜂窝电话系统为在无线覆盖范围内的、任何地点的用户提供公用电话交换网的无线接入。蜂窝系统能在有限的频带范围中于很大的地理范围内容纳大量用户。它提供了和有线电话系统相当的高通话质量。获得高容量的原因，是由于它将每个基站发射站的覆盖范围限制到称为"小区"（cell）

的小块地理区域。这样，相距不远的另一个基站里可以使用相同的无线信道。一种称为"切换"（handoff）的复杂的交换技术，确保了当用户从一个小区移动到另一个小区时不会中断通话。

图 1.5 说明了包括移动台、基站和移动交换中心（MSC）的基本蜂窝系统。移动交换中心负责在蜂窝系统中将所有的移动用户连接到公用电话交换网上，有时 MSC 也称为移动电话交换局（MTSO）。每个移动用户通过无线链路和某一个基站通信，在通话过程中，可能会切换到其他任何一个基站。移动台包括收发器、天线和控制电路，可以安装在机动车辆上或作为便携手机使用。基站包括几个同时处理全双工通信的发射机、接收机以及支持多个发送和接收天线的塔。基站担当着"桥"的功能，将小区中所有用户的通话通过电话线或微波线路连接到 MSC。MSC 协调所有基站的操作，并将整个蜂窝系统连到 PSTN 上。典型的 MSC 可容纳 10 万个用户，并能同时处理 5000 个通话，同时提供计费和系统维护功能。在大城市里，一个运营商可以拥有几个 MSC。

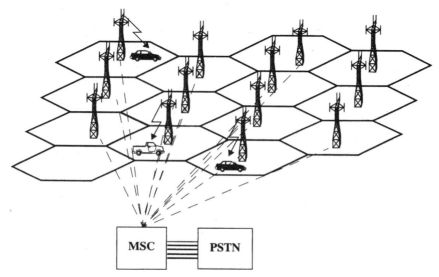

图 1.5　一个蜂窝系统。图中的塔表示为移动用户和 MSC 之间提供无线接入的基站

基站和移动用户之间的通信接口定义为标准公共空中接口（CAI），它指定了四种不同的通道。用来从基站向用户传输语音的称为前向语音信道（FVC），用来从用户向基站传输语音的称为后向语音信道（RVC）。两个负责发起移动呼叫的信道称为前向控制信道（FCC）和反向控制信道（RCC）。控制信道通常称为建立信道，因为它们只在建立呼叫和将呼叫转移到没有占用的信道时才使用。控制信道发送和接收进行呼叫和请求服务的数据信息，并由未进行通话的移动台监听。前向控制信道还作为标志信道，不断地向所有的用户广播系统中的通话请求。正如第 11 章中描述的，管理过程和数据信息以多种方法发送，从而实现自动的信道变化以及用户通话前、通话中的切换。

例 1.2　蜂窝系统建立在频率复用的概念之上，这要求相邻小区的 FCC 不同。通过定义数目相对较少的 FCC 作为公共空中接口的一部分，可以制造出这样的蜂窝电话，即在任何时刻都能迅速检测所有可能的 FCC，并确定信号最强的信道。一旦发现了信号最强的信道，蜂窝电话接收机就停留在这个特定的 FCC。通过同时在所有的 FCC 里广播相同的建立数据，MSC 能够给蜂窝系统中的所有用户发信号，并确保任意用户在来自 PSTN 的呼叫出现时，都能接收到信号。

1.4.3.1　蜂窝电话如何接通

当蜂窝电话打开但还没有进行通话时，它首先检查前向控制信道组，以确定信号最强的一个。接着监视该控制信道，直至信号降到不可使用的水平。在此基础上，蜂窝电话再次检测这些控制信道，以确定哪个基站的信号最强。在表 1.1 到表 1.3 描述的每一个蜂窝系统中，控制信道已经在整个地理区域内被确定并标准化，一般占用系统中所有信道的 5%（其他 95% 用来为终端用户进行语音和数据传输）。由于控制信道已经标准化，因此在一个国家或大洲内不同地区的控制是相同的，所以每个电话在空闲时检测相同的信道。当有电话呼叫某用户时，MSC 向蜂窝系统里的所有基站发送请求。移动识别号（MIN），即用户的电话号码，作为寻呼内容广播到蜂窝系统内的所有前向控制信道内。移动终端接收到它监视的基站发送的寻呼信息，并通过反向信道向基站响应。基站传递移动终端发送的确认信息，并向 MSC 提示这个握手信息。这样，MSC 指示基站将该呼叫续接到小区内没有使用的信道上（一般情况下，每个小区基站有一个控制信道和 10~60 个语音信道），基站通知移动终端将频率调到一个没有使用的前向和反向语音信道上。在此基础上，另一个数据信息（称为振铃）通过前向语音信道发送到移动手机通知它振铃，以提示用户接听电话。图 1.6 描述了在蜂窝电话系统中，将电话拨到移动用户的过程中涉及的事件的发生顺序。所有这些事件是在用户没有感觉的情况下于几秒钟内完成的。

MSC		接收来自PSTN的呼叫，给所有基站发送MIN请求		验证手机具备有效的MIN，ESN对	要求BS将手机调谐到空闲语音信道	连接手机与PSTN的主叫方
基站	FCC		发送对特定用户的寻呼（MIN）		发送数据消息，使用手机接入特定的话音信道	
	RCC			接收MIN，ESN对和移动台分类标识，并送往MSC		
	FVC					开始传输语音
	RVC					开始接收语音
手机	FCC		接收寻呼并判断接收的MIN与自己的MIN是否匹配		接收数据消息，进入特定的语音信道	
	RCC			告知已经接收MIN，并发送ESN和移动台分类标识		
	FVC					开始接收语音
	RVC					开始传输语音

时间 →

图 1.6　从有线用户拨打移动用户时，呼叫建立的时序图表

一旦通话开始，为了保证用户在基站覆盖的范围内移进移出时的通话质量，MSC 将调整移动终端的发送功率或者重新分配移动终端与基站间的信道（这称为切换）。语音信道使用了特殊的控制信号来使基站和 MSC 在通话过程中控制移动终端。

当移动终端发出呼叫时，在反向控制信道中发送通话初始请求。通过这个请求，移动终端将电话号码、电子序列号（ESN）和被叫方电话号码发送出去；移动终端还将发送移动台分类标识

（SCM），表明该用户的最大发送功率水平。小区基站接收到这些信息并将其发送给 MSC。MSC 在校验该请求后，通过 PSTN 连接到被叫方，同时通知基站与主叫用户使用目前空闲的前向和反向语音信道，以便开始通话。图 1.7 说明了蜂窝系统中移动用户主叫时涉及到的事件的发生顺序。

MSC			接收基站初始呼叫请求，验证手机具备有效的 MIN, ESN 对	通过原基站 FCC 指示手机进入一对语音信道	连接手机至 PSTN 被叫方	
基站	FCC				寻呼被叫手机，指示手机进入语音信道	
	RCC	接收呼叫原始请求及 MIN, ESN 对和移动台分类标识				
	FVC					开始发送语音
	RVC					开始接收语音
手机	FCC				接收寻呼，判断该 MIN 是否与自己的 MIN 匹配，接收指令接入语音信道	
	RCC	发送呼叫发起请求及用户 MIN、被叫号码				
	FVC					开始接收语音
	RVC					开始发送语音

时间 →

图 1.7　移动用户主叫时，呼叫建立的时序图表

　　所有蜂窝系统都提供漫游服务，这允许用户可以在非归属位置的服务区域里使用移动服务。当用户进入了非归属服务区域的城市或地区，他将在这个新的服务区域中注册为漫游者。这些是通过 FCC 完成的，因为每个漫游者都会停留在一个 FCC 信道。每隔几分钟，MSC 在系统的每个 FCC 信道中发送一个全局命令，要求所有先前没有注册的用户通过 RCC 报告他们的 MIN 和 ESN。系统中新的未注册的用户手机在收到注册要求后定期地报告用户信息，同时 MSC 利用 MIN/ESN 数据向归属位置寄存器（HLR）请求进入计费状态。如果一个特定的漫游者已经通过了漫游计费的授权（鉴权），MSC 就将该用户登记为合法的漫游者。一旦被登记了，就允许漫游移动用户在该区域拨打或接听电话，发生的费用将自动传输到服务归属位置提供商那里。漫游服务涉及到的网络概念将在第 10 章中论述。

1.4.4　常用的几种移动电话系统的比较

　　表 1.5 和表 1.6 解释了本章前面讨论的 5 种便携与移动无线系统中，各自的用户部分和基站部分的服务种类、基础设施水平、成本和复杂程度。为了便于比较，一般家用无线遥控设备也在表中列出。必须指出，表 1.5 和表 1.6 列出的 5 种无线移动系统都使用固定的基站。实际上，所有移动无线通信系统尽量将移动终端连接到某种固定的分布系统中，并使分布系统看起来透明。例如，车库门开启器的接收机将接收的信号转换成简单的二进制信号，然后发送到车库电动机开关控制中心。

无绳电话使用固定基站连接到电话公司的电话线上，无线基站和便携手机间的无线连接设计成与传统电话有线链路具有一样的功能。

表 1.5　移动通信系统移动台的比较

业务	覆盖范围	所需基础设施	复杂性	硬件费用	载频	功能
遥控设备	低	低	低	低	红外	发射机
车库门开启器	低	低	低	低	< 100 MHz	发射机
寻呼系统	高	高	低	低	< 1 GHz	接收机
无绳电话	低	低	中等	低	1~3 GHz	发射机
蜂窝电话	高	高	高	中等	< 2 GHz	发射机

表 1.6　移动通信系统基站的比较

业务	覆盖范围	所需基础设施	复杂性	硬件费用	载频	功能
遥控设备	低	低	低	低	红外	接收机
车库门开启器	低	低	低	低	< 100 MHz	接收机
寻呼系统	高	高	高	高	< 1 GHz	发射机
无绳电话	低	低	低	中等	1~3 GHz	发射机
蜂窝电话	高	高	高	高	< 2 GHz	发射机

必须注意，各种服务的（质量）目标因服务种类的不同而相差很大，基础设施的成本取决于所需的覆盖范围。例如在低功耗手持蜂窝电话的例子中，为了保证城市中任何一个手机都在某个基站的较小的覆盖范围内，因此需要很多的基站。如果基站之间的距离不是很近，那么手机就必须提供较高的发送功率，这必将缩短电池寿命，降低手机的使用性能。由于铜芯电缆、视距微波链路、光纤等固定通信介质的广泛使用，很可能未来的地面移动通信系统将继续依靠连接到某种固定分布系统上的固定基站。正在兴起的移动卫星网络则需要轨道上的基站。

1.5　蜂窝无线通信和个人通信的发展趋势

自 1989 年以来，全球纷纷发展个人通信系统，并结合了当今的 PSTN 网络智能技术、现代数字信号处理技术和射频技术。英国提出了称为个人通信服务（PCS）的概念，当时有三家公司被授权在英国境内于 1800 MHz 频段发展个人通信网络（PCN）[Rap91c]。英国把 PCN 看做其在发展新的无线系统和公众服务的领域里提高国际竞争力的途径。当前，全世界都采用现场试验来确定将来的 3G PCN 与 PCS 系统采用哪种调制、多址接入和联网技术。

术语 PCN 和 PCS 经常可以互相交换使用。PCN 指的是一个无线网络技术的概念，任何用户不管在哪里都可以使用便携的、个人化的通信设备来拨打和接听电话。而 PCS 指的是集成了比现存蜂窝无线系统网络更多的网络特征、更多的个性化的新无线网络，但它并没有包含一个完整 PCN 网络的所有概念。如今，蜂窝和 PCS 在功能上是一致的，不同的只是频带。

在将来的十年内，室内无线网络产品将不断出现，并有希望成为电信基础设施的主要部分。正如第 2 章所讨论的，国际化标准实体 IEEE 802.11，正在为建筑物内部的计算机无线接入制定标准。欧洲电信标准协会（ETSI）也在为室内无线网络制定 20 Mbps 的 HIPERLAN 标准。最近的产品，诸如未被商业化的摩托罗拉 18 GHz Altair 无线信息网（WIN）调制解调器和 Avaya（以前称为 NCR 和 Lucent）/ORiNOCO 的 waveLAN 计算机调制解调器，这些无线以太网接入设备在 1990 年以后就出现了，现在正在进军商业市场[Tuc93]。21 世纪的产品将使用户能在办公场所内部把他们的电话连到使用的计算机上，在机场、火车站之类的公共场所也是一样。

总部设在瑞士日内瓦的联合国标准化组织——国际电信联盟（ITU），正在规范称为未来公众陆地移动电话系统（FPLMTS）的国际标准。该标准于 1995 年中期改名为国际移动电信 2000（IMT-

2000）。ITU 的无线通信分组［ITU-R，以前称为国际无线电咨询委员会（CCIR）］的 TG 8/1 标准任务技术小组正在考虑，为了允许用户能在世界的任何地方享受无线服务，将来的 PCN 应该如何发展，世界范围内的频率协调应该如何实现。FPLMTS（现在的 IMT-2000）是第三代通用、多功能、全球兼容的数字移动无线系统，将集成寻呼、无绳和蜂窝系统，同样也集成了卫星低轨道系统，从而成为通用的移动通信系统。1992 年，ITU 的世界无线电管理委员会（WARC）划分出 1885~2025 MHz、2110~2200 MHz 总共 230 MHz 带宽的频带给 IMT-2000 使用。1999 年 3 月，ITU-R 又分配了 806~960 MHz、1710~2200 MHz、2520~2670 MHz 的额外频带。这些额外频带在 2000 年 5 月 ITU 世界无线电会议（WRC-2000）上批准通过。IMT-2000 中使用的调制类型、语音编码和多址方案也在 2000 年的年中得到 ITU 无线电会员大会（Radio General Assembly）的确定。正如第 2 章所讨论的，选用的陆地无线服务的通信接口包括今天的 GSM 和 IS-95 CDMA 的扩展，还包括中国提出的新的 TD-SCDMA 标准。

低轨道（LEO）卫星通信系统在 20 世纪 90 年代取得了发展，但于世纪之交在商业运作上遭遇了失败。这类通信系统同样需要设立一个世界范围内的标准，从而对其加以规范。卫星发射机将覆盖全球的大部分区域；但在容量方面，卫星蜂窝系统是不能和陆地微蜂窝系统相匹敌的。尽管如此，卫星移动系统被认为是对寻呼、数据搜集、紧急通信和全球漫游等提供技术保障的最佳系统。在 1990 年早期，宇航工业第一次成功展示了在一架喷气机上用火箭发射小型卫星。这种发射技术由轨道科学公司（Orbital Sciences Corp.）首先引入，该技术不仅比传统的陆地发射节省了许多费用，而且可以快速进行部署。这种技术的出现表明低轨道卫星网络在全球无线通信中将会迅速实现。尽管像摩托罗拉的 Iridium 等几家公司早在 20 世纪 90 年代初期就提了出全球寻呼、蜂窝电话和紧急导航等系统服务的概念[IEE91]，可是从市场整体来看，人们对移动卫星系统并不感兴趣。

在几乎没有电话服务的发展中国家，固定的蜂窝电话系统正快速发展，这是因为发展中国家发现，在一些还没有接到 PSTN 的地区安装固定蜂窝电话系统比安装有线电话更迅速，而且负担要小。

我们的世界正经历一场重要的电信革命，它将给人们提供无处不在的通信接入，而不必关心用户在哪里。无线电信领域的工程师需要设计和开发新的无线系统，能对不同的系统进行合理的比较，并能理解任何实际系统的各种折中方案。只有掌握了无线个人通信系统的基本技术概念才能实现上述要求。这些概念正是本书后续章节的主要内容。

1.6　习题

1.1　写出光速 c、载频 f 和波长 λ 的关系式。

1.2　如果 0 dBm 等于 1 mW（10^{-3} W）（在 50 Ω 负载的情况下），请用 dBm 为单位来表示 10 W。

1.3　为什么寻呼系统需要提供较低的数据传输速率？较低的数据速率如何实现更好的覆盖？

1.4　分别详细叙述手机和基站、便携寻呼机和无绳电话的供给电源之间的区别。移动无线系统中覆盖范围是如何影响电池寿命的？

1.5　在联播寻呼系统中，通常有一个主要信号到达寻呼机。在大多数（但不是所有的）情况下，主要信号来自离得最近的寻呼发射机。试解释 FM 截获效应是如何帮助寻呼机接收的。FM 截获效应能否在蜂窝无线系统发挥作用？如果可以，请解释原因。

1.6　在表 1.5 和表 1.6 中，步话机应在哪个位置？详细描述步话机和无绳电话的异同点。用户为什么希望无绳电话系统能提供更高级的服务？

1.7　寻呼机、蜂窝电话和无绳电话三种设备哪一个的电池寿命最长？为什么？

1.8　寻呼机、蜂窝电话和无绳电话三种设备哪一个的电池寿命最短？为什么？

1.9　假设蜂窝电话（也称蜂窝用户单元）使用容量为 1 安培小时（Amp-hour）的电池。再假设蜂窝电话在空闲时耗电 35 mA，通话时耗电 250 mA。如果用户一直开机，并且每天通话 3 分钟，那么这个电池能用多久（即电池寿命）？每天通话 6 个小时呢？每天通话一个小时呢？这个例子中的电池最多能通话多久？

1.10　现代无线设备（比如双向寻呼和 GSM 电话）具有休眠模式，能够有效减少工作周期中的能量消耗。请在完成习题 1.9 的基础上，考虑一个拥有 3 种不同电源使用状态（空闲时为 1 mA，唤醒接收模式时为 5 mA，传输模式时为 250 mA）的无线通信设备。考虑一次充电电池寿命的长短和电源使用状态的循环周期与状态转换次数有关，画出唤醒模式的持续时间与电源使用状态的循环周期和电池寿命之间的关系曲线。提示：1 Amp-hour 表示一个电池 1 小时可以输出 1 安培的电流。这个电池可以在 10 小时输出 100 mA。

1.11　假设 CT2 用户单元也使用与习题 1.9 相同的电池，但是接收机空闲时只耗电 5 mA，通话时耗电 80 mA，在习题 1.9 所给出的各种通话时间的条件下，电池寿命是多长？CT2 手机的最大通话时间是多少？

1.12　为什么人们希望习题 1.11 中的 CT2 手机在通话时要比蜂窝电话的耗电更小？

1.13　为什么在今天的大多数无线系统中使用 FM 而不是 AM？列出你能想到的所有原因并阐述理由。请考虑失真度、耗能和噪声等因素。

1.14　列出导致欧洲发展 GSM 系统、美国发展数字蜂窝系统的原因。比较和对照两者之间：(1)和现存电话系统的兼容性；(2)所获得的带宽效率；(3)所占用的新的频谱。

1.15　假设 GSM、IS-95 和美国数字蜂窝（IS-136）的基站，都在相同的距离上发射相同的功率。假设每个系统的接收机是理想的，只有热噪声。哪一个系统能给移动接收机提供最大的信噪比？与另外两个系统相比，是什么使得信噪比得到了改善？查看附录 B，考虑噪声系数如何影响你的答案，请描述一下接收机噪声系数在实际系统中的重要性。

1.16　讨论传统蜂窝系统和卫星蜂窝无线系统的相同点和不同点。各个系统的优劣是什么？在给定的频段中，哪一个系统能支持更多的用户？为什么？这将如何影响各个系统的用户服务成本？

1.17　在过去的 18 个月里，世界各地提出了大量的无线标准。通过查阅文献资料和访问 Internet，找出三个新的无线标准（寻呼、PCS 和卫星市场各一个），并且确定每个标准的多址接入技术、运营的区域（大洲）、频带、调制和信道宽度。注意，找到的标准必须是表 1.1、表 1.2、表 1.3 中没有提到的。给出每个标准的一段描述，引用相关的资料描述为什么提出该标准（该标准与其他标准相比有什么优势）。尝试找出你所在的大洲中未被广泛使用的标准。

1.18　假设无线通信标准可以按照下面的方式分成四个类型：
高功率，广域系统（蜂窝）
低功率，局域系统（无绳电话和个人通信系统）
低速率，广域系统（移动数据）
高速率，局域系统（无线 LAN）
将表 1.1~ 表 1.3 中描述的无线标准分到这四类中，并检验你的答案。这些标准可能会符合不止一个类型。

1.19　讨论诸如 ITU-R、ETSI、WARC 等地区和国际标准组织的重要性。在世界不同地区使用不同制式的优势是什么？世界不同地区使用不同制式和频率的缺点又是什么？

1.20　基于全球不断增多的无线标准,讨论IMT-2000将如何吸收采纳这些标准? 给出详细的解释,并同时展望无线业务的场景以及频率分配和成本的前景。

1.21　本习题将展示电信领域的快速发展。请调查无线通信过去提出的各种新的服务、系统和技术。通过去图书馆查阅、浏览WWW、查看工业和消费者网页、阅读各种商业杂志和期刊来学习与了解这些新系统最近的技术状况。

思考并研究下列种类的无线通信系统: (1)无线本地环路 (也称为固定无线接入); (2)宽带无线通信 (在美国称为本地多点分配系统——LMDS, 在加拿大和欧洲称为LMCS); (3)第三代移动通信系统 (也称为3G); (4)无线局域网 (WLAN); (5)卫星 / 蜂窝无线系统; (6)家用无线网和小型办公室 / 家庭办公室 (SOHO) 应用数据网。对这六个宽带无线系统分别进行如下研究:

(a) 详细定义上面提到的六种宽带无线系统。该定义应该指出,提出这个系统的原因、系统的服务是针对哪一种用户类型的,并解释其技术的合理性。也就是说,为什么会出现这种新系统,有什么特殊的理由? 它的市场目标、应用是什么? 计划最终的使用率是多少?

(b) 为了完成(a),你需要了解国内和国际上有哪些定义这些系统的标准化机构。通过查阅图书馆、浏览期刊和网络,找到国内和国际分别有哪些主要的标准化机构正在研究这些系统,确定每个大洲里为这六种系统创立论坛或提供技术引导的关键的组织与个人。描述这些组织,并提供相关的资料 (比如网址或者文献引用),使其他人可以从中了解这些组织的更多信息; 同时指出,这些组织正在如何推进这些标准。

(c) 基于(a)和(b)中的相关资料,现在可以确定这些新兴无线系统的技术观点和技术规范。列出各种已经提出的、适用于宽带系统概念的技术细节,以及每个提议的主要技术属性。注意: 在很多情况下,每个宽带系统概念会有多个系统建议。描述这些系统的技术属性,并用表格列出世界不同地区是如何应用这些宽带系统的。描述各个组织对于载频、数据传输速率、调制技术、多址接入技术、射频带宽和基带带宽提出了怎样的建议,所列表格样式如表 1.1~ 表 1.3。请说明每个系统的不同特点。

第2章 现代无线通信系统

自 20 世纪 90 年代中期以来，蜂窝移动通信一直处于爆炸式的增长过程中。20 世纪 60～70 年代，当人们第一次提出"蜂窝"这一概念的时候，没有人会想到，无线通信网络会变得如此普遍。如图 2.1 所示，2001 年末，全球的蜂窝移动通信用户数已经超过了 6 亿；预计在 2006 年底，个人用户的数量将达到 20 亿（大约占世界人口总数的 30%）。实际上，在很多国家，其每年的移动用户数都以 40% 的速度持续增长。20 世纪 90 年代，无线通信的竞争力大大增强，同时发布了个人通信业务（PCS）的许可频段 1800～2000 MHz，这都使无线通信得到了广泛的应用。

全球蜂窝电话用户的增长情况

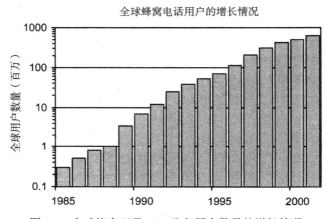

图 2.1　全球蜂窝以及 PCS 业务用户数量的增长情况

蜂窝移动通信用户数量的快速增长，说明了无线通信是一个强健而灵活的语音数据传输机制。蜂窝的巨大成功也促进了其他新的无线系统的发展，以及除移动电话呼叫外其他类型业务的标准的发展。

例如，下一代网络用以承载语音以及高速数据传输。业界提出了新的标准和技术，希望在相距几千米的固定点之间用无线网络代替光纤和同轴电缆（即固定无线接入技术）。同样，通过部署无线局域网（WLAN），无线网络也越来越多地取代了家庭、建筑以及办公环境中的有线网络。"蓝牙"（Bluetooth）标准旨在用无线连接代替有线连接，以解决个人工作空间内复杂的布线问题。

WLAN 和蓝牙主要在建筑内部使用，它们的功率低，并且通常不需要得到频段的许可。这些免频段许可（license-free）的网络给无线网络带来了有趣的分裂现象：一方面，组织的高速数据网络部署在建筑物内，并且不需要频段许可；另一方面，那些拥有蜂窝电话网络频段牌照的无线运营商却关注室外的话音覆盖，他们没有为其蜂窝电话用户提供高速数据通信业务，同时他们在提供可靠的室内覆盖方面也进展缓慢。虽然这样说可能为时过早，但是可以预见，室内无线接入市场可能是有执照业务（licensed）和无执照业务（unlicensed）争夺的焦点。这也促使在下一代蜂窝技术中，人们需要改进目前的蜂窝通信架构，使其具有提供高速数据业务的网络能力。

本章主要介绍了世界范围内的主要无线通信系统的发展、技术细节和标准化进程。首先，本章提出了蜂窝和个人通信业务的技术发展水平，描述了向 3G（第三代）网络演进的不同方法。然后，提出了无线固定接入技术方面的标准化进展和最新动向，如本地多点分配系统（LMDS）。最后，本章还阐述了诸如 WLAN 和蓝牙的无线系统的研究进展，这些无线系统能够提供从校园到室内用户的无线连接。

2.1　2G 蜂窝网络

目前，大部分的蜂窝网络采用的是 2G（第二代）网络技术，它们符合第二代蜂窝通信标准。1G（第一代）蜂窝通信系统采用的是 FDMA/FDD 和模拟 FM 技术，而 2G 网络却不是这样。第二代的蜂窝通信采用了数字调制方式、TDMA/FDD 以及 CDMA/FDD 的多址接入技术。

2G 通信系统主要包括 3 个 TDMA 标准和 1 个 CDMA 标准：(a)全球移动通信系统（GSM），每 200 kHz 无线信道支持 8 个用户时隙，目前欧洲、亚洲、澳大利亚、南美以及美国部分地区（仅限于 PCS 频段）的运营商普遍都在蜂窝通信和 PCS 采用了这一技术[Gar99]；(b) 临时标准 136（IS-136），也称为北美数字蜂窝系统（NADC）或美国数字蜂窝系统（USDC），每 30 kHz 支持 3 个用户时隙，在南美、北美以及澳大利亚（蜂窝通信以及 PCS 频段）普遍采用；(c)太平洋数字蜂窝系统（PDC），一个类似于 IS-136 的 TDMA 标准，拥有超过五千万的用户；(d)著名的 2G CDMA（码分多址）标准——临时标准 95（IS-95），即 cdmaOne，在每 1.25 MHz 的信道上同时支持 64 个正交编码的用户。CDMA 在北美（蜂窝通信以及 PCS 频段）已经开始使用，同时在韩国、日本、中国、南美以及澳大利亚也得到了普遍采用（[Lib99, ch.1], [Kim00], [Gar00]）。

上述 2G 标准代表了第一组无线接口标准，它们在手机和基站中采用了数字调制和尖端数字信号处理技术。正如第 11 章所描述的，2G 系统首次出现于 20 世纪 90 年代早期，并且是从第一代的模拟移动电话系统（比如 AMPS、ETACS 和 JTACS）演进而来的。现在，许多的无线业务提供商在市场中既采用第一代的设备，也采用第二代的设备，通常是依照用户类别来为用户提供业务，并支持多频带和多个空中接口标准。比如在很多国家，人们可以买到三模手机，这种手机既支持 CDMA，也支持 PCS，此外还支持第一代的模拟技术。这种三模手机能够根据所处的特定覆盖区域，自动选择和调整到相应的标准。图 2.2 显示了 2001 年末，采用不用技术（主流 1G 和 2G 技术）的用户数量。表 2.1 阐明了 GSM、CDMA 以及 IS-136/PDC 这些不同的 2G 标准的关键技术规范。

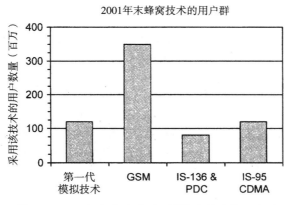

图 2.2　2001 年末全球采用不同蜂窝技术的用户群

表 2.1　不同 2G 标准的关键技术规范（摘自[Lib99]）

	cdmaOne, IS-95, ANSI J-STD-008	GSM, DCS-1900, ANSI J-STD-007	NADC, IS-54/IS-136, ANSI J-STD-011, PDC
上行频段	824～849 MHz（美国蜂窝业务）1850～1910 MHz（美国 PCS 业务）	890～915 MHz（欧洲）1850～1910 MHz（美国 PCS 业务）	800 MHz,1500 MHz（日本）1850～1910 MHz（美国 PCS 业务）
下行频段	869～894 MHz（美国蜂窝业务）1930～1990 MHz（美国 PCS 业务）	935～960 MHz（欧洲）1930-1990 MHz（美国 PCS 业务）	869～894 MHz（美国 蜂窝业务）1930～1990 MHz（美国 PCS 业务）800 MHz,1500 MHz（日本）
复用方式	FDD	FDD	FDD
多址方式	CDMA	TDMA	TDMA
调制方式	正交扩频 BPSK	GMSK $BT = 0.3$ 调制	$\pi/4$ DQPSK
载波间隔	1.25 MHz	200 kHz	30 kHz（IS-136）（25 kHz 用于 PDC）
信道速率	1.2288 Mcps	270.833 Kbps	48.6 Kbps（IS-136）（42 Kbps 用于 PDC）
每载波语音信道数	64	8	3
话音编码方式	13 Kbps 码激励线性预测编码（CELP）8 Kbps 增强型可变速率编码（EVRC）	13 Kbps 规则脉冲激励长时预测（RPE-LTP）	7.95 Kbps 矢量编码激励信号线性预测编码（VSELP）

　　很多国家都部署了 2G 无线网络，代替已有的第一代蜂窝网络承载移动电话业务。现代蜂窝系统也用来承载固定（非移动）电话业务，这通常应用在发展中国家。因为蜂窝系统开销小、效率高，适用于那些电信基础设施薄弱、无法为所有用户提供铜线接入的国家，从而为其用户提供普通的传统电话业务。与 1G 模拟技术相比，2G 技术在频谱效率上至少提高了 3 倍（因此在整个系统容量上也至少增长了 3 倍），如何满足不断增长的用户需求就成为了无线网络从模拟过渡到数字技术过程中的关键点。

　　2001 年中期，很多主要运营商（比如美国的 AT&T Wireless 和 Cingular、日本的 NTT）宣称，他们将最终放弃把 IS-136 和 PDC 标准作为长远规划，因为他们更看重基于 GSM TDMA 平台的第三代标准。同时，国际无线运营商 Nextel 宣布，决定更新其 iDen 空中接口标准，以支持高达为现在 5 倍的用户数（其中采用了基于 IP 包的数据压缩方法）。其他运营商也已经承诺，在 2001 年以前采用基于 GSM 或者 CDMA 的 3G 标准。这一系列决定预示着，两种普及而又相互竞争的 3G 蜂窝移动无线技术的出现是不可避免的，一种基于 GSM 和后向兼容性，另一种则基于 CDMA 和后向兼容性。

2.1.1　2.5G 移动无线网络的演进

　　自 20 世纪 90 年代中期以来，虽然 2G 数字标准是在 Internet 的快速普及之前制定的，但它仍然在无线运营商中得到了广泛部署。这样，2G 技术采用的是电路交换数据调制解调技术，将数据限定在一个电路交换话音信道中。因此，2G 中的数据传输速率仅限于单个用户的数据，该速率与表 2.1 中指定的话音编码器的速率位于一个数量级。（正如第 11 章所述，在每个 2G 标准中，数据传输和话音传输采用的是不同的编码机制和纠错算法，但是数据和话音的传输速率却大体相同。）通过分析表 2.1 可以发现，从最初的设计以来，所有的 2G 系统支持的单用户速率仅仅限于 10 Kbps 的量级，而这个速率对于邮件和 Internet 浏览业务而言实在是太低了。第 11 章列出了 GSM、CDMA 以及支持 9.6 Kbps 数据传输速率的 IS-136 技术规范。

虽然2G支持的用户数据速率不高，但是通过电路交换方法，它还是能够支持有限的Internet浏览和发送简短消息的功能。短消息（SMS）业务是GSM的一大特色，用户只需要输入接收方的手机号码，就可以在同一个网络中向其他用户发送简短的实时消息。在欧洲，SMS通过GSM提供商获得了很大的成功；在日本，NTT DoCoMo PDC网络使其在全国普及开来。但是，直到2001年末，SMS也没能在美国得到普及，因为美国拥有多家网络运营商，其网络类型也不同，而SMS当时仅仅能在同一个网络中使用。

为了与不断提高的数据速率要求相一致，同时支持新的应用，人们在已有2G技术的基础上提出了新的以数据为中心的标准。这些标准代表了2.5G技术，它对2G技术进行了修改和增加。为了向网页浏览、邮件、手机商务（mobile commerce）、移动定位业务提供更高速的数据传输，2.5G技术增加了基站，更新了用户单元的软件。2.5G也支持一种流行的新型网页浏览语言，这就是无线应用协议（WAP），该标准使得原有标准的网页能够通过一种压缩的形式在便携式无线设备上呈现出来。最近，人们又开发了很多其他的网页压缩协议[Ald00]。

20世纪70年代，日本以及其他几个国家首次采用了商业蜂窝电话，可以看出日本是个普及移动数据业务以及在引入WAP之前提供网页浏览能力的国家。1998年，NTT DoCoMo公司在其PDC网络部署了I-mode，这是一种无线数据和Internet微型浏览技术。目前，这种技术已经在全球范围内普及开来。I-mode采用了9.6 Kbps速率的2G PDC数据传输，支持游戏、彩信、交互式网页浏览。截至2001年底，DoCoMo的I-mode已经能为超过2500万的日本用户提供无线Web接入。

对于某一个特定的无线运营商而言，2.5G的发展必须与其本身的2G技术相一致。比如，GSM的2.5G解决方案必须和原先的GSM空中接口标准[Gar99]相吻合，否则就无法兼容，同时也会导致基站设备的改变。基于这个原因，人们针对几个主流2G标准（GSM，CDMA，IS-136）开发了多个2.5G的标准，使其能够相应地更新并支持更高速的数据速率。图2.3显示了主流2G技术在2.5G乃至3G道路上的发展方向[Tel01]。表2.2描述的是，为了向2G和3G演进，网络基础设施（比如基站、交换机）和用户终端（比如手机）需要做哪些改变。接下来我们将描述每一个2.5G标准的技术特性。

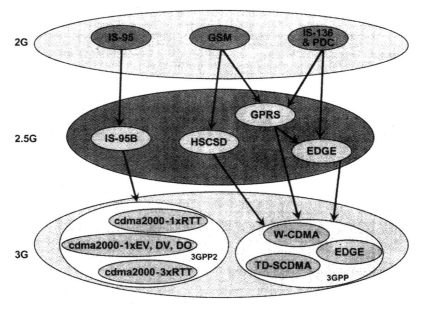

图 2.3　2G 技术的多个演进方向

表 2.2　现有的以及新兴的 2.5G 和 3G 数据通信标准

无线数据通信技术	信道带宽	双工方式	基础设施所需改动	是否需要新的频段	是否需要新的手持设备
HSCSD	200 kHz	FDD	基站需要更新软件	否	是。新的 HSCSD 双模手机在 HSCSD 网络中提供 57.6 Kbps 的速率，在 GSM 网络中提供 9.6 Kbps 的速率。仅支持 GSM 的手机无法在 HSCSD 网络中工作
GPRS	200 kHz	FDD	需要增加路由器和网关	否	是。新的 GPRS 双模手机在 GPRS 网络中提供 171.2 Kbps 的速率，在 GSM 网络中提供 9.6 Kbps 的速率。仅支持 GSM 的手机无法在 GPRS 网络中工作
EDGE	200 kHz	FDD	基站需要新的无线电收发机，基站和基站控制器需要更新软件	否	是。新的 EDGE 三模手机在 EDGE 网络中提供 384 Kbps 的速率，在 GPRS 网络中提供 144 Kbps 的速率，在 GSM 网络中提供 9.6 Kbps 的速率。仅支持 GSM 和 GPRS 的手机无法在 EDGE 网络中工作
W-CDMA	5 MHz	FDD	需要更新基站	是	是。新的 W-CDMA 手机在 W-CDMA 网络中提供 2 Mbps 的速率，在 EDGE 网络中提供 384 Kbps 的速率，在 GPRS 网络中提供 144 Kbps 速率，在 GPRS 网络中提供 9.6 Kbps 的速率。旧手机无法在 W-CDMA 网络中工作
IS-95B	1.25 MHz	FDD	需要更新基站控制器的软件	否	是。新的手机在 IS-95B 和 IS-95A 网络中提供 64 Kbps 的速率。CdmaOne 手机可以在 IS-95B 网络中工作，速率为 14.4 Kbps
cdma2000 1xRTT	1.25 MHz	FDD	骨干网络需要更新软件，基站需要新的信道卡，并建立新的业务服务点	否	是。新的手机提供的速率：1xRTT 网络中为 144 Kbps；IS-95B 网络中为 64 Kbps；IS-95A 网络中为 14.4 Kbps；旧手机可以在 1xRTT 网络中工作，但是速率更低
cdma2000 IxEV(DO and DV)	1.25 MHz	FDD	1xRTT 网络需要更新软件和数字卡	否	是。新的手机提供的速率：1xEV 网络中为 2.4 Mbps；1xRTT 网络中为 144 Kbps；IS-95B 网络中为 64 Kbps；IS-95A 网络中为 14.4 Kbps；旧手机可以在 1xEV 网络中工作，但是速率更低
cdma2000 3xRTT	3.75 MHz	FDD	基站需要修改骨干网络，更新信道卡	可能需要	是。新的手机提供的速率：3xRTT 网络中为 2 Mbps；1xRTT 网络中为 144 Kbps；IS-95B 网络中为 64 Kbps；IS-95A 网络中为 14.4 Kbps；旧手机可以在 3xRTT 网络中工作，但是速率更低

2.1.2　2.5G TDMA 标准的演进

GSM 运营商可以向三个方向演进，其中两个演进方向也支持 IS-136。这三个方向是：(a)高速电路交换数据（HSCSD）；(b)通用无线分组业务（GPRS）；(c)演进的增强数据传输速率的通用分组无线业务（EDGE）。这三个技术对 GSM 和 IS-136 进行了很大改进，并支持带有网页浏览功能的手机。

2.1.2.1　2.5G GSM 的演进：HSCSD

HSCSD 是一个电路交换技术，允许单个移动用户使用多个时隙连续传输。也就是单个用户可以使用多个时隙传输，而不是仅限于一个时隙，因而能达到更高的传输速率。HSCSD 减轻了原有错误控制算法的负担，将每个时隙的数据速率提升到 14 400 bps，而原先的 GSM 标准的传输速率仅为 9600 bps。通过使用高达 4 个的连续时隙，HSCSD 能够为用户提供 57.6 Kbps 的速率，运营商可以将该业务视为附加业务向用户收费。HSCSD 适用于流媒体业务和实时的 Web 交互业务，它只需要运营商对原有 GSM 基站上的软件进行一些修改。

2.1.2.2　2.5G GSM 与 IS-136 的演进：GPRS

GPRS 是基于分组数据的服务，它适用于非实时业务，包括邮件、传真、非交互式网络浏览。在这些业务中，用户下载的数据远超过他向网络发送的数据。HSCSD 给用户分配具体信道；GPRS 却不是这样，在 GPRS 中，用户可以共享无线信道和时隙。因此，GPRS 能够支持更多的用户，但这是以突发方式来支持的。与 20 世纪 90 年代北美 AMPS 系统（见第 10 章）采用的蜂窝数字分组数据（CDPD）相类似，GPRS 基于 GSM 或 IS-136 的专用无线信道，并提供一个分组网络。GPRS 仍然采用了原先的基于 2G TDMA 标准的调制格式，但是采用了重新定义的空中接口，以便更好地处理数据接入。GPRS 用户以"永远在线"的方式接入网络，自动占用无线信道和时隙。

当一个 GSM 无线信道的 8 个时隙都分配给 GPRS 的时候，单个用户的速率可以达到 171.2 Kbps（8 个时隙数乘以未编码数据速率 21.4 Kbps）。应用自身提供其纠错机制，纠错码占用了有效载荷。与任何其他的数据网络一样，当请求服务的用户数量增多或者传输条件下降时，GPRS 的传输速率会急剧下降。如表 2.2 所示，以 CDPD 为例，要实现 GPRS 业务，只需要 GSM 运营商安装新的路由器以及在基站安装新的 Internet 网关，同时为 GPRS 信道重新定义基站的空中接口和时隙，不需要增加新的射频硬件设备。

值得一提的是，设计 GPRS 的本意是为 GSM 网络提供一个叠加的分组接入网络，但是由于北美 IS-136 的运营商的要求（见表 2.3 的 UWC-136 空中接口），人们扩展了 GPRS 标准，使其同时包括 TDMA 标准。2001 年末，有超过 10 亿的用户使用了 GPRS，人们相信 GPRS 将成为基于 2G TDMA 技术的最好方案，近期内将占领绝大部分市场。GPRS 每信道峰值速率为 21.4 Kbps；目前它与 GSM 以及 IS-136 的协调工作已经成功实现。

2.1.2.3　2.5G GSM 与 IS-136 的演进：EDGE

EDGE 指的是增强数据传输速率的通用分组无线业务，它是对 GSM 的进一步增强，并且需要在基站增加新的硬件和软件。EDGE 的研究由 GSM 和 IS-136 运营商推动，他们希望找到通向 3G 高速数据接入的道路，但是研究 EDGE 的最初动力源于 GSM 用户。

EDGE 在原有 GSM 的 GMSK 调制之外引入了一种新的调制格式，即 8-PSK（8 进制相移键控）。EDGE 考虑了 9 个不同的空中接口格式（自动快速选择），即它支持多种调制编码方案（MCS），采用不同程度的错误控制措施。根据当时的网络和运营条件，每一个 MCS 状态可能采用 GMSK（低速）或者 8-PSK（高速）调制方式接入网络。由于 EDGE 速率高、对于不同调制编码方案采用多种错误控制措施，因此其覆盖范围比 HSDRC 和 GPRS 要小。有时，我们也称 EDGE 为增强的 GPRS，即 EGPRS[Noe01]。

EDGE 对于每个 GSM 时隙都使用高阶 8-PSK 调制和一系列 MCS，因此用户可以为其连接选择最好的 MCS，以支持特定的无线传输环境和数据接入需求。这种选择"最好的"空中接口的自适应方案称为"冗余增加"。一开始，发送端发送的是速率最高、纠错码最多的数据包，然后接下来发送速率稍低、纠错码较少（通常使用打孔卷积码）的数据包，直到链路出现不可接收的时延或者损耗。基站和用户之间的快速反馈将恢复先前可用的空中接口状态，可能该空中接口是可用的，但是需要的编码速率低、带宽最小、功耗最小。冗余增加机制保证了每一个用户能够快速达到使用最少开销的状态，因此能够为每个用户提供可以接受的链路质量，同时将网络的用户容量提升到最大。

当EDGE采用无错误保护措施的8-PSK调制时，GSM无线信道的所有8个时隙都分配给单个用户，此时原始的峰值速率可以达到547.2 Kbps。如果考虑实际网络中的链路状况和纠错编码的需求，那么当采用EDGE的时隙机制时，单个用户在每一个GSM信道上的原始速率往往能达到384 Kbps。这样，再将不同无线信道的功能结合起来（比如，通过多载波传输），EDGE就能够为单个用户提供几兆的速率。

2.1.3　2.5G CDMA 的演进：IS-95B

与GSM以及IS-136向高速数据接入的多条演进道路不同，CDMA（通常称为cdmaOne）只有一条向3G的演进道路。这个临时的过渡方案称为IS-95B。与GPRS一样，IS-95B已经在世界范围内得到普及，通过为特定用户和特定目的分配正交信道（Walsh码），在CDMA信道上为用户提供高速数据业务和电路交换数据接入。正如第11章所述，每个IS-95 CDMA信道支持高达64个不同的用户信道。原先IS-95中规定的9600 bps的速率在实际应用中没有实现；但是在IS-95A中，提出了改进的方案，使其速率达到14 400 bps。2.5G CDMA的解决方案IS-95B，允许一个用户可以同时使用高达8个的Walsh码，也就是每个用户速率是115.2 Kbps（8 × 14.4 Kbps），这样可以提供中等速率业务。但是，由于空中接口的时隙技术问题，在实际运用中，单个用户的速率只能达到64 Kbps。

IS-95B也定义了硬切换流程，使得用户能够不通过交换中心就能找到网络上不同的无线信道，从而在保持链路质量的情况下接入不同的基站。在IS-95B之前，每秒钟服务基站要将链路状况上报至交换中心几百次，在适当的时候，交换中心将在用户和基站之间发起软切换。对于日益拥塞的CDMA市场而言，IS-95B提出的新的硬切换方法更加适用于多信道系统（[Lib99]，[Kim00]，[Gar00]，[Tie01]）。

2.2　3G 无线网络

3G提出了多种无线接入方式，在过去这几乎是无法实现的。兆级接入速率、VoIP、语音激活呼叫、非平行网络能力、无处不在的"永远在线"接入能力都仅仅是3G开发者们所述的优势中的几个而已。开发3G设备的公司希望，用户无论在开车、行走还是在办公室的时候，都能够使用手机听到现场音乐、浏览交互网页，同时接收到多方的音乐和数据。

正如第1章所描述的，ITU计划推出一个2000 MHz的全球频段[Lib99]，在该频段上为全球建立一个单一的、无处不在的无线通信标准。该计划的名称是"国际移动通信2000"（IMT-2000），旨在帮助解决与2G系统相比出现的各种问题和技术分析。然而，从图2.2和图2.3可以看出，全球统一标准并不现实，因为全球移动通信已经形成了两大阵营：GSM/IS-136/PDC 和 CDMA。

2G CDMA系统的3G演进方向是cdma2000。目前人们开发了多个cdma2000的不同版本，但它们都是基于IS-95和IS-95B技术的。GSM、IS-136和PDC的演进方向是宽带CDMA（W-CDMA），也称为通用移动通信系统（UMTS）。W-CDMA基于两部分，一部分是GSM的网络基础，另一部分是通过EDGE对GSM和IS-136进行融合。可以预见，cdma2000和W-CDMA这两种3G主流技术，在21世纪初期将会普及开来。

表2.3显示了1998年各个组织向IMT-2000递交的提议。从1998年以来，许多标准提议都加入了cdma2000和UMTS（W-CDMA）阵营。人们希望在2002年~2003年能够研制出3G产品。通过浏览GSM世界（www.gsmworld.com）和CDMA发展组（www.cdg.org）的网站，可以实时跟踪3G的发展情况。ITU的IMT-2000标准组织分为两个主要的3G阵营：3GPP（第三代合作伙伴计划，后向兼容GSM和IS-136/PDC，制定CDMA标准）和3GPP2（第三代合作伙伴计划2，后向兼容IS-95，制定cdma2000标准）。

表 2.3　1998 年提议的 IMT-2000 候选标准（摘自[Lib99]）

空中接口	工作模式	双工方式	主要特征
cdma2000 美国 TIA TR45.5	多载波和直接序列扩频。 DS-CDMA，速率为 $N \times$ 1.2288 Mcps 其中 $N = 1,3,6,9,12$	FDD 和 TDD	● 后向兼容 IS-95A 和 IS-95B。下行可采用多载波或直序扩展。上行同时支持两者相结合 ● 在前向信道的天线波束赋形时，辅助载波将帮助下行链路进行信道估计
UTRA （UMTS 地面 无线接入系统） ETSI SMG2 W-CDMA/NA （北美宽带 CDMA） 美国 T1P1-ATIS W-CDMA/ 日本 （宽带 CDMA） 日本 ARIB CDMA II 韩国 TTA WIMS/W-CDMA 美国 TIA TR46.1	DS-CDMA，速率为 N $\times$ 0.960 Mcps 其中 $N = 4,8,16$	FDD 和 TDD	● 宽带 DS-CDMA 系统 ● 后向兼容 GSM/DCS-1900 ● FDD 模式下，下行速率可达 2.048 Mbps ● 最小前向信道带宽为 5 MHz ● 本表列出的标准都具有其独特特性，但是都支持 10 ms 帧结构，每帧 16 个时隙 ● 专用连接的导频比特辅助的前向信道天线波束赋形
CDMA I 韩国 TTA	DS-CDMA，速率为 $N \times$ 0.9216 Mcps 其中 $N = 1, 4, 16$	FDD 和 TDD	● 每个扩频码速率达 512 Kbps，所有的码聚集起来可达 2.048 Mbps
UWC-136 （全球无线通信 论坛）	TDMA，速率达到 722.2 Kbps（室外 / 车 载情况）及 5.2 Mbps （室内，办公环境）	FDD（室外 / 车载情况）和 TDD（室内， 办公环境）	● 后向兼容 IS-136 和 GSM ● 适用于现有的 IS-136 和 GSM ● 下一步将支持自适应天线技术
TD-SCDMA CATT（中国电 信技术研究院）	DS-CDMA 1.1136 Mcps	TDD	● 射频速率达 2.227 Mbps ● TD-SCMA 中基本都采用智能天线技术（但这不是强制要求）
DECT ETSI 项目（EP） DECT	1150 ~ 3456 Kbps TDMA	TDD	● 增强型的 2G DECT 技术

　　世界各国都制定了新的无线频段，这样能在 2004 年 ~ 2005 年部署 3G 网络。ITU 的世界无线电大会（2000）为 3G 制定的频段是 2500 ~ 2690 MHz、1710 ~ 1885 MHz 和 806 ~ 960 MHz。在美国，位于 700 MHz 附近的上行 UHF 电视频段也被制定为 3G 频段。由于 2001 年全球电信经济进入了低迷时期，很多国家（包括美国）在 2001 年末都推迟了 3G 的频段拍卖计划。

　　不过，在 2001 年电信行业进入萧条时期之前，一些欧洲国家已经拍卖了 3G 的频段。其价格之高令人惊叹。2000 年 4 月，英国的首次频段拍卖净赚了 355 亿美元，发放了 5 个全国性的 3G 牌照。同年，德国的拍卖净赚了 460 亿美元，发放了 4 个 3G 牌照[Buc00, pp.32~36]。

2.2.1　3G W-CDMA（UMTS）

　　UMTS 这个理想的空中接口标准始于 1996 年末，是由欧洲电信标准化协会（ETSI）支持的。欧洲的运营商、制造商、政府共同研究了这个标准的早期本版，视其为有竞争力的、第三代无线通信的、开放的空中接口标准。

1998年，ETSI向ITU的IMT-2000组织提交了UMTS标准。当时，人们将其称为UMTS地面无线接入系统（UTRA）。如表2.3所示，UMTS旨在对GSM进行升级，以提供更高的系统容量。2000年左右，很多其他的宽带CDMA（W-CDMA）提议都同意融合为一个W-CDMA标准，称其为UMTS。

UMTS或者说W-CDMA，保证对GSM、IS-136、PDC TDMA技术以及多种2.5G TDMA技术的后向兼容。它保留了网络结构和比特级的GSM数据封装，通过新的CDMA空中接口标准提供了更强的网络能力和带宽。图2.3显示了2G和2.5G TDMA技术如何向统一的W-CDMA演进。现在，W-CDMA标准已经成为3GPP世界组织的研究重点，以前的ETSI仍然在研究这个范畴，而且全球范围内的其他3GPP组织中的制造商、运营商、工程师以及政府都在研究W-CDMA。3GPP组织正在从两个方面来研究W-CDMA，一个是广域无线蜂窝覆盖（使用FDD），一个是室内无线覆盖（使用TDD）。

3G W-CDMA的空中接口是"永远在线"的，因此，计算机、娱乐设备、电话可以共用同一个无线网络，在任何时间、任何地点接入Internet。W-CDMA支持的速率达到每用户2.048 Mbps（假设用户是静止的），因此用户可以获得高质量数据、多媒体、流媒体音频和视频以及广播业务。将来的W-CDMA将为静态用户提供8 Mbps以上的速率，并且提供公共网络和私有网络的特性，支持视频会议和虚拟归属环境（VHE）。W-CDMA的设计者们预期，在全球范围内，可以通过一个便携式无线设备提供广播、移动商务、游戏、交互视频以及虚拟专网等业务。

W-CDMA需要的最小频段是5 MHz，这也是它与其他3G标准的不同之处。虽然W-CDMA支持GSM、IS-136/PDC、GPRS以及EDGE交换设备和应用的后向兼容性，但是其空中接口带宽更高，要求完全更换基站的射频设备。在W-CDMA环境中，单个5 MHz无线信道可以同时提供8 Kbps ~ 2 Mbps的带宽，并且根据天线扇区的划分、传播条件、用户移动速度和天线的极化，每个信道能够同时支持100 ~ 350个语音呼叫。如表2.3所示，W-CDMA使用的可变直序扩频码片速率甚至能够超过每用户每秒16 M码片。显而易见，从系统的角度来看，W-CDMA的频谱利用率比GSM至少提高了6倍[Buc00]。

由于W-CDMA需要更新基站设备，因此其部署将是一个渐进的、长期的过程。因此，在3G的演进道路中，需要双模或者三模手机，能够在2G TDMA、EDGE或者W-CDMA之间自由切换。W-CDMA将于2010年以前完全部署，这样就不再需要后向兼容GSM/GPRS、IS-136、PDC以及EDGE。

2.2.2　3G cdma2000

cdma2000为目前的2G和2.5G CDMA技术提供了一个无缝的面向高速率的演进方案，它在2G CDMA原有的每信道1.25 MHz带宽的基础上使用了搭积木的方法来逐步演进。cdma2000基于IS-95和IS-95A（cdmaOne）CDMA标准以及2.5G IS-95B空中接口，它使得无线运营商在已有系统的基础上逐渐引入一系列新的高速Internet接入能力，同时也保证这些能力与原有的cdmaOne以及IS-95B用户设备保持后向兼容。因此，目前的CDMA运营商可能无需改变基站或者重新分配频谱，就能够提供无缝地、选择性地引入3G功能（[Tie01], [Gar00], [Kim00]）。

cdma2000标准是由通信工业协会（TIA）第45工作组发起，同时经过3GPP2工作组的参与，吸引了全球研究机构的注意。第一个3G CDMA空中接口cdma2000 1xRTT，使用了1.25 MHz无线信道（1X意思是一倍的cdmaOne信道带宽，或者说是仅仅有一个载波的多载波模式）。在ITU IMT-2000中，cdma2000 1xRTT也称为G3G-MC-CDMA-1X。MC代表多载波，RTT代表无线传输技术。为了方便，人们经常略去MC和RTT，仅仅称为cdma2000 1X。

　　cdma2000 1X 支持高达 307 Kbps 的用户速率，根据用户数、用户速度、传输条件的不同，典型速率大概是 144 Kbps。cdma2000 1X 能够支持的语音用户数是 2G CDMA 系统的两倍，并且为用户提供的待机时间达到原有的两倍，从而延长了电池寿命。如表 2.3 所示，cdma2000 目前正朝 TDD（移动无线）和 FDD（室内无线）两种方式发展。

　　通过在原有的 2G 和 2.5G CDMA 标准中引入快速自适应基带信令速率和码片速率（假设通过冗余增加方法）以及多级键控的技术，促进了 cdma2000 1X 的发展。cdma2000 1X 不需要增加射频设备来增强性能，所有的改进都仅限于软件或者是基带硬件。如表 2.2 所示，想要从 2G CDMA 升级到 cdma2000 1X，运营商只需要购买新的骨干网络软件和新的基站信道卡，不需要更换基站的射频系统器件。

　　cdma2000 1xEV 是由高通公司提出的一个 CDMA 的演进系统，它基于 IS-95、IS-95B 和 cdma2000 网络，是一个高速数据速率（HDR）标准。后来，高通公司修改了其 HDR 标准，使其与 W-CDMA 兼容，2001 年 8 月，ITU 将其作为 IMT-2000 的一部分。cdma2000 1xEV 为运营商提供了多种选择，可以选择仅仅安装数据信道（cdma2000 1xEV-DO）或者同时安装数据和语音信道（cdma2000 1xEV-DV）。使用 cdma2000 1xEV 技术，可以采用 1.25 MHz 信道，为选定小区提供高速数据接入。cdma2000 1xEV-DO 可以将无线信道严格地分配给数据用户，并且支持超过 2.4 Mbps 的速率。当然，实际用户的速度与用户数、传播条件有关，因此一般会低于这个速率。一般的用户可以享受每秒几百 K 的速率，这对于浏览网页、收发邮件以及移动商务而言已经足够。cdma2000 1xEV-DV 同时支持语音和数据用户，能够为数据业务提供 144 Kbps 的速率，为语音业务提供两倍于 IS-95B 的信道。

　　CDMA 的 3G 最终解决方案取决于多载波技术，这种技术将相邻的无线信道结合在一起，提供了更高的带宽。cdma2000 3xRTT 将 3 个相邻的 1.25 MHz 信道结合在一起，为用户提供高达 2 Mbps 的速率，当然其实际支持的速率会因用户速度、小区负载和传播环境的影响而发生变化。三个不相邻信道可以同时独立工作，其关系是平行的（不需要新的射频硬件），或者也可以将相邻信道结合成单个 3.75 MHz 的信道（需要新的射频硬件）。由于单用户峰值速率超过 2 Mbps，cdma2000 3X 与 W-CDMA（UMTS）有着相似的带宽。cdma2000 的支持者说，与 W-CDMA 相比，cdma2000 能够为无线运营商提供更为无缝、更为廉价的演进方案，它不需要随着 3G 的演进而改变频谱、带宽、射频设备和空中接口。

2.2.3　3G TD-SCDMA

　　在中国，GSM 是最为普及的无线空中接口标准，而中国无线用户的发展是其他国家无法匹敌的。比如 2001 年末，中国仅仅在一个月之内就增加了 800 万移动用户。在这样庞大的无线业务市场潜力以及中国决心拥有自己的无线通信标准的推动下，中国电信技术研究院（CATT）与西门子公司合作，于 1998 年向 IMT-2000 提交了自己的基于时分同步码分多址接入（TD-SCDMA）技术的 3G 标准。1999 年末，IMT-2000 将此采纳为 3G 标准选项的一部分。

　　TD-SCDMA 基于已有的 GSM 网络，允许 3G 网络通过在 GSM 基站增加高速数据设备来进行演进。TD-SCDMA 结合了 TDMA 和 TDD 技术，在已有 GSM 网络上提供数据覆盖，其数据速率达到 384 Kbps[TD-SCDMA Forum]。TD-SCDMA 的信道是 1.6 MHz，采用了智能天线、空间滤波、联合检测技术，以达到比 GSM 更高的利用率。它使用了 5 ms 的帧，该帧被划分为 7 个时隙，灵活分配给一个高速用户或者几个低速用户。通过使用 TDD，一个帧内部的不同时隙可以用来提供前向信道和反向信道传输。对于不对称流量传输，比如用户下载文件的时候，前向信道比反向信道需要的带宽大，因此就为前向信道提供更多时隙，为反向信道提供较少时隙。TD-SCDMA 的支持者说，TDD 的特性可以让该 3G 标准轻松廉价地加入现有的 GSM 系统。

2.3　无线本地环路（WLL）与LMDS

由于Internet的快速增长，人们希望能够利用宽带接入网络、通过计算机接入商户和家庭。因此对于那些电信基础设施不完善的发展中国家而言，更需要一种廉价的、可靠的、能快速部署的宽带连接，将个人和企业引领到信息时代。实际上，随着VoIP的普及，人们相信今后完全可能通过一个宽带接入为个人和企业提供所有的电信业务，包括电话、电视、广播、传真和Internet。

固定无线接入设备非常适合宽带连接的部署，随着这种方法日趋普遍，它已经能够提供"最后一里"（last mile）的宽带本地环路接入；同时，它也能够作为应急的或者备份的点对点或点对多点私有网络。

与本章所提到的移动蜂窝系统不同，固定无线通信系统可以利用位于固定收发机之间已定义的、时间特性不变的传输信道。此外，现代固定无线系统通常是位于28 GHz（或者更高）的微波或者毫米无线频段，该频段比3G地面蜂窝系统的频段高10倍。高频段的波长更短，这使得高增益的天线能够采用较小体积。高频段的带宽也比较大。在后面的章节可以看到，高增益天线具有空间滤波属性，能够滤去非视距（LOS）方向的多径信号，支持大范围（每秒几十兆到几百兆）的宽带传输且不产生失真。同时，由于固定无线接入终端的载频非常高，无线信道近似于光纤信道，这意味着只要你能看见这个天线，就能和它通信。相反，如果你看不见天线，就不能与之通信。因此，固定无线网络在非常高的微波频率下，只有在用户和中心站之间没有障碍物的情况下可以通信，比如在地势相对平坦的郊区或者农村。

微波无线链路可以创建一个无线本地环路（WLL），如图2.4所示。在第10章，本地环路可以看成是远程通信网的"最后一里"，它位于中心办公室（CO）和其附近的居民区以及商业区之间。在大多数发达国家，居民区和商业区已经安装了铜缆或者光缆。然而，在大多数发展中国家，电缆价格昂贵，安装时间长达几个月甚至几年。而无线设备通常只需几个小时就能够部署。WLL技术的另一个好处在于，一旦支付了无线设备，在CO和客户端设备（CPE）之间的传输就不需要额外的开销；而对于埋在地下的电缆而言，用户通常要每个月从业务提供商或设备公司那里租用。因此，WLL系统有望与快速发展的、基于铜线的数字用户环路（DSL）技术相竞争[Sta99]。

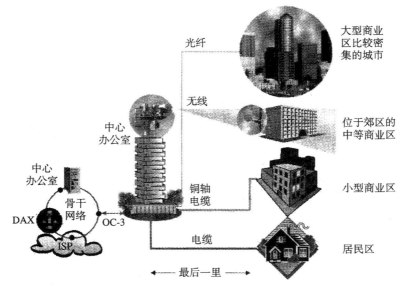

图2.4　宽带业务蓬勃发展的应用和市场（Harris公司授权使用，©1999，版权所有）

　　WLL技术备受各国的青睐，已成为提高效率、推进竞争、促进电信业务发展的重要技术手段。新兴业务的广泛应用已经进入日程，目前正处于商用阶段的初期。这些新兴业务包括本地多点分配业务（LMDS），它支持本地电话局的宽带远程访问（[Cor97]，[And98]，[Xu00]）。

　　1998年，美国政府拍卖了27～31 GHz内的1300 MHz未使用频段，用以支持LMDS。其他国家也相继举行了类似的拍卖会。图2.5阐述了不同国家的频谱分配情况。我们可以发现，在大多数国家，LMDS与Teledesic是共享带宽的，该带宽由ITU世界无线电大会批准，旨在支持宽带卫星系统。该带宽最初是为摩托罗拉Iridium系统创建的，后来又融合到了Teledesic系统。然而不尽人意的是，直到2001年下半年，宽带低轨卫星业务（LEO）仍然没有实现商用。

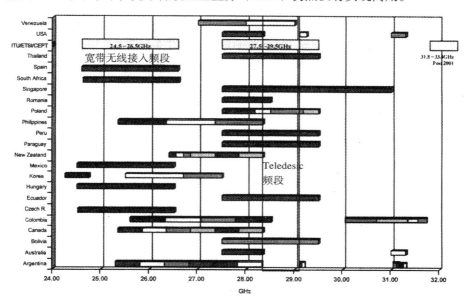

图2.5　全球宽带无线频谱的分配情况（Ray W. Nettleton 授权使用，Formus Communications 授权复制该图片）

　　图2.6向我们展示了诸如LMDS这样的固定无线业务的带宽分配情况，以及对于无线运营商而言，这些牌照意味着怎样的、前所未有的机遇。该图比较了美国于1983年到1998年期间，各种无线通信业务占用的频谱带宽。图2.6也表明，不需要授权频带的WLAN可以使用59～64 GHz范围的频谱。

　　美国的LMDS带宽为27.5～28.35 GHz、29.1～29.25 GHz和31.075～31.225 GHz。IEEE 802.16标准委员会正在为固定带宽无线接入制定互操作标准。在欧洲，采用了一个类似的标准——HIPERACCESS标准，它由宽带无线接入网（BRAN）标准委员会制定，其工作频率是40.5～43.5 GHz，使用TDMA技术。同时HIPERLINK为HIPERLAN和HIPERACCESS提供了高速短距离的连接，大约在150 m内提供155 Mbps的速率，计划在17 GHz频段开始运营。

　　在图2.6中，每一个矩形面积都与具体业务分配的无线频谱成比例。比如，美国蜂窝业务于1983年首次发布，目前占50 MHz的带宽。PCS业务占150 MHz的带宽。无需授权频带的国际信息基础设施波段（UNII）占用300 MHz的带宽（将在2.4节讨论）。但是，LMDS的带宽居然有1300 MHz之多，这足以为200多个广播电台提供电视频道或者提供65 000个全双工语音频道。然而，从所有美国LMDS牌照拍卖中的获益仅有5亿美元，与3年前从PCS中获得的30亿美元收益相比简直微不足道。市场的差别取决于这样一个事实：LMDS是一个新兴业务，没有得到广泛认可，而且毫米级的微波设备价格仍然很昂贵。然而，应用于WLL的LMDS超宽带的能力总有一天会证明它是有价值的。60 GHz 范围内的免费频谱使得人们降低了毫米级微波电子设备的成本，从而吸引了更多的消费者。

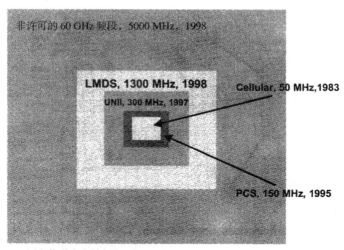

- 语音信道占有的频段 ≈ 10 kHz
- TV 信道占有的频段 ≈ 5 MHz

图 2.6　美国的不同通信业务的频谱分配比较。矩形面积代表每一种业务分配的带宽比例

　　LMDS 的最大前景在于本地电话运营商（LEC）网络。图 2.7 给出了典型的网络配置。LEC 拥有一个骨干交换中心，其带宽巨大，采用异步传输模式（ATM）或者同步光网络（SONET），能够以每秒数百兆的流量连接 Internet、PSTN 或私有网络。只要存在 LOS 路径，即使用户没有租用或者安装电缆，LMDS 也允许 LEC 通过安装无线设备来获得高速宽带连接。

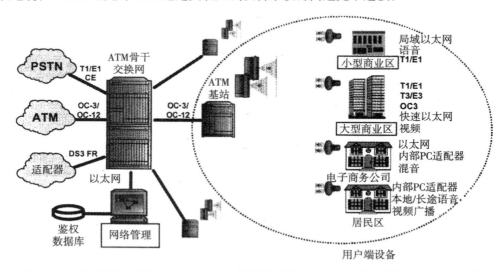

图 2.7　一种采用异步传输模式（ATM）部署的无线竞争本地电话运营商（CLEC）网络

　　遗憾的是，要为毫米级的微波固定无线连接保持固定的无线连接，视距传输并不是惟一的要求。雨、雪和冰雹等天气情况都将改变发送方和接收方之间的信道增益。在[Xu00]中，对各种短跳的固定无线链路在各种天气情况下进行了深入的实验研究,测试了天气对于信号丢失和多径的影响。

在[Xu00]中,创立了一种为在任意天气和建筑物环境中的固定无线链路精确预测接收功率和多径时延的方法。来自[Xu00]的图 2.8 显示了不同天气情况下,工作在 38 GHz 的固定无线设备在 605 m 的距离处实际接收到的功率电平(作为预测函数)。我们发现,晴天的接收信号电平是 –47 dBm;在降雨量达到 40 mm/h 时,接收信号降到 4.8 dB ~ –51.8 dBm;而在暴风雪的天气下,接收信号降到 –72.7 dBm,比晴天损失了 25.7 dB。

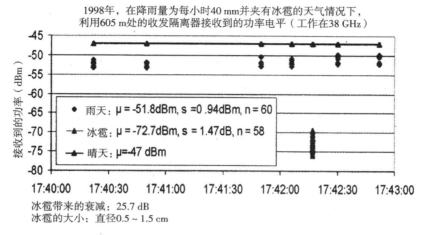

图 2.8　工作在 38 GHz 的固定无线链路于晴天、雨天和冰雹天在605 m 距离处测量到的接收的功率电平([Xu00], ©IEEE)

　　图 2.9 显示了接收功率与雨速的直接关系。注意到在 41 分钟内,接收信号电平浮动了 27 dB 左右。正如第 4 章和第 5 章中所述,在设计固定的无线网络的时候,应该根据某地的天气情况估计出统计的衰减值,继而能够计算在当地的降雨模式和降雨特征下网络的终端概率。

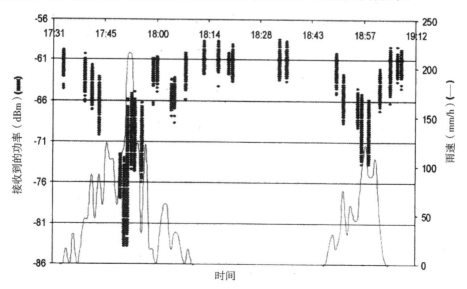

图 2.9　测量到的接收功率与雨速的关系,工作频率为 38 GHz([Xu00], ©IEEE)

2.4　无线局域网（WLAN）

如图 2.6 所示，1997 年美国联邦通信委员会（FCC）分配了 300 MHz 非许可的频谱。其中，5.150～5.350 GHz 分配给工业科学和医药（ISM），5.725～5.825 GHz 分配给低功率自由许可证扩频数据通信。这些频段称为无需许可证的国家信息基础设施波段（UNII）。

FCC 于 20 世纪 80 年代中期又分配了一些非许可的频段。20 世纪 80 年代后期，FCC 首次分配了 FCC 规则中第 15 部分的自由频段，将 902～928 MHz、2400～2483.5 MHz 分配给低功率扩频设备，将 5.725～5.825 MHz 分配给 ISM 频段。

通过分配自由频段，FCC 旨在鼓励扩频知识、扩频设备、个人 WLAN 的所有权以及其他有利于个人通信市场开发的低功率设备的竞争发展。IEEE 802.11 WLAN 工作组成立于 1987 年，它一直致力于 ISM 频段的扩频标准化工作。尽管频谱不受限制，业界也有着强烈兴趣，但直到 20 世纪 90 年代，当网络互连现象更加普及、便携电脑应用更加广泛的时候，WLAN 才成为现代无线通信市场中一个重要的快速增长点。IEEE 802.11 最终于 1997 年标准化，并为采用 11 Mcps DS-SS 技术和 2 Mbps 用户速率（在噪声环境下降至 1 Mbps）的 WLAN 制造商提供了 WLAN 设备之间的互操作标准。随着标准得到广泛认可，众多的制造商开始遵照互操作性原则，相关的市场也得到迅猛发展。在 1999 年，802.11 高速数据速率标准（称为 802.11b）得到认可，能够为用户提供高达 11 Mbps 和 5.5 Mbps 的速率。此外，它仍然保留了最初的 2 Mbps 和 1 Mbps 速率。

图 2.10 阐述了 IEEE 802.11 WLAN 标准的演进过程，其中包括红外线通信。图中也说明了最初的 IEEE 802.11（用户吞吐量为 2 Mbps）标准中使用的跳频和直接序列扩频方法。但到了 2001 年后半年，只有直接序列扩频（DS-SS）调制解调器继续得到发展，其用户速率达到 11 Mbps。图 2.10 中没有给出 IEEE 802.11a 标准，该标准工作在 5 GHz 频段，速率能够达到 54 Mbps。无线以太网兼容联盟（WECA）将 DS-SS IEEE 802.11b 标准命名为 Wi-Fi,，它采用 802.11b DS-SS WLAN 设备，并在供应商之间实现了互通。IEEE 802.11g 是在 2.4 GHz（802.11b）和 5 GHz（802.11a）带宽下发展的 CCK-OFDM 标准，此标准在公共 WLAN 网络下支持漫游和双重带宽，同时向后兼容 802.11b 技术。

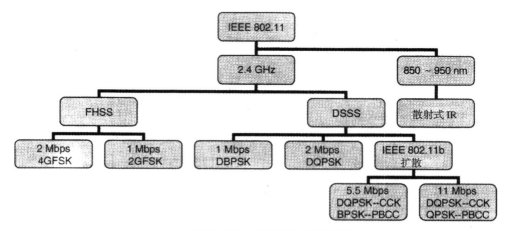

图 2.10　IEEE 802.11 无线局域网标准概述

IEEE 802.11 的跳频扩频（FH-SS）支持者已经制定出支持跳频设备的 HomeRF 标准。2001 年，HomeRF 制定了 10 Mbps FH-SS 标准，即 HomeRF 2.0。该标准并没有多大价值，因为 WLAN 的 DS 和 FH 都必须工作在与用户设备相同的非许可频段上，这些用户设备包含无绳电话、婴儿监视器、蓝牙设备以及其他的 WLAN 用户。DS 和 FH 供应商都声称，在这样的无线环境下，他们具有比别人更多的优势[Are01]。图 2.11 显示了种类丰富的 CISCO Aironet WLAN 产品。表 2.4 列出了在 2.4 GHz 的带宽频段下，为 DS 和 FH WLAN 分配的国际信道。

图 2.11　广泛使用的 802.11b WLAN 设备图。接入点和用户卡设备显示在左边，PCMCIA 用户卡显示在右边（Cisco 公司授权使用）

图 2.12 描述了 WLAN 专用信道，在 IEEE 802.11b 标准中对此有详细的介绍，其带宽为 2400 ~ 2483.5 MHz。所有的 WLAN 设备在出厂时都能够支持工作在几个专用信道上。在安装 WLAN 系统的时候，网络运营商再为其指定一个具体的信道。信道设计对于密集型 WLAN 网络安装非常重要，因为必须保证相邻接入点之间的工作频率相互分离，避免相互干扰以至于降低性能。正如第 3 章所述，所有的无线系统设计之初都必须考虑到干扰和传播环境——应该以严谨的态度部署WLAN，系统、合理地安排发射机的位置和频率，并最小化干扰。虽然 WLAN 一开始就设计在多干扰环境中，一些制造商可能也对网络规划漠不关心，但事实上在重负荷环境中，如果接入点部署合理，可以大大降低开销、提高用户速率，这种提升效果甚至可以达到几个数量级。[Hen01]中的研究表明，当接入点或终端位于干扰发射机附近或者在没有认真规划频率的时候，用户吞吐量性能将发生急剧变化。

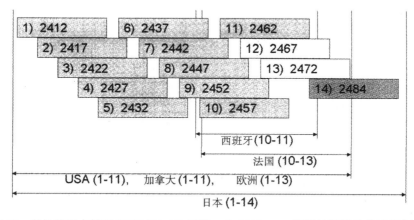

图 2.12　世界范围内针对 IEEE 802.11b 标准，在 2400 MHz 频段处提供的信道规划方案

使用计算机辅助设计（CAD）和诸如 Wireless Valley 设计的 SitePlanner[Wir01]这类预测软件，能够迅速无误地部署WLAN，而且不需要进行现场实验。通过在计算机里输入建筑物或者校园的设计图，传播建模技术能够根据无线信号强度和干扰预测算法立即预测用户的数据吞吐量[Hen01]。图 2.13 阐述了快速找到 WLAN 接入点最佳部署位置的方法，这种方法根本不需要设计者进入建筑物内。通过使用一个交互式的程序，网络维护人员能够在部署网络之前，快速分配和配置信道，同

时找到接入点的最佳位置。事实上，可以在任何物理环境中快速配置email和Internet通信结点。部署完成后，该CAD环境能够存储已确定的确切物理位置、成本和维护记录以及具体的信道分配情况，以便将来在网络扩容时进行修改。

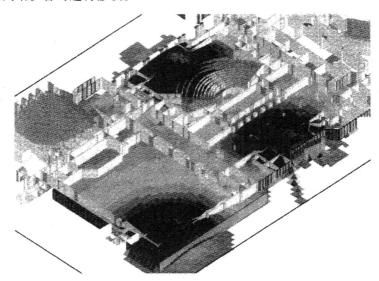

图 2.13　在报告厅内对于三个接入点的预测覆盖分布图（Wireless
Valley Communications 授权使用，©2000，版权所有）

图2.13显示的是某大学的一个报告厅内实际部署WLAN网络的覆盖情况。学生们通过Internet，使用CAD设计工具，不到10分钟就完成了部署。然后，依照其初步设计部署各个接入点。他们带着CAD设备在大楼里走动，通过测试网络性能证明了这一设计的可用性。在30分钟内，学生们测试并存储了所有接入点附近不同位置的实际用户速率和时延（由于传输时会造成的信息丢失和干扰），从而证实了他们的设计。本次现场测试中，学生们根据大楼的电子设计图追踪实际的测试结果，同时记录了所有测试、预测和系统参数（比如采用的信道分配方案、接入点的位置）。在[Hen01]中，SitePlanner 设计环境结合了 WLAN测试产品（LANFielder 和 SiteSpy），从而提供了一种新型有效的方法，可以测量并收集现场信息，快速验证网络性能，优化 WLAN设计。随着 WLAN不断发展和干扰的增多，拥有设计网络部署、存储结果的环境将非常重要，而这个环境应当能够根据测量的反馈进行优化。图2.14 显示了[Hen01]进行的一个测试实验，该实验的目的是得到用户数据速率和信号强度与干扰之间的关系函数。

20 世纪 90 年代中期，欧洲出现了高性能无线局域网（HIPER-LAN）标准，它致力于提供与 IEEE 802.11 相似的能力。HIPERLAN 旨在为计算机通信提供个人无线 LAN，其频率为 5.2 GHz 和 17.1 GHz。HIPERLAN 提供 1～20 Mbps 的异步用户数据速率，同时提供具有时间限制的 64 Kbps 到 2.048 Mbps 的消息传输。HIPERLAN 工作在 35 km/h 以上的车速环境中，提供 50 m 范围内的 20 Mbps 速率。

随着 WLAN 行业的起步，欧洲、北美和日本的标准组织开始协调频谱分配和终端用户的数据速率。在 1997 年，欧洲的 ETSI 为宽带无线接入网（BRAN）建立了一个标准委员会。BRAN 的目标是开发宽带 WLAN 的协议族，这些协议能够保证用户互通，适用于小范围（比如 WLAN）和大范围（比如固定无线）组网。HIPERLAN/2 已经成为欧洲 WLAN 的下一代标准，可以在不同的网络中提供 54 Mbps 的用户数据，包括 ATM 核心网、IP 网和 UMTS 核心网。HIPERLAN/2 预计工作在 5.15 ~ 5.35 GHz 的 ISM 带宽。与此同时，日本的多媒体移动接入通信系统（MMAC）已经研究出高速率（25 Mbps）的 WLAN 标准，它工作在 5.15 ~ 5.35 GHz 的带宽。

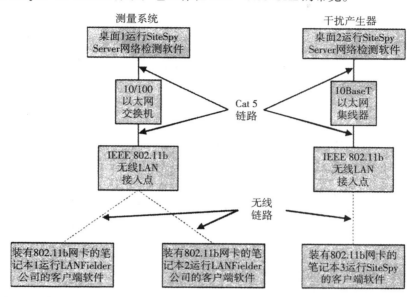

图 2.14　在 WLAN 网络中确定收到的干扰是如何影响终端用户的性能试验示意图 [Hen01]。[Hen01] 的试验阐明了在使用盲预测的多节点网络中，使用 CAD 预测和环境测量能够准确快速地对终端用户的吞吐量进行预测。在建筑物和校园中的 WLAN 网络内，随着用户密度的增加这种能力是至关重要的

随着无线数据速率的提高，全球标准开始融合，WLAN 的新应用不断出现。很多公司都提出了公共 LAN（publan）的概念。在这个概念中，全国性的无线 Internet 服务提供商（WISP）在选定的宾馆、饭店、机场和咖啡厅建立全国性的 WLAN 接入点的基础网络结构，用户如果想保持长期的 Internet 接入，则需要按月缴纳费用。近来还有一种观点认为，WLAN 可以提供家庭和公司的最后 100 m 接入，作为固定无线接入和 IMT-2000 的竞争者。当然，WLAN 硬件的价格远低于 3G 基站和固定无线微波设备。但是，WLAN 频谱是非许可频段的，如果没有合理的频率计划和无线工程，混乱的 WLAN 部署必将有饱和的一天。这样又重新提出了对于 WLAN 部署策略的需求，要求部署的时候基于传输和干扰条件，如图 2.13 所示。

如果能将 WLAN 接入点装在沿街的灯柱上，未来的 WLAN 系统可以工作在居民区，这将是很有意义的。如图 2.15 所示，有三个住户居住在树木繁茂的地带。在 [Dur98] 中，在 5.8 GHz 的带宽下，对不同植被的地区使用的街道灯柱发射机进行了测量。依照 WLAN 信号的强度测量房屋接收到的信号，包括室外（在屋顶高度安装的 CPE 天线）和室内（与人高度相同，代表无绳电话或者便携电话的天线）。图 2.16 显示了对于室内的不同高度的天线，实际测量到的路径损耗值。注意，安装在街道上的发射机位于图 2.16 的左下角。可以看出厨房的信号（51.2 dB）比前门信号（39.6 dB）要低 11.5 dB，后阳台的信号是 18.1 dB，也比前门的信号弱。

了解这个房屋和相邻地区的具体信号损耗值，对决定覆盖结果、性能和预期系统的开销至关重要。[Dur98]、[Mor00]、[Hen01] 和 [Rap00] 对覆盖范围给出了精确的预测，通过精确的设计图信息，可以很容易地计算出 WLAN 的终端用户性能、基础设施开销和整个网络性能 [Dur98]。

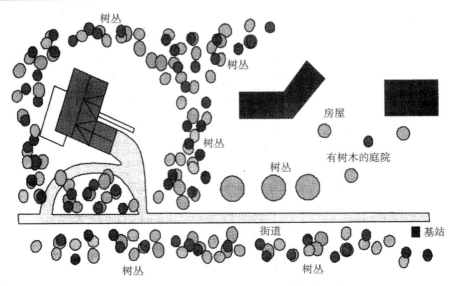

图 2.15　一个能够开展高速免费 WLAN 业务的典型的居民区[Dur98b]

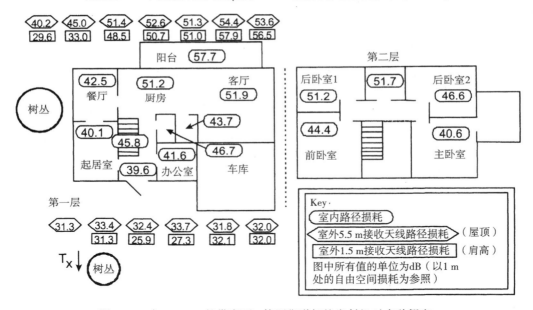

图 2.16　在 5.8 GHz 的带宽下，使用街道灯柱发射机对多种假定
的用户天线进行路径损耗的测量（[Dur98] ©IEEE）

2.5　蓝牙和个域网（PAN）

　　在过去的 20 年中，无线技术产生了革命性的飞跃。近年来，电子制造商们意识到，用户对于"将有线变为移动"有着巨大的需求。利用隐形、低功耗、小范围的无线连接，取代笨重的线缆（比如打印机电缆、耳机线、计算机到鼠标间的电线）将提高组网的灵活性，从而使人们的生活更加方便。并且无线连接可以让人们方便地移动设备，也能够在个人之间、设备之间和其生活环境之间实现协作通信。

蓝牙是个开放的标准，已得到1000多家电子器件制造商的认同。它采用ad-hoc方式，使得不同的设备在10 m内能够正常通信。蓝牙得名于King Harald Bluetooth，他是10世纪的海盗，统一了丹麦和挪威；而蓝牙标准旨在为个人工作台上的所有设备提供统一的连接[Rob01]。

蓝牙工作在2.4 GHz ISM频段（2400～2483.5 MHz），每个无线信道使用跳频TDD方案。每一个蓝牙无线信道为1 MHz，跳频速率为1600跳/秒。每个单独的分组通过一个时隙传输，时隙大小为625 μs。对于较长的数据，用户可以在相同的传输频率下占用多个时隙，因此其跳频速率低于1600跳/秒。每个蓝牙用户的跳频是由长度为$2^{27}-1$的循环代码决定的，使用GFSK调制，每个用户速率为1 Mbps。该标准用来实现强干扰环境下的数据传输，并通过一系列前向纠错控制编码（FEC）和自动重传请求（ARQ）而使其误比特率（BER）达到10^{-3}。

不同的国家为蓝牙分配了不同的信道。美国和多数欧洲国家使用FHSS 2.4 GHz ISM频段，请参见表2.4。该表列出了各个国家定义的蓝牙标准，支持多种应用和设备以及个域网（PAN）的潜在应用。音频、文本、数据甚至视频在蓝牙标准中都能够适用[Tra01]。图2.17对蓝牙的概念进行了描述，说明了通过IEEE 802.11b网关连接Internet的可行性。

表2.4　IEEE 802.11b中关于DS-SS和FH-SS的WLAN系统的信道

国家	可用的频率范围	可用的DS-SS信道	可用的FH-SS信道
美国	2.4～2.4835 GHz	1~11	2~80
加拿大	2.4～2.4835 GHz	1~11	2~80
日本	2.4～2.497 GHz	1~14	2~95
法国	2.4465~2.4835 GHz	10~13	48~82
西班牙	2.445~2.4835 GHz	10~11	47~73
其余欧洲各国	2.4～2.4835 GHz	1~13	2~80

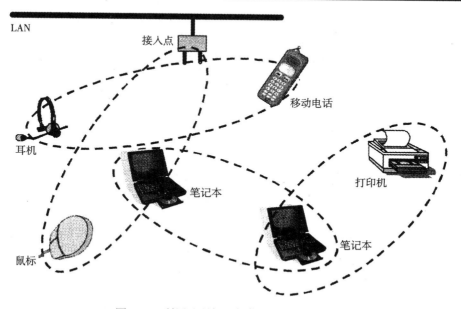

图 2.17　利用蓝牙标准提供个域网的例子

IEEE 802.15标准委员会已经成立，为蓝牙、连接手持PC的PAN、PDA、手机、投影仪和其他设备的开发提供了一个国际论坛[Bra00]。随着可穿戴式计算机（wearable computer）技术的飞速发展，比如 PDA、手机、智能卡和定位器，PAN 技术可能引领我们迈向新的远程救援和远程监测时代，使我们能够随时了解到人们生活的整个世界。

2.6　小结

本章对当今世界范围内发展的现代无线通信网络进行了概要性的描述。从移动电话到宽带无线接入，从教学大楼内到校园的各个角落，显而易见，在 21 世纪无线通信技术将成为无处不在的信息传输方式。本章描述了在第二代移动通信标准向第三代标准的演进过程中涉及的所有主流的无线技术，其中还阐述了作为中间过渡的 2.5G 数据解决方案。随后，本章讲述了当前宽带微波系统的技术发展水平，展望了作为对现存的光纤骨干网络补充的无线 LMDS 宽带网络的发展前景。接着，本章重点讲述了当前 WLAN 的发展，以及 WLAN 从不兼容低数据速率设备到成为数百万兆功率标准网络的演进历程，提出了目前 WLAN 的标准化情况。最后，本章描述了蓝牙技术的产生以及 PAN 的概念。基于以上描述，读者能够对无线通信的市场前景以及多种无线技术有比较深入的理解。掌握了这样的基础之后，读者可以继续学习与无线系统有关的基本技术。本书的其余章节将描述无线系统的基本技术。

2.7　习题

2.1　在你工作的地方，能够使用多少种现代无线通信网络？举出几种业务类型和技术类型以及业务提供商的名字，并说出这些无线接入设备供应商的名字。

2.2　在你家中，能够使用多少种现代无线通信网络？举出几种业务类型和技术类型以及业务提供商的名字，并说出这些无线接入设备供应商的名字。

2.3　请绘制一张表，列出所有的 2G、2.5G 和 3G 移动电话标准。请详细阅读最新的规范和相关文献，给每一个标准填入下列参数：(a)射频信道带宽；(b)峰值数据速率；(c)典型的数据速率；(d)研究组织；(e)最大并发用户数；(f)调制类型。

2.4　找出已通过的 IMT-2000 的所有空中接口标准。简要描述其技术特征，并讨论每种标准的政治和商业驱动力。你最喜欢的 IMT-2000 是哪一种？并阐明理由。

2.5　在欧洲、日本和北美的无线局域网设备允许使用的 2 ~ 6 GHz 的范围内，列出非许可频段和信道分配计划。在非许可频段，国际频率的兼容性对空中接口标准的发展有什么影响？

2.6　美国有一家无线运营商，已经确立了相关的频段，但是他们宣布其长远计划是放弃 IS-136 北美数字蜂窝标准，而采用在 GSM 上发展起来 W-CDMA 第三代标准，这是为什么？请仔细考虑以下商业、政治和技术因素的影响：(a)是否能够从制造商那里获得低成本的设备；(b)是否与美国的其他无线运营商兼容；(c)是否与其他国家的无线运营商兼容；(d)是否具有业内认可的设备，提供快速的 3G 能力；(e)其工程人员是否具有足够的经验；(f) 成本和基础设施的维护开销有多少；(g)其他因素。

2.7　如果一个 IS-136 网络运营商希望提供相对高速的 Internet 业务，他只能选择采用 GPRS，或者他也可能选择改变原有的网络结构，转向 GSM 网络，继而采用 GSM 网络中的多种选择。请查阅文献，研究 IS-136 运营商目前的 GPRS 发展现状。根据你的研究，考虑到价格、可用性和用户感受，你认为对于这些运营商而言，怎样的选择才是最明智的？

2.8　比较和对比每一种主流 2G 标准衍生的各种 2.5G 技术。哪种技术接入 Internet 的速率最大？这个速率是真正的用户速率，还是瞬时的峰值速率？哪种技术最易于在现有的手持设备上实现？哪种技术最适合实时接入网络？

2.9　多载波传输如何影响运营商分配资源，从而适应不断增长的用户数以及满足用户对于语音之外的数据业务需求？在蜂窝网络中，如果大量使用HSCSD将如何影响移动运营商分配基站的信道？如果在蜂窝网络上快速采用VoIP，将对拥塞情况有怎样的影响？请做出解释。

2.10　在EDGE中，提供给单个用户的最大瞬时数据速率是多少？假设在单个GSM信道的单个时隙是可用的。

2.11　在 IS-95B 中，如果一个用户得到四个信道，其最大瞬时速率是多少？

第3章 蜂窝的概念：系统设计基础

早期移动通信系统的设计目标，是使用安装在高塔上的、单个的大功率发射机来获得一个大面积的覆盖。虽然这种方式能获得很好的覆盖，但它同时意味着在系统中不能重复使用相同的频率，因为复用频率将导致干扰。例如，20世纪70年代纽约的贝尔移动系统最多能在1000平方英里①内同时提供12个呼叫[Cal88]，而政府部门已不能通过频率分配来满足移动服务增长的需求。这样，调整移动通信的系统结构，以使其通过有限的无线频率获得大容量的通信，同时又能覆盖大面积的范围，已迫在眉睫。

3.1 概述

蜂窝概念是解决频率不足和用户容量问题的一个重大突破。它能在有限的频率资源上提供非常大的容量，而不需要在技术上进行重大修改。蜂窝概念是一种系统级的概念，其思想是用许多小功率的发射机（小覆盖区）来代替单个的大功率发射机（大覆盖区），每一个小覆盖区只提供服务范围内的一小部分覆盖。每个基站分配整个系统可用信道中的一部分，相邻基站则分配另外一些不同的信道，这样所有的可用信道就分配了数目相对较小的一组相邻基站。如果给相邻的基站分配不同的信道组，那么基站之间（以及在它们控制下的移动用户之间）的干扰就最小。通过系统地分配整个系统的基站及它们的信道组，可用信道就可以在整个系统的地理区域内分配；而且可以尽可能地复用，只要基站间的同频干扰低于可接受水平。

随着服务需求的增长（例如，某一特殊地区需要更多的信道），基站的数目可能会增加（同时为了避免增加干扰，发射机功率应相应地减小），从而提供更多的容量，但没有增加额外的频率。这一基本原理是所有现代无线通信系统的基础，因为它通过整个覆盖区域复用信道，就可以实现用固定数目的信道为任意多的用户服务。此外，蜂窝概念允许在一个国家或一块大陆内，对于每一个用户设备都做成使用同样的一组信道，这样任何的移动终端都可在该区域内的任何地方使用。

3.2 频率复用

蜂窝无线系统依赖于整个覆盖区域内信道的智能分配和复用[Oet83]。每个蜂窝基站都分配一组无线信道，这组信道用于称为"小区"的一个小地理范围内，该信道组所包含的信道不能在其相邻小区中使用。基站天线的设计要做到能覆盖某一特定小区。通过将覆盖范围限制在小区边界以内，相同的信道组就可用于覆盖不同的小区。要求这些同信道组的小区两两之间的距离足够远，从而使其相互间的干扰水平在可接受的范围内。为整个系统中的所有基站选择和分配信道组的设计过程称为频率复用或频率规划[Mac79]。

图3.1说明了蜂窝频率复用的思想，图中标有相同字母的小区使用相同的信道组。频率复用设计是基于地图的，指明在什么位置使用了不同的频率信道。图3.1给出了概念上的六边形小区，这是简化的基站覆盖模型，因为六边形的蜂窝系统分析起来比较简单、易于处理，所以被广泛接受。实际上一个小区的无线覆盖是不规则的形状，并且取决于场强测量和传播预测模型。虽然实际小区的形状是不规则的，但需要有一个规则的小区形状来用于系统设计，以适应未来业务增长的需要。

---

① 1英里 = 1.609 公里。

可能某些人会很自然地想到用一个圆来表示一个基站的覆盖范围，但是相邻的圆不可能没有间隙或没有重叠地覆盖整张地图。因此，当考虑要覆盖整个区域而没有重叠和间隙的几何形状时，只有三种可能的选择：正方形、等边三角形和六边形。小区设计应能为不规则覆盖区域内的最弱信号的移动台服务，具有代表性的是处于小区边界的移动台。如果多边形中心与它的边界上最远点之间的距离是确定的，那么六边形在这三种几何形状中具有最大的面积。因此，如果用六边形作为覆盖模型，那么可用最少数目的小区就能覆盖整个地理区域，而且，六边形最接近于圆形的辐射模式，全向基站天线和自由空间传播的辐射模式就是圆形的。当然，实际的小区覆盖形状取决于这样的一条轮廓线，在这条线上，某一给定的发射机能成功地为移动台服务。

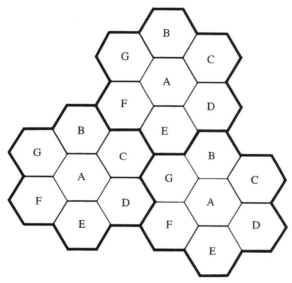

图 3.1　蜂窝频率复用思想的图解。标有相同字母的小区使用相同的频率集。小区簇的
　　　　外围用粗线表示，并在覆盖区域内进行复制。在本例中，小区簇的大小 N 等于
　　　　7，频率复用因子为 1/7，因为每个小区都要包含可用信道总数的七分之一

当用六边形来模拟覆盖范围时，基站发射机或者安置在小区的中心（中心激励小区），或者安置在六个小区顶点中的三个之上（顶点激励小区）。通常，全向天线用于中心激励小区，而扇行天线用于顶点激励小区。实际上，一般不允许基站完全按照六边形设计图案来安置，大多数的系统设计都允许将基站安置的位置与理论上理想的位置有 1/4 小区半径的偏差。

为了理解频率复用的概念，考虑一个共有 S 个可用的双向信道的蜂窝系统。如果每个小区都分配 k 个信道（ $k < S$ ），S 个信道在 N 个小区中分为各不相同的、各自独立的信道组，而且每个信道组有相同的信道数目，那么可用信道的总数可表示为

$$S = kN \qquad\qquad (3.1)$$

共同使用全部可用频率的 N 个小区称为一个簇。如果簇在系统中复制了 M 次，则双向信道的总数 C 可以作为容量的一个度量：

$$C = MkN = MS \qquad\qquad (3.2)$$

从式(3.2)中可以看出，蜂窝系统的容量直接与簇在某一固定范围内复制的次数成比例。因数 N 称为簇的大小，典型值为 4、7 或 12。如果簇的大小 N 减小而小区的大小保持不变，则需要更多的簇来覆盖给定的范围，从而获得更大的容量（ C 值更大）。一个大簇意味着小区半径与同频小区间

距离的比例更小，同频干扰就会降低。相反，一个小簇意味着同频小区间的距离更近。N的值表示在保持令人满意的通信质量时移动台或基站可以承受的干扰。从设计的观点来看，期望N取可能的最小值，目的是为获得某一给定覆盖范围上的最大容量（使式(3.2)中的C取值最大）。蜂窝系统的频率复用因子为$1/N$，因为一个簇中的每个小区都只分配到系统中所有可用信道的$1/N$。

　　由于六边形几何模式（见图3.1）有6个等同的相邻小区，并且从相邻小区连接到任意小区中心的线可分成多个60°的角，这样就生成了确定的簇大小和小区布局。为了满足小区簇拼接的平面覆盖需求——相邻小区间无缝隙，每一个簇中小区的数目N必须满足式(3.3)：

$$N = i^2 + ij + j^2 \tag{3.3}$$

其中，i和j为非零整数。为了找到某一特定小区的相距最近的同频小区，必须按照以下步骤进行：(1)沿着任何一条六边形链移动i个小区；(2)逆时针旋转60°再移动j个小区。请参见图3.2中的图示，其中$i=3$、$j=2$（$N=19$）。

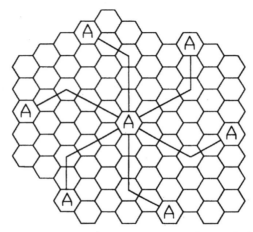

图3.2　在蜂窝系统中定位同频小区的方法。在这个例
子中，$N=19$（$i=3$，$j=2$）（[Oet83] © IEEE）

例3.1　一个FDD蜂窝电话系统，总带宽为33 MHz，使用两个25 kHz作为双向的话音和控制信道，当系统为(a)4小区复用、(b)7小区复用、(c)12小区复用的情况时，计算每一小区中可用信道的数目。如果其中已有1 MHz作为控制信道使用，确定在以上三种系统中，每一个小区的控制信道和话音信道的均匀分配方案。

解：
已知：总带宽 = 33 MHz
信道带宽 = 25 kHz × 2单向信道 = 50 kHz/双向信道
总的可用信道 = 33 000/50 = 660个信道

(a) $N = 4$
　　每个小区的信道数目 = 660/4 ≈ 165个信道
(b) $N = 7$
　　每个小区的信道数目 = 660/7 ≈ 95个信道
(c) $N = 12$
　　每个小区的信道数目 = 660/12 ≈ 55个信道

当控制信道占用 1 MHz 频谱时，意味着控制信道占用了 660 个可用信道中的 1000/50 = 20 个，要均匀地分配控制和话音信道，只需简单地在任何地方给每个小区分配相同数目的信道。在这里，660 个信道必须均匀地分配给簇中的小区。实际上，只有 640 个信道需要分配，因为控制信道是独立地分配给每一个小区的。

(a) $N = 4$ 时，每个小区可以有 5 个控制信道和 160 个话音信道。然而，在实际中，每个小区只需一个控制信道（控制信道的复用距离比话音信道的大）。因此，每个小区就分配一个控制信道和 160 个话音信道。

(b) $N = 7$ 时，其中 4 个小区的每一个可以有 3 个控制信道和 92 个话音信道，2 个小区的每一个可以有 3 个控制信道和 90 个话音信道，还有一个小区可以有 2 个控制信道和 92 个话音信道。然而，实际情况是每个小区有一个控制信道，其中的 4 个小区各有 91 个话音信道，另外 3 个小区各有 92 个信道。

(c) $N = 12$ 时，其中 8 个小区的每一个可以有 2 个控制信道和 53 个话音信道，4 个小区的每一个可以有 1 个控制信道和 54 个话音信道。然而，在一个实际的系统中，每个小区有 1 个控制信道，其中 8 个小区各有 53 个话音信道，另外 4 个小区各有 54 个话音信道。

3.3　信道分配策略

为了充分利用无线频谱，必须要有一个能实现既增加用户容量又以减小干扰为目标的频率复用方案。为了达到这些目标，已经发展了各种不同的信道分配策略。信道分配策略可以分为两类：固定的和动态的。选择哪一种信道分配策略将会影响系统的性能，特别是在移动用户从一个小区切换到另一个小区时的呼叫处理方面（[Tek91], [LiC93], [Sun94], [Rap93b]）。

在固定的信道分配策略中，给每个小区分配一组事先确定好的话音信道。小区中的任何呼叫都只能使用该小区中的空闲信道。如果该小区中的所有信道都已被占用，则呼叫阻塞，用户得不到服务。固定分配策略也有许多变种。其中一种方案称为借用策略，如果它自己的所有信道都已被占用，那么允许该小区从相邻小区中借用信道。由移动交换中心（MSC）来管理这样的借用过程，并且保证一个信道的借用不会中断或干扰接触小区的任何一个正在进行的呼叫。

在动态的信道分配策略中，话音信道不是固定地分配给每个小区。相反，每次呼叫请求到来时，为它服务的基站就向 MSC 请求一个信道。交换机则根据一种算法给发出请求的小区分配一个信道。这种算法考虑了该小区以后呼叫阻塞的可能性、候选信道使用的频率、信道的复用距离及其他的开销。

因此，MSC 只分配符合以下条件的某一频率：这个小区没有使用该频率；而且，任何为了避免同频干扰而限定的最小频率复用距离内的小区也都没有使用该频率。动态的信道分配策略降低了阻塞的可能性，从而增加了系统的中继能力，因为系统中的所有可用信道对于所有小区都可用。动态的信道分配策略要求 MSC 连续实时地收集关于信道占用情况、话务量分布情况、所有信道的无线信号强度指示等数据。这增加了系统的存储和计算量，但有利于提高信道的利用效率和减小呼叫阻塞的概率。

3.4　切换策略

当一个移动台在通话的过程中从一个基站移动到另一个基站时，MSC 自动地将呼叫转移到新基站的信道上。这种切换操作不仅要识别一个新基站，而且要求将话音和控制信号分配到新基站的相关信道上。

切换处理在任何蜂窝无线系统中都是一项重要的任务。在小区内分配空闲信道时,许多切换策略都使切换请求优先于呼叫初始请求。切换必须要很顺利地完成,并且尽可能少地出现,同时使用户察觉不到。为了适应这些要求,系统设计者必须要指定一个启动切换的最恰当的信号强度。一旦将某个特定的信号强度指定为基站接收机中可接受话音质量的最小可用信号（一般在 –90 dBm 到 –100 dBm 之间）,稍微强一点的信号强度就可以作为启动切换的门限。其中的间隔表示为 Δ,不能太小也不能太大。如果 $\Delta = P_{r\,handoff} - P_{r\,minimum\,usable}$ 太大,就可能会有不需要的切换来增加 MSC 的负担,如果 Δ 太小,就可能会因信号太弱而掉话,而在此之前又没有足够的时间来完成切换。因此,必须谨慎地选择 Δ 以满足这些相互冲突的要求。图 3.3 说明了切换的情况。图 3.3(a)表示了一种情况:没有做切换,信号一直下降到使信道畅通的最小强度以下。当 MSC 处理切换的时延过大时就会发生这种掉话情况;或者是对于系统中的切换时间来说,Δ 值设置得太小时。当话务量较大时就有可能导致时延过大,原因是 MSC 的负担太重,或是在邻近的基站中都已没有可用的信道（这时 MSC 就只有一直等到邻近基站有一个空闲信道为止）。

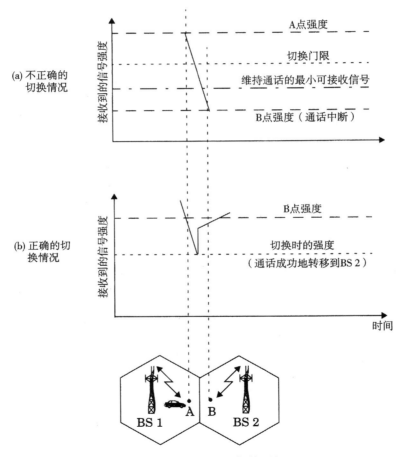

图 3.3　在小区边界的切换图解

在决定何时切换时,很重要的一点是要保证所检测到的信号电平的下降不是因为瞬间的衰减,而是由于移动台正在离开当前服务的基站。为了保证这一点,基站在准备切换之前需要先对信号监视一段时间。必须对这种信号能量连续的平均测量进行优化,以避免不必要的切换,同时保证在由于信号太弱而中断通话之前完成必要的切换。决定切换进行的时间长短取决于车辆的行驶速度。如果在某一固定时间间隔内接收到的短期平均信号强度的坡度很陡，则要进行快速切换。车辆速度的信息对于决定是否切换是有用的，可以根据基站接收到的短期衰减信号的数据来计算。

呼叫在一个小区内没有经过切换的通话时间称为驻留时间[Rap93b]。某个特定用户的驻留时间受到一系列参数的影响，包括传播、干扰、用户与基站之间的距离，以及其他随时间变化的因素。在第5章中说明了即使移动用户是静止的，基站和移动台附近也会产生衰减，因此即使是静止的用户也可能有一个随机的、有限的驻留时间。[Rap93b]的分析表明有关驻留时间的数据变化很大，它取决于用户的移动速度和无线覆盖的类型。例如，在为高速公路上的车辆用户提供覆盖的小区中，大多数用户都沿着固定的、定义好的路线以一个相对比较稳定的速度行驶，并且该公路具有非常好的无线覆盖。在这种情况下，任意一个用户的驻留时间都是一个随机数，它是平均驻留时间很集中的一种分布。另一方面，对于在密集的、混乱的微小区中的用户来说，平均驻留时间有很大的变化，而且驻留时间要比其他小区中的短。很明显，有关驻留时间的统计数据在实际切换算法的设计中是很重要的（[LiC93], [Sun94], [Rap93b]）。

在第一代模拟蜂窝系统中，信号强度的测量是在MSC的管理下由基站来完成的，每个基站连续地监视它的所有反向话音信道的信号强度，以决定每一个移动台对于基站发射台的相对位置。为了测量小区中正在进行呼叫的RSSI，要使用基站中备用的接收机（即定位接收机）来扫描并确定相邻基站中移动用户的信号强度。定位接收机由MSC来控制，用来监视相邻基站中有切换可能的移动用户的信号强度，并且将所有的RSSI值传给MSC。MSC根据每个基站的定位接收机接收到的信号强度数据，决定是否进行切换。

在目前的第二代系统中，是否切换的决定是由移动台来辅助完成的。在移动台辅助切换（MAHO）中，每个移动台测量从周围基站中接收到的信号功率，并且将测量的结果连续地报告给为它服务的基站。当从一个相邻小区的基站中接收到的信号强度比当前基站高出一定的电平或是维持了一定的时间时，就准备进行切换。MAHO方法使得基站间的呼叫切换比第一代模拟系统中要快得多，因为切换的测量是由每个移动台来完成的，这样MSC就不再需要连续不断地监视信号强度。MAHO在切换频繁的微蜂窝环境下特别适用。

在一个呼叫过程中，如果移动台离开一个蜂窝系统到另一个具有不同MSC控制的蜂窝系统中，则需要进行系统间切换。当某个小区中移动台的信号减弱，而MSC又在它自己的系统中找不到一个小区来转移正在进行的通话，则该MSC就要做系统间切换。要完成一个系统间切换需要解决许多问题，例如，当移动台离开本地系统而变成相邻系统中的一个漫游用户时，一个本地电话就变成了长途电话。同时，在系统间完成切换前就必须定义好这两个MSC之间的兼容性。第10章将具体说明实际系统间的切换是怎样完成的。

不同的系统用不同的策略和方法来处理切换请求。一些系统处理切换请求的方式与处理初始呼叫是一样的。在这样的系统中，切换请求在新基站中失败的概率和来话阻塞概率是一样的。然而，从用户的观点来看，正在进行的通话中断比偶尔的新呼叫阻塞更令人讨厌。为了提高用户所察觉到的服务质量，人们已经想出了各种各样的办法，从而在分配话音信道时实现切换请求优先于初始呼叫请求。

3.4.1 优先切换

使切换具有优先权的一种方法称为信道监视，即保留小区中所有可用信道的一小部分，专门为那些可能要切换到该小区的通话所发出的切换请求服务。这种方法的缺点是，它会降低所承载的话务量，因为可用来通话的信道减少了。然而，信道监视在使用动态策略分配时能使频谱得到充分利用，因为动态分配策略可通过有效的、根据需求分配的方案使所需的监视信道减少到最小值。

对切换请求进行排队，是减小由于缺少可用信道而强迫中断的概率的另一种方法。强迫中断概率的降低与总体承载话务量之间有一种折中的关系。由于接收到的信号强度下降到切换门限以下，以及因信号强度太弱而出现通话中断之间有一个有限的时间间隔，因此可以对切换请求进行排队。时延和队列长度由当前特定服务区域的业务流量模式来决定。必须注意到，对切换进行排队也不能保证强迫中断的概率为零，因为过大的时延将引起所接收到的信号强度下降到维持通话所需的最小值以下，从而导致强迫中断。

3.4.2　实际切换中需要注意的问题

在实际的蜂窝系统中，当移动速度变化范围太大时，系统设计将会遇到许多问题。高速车辆只要几秒钟就可以驶过一个小区的覆盖范围，而步行用户在整个通话过程中可能不需要切换。特别是在为了提高容量而增加了微小区的地方，MSC很快就会因为经常由高速用户在小区之间穿行而不堪负荷。已经提出了多种方案来处理同一时刻的高速和低速用户的通信，同时将MSC介入切换的次数减到最小。另一个实现的局限性是对获得新小区站址的限制。

蜂窝概念虽然可通过增加小区站点来增加系统容量，但在实际中，要在市区获得新的小区站点的物理位置，对于蜂窝服务的提供者来说是困难的。分区法、条例及其他非技术性的障碍，经常使得蜂窝提供者宁愿在一个与已经存在小区相同的物理位置上安装基站和增加信道，也不愿去寻找新的站点位置。通过使用不同高度的天线（经常是在同一建筑物或发射台上）和不同强度的功率，在一个站点上设置"大的"和"小的"覆盖区域是可能的。这种技术称为伞状小区方法，用来为高速移动用户提供大面积的覆盖，同时为低速移动用户提供小面积的覆盖。图3.4给出了一个伞状宏小区和一些比它小的微小区同点设置的例子。伞状小区的方法使高速移动用户的切换次数下降到最小，同时为步行用户提供附加的微小区信道。每个用户的移动速度可能是由基站或是由MSC估计的，方法是通过计算RVC上短期的平均信号强度相对于时间的变化速度，或是用更先进的算法来估计和区分用户[LiC93]。如果一个在伞状宏小区内的高速移动用户正在接近基站，而且它的速度正在很快地下降，则基站就能自己决定将用户转移到同点设置的微小区中，而不需要MSC的干涉。

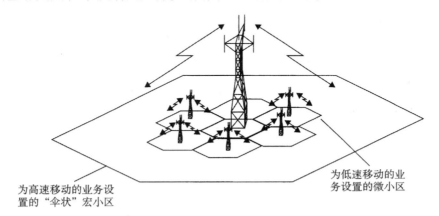

为高速移动的业务设置的"伞状"宏小区　　　为低速移动的业务设置的微小区

图3.4　伞状小区设置

在微小区系统中还存在另外一个实际的切换问题，就是小区拖尾。小区拖尾由对基站发射强信号的步行用户所产生。在市区内当用户和基站之间存在一个视距（LOS）无线路径时，就会发生这种情况。由于用户以非常慢的速度离开基站，平均信号强度衰减不快，即使用户远离了小区的预定范围，基站接收到的信号仍可能高于切换门限，因此就不做切换。这会产生潜在的干扰和话务量管理问题，因为用户在那时已经深入到相邻小区中。为了解决小区拖尾问题，需要仔细地调整切换门限和无线覆盖参数。

在第一代模拟蜂窝系统中，从认为信号强度低于切换门限时开始到完成一个切换的典型时间是 10 秒。条件是 Δ 值在 6 dB 到 12 dB 之间。在数字蜂窝系统如 GSM 中，移动台通过确定候选切换基站来辅助切换过程，切换过程一般只需要 1～2 秒。因此，在现代蜂窝系统中，Δ 值通常在 0～6 dB 之间。切换过程进行得越快，处理高速和低速移动用户的能力就越大，也使得 MSC 有足够的时间去"抢救"需要切换的呼叫。

新的蜂窝系统的另一个特征是根据多个参数的测量，而不是仅仅根据信号强度来做出切换的决定。同频或邻频干扰的强度可以由基站或 MSC 来测量，这些信息可以和常规的信号强度数据一起提供给多变量算法，用以决定何时需要进行切换。

第 11 章和[Lib99]、[Kim00]、[Gar99]中所描述的 IS-95 CDMA 扩频蜂窝系统，具有独一无二的切换能力，其他的无线系统都不具备这种能力。它不像按信道划分的无线系统那样在切换时分配一个不同的无线信道（称为硬切换），扩频通信用户在每个小区里都共享相同的信道。因此，切换就不意味着所分配的信道在物理上的改变，而是由一个不同的基站来处理无线通信任务。通过同时计算多个基站接收到的一个用户的信号，MSC 就可以及时地判断出任意时刻用户信号的哪种"版本"是最好的。这种技术利用了不同位置上的基站所提供的宏分集，并且允许 MSC 在任何情况下对传递给 PSTN 的用户信号的"版本"做一个"软"决策[Pad94]。从不同基站接收到的瞬时信号中进行选择的处理称为软切换。

3.5　干扰和系统容量

干扰是蜂窝无线系统性能的主要限制因素。干扰来源包括同小区中的另一个移动台、相邻小区中正在进行的通话、使用相同频率的其他基站，或者无意中渗入蜂窝系统频带范围内的任何非蜂窝系统。话音信道上的干扰会导致串话，使用户听到了背景的干扰。控制信道上的干扰则会导致数字信号发送上的错误，从而造成呼叫遗漏或阻塞。市区内的干扰更严重，因为市区内的射频源更多、基站和移动台的数量也多。干扰是增加容量的一个瓶颈，而且常常会导致掉话。蜂窝系统的两种主要干扰是同频干扰和邻频干扰。虽然干扰信号常常是在蜂窝系统内产生的，但在实际中要控制它们也是很困难的（由于随机的传播效应）。频带外用户引起的干扰更加难以控制，这种情况是由于用户设备前端的饱和效应或间歇的互调效应是在没有任何警告的情况下发生的。实际上，使用相互竞争的蜂窝系统常常是频带外干扰的一个重要来源，因为竞争者为了给顾客提供类似的覆盖，常常使他们的基站相距得很近。

3.5.1　同频干扰和系统容量

频率复用意味着在一个给定的覆盖区域内，存在着许多使用同一组频率的小区。这些小区称为同频小区，这些小区之间的干扰称为同频干扰。不像热噪声那样可以通过增大信噪比（SNR）来克服，同频干扰不能简单地通过增大发射机的发射功率来克服。这是因为增大发射功率会增大对相邻同频小区的干扰。为了减少同频小区，同频小区必须在物理上隔开一个最小的距离，为传播提供充分的间隔。

如果每个小区的大小都差不多，基站也都发射相同的功率，那么同频干扰比例与发射功率无关，而变为小区半径（R）与相距最近的同频小区的中心之间距离（D）的函数。增加 D/R 的值，同频小区间的空间距离和小区的覆盖距离之比就会增加，因此来自同频小区的射频能量就会减小而使干扰降低。参数 Q（称为同频复用比例）与簇的大小有关（见表3.1和式(3.3)）。对于六边形系统来说，Q 可表示为

$$Q = \frac{D}{R} = \sqrt{3N} \tag{3.4}$$

因为簇的大小 N 较小，所以 Q 的值越小，则容量就越大；但是 Q 的值越大，传播质量就越好，因为此时的同频干扰越小。在设计实际的蜂窝系统时，需要对这两个目标进行协调和折中。

表3.1 不同 N 值的同频复用比例

	簇的大小（N）	同频复用比例（Q）
$i = 1, j = 1$	3	3
$i = 1, j = 2$	7	4.58
$i = 0, j = 3$	9	5.20
$i = 2, j = 2$	12	6

若设 i_0 为同频干扰小区数，则监视前向信道的移动接收机的信干比（S/I 或 SIR）可以表示为

$$\frac{S}{I} = \frac{S}{\sum_{i=1}^{i_0} I_i} \tag{3.5}$$

其中，S 是来自目标基站中的想获得的信号功率，I_i 是第 i 个同频干扰小区所在基站引起的干扰功率。如果已知同频小区的信号强度，前向链路的 S/I 比值就可以通过式(3.5)求得。

对移动无线信道的传播测量表明，在任一点接收到的平均信号强度随发射机和接收机之间距离的幂定律而下降。在距离发射天线 d 处接收到的平均信号功率 P_r 可以由下式来估算：

$$P_r = P_0\left(\frac{d}{d_0}\right)^{-n} \tag{3.6}$$

或

$$P_r(\mathrm{dBm}) = P_0(\mathrm{dBm}) - 10n\log\left(\frac{d}{d_0}\right) \tag{3.7}$$

其中 P_0 是靠近参考点处的接收功率，该点与发射天线有一个较小的距离 d_0，n 是路径衰减指数。现在考虑前向链路，该链路中的目标信号来自当前服务的基站，干扰来自同频基站。假设 D_i 是第 i 个干扰源与移动台间的距离，则移动台接收到的来自第 i 个干扰小区的功率与 $(D_i)^{-n}$ 成正比。在市区的蜂窝系统中，路径衰减指数一般在 2 到 4 之间[Rap92b]。

如果每个基站的发射功率相等，整个覆盖区域内的路径衰减指数也是相同的，那么移动台的 S/I 可以近似表示为

$$\frac{S}{I} = \frac{R^{-n}}{\sum_{i=1}^{i_0} (D_i)^{-n}} \tag{3.8}$$

仅仅考虑第一层干扰小区，如果所有干扰基站与目标基站间的距离是相等的，小区中心之间的距离都为 D，则式(3.8)可以简化为

$$\frac{S}{I} = \frac{(D/R)^n}{i_0} = \frac{(\sqrt{3N})^n}{i_0} \tag{3.9}$$

式(3.9)将 S/I 与簇的大小 N 联系起来，N 同时也决定了系统的总体容量（见式(3.2)）。例如，假设六个相距很近的小区已经近得足够产生严重的干扰，而且它们与目标基站之间的距离近似相等。

对于使用 FM 和 30 kHz 信道的美国 AMPS 蜂窝系统，主观的测试表明，当 S/I 大于或等于 18 dB 时就可以提供足够好的话音质量。假设路径衰减指数 $n = 4$，根据式(3.9)可以得出，为了达到这个要求，簇的大小 N 最小必须为 6.49。所以，为了达到 S/I 大于等于 18 dB 的要求，簇的最小值需要为 7。必须要注意，式(3.9)是基于六边形小区的，在这种系统中所有干扰小区和基站接收机之间是等距的，因而在许多情况下能得出理想的结果。在一些频率复用方案（例如，$N = 4$）中，最近干扰小区与目标小区间的距离变化很大。

利用图 3.5 来近似表示真实小区的几何分布，可以看出，对于一个移动台在小区边界上、$N = 7$ 的簇，移动台与最近的两个同频干扰小区间的距离为 $D - R$，和其他第一层的干扰小区间的距离分别为 $D + R/2$、D、$D - R/2$、$D + R$[Lee86]。假设 $n = 4$，根据式(3.8)中最坏情况下的信干比，可以很近似地表示为（Jacobsmeyer 计算了确切的表达式[Jac94]）

$$\frac{S}{I} = \frac{R^{-4}}{2(D-R)^{-4} + 2(D+R)^{-4} + 2D^{-4}} \tag{3.10}$$

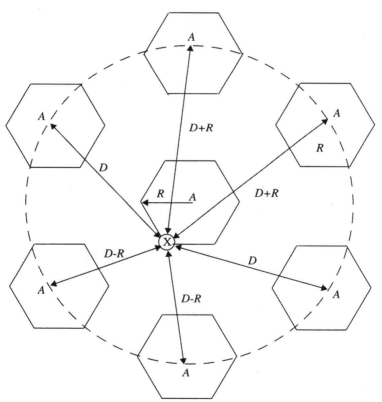

图 3.5   簇大小 $N = 7$ 的第一层同频小区的图例。本处给出的是实际地理区域的大致情况，确切的地理区域在[Lee86]中给出。当移动台在小区边界（X 点）时，它就经历前向信道中同频干扰的最坏情况。移动台与不同的同频小区间所标注的距离，为了简化分析已进行了近似处理

式(3.10)可以用同频复用比例 Q 重写为

$$\frac{S}{I} = \frac{1}{2(Q-1)^{-4} + 2(Q+1)^{-4} + 2Q^{-4}} \tag{3.11}$$

如果 $N = 7$，同频复用比例 $Q = 4.6$，那么根据式(3.11)计算出最坏情况下 S/I 的值近似为 49.56（17 dB），但用式(3.8)计算出的精确值为 17.8 dB[Jac94]。因此，对于一个 7 小区的簇，最坏情况下 S/I 的值略小于 18 dB。要设计一个在最坏情况下还有适当性能的蜂窝系统，需要将 N 增大到下一个最大的值，根据式(3.3)计算出来是 9（相应的 $i = 0, j = 3$）。这很明显会大大减小系统容量，因为 9 小区的复用使得每个小区只能使用 1/9 的频谱，而 7 小区复用的小区可以使用 1/7 的频谱。实际上，使用 7/9 的系统容量损失来适应很少发生的最坏情况是得不偿失的。从以上分析可以看出，同频干扰决定了链路性能，同时也确定了频率复用方案和蜂窝系统的总统容量。

例 3.2 为了保证蜂窝系统的前向信道具有良好性能，要求的信干比为 15 dB。求当路径衰减指数 (a) $n = 4$、(b) $n = 3$ 时，要获得最大的容量需要多大的频率复用因子和簇大小？假设第一层中有六个同频小区，并且它们与移动台之间的距离都相同。可用适当的近似。

解：

(a) $n = 4$

首先，让我们考虑一个 7 小区复用模型。

根据式(3.4)，同频复用比例 $D/R = 4.583$。

根据式(3.9)，信噪比为

$S/I = (1/6) \times (4.583)^4 = 75.3 = 18.66$ dB

由于它大于所要求的最小信噪比 S/I，所以 $N = 7$ 可用。

(b) $n = 3$

首先，考虑一个 7 小区复用模型。

根据式(3.9)，信噪比为

$S/I = (1/6) \times (4.583)^3 = 16.04 = 12.05$ dB

由于它小于所要求的最小信噪比 S/I，所以要用一个更大的 N。

根据式(3.3)，下一个可用的 N 值为 12（$i = j = 2$）。

根据式(3.4)可得相应的同频比例为

$D/R = 6.0$

根据式(3.3)，信噪比为

$S/I = (1/6) \times (6)^3 = 36 = 15.56$ dB

由于它大于所要求的最小信噪比 S/I，所以 $N = 12$ 可用。

3.5.2 无线系统的信道规划

把合适的无线信道恰当地分配给每个基站是一个非常重要的过程，在实际分配时比理论上更加困难。式(3.9)是一个非常有价值的公式，可用于确定适当的频率复用因子（或簇大小）和相邻的同频小区间适当的间隔。无线网络规划工程师必须处理真实环境中由于无线传播和小区不完善覆盖所带来的问题。在实际环境中，蜂窝系统很少遵循类似于式(3.9)所假设的传播路径损耗。

通常，可用的移动无线频谱被分成多个信道，这是空中接口标准的一部分，适用于一个国家或大洲。这些信道通常由控制信道（对于初始化、请求或寻呼呼叫是至关重要的）、话音信道（专用于承载产生收入的业务流）组成。一般情况下，大约整个移动频谱的 5% 分配给控制信道，承载一些简短的突发的数据消息，而另外的 95% 分配给话音信道。无线网络运营商可以选择任何方式来分配信道，因为每一个市场区域都有自己特定的传播环境或希望提供的特定业务，运营商也可能希望采取适用于他的地理环境或控制接口技术的特定频率复用方案。然而，在实际系统中，空中接口标准确保能够区分话音信道和控制信道，这样，原则上控制信道就不会用于话音信道，反之亦然。此外，由于控制信道对于任意呼叫的成功发起是至关重要的，因此相对于话音信道而言，应用于控制信道的频谱复用策略是不同的而且也是更为保守的（如需提供更大的 S/I 保护）。这一点从例3.3可以看出，控制信道采用21小区复用的分配方案，而话音信道则采取 7 小区复用的分配方案。一般情况下，控制信道能够处理大量数据，所以一个小区仅需要一个控制信道。正如3.7.2节所述，划分扇区常用来改善信干比，从而导致更小的簇。这种情况之下，需要为小区的一个扇区分配一个单独的控制信道。

CDMA系统的关键特性之一是簇的大小 $N = 1$，频率规划比TDMA或第一代蜂窝系统时[Lib99]要容易很多。然而，在某些特殊的区域，传播条件是特别恶劣的，出于对传播条件的考虑，大多数实际的 CDMA 系统都需要使用某种有限的频率复用方式。例如，在邻近水域，目标服务小区的同频干扰小区产生的干扰过大，超出了 CDMA 功率控制的动态范围，导致掉话。在此情况下，大多数常用的方法是应用所谓的 f_1/f_2 小区规划方式，即最近的相邻小区所用的无线信道不同于位于位置上最接近的且处在特殊地域的小区所用的无线信道。这种频率规划需要 CDMA 电话采用硬切换方式，如同 TDMA 和 FDMA 电话一样。

在 CDMA 系统中，一个单一的 1.25 MHz 无线信道可以承载单个控制信道以及多达 64 个话音信道。因此不同于30 kHz 的 IS-136 或200 kHz 的 GSM TDMA 系统（当使用特定的无线信道时，这些系统的覆盖范围和干扰水平是完全定义好的），CDMA 系统具有动态、时变的覆盖区域，其可变性依赖于 CDMA 无线信道中的实时用户数。这种现象（称为呼吸小区）需要无线网络规划师从覆盖和干扰水平两个方面，认真规划服务小区及最近邻小区在最好与最坏情况下的覆盖和信号水平。小区呼吸现象可能会仅仅由于一个服务 CDMA 基站用户数的增加引起覆盖区域突然变化，从而导致突然掉话。因此，CDMA工程师并不需要对每个蜂窝基站的信道分配方案进行仔细的决策，而是必须对控制信道、话音信道的功率水平和门限进行比较困难的设计决策，以及为了适应变化的业务量强度应如何调整功率水平和门限。此外，对于 CDMA 切换的门限水平（包括软切换和硬切换情况），在网络投入服务之前必须进行规划并且经常进行仔细的测量。事实上，f_1/f_2 小区规划导致了TSB-74 的发展，可以把不同 CDMA 无线信道间的硬切换能力增加到最初的 IS-95 CDMA 规范中，请参见第 11 章的描述。

3.5.3　邻频干扰

来自所使用信号频率的相邻频率的信号干扰称为邻频干扰。邻频干扰是由于接收滤波器不理想，使得相邻频率的信号泄漏到传输带宽内而引起的。如果相邻信道的用户在离用户接收机很近的范围内发射，而接收机是想接收使用目标信道的基站信号，那么这个问题就会变得很严重。这称为远近效应，就是一个在附近的发射机（可能是也可能不是属于蜂窝系统所用的同一种类型）"截获"了用户的接收机。还有，当有离基站很近的移动台使用了与一个弱信号移动台使用的信道邻近的信道时，也会发生远近效应。

邻频干扰可以通过精确的滤波和信道分配而减到最小。因为每个小区只分配给可用信道中的一部分，给小区分配的信道就没有必要在频率上相邻。通过使小区中的信道间隔尽可能大，就可以大大减小邻频干扰。因此，不是给每个特定的小区分配在频谱上连续的信道，而是使在给定小区内分配的信道有最大的频率间隔。通过顺序地将连续的信道分配给不同的小区，许多分配方案可以使一个小区内的邻频信道间隔为 N 个信道带宽，其中 N 是簇的大小。其中一些信道分配方案还通过避免在相邻小区中使用邻频信道来阻止一些次要的邻频干扰。

如果频率复用因子较大（如N的值较小），邻频信道间的间隔就可能不足以将邻频干扰强度保持在可容忍的极限内。例如，如果有一个移动台接近基站的程度是另一个的20倍，而且有信号能量溢出它自己的传输频带，那么弱信号移动台的信噪比（接收器滤波之前）可近似表示为

$$\frac{S}{I} = (20)^{-n} \tag{3.12}$$

如果路径衰减指数 $n = 4$，上式就等于 -52 dB。如果基站接收机中的中频（IF）滤波器的斜率为 20 dB/倍频程，则为了获得52 dB的衰减，邻频干扰源至少要转移到距接收机频谱中心为传输带宽6倍的地方。即为了获得 0 dB SIR，要求有6倍信道带宽间隔的滤波器。这意味着为了将邻频信道干扰降到可接受的水平之下，需要有大于6倍信道带宽的间隔，或是当距离很近的用户与远距离的用户使用同一个小区时，需要更陡峭的基站滤波器。实际上，为了抑制邻频干扰，每个基站都用高Q值的空腔滤波器。

例3.3　这个例子说明了怎样将信道分成子集然后分配给不同的小区，从而使邻频干扰最小化。美国的 AMPS 系统最初使用666个双向信道。1989年，FCC给蜂窝服务增加了10 MHz的频谱，这就给 AMPS 系统增加了166个信道。现在 AMPS 中有832个信道。前向信道（870.030 MHz）和相应的反向信道（825.030 MHz）一起编号为第1信道。类似地，前向信道889.98 MHz和相应的反向信道844.98 MHz编号为第666信道（见图1.2）。扩展频段的信道编号为667到799及990到1023。

为了鼓励竞争，FCC在每个服务区域内将信道分配给两个相互竞争的运营商，每个运营商分得信道总数的一半。两个运营商所用的信道以A组和B组来区分。B组由原来就提供电话服务的公司（称为电话运营商）使用，A组由原来没有提供过电话服务的公司（称为非电话运营商）使用。

在每个运营商使用的416个信道中，有395个话音信道，剩下的21个为控制信道。1~312信道（话音信道）和313~333信道（控制信道）属于A组，355~666信道（话音信道）和334~354信道（控制信道）属于B组。667~716信道和991~1023信道为A组的扩展话音信道，717~799为B组的扩展话音信道。

对于21个控制信道分配，要考虑到为每组中继话音信道分配一个控制信道。同时，控制信道的复用方式也和话音信道不同，因为控制信道通常比话音信道要求有更高的SIR保护。对于一个 AMPS 系统，单个小区分配单个控制信道，所以在7小区复用的方案中，将会有7个控制信道分配给一个簇中的7个相邻小区。两个相邻的簇就会分配剩余的14个控制信道。这样，控制信道可以遵循21小区复用方案，也就是当话音信道采用7小区复用方案时，控制信道可以分配给这样的3个簇后再复用。

每395个话音信道分为21个子集，每个子集含有19个信道。在每个子集中，相邻最近的信道之间有21个信道间隔。在7小区复用系统中，每小区使用3个子集的信道。这3个子集是在保证小区中的每个信道与任何其他信道之间都至少有7个信道间隔的前提下分配的。在表3.2列举出这种信道分配方案。从表3.2中可以看出，每个小区都使用子集 $i\text{A} + i\text{B} + i\text{C}$ 中的信道，其中 i 是1到7的整数。一个小区中的所有话音信道约为57个。表的上半部列出的信道属于A组，下半部属于B组。阴影部分的信道属于控制信道，符合北美蜂窝系统的标准。

表 3.2　AMPS 对 A 组和 B 组载频的信道分配

1A	2A	3A	4A	5A	6A	7A	1B	2B	3B	4B	5B	6B	7B	1C	2C	3C	4C	5C	6C	7C
1	2	3	4	5	6	7	8	9	10	11	12	13	14	15	16	17	18	19	20	21
22	23	24	25	26	27	28	29	30	31	32	33	34	35	36	37	38	39	40	41	42
43	44	45	46	47	48	49	50	51	52	53	54	55	56	57	58	59	60	61	62	63
64	65	66	67	68	69	70	71	72	73	74	75	76	77	78	79	80	81	82	83	84
85	86	87	88	89	90	91	92	93	94	95	96	97	98	99	100	101	102	103	104	105
106	107	108	109	110	111	112	113	114	115	116	117	118	119	120	121	122	123	124	125	126
127	128	129	130	131	132	133	134	135	136	137	138	139	140	141	142	143	144	145	146	147
148	149	150	151	152	153	154	155	156	157	158	159	160	161	162	163	164	165	166	167	168
169	170	171	172	173	174	175	176	177	178	179	180	181	182	183	184	185	186	187	188	189
190	191	192	193	194	195	196	197	198	199	20	201	202	203	204	205	206	207	208	209	210
211	212	213	214	215	216	217	218	219	220	221	222	223	224	225	226	227	228	229	230	231
232	233	234	235	236	237	238	239	240	241	242	243	244	245	246	247	248	249	250	251	252
253	254	255	256	257	258	259	260	261	262	263	264	265	266	267	268	269	270	271	272	273
274	275	276	277	278	279	280	281	282	283	284	285	286	287	288	289	290	291	292	293	294
295	296	297	298	299	300	301	302	303	304	305	306	307	308	309	310	311	312	-	-	
313	314	315	316	317	318	319	320	321	322	323	324	325	326	327	328	329	330	331	332	333
																		667	668	669
670	671	672	673	674	675	676	677	678	679	680	681	682	683	684	685	686	687	688	689	690
691	692	693	694	695	696	697	698	699	700	701	702	703	704	705	706	707	708	709	710	711
712	713	714	715	716	-	-	-	991	992	993	994	995	996	997	998	999	1000	1001	1002	
1003	1004	1005	1006	1007	1008	1009	1010	1011	1012	1013	1014	1015	1016	1017	1018	1019	1020	1021	1022	1023
334	335	336	337	338	339	340	341	342	343	344	345	346	347	348	349	350	351	352	353	354
355	356	357	358	359	360	361	362	363	364	365	366	367	368	369	370	371	372	373	374	375
376	377	378	379	380	381	382	383	384	385	386	387	388	389	390	391	392	393	394	395	396
397	398	399	400	401	402	403	404	405	406	407	408	409	410	411	412	413	414	415	416	417
418	419	420	421	422	423	424	425	426	427	428	429	430	431	432	433	434	435	436	437	438
439	440	441	442	443	444	445	446	447	448	449	450	451	452	453	454	455	456	457	458	459
460	461	462	463	464	465	466	467	468	469	470	471	472	473	474	475	476	477	478	479	480
481	482	483	484	485	486	487	488	489	490	491	492	493	494	495	496	497	498	499	500	501
502	503	504	505	506	507	508	509	510	511	512	513	514	515	516	517	518	519	520	521	522
523	524	525	526	527	528	529	530	531	532	533	534	535	536	537	538	539	540	541	542	543
544	545	546	547	548	549	550	551	552	553	554	555	556	557	558	559	560	561	562	563	564
565	566	567	568	569	570	571	572	573	574	575	576	577	578	579	580	581	582	583	584	585
586	587	588	589	590	591	592	593	594	595	596	597	598	599	600	601	602	603	604	605	606
607	608	609	610	611	6612	613	614	615	616	617	618	619	620	621	622	623	624	625	626	627
628	629	630	631	632	633	634	635	636	637	638	639	640	641	642	643	644	645	646	647	648
649	650	651	652	653	654	655	656	657	658	659	660	661	662	663	664	665	666	-	-	
-	-	-	717	718	719	720	721	722	723	724	725	726	727	728	729	730	731	732		
733	734	735	736	737	738	739	740	741	742	743	744	745	746	747	748	749	750	751	752	753
754	755	756	757	758	759	760	761	762	763	764	765	766	767	768	769	770	771	772	773	774
775	776	777	778	779	780	781	782	783	784	785	786	787	788	789	790	791	792	793	794	795
796	797	798	799																	

（右侧大括号标注：上半部分为 A 组，下半部分为 B 组）

3.5.4　功率控制减小干扰

在实际的蜂窝无线电和个人通信系统中,每个用户所发射的功率一直在当前服务基站的控制之下。这是为了保证每个用户所发射的功率都是所需的最小功率,以保持反向信道链路的良好质量。功率控制不仅有利于延长用户设备的电池寿命,而且可以显著减小系统中反向信道的 S/I。从第 9 章和第 11 章可以看出,功率控制对于允许每个小区中的每个用户都共享同一无线信道的 CDMA 扩频通信系统来说尤为重要。

3.6　中继和服务等级

蜂窝无线电系统依靠中继才能在有限的无线频谱内为数量众多的用户服务。中继的概念是指允许大量的用户在一个小区内共享相对较小数量的信道,即从可用信道库中给每个用户按需分配信道。在中继的无线系统中,每个用户只是在有呼叫时才分配一个信道,一旦通话终止,原先占用的信道就立即回到可用信道库中。

根据用户行为的统计数据,中继使固定数量的信道或线路可为一个数量更大的、随机的用户群体服务。电话公司根据中继理论来决定那些有成百上千台电话的办公大楼所需分配的线路数目。中继理论也用在蜂窝无线系统的设计中,在可用的电话线路数目与在呼叫高峰时没有线路可用的可能性之间有一个折中。当电话线路减少时,对于一个特定的用户,所有线路都忙的可能性变大。在中继的移动无线系统中,当所有的无线信道都被占用而用户又请求服务时,则发生呼叫阻塞或系统拒绝接入。在一些系统中,可能用排队的方法来保存正在请求通话的用户信息,直到有信道为止。

为了设计一个能在特定服务等级上处理特定容量的中继无线系统,必须懂得中继理论和排队论。中继理论的基本原理是 19 世纪末的丹麦数学家爱尔兰（Erlang）提出的,他致力于研究怎样通过有限的服务能力为大量的用户服务[Bou88]。现在,用他的名字作为话务量强度的单位。一个Erlang 表示一个完全被占用的信道的话务量强度（即单位小时或单位分钟的呼叫时长）。例如,一个在一小时内被占用了 30 分钟的信道的话务量为 0.5 Erlang。

服务等级（GOS）是用来测量在中继系统最忙的时间用户进入系统的能力。忙时是一周、一月或一年内顾客需求最大的时间。蜂窝无线系统的忙时通常出现在高峰时间,一般是星期四下午的4点到6点或星期五晚上。在具有特定数量可用信道的系统中,通过定义希望用户能够获得信道接入系统的概率,可以把服务等级作为某个中继无线系统的预定性能的基准。估算符合 GOS 所需的最大通信容量和分配适当数目的信道是无线网络设计者的工作。GOS 通常定义为呼叫阻塞的概率,或是呼叫延迟时间大于某一特定排队时间的概率。

在中继理论中,为中继系统做容量估算时要用到表 3.3 中列出的一系列定义。

表 3.3　中继理论中用到的基本术语定义

建立时间：给正在请求的用户分配一个中继无线信道所需的时间

阻塞呼叫：由于拥塞无法在请求时间完成的呼叫,又称损失呼叫

保持时间：一个典型呼叫的平均保持时间,表示为 H（以秒为单位）

话务量强度：表征信道时间利用率,为信道的平均占用率,以 Erlang 为单位。它是一个无量纲的值,可用来表征单个或多个信道的时间利用率。表示为 A

负载：整个系统的话务量强度,以 Erlang 为单位

服务等级（GOS）：表征拥塞水平的量,定义为呼叫阻塞概率（表示为 B,单位为 Erlang）,或是延迟时间大于某一特定时间的概率（表示为 C,单位为 Erlang）

请求速率：单位时间内平均的呼叫请求次数。表示为 λ/秒

每个用户提供的话务量强度等于呼叫请求速率乘以保持时间。也就是每个用户产生的话务量强度 A_u 表示为

$$A_u = \lambda H \tag{3.13}$$

其中,H 是呼叫的平均保持时间,λ 是单位时间内的平均呼叫请求次数。对于一个有 U 个用户和不确定数目信道的系统,总共的话务量 A 为

$$A = UA_u \tag{3.14}$$

而且,在一个有 C 个信道的中继系统中,如果话务量是在信道中平均分配的,那么每个信道的话务量强度 A_c 为

$$A_c = UA_u/C \tag{3.15}$$

注意,流入的话务量并不是中继系统所承受的话务量,只是流入系统的话务量。当流入的话务量超过了系统的最大容量时,所承受的话务量因为系统容量受限（如信道数量受限）而受到限制。最大可能承载的话务量取决于信道总数,表示为 C,以 Erlang 为单位。AMPS 蜂窝系统设计 GOS 为2% 的阻塞率。这意味着给小区分配的信道要满足在系统最繁忙的时间里,100 个呼叫中只有 2 个由于信道数不足而被阻塞。

通常用到的有两种中继系统。第一种不对呼叫请求进行排队，也就是说，对于每一个请求服务的用户，假设没有建立时间，如果有空闲信道则立即进入；如果没有空闲信道，则呼叫被阻塞，即被拒绝进入并释放掉，只能以后再试。这种中继称为阻塞呼叫清除，其前提条件是呼叫服从泊松（Poisson）分布。还假设用户数量为无限大，并且(a)呼叫请求的到达无记忆性，意味着所有的用户，包括阻塞的用户，都可能在任何时刻要求分配一个信道; (b)用户占用信道的概率服从指数分布，那么根据指数分布，长时间的通话发生的可能性就很小；(c)在中继库中可用的信道数目有限。这称为 M/M/m/m 排队系统，由此得出 Erlang B 公式（也称阻塞呼叫清除公式）。Erlang B 公式决定了呼叫阻塞的概率，也表征了一个不对阻塞呼叫进行排队的中继系统的 GOS。Erlang B 公式的推导见附录 A，表示为

$$Pr[\text{阻塞}] = \frac{\dfrac{A^C}{C!}}{\displaystyle\sum_{k=0}^{C} \dfrac{A^k}{k!}} = GOS \tag{3.16}$$

其中，C 是中继无线系统提供的中继信道数，A 是提供的总话务量。如果能给有限用户的中继系统建立一个模型，结果表达式将比 Erlang B 公式复杂得多。对于典型的中继系统，用户超过可用信道数以数量级计算时，增加的复杂性是不能保证的。Erlang B 公式提供一个保守的 GOS 估算，有限的用户通常会产生更小的阻塞概率。阻塞呼叫损失的中继无线系统的容量，根据 GOS 的不同和信道数目的差别在表 3.4 中列出。

表 3.4 Erlang B 系统的容量

信道数目 C	GOS 的容量（Erlang）			
	= 0.01	= 0.005	= 0.002	= 0.001
2	0.153	0.105	0.065	0.046
4	0.869	0.701	0.535	0.439
5	1.36	1.13	0.900	0.762
10	4.46	3.96	3.43	3.09
20	12.0	11.1	10.1	9.41
24	15.3	14.2	13.0	12.2
40	29.0	27.3	25.7	24.5
70	56.1	53.7	51.0	49.2
100	84.1	80.9	77.4	75.2

第二种中继系统用一个队列来保存阻塞呼叫。如果不能立即获得一个信道，呼叫请求就一直延迟到有信道空闲为止。这种类型的中继称为阻塞呼叫延迟，它的 GOS 定义为呼叫在队列中等待了一定时间后被阻塞的概率。为了求解 GOS，首先需要找到呼叫在最初就被拒绝进入系统的概率。呼叫没有立即得到信道的概率取决于 Erlang C 公式（推导见附录 A）：

$$Pr[\text{延迟} > 0] = \frac{A^C}{A^C + C!\left(1 - \dfrac{A}{C}\right)\displaystyle\sum_{k=0}^{C-1} \dfrac{A^k}{k!}} \tag{3.17}$$

如果当时没有空闲信道，则呼叫被延迟，被延迟的呼叫被迫等待 t 秒以上的概率，由呼叫被延迟的概率及延迟大于 t 秒的条件概率的乘积得到。因此，一个阻塞呼叫延迟的中继系统的 GOS 为

$$Pr[\text{延迟} > t] = Pr[\text{延迟} > 0]Pr[\text{延迟} > t | \text{延迟} > 0]$$
$$= Pr[\text{延迟} > 0]\exp(-(C-A)t/H) \tag{3.18}$$

排队系统中所有呼叫的平均延迟 D 为

$$D = Pr[延迟 > 0] \frac{H}{C - A} \tag{3.19}$$

其中，那些排队呼叫的平均延迟为 $H/(C - A)$。

Erlang B 和 Erlang C 公式以图的形式在图 3.6 和图 3.7 中描绘出来。尽管通常用计算机模拟移动系统中特定用户的瞬间行为，但是这些对于快速判断 GOS 也是有用的。

在图 3.6 和图 3.7 中，图的上部表示信道的数目，图的底部表示系统的话务量强度。图 3.6 中的纵坐标为阻塞概率 $Pr[阻塞]$，而图 3.7 中的纵坐标为 $Pr[延迟 > 0]$。明确了这两个参数以后就可以很容易地求解第三个参数。

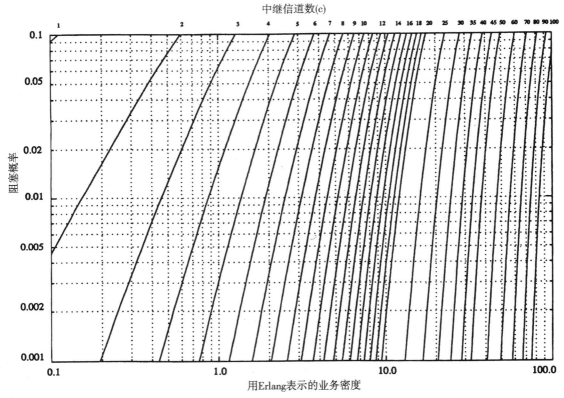

图 3.6　Erlang B 图，显示以信道数量和以 Erlang 度量的话务量强度为参数的呼叫阻塞概率函数

例 3.4　在一个呼叫阻塞清除系统中，阻塞概率为 0.5%，中继信道数为 (a) 1、(b) 5、(c) 10、(d) 20、(e) 100 时，该系统能支持多少用户？假设每个用户产生 0.1 Erlang 的话务量。

解：

从表 3.4 中可以找到 GOS 为 0.5% 的不同信道数目、以 Erlang 度量的总容量。通过关系式 $A = UA_u$，可以得到系统所能支持的用户总数。

(a) $C = 1$，$A_u = 0.1$，$GOS = 0.005$

　　从图 3.6 可得 $A = 0.005$。

　　因此，用户总数 $U = A/A_u = 0.005/0.1 = 0.05$ 个。

　　但是，实际上一个信道可以支持一个用户。所以，$U = 1$。

中继信道数(c)

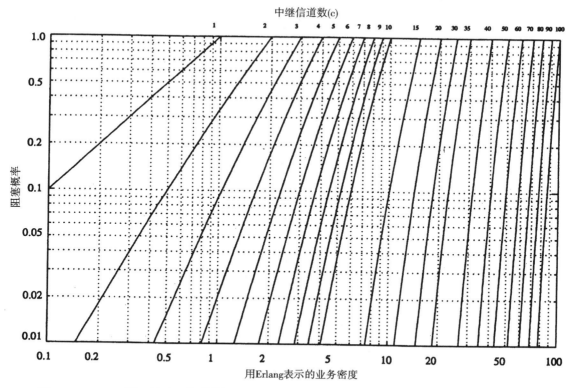

图 3.7 Erlang C 图，显示以信道数量和以 Erlang 度量的话务量强度为参数的呼叫延迟概率函数

(b) $C = 5$，$A_u = 0.1$，GOS = 0.005

从图 3.6 可得 $A = 1.13$。

因此，用户总数 $U = A/A_u = 1.13/0.1 \approx 11$ 个。

(c) $C = 10$，$A_u = 0.1$，GOS = 0.005

从图 3.6 可得 $A = 3.96$。

因此，用户总数 $U = A/A_u = 3.96/0.1 \approx 39$ 个。

(d) $C = 20$，$A_u = 0.1$，GOS = 0.005

从图 3.6 可得 $A = 11.10$。

因此，用户总数 $U = A/A_u = 11.1/0.1 \approx 110$ 个。

(e) $C = 100$，$A_u = 0.1$，GOS = 0.005

从图 3.6 可得 $A = 80.9$。

因此，用户总数 $U = A/A_u = 80.9/0.1 = 809$ 个。

例 3.5 市区有 200 万的人口。在一个区域内有三个相互竞争的中继移动网络（系统 A、B、C）提供蜂窝服务。系统 A 中有 394 个小区，每个小区有 19 个信道；系统 B 中有 98 个小区，每个小区有 57 个信道；系统 C 中有 49 个小区，每个小区有 100 个信道。阻塞概率为 2%，每个用户每小时平均拨打 2 个电话，每个电话平均通话时间为 3 分钟，求系统所能支持的用户数。假设上述三个系统都以最大容量工作，计算每个系统的市场占有百分比。

解：
系统 A

已知：

阻塞概率 = 2% = 0.02

系统中每个小区所用的信道数，$C = 19$

每个用户的话务量强度，$A_u = \lambda H = 2 \times (3/60) = 0.1$ Erlang

对于 GOS = 0.02，$C = 19$，从 Erlang B 图中可得所承载的总话务量为 12 Erlang。

因此，每个小区所能支持的用户数为

$U = A/A_u = 12/0.1 = 120$

因为共有 394 个小区，所以系统 A 所能支持的总用户数 $A = 120 \times 394 = 47\,280$ 个。

系统 B

已知：

阻塞概率 = 2% = 0.02

系统中每个小区所用的信道数，$C = 57$

每个用户的话务量强度，$A_u = \lambda H = 2 \times (3/60) = 0.1$ Erlang

对于 GOS = 0.02，$C = 57$，从 Erlang B 图中可得所承载的总话务量为 45 Erlang。

因此，每个小区所能支持的用户数为

$U = A/A_u = 45/0.1 = 450$

因为共有 98 个小区，所以系统 B 所能支持的总用户数 $B = 450 \times 98 = 44\,100$ 个。

系统 C

已知：

阻塞概率 = 2% = 0.02

系统中每个小区所用的信道数，$C = 100$

每个用户的话务量强度，$A_u = \lambda H = 2 \times (3/60) = 0.1$ Erlang

对于 GOS = 0.02，$C = 100$，从 Erlang B 图中可得，所承载的总话务量为 88 Erlang。

因此，每个小区所能支持的用户数为

$U = A/A_u = 88/0.1 = 880$

因为共有 49 个小区，所以系统 C 所能支持的总用户数 $C = 49 \times 880 = 43\,120$ 个。

因此，这三个系统所能支持的蜂窝用户总数为 $47\,280 + 44\,100 + 43\,120 = 134\,500$ 个。

因为在这个市区内共有 200 万住户，系统 A 的蜂窝用户总数为 47 280 个，市场占用百分比为

$47\,280/2\,000\,000 = 2.36\%$

类似地，系统 B 的市场占有百分比为

$44\,100/2\,000\,000 = 2.205\%$

系统 C 的市场占有百分比为

$43\,120/2\,000\,000 = 2.156\%$

这三个系统综合的市场百分比为

$134\,500/2\,000\,000 = 6.725\%$

例 3.6 某个城市面积为 1300 平方英里，由一个使用 7 小区复用模式的蜂窝系统覆盖。每个小区的半径为 4 英里，该城市共有 40 MHz 的频谱，使用带宽为 60 kHz 的双向信道。假设 Erlang B 系统的 GOS 为 2%。如果每个用户提供的话务量为 0.03 Erlang，计算(a)服务区域内的小区数；

(b)每个小区的信道数；(c)每个小区的话务量强度；(d)所承受的最大话务量；(e)所能服务的用户总数；(f)每个信道的移动台数；(g)理论上，系统一次能服务的最大用户数。

解：

(a) 已知：

总覆盖面积＝1300 平方英里，小区半径＝4 英里

一个小区（六边形）的面积为 $2.5981R^2$，因此每个小区覆盖

$2.5981 \times (4)^2 = 41.57$ 平方英里

因此，小区总数为 $N_c = 1300/41.57 = 31$ 个。

(b) 每个小区的信道总数 C

＝总频带宽/（信道带宽×频率复用因子）

＝40 000 000/（60 000 × 7）＝95 信道/小区

(c) 已知：

$C = 95$，GOS = 0.02

从 Erlang B 图中可得，每小区的话务量强度 $A = 84$ Erlang/小区

(d) 所承载的最大话务量＝小区数×每小区的话务量强度＝31 × 84 ＝2604 Erlang。

(e) 已知每小区话务量 = 0.03 Erlang

总用户数＝总话务量/每个用户的话务量＝2604/0.03 ＝86 800 个。

(f) 每个信道的移动台数＝用户数/信道数＝86 800/666 ＝130 移动台/信道。

(g) 理论上所能服务的最大移动台数为系统中可用的信道数（所有信道都占用）

＝$C \times N_C = 95 \times 31 = 2945$ 个，占顾客数的 3.4%。

例 3.7　一个 4 小区系统中的小区半径为 1.387 km。整个系统内共用 60 个信道。如果每个用户的负载为 0.029 Erlang，$\lambda = 1$ 次呼叫/小时，计算呼叫延迟概率为 5% 的 Erlang C 系统：

(a) 该系统每平方公里可支持多少个用户？

(b) 一个被延迟的呼叫等待 10 秒以上的概率？

(c) 一个呼叫被延迟 10 秒以上的概率？

解：

已知：

小区半径 $R = 1.387$ km

每个小区的覆盖面积为 $2.598 \times (1.387)^2 = 5$ 平方公里

每簇的小区数 = 4

总信道数 = 60

因此，每个小区的信道数 = 60 / 4 = 15 个。

(a) 从 Erlang C 图中可得，对于 $C = 15$，延迟概率 = 5%，其话务量强度 = 9.0 Erlang

因此，用户数＝总话务量强度/每个用户的话务量＝9.0/0.029 ＝310 个。

每平方公里可支持的用户数＝310 个/5 平方公里＝62 个/平方公里。

(b) 已知 $\lambda = 1$，保持时间 $H = A_u/\lambda = 0.029$ 小时 = 104.4 秒。

被延迟的呼叫等待 10 秒以上的概率为

$$Pr[延迟 > t \mid 延迟] = \exp(-(C - A)t/H)$$

$$= \exp(-(15 - 9.0)10/104.4) = 56.29\%$$

(c) 已知 $Pr[延迟 > 0] = 5\% = 0.05$

呼叫被延迟 10 秒以上的概率为

$$Pr[延迟 > 10] = Pr[延迟 > 0] \times Pr[延迟 > t \mid 延迟]$$

$$= 0.05 \times 0.5629 = 2.81\%$$

中继效率用来度量某一 GOS 下和某一固定信道配置所能提供的用户数。信道分组的方式可以在很大程度上改变一个中继系统所能处理的用户数。例如，根据表 3.4，GOS 为 0.01 的 10 个中继信道能支持 4.46 Erlang 的话务量，而两个各有 5 个中继信道的信道组能支持 2×1.36 Erlang 或 2.72 Erlang 的话务量。很明显，在某一特定的 GOS 上，10 个信道中继在一起所能支持的话务量比两组 5 个信道中继在一起所能支持的多 60%。必须明确，中继无线系统中的信道分配对整个系统的容量有重大的影响。

3.7　提高蜂窝系统容量

随着无线服务需求的提高，分配给每个小区的信道数最终变得不足以支持所要达到的用户数。从这一点来看，需要一些蜂窝设计技术来给单位覆盖区域提供更多的信道。在实际应用中，利用小区分裂（splitting）、裂向（sectoring）和覆盖区分区域（coverage zone）的方法来增大蜂窝系统容量。小区分裂允许蜂窝系统有计划地增长。裂向用定向天线来进一步控制干扰和信道的频率复用。分区微小区概念分散小区覆盖，将小区边界延伸到难以到达的地方。小区分裂通过增加基站的数量来增加系统容量，而裂向和分区微小区依靠基站天线的定位来减小同频干扰以提高系统容量。小区分裂和分区微小区技术既不会像裂向技术那样降低中继效率，又能使基站监视与微小区有关的所有切换，从而减小 MSC 的计算量。下面将详细介绍这三种流行的提高系统容量的技术。

3.7.1　小区分裂

小区分裂是将拥塞的小区分成更小的小区的方法，每个小区都有自己的基站并相应地降低天线高度和减小发射机功率。由于小区分裂提高了信道的复用次数，因而能提高系统容量。通过设定比原小区半径更小的新小区和在原有小区间安置这些小区（称为微小区），使得单位面积内的信道数目增加，从而增加系统容量。

假设每个小区都按半径的一半来分裂，如图 3.8 所示。为了利用这些更小的小区来覆盖整个服务区域，将需要大约为原来小区数 4 倍的小区。用 R 为半径画一个圆就很容易理解了。以 R 为半径的圆所覆盖的区域是以 $R/2$ 为半径的圆所覆盖的区域的 4 倍。小区数的增加将增加覆盖区域内的簇数目，这样就增加了覆盖区域内的信道数量，从而增加了容量。小区分裂通过用更小的小区代替较大的小区来允许系统容量的增长，同时又不影响为了维持同频小区间的最小同频复用因子 Q（见式(3.4)）所需的信道分配策略。

图 3.8 是小区分裂的例子，基站放置在小区角上，假设基站 A 服务区域内的话务量已经饱和（即基站 A 的阻塞超过了可接受的阻塞率）。因此该区域需要新的基站来增加区域内的信道数目，并减小单个基站的服务范围。在图中注意到，最初的基站 A 被六个新的微小区基站所包围。在图 3.8 所示的例子中，更小的小区是在不改变系统的频率复用计划的前提下增加的。例如，标为 G 的微小区基站安置在两个使用同样信道的、也标为 G 的大基站中间。图中其他的微小区基站也是一样。从

图 3.8 中可以看出，小区分裂只是按比例缩小了簇的几何形状。这样，每个新小区的半径都是原来小区的一半。

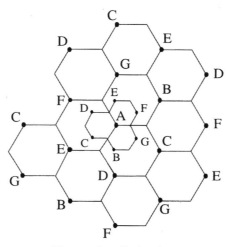

图 3.8　小区分裂示意图

　　对于在尺寸上更小的新小区，它们的发射功率也应该下降。半径为原来小区一半的新小区的发射功率，可以通过检查在新的和旧的小区边界接收到的功率 P_r 并令它们相等而得到。这需要保证新的微小区的频率复用方案和原小区一样。对于图 3.8，

$$P_r \text{[在旧小区边界]} \propto P_{t1}R^{-n} \tag{3.20}$$

及

$$P_r \text{[在新小区边界]} \propto P_{t2}(R/2)^{-n} \tag{3.21}$$

其中，P_{t1} 和 P_{t2} 分别为大的小区及较小的小区的基站发射功率，n 是路径衰减指数。令 $n=4$，并令接收到的功率都相等，则

$$P_{t2} = \frac{P_{t1}}{16} \tag{3.22}$$

也就是说，为了用微小区来填充原来的覆盖区域，而又要达到 S/I 要求，发射功率要降低 12 dB。

　　实际上，不是所有小区都同时分裂。对于服务提供者来说，要找到完全适合小区分裂的确切时期通常很困难。因此，不同规模的小区将同时存在。在这种情况下，需要特别注意保持同频小区间所需的最小距离，因而信道频率分配变得更加复杂[Rap97]。同时也要注意到切换问题，必须使高速和低速移动用户能同时得到服务（普遍使用 3.4 节中的伞状小区方法）。如图 3.8 所示，当同一个区域内有两种规模的小区时，从式(3.22)可以看出，不能简单地让所有的新小区都用原来的发射功率，或是让所有的旧小区都用新的发射功率。如果所有小区都用大的发射功率，较小的小区使用的一些信道将不足以从同频小区中分离开。另一方面，如果所有小区都用小的发射功率，大的小区中将有部分地段被排除在服务区域之外。由于这个原因，旧小区中的信道必须分成两组，一组适应小的小区的复用需求，另一组适应大的小区的复用需求。大的小区用于高速移动通信，因此切换次数就会减小。

　　两个信道组的大小取决于分裂的进程情况。在分裂过程的最初阶段，在小功率的组里信道数会少一些。然而，随着需求的增长，小功率组需要更多的信道。这种分裂过程一直持续到该区域内的

所有信道都用于小功率的组中。此时，小区分裂覆盖整个区域，整个系统中每个小区的半径都更小。常用天线下倾，即将基站的辐射能量集中指向地面（而不是水平方向）来限制新构成的微小区的无线覆盖。

例3.8 请参见图3.9。假设不管小区大小，每个基站都使用60个信道。如果原来的小区每个半径为1 km，每个微小区的半径为0.5 km，计算以A为中心的3 km × 3 km的正方形区域所含有的信道数。(a)不使用微小区；(b)使用了图3.9中标有字母的微小区；(c)原来的所有基站都用微小区来代替。假设处于正方形边界的小区算是在正方形内。

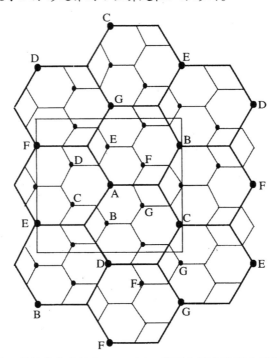

图3.9　在以A基站为中心的3 km × 3 km的正方形内进行小区分裂的示意图

解：

(a) 不使用微小区：

小区半径为1 km意味着六边形的边长为1 km。为了覆盖以A为中心的3 km × 3 km的正方形区域，需要从基站A出发上、下、左、右都覆盖1.5 km（1.5 km的六边形半径），参见图3.9。从图3.9可以看出，这个区域内含有5个基站。因为每个基站使用60个信道，没有小区分裂的信道就等于5 × 60 = 300个。

(b) 使用了图3.9中标有字母的微小区：

在图3.9中，有6个微小区包围基站A。因此，该区域内符合条件的基站总数为5 + 6 = 11个。因为每个基站使用60个信道，所用信道总数 = 11 × 60 = 660个。与(a)相比较，容量增长了2.2倍。

(c) 原来的所有基站都用微小区来代替：

从图3.9可以看出，该区域内符合条件的基站总数为5 + 12 = 17个。因为每个基站使用60个信道，所用信道总数 = 17 × 60 = 1020个。与(a)相比较，容量增长了3.4倍。

理论上，如果所有小区都是半径为原来小区的一半的微小区，那么容量增长接近4倍。

3.7.2 裂向（划分扇区）

正如 3.7.1 节所述，小区分裂通过从根本上重组系统来获得系统容量的增加。通过减小小区半径 R 和不改变同频率复用因子 D/R 比值，小区分裂增加了单位面积上的信道数。

然而，另一种增大系统容量的方法就是保持小区半径不变，而设法减小 D/R 比值。裂向可增大 SIR，但可能导致簇大小减小。在这种方法中，首先使用定向天线提高 SIR，而容量的提高是通过减小簇中小区的数量以提高频率复用来实现的。但是为了做到这一点，需要在不降低发射功率的前提下减小相互干扰。

蜂窝系统中的同频干扰能通过用定向天线来代替基站中单独的一根全向天线而减小，其中每个定向天线辐射某一特定的扇区。使用定向天线，小区将只接收同频小区中一部分小区的干扰。使用定向天线来减小同频干扰，从而提高系统容量的技术称为裂向。同频干扰减小的因素取决于使用扇区的数目。通常一个小区划分为 3 个 120° 的扇区或是 6 个 60° 的扇区，如图 3.10(a) 和图 3.10(b) 所示。

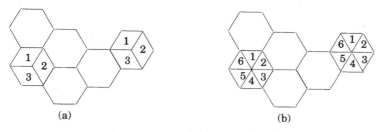

图 3.10　(a)120° 裂向；(b)60° 裂向

利用裂向以后，在某个小区中使用的信道就分为分散的组，每组只在某个扇区中使用，如图 3.10(a) 和图 3.10(b) 所示。假设为 7 小区复用，对于 120° 扇区，第一层的干扰源数目由 6 个下降到 2 个。这是因为 6 个同频小区中只有 2 个能接收到相应信道组的干扰。参考图 3.11，考虑在有 "5" 的中心小区右边扇区的移动台所受到的干扰。在中心小区的右边有 3 个标为 "5" 的同频小区的扇区，3 个在左边。在这 6 个同频小区中，只有 2 个小区具有可以辐射进入中心小区的天线模式，因此中心小区的移动台只会受到来自这两个小区的前向链路的干扰。这种情况下的 S/I 可以根据式(3.8)算出为 24.2 dB，这对于 3.5 节中全向天线的情况是一个显著的提高。3.5 节中实际系统的最坏的 S/I 为 17 dB。S/I 值的提高允许无线工程师减小簇的大小 N 来增大频率复用和系统容量（参考习题 3.28）。在实际的系统中，扇区天线下倾能进一步提高 S/I 的值，在垂直（上升）平面，辐射方向图在最近的同频小区处有一凹槽。

S/I 的提高意味着 120° 裂向后，相对于没有裂向的 12 小区复用的最坏可能情况而言，所需的最小 S/I 值 18 dB 在 7 小区复用时很容易满足（见 3.5.1 节）。这样，裂向减小干扰，获得 12/7 或 1.714 倍的容量增加。实际上，由裂向带来的干扰的减少，使得设计人员能够减小簇的大小 N，给信道分配附加一定的自由度。提高 S/I 继而增加系统容量所带来的不利方面，即导致每个基站的天线数目的增加，以及由于基站的信道也要划分而使中继效率降低。由于裂向减小了某一组信道的覆盖范围，同时切换次数也将增加。幸运的是，许多现代化的基站都支持裂向，允许移动台在同一个小区内进行扇区与扇区之间的切换，而不需要 MSC 的干预，因此切换不是关键问题。

由于中继效率下降，话务量会有所损失，所以一些运营商不使用裂向方法，特别是在密集的市区，在这些地方定向天线模式在控制无线传播时往往失效。由于在裂向中每个基站使用不止一个天线，小区中的可用信道必须进行划分并且对特定天线实行专用。这样就把可用的中继信道划分成为多个部分，从而降低了中继效率。

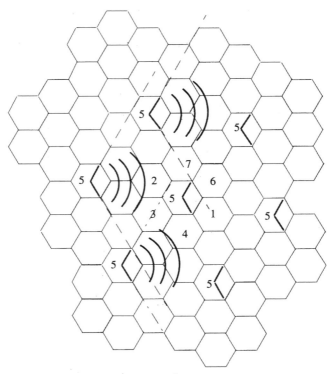

图 3.11　120°裂向如何减小同频小区干扰的图例。在第一层的 6 个同频小区中，只有 2 个对中心小区有干扰。如果每个基站都用全向天线，则 6 个小区与中心小区都有干扰

例 3.9　考虑一个呼叫平均持续 2 分钟的蜂窝系统，阻塞概率不大于 1%。假设每个用户平均每小时呼叫 1 次。如果为 7 小区复用，那么共有 395 个话音信道，每个小区大约有 57 个话音信道。假设将被阻塞的呼叫均予清除，阻塞概率用 Erlang B 公式来描述。从 Erlang B 公式，可以得出没有裂向的系统能够处理的话务量为 44.2 Erlang，或是每小时处理 1326 个呼叫。

现在，利用 12°裂向，每个扇区只有 19 个信道（57/3）。对于同样的阻塞概率和平均呼叫长度，根据 Erlang B 公式可以得出每个扇区能处理 11.2 Erlang 的话务量，或是每小时 336 个呼叫。因为每个小区有 3 个扇区，小区容量就为 3 × 336 = 1008 个呼叫 / 小时。这样，裂向降低了中继效率，但是提高了系统中每个用户的 S/I 比值。

如果使用 60°裂向，那么 S/I 能提高更多。在这种情况下，第一层的干扰源从 6 减到 1。导致 7 小区复用系统的 S/I = 29 dB，并允许用 4 小区复用。当然，每个小区划分为 6 个扇区会更大程度地降低中继效率、增加切换次数。如果将没有裂向的系统与划分为 6 个扇区的系统相比较，中继效率降低了 44%（证明留在习题中）。

3.7.3　使用中继器扩大覆盖范围

通常情况下，无线运营者需要为信号难以到达的区域提供专门的覆盖，这些区域包括建筑物内部、山区或是隧道。无线转播发射器，也就是中继器，经常用来提供这种范围扩大的能力。中继器在本质上是一个双向的、可同时向服务基站发送信号以及接收来自基站的信号的设备。由于中继器工作时使用无线信号，因此可以安装在任何地方，并且具有向整个蜂窝或是 PCS 频段重发信号的能力。在收到来自基站前向链路的信号时，中继器将其放大并向特殊覆盖区域转发基站信号。但是，接收到的噪声和干扰也被中继在前向和反向链路转发出去，因此需要仔细选择中继器的位置，同时

调整各种前向和反向放大倍数和天线类型。可以简单地将中继想象为一根"弯管"（bent pipe），用来转发所收到的信号。在实际应用尤其是隧道和建筑物中，通常使用定向天线或分布式天线系统（DAS）作为局部覆盖点的中继的输入或输出。

通过改变服务小区的覆盖，运营者可以将一定量的基站话务量分配给由中继覆盖的区域。然而，中继并不能增大系统容量——只是简单地将基站信号转发到特殊区域。中继越来越多地用于为建筑物内部及其周边提供覆盖，这些地区的覆盖通常较弱（[Rap96], [Mor00]）。在大建筑物外面建立微小区，以及在其内部安装许多具有DAS网络的中继器，这样更易于提供大厦内部的无线覆盖。用这种方法可以快速为目标区域提供覆盖，但却不能满足随着户外和户内用户话务量增加的容量增加。因此最后需要专用基站来为大厦内大量的蜂窝用户提供服务。

在为中继器和分布式天线系统选择合适位置时，需要仔细规划。这是因为来自基站的干扰会传输到建筑物内部，而来自建筑物内部的干扰也会返回到基站。同时，还要求中继器的配置与可以从服务基站获得的容量相匹配。幸运的是，一些软件产品，如SitePlanner[Wir01]，可以让工程师快速地确定中继器和DAS网络最合适的位置。同时还可以计算出可获得的话务量及所需要的相关安装费用。SitePlanner受US专利6 317 599和其他专利保护。使用SitePlanner，工程师可以为特定级别的扩容选出合适的方案（见图3.12）。

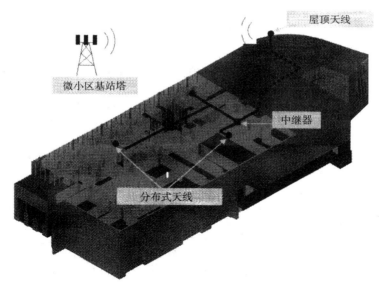

图 3.12　说明在建筑物内部如何使用定向天线系统（DAS），本图
由 SitePlanner 制作（Wireless Valley 通信公司授权使用）

3.7.4　分区微小区的概念

当使用裂向时需要增加切换次数，这就导致移动系统的交换和控制链路的负荷增加。为了解决这个问题，Lee进行了一些分析[Lee91b]。他提出了一种基于7小区复用的微小区概念，如图3.13所示。在这个方案中，每3个（或者更多）分区站点（在图3.14中以Tx/Rx表示）与一个单独的基站相连，并且共享同样的无线设备。各分区微小区用同轴电缆、光导纤维或是微波链路与基站连接。多个分区微小区和一个基站组成一个小区。当移动台在小区内移动时，由信号最强的分区微小区来服务。这种方法优于裂向，因为它的天线安放在小区的外边缘，并且基站的任意信道都可由基站分配给任一个分区微小区。

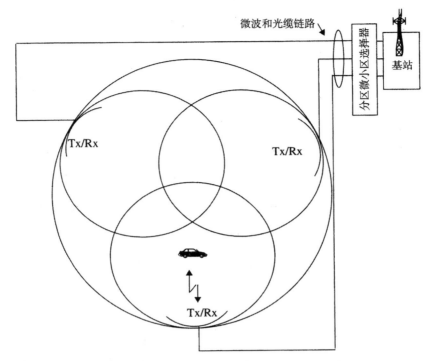

图 3.13　分区微小区的概念（[Lee91b] © IEEE）

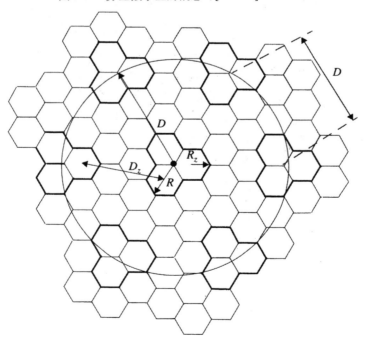

图 3.14　是为 $N=7$ 的构造簇的分区微小区定义了 D、D_z、R、R_z。小六边形是分区微小区，
三个小六边形（外边缘为粗体）为一个小区。图上画出了最近的 6 个同频小区

　　当移动台在小区内从一个分区微小区行驶到另一个分区微小区时，它使用同样的信道。因此，与裂向不同，当移动台在小区内的分区微小区之间行驶时不需要 MSC 进行切换。基站只是简单地

将信道切换给另一个分区微小区使用。因此，对于某一信道而言，它只在移动台行驶在某一分区微小区内时使用。这样，基站辐射被限制在局部，从而减少了干扰水平。这样，小区内的信道在空间和时间上分配给 3 个分区微小区，同时按照通常的方式进行同信道复用。这种技术在高速公路边上或是市区业务集中带特别有用。

分区微小区技术的优点在于小区可以保证覆盖半径，又可以减小蜂窝系统的同频干扰，因为一个大的中心基站已由多个在小区边缘的小功率发射机（微小区发射机）来代替。同频干扰的减少提高了信号的质量，也增大了系统容量，同时没有裂向引起的中继效率的下降。如前面所述，18 dB 的 S/I 是满足窄带 FM 系统性能所必需要达到的门限。对于一个 $N = 7$ 的系统，D/R 为 4.6 就可以达到这样的要求。对于分区微小区系统，由于任何时刻的发射都受某一分区微小区的控制，这意味着 D_z/R_z 为 4.6（其中，D_z 为两个激活同频分区微小区间的最小距离，R_z 为分区微小区的半径）可以达到所需的链路性能。在图 3.14 中，令每个独立的六边形代表一个分区微小区，分区微小区半径 R_z 约等于六边形的半径。这样，分区微小区系统的容量直接与同频小区间的距离相关，而与分区微小区无关。在图 3.14 中，该距离表示为 D。如果 D_z/R_z 为 4.6，从图中可以看出，同频复用因子 D/R 的值为 3，其中 R 是小区的半径，小区的半径等于六边形半径的两倍。根据式(3.4)，$D/R = 3$，其相对应的簇大小 $N = 3$。因此可以推断算出，由于分区微小区概念的引入，簇大小从 $N = 7$ 减到 $N = 3$，使系统容量增加了 2.33 倍，因此，对于同样的 18 dB 的 S/I 要求，相对于传统的蜂窝规则，该系统在容量上有很大的增加。

通过检查图 3.14 和利用式(3.8) [Lee91b]，分区微小区系统最坏情况下的 S/I 估计为 20 dB。因此，在最坏情况下，相对于传统的使用全向天线的 7 小区复用系统来说，此系统在所需要的信噪比上提供 2 dB 的裕量，同时系统容量增加了 2.33 倍，而且没有中继效率的损失。因此，许多蜂窝系统和个人通信系统正在采纳这种分区微小区结构。

3.8　小结

本章介绍了切换、频率复用、中继效率和频率规划等基本概念。当移动台从一个小区移动到另一个小区时需要进行切换，有多种方法可以完成切换。蜂窝系统的容量是含有很多变量的函数。S/I 比值限制系统的同频复用因子，而同频复用因子限制覆盖区域的信道数。中继效率限制能够进入系统的用户数。中继受可用信道数和它们在中继蜂窝系统中的裂向方式的影响。中继效率用 GOS 来表示。最后，小区分裂、裂向和分区微小区技术都以一定方式增大 S/I 来提高系统容量。所有这些方法的一致目标是增大系统中的用户数。需要强调的是，无线传播特性影响所有这些方法在一个实际系统中的有效性，因此在接下来的两章中将介绍无线传播。

3.9　习题

3.1　证明对于六边形系统，同频复用因子为 $Q = \sqrt{3N}$，其中 $N = i^2 + ij + j^2$。（提示：利用余弦定理和六边形小区几何学。）

3.2　设有两个相互独立的电压信号 v1(t) 和 v2(t)，将其叠加到一起形成一个新的信号。证明在满足何种条件下，生成信号的功率等于两个信号功率的和？如果两信号是不相关的情况，应满足什么条件？

3.3　证明蜂窝系统的频率复用因子为 k/S，其中 k 为每个小区的平均信道数，S 为蜂窝系统的可用信道总数。

3.4 设一双工无线蜂窝系统总的频谱为 20 MHz，每个单工信道的带宽为 25 kHz，计算：

(a) 双工信道数目。

(b) 如果使用 $N = 4$ 小区复用，每个小区总的信道数目。

3.5 有一个蜂窝电话运营商决定使用 TDMA 方案，该方案可以容忍的最低信噪比为 15 dB，求最理想的 N 值：(a)全向天线、(b) 120° 裂向、(c) 60° 裂向。并回答应该使用裂向吗？如果应该，那么应该使用哪种裂向方式（60° 还是 120°）？（假设路径损耗指数为 $n = 4$，并考虑中继效率。）

3.6 计算当移动台处在小区边缘时，蜂窝系统的前向链路的信干比（SIR 或 C/I）。假设各小区的半径相同、基站功率相同并放置在小区中心。设每个小区发送相互独立的信号，也就是干扰信号强度可以相加。现将小区的层定义为距服务小区中的移动台距离大致相同的同频小区的集合。本题讨论簇的大小（频率复用距离）、计算中所用的层的数目以及传播路径损耗指数对 C/I 的影响。

(a) 在簇大小 $N = 1$、$N = 3$、$N = 4$、$N = 7$ 和 $N = 12$ 时，位于服务小区边缘的移动台与第一层同频小区（这些小区称为"最近邻居"）的平均距离（用 R 表示）是多少？第一层中有多少同频小区？并将平均距离与 $D = QR$ 进行比较，其中 $Q = \sqrt{3N}$。

(b) 在簇大小 $N = 1$、$N = 3$、$N = 4$、$N = 7$ 和 $N = 12$ 时，位于服务小区边缘的移动台与第二层和第三层同频小区的平均距离（用 R 表示）是多少？第二层和第三层中各有多少同频小区？

(c) 在以下频率复用设计的情况中：$N = 1$、$N = 3$、$N = 4$、$N= 7$ 和 $N = 12$，计算前向链路的 C/I。假设传输路径损耗指数是 4，计算时首先只考虑仅有第一层同频小区影响 S/I 的情况，然后再考虑存在其他外层同频小区时的情况。指出层的数目为多少时，其外层的同频小区对移动台干扰的影响可以忽略不计。

(d) 假设在视距路径损耗指数 $n = 2$ 时，重复计算(c)。需要强调的是，传播路径损耗指数对 C/I 会产生巨大的影响。总结一下簇大小、传播路径损耗指数和 C/I 值之间的关系，并考虑一下这对实际的无线系统设计会有什么影响？

3.7 假设一个移动台在基站 BS_1 和 BS_2 之间沿直线移动，如图 P3.7 所示。两基站之间的距离 $D = 2000$ m。为了简化，忽略小尺度衰减。假设基站 i 在反向链路上接收到的移动台的功率（dBm）是距离的函数：

$$P_{r,i}(d_i) = P_0 - 10n \log_{10}(d_i/d_0) \quad \text{(dBm)} \quad i = 1,2$$

其中 d_i 是移动台和基站 i 之间的距离，单位为 m。P_0 是距离移动台天线为 d_0 处所接收到的功率。设 $P_0 = 0$ dBm，$d_0 = 1$ m。n 为路径损耗指数，设其大小为 2.9。

假设为了达到可接受的语音质量，基站接收到的最小有用信号强度 $P_{r,min} = -88$ dBm，用于发起切换的门限信号强度是 $P_{r,HO}$。设移动台当前正与 BS_1 相连，而且将要进行切换。（假设从接收到的信号强度 $P_{r,HO}$ 达到了切换门限时开始计算切换时间，则完成切换所需的时间 $\Delta t = 4.5$ s。）

(a) 在切换过程中，信号会减弱，要保证通话不中断，计算差值 $\Delta = P_{r,HO} - P_{r,min}$ 的最小值。在计算中假设：与基站和移动台之间的距离相比，基站天线高度可忽略不计。

(b) 描述差值 $\Delta = P_{r,HO} - P_{r,min}$ 对蜂窝系统性能的影响。

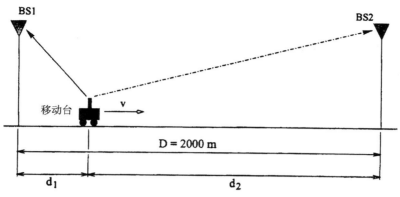

图 P3.7 两基站的蜂窝系统

3.8 如果精确的传播测量活动表明移动无线信道提供的路径损耗指数 $n = 3$ 而不是 4，则对于习题 3.5 应该选择哪种设计方案？$n = 3$ 时理想的 N 值为多少？

3.9 一个六边形蜂窝移动系统，簇大小为 N。因为假设小区为六边形，则第 t 层的同频小区数为 $6t$（与簇大小无关）。考虑前向链路，移动台接收到同频干扰功率强度 I，可表示为 $\sum_{i=1}^{M} I_i$，其中 I_i 表示由第 i 层基站所引起的干扰。假设只有前三层的同频小区的基站会产生明显的干扰，而来自更远距离的同频小区的基站干扰可以忽略不计。

(a) 假设移动台位于小区边缘（最坏情况），计算每一层的同频基站对移动台接收到的总的同频干扰的影响。并计算在只考虑前 T 层（$T = 1, 2, 3$）时的信干比（SIR）。
假设距离发射天线距离为 d 处，所接收到的功率为

$$P_r = P_t \left(\frac{1}{d} \right)^n$$

其中，P_t 为发送功率，n 为路径衰减指数，且假设：

● 移动台和基站都使用全向天线
● 所有基站都位于小区中心且具有相同的功率强度
● 所有小区半径相同，都为 R

当簇大小 $N = 1, 3, 4, 7$ 且路径损耗指数 $n = 2, 3, 4$ 时，给出计算结果。

(b) 假设现在需要分析蜂窝系统前向链路的同频干扰,并假设此蜂窝系统与(a)中所描述的系统具有相同特征。为了减小分析时的计算复杂度（或减小计算时间，如果基于仿真分析），需要考虑尽可能少的同频基站层。另一方面，又需要分析出的结果尽可能精确。基于上述考虑，并结合(a)中的结果，解释并说明在分析同频干扰时（簇大小 $N = 1, 3, 4, 7$；路径损耗指数 $n = 2, 3, 4$）应该使用的层的数目。设 SIR 所能允许的误差为 0.5 dB。

3.10 一个 FDD 蜂窝电话系统分配有 24 MHz 总带宽，并使用两个 30 kHz 信道来提供全双工语音和控制信道。设每个小区电话用户的业务量为 0.1 Erlang。假设使用 Erlang B 公式。
(a) 计算在 4 小区复用系统中每个小区的信道数。
(b) 设每个小区的信道能够达到 90% 的利用度（也就是说总有 90% 的信道在被用户使用），计算当每个基站使用全向天线时，每个小区所支持的最大用户数目。
(c) 如果按照(b)所计算出来的最大用户数同时发起呼叫，计算该系统的阻塞率。

(d) 如果用每个新小区使用 120° 裂向来代替原基站的全向天线。在到达与(c)中相同的阻塞率时，每个小区所能支持的用户总数是多少。

(e) 如果每个小区覆盖 5 km²，在使用全向基站天线时，一个 50 km × 50 km 的城区环境可以支持多少个用户。

(f) 如果每个小区覆盖 5 km²，在使用 120° 扇区天线时，一个 50 km × 50 km 的城区环境可以支持多少个用户。

3.11 对于 $N = 7$、Pr[阻塞] = 1%、呼叫平均占用为 2 分钟的系统，求将全向天线改为 60° 扇区天线时，用 57 个信道中继时所损失的容量？（假设将被阻塞的呼叫清除，每小时每个用户的平均呼叫速率 $\lambda = 1$。）

3.12 假设称为 "Radio Knob" 的小区有 57 个信道，每个小区的有效辐射功率为 32 W，小区半径为 10 km。路径损耗为 40 dB。服务等级为 5% 的阻塞概率（假设将被阻塞的呼叫清除）。假设平均呼叫的时间为 2 分钟，每个用户每小时平均有 2 次呼叫。而且，假设小区已经达到了最大容量，必须分裂为 4 个新的微小区以提供同区域内的 4 倍容量。

(a) "Radio Knob" 的当前容量为多少？

(b) 新小区的半径和发射功率为多少？

(c) 为了保持系统内的同频复用模式不变，每个新小区需要多少信道？

(d) 如果话务量是均匀分布的，每个新小区所承受的新话务量为多少？分裂后，这些新小区的阻塞概率低于 0.1% 吗？假设 57 个信道用于原来的小区和分裂小区中。

3.13 一个特定区域被 84 个小区、簇大小为 N 的蜂窝无线系统覆盖，此系统可用的信道数为 300。用户均匀分布，为每个用户提供的话务量为 0.04 Erlang。假设阻塞呼叫被清除，阻塞率 $P_b = 1\%$。

(a) 在簇大小 $N = 4$ 时，计算每个小区所承载的最大话务量。当 $N = 7, 12$ 时呢？

(b) 当阻塞率为 1%、簇大小 $N = 4$ 时，计算系统所支持的最大用户数。当 $N = 7, 12$ 时呢？

3.14 蜂窝通信系统所流入的话务量可以由平均通话持续时间 H（占用时间）和通话请求率 λ 来说明。在移动台没有穿过小区边界时，H 和 λ 的值可以表示特定小区的话务量。定量地描述移动台穿过小区边界时对平均通话持续时间和通话请求率的影响。

3.15 中继（排队）理论的练习：

(a) 当阻塞概率为 2%，有 4 个信道、20 个信道、40 个信道时，计算系统最大容量（以 Erlang 为单位），包括系统的总容量和每个信道的容量。

(b) 假设 $H = 105$ s，$\lambda = 1$ 次呼叫 / 小时。当有 40 个信道、阻塞概率为 2% 时，该系统能够支持多少用户？

(c) 利用(a)中计算的每个小区的话务量强度，计算当阻塞呼叫延迟系统有 4 个信道、20 个信道、40 个信道时的 GOS。假设 $H = 105$ s，当延迟大于 20 s 时，呼叫被清除。

(d) 比较(a)和(c)，回答一个用 20 s 的队列的阻塞呼叫延迟系统的性能是否优于一个阻塞呼叫清除的系统。

3.16 市区蜂窝无线系统中的接收机在离发射机 $d = d_0 = 1$ m 处检测到 1 mW 的信号。为了减轻同频干扰的影响，任何基站接收到的其他基站发射机的同频信号必须低于 –100 dBm。测量确定系统中的路径损耗指数 $n = 3$。如果使用 7 小区复用模型，计算小区半径。如果用 4 小区复用，小区半径为多少？

3.17 习题 3.16 中描述的簇大小为 7 的蜂窝系统。它使用 660 个信道，其中有 30 个为信令信道，所以每个小区大约有 90 个话音信道。如果系统的潜在用户密度为每平方公里 9000 个用户，并且每个用户平均每小时呼叫一次，高峰时间每次呼叫持续 1 分钟，计算如果所有呼叫均排队、用户延迟 20 秒以上的概率。

3.18 如果 $n = 4$，则一个小区可以分裂为 4 个更小的小区，每个的半径都为原来的一半，发射功率为原来的 1/16。如果大量测量表明路径损耗指数 $n = 3$，为了将小区分裂为 4 个更小的小区，应该怎样调整发射功率？这将会对蜂窝的几何形状产生怎样的影响？解释你的答案，并画图说明在原来的宏小区中如何安置新小区。为了简单起见，使用全向天线。

3.19 利用表 3.2 的频率分配数据，为 4 小区复用和每个小区为 3 个扇区的 B 区载频设计信道分配方案。其中包括 21 个信令信道的分配方案。

3.20 重复习题 3.19，其中复用方式为 4 小区复用和每个小区为 6 扇区。

3.21 在实际的蜂窝无线系统中，MSC 为最近的同频小区分配无线信道的程序是不同的。这种技术称为序列搜索，保证同频小区在将同样的信道分配给附近小区的呼叫之前，首先使用同频组中的不同信道。这使得蜂窝系统没有达到最大负荷时，就能有最小的干扰。考虑采用 3 个相邻的簇，设计一个 MSC 用来为同频小区搜索合适的信道算法。假设复用模式为 7 小区复用，每个小区用 3 个扇区，使用美国的 A 区载频蜂窝信道分配方案。

3.22 计算使用下列标准的移动接收机的干扰（以 dBm 为单位）：(a) AMPS，(b) GSM，(c) USDC，(d) DECT，(e) IS-95，(f) CT2。假设所有接收机的噪声系数为 10 dB。

3.23 如果基站在小区边缘提供的信号强度为 -90 dB，计算习题 3.22 中所描述的移动接收机的 SNR。

3.24 从概念出发，推导出本章给出的 Erlang B 公式。

3.25 仔细分析 4 小区簇的裂向和中继效率间的平衡问题。裂向通过提高 SNR 来增加系统容量，但是中继效率会下降，因为每个扇区都必须单独地中继。考虑每个小区可用信道数的是一个变化范围很大的量，分析在不同的信道数下，每个小区划分为 3 个扇区和 6 个扇区的影响。可以采用计算机模拟的方式来分析，要求能够指出不能使用裂向的转折点。

3.26 假设在只含有一个基站的移动无线系统中，每个用户平均每小时呼叫 3 次，每次呼叫平均持续 5 分钟。

　(a) 每个用户的话务量强度？

　(b) 如果系统阻塞率为 1%，且只有 1 个信道可用，计算系统的用户数。

　(c) 如果系统阻塞率为 1%，且有 5 个信道可用，计算系统的用户数。

　(d) 如果系统中的用户数突然增大到(c)的结果的两倍，计算此时的系统阻塞率。试问这样的性能能否被接受？给出相应的证明。

3.27 美国的 AMPS 系统使用 800 MHz 内的 50 MHz 频率，共有 832 个信道，其中有 42 个作为信令信道。前向信道的频率比反向信道的频率大 45 MHz。

　(a) AMPS 系统是单工的、半双工的还是双工的？每个信道的带宽为多少，他们是如何在基站和用户之间分配的？

　(b) 假设一个基站在信道 352 上发送控制信令，频率为 880.560 MHz。则信道 352 上用户的发射频率是多少？

　(c) AMPS 信道在 A 区和 B 区载频间平均分配。计算各自的控制信道数和话音信道数。

　(d) 假设你是一个 7 小区复用蜂窝系统的总工程师，要求在你的系统中为平均分布的用户设计一个信道分配策略。目前每个小区有 3 个控制信道（利用 120° 的裂向），计算为每个控制信道分配的话音信道数。

(e) 对于理想的有大小一致的六边形蜂窝小区的系统结构，7小区复用时两个最近的同频小区间的距离为多少？对于4小区复用呢？

3.28 假设你在蜂窝服务提供商中工作，你的公司为某一服务区域所配置的蜂窝无线系统达到了最大的蜂窝容量。为了增加系统所能够承载的话务量，老板让你分析结合裂向的减小簇大小的技术。当前所配置的系统使用 AMPS 系统，有300语音信道，簇大小 $N = 7$，基站使用全向天线。基站位于小区中心，前向链路的发送功率相同。所设阻塞率为2%，当所有的语音信道都被使用时每个小区的最大承载话务量为 32.8 Erlang。最小 SIR（最坏情况）可用以下公式计算：

$$\text{SIR} = 10\lg\left[\frac{(\sqrt{3N})^n}{i_0}\right] \quad (\text{dB})$$

其中 n 是路径损耗指数，N 是簇大小，i_0 是位于第一层的同频干扰基站的数目。在 $n = 4$、$N = 7$ 以及系统使用全向基站天线（即 $i_0 = 6$）的情况下，SIR $= 18.7$ dB。

当簇大小减小时，每个小区最大承载话务量会增加，但这是以系统的 SIR 减小为代价的。为了增大 SIR 和保证链路质量，可以使用定向的基站天线。也就是说，在降低 N 值的同时使用裂向技术，使得系统能够达到的最小 SIR 大于或等于当前系统的最小 SIR（SIR $= 18.7$ dB）。

在分析中，只需考虑前向链路。有两种裂向天线可供使用：$BW = 60°$，每小区6个扇区；$BW = 120°$，每小区3个扇区，如图 P3.28(a)所示。设小区为六边形，半径为 R。在簇大小降低为 $N = 3$ 和 $N = 4$ 时，分别使用3扇区（$BW = 60°$）和6扇区（$BW = 120°$），从而有四种可能的蜂窝系统结构，计算出这四种结构的系统中每个小区能够承载的最大话务量。假设同时安装所有的定向天线。仅考虑第一层同频小区。

(a) 簇大小 $N = 3$ 和 $N = 4$，使用3和6扇区，计算移动台所收到的最小 SIR（移动台位于小区边缘，如图 P3.28(b)所示）。在考虑同频干扰时，指出哪种结构（簇大小 N，扇区数）是可行的（最小 SIR 大于或等于 18.7 dB）。注意在第一层中的同频干扰基站的数目取决于簇大小和每个小区的扇区数。利用上述条件计算最小的 SIR。

(b) 对每一种结构（$N = 3$ 和 $N = 4$，每小区为3和6扇区），系统阻塞率为2%，提供300个语音信道。计算每个小区的最大承载话务量。假设用户平均分布在服务区内，所用扇区分配相同数目的信道。

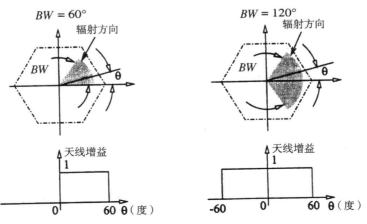

图 P3.28　(a) $BW = 60°$ 和 $BW = 120°$ 的辐射方向图

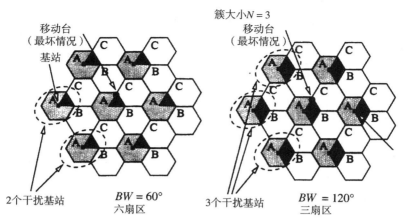

图 P3.28　(b) 簇大小 $N = 3$，扇区数 3 和 6

3.29 假设你获得了美国蜂窝系统（许可证的申请费仅为 500 美元）的许可证。你的许可证可以覆盖 140 平方公里。假设每个基站的费用为 50 万美元，每个 MTSO 的费用为 150 万美元。另外，需要额外的 50 万美元作为广告和开始业务的费用。银行已经答应贷款 600 万美元，如果你想在 4 年内收入 1000 万美元，并且偿还贷款。

(a) 如果有 600 万美元，你可以安装多少个基站（即小区站点）？

(b) 假设地球是个平面，用户在地面上均匀分布，每个基站的覆盖区域可以假设为多大？假设为六边形蜂窝，小区半径为多少？

(c) 假设 4 年内每个用户平均每月支付 50 美元。假设当系统开通的第一天，就有一定数量的用户（并假设这些用户有一定的话务量）。每个新年的第一天，你的用户数目翻一番，为了在 4 年内能收入 1000 万美元，在系统开通的第一天，最少应该拥有多少用户？

(d) 根据(c)的答案，为了在 4 年内能收入 1000 万美元，在你系统开通的第一天，每平方公里应该有多少用户？

第4章 移动无线电传播：大尺度路径损耗

无线通信系统的性能主要受到移动无线信道的制约。发射机与接收机之间的传播路径非常复杂，从简单的视距传播，到遭遇各种复杂的地形物，如建筑物、山脉和树叶等。无线信道不像有线信道那样固定并可预见，而是具有极度的随机性，特别难以分析。甚至移动台的速度都会对信号电平的衰落产生影响。无线信道的建模历来是移动无线系统设计中的难点，这一问题的解决一般利用统计方法，并且根据预期的通信系统或所分配频谱的测量值来解决。

4.1 无线电波传播介绍

电磁波传播的机制是多种多样的，但总体上可以归结为反射、绕射和散射。大多数蜂窝无线系统运作在城区，发射机和接收机之间无直接视距（LOS）路径，而且高层建筑引起了严重的绕射损耗。此外，由于不同物体的多路径反射，经过不同长度路径的电磁波相互作用引起了多径衰落；同时，随着发射机和接收机之间距离的不断增加，导致了电磁波强度的衰减。

对传播模型的研究，传统上集中于距发射机一定距离处平均接收信号场强的预测，以及特定位置附近信号场强的变化。对于预测平均信号场强并用于估计无线覆盖范围的传播模型，由于它们描述的是发射机与接收机之间（T-R）长距离（几百米或是几千米）上的信号场强变化，所以称为大尺度传播模；另一方面，描述短距离（几个波长）或短时间（秒级）内接收场强的快速波动的传播模型，称为小尺度衰落模型。

当移动台在极小范围内移动时，可能引起瞬时接收场强的快速波动，即小尺度衰落。其原因是接收信号为不同方向信号的合成，具体描述参见第5章。由于相位变化的随机性，其合成信号变化范围很大。在小尺度衰落中，当接收机移动距离与波长相当时，其接收信号功率可以发生3个或4个数量级（30 dB或40 dB）的变化。当移动台远离发射机时，当地平均接收信号逐渐减弱，该本地平均信号电平由大尺度传播模型预测。一般情况下，本地平均接收功率由从5λ到40λ范围内的信号测量值计算得到，对于频段从1 GHz到2 GHz的蜂窝系统和PCS，相应的测量在1 m到10 m的范围内。

图4.1给出了一个室内无线通信系统的小尺度衰落和慢速大尺度变化情况。注意在图中，随着接收机的移动，信号衰落很快，但是随着距离的变化很慢。本章主要针对大尺度传播提出了许多用于预测移动通信系统中的接收功率的通用方法。第5章主要针对小尺度衰落模型，并且描述在移动无线环境中的测量和多径建模的方法。

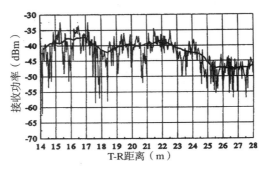

图4.1 小尺度和大尺度衰落

4.2　自由空间传播模型

　　自由空间传播模型用于预测接收机和发射机之间是完全无阻挡的视距路径时接收信号的场强。卫星通信系统和微波视距无线链路是典型的自由空间传播。与大多数大尺度无线电波传播模型类似，自由空间模型预测接收功率的衰减为 T-R 距离的函数（幂函数）。自由空间中距发射机 d 处天线的接收功率由 Friis 公式给出：

$$P_r(d) = \frac{P_t G_t G_r \lambda^2}{(4\pi)^2 d^2 L} \tag{4.1}$$

其中，P_t 为发射功率；$P_r(d)$ 是接收功率，为 T-R 距离的函数；G_t 是发射天线增益；G_r 是接收天线增益；d 是 T-R 间距离，单位为 m；L 是与传播无关的系统损耗因子（$L \geq 1$）；λ 为波长，单位为 m。天线增益与它的有效截面 A_e 相关，即

$$G = \frac{4\pi A_e}{\lambda^2} \tag{4.2}$$

有效截面 A_e 与天线的物理尺寸相关，λ 则与载频相关：

$$\lambda = \frac{c}{f} = \frac{2\pi c}{\omega_c} \tag{4.3}$$

其中，f 为载频，单位是 Hz；ω_c 为载频，单位是 rad/s；c 为光速，单位是 m/s。P_t 和 P_r 必须具有相同的单位，G_t 和 G_r 为无量纲的量。综合损耗 L（$L \geq 1$）通常归因于传输线衰减、滤波损耗和天线损耗，$L = 1$ 则表明系统硬件中无损耗。

　　由式(4.1)的自由空间公式可知，接收机功率随 T-R 距离的平方而衰减，即接收功率衰减与距离的关系为 20 dB/ 十倍程。

　　各方向具有相同单位增益的理想全向天线，通常作为无线通信系统的参考天线。有效全向发射功率（EIRP）定义为

$$\text{EIRP} = P_t G_t \tag{4.4}$$

表示与全向天线相比，可由发射机获得的在最大天线增益方向上的最大发射功率。

　　实际上用有效发射（ERP）代替 EIRP 来表示与半波偶级子天线相比的最大发射功率。由于偶级子天线具有 1.64 的增益（比全向天线高 2.15 dB），因此对于同一传输系统，ERP 比 EIRP 低 2.15 dB。实际上，天线增益是以 dBi（与全向天线相比的 dB 增益）为单位或以 dBd（与半波偶级子天线相比的 dB 增益）为单位的[Stu81]。

　　路径损耗表示信号衰减，单位为 dB 的正值，定义为有效发射功率和接收功率之间的差值，可以包括也可以不包括天线增益。当包括天线增益时，自由空间路径损耗为

$$PL(\text{dB}) = 10\log\frac{P_t}{P_r} = -10\log\left[\frac{G_t G_r \lambda^2}{(4\pi)^2 d^2}\right] \tag{4.5}$$

当不包括天线增益时，假设天线具有单位增益。其路径损耗为

$$PL(\text{dB}) = 10\log\frac{P_t}{P_r} = -10\log\left[\frac{\lambda^2}{(4\pi)^2 d^2}\right] \tag{4.6}$$

　　Friis 自由空间模型仅当 d 为发射天线远场值 P_t 时适用。天线的远场或 Fraunhofer 区定义为超过远场距离 d_f 的地区，与发射天线截面的最大线性尺寸和载波波长有关。Fraunhofer 距离为

$$d_f = \frac{2D^2}{\lambda} \tag{4.7.a}$$

其中，D 为天线的最大物理线性尺寸。此外对于远场地区，d_f 必须满足

$$d_f \gg D \tag{4.7.b}$$

和

$$d_f \gg \lambda \tag{4.7.c}$$

显而易见，式(4.1)不包括 $d = 0$ 的情况。为此，大尺度传播模型使用近地距离 d_0 作为接收功率的参考点。当 $d > d_0$ 时，接收功率 P_r 与 d_0 的 $P_r(d_0)$ 相关。可由式(4.1)预测或由测量的平均值得到。参考距离必须选择在远场区，即 $d_0 \geq d_f$，同时 d_0 小于移动通信系统中所有的实际距离。这样，使用式(4.1)，当距离大于 d_0 时，自由空间中的接收功率为

$$P_r(d) = P_r(d_0)\left(\frac{d_0}{d}\right)^2 \qquad d \geq d_0 \geq d_f \tag{4.8}$$

在移动无线系统中，经常发现 P_r 在几平方公里的典型覆盖区内要发生几个数量级的变化。因为接收电平的动态范围非常大，经常以 dBm 或 dBW 为单位来表示接收电平。式(4.8)可以表示成以 dBm 或 dBW 为单位，只要公式两边均乘以 10。例如，如果 P_r 的单位为 dBm，接收功率为

$$P_r(d) \text{ dBm} = 10\log\left[\frac{P_r(d_0)}{0.001 \text{ W}}\right] + 20\log\left(\frac{d_0}{d}\right) \quad d \geq d_0 \geq d_f \tag{4.9}$$

其中，$P_r(d_0)$ 的单位为 W。

在实际使用低增益天线的 1～2 GHz 地区的系统中，参考距离在室内环境的典型值取为 1 m，室外环境取为 100 m 或 1 km，这样式(4.8)和式(4.9)中的分子为 10 的倍数。这样以 dB 为单位的路径损耗的计算会很容易。

例 4.1　求解最大尺寸为 1 m、工作频率为 900 MHz 的天线的远场距离。

解：

已知：

天线最大尺寸，$D = 1 \text{ m}$

工作频率 $f = 900 \text{ MHz}$，$\lambda = c/f = \dfrac{3 \times 10^8 \text{ m/s}}{900 \times 10^6 \text{ Hz}} \text{ m}$

使用式(4.7.a)可获得远场距离为

$$d_f = \frac{2(1)^2}{0.33} = 6 \text{ m}$$

例 4.2　如果发射机发射 50 W 的功率，将其换算成(a) dBm 和(b) dBW。如果该发射机为单位增益天线，并且载频为 900 MHz，求出在自由空间中距天线 100 m 处接收功率为多少 dBm。10 km 处为多少？假定接收天线为单位增益。

解：

已知：

发射功率，$P_t = 50 \text{ W}$

载频，$f_c = 900 \text{ MHz}$

使用式(4.9)

(a) 发射功率

$$P_t(\text{dBm}) = 10\log[P_t(\text{mW})/(1\ \text{mW})]$$

$$= 10\log[50 \times 10^3] = 47.0\ \text{dBm}$$

(b) 发射功率

$$P_t(\text{dBm}) = 10\log[P_t(\text{W})/(1\ \text{W})]$$

$$= 10\log[50] = 17.0\ \text{dBW}$$

使用式(4.1)确定接收功率为

$$P_r = \frac{P_t G_t G_r \lambda^2}{(4\pi)^2 d^2 L} = \frac{50(1)(1)(1/3)^2}{(4\pi)^2 (100)^2 (1)} = (3.5 \times 10^{-6})\ \text{W} = 3.5 \times 10^{-3}\ \text{mW}$$

$$P_r(\text{dBm}) = 10\log P_r(\text{mW}) = 10\log(3.5 \times 10^{-3}\ \text{mW}) = -24.5\ \text{dBm}$$

使用式(4.9)确定 10 km 处的接收功率（dBm），其中 $d_0 = 100$ m、$d = 10$ km，

$$P_r(10\ \text{km}) = P_r(100) + 20\log\left[\frac{100}{10\ 000}\right] = -24.5\ \text{dBm} - 40\ \text{dB}$$

$$= -64.5\ \text{dBm}$$

4.3 电场和功率

对于 4.2 节的自由空间路径损耗模型，可以很容易地从第一原理中获得。现已证明任何辐射体都产生电磁场（[Gri87], [Kra50]）。已知一长为 L 的线性发射体，把它放在 z 轴方向并且中心在原点上，请参见图 4.2。

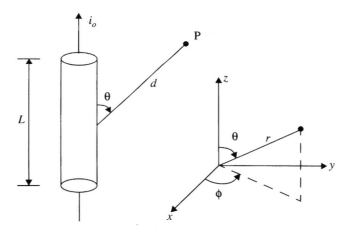

图 4.2　长为 $L(L \ll \lambda)$ 的线性辐射体图示，通过电流为 i_0 安培，点 P 的角度为 θ，距离为 d

如果电流通过这样的天线，则发射电磁场表示为

$$E_r = \frac{i_0 L \cos\theta}{2\pi\varepsilon_0 c}\left\{\frac{1}{d^2} + \frac{c}{j\omega_c d^3}\right\}\text{e}^{j\omega_c(t - d/c)} \tag{4.10}$$

$$E_\theta = \frac{i_0 L \sin\theta}{4\pi\varepsilon_0 c^2}\left\{\frac{j\omega_c}{d} + \frac{c}{d^2} + \frac{c^2}{j\omega_c d^3}\right\}\text{e}^{-j\omega_c(t - d/c)} \tag{4.11}$$

$$H_\phi = \frac{i_0 L \sin\theta}{4\pi c}\left\{\frac{j\omega_c}{d} + \frac{c}{d^2}\right\}\text{e}^{j\omega_c(t - d/c)} \tag{4.12}$$

并且 $E_\phi = H_r = H_\theta = 0$。上述公式中所有的 $1/d$ 表示辐射场成分，$1/d^2$ 表示感应场成分，$1/d^3$ 表示静电场成分。由式(4.10)和式(4.12)可见，静电场和感应场比辐射场随距离的衰减要快得多。在远场区，静电场和感应场可忽略不计，只考虑辐射场元素 E_θ 和 H_ϕ。

在自由空间中，能流密度 P_d 为

$$P_d = \frac{EIRP}{4\pi d^2} = \frac{P_t G_t}{4\pi d^2} = \frac{E^2}{R_{fs}} = \frac{E^2}{\eta} \ \text{W/m}^2 \tag{4.13}$$

其中，R_{fs} 是固有阻抗，自由空间中为 $\eta = 120\,\pi\Omega$（$377\ \Omega$）。这样能流密度为

$$P_d = \frac{|E|^2}{377\Omega} \ \text{W/m}^2 \tag{4.14}$$

其中，$|E|$ 表示远场电场辐射部分的幅度。图4.3(a)表明了在自由空间中从一个全向点源发出的能流密度情况。P_d 可看做被半径为 d 的球表面分隔的EIRP。在 d 处接收的功率 $P_r(d)$ 为能流密度与接收天线的有效截面的乘积。使用式(4.1)、式(4.2)、式(4.13)和式(4.14)，可将其与电场关联起来：

$$P_r(d) = P_d A_e = \frac{|E|^2}{120\pi} A_e = \frac{P_t G_t G_r \lambda^2}{(4\pi)^2 d^2} = \frac{|E|^2 G_r \lambda^2}{480\pi^2} \ \text{W} \tag{4.15}$$

式(4.15)将场强（单位为 V/m）与接收功率（单位为 W）关联起来，当 $L = 1$ 时等同于式(4.1)。

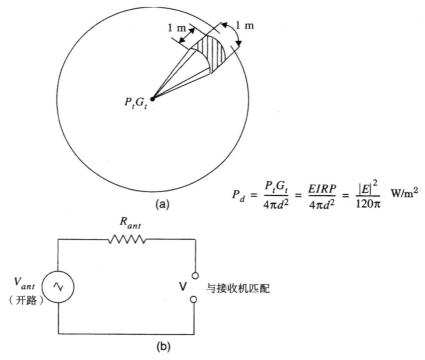

$$P_d = \frac{P_t G_t}{4\pi d^2} = \frac{EIRP}{4\pi d^2} = \frac{|E|^2}{120\pi} \ \text{W/m}^2$$

图 4.3　(a)距点源距离为 d 处的能流密度；(b)应用于接收机输入端的电压模型

通常将接收机电平与接收机输入电压和接收天线的感应电场 E 联系起来是非常有用的。如果接收天线建模成接收机的一个匹配阻抗负载，那么接收天线将会感应出一个均方根电压进入接收机，它是天线中开路电压的一半。这样，如果 V 为接收机输入的电压，R_{ant} 为匹配接收机阻抗，则接收功率为

$$P_r(d) = \frac{V^2}{R_{ant}} = \frac{[V_{ant}/2]^2}{R_{ant}} = \frac{{V_{ant}}^2}{4R_{ant}} \qquad (4.16)$$

通过式(4.14)和式(4.16)，建立了接收功率和接收电场或接收天线终端开路均方根电压之间的关系。图 4.3(b)表示了一个等效电路模型，注意无负载时 $V_{ant} = V$。

例4.3　假设接收机距离 50 W 的发射机有 10 km，载频为 900 MHz 且在自由空间传播，$G_t = 1$ 和 $G_r = 2$，求(a)接收机功率；(b)接收天线电场幅度；(c)假定接收天线具有 50 Ω 理想阻抗并和接收机匹配，则接收机的输入电压是多少？

解：

已知：

发射功率，$P_t = 50$ W

载频，$f_c = 900$ MHz

发射天线增益，$G_t = 1$

接收天线增益，$G_r = 2$

接收天线阻抗 $= 50$ Ω

(a) 使用式(4.5)，$d = 10$ km 处的接收功率为

$$P_r(d) = 10\log\left(\frac{P_t G_t G_r \lambda^2}{(4\pi)^2 d^2}\right) = 10\log\left(\frac{50 \times 1 \times 2 \times (1/3)^2}{(4\pi)^2 10\,000^2}\right)$$

$$= -91.5 \text{ dBW} = -61.5 \text{ dBm}$$

(b) 使用式(4.15)，接收电场幅度为

$$|E| = \sqrt{\frac{P_r(d)120\pi}{A_e}} = \sqrt{\frac{P_r(d)120\pi}{G_r \lambda^2/4\pi}} = \sqrt{\frac{7 \times 10^{-10} \times 120\pi}{2 \times 0.33^2/(4\pi)}} = 0.0039 \text{ V/m}$$

(c) 使用式(4.16)，接收机输入处的均方根电压为

$$V_{ant} = \sqrt{P_r(d) \times R_{ant}} = \sqrt{7 \times 10^{-10} \times 50} = 0.187 \text{ mV}$$

4.4　三种基本传播机制

在移动通信系统中，影响传播的三种最基本的机制为反射、绕射和散射。本节简要介绍了这三种机制，本章的后续部分将分别讨论这三种机制的传播模型。接收功率（或与其成倒数关系的路径损耗）是基于反射、散射和绕射的大尺度传播模型预测的最重要参数。这三种传播机制也描述了小尺度衰落和多径传播（在第 5 章讨论）。

当电磁波遇到比波长大得多的物体时发生反射，反射发生在地球表面、建筑物和墙壁表面。

当接收机和发射机之间的无线路径被尖锐的边缘阻挡时将发生绕射。由阻挡表面产生的二次波散布于空间，甚至到达阻挡体的背面，导致波围绕阻挡体产生弯曲。甚至当发射机和接收机之间不存在视距路径时，这种情况也会发生。在高频波段，绕射与反射一样，依赖于物体的形状，以及绕射点入射波的振幅、相位和极化情况。

当波穿行的介质中存在小于波长的物体并且单位体积内阻挡体的个数非常巨大时，将发生散射。散射波产生于粗糙表面、小物体或其他不规则物体。在实际的通信系统中，树叶、街道标志和灯柱等会引发散射。

4.5 反射

当无线电波入射到两个具有不同介电常数的介质的交界处时，一部分光波被反射，另一部分则通过。如果平面波入射到理想电介质的表面，则一部分能量进入第二个介质，一部分能量反射回第一个介质，没有能量损耗。如果第二个介质是理想导体，则所有的入射能量都被反射回第一个介质，同样也没有能量损失。反射波和传输波的电场强度取决于入射波在介质中的费涅尔（Fresnel）反射系数（Γ）。反射系数是材料属性函数，通常情况下取决于光波的极性、入射角和频率。

一般情况下，电磁波是极化波，即在空间相互垂直的方向上同时存在电场成分。极化波可以表示成两个空间相互垂直成分的和，例如水平和垂直、左手环和右手环极化成分等。对于一定的极性，可以通过叠加来计算反射场。

4.5.1 电介质的反射

如图 4.4 所示，电磁波入射角是 θ_i，两个电介质的交界是平面。如图所示，电磁波的一部分能量以 θ_r 的角度返射回第一个介质，另一部分能量以 θ_t 的角度在第二个介质中传输（折射）。反射特性随电场极化方向的变化而变化。极化率在任意方向上的行为可从图 4.4 中的两种不同情况入手进行研究。入射平面定义为包含入射波、反射波和透射波的平面[Ram65]。在图 4.4(a)中，电场极性平行于入射波平面（即电场为垂直极化波或对应于反射面的正交成分）；在图 4.4(b)中，电场极性垂直于入射波平面（即电场指向读者，垂直于纸面并平行于反射面）。

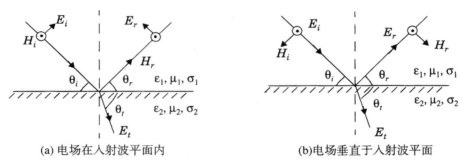

(a) 电场在入射波平面内　　　　　　　　　　(b)电场垂直于入射波平面

图 4.4　计算两种介质间反射系数的示意图

在图 4.4 中，下标 i、r、t 分别指入射、反射和透射场。参数 ε_1、μ_1、σ_1 和 ε_2、μ_2、σ_2 代表两种介质的介电常数、透射率和导电性。通常，理想电介质（无损耗）的绝缘常数与介质常数 ε_r 有关，即 $\varepsilon = \varepsilon_0 \varepsilon_r$，其中 ε_0 为 8.85×10^{-12} F/m。如果电介质是有损耗的，那么它会吸收一部分能量，其绝缘常数由下式给出：

$$\varepsilon = \varepsilon_0 \varepsilon_r - j\varepsilon' \tag{4.17}$$

其中

$$\varepsilon' = \frac{\sigma}{2\pi f} \tag{4.18}$$

σ 是材料的导电性，单位为 s/m。如果材料是良导体（$f < \sigma/(\varepsilon_0 \varepsilon_r)$），那么 ε_r 和 σ 与频率无关。如果材料是有损耗的电介质，那么 ε_0 和 ε_r 是定值，但是 σ 随频率变化，如表 4.1 所示。Von Hipple[Von54]给出了不同材料随大范围频率变化的特性。

表 4.1　不同频率下的材料系数

材料	相对透射率 ε_r	导电性 σ（s/m）	频率（MHz）
粗糙地面	4	0.001	100
普通地面	15	0.005	100
良好地面	25	0.02	100
海水	81	5.0	100
淡水	81	0.001	100
砖	4.44	0.001	4000
石灰石	7.51	0.028	4000
玻璃，Corning 707	4	0.000 000 18	1
玻璃，Corning 707	4	0.000 027	100
玻璃，Corning 707	4	0.005	10 000

从叠加的角度考虑，在解决一般的反射问题时，仅需考虑两个正交极化分量。在介质边界处，垂直和平行两种极化场的反射系数为

$$\Gamma_{\parallel} = \frac{E_r}{E_i} = \frac{\eta_2 \sin\theta_t - \eta_1 \sin\theta_i}{\eta_2 \sin\theta_t + \eta_1 \sin\theta_i} \quad （电场在入射平面内） \tag{4.19}$$

$$\Gamma_{\perp} = \frac{E_r}{E_i} = \frac{\eta_2 \sin\theta_i - \eta_1 \sin\theta_t}{\eta_2 \sin\theta_i + \eta_1 \sin\theta_t} \quad （电场垂直于入射平面） \tag{4.20}$$

其中 η_i 为第 i 种（$i=1,2$）介质的固有阻抗，等于 $\sqrt{\mu_i / \varepsilon_i}$，即特定介质中平面波的电场磁场比率。电磁波的速率为 $1/(\sqrt{\mu\varepsilon})$，入射表面边界条件遵守 Snell 定律，参见图 4.4，公式如下：

$$\sqrt{\mu_1\varepsilon_1} \sin(90 - \theta_i) = \sqrt{\mu_2\varepsilon_2} \sin(90 - \theta_t) \tag{4.21}$$

从麦克斯韦（Maxwell）公式边界条件推导出式(4.19)和式(4.20)及式(4.22)、式(4.23.a)和式(4.23.b)，

$$\theta_i = \theta_r \tag{4.22}$$

和

$$E_r = \Gamma E_i \tag{4.23.a}$$

$$E_t = (1 + \Gamma)E_i \tag{4.23.b}$$

其中，Γ 依赖于极性。如果电场是在入射平面内，那么 $\Gamma = \Gamma_{\parallel}$；如果电场垂直于入射平面，那么 $\Gamma = \Gamma_{\perp}$。

在第一个介质是自由空间且 $\mu_1 = \mu_2$ 的情况下，垂直和水平极化两种情况的反射系数简化为

$$\Gamma_{\parallel} = \frac{-\varepsilon_r \sin\theta_i + \sqrt{\varepsilon_r - \cos^2\theta_i}}{\varepsilon_r \sin\theta_i + \sqrt{\varepsilon_r - \cos^2\theta_i}} \tag{4.24}$$

和

$$\Gamma_{\perp} = \frac{\sin\theta_i - \sqrt{\varepsilon_r - \cos^2\theta_i}}{\sin\theta_i + \sqrt{\varepsilon_r - \cos^2\theta_i}} \tag{4.25}$$

对于椭圆极化波的情况，光波可分为水平电场和垂直电场，通过叠加方法确定反射和透射波。对于反射和透射波的一般情况，空间坐标的水平和竖直轴与传输波的平行和垂直方向不一致。如图 4.5 所示，传播的光波是朝着纸外的（面向读者）[Stu93]，角度从水平轴开始向逆时针方向得到。在电介质边界处，垂直和水平场成分满足关系式：

$$\begin{bmatrix} E_H^d \\ E_V^d \end{bmatrix} = R^T D_C R \begin{bmatrix} E_H^i \\ E_V^i \end{bmatrix} \tag{4.26}$$

其中，E_H^d 和 E_V^d 为在水平和竖直方向上的去极化场成分，E_H^i 和 E_V^i 为入射波在水平和垂直方向上的极化成分，E_H^d、E_V^d、E_H^i 和 E_V^i 为时变电场成分，可表示成矢量。R 为转换矩阵，表示水平垂直极化间的映射关系，矩阵 R 为

$$R = \begin{bmatrix} \cos\theta & \sin\theta \\ -\sin\theta & \cos\theta \end{bmatrix}$$

其中，θ 为两套坐标轴之间的角度，请参见图 4.5。极化矩阵 D_C 为

$$D_C = \begin{bmatrix} D_{\perp\perp} & 0 \\ 0 & D_{\|\|} \end{bmatrix}$$

其中，在反射情况下 $D_{xx} = \Gamma_x$，在透射情况下 $D_{xx} = T_x = 1 + \Gamma_x$ [Stu93]。

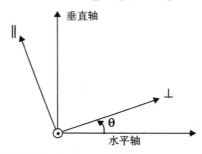

图 4.5　正交极化成分的坐标轴。将水平和垂直成分与水平和垂
直空间坐标联系起来。波的方向垂直于纸面，面向读者

图 4.6 显示了水平和垂直极化的反射系数作为入射角的函数，入射波在自由空间（$\varepsilon_r = 1$）传播，并且(a)反射面为 $\varepsilon_r = 4$，(b)反射面为 $\varepsilon_r = 12$。

例 4.4　证明如果介质 1 是自由空间，介质 2 是电介质，不论 ε_r 是多少，当 θ_i 接近 0° 时，$|\Gamma_\||$ 和 $|\Gamma_\perp|$ 接近 1。

解：

将 $\theta_i = 0°$ 代入式(4.24)

$$\Gamma_\| = \frac{-\varepsilon_r \sin 0 + \sqrt{\varepsilon_r - \cos^2 0}}{\varepsilon_r \sin 0 + \sqrt{\varepsilon_r - \cos^2 0}}$$

$$|\Gamma_\|| = \frac{\sqrt{\varepsilon_r - 1}}{\sqrt{\varepsilon_r - 1}} = 1$$

将 $\theta_i = 0°$ 代入式 (4.25)

$$\Gamma_\perp = \frac{\sin 0 - \sqrt{\varepsilon_r - \cos^2 0}}{\sin 0 + \sqrt{\varepsilon_r - \cos^2 0}}$$

$$\Gamma_\perp = \frac{-\sqrt{\varepsilon_r - 1}}{\sqrt{\varepsilon_r - 1}} = -1$$

本例说明当入射波照在地球上时，不管极化情况或地面电介质的性质，可将地面建模成一个单位反射系数的理想反射体（一些文章定义的 E_r 方向与图 4.4(a) 中的相反，因此得到 $\Gamma = -1$）。

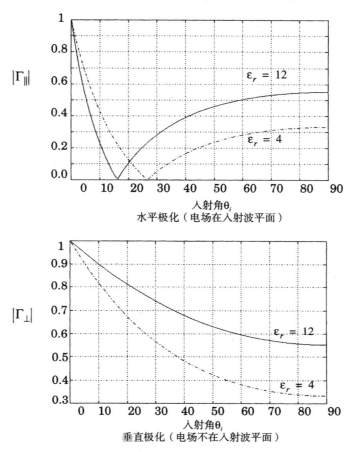

图 4.6　基于图 4.4 的几何表示，在 $\varepsilon_r = 4$、$\varepsilon_r = 12$ 两种情况下，反射系数幅度与入射角之间的函数关系

4.5.2　Brewster 角

电磁波投射到介质分界面上而不发生反射时的入射角为 Brewster 角，此时反射系数 $\Gamma_\parallel$ 为 0（见图 4.6）。Brewster 角 θ_B 满足：

$$\sin(\theta_B) = \sqrt{\frac{\varepsilon_1}{\varepsilon_1 + \varepsilon_2}} \tag{4.27}$$

当第一介质为自由空间、第二介质的相对介质系数为 ε_r 时，式 (4.27) 可表示成

$$\sin(\theta_B) = \frac{\sqrt{\varepsilon_r - 1}}{\sqrt{\varepsilon_r^2 - 1}} \tag{4.28}$$

注意 Brewster 角只在垂直极化时出现。

例 4.5　地面介质系数 $\varepsilon_r = 4$ 时，计算 Brewster 角。

解：

在式 (4.28) 中替换 ε_r 的值，即可求得 Brewster 角。

$$\sin(\theta_i) = \frac{\sqrt{(4)-1}}{\sqrt{(4)^2-1}} = \sqrt{\frac{3}{15}} = \sqrt{\frac{1}{5}}$$

$$\theta_i = \sin^{-1}\sqrt{\frac{1}{5}} = 26.56°$$

即 $\varepsilon_r = 4$ 时，Brewster 角为 $26.56°$。

4.5.3　理想导体的反射

因为电磁波不能穿过理想导体，所以当平面波入射到理想导体时，全部能量被反射回来。为遵守麦克斯韦公式，导体表面电场在任何时候都必须为 0，反射波必须等于入射波。对于电场极化方向处于入射波平面的情况，边界条件要求[Ram65]：

$$\theta_i = \theta_r \tag{4.29}$$

和

$$E_i = E_r \quad (E\text{电场在入射波平面}) \tag{4.30}$$

同样，电场为水平极化的情况下，边界条件要求：

$$\theta_i = \theta_r \tag{4.31}$$

和

$$E_i = -E_r \quad (E\text{电场垂直于入射波平面}) \tag{4.32}$$

参考式(4.29)~式(4.32)，对于理想导体，无论入射角是多少，都有 $\Gamma_\parallel = 1$ 和 $\Gamma_\perp = -1$，椭圆极化波可使用叠加方法进行分析，请参见图 4.5 和式(4.26)。

4.6　地面反射（双线）模型

在移动无线信道中，基站和移动台之间的单一直接路径一般都不是传播的惟一物理方式，因此单独使用式(4.5)的自由空间传播模型，在多数情况下是不准确的。图 4.7 所示的双线地面反射模型是基于几何光学的非常有用的传播模型，不仅考虑了直接路径，而且考虑了发射机和接收机之间的地面反射路径。该模型在预测几千米范围（使用天线塔超过 50 m）内的大尺度信号强度时是非常准确的，同时对城区视距内的微蜂窝环境也是非常准确的[Feu94]。

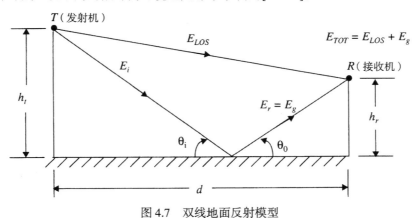

图 4.7　双线地面反射模型

在大多数移动通信系统中，T-R 间距最多达到几千米，这样可假设地球为平面的。总的接收电场 E_{TOT} 为直接视距成分 E_{LOS} 和地面反射成分 E_g 的合成结果。

参考图 4.7，h_t 为发射机高度，h_r 为接收机高度。如果 E_0 为距发射机 d_0 处电的场（单位为 V/m），则对于 $d > d_0$，自由空间传播的电场为

$$E(d, t) = \frac{E_0 d_0}{d} \cos\left(\omega_c\left(t - \frac{d}{c}\right)\right) \qquad (d > d_0) \tag{4.33}$$

其中，$|E(d, t)| = E_0 d_0/d$ 表示距发射机 d 米处的场强包络。

两个波传播到达接收机：直射波经过距离 d'，反射波经过距离 d''；接收机收到的视距成分的场强为

$$E_{LOS}(d', t) = \frac{E_0 d_0}{d'} \cos\left(\omega_c\left(t - \frac{d'}{c}\right)\right) \tag{4.34}$$

d'' 处地面反射的电场为

$$E_g(d'', t) = \Gamma\frac{E_0 d_0}{d''} \cos\left(\omega_c\left(t - \frac{d''}{c}\right)\right) \tag{4.35}$$

按照 4.5.1 节中给出的电介质反射原理：

$$\theta_i = \theta_0 \tag{4.36}$$

和

$$E_g = \Gamma E_i \tag{4.37.a}$$

$$E_t = (1 + \Gamma)E_i \tag{4.37.b}$$

其中，Γ 为地面反射系数。当 θ_i 很小（即切线入射）时，反射波与入射波振幅相同，相位相反，请参见例 4.4。假定理想水平电场极化和地面反射的情况下（即 $\Gamma_\perp = -1$，$E_t = 0$），总电场是 E_{LOS} 和 E_g 的矢量和，总的电场包络为

$$|E_{TOT}| = |E_{LOS} + E_g| \tag{4.38}$$

电场 $E_{TOT}(d, t)$ 表示为式(4.34)和式(4.35)的和，即

$$E_{TOT}(d, t) = \frac{E_0 d_0}{d'} \cos\left(\omega_c\left(t - \frac{d'}{c}\right)\right) + (-1)\frac{E_0 d_0}{d''} \cos\left(\omega_c\left(t - \frac{d''}{c}\right)\right) \tag{4.39}$$

使用图 4.8 所示的映像方法，视距和地面反射的路径差 Δ 为

$$\Delta = d'' - d' = \sqrt{(h_t + h_r)^2 + d^2} - \sqrt{(h_t - h_r)^2 + d^2} \tag{4.40}$$

当 T-R 间距 d 远远大于 $h_t + h_r$ 时，式(4.40)可使用泰勒（Taylor）级数进行近似化简：

$$\Delta = d'' - d' \approx \frac{2h_t h_r}{d} \tag{4.41}$$

一旦知道了路径差，两电场成分的相位差 θ_Δ 和到达的时延 τ_d 便可通过以下公式求得：

$$\theta_\Delta = \frac{2\pi\Delta}{\lambda} = \frac{\Delta\omega_c}{c} \tag{4.42}$$

和

$$\tau_d = \frac{\Delta}{c} = \frac{\theta_\Delta}{2\pi f_c} \tag{4.43}$$

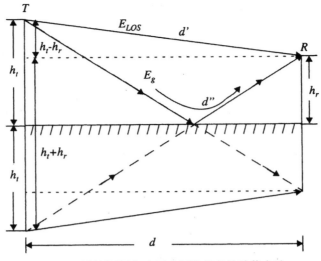

图 4.8　计算视距和地面反射路径差的映像方法

注意当 d 变大时，d' 和 d'' 之差变小，E_{LOS} 和 E_g 振幅基本相同，仅是相位不同，即

$$\left|\frac{E_0 d_0}{d}\right| \approx \left|\frac{E_0 d_0}{d'}\right| \approx \left|\frac{E_0 d_0}{d''}\right| \tag{4.44}$$

如果计算出接收的 E 电场，即当 $t = d''/c$ 时，那么式(4.39)可表示为矢量和：

$$
\begin{aligned}
E_{TOT}\left(d, t = \frac{d''}{c}\right) &= \frac{E_0 d_0}{d'}\cos\left(\omega_c\left(\frac{d'' - d'}{c}\right)\right) - \frac{E_0 d_0}{d''}\cos 0° \\
&= \frac{E_0 d_0}{d'}\angle\theta_\Delta - \frac{E_0 d_0}{d''} \\
&\approx \frac{E_o d_0}{d}[\angle\theta_\Delta - 1]
\end{aligned}
\tag{4.45}
$$

其中，d 为接收机和发射机天线之间的平地距离。参考图 4.9 的相位图，显示直射和地面反射波的合成，距发射机 d 处的电场为

$$\left|E_{TOT}(d)\right| = \sqrt{\left(\frac{E_0 d_0}{d}\right)^2(\cos\theta_\Delta - 1)^2 + \left(\frac{E_0 d_0}{d}\right)^2\sin^2\theta_\Delta} \tag{4.46}$$

或

$$\left|E_{TOT}(d)\right| = \frac{E_0 d_0}{d}\sqrt{2 - 2\cos\theta_\Delta} \tag{4.47}$$

注意，如果电场在入射平面内（即垂直极化），则 $\Gamma_\parallel = 1$，且式(4.47)应该是"+"，而不是"–"。

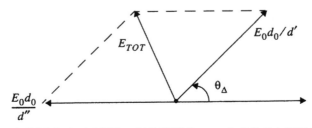

图 4.9　视距波和地面反射波，以及根据式(4.45)合成的总电场的相位图

使用三角变换，式(4.47)表示为

$$|E_{TOT}(d)| = 2\frac{E_0 d_0}{d}\sin\left(\frac{\theta_\Delta}{2}\right) \tag{4.48}$$

式(4.48)非常重要，它为双线地面反射模型提供了精确的接收电场强度。注意，随着与发射机的距离的增加，$E_{TOT}(d)$以摆动的方式衰减，衰减的范围从最大比自由空间值高 6 dB 到最小骤降为$-\infty$ dB（接收场强在一定的 d 值时降到 0 伏特，尽管实际上并不存在这种情况）。一旦距离 d 足够大，θ_Δ 开始小于等于 π，接收场强 $E_{TOT}(d)$ 随距离的增加而逐渐降低。注意，当$(\theta_\Delta/2)\approx\theta_\Delta/2$ 时可简化式(4.48)。此时 $\theta_\Delta/2$ 小于 0.3 弧度。使用式(4.41)和式(4.42)，得到

$$\frac{\theta_\Delta}{2} \approx \frac{2\pi h_t h_r}{\lambda d} < 0.3 \text{ rad} \tag{4.49}$$

这就表示式(4.48)可以简化为

$$d > \frac{20\pi h_t h_r}{3\lambda} \approx \frac{20 h_t h_r}{\lambda} \tag{4.50}$$

这样只要 d 满足式(4.50)，接收电场近似为

$$E_{TOT}(d) \approx \frac{2E_0 d_0}{d}\frac{2\pi h_t h_r}{\lambda d} \approx \frac{k}{d^2} \text{ V/m} \tag{4.51}$$

其中，k 是与 E_0、天线高度和波长相关的参数。这种近似的算法对于入射平面中的电场强度和垂直于入射平面的电场强度都适用。由式(4.15)可知，d 处接收的自由空间功率正比于电场的平方。结合式(4.2)、式(4.15)和式(4.51)，双线地面反射模型 d 处的接收功率表示为

$$P_r = P_t G_t G_r \frac{h_t^2 h_r^2}{d^4} \tag{4.52}$$

由式(4.52)可见，当距离很大时（即 $d \gg \sqrt{h_t h_r}$），接收功率随距离增大呈 4 次方衰减（40 dB/十倍程），这比自由空间中的损耗要快得多。注意，此时对于较大的 d 值，接收功率和路径损耗与频率无关。双线模型（带天线增益）的路径损耗单位是 dB，表示为

$$PL(\text{dB}) = 40\log d - (10\log G_t + 10\log G_r + 20\log h_t + 20\log h_r) \tag{4.53}$$

T-R 间距较小时，使用式(4.39)计算总电场。当 $\theta_\Delta = \pi$ 时，计算式(4.42)中的 $d = (4h_t h_r)/\lambda$ 为发射机和接收机间的第一费涅尔区距离（见4.7.1节）。第一费涅尔区距离对于微蜂窝路径损耗模型是非常有用的参数[Feu94]。

例 4.6　移动台距基站 5 km，使用垂直的 $\lambda/4$ 单极天线，增益为 2.55 dB，距发射机 1 km 处的场强为 10^{-3} V/m，载频为 900 MHz。

(a) 求解接收天线的长度和接收天线的有效半径。

(b) 使用双线地面反射模型求解接收功率，假定发射天线距地面高度为 50 m，接收天线距地面高度为 1.5 m。

解：

已知：

T-R 间距 = 5 km

1 km 处场强 = 10^{-3} V/m

工作频率，f = 900 MHz

$$\lambda = \frac{c}{f} = \frac{3 \times 10^8}{900 \times 10^6} = 0.333 \text{ m}$$

(a) 天线长度，$L = \lambda/4 = 0.333/4 = 0.0833$ m $= 8.33$ cm。

使用式(4.2)得到单极天线的有效孔径。

天线有效孔径为 0.016 m^2。

(b) 由于 $d >> \sqrt{h_t h_r}$，场强为

$$E_R(d) \approx \frac{2E_0 d_0}{d} \frac{2\pi h_t h_r}{\lambda d} \approx \frac{k}{d^2} \text{ V/m}$$

$$= \frac{2 \times 10^{-3} \times 1 \times 10^3}{5 \times 10^3} \left[\frac{2\pi(50)(1.5)}{0.333(5 \times 10^3)} \right]$$

$$= 113.1 \times 10^{-6} \text{ V/m}$$

使用式(4.15)得到距离 d 处的接收功率：

$$P_r(d) = \frac{(113.1 \times 10^{-6})^2}{377} \left[\frac{1.8(0.333)^2}{4\pi} \right]$$

$$P_r(d = 5 \text{ km}) = 5.4 \times 10^{-13} \text{ W} = -122.68 \text{ dBW 或} -92.68 \text{ dBm}$$

4.7 绕射

绕射使得无线电信号绕地球曲线表面传播，能够传播到阻挡物后面。尽管接收机移动到阻挡物的阴影区时，接收场强衰减非常迅速，但是绕射场依然存在并常常具有足够的强度。

绕射现象可由 Huygen 原理解释，它说明波前上的所有点都可作为产生次级波的点源，这些次级波组合起来形成传播方向上新的波前。绕射由次级波的传播进入阴影区而形成。在围绕阻挡物的空间中，阴影区绕射波场强是所有次级波电场部分的矢量和。

4.7.1 费涅尔区的几何特征

自由空间中发射机和接收机之间的情况请参见图 4.10(a)。具有无限宽度、有效高度为 h 的阻挡屏放在距发射机 d_1 处，距接收机 d_2 处。很明显，波从发射机经阻挡屏的顶端到达接收机的传播距离比直接视距传播距离（若存在）要长。假设 $h << d_1$、d_2，并且 $h >> \lambda$，则直射和绕射路径的差称为附加路径长度（Δ），可由图 4.10(b)获得，即

$$\Delta \approx \frac{h^2(d_1 + d_2)}{2 \, d_1 d_2} \tag{4.54}$$

相应的相位差为

$$\phi = \frac{2\pi\Delta}{\lambda} \approx \frac{2\pi}{\lambda} \frac{h^2}{2} \frac{(d_1 + d_2)}{d_1 d_2} \tag{4.55}$$

当 $\tan x \approx x$ 时，由图 4.10(c)可知 $\alpha = \beta + \gamma$ 并且

$$\alpha \approx h\left(\frac{d_1 + d_2}{d_1 d_2}\right)$$

（式(4.54)和式(4.55)的证明将作为习题留给读者。）

式(4.55)经常使用无量纲的 Fresnel-Kirchoff 绕射参数 v，v 为

$$v = h\sqrt{\frac{2(d_1 + d_2)}{\lambda d_1 d_2}} = \alpha\sqrt{\frac{2d_1 d_2}{\lambda(d_1 + d_2)}} \tag{4.56}$$

其中，α 为幅度单位，可参见图 4.10(b) 和图 4.10(c)。由式(4.56)可知，ϕ 表示成

$$\phi = \frac{\pi}{2}v^2 \tag{4.57}$$

由上述公式可以清楚地看出，直接视距路径和绕射路径的相位差公式是阻挡物高度和位置的函数，也是发射机和接收机位置的函数。

在实际的绕射问题中，所有高度减去一个常数的做法是非常有用的，这样可以在不改变角度的情况下化简几何特性。这种方法请参见图 4.10(c)。

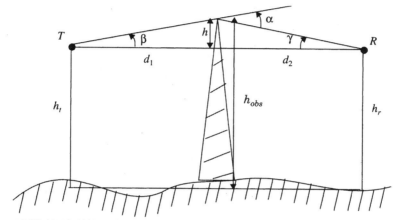

(a) 刃形绕射几何特性。点 T 表示发射机，点 R 表示接收机，并且无限宽刃形阻挡了视距路径

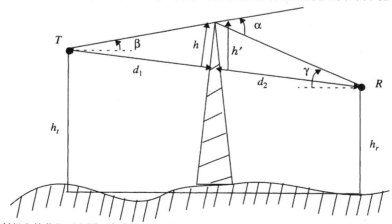

(b) 发射机和接收机不在同一高度时的刃形绕射几何特性。注意，如果 α 和 β 很小，并且 $h \ll d_1, d_2$，则 h 和 h' 近似相同，可重画成图 4.10(c)

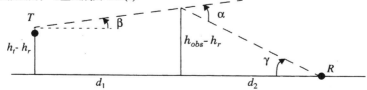

(c) 从所有其他的高度中减去最小高度（本例中为 h_r）的等效刃形图

图 4.10　刃形几何特性图

　　围绕阻挡物传播时，作为路径差函数的绕射损耗可用费涅尔区解释。费涅尔区是一个连续区域，其中从发射机到接收机的次级波路径长度要比总的视距路径长度大 $n\lambda/2$。图 4.11 是一个位于发射机和接收机之间的透明平面，其上的同心圆表示从相邻圆发出的次级波到达接收机的路径为 $\lambda/2$。这些圆环称为费涅尔区。这些连续的费涅尔区会对总的接收信号产生有益的或者不利的影响。第 n 个费涅尔区同心的半径 r_n 可用 n、λ、d_1、d_2 表示为

$$r_n = \sqrt{\frac{n\lambda d_1 d_2}{d_1 + d_2}} \tag{4.58}$$

当 $d_1, d_2 \gg r_n$ 时，这个近似是正确的。

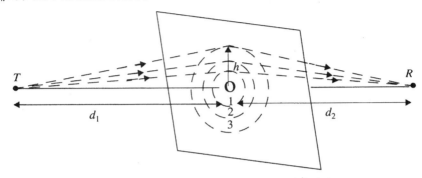

图 4.11　定义了连续费涅尔区边界的同心圆

　　通过每一个圆的射线的附加路径长度为 $n\lambda/2$，其中 n 为整数。这样通过对应图 4.11 中 $n=1$ 的最小圆，附加路径长度为 $\lambda/2$。对应 $n=2$ 和 3 的圆，附加路径长度为 λ 和 $3\lambda/2$。同心圆的半径依赖于平板的位置。如果平板正好在发射机和接收机中间，图 4.11 中的费涅尔区有最大的半径；当平板移向发射机或接收机时，费涅尔区半径减小。这说明阴影效应不仅对频率敏感，而且对阻挡物在接收机和发射机之间的位置敏感。

　　在移动通信系统中，对次级波的阻挡产生了绕射损耗，仅有一部分能量能绕过阻挡体。也就是说，阻挡体使一些费涅尔区发出的次级波被阻挡。根据阻挡体的几何特征，接收能量为非阻挡费涅尔区所贡献能量的矢量和。

　　参见图 4.12，障碍物阻挡了传输路径，在发射机和接收机之间的附加路径延迟为半波长的整数倍的所有点构成一族椭球。椭球代表费涅尔区。注意，费涅尔区是以发射机和接收机为焦点的椭圆。图 4.12 显示了不同刃形绕射的情况。一般来说，当阻挡体不阻挡第一费涅尔区时，绕射损失最小，绕射影响可以忽略不计。事实上，设计视距微波链路的一个简明准则是，只要 55% 的第一费涅尔区保持无阻挡，其他费涅尔区的情况基本不影响绕射损耗。

4.7.2　刃形绕射模型

　　在已知服务区内，估算由电波经过山脉或建筑物绕射引起的信号衰减是预测场强的关键。一般情况下，精确估计绕射损耗是不可能的，而是在预测中采用理论近似加上必要的经验修正的方法。尽管计算复杂及不规则地形的绕射损耗是数学上的难题，但是很多简单情况的绕射损耗模型已被解决。而作为起点，这些刃形绕射传播的有限例子较好地给出了绕射损耗的数量级。

　　当阻挡是由单个物体（例如山或山脉）引起时，通过把阻挡体看做绕射刃形边缘来估计绕射损耗。这种情况下的绕射损耗可用针对刃形后面（称为半平面）场强的经典费涅尔方法来估计。图 4.13 说明了这种方法。

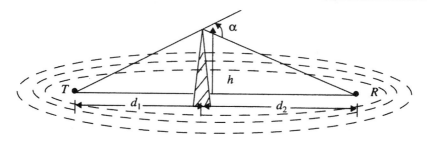

(a) h 是正值，所以 α 和 v 是正值

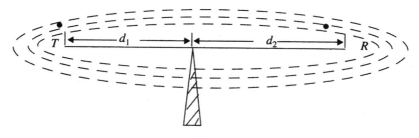

(b) h 等于 0，α 和 v 等于 0

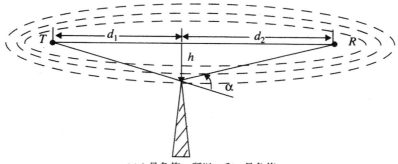

(c) h 是负值，所以 α 和 v 是负值

图 4.12　不同刃形绕射情况下的费涅尔区

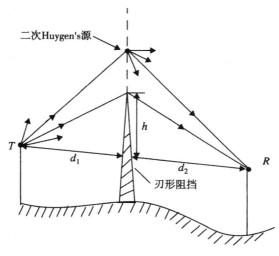

图 4.13　刃形绕射几何图，接收点 R 位于阴影区

考虑 R 为接收机，并位于阴影区（也叫绕射区）。图4.13中 R 点场强为刃形上所有二次Huygen's源的场强矢量和。刃形绕射波场强 E_d 为

$$\frac{E_d}{E_o} = F(v) = \frac{(1+j)}{2}\int_v^\infty \exp((-j\pi t^2)/2)\mathrm{d}t \tag{4.59}$$

其中，E_o 为没有地面和刃形的自由空间场强，$F(v)$ 是复杂的费涅尔积分。费涅尔积分 $F(v)$ 是由式(4.56)定义的Fresnel-Kirchoff绕射参数 v 的函数，对给定的 v 值，经常使用图表进行计算。对比于自由空间场强，由刃形引起的绕射增益为

$$G_d(\mathrm{dB}) = 20\log|F(v)| \tag{4.60}$$

实际上，图表或数值解依赖于计算绕射增益。$G_d(\mathrm{dB})$ 的图表表示为 v 的函数，由图4.14给出。式(4.60)的近似解由 Lee[Lee85]给出：

$$G_d(\mathrm{dB}) = 0 \qquad\qquad\qquad v \le -1 \tag{4.61.a}$$

$$G_d(\mathrm{dB}) = 20\log(0.5 - 0.62v) \qquad\qquad -1 \le v \le 0 \tag{4.61.b}$$

$$G_d(\mathrm{dB}) = 20\log(0.5\exp(-0.95v)) \qquad\qquad 0 \le v \le 1 \tag{4.61.c}$$

$$G_d(\mathrm{dB}) = 20\log\left(0.4 - \sqrt{0.1184 - (0.38 - 0.1v)^2}\right) \quad 1 \le v \le 2.4 \tag{4.61.d}$$

$$G_d(\mathrm{dB}) = 20\log\left(\frac{0.225}{v}\right) \qquad\qquad\qquad v > 2.4 \tag{4.61.e}$$

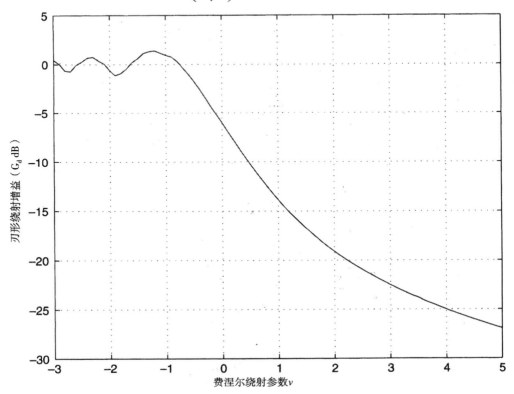

图4.14 作为费涅尔绕射参数 v 的函数的刃形绕射增益

例 4.7　计算图 4.12 所示的三种情况的绕射损耗。假定和 $\lambda = 1/3$ m, $d_1 = 1$ km, $d_2 = 1$ km，并且 (a) $h = 25$ m, (b) $h = 0$, (c) $h = -25$ m。将式(4.61.a)~式(4.61.e)得到的近似解与图 4.14 进行比较。对于每一种情况，求解阻挡体顶部所在的费涅尔区。

解：

已知：$\lambda = 1/3$ m, $d_1 = 1$ km, $d_2 = 1$ km

(a) $h = 25$ m

使用式(4.56)，费涅尔绕射参数为

$$\nu = h\sqrt{\frac{2(d_1 + d_2)}{\lambda d_1 d_2}} = 25\sqrt{\frac{2(1000 + 1000)}{(1/3)\times 1000 \times 1000}} = 2.74$$

由图 4.14 可知，绕射损耗为 22 dB。

由式(4.61.e)近似数值计算绕射损耗为 21.7 dB。

直射与绕射路径差由式(4.54)给出：

$$\Delta \approx \frac{h^2(d_1 + d_2)}{2}\frac{}{d_1 d_2} = \frac{25^2}{2}\frac{(1000 + 1000)}{1000 \times 1000} = 0.625 \text{ m}$$

为求解阻挡体顶部所载的费涅尔区，需要计算满足关系 $\Delta = n\lambda/2$ 的 n，对应 $\lambda = 1/3$ m 和 $\Delta = 0/625$ m，得到

$$n = \frac{2\Delta}{\lambda} = \frac{2 \times 0.625}{0.3333} = 3.75$$

因此阻挡体完全阻挡了前三个费涅尔区。

(b) $h = 0$ m

费涅尔绕射参数为 $\nu = 0$。

由图 4.14 可知，绕射损耗为 6 dB。

由式(4.61.b)的近似数值计算绕射损耗为 6 dB。

在这种情况下，由于 $h = 0$，所以 $\Delta = 0$，阻挡体顶部位于第一费涅尔区的中间。

(c) $h = -25$ m

由式(4.56)，费涅尔绕射参数为 -2.74。

由图 4.14 可知，绕射损耗为 1 dB。

由式(4.61.a)近似数值计算绕射损耗为 0 dB。

由于绝对高度为 h，同(a)部分，附加路径长度 Δ 及 n 也相同。注意，尽管阻挡体阻挡了前三个费涅尔区，但由于阻挡体低于视距高度（h 为负值），绕射损耗可忽略不计。

例 4.8　给定下面的几何图形，求解(a)刃形绕射损耗；(b)引起 6 dB 绕射损耗的阻挡体高度。假定 $f = 900$ MHz。

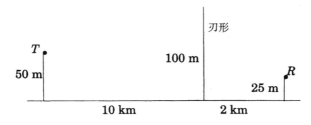

解:

(a) 波长 $\lambda = \dfrac{c}{f} = \dfrac{3 \times 10^8}{900 \times 10^6} = \dfrac{1}{3}$ m

减去最小结构体的高度，重画几何图为

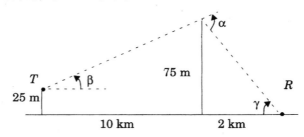

$$\beta = \arctan\left(\frac{75-25}{10\,000}\right) = 0.2865°$$

$$\gamma = \arctan\left(\frac{75}{2000}\right) = 2.15°$$

和

$$\alpha = \beta + \gamma = 2.434° = 0.0424 \text{ rad}$$

使用式(4.56)，得出

$$\nu = 0.0424\sqrt{\frac{2 \times 10\,000 \times 2000}{(1/3) \times (10\,000 + 2000)}} = 4.24$$

由图 4.14 或式(4.61.e)可知，绕射损耗为 25.5 dB。

(b) 对应 6 dB 的绕射损耗，$\nu = 0$。使用如下图的相似三角形（$\beta = \gamma$），可求得阻挡高度。

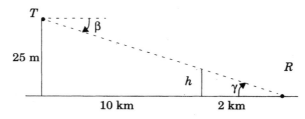

由于 $\dfrac{h}{2000} = \dfrac{25}{12\,000}$，这样 $h = 4.16$ m。

4.7.3 多重刃形绕射

在很多情况下，特别是在山区，传播路径上不只一个阻挡体，这样所有阻挡体引起的绕射损失都必须计算。布灵顿（Bullington）[Bul47]提出了用一个等效阻挡体代替一系列阻挡体，就可以使用单刃形绕射模型计算路径损耗，请参见图4.15。这种方法极大地简化了计算，并且给出了比较好的接收信号强度的估计。Millington 等人[Mil62]给出了连续双刃后区域的电磁波理论解法。这种解法非常有用，可用于预测由双刃引起的绕射损耗。但是，在将这种解法用于障碍物多于双刃的情况时，则成为棘手的数学问题。许多数学上复杂性较小的模型用来估计阻挡体的绕射损耗（[Eps53]，[Dey66]）。

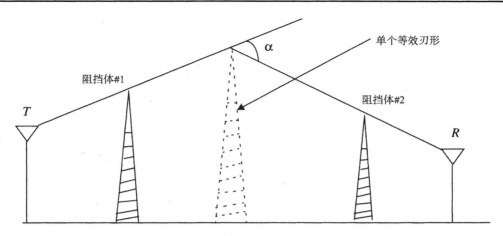

图 4.15   等效于单个刃形的布灵顿结构（[Bul47] © IEEE）

4.8   散射

在实际的移动无线环境中，接收信号比单独绕射和反射模型预测的要强。这是因为当电波遇到粗糙表面时，反射能量由于散射而散布于所有方向。像灯柱和树这样的物体在所有的方向上散射能量，这样就给接收机提供了额外的能量。

远大于波长的平滑表面可建模成反射面。然而正如本章前面所述的，表面的粗糙程度经常产生不同的传播效果。使用瑞利（Rayleigh）原则测试表面粗糙程度，在给定入射角 θ_i 的情况下定义表面平整度的参考高度 h_c 为

$$h_c = \frac{\lambda}{8\sin\theta_i} \tag{4.62}$$

如果平面上最大的突起高度 h 小于 h_c，则认为表面是光滑的，反之则是粗糙的。对于粗糙表面，反射系数需要乘以一个散射损耗系数 ρ_S，以代表减弱的反射场。Ament[Ame53]提出了表面高度 h 是具有局部平均值的高斯（Gaussian）分布的随机变量，ρ_S 为

$$\rho_S = \exp\left[-8\left(\frac{\pi\sigma_h\sin\theta_i}{\lambda}\right)^2\right] \tag{4.63}$$

其中，σ_h 为表面高度与平均表面高度的标准偏差。Boithias[Boi87]对由 Ament 推导出的散射损耗因子进行了修正，使其与测量结果更加一致：

$$\rho_S = \exp\left[-8\left(\frac{\pi\sigma_h\sin\theta_i}{\lambda}\right)^2\right]I_0\left[8\left(\frac{\pi\sigma_h\sin\theta_i}{\lambda}\right)^2\right] \tag{4.64}$$

其中，I_0 为第一类零阶贝塞尔（Bessel）函数。

$h > h_c$ 时的反射场强，可利用粗糙表面的修正反射系数求解：

$$\Gamma_{rough} = \rho_S\Gamma \tag{4.65}$$

图 4.16(a)和图 4.16(b)说明了由 Landron 等人[Lan96]给出的实验结果。对于粗糙大理石构成的大面积外围墙，式(4.64)、式(4.65)的修正反射系数与实测的反射系数相吻合。

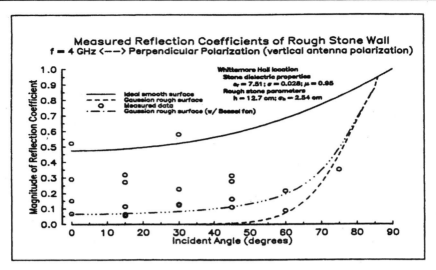

(a) 电场在入射平面内（平行极化）

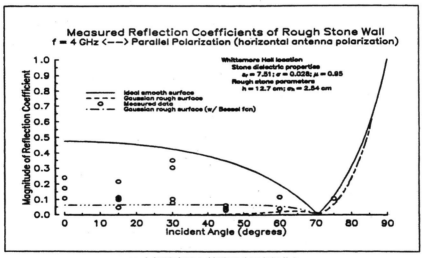

(b) 电场垂直于入射平面（正交极化）

图 4.16　粗糙石墙的反射系数测试。粗糙石墙处测得反射系数和入射角
的关系。在这些图上，入射角按照标准方法测量，而不是按照
图 4.4 定义的表面范围测量。这些图符合图 4.6[Lan96]的定义

4.8.1　雷达有效截面模型

在无线信道中，当较大的、远距离的物体引起散射时，该物体的位置对准确预测散射信号强度
是非常有用的。散射体的雷达有效截面（RCS）定义为在接收机方向上散射信号的功率密度与入射
波功率密度的比值。可用绕射几何理论和物理光学来分析散射场强。

对城区移动无线系统，基于双基地雷达方程的模型可用于计算远地散射的接收场强。双基地雷
达方程模型描述了波在自由空间中遇到较远散射物体后在接收方向上再次传播的情况：

$$
\begin{aligned}
P_R(\mathrm{dBm}) = {} & P_T(\mathrm{dBm}) + G_T(\mathrm{dBi}) + 20\log(\lambda) + RCS[\mathrm{dB\ m}^2] \\
& - 30\log(4\pi) - 20\log d_T - 20\log d_R
\end{aligned}
\tag{4.66}
$$

其中，d_T 和 d_R 为散射物体分别到发射机和接收机的距离。在式(4.66)中，散射物体假设在发射机和接收机的远场 Fraunhofer 区。变量 RCS 的单位为 dB·m^2，可由散射体表面面积（平方米）近似得到[Sei91]。式(4.66)可应用于发射机和接收机的远地散射（[Van87]，[Zog87]，[Sei91]），它对预测大物体（如建筑物）散射接收功率是非常有用的。

人们对几个欧洲城市进行了测试[Sei91]，从测得的功率延迟情况得到几个建筑物的 RCS 值。位于 5 ~ 10 km 处的中等建筑物和大建筑物的 RCS 值在 14.1 ~ 55.7 dB·m^2 的范围内。

4.9　运用路径损耗模型进行实际的链路预算设计

大多数传播模型是通过分析和实验相结合而产生的。实验方法基于合适的曲线或解析式来拟合出一系列测量数据。它的优点在于通过实际的测量考虑了所有的传播因素，包括已知的和未知的。然而在一定频率和环境下获得的模型，在其他条件应用时是否正确，只能建立在新的测试数据的基础上。随着时间的迁移，出现了一些经典的用于预测大尺度覆盖的传播模型。通过使用路径损耗模型对接收信号电平（距离的函数）进行估计，使预测移动通信系统中的 SNR 成为可能。使用附录 B 的噪声分析技术，可以确定本底噪声。例如，4.6 节中描述的双射线模型，在系统配置之前用于估计扩频蜂窝系统的容量。下面介绍实际的路径损耗估计技术。

4.9.1　对数距离路径损耗模型

基于理论和测试的传播模型指出，无论室内还是室外信道，平均接收信号功率随距离的变化而呈对数衰减。对于任意的 T-R 距离，平均大尺度路径损耗表示为

$$\overline{PL}(d) \propto \left(\frac{d}{d_0}\right)^n \tag{4.67}$$

或

$$\overline{PL}(\text{dB}) = \overline{PL}(d_0) + 10n\log\left(\frac{d}{d_0}\right) \tag{4.68}$$

其中，n 为路径损耗指数，表明路径损耗随距离增长的速率；d_0 为近地参考距离，由测试决定；d 为 T-R 距离。式(4.67)和式(4.68)的上划线表示给定值 d 的所有可能路径损耗的整体平均。坐标为对数–对数时，路径损耗可表示为斜率是 $10n$ dB/十倍程的直线。n 值依赖于特定的传播环境。例如，在自由空间中 n 为 2，当有阻挡物时，n 变大。

选择自由空间参考距离非常重要。在大覆盖蜂窝系统中，经常使用 1 km 的参考距离[Lee85]，而在微蜂窝中使用较小的距离（如 100 m 或 1 m）。参考距离应永远在天线的远场处，以避免远近效应对参考路径损耗的影响。参考路径损耗可由式(4.5)的自由空间路径损耗公式或通过测试给出。表 4.2 列出了不同的无线环境下的路径损耗指数。

表 4.2　不同环境下的路径损耗指数

环境	路径损耗指数，n
自由空间	2
市区蜂窝无线传播	2.7~3.5
存在阴影衰落的市区蜂窝无线传播	3~5
建筑物内的视距传播	1.6~1.8
被建筑物阻挡	4~6
被工场阻挡	2~3

4.9.2　对数正态阴影

式(4.68)的模型未考虑在相同 T-R 距离的环境下，不同位置的周围环境差别非常大，导致了测试信号与式(4.68)预测的平均结果有很大差异。测试表明，对任意的 d 值，特定位置的路径损耗 $PL(d)$ 为随机正态对数分布（[Cox84], [Ber87]），即

$$PL(d)[\text{dB}] = \overline{PL}(d) + X_\sigma = \overline{PL}(d_0) + 10n\log\left(\frac{d}{d_0}\right) + X_\sigma \tag{4.69.a}$$

和

$$P_r(d)[\text{dBm}] = P_t[\text{dBm}] - PL(d)[\text{dB}] \quad （PL(d)中包括无线增益） \tag{4.69.b}$$

其中，X_σ 为零均值的高斯分布随机变量，单位为 dB；标准偏差为 σ，单位也是 dB。

对数正态分布描述了在传播路径上具有相同的 T-R 距离时，不同的随机阴影效果。这种现象称为对数正态阴影。对数正态阴影意味着在特定 T-R 距离的测试信号电平是式(4.68)的平均值的高斯（正态）分布，其中测试信号单位为 dB，高斯分布标准偏差的单位也是 dB。这样，利用高斯分布可以方便地分析阴影的随机效应（见附录 F）。

近地参考距离 d_0、路径损耗指数 n 和标准偏差 σ，统计地描述了具有特定 T-R 距离的位置的路径损耗模型。该模型可用于无线系统设计和分析过程，从而对任意位置的接收功率进行计算机仿真。

实际上，n 和 σ 是根据测试数据，使用线性递归使路径损耗的测试值和估计值的均方误差达到最小而计算得出的。式(4.69.a)中的值 $\overline{PL}(d_0)$ 或基于测试或基于估算。下面是一个如何从测试数据中确定路径损耗指数的例子。图4.17说明几个蜂窝无线系统实际的测试数据，以及在特定 T-R 距离处由阴影导致的路径损耗与其平均值的随机差值。

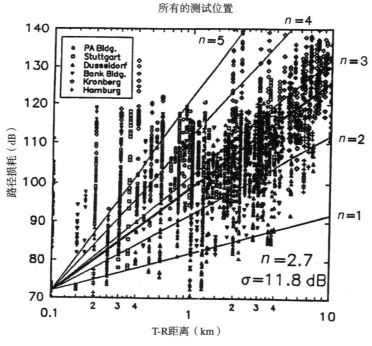

图 4.17　在德国的许多城市测试的数据和相应的 MMSE 路径损耗
模型分布图。图中 $n = 2.7$，$\sigma = 11.8$ dB（[Sei91] © IEEE）

由于 $PL(d)$（单位为 dB）为正态分布的随机变量，即写为 $P_r(d)$，Q 函数或误差函数（erf）可用于确定接收信号电平超出（或低于）正常值的概率。Q 函数为

$$Q(z) = \frac{1}{\sqrt{2\pi}} \int_z^\infty \exp\left(-\frac{x^2}{2}\right)\mathrm{d}x = \frac{1}{2}\left[1 - erf\left(\frac{z}{\sqrt{2}}\right)\right] \tag{4.70.a}$$

其中

$$Q(z) = 1 - Q(-z) \tag{4.70.b}$$

接收信号电平超过某一特定值 γ 的概率，可由累积密度函数计算：

$$Pr[P_r(d) > \gamma] = Q\left(\frac{\gamma - \overline{P_r(d)}}{\sigma}\right) \tag{4.71}$$

同样，接收信号电平低于某一特定值 γ 的概率为

$$Pr[P_r(d) < \gamma] = Q\left(\frac{\overline{P_r(d)} - \gamma}{\sigma}\right) \tag{4.72}$$

附录 F 提供了估算 Q 和误差函数的表。

4.9.3　确定覆盖面积的百分率

由于随机阴影的影响，覆盖区内一些位置的接收电平低于设定的门限。计算边界内覆盖区的百分率与边界处边界覆盖之间的关系是非常有意义的。对于一个半径为 R 的覆盖区，假设接收信号门限为 γ，我们想要计算有效服务区域的百分比 $U(\gamma)$（即接收信号等于或高于 γ 的区域百分比）。让 $d = r$ 表示距发射机的距离，如果 $Pr[P_r(r) > \gamma]$ 是在范围 $\mathrm{d}A$ 内随机接收信号在 $d = r$ 处超过门限 γ 的概率，则 $U(\gamma)$ 为[Jak74]

$$U(\gamma) = \frac{1}{\pi R^2}\int Pr[P_r(r) > \gamma]\mathrm{d}A = \frac{1}{\pi R^2}\int_0^{2\pi}\int_0^R Pr[P_r(r) > \gamma]r\,\mathrm{d}r\mathrm{d}\theta \tag{4.73}$$

使用式(4.71)，$Pr[P_r(r) > \gamma]$ 为

$$Pr[P_r(r) > \gamma] = Q\left(\frac{\gamma - \overline{P_r(r)}}{\sigma}\right) = \frac{1}{2} - \frac{1}{2}erf\left(\frac{\gamma - \overline{P_r(r)}}{\sigma\sqrt{2}}\right)$$

$$= \frac{1}{2} - \frac{1}{2}erf\left(\frac{\gamma - [P_t - (\overline{PL}(d_0) + 10n\log(r/d_0))]}{\sigma\sqrt{2}}\right) \tag{4.74}$$

为了确定小区边界（$r = R$）的路径损耗，很明显

$$\overline{PL}(r) = 10n\log\left(\frac{R}{d_0}\right) + 10n\log\left(\frac{r}{R}\right) + \overline{PL}(d_0) \tag{4.75}$$

式(4.74)可表示为

$$Pr[P_r(r) > \gamma]$$

$$= \frac{1}{2} - \frac{1}{2}erf\left(\frac{\gamma - [P_t - (\overline{PL}(d_0) + 10n\log(R/d_0) + 10n\log(r/R))]}{\sigma\sqrt{2}}\right) \tag{4.76}$$

如果设 $a = (\gamma - P_t + \overline{PL}(d_0) + 10n\log(R/d_0))/\sigma\sqrt{2}$ 和 $b = (10n\log e)/\sigma\sqrt{2}$，则

$$U(\gamma) = \frac{1}{2} - \frac{1}{R^2}\int_0^R r\, erf\left(a + b\ln\frac{r}{R}\right)\mathrm{d}r \tag{4.77}$$

在式(4.77)中替换 $t = a + b\log(r/R)$，则

$$U(\gamma) = \frac{1}{2}\left(1 - erf(a) + \exp\left(\frac{1-2ab}{b^2}\right)\left[1 - erf\left(\frac{1-ab}{b}\right)\right]\right) \tag{4.78}$$

选择信号电平，即 $\overline{P_r(R)} = \gamma$（$a = 0$），$U(\gamma)$ 可表示为

$$U(\gamma) = \frac{1}{2}\left[1 + \exp\left(\frac{1}{b^2}\right)\left(1 - erf\left(\frac{1}{b}\right)\right)\right] \tag{4.79}$$

对大量的 σ 和 n 用式(4.78)进行计算，得到图 4.18[Reu74]。例如，$n = 4$ 和 σ = 8 dB，并且边界处有 75% 的边界覆盖（有 75% 的时间边界处的信号超过门限），则覆盖区为 90%。如果 $n = 2$ 和 σ = 8 dB，75% 的边界覆盖可提供 86% 的覆盖区。如果 $n = 3$ 和 σ = 9 dB，50% 的边界覆盖提供 71% 的覆盖区。

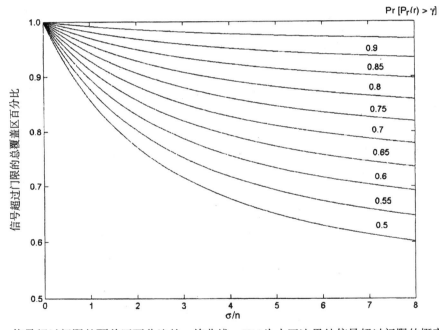

图 4.18　信号超过门限的覆盖区百分比的一族曲线，$U(\gamma)$ 为小区边界处信号超过门限的概率函数

例 4.9　距发射机 100 m、200 m、1 km 和 3 km 处分别得到接收功率的测量值。测量值由下表给出。假定这些测量的路径损耗符合式(4.69.a)的模型，则在 $d_0 = 100$ m 处：(a)求对于路径损耗指数 n 的最小均方误差估计（MMSE）；(b)计算标准偏差；(c)运用结果模型估计 $d = 2$ km 处的接收功率；(d) 预测 2 km 处电平大于 –60 dBm 的概率；(e)在 2 km 半径的小区内，接收信号大于 –60 dBm 的覆盖面积百分比，给定(d)中的结果。

距发射机距离	接收功率
100 m	0 dBm
200 m	–20 dBm
1000 m	–35 dBm
3000 m	–70 dBm

解：

使用下列方法求 MMSE 估计。设 p_i 为 d_i 处的接收功率，$(d/d_0)^n$ 为使用式(4.67)的 $\hat{p}_i$ 的路径损耗模型对 p_i 的估计值。测量与估计值方差和为

$$J(n) = \sum_{i=1}^{k} (p_i - \hat{p}_i)^2$$

使上式 $J(n)$ 的微分为 0（即使均方差极小化），可求出 n 值。

(a) 利用式(4.68)，求出 $\hat{p}_i = p_i(d_0) - 10n\log(d_i \S 100 \text{ m})$。同时 $P(d_0) = 0$ dBm，我们求出下面的 $\hat{p}_i$ 估计值，单位为 dBm：

$$\hat{p}_1 = 0, \hat{p}_2 = -3n, \hat{p}_3 = -10n, \hat{p}_4 = -14.77\,n$$

均方差和为

$$J(n) = (0 - 0)^2 + (-20 - (-3n))^2 + (-35 - (-10n))^2 + (-70 - (-14.77n))^2$$
$$= 6525 - 2887.8n + 327.153n^2$$
$$\frac{dJ(n)}{dn} = 654.306n - 2887.8$$

置上式为 0，获得 $n = 4.4$。

(b) $n = 4.4$ 时，均方差为 $\sigma^2 = J(n)/4$。

因此，

$$J(n) = (0 + 0) + (-20 + 13.2)^2 + (-35 + 44)^2 + (-70 + 64.988)^2$$
$$= 152.36.$$
$$\sigma^2 = 152.36 / 4 = 38.09 \text{ dB}^2$$

$\sigma = 6.17$ dB，即为有偏估计。一般需要大量的测量值来减小均方差 σ^2。

(c) $d = 2$ km 处接收功率的估计值为

$$\hat{p}(d = 2 \text{ km}) = 0 - 10(4.4)\log(2000/100) = -57.24 \text{ dBm}$$

可以加上一个零均值和 $\sigma = 6.17$ dB 的高斯随机变量来仿真 $d = 2$ km 处的随机阴影效应。

(d) 接收信号电平大于 −60 dBm 的概率为

$$Pr[P_r(d) > -60 \text{ dBm}] = Q\left(\frac{\gamma - \overline{P_r(d)}}{\sigma}\right) = Q\left(\frac{-60 + 57.24}{6.17}\right) = 67.4\%$$

(e) 如果边界上 67.4% 的使用者收到的信号电平大于 −60 dBm，则使用式(4.78)或图 4.18 可以确定 88% 的小区覆盖接收电平大于 −60 dBm。

4.10 室外传播模型

移动通信系统中的无线电一般是在不规则的地形情况下进行传播。在估算路径损耗时，应考虑特定地区的地形地貌因素。地形地貌可能从简单的弯曲地表到海拔十分高的山地，覆盖范围十分广泛，而树木、建筑物和其他的阻挡物也应在计算时加以考虑。有很多传播模型可用来预测不规则的地形的路径损耗。所有这些模型的目标是预测特定点或特定区域（小区）的信号强度，但在方法、复杂性和精确性方面差异很大。大部分模型基于对服务区测试数据的较为系统的解释。现在讨论一些最常用的室外传播模型。

4.10.1　Longley–Rice 模型

Longley-Rice 模型（[Ric67], [Lon68]）应用于频率为 40 MHz ~ 100 GHz、不同种类的地形中点对点的通信系统。使用地形地貌的路径几何学和对流层的绕射性来预测中值传输损耗。几何光学（主要为双线地面反射模型）用于预测无线电地平线以内的信号场强。通过孤立阻挡体的绕射损耗，使用 Fresnel-Kirchoff 刃形模型进行估计。前向散射理论用于长距离对流散射的预测，并使用改进的 Van der Pol-Bremmer 方法预测双地平线路径的远地绕射损耗。Longley-Rice 传播模型预测模型也参考了 ITS 不规则地形模型。

根据 Longley-Rice 模型可编写一个计算机程序[Lon78]，用以计算频率在 20 MHz ~ 10 GHz 之间不规则地形相对于自由空间的大尺度中值传输损耗。对于给定的传输路径，计算机以传输频率、路径长度、极性、天线高度、表面折射率、地球的有效半径、地面导电率、地面介电常数和气候作为输入。程序运行也依赖于特定的路径参数，如天线水平距离、水平仰角、角度交叉水平距离（angular trans-horizon distance）、地形不规则性和其他特定输入。

Longley-Rice 模型可通过两种方式使用，当详细的地形地貌数据可以获取时，可以很容易地确定特定路径参数，这种预测称为点到点预测模式。另一方面，如果不能获取地形地貌数据，那么就使用 Longley-Rice 方法来估计特定路径参数，这样的预测称为区域预测模式。

从原始模型发布以来，Longley-Rice 模型已经有了很多的改进和修正方法。一个重要的改进是针对城区的无线传播[Lon78]，特别与移动台有关。这种修改增加了一个额外项，以作为接近接收天线的城区杂波所引起的额外衰减的补偿。这个额外项称为城区因子（UF），可以通过原始 Longley-Rice 模型的预测与 Okumura 模型的对比而获得[Oku68]。

Longley-Rice 模型的一个缺点是不提供在接收机附近时对环境因素的修正，或涉及建筑物和树叶的修正。此外，该模型没有考虑多径传播。

4.10.2　Durkin 模型：一个实例研究

一个类似于 Longley-Rice 模型的典型的传播预测方法，是由 Edwards 和 Durkin[Edw69] 及 Dadson [Dad75] 提出的。这些文章描述了不规则地形场强预测的计算机仿真器，该仿真器已被联合无线电委员会（JRC）用于进行有效的移动无线覆盖区的估计。尽管该仿真器仅预测大尺度路径损耗，但是它也提供了对不规则地区传播和在无线电传播路径中阻挡体所引起的损耗的研究方法。Edwards 和 Durkin 方法说明了如何把本章所有描述的概念用于单一的模型中。

Durkin 路径损耗仿真器的运行包括两个部分。第一部分访问服务区的地形数据库，并沿着发射机到接收机路径来重构地形地貌信息。假设接收天线可接收到射线方向上的所有能量，因此没有多径传播。也就是说，对传播现象建模只是简单地考虑了视距和沿射线方向上的阻挡体所产生的绕射，排除从周围其他物体反射和本地散射的影响。这种假设的结果使模型在"峡谷"地区并没有那么精确，尽管它也能较好地识别孤立的弱接收区。仿真算法的第二部分计算了沿射线方向的路径损耗。之后，仿真的接收机位置可被重复地移动到服务区的不同位置，从而推导出信号的场强轮廓。

地形数据库可看成是二维阵列。每一阵列元素对应于一个服务区地图上的一个点，同时每一个阵列元素的实际内容包括图 4.19 中的海拔高度数据。这些数字高程模型（DEM）很容易从美国地质调查局（USGS）处获得。使用量化的服务区高度地图，程序沿射线方向重构从发射机到接收机的地面轮廓。由于射线方向不能永远通过离散的数据点，因此当沿射线方向观察时很明显可使用插值方法来确定近似的高度。图 4.20(a) 显示了地形网格、发射机（Tx）和接收机（Rx）之间的射线方向以及对角线插值点。图 4.20(b) 也显示了重构的径向地形轮廓。事实上，该值不是简单地由一条插值路线决定的，为了增加精度，它是由三条插值路线合成得到的。因此，重构轮廓的每一个点为对角线、垂直（列）和水平（行）上的高度利用插值方法而获得的平均高度。从这些插值路线可产生距离矩阵和相应的沿径向高度。现在的问题变成了一维的点到点链路计算。这类问题很容易利用前面描述的刃形绕射技术来计算路径损耗。

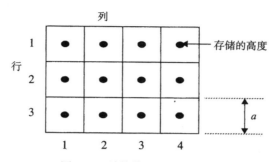

图 4.19　计算信息的二维数组

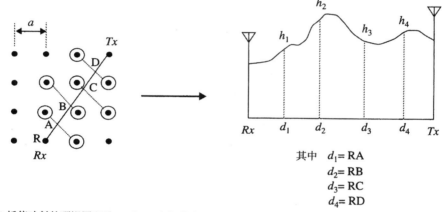

(a) 插值映射的顶视图以及 Tx 和 Rx 之间的线　　　(b) Tx 和 Rx 之间重构的径向地形轮廓

图 4.20　使用对角插值的径向地形重构

　　算法必须决定期望的传输损耗为多少。第一步确定发射机和接收机之间是否存在视距传播。为此，程序计算沿径向每一点与发射机和接收机天线之间的连线间的高度差 δ_j（见图 4.21）。

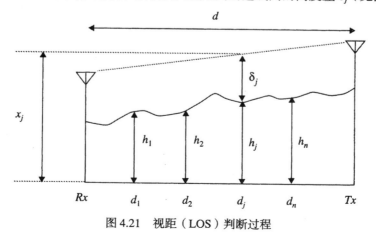

图 4.21　视距（LOS）判断过程

　　如果沿轮廓任意的 δ_j（$j = 1,...,n$）为正数，说明视距路径不存在；否则说明存在视距路径。假设存在无阻挡的视距路径，则算法检测是否能够获得无阻挡的第一菲涅尔区。如果第一菲涅尔区为无阻挡的，则导致的损耗机制与自由空间近似。如果存在阻挡体恰恰接触发射机和接收机连线，则接收机信号场强归于阻挡体的绕射，比自由空间小 6 dB。确定无阻挡第一菲涅尔区的方法，即对每个路径元素 j 首先计算式(4.59)中定义的菲涅尔绕射系数 v。

　　对所有的 $j = 1,...,n$，如果 $v_j \leq -0.8$，则自由空间传播是主要的。对于这种情况，接收功率使用自由空间传播式(4.1)计算。否则（即 $v_j > -0.8$）有两种可能性：

a. 非视距
b. 视距，但不是第一菲涅尔区完全无阻挡的情形

　　对于这两种情况，程序使用式(4.1)计算自由空间功率，使用平地传播式(4.52)计算接收场强。然后算法选择用式(4.1)和式(4.52)计算的较小功率作为近似接收功率。对于地形(b)，下一步就是要计算第一菲涅尔区阻挡而引起的附加衰减，并把它加到近似的接收功率中。这个附加的绕射损失由式(4.60)计算而得。

　　对于非视距情况，系统将问题划分为四类：

a. 单绕射边
b. 双绕射边
c. 三绕射边
d. 多于三个绕射边

　　对于每一种情况逐个测试，直到发现适合给定的地貌为止。通过计算发射机和接收机天线连线与接收天线到重构地貌的每一点连线之间的角度来检测绕射边。将这些角度中最大的予以定位，并标记为轮廓点 (d_i, h_i)。然后，按上述过程的相反步骤，找到这些角度最大的、发生在 (d_j, h_j) 的点。如果 $d_i = d_j$，则地貌可建模成单绕射边。与该边相关的菲涅尔参数 v_j，可由发射机和接收机天线连线之上的阻挡物长度确定。损耗可由式(4.60)计算 PL 得到。然后将阻挡体引起的额外损耗加到自由空间损耗或者平地损耗上，两项之中取较大的一个。

　　如果单绕射边的条件不满足，则检测双绕射边。测试同单绕射边相似，不同之处在于计算机寻找彼此可见的两边（见图4.22）。

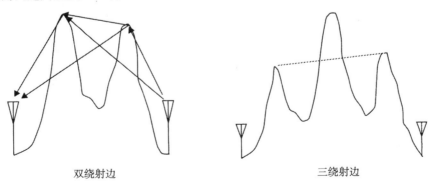

双绕射边　　　　　　　　　　　　　　三绕射边

图4.22　多绕射边

　　Edwards 和 Durkin[Edw69]算法使用 Epstein 和 Peterson 方法[Eps53]计算双绕射边的损耗。简而言之，即为两边损耗的和。第一损耗是以发射机为源点由第一绕射边引起的第二绕射边处的损耗。

第二损耗是以第一绕射边为源点由第二绕射边引起的接收机处的损耗。由阻挡体引起的附加损耗加到自由空间损耗或者平地损耗上，两项中取较大的一个。

对于三绕射边的情况，外面的绕射边中一定包含单绕射边。通过计算两个外绕射边之间的连线，如果两个外绕射边之间的阻挡体穿过该线，则第三绕射边存在（见图 4.22）。再一次用 Epstein 和 Peterson 方法计算阻挡体引起的阴影衰减。对多于三绕射边的情况，在外面两阻挡体之间的地貌由单个虚拟刃形近似。近似后，问题变为三边绕射情况。

上述方法由于可在数字高程地图上读取，并且可对高度数据进行特定位置的传播计算，因此很具有吸引力，并且可以产生信号场强轮廓。据报告在几个 dB 范围内该方法十分适用。不足之处是不能精确预测由于树叶、建筑物、其他人造结构产生的影响，并且不能计算除了地面反射之外的多径传播，因此要经常增加附加损耗因子。使用地理信息的传播预测方法，常用于现代无线系统设计中。

4.10.3 Okumura 模型

Okumura 模型为预测城区信号时使用最广泛的模型。此模型适用频率在 150 ~ 1920 MHz 之间（可扩展到 3000 MHz）、距离为 1 ~ 100 km 之间、天线高度在 30 ~ 1000 m 之间的情况。

Okumura 提出了一系列在准平滑城区，基站有效天线高度（h_{te}）为 200 m、移动天线高度（h_{re}）为 3 m 的相对于自由空间的中值损耗（A_{mu}）曲线。在基站和移动台均使用垂直全方向天线的情况下，通过广泛的测量会得到大量的结果，将这些测量结果画成频率在 100 ~ 1920 MHz 之间以及到基站的距离为 1 ~ 100 km 之间的曲线即为所得。利用 Okumura 模型确定路径损耗时，首先要确定所关注点之间的自由空间路径损耗，然后将 $A_{mu}(f, d)$ 的值与考虑了地表特征的修正因子一起加到其上。模型可表示为

$$L_{50}(\text{dB}) = L_F + A_{mu}(f, d) - G(h_{te}) - G(h_{re}) - G_{AREA} \tag{4.80}$$

其中，L_{50} 为传播路径损耗 50% 处的值（即中值），L_F 为自由空间传播损耗，A_{mu} 为相对于自由空间的衰减中值，$G(h_{te})$ 为基站天线高度增益因子，$G(h_{re})$ 为移动台天线增益因子，G_{AREA} 为环境类型所带来的增益。需要注意的是，天线高度增益仅仅是高度的函数而与天线模式无关。

对于宽频段的 $A_{mu}(f, d)$ 和 G_{AREA} 曲线请参见图 4.23 和图 4.24。另外，Okumura 发现，$G(h_{te})$ 以 20 dB/ 十倍程的斜率变化，$G(h_{re})$ 对于高度小于 3 m 的情况以 10 dB/ 十倍程的斜率变化：

$$G(h_{te}) = 20\log\left(\frac{h_{te}}{200}\right) \qquad 1000 \text{ m} > h_{te} > 30 \text{ m} \tag{4.81.a}$$

$$G(h_{re}) = 10\log\left(\frac{h_{re}}{3}\right) \qquad h_{re} \leqslant 3 \text{ m} \tag{4.81.b}$$

$$G(h_{re}) = 20\log\left(\frac{h_{re}}{3}\right) \qquad 10 \text{ m} > h_{re} > 3 \text{ m} \tag{4.81.c}$$

其他的修正也可应用于 Okumura 模型。一些重要的地形相关的参数为地形波动高度（Δh）、独立峰高度、平均地面斜度和混合陆地–海上参数。一旦计算了地形相关参数，相应的修正因子就要根据需要加上或者去掉。所有的修正因子可从 Okumura 曲线中获得[Oku68]。

Okumura 模型完全基于测量数据，不提供任何理论方面的解释。很多情况下，对推导出的曲线进行外推可以得到测量范围之外的值，但其有效性取决于环境和曲线的平滑性。

Okumura 模型为成熟的蜂窝和陆地移动无线系统路径损耗预测提供了最简单和最精确的解决方案。它的实用性很强，已经成为日本现代无线系统规划的标准。该模型的主要缺点是对地形变化的

反应较慢，因此在城区和郊区使用要比在乡村好一些。一般预测和测试的路径损耗的标准偏差为
10 ~ 14 dB。

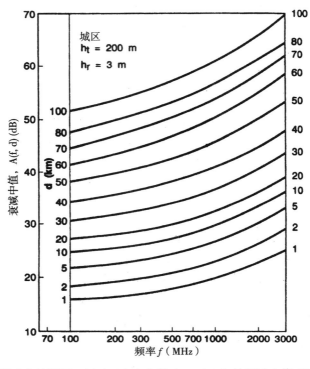

图 4.23　准平滑地表情况下，相对于自由空间（$A_{mu}(f, d)$）的衰减中值（[Oku68] © IEEE）

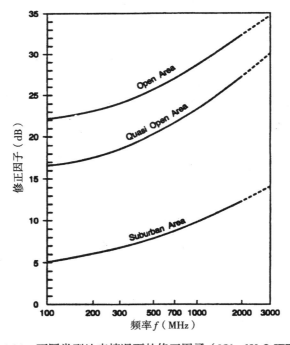

图 4.24　不同类型地表情况下的修正因子（[Oku68] © IEEE）

例 4.10 使用 Okumura 模型求解 $d = 50$ km、$h_{te} = 100$ m、$h_{re} = 10$ m 且为郊区环境的路径损耗。已知发射机的 EIRP 为 1 kW，载频为 900 MHz，求接收功率（假定接收机天线为单位增益）。

解：

自由空间路径损耗 L_F 可由式(4.6)计算：

$$L_F = 10\log\left[\frac{\lambda^2}{(4\pi)^2 d^2}\right] = 10\log\left[\frac{(3\times10^8/900\times10^6)^2}{(4\pi)^2\times(50\times10^3)^2}\right] = 125.5 \text{ dB}$$

由 Okumura 曲线可得

$$A_{mu}(900 \text{ MHz}(50 \text{ km})) = 43 \text{ dB}$$

和

$$G_{AREA} = 9 \text{ dB}$$

使用式(4.81.a)和式(4.81.c)可得

$$G(h_{te}) = 20\log\left(\frac{h_{te}}{200}\right) = 20\log\left(\frac{100}{200}\right) = -6 \text{ dB}$$

$$G(h_{re}) = 20\log\left(\frac{h_{re}}{3}\right) = 20\log\left(\frac{10}{3}\right) = 10.46 \text{ dB}$$

使用式(4.80)，可得总的路径损耗为

$$\begin{aligned} L_{50}(\text{dB}) &= L_F + A_{mu}(f, d) - G(h_{te}) - G(h_{re}) - G_{AREA} \\ &= 125.5 \text{ dB} + 43 \text{ dB} - (-6) \text{ dB} - 10.46 \text{ dB} - 9 \text{ dB} \\ &= 155.04 \text{ dB} \end{aligned}$$

因此，接收机功率为

$$\begin{aligned} P_r(d) &= EIRP(\text{dBm}) - L_{50}(\text{dB}) + G_r(\text{dB}) \\ &= 60 \text{ dBm} - 155.04 \text{ dB} + 0 \text{ dB} = -95.04 \text{ dBm} \end{aligned}$$

4.10.4 Hata 模型

Hata 模型[Hat90]是根据 Okumura 曲线图所做的经验公式，频率范围为 150 ~ 1500 MHz。Hata 模型以市区传播损耗为标准公式，对于其他地形的地区的应用需在此基础上进行修正。市区中值路径损耗的标准公式为

$$\begin{aligned} L_{50}(urban)(\text{dB}) = {}& 69.55 + 26.16\log f_c - 13.82\log h_{te} - a(h_{re}) \\ & + (44.9 - 6.55\log h_{te})\log d \end{aligned} \tag{4.82}$$

其中，f_c 为频率（单位为 MHz），范围从 150 ~ 1500 MHz；h_{te} 为有效发射（基站）天线高度，范围为 30 ~ 200 m；h_{re} 为有效接收（移动台）天线高度，范围为 1 ~ 10 m；d 为 T-R 距离（单位为 km）；$a(h_{re})$ 为有效移动天线高度修正因子，是覆盖区大小的函数。对于中小城市，移动天线修正因子为

$$a(h_{re}) = (1.1\log f_c - 0.7)h_{re} - (1.56\log f_c - 0.8) \text{ dB} \tag{4.83}$$

对于大城市为

$$a(h_{re}) = 8.29(\log 1.54 h_{re})^2 - 1.1 \text{ dB} \qquad f_c \leqslant 300 \text{ MHz} \tag{4.84.a}$$

$$a(h_{re}) = 3.2(\log 11.75 h_{re})^2 - 4.97 \text{ dB} \qquad f_c \geqslant 300 \text{ MHz} \tag{4.84.b}$$

为获得郊区的路径损耗，标准的 Hata 模型修正为

$$L_{50}(\mathrm{dB}) = L_{50}(urban) - 2[\log(f_c/28)]^2 - 5.4 \tag{4.85}$$

对于农村地区，公式修正为

$$L_{50}(\mathrm{dB}) = L_{50}(urban) - 4.78(\log f_c)^2 + 18.33\log f_c - 40.94 \tag{4.86}$$

尽管 Hata 模型不像 Okumura 模型那样可获得特定路径的修正因子，但上述几个公式还是很有实用价值的。在 d 超过 1 km 的情况下，Hata 模型的预测结果与原始的 Okumura 模型非常接近。该模型适用于大区制移动系统，但不适用于小区半径为 1 km 左右的个人通信系统（PCS）。

4.10.5　Hata 模型的 PCS 扩展

科学和技术研究欧洲协会（EURO-COST）设立了 COST-231 工作委员会专门开发 Hata 模型的扩展版本。COST-231 提出了将 Hata 模型扩展到 2 GHz，公式为[EUR91]

$$
\begin{aligned}
L_{50}(urban) = {} & 46.3 + 33.9\log f_c - 13.82\log h_{te} - a(h_{re}) \\
& + (44.9 - 6.55\log h_{te})\log d + C_M
\end{aligned}
\tag{4.87}
$$

其中，$a(h_{re})$ 在式(4.83)、式(4.84.a)、式(4.84.b)中定义，且

$$C_M = \begin{cases} 0\ \mathrm{dB} & \text{中等城市和郊区} \\ 3\ \mathrm{dB} & \text{市中心} \end{cases} \tag{4.88}$$

Hata 模型的 COST-231 扩展使用于下列的范围参数：

f　　：1500 ~ 2000 MHz

h_{te}　：30 ~ 200 m

h_{re}　：1 ~ 10 m

d　　：1 ~ 20 km

4.10.6　Walfisch 和 Bertoni 模型

由 Walfisch 和 Bertoni 开发的模型[Wal88]考虑了屋顶和建筑物高度的影响，使用绕射来预测街道的平均信号强度。模型考虑路径损耗 S 为三个因子的积：

$$S = P_0 Q^2 P_1 \tag{4.89}$$

其中，P_0 表示全向天线间的自由空间路径损耗：

$$P_0 = \left(\frac{\lambda}{4\pi R}\right)^2 \tag{4.90}$$

因子 Q^2 给出了街道上由于一排建筑物遮挡了接收机而造成的屋顶信号的衰减。P_1 为从屋顶到街道的基于绕射的信号衰减。

以 dB 为单位，则路径损耗为

$$S(\mathrm{dB}) = L_0 + L_{rts} + L_{ms} \tag{4.91}$$

其中，L_0 表示自由空间损耗，L_{rts} 表示"屋顶到街道的绕射和散射损失"，L_{ms} 为由于建筑物群而造成的多屏绕射损耗[Xia92]。图 4.25 中用几何图形解释了 Walfisch 和 Bertoni 模型（[Wal88], [Mac93]）。IMT-2000 标准中的 ITU-R 正在考虑使用这个模型。

4.10.7　宽带 PCS 微蜂窝模型

Feuerstein 等人于 1991 年在 San Francisco 和 Oakland，利用工作在 1900 MHz 频段上的 20 MHz 脉冲发射机，测试了典型微蜂窝系统的路径损耗、中断率和时延扩展。基站天线高度分别为 3.7 m、

8.5 m 和 13.3 m，移动接收机高度为 1.7 m，路径损耗、多径和覆盖区是在视距（LOS）和有阻挡物（OBS）的环境[Feu94]下测得的。该项工作证实了双线地面反射图形（见图 4.7），这是估计视距微蜂窝路径损耗的最佳方法。对于 OBS 微蜂窝环境，简化的对数距离路径损耗模型则更有效。

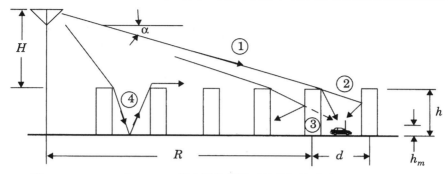

图 4.25　Walfisch 和 Bertoni 提出的传播模型的几何关系（[Wal88] © IEEE）

对于平坦地面反射模型，被地面所阻挡的第一菲涅尔区的距离 d_f 为

$$d_f = \frac{1}{\lambda}\sqrt{(\Sigma^2 - \Delta^2)^2 - 2(\Sigma^2 + \Delta^2)\left(\frac{\lambda}{2}\right)^2 + \left(\frac{\lambda}{2}\right)^4}$$

$$= \frac{1}{\lambda}\sqrt{16h_t^2 h_r^2 - \lambda^2(h_t^2 + h_r^2) + \frac{\lambda^4}{16}} \tag{4.92.a}$$

对于 LOS 的情况，在第一菲涅尔区使用一个回归断点的双回归路径损耗模型可与测试结果很好地吻合。假设使用全向垂直天线，预测的平均路径损耗为

$$\overline{PL}(d) = \begin{cases} 10n_1\log(d) + p_1 & 1 < d < d_f \\ 10n_2\log(d/d_f) + 10n_1\log d_f + p_1 & d > d_f \end{cases} \tag{4.92.b}$$

其中，p_1 等于 $\overline{PL}(d_0)$（参考距离 $d_0 = 1$ m 处的路径损耗，单位为 dB）；d 的单位为 m；n_1、n_2 为路径损耗指数，即发射机高度的函数（见图 4.8）。很容易得出当频率为 1900 MHz 时，$p_1 = 38.0$ dB。

对于 OBS 情况，路径损耗与式(4.69.a)的标准对数距离路径损耗相吻合：

$$\overline{PL}(d)[dB] = 10n\log(d) + p_1 \tag{4.92.c}$$

其中，n 为由图 4.26 给出的 OBS 路径损耗指数，即发射机高度的函数。对数正态阴影成分的标准偏差使用例 4.9 所描述的方法测量获得。对于 LOS 和 OBS 微蜂窝的情况，对数正态阴影成分为高度的函数。图 4.26 表明，不论天线高度为多少，对数正态阴影成分都在 7～9 dB 之间。同时可见，视距环境路径损耗比理论双线地面反射模型损耗要小，其中 $n_1 = 2$ 和 $n_2 = 4$。

发射天线高度	1900 MHz视距			1900 MHz阻挡	
	n_1	n_2	σ(dB)	n	σ(dB)
低（3.7 m）	2.18	3.29	8.76	2.58	9.31
中（8.5 m）	2.17	3.36	7.88	2.56	7.67
高（13.3 m）	2.07	4.16	8.77	2.69	7.94

图 4.26　频率为 1900 MHz 的宽带微蜂窝模型参数（[Feu94] © IEEE）

4.11　室内传播模型

随着PCS系统的出现，人们越来越关注室内无线电波传播的特点。室内无线信道有两个方面不同于传统的无线信道——覆盖距离更小，对于更小的T-R距离环境的变化更大。建筑物内的传播受到诸如建筑物的布置、材料结构和建筑物类型等因素的影响。本节概述了建筑物内的路径损耗模型。

室内无线传播同室外无线任播具有同样的机理：反射、绕射和散射。但是，对应的条件却很不同。例如，信号电平很大程度上依赖于建筑物内的门是开还是关。天线安装在何处也将影响大尺度传播。将天线安装在办公室桌面的高度与安装在天花板的情况会产生大不相同的接收信号。同样，较小的传播距离也很难满足所有接收机的位置和各种类型天线的远场条件。

室内无线传播是一个新的领域，在20世纪80年代初首次开始研究。Cox[Cox83b]在AT&T贝尔实验室和Alexander[Alo82]在英国电信首先对大量家用及办公室建筑周围和内部的路径损耗进行了研究。在室内传播方面可以找到许多优秀的文献（[Mol91], [Has93]）。

一般情况下，室内信道分为LOS或OBS两种，并随着环境杂乱程度而变化[Rap89]。下面给出最近出现的一些主要模型。

4.11.1　分隔损耗（同楼层）

建筑物具有大量的分隔和阻挡体，从而形成了一个内部和外部的结构。家用房屋中一般使用木框和石灰板分隔来构成内墙，楼层间为木质或非强化的混凝土。另一方面，办公室建筑通常有较大的面积，且使用可移动的分隔以使空间容易划分；楼层间则使用金属加强的混凝土。作为建筑物结构一部分的分隔，称为硬分隔；可移动的并且未延展到天花板的分隔，称为软分隔。分隔的物理和电特性变化的范围非常广泛，这使得对特定室内情况使用通用模型变得非常困难。但是，研究人员已经得到了大量不同分隔的损耗的数据，如表4.3所示。

表4.3　对于通用建筑材料中的无线路径，不同研究者提供的平均信号损耗测量

材料类型	损耗（dB）	频率	参考
所有金属	26	815 MHz	[Cox83b]
铝框	20.4	815 MHz	[Cox83b]
绝缘体箔	3.9	815 MHz	[Cox83b]
混凝土墙	13	1300 MHz	[Rap91c]
一层的损耗	20~30	1300 MHz	[Rap91c]
一层楼层和一层墙的损耗	40~50	1300 MHz	[Rap91c]
走廊的拐角损耗	10~15	1300 MHz	[Rap91c]
轻质织物	3~5	1300 MHz	[Rap91c]
20英尺[①]高的围墙	5~12	1300 MHz	[Rap91c]
金属垫—12平方英尺	4~7	1300 MHz	[Rap91c]
金属箔—10平方英尺	3~6	1300 MHz	[Rap91c]
小金属柱—直径6"	3	1300 MHz	[Rap91c]
皮带系统—4平方英尺	6	1300 MHz	[Rap91c]
轻质机械<10平方英尺	1~4	1300 MHz	[Rap91c]
普通机械—10~20平方英尺	5~10	1300 MHz	[Rap91c]
重型机械>20平方英尺	10~12	1300 MHz	[Rap91c]
金属楼梯	5	1300 MHz	[Rap91c]
轻形织物	3~5	1300 MHz	[Rap91c]
重型织物	8~11	1300 MHz	[Rap91c]

① 1英尺 = 0.305 米。

（续表）

材料类型	损耗（dB）	频率	参考
金属检验车间	3~12	1300 MHz	[Rap91c]
金属库存	4~7	1300 MHz	[Rap91c]
大梁—16~20"	8~10	1300 MHz	[Rap91c]
金属库存架—8 平方英尺	4~9	1300 MHz	[Rap91c]
空纸板盒	3~6	1300 MHz	[Rap91c]
混凝土箱式墙	13~20	1300 MHz	[Rap91c]
天花板管道	1~8	1300 MHz	[Rap91c]
小金属零件的 2.5 m 的存储架	4~6	1300 MHz	[Rap91c]
4 m 金属箱	10~12	1300 MHz	[Rap91c]
纸产品的 5 m 存储架（松散包装）	2~4	1300 MHz	[Rap91c]
纸产品的 5 m 存储架（紧包装）	6	1300 MHz	[Rap91c]
大金属零件的 5 m 的存储架（紧包装）	20	1300 MHz	[Rap91c]
典型 N/C 机械	8~10	1300 MHz	[Rap91c]
半自动组装线	5~7	1300 MHz	[Rap91c]
0.6 m 加强混凝土柱	12~14	1300 MHz	[Rap91c]
不锈钢管	15	1300 MHz	[Rap91c]
混凝土墙	8~15	1300 MHz	[Rap91c]
混凝土地板	10	1300 MHz	[Rap91c]
商用减震器	38	9.6 MHz	[Vio88]
商用减震器	51	28.8 MHz	[Vio88]
商用减震器	59	57.6 MHz	[Vio88]
岩石片（3/8 in）—2 片	2	9.6 MHz	[Vio88]
岩石片（3/8 in）—2 片	2	28.8 MHz	[Vio88]
岩石片（3/8 in）—2 片	5	57.6 MHz	[Vio88]
干三合板（3/4 in）—1 层	1	9.6 MHz	[Vio88]
干三合板（3/4 in）—1 层	4	28.8 MHz	[Vio88]
干三合板（3/4 in）—1 层	8	57.6 MHz	[Vio88]
干三合板（3/4 in）—2 层	4	9.6 MHz	[Vio88]
干三合板（3/4 in）—2 层	6	28.8 MHz	[Vio88]
干三合板（3/4 in）—2 层	14	57.6 MHz	[Vio88]
湿三合板（3/4 in）—1 层	19	9.6 MHz	[Vio88]
湿三合板（3/4 in）—1 层	32	28.8 MHz	[Vio88]
湿三合板（3/4 in）—1 层	59	57.6 MHz	[Vio88]
湿三合板（3/4 in）—2 层	39	9.6 MHz	[Vio88]
湿三合板（3/4 in）—2 层	46	28.8 MHz	[Vio88]
湿三合板（3/4 in）—2 层	57	57.6 MHz	[Vio88]
铝板（1/8 in）—1 层	47	9.6 MHz	[Vio88]
铝板（1/8 in）—1 层	46	28.8 MHz	[Vio88]
铝板（1/8 in）—1 层	53	57.6 MHz	[Vio88]

4.11.2　楼层间分隔损耗

建筑物楼层间的损耗由建筑物外部面积和材料及建造楼层和外部环境确定的建筑物类型决定（[Sei92a], [Sei92b]），甚至建筑物窗口的数量和外在的颜色（会衰减无线电波的能量）也会对其产生影响。表 4.4 列出了旧金山市三座建筑物内的楼层衰减因子（FAF）。由表可见，对于所有的三个建筑来说，建筑物中第一楼层的衰减要远大于以后每增加一层楼所引起的衰减。表 4.5 也表现出非常相似的趋势。在 5 层或 6 层间隔以上，附加的路径损耗就非常小了。

表 4.4　　三层建筑的总楼层衰减因子和标准偏差 σ(dB)。每一
点表示大于 20λ（尺度上）的平均路径损耗[Sei92]

建筑物	915 MHz FAF（dB）	σ（dB）	位置数目	1900 MHz FAF（dB）	σ（dB）	位置数目
Walnut Creek						
一层	33.6	3.2	25	31.3	4.6	110
二层	44.0	4.8	39	38.5	4.0	29
SF PacBell						
一层	13.2	9.2	16	26.2	10.5	21
二层	18.1	8.0	10	33.4	9.9	21
三层	24.0	5.6	10	35.2	5.9	20
四层	27.0	6.8	10	38.4	3.4	20
五层	27.1	6.3	10	46.4	3.9	17
San Ramon						
一层	29.1	5.8	93	35.4	6.4	74
二层	36.6	6.0	81	35.6	5.9	41
三层	39.6	6.0	70	35.2	3.9	27

表 4.5　　两个办公楼中一楼、二楼、三楼、四楼的平均楼层衰减因子[Sei92b]

建筑物	FAF（dB）	σ（dB）	位置数目
办公楼1			
穿过一层	12.9	7.0	52
穿过二层	18.7	2.8	9
穿过三层	24.4	1.7	9
穿过四层	27.0	1.5	9
办公楼2			
穿过一层	16.2	2.9	21
穿过二层	27.5	5.4	21
穿过三层	31.6	7.2	21

4.11.3　对数距离路径损耗模型

很多研究表明，室内路径损耗遵从式(4.93)：

$$PL(\text{dB}) = PL(d_0) + 10n\log\left(\frac{d}{d_0}\right) + X_\sigma \tag{4.93}$$

其中，n 依赖于周围环境和建筑物类型，X_σ 表示标准偏差为 σ dB 的正态随机变量。注意，式(4.93)与式(4.69.a)的对数正态阴影的形式一致。表 4.6[And94]提供了不同建筑物的典型值。

表 4.6　　不同建筑物的路径损耗指数和标准偏差测量[And94]

建筑物	频率（MHz）	n	σ（dB）
零售商店	914	2.2	8.7
蔬菜店	914	1.8	5.2
办公室，硬分隔	1500	3.0	7.0
办公室，软分隔	900	2.4	9.6
办公室，软分隔	1900	2.6	14.1
工厂 LOS			
纺织物／化学品	1300	2.0	3.0
纺织物／化学品	4000	2.1	7.0
纸张／谷物	1300	1.8	6.0
金属	1300	1.6	5.8

（续表）

建筑物	频率（MHz）	n	σ（dB）
郊区房屋			
室内走廊	900	3.0	7.0
工厂OBS			
纺织物 / 化学品	4000	2.1	9.7
金属	1300	3.3	6.8

4.11.4　Ericsson 多重断点模型

通过测试多层办公室建筑，可以获得 Ericsson 无线系统模型[Ake88]。模型有四个断点并考虑了路径损耗的上下边界。模型假定 $d_0 = 1$ m 处的衰减为 30 dB，这对于频率为 $f = 900$ MHz 和单位增益天线的情况是准确的。Ericsson 模型确定了某一特定距离的路径损耗取值范围的界限，而没有假定路径损耗为对数正态阴影分布。对于建筑物内的仿真，Bernhardt[Ber89]利用均匀分布，得出在其最大和最小范围内作为距离函数的室内路径损耗值。图4.27显示了基于 Ericsson 模型的建筑物内路径损耗随距离变化的曲线。

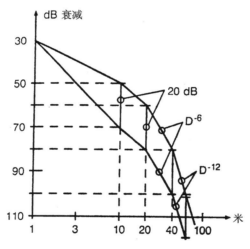

图 4.27　Ericsson 建筑物内的路径损耗模型（[Ake88] © IEEE）

4.11.5　衰减因子模型

Seidel[Sei92b]描述了受建筑物类型影响以及由阻挡物引起的变化的建筑物内特定位置的传播模型，这个模型已经用来精确地计算室内以及校园网的情况[Mor00, Ski96]。这一模型的灵活性很强，且能使预测路径损耗与测量值的标准偏差减少到 4 dB 左右；而相比较而言，在两个不同的建筑物之间使用对数距离模型的偏差达 13 dB。衰减因子模型为

$$\overline{PL}(d)[\text{dB}] = \overline{PL}(d_0)[\text{dB}] + 10n_{SF}\log\left(\frac{d}{d_0}\right) + FAF[\text{dB}] + \sum PAF[\text{dB}] \tag{4.94}$$

其中，n_{SF} 表示同层测试的指数值，FAF 代表建筑物特定数目楼层的衰减因子，PAF 表示在三维空间中发射机和接收机之间射线传播遇到的特定阻挡物的分隔衰减因子。在发射机和接收机之间绘出单条射线的技术称为主射线跟踪法。可以看出，沿着主射线对累积分隔损耗进行求和是非常精确的，同时其计算效率也非常高[Mor00, Ski96, Rap00]。如果同层存在很好的 n 的估计值（如从表4.4

和表4.6中选择），则不同层路径损耗可通过附加FAF值（如从表4.5中选择）获得。或者在式(4.94)中，FAF由考虑了多楼层间隔的指数所代替：

$$\overline{PL}(d)[\text{dB}] = \overline{PL}(d_0) + 10n_{MF}\log\left(\frac{d}{d_0}\right) + \sum PAF[\text{dB}] \tag{4.95}$$

其中，n_{MF} 表示基于对多楼层测试的路径损耗指数。

　　表4.7给出了在很多建筑物内广泛位置的典型 n 值，也表明了随着平均区域面积变得更小、地点更加确定，标准偏差是如何变小的。图4.28和图4.29所示的离散点图表明了两个多层办公室建筑内实际测试的路径损耗。

表 4.7　不同建筑物类型的路径损耗指数和标准偏差

	n	σ（dB）	位置数目
所有建筑物			
所有地点	3.14	16.3	634
同层	2.76	12.9	501
穿过一层	4.19	5.1	73
穿过二层	5.04	6.5	30
穿过三层	5.22	6.7	30
蔬菜店	1.81	5.2	89
零售店	2.18	8.7	137
办公楼1			
全建筑物	3.54	12.8	320
同层	3.27	11.2	238
5层西翼	2.68	8.1	104
5层中部	4.01	4.3	118
4层东翼	3.18	4.4	120
办公楼2			
全建筑物	4.33	13.3	100
同层	3.25	5.2	37

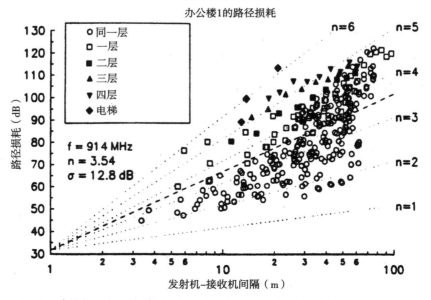

图 4.28　建筑物 1 内的路径损耗与距离之间的函数关系点图（[Sei92b] © IEEE）

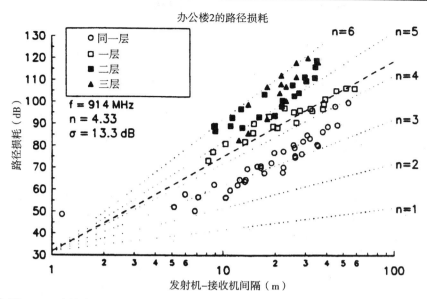

图 4.29 建筑物 2 内的路径损耗与距离之间的函数关系点图（[Sei92b] © IEEE）

Devasirvatham 等人[Dev90b]发现，建筑物内的路径损耗等于自由空间损耗加上附加损耗因子，并随距离呈指数增长，请参见表 4.8。对于多层建筑物的工作，修正式(4.94)为

$$\overline{PL}(d)[\text{dB}] = \overline{PL}(d_0)[\text{dB}] + 20\log\left(\frac{d}{d_0}\right) + \alpha d + FAF[\text{dB}] + \sum PAF[\text{dB}] \tag{4.96}$$

其中，α 为信道的衰减常数，单位是 dB/m。表 4.8 提供了 α 的典型值，即为频率的函数[Dev90b]。

表 4.8 自由空间加上线性路径衰减模型

地点	频率	α 衰减（dB/m）
建筑物 1：4 层	850 MHz	0.62
	1.7 MHz	0.57
	4.0 MHz	0.47
建筑物 2：2 层	850 MHz	0.48
	1.7 MHz	0.35
	4.0 MHz	0.23

例 4.11 本例说明如何使用式(4.94)和式(4.95)预测距发射机 30 m 处通过建筑物 1（见表 4.5）三个楼层的平均路径损耗。由表 4.5 和表 4.7 可知，建筑物内同层平均路径损耗指数 $n = 3.27$，三层平均路径损耗指数 $n = 5.22$，发射机和接收机之间间隔三个楼层的平均楼层衰减指数 $FAF = 24.4$ dB。表 4.3 表明混凝土墙有大约 13 dB 的衰减。令 $d_0 = 1$ m。

解：

使用式(4.94)，平均路径损耗为

$$\overline{PL}(30\text{ m})[\text{dB}] = \overline{PL}(1\text{m})[\text{dB}] + 10 \times 3.27 \times \log(30) + 24.4 + 2 \times 13$$
$$= 130.2 \text{ dB}$$

使用式(4.95)，平均路径损耗为

$$\overline{PL}(30\text{ m})[\text{dB}] = \overline{PL}(1\text{ m})[\text{dB}] + 10 \times 5.22 \times \log(30) + 2 \times 13 = 108.6 \text{ dB}$$

4.12　建筑物信号穿透

在建筑物内接收到的外部发射机的信号强度,对于与相邻建筑物或外界系统共享带宽的无线系统来说是非常重要的。当有楼层间的传播测量值时,仅靠有限的经验很难确定精确的透射模型,有时它们很难进行比较。然而,可以从文献中总结出一些规律。测试报告显示,随着高度的增加,建筑物内接收信号的强度将会增加。在低楼层中,城区的杂散结构引起大的衰减,减少了信号穿透力。在高楼层中,由于可能存在视距路径而使得外墙处具有更强的入射信号。

无线射频透射能力是频率以及建筑物内高度的函数。天线对信号透射也有非常重要的影响。大多数的测试考虑室外发射机的天线高度远小于建筑物本身的高度。在 Liverpool[Tur87]的测试显示中,随着频率的增加透射损耗要减小。特别是在频率为 441 MHz、896.5 MHz 和 1400 MHz 时,建筑物底层测得的透射衰减值分别为 16.4 dB、11.6 dB、7.6 dB。Turkmani[Tur92]的测试结果显示,频率为 900 MHz、1800 MHz 和 2300 MHz 的透射损耗,分别为 14.2 dB、13.4 dB 和 12.8 dB。在窗前的测试显示,平均透射损耗比没有窗户的透射损耗小 6 dB。

Walker[Wal92]在 Chicago 测试了 7 个外部发射机的无线信号进入 14 个不同建筑的情况。结果显示,从底层到 15 层透射损耗以每层 1.9 dB 递减,从 15 层向上开始递增。在高层,透射损耗的增加归因于相邻建筑物的阴影效应。同样,Turkmani[Tur87]报告,从底层到 9 层透射损耗以每层 2 dB 的比例衰减,9 层向上开始递增。Durante[Dur73]也有相似结果的报告。

测试显示与建筑物表面相比,窗体面积的百分比影响无线信号透射损耗。窗体上的金属膜也有一定的影响,它能在单层玻璃上产生 3 ~ 30 dB 的信号衰减。入射角度对透射衰减也有很强的影响,参见 Horikishi[Hor86]。

4.13　射线跟踪和特定站址建模

在最近几年,计算机的运算和可视化能力快速增长。预测无线信号覆盖的新方法包括使用特定站址（SISP）传播模型和地理信息系统（GIS）数据库[Rus93]。SISP 模型提供射线跟踪作为室内或室外传播环境建模的主要方法。通过使用标准地理软件包中的建筑物数据库,无线系统设计者能够获得建筑物和地物特征的精确表示。

对于室外传播预测,射线跟踪技术与空中拍照结合,这样建筑物的三维表示可与模拟反射、绕射和散射的软件相结合。图像技术用于将城市的卫星照片转变为可用的三维数据库（[Sch92],[Ros93], [Wag94], [Rap00]）。对于室内环境,建筑结构图为传播模型提供了特定站址的表示方式（[Val93], [Sei94], [Kre94], [Ski96], [Mor00]）。

当有关建筑物的数据库数据足够丰富时,可使用计算机辅助设计（CAD）工具开发无线系统。计算机辅助设计工具提供较大操作环境范围内确定的而非统计的小尺度或大尺度路径损耗预测模型。例如,在 SitePlanner 的计算机辅助设计环境中,覆盖区与容量的测量值和预测值可以同时呈现、操作、优化,并可存档以备将来使用[Rap00]。SitePlanner 对于学生以及新加入无线领域的工程师来说,已经是一个很流行的研究和教学工具。将来的某一天,这种特定站址模型技术可以下载到无线电话中,用来确定瞬时的空中接口参数。

4.14　习题

4.1　已知 $P_t = 10$ W, $G_t = 0$ dB, $G_r = 0$ dB, $f_c = 900$ MHz, 求自由空间距离为 1 km 的 P_r（单位为 W）。

4.2　发射机的工作频率是 50 W，假设接收机距发射机 10 km，载频为 6 GHz，且为自由空间传播。令 $G_t = 1$，$G_r = 1$。

(a) 求接收机的功率。

(b) 接收机天线的电场幅度。

(c) 假设接收机天线具有纯实数阻抗 50 Ω，且与接收机匹配，求用于接收机输入的 rms 电压。

4.3　Fraunhofer 距离：一个均匀照射的 4.6 cm × 3.5 cm 的喇叭形天线工作在 60 GHz。计算其增益、半功率率带宽（HPBW）和 Fraunhofer 距离。提示：喇叭形天线的 HPBW 可以估算为 HPBW = 51λ/a，其中 a 是孔径的宽度，如[Stu81]所述。

4.4　自由空间传播：假设发射机的功率为 1 W，发射机的天线的工作频率为 60 GHz。发射机和接收机都使用习题 4.3 的喇叭形天线。

(a) 计算 1 m、100 m、1000 m 的自由空间路径损耗。

(b) 计算在这些距离的接收信号强度。

(c) 假设接收机天线具有纯实数阻抗 50 Ω，且与接收机匹配，求接收机输入的 rms 电压。

4.5　反射系数：通过表 4.1 所给出的典型的地面、砖块、石灰石、玻璃和水的数据，求在入射角为 30° 时它们的反射系数。假设都为无损耗的绝缘体。把结果列表呈现。

4.6　表面粗糙程度：说明表面粗糙程度与频率及入射角度的依赖关系。

4.7　证明：当 $\Gamma_{\parallel} = 0$ 时，Brewster 角 θ_i 满足下式：

$$\theta_i = \sqrt{\frac{\varepsilon_r^2 - \varepsilon_r}{\varepsilon_r^2 - 1}}$$

4.8　(a) 在路径损耗分析中，解释双线地面模型的优点和缺点。

(b) 在下列情况下，双线模型是否可以应用，解释原因。

$h_t = 35$ m, $h_r = 3$ m, $d = 250$ m

$h_t = 30$ m, $h_r = 1.5$ m, $d = 450$ m

(c) 当蜂窝系统使用非常大的小区时，考虑双线传播模型提供的大尺度路径损耗的情况。

4.9　证明：在双线地面反射模型中，$\Delta = d'' - d' \approx 2h_t h_r / d$，说明在什么情况下这一近似是合理的。提示：利用图 P4.9 的图形。

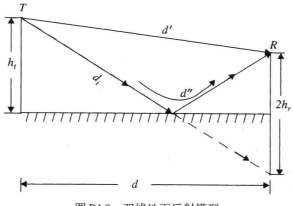

图 P4.9　双线地面反射模型

4.10 在双线地面反射模型中，假定 θ_Δ 要保持在 6.261 弧度以下。假设接收机高度为 2 m，θ_i 小于 5°，求解 T-R 距离和发射机天线高度的最小允许值。载频为 900 MHz，参考图 P4.9 的图形。

4.11 在双线路径损耗模型中，$\Gamma_\perp = -1$，求解接收机中信号为 0 的位置的近似表达式。

4.12 比较双线地面发射模型精确（式(4.47)）和近似（式(4.52)）表示的接收功率。假定发射机高度为 40 m，接收机高度为 3 m，频率为 1800 MHz，使用单位增益天线。画出两模型在 1～20 km 范围的接收功率，假定地面反射系数为 –1。

4.13 对于地面反射系数为 1 的情况，重复习题 4.12。

4.14 假设距离发射机 10 m 有一个接收机，发射机功率为 50 W，载频为 1900 MHz，且为自由空间传播，$G_t = 1$，$G_r = 2$，求：(a)接收机的功率；(b)接收机天线的电场幅度；(c)假设接收机天线具有纯实数阻抗 50 Ω，且与接收机匹配，求接收机输入的开环 rms 电压；(d)假定发射机天线的高度为 50 m，接收机天线在地上 1.5 m，地面反射系数为 –1，求使用双线地面反射模型时移动设备的接收功率。

4.15 参见图 P4.9，计算当 $d = d_f$ 时，双线地面反射传播路径中发射机和接收机之间的第一菲涅尔区距离（以 h_t、h_r 和 λ 表示）。该距离处路径损耗由 d 的平方向 d 的四次方转变。假设 $\Gamma = -1$。

4.16 对于图 P4.16，证明：

(a) $\phi = \dfrac{2\pi\Delta}{\lambda} = \dfrac{2\pi}{\lambda}\left[\dfrac{h^2}{2}\left(\dfrac{d_1+d_2}{d_1 d_2}\right)\right]$

(b) $\upsilon = \alpha\sqrt{\dfrac{2d_1 d_2}{\lambda(d_1+d_2)}}$ 其中 $\dfrac{\upsilon^2\pi}{2} = \phi$，$d_1, d_2 \gg h, h \gg \lambda$，以及 $\Delta = p_1 + p_2 - (d_1+d_2)$

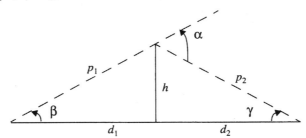

图 P4.16　习题 4.16 的刃形几何关系

4.17 一个微波链路的普遍设计规则是第一菲涅尔区 55% 的距离。对于在 2.5 GHz 的一个 1 km 链路，最大的第一菲涅尔区半径是多少？此系统需要多大的距离？

4.18 绕射：利用刃形反射模型，证明绕射功率与频率的关系。假定图 P4.16 中 $d_1 = d_2 = 500$ m，$h = 10$ m。提示：可能需要计算菲涅尔积分或者使用 Lee 近似值，分别使用式(4.59)和式(4.61)。

4.19 如果 $P_t = 10$ W，$G_t = 10$ dB，$G_r = 3$ dB，$L = 1$ dB，频率为 900 MHz，计算图 P4.19 中刃形地形的接收功率。比较如果阻挡体不存在时理论上的自由空间接收功率。在这种情况下，由绕射引起的损耗为多少？

4.20 如果地形和系统的其他参数与习题 4.19 保持相同，只是频率发生改变，对于频率为(a) $f = 50$ MHz 和(b) $f = 1900$ MHz 的情况，重复习题 4.19。

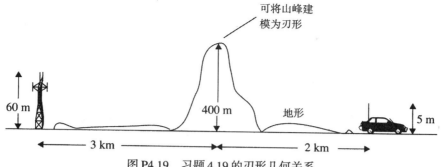

图 P4.19　习题 4.19 的刃形几何关系

4.21 路径损耗模型：在工作的第一个月，你有一个任务是测量一个新的无线产品的信道路径损耗成分。你进行测量并搜集到以下数据：

参考路径损耗：$PL_0(d_0)$

路径损耗测量值：距离为 $d_1, \dots, d_n$ 时的 $PL_1(d_1), \dots, PL_n(d_n)$

使用式 (4.69) 的路径损耗指数模型，求路径损耗指数 n 的最适当值的表达式，此时测量值和模型计算出的值的均方误差最小。提示：最合适的 n 值应能使预测的路径损耗值与测量值的均方误差（MSE）最小。

4.22 假设在建筑物内进行局部平均信号强度的测试，发现测试数据呈对数正态分布，其均值符合距离的指数函数。假设均值功率定律为 $Pr(d) \propto d^{-3.5}$。如果距发射机 $d_0 = 1$ m 处的接收信号为 1 mW，并且在距离为 10 m 处，10% 的测试值高于 -25 dB，求解距离 $d = 10$ m 处路径损耗模型的标准偏差 σ。

4.23 如果参考距离 $d_0 = 1$ km 处的接收功率为 1 mW，求解 2 km、5 km、10 km 和 20 km 处的接收功率，分别使用下述模型：(a) 自由空间；(b) $n = 3$；(c) $n = 4$；(d) 精确的双线地面反射模型；(e) 扩展 Hata 模型。假定 $f = 1800$ MHz，$h_t = 40$ m，$h_r = 3$ m，$G_t = G_r = 0$ dB。在同一张图中表示出从 1 km 到 20 km 范围内这些模型的结果。

4.24 如果参考距离 $d_0 = 1$ km 处的接收功率为 1 mW，且 $f = 1800$ MHz，$h_t = 40$ m，$h_r = 3$ m，$G_t = G_r = 0$ dB。计算、比较和画出式 (4.47) 精确双线地面反射模型和式 (4.52) 的近似表达式。T-R 距离为多少时，两者一致或不一致？在这种蜂窝系统设计中，使用近似表达式代替精确表达式，差值为多少？

4.25 如图 P4.25 所示，假定一个移动台工作站沿着基站 BS1 到基站 BS2 之间的直线运行。两基站之间的距离 $D = 1600$ m。基站 i 接收到的移动工作站的功率（dB）为

$$P_{r,i}(d) = P_0 - 10n \log_{10}(d_i/d_0) + \chi_i \quad (\text{dBm}) \quad i = 1,2$$

其中 d_i 是移动台到基站 i 的距离，单位为 m；P_0 是距移动台天线距离为 d_0 的接收功率；n 是路径损耗指数，上式 $P_0 - 10n \log_{10}(d_i/d_0)$ 称为本地区平均功率。χ_i 代表具有标准差为 σ 的零均值高斯随机变量，单位为 dB，它用来模拟接收信号由于阴影产生的变化。假定不同基站的接收信号的随机成分 χ_i 相互独立。n 是路径损耗指数。

基站接收机接收到的可以保证音质的最小信号为 $P_{r,min}$，单位为 dB，切换启动的门限为 $P_{r,HO}$，单位也是 dB。

假定移动台当前与 BS$_1$ 相连。当接收机从移动台接收到的信号低于门限 $P_{r,HO}$ 且备用基站 BS$_2$ 的接收信号强于最小可接受信号强度 $P_{r,min}$ 时，发生切换。

利用表 P4.25 中的参数，确定：

(a) 一个切换发生的概率Pr[handoff]是移动台及其连接的基站之间距离的函数。用图形表示出Pr[切换]和距离d_1的关系。

(b) 当Pr[切换]为80%时，基站BS_1和移动站的距离d_{ho}。

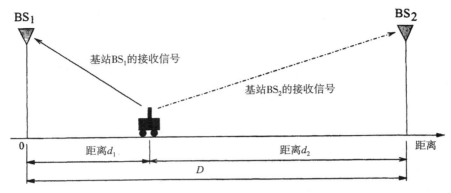

图 P4.25   移动台在BS_1与BS_2之间沿直线移动

表 P4.25   习题 4.25 的参数

参数	值
n	4
σ	6 dB
P_0	0 dBm
d_0	1 m
$P_{r,min}$	–118 dBm
$P_{r,HO}$	–112 dBm

4.26   从第一原理中推导式(4.78)和式(4.79)，并重新产生图4.18的曲线。

4.27   发射功率为15 W，发射天线增益为12 dB。接收天线增益为3 dB，接收机带宽为30 kHz。如果接收系统噪声为8 dB，载频为1800 MHz，求解保证95%的时间SNR为20 dB的T-R最大距离。假定$n=4$、$\sigma=8$ dB和$d_0=1$ km。

4.28   假定接收机理想的SNR为25 dB。如果900 MHz蜂窝发射机的EIRP为100 W，AMPS接收天线的增益为0 dB，噪声为10 dB，求解距离为10 km处获得理想的SNR的时间百分比为多少。假定$n=4$、$\sigma=8$ dB和$d_0=1$ km。

4.29   在离发射机100 m、200 m、1 km和2 km处分别测得接收功率值。在这些测量地点的值分别为–0 dBm, –25 dBm, –35 dBm, –38 dBm。假设这些测量值的路径损耗服从模型：

$$PL(d)[\text{dB}] = \overline{PL}(d) + X_\sigma = \overline{PL}(d_0) + 10n\log\left(\frac{d}{d_0}\right) + X_\sigma$$

其中$d_0=100$ m。

(a) 求自由路径指数n的最小均方误差估计。

(b) 计算由阴影造成的均值的标准方差。

(c) 使用上述结果，估算$d=2$ km时的接收功率。

(d) 预测当$d=2$ km时接收信号大于–35 dB的可能性。用Q函数表示你的答案。

4.30   阅读一下 *IEEE Transactions on Vehicular Technology*, Vol.43, No.3 在 1994 年 8 月发表的 "Path Loss, Delay Spread, and Outage Models as Functions of Antenna Height for Microcellular System Design"。(这篇论文在IEEE Press中的*Cellular Radio and Personal Communications: Advanced Selected Readings* 的第 211 页上发表过。)

(a) 根据第一定律和菲涅尔区的定义，推导论文中的式(10)。得到结果后，简化答案。

(b) 若发射机的功率为 1 W，使用单位增益天线，且工作频率为 1900 MHz，则用论文中给出的平均路径损耗的模型，求在(1)有阻挡的环境和(2)视距环境下，T-R 距离为50 m、100 m 和 1 km 的接收信号功率。

(c) 根据(b)的答案，利用对数正态阴影模型确定在(1)有阻挡的环境和(2)视距环境下 T-R距离为上述三种情况时，接收信号高于 –70 dB 的可能性。

(d) 使用期刊第 493 页上关于 rms 时延扩展的 overbound 模型，在(1)有阻挡的环境和(2)视距环境下 T-R 距离为上述三种情况时，估算 rms 时延扩展。

(e) 使用(d)的结果，求在(1)有阻挡的环境和(2)视距环境下 T-R 距离为上述三种情况时，基站成功发射的最大不均衡符号数据速率。假定符号持续时间大于 10 倍的 rms 时延扩展时移动接收机不需要自适应均衡器，且 IS-136 和 GSM 移动接收机的噪声为 6 dB。在没有均衡器的环境里，上述三个距离处可以接收到 IS-136 的信号吗？在没有均衡器的环境里，上述三个距离处可以发送 GSM 信号吗？提示：应同时考虑时延扩展和热噪声受限的接收功率。假定 IS-136 要求的 C/I = 15 dB，GSM 需要的 C/I = 12 dB。

4.31 设计一个计算机程序，使用具有对数正态阴影的 d 的 n 次方路径损耗模型，产生任意数目的传播路径损耗样本。你的程序就是一个无线传播仿真器，输入包括 T-R 距离、频率、路径损耗指数、对数正态阴影标准偏差、近地参考距离、预测样本数目。你的程序应能检查并确保输入的 T-R 距离等于或大于规定的近地参考距离，并以图形方式给出路径损耗与距离的关系。

对于 5 个不同的 T-R 距离，每一个运行 50 个样本来验证计算程序的准确性（共有 250 个路径损耗预测值），并确定最合适的路径损耗指数和路径损耗指数数据的标准偏差（使用例 4.9 中的技术）。在点图中，找出最佳的路径损耗模型来说明模型对预测值的适应程度。

4.32 使用在习题 4.31 中开发的计算机仿真程序，开发一个接口允许使用者进行特定的输入（发射机和接收机参数，如发射机功率、发射天线增益、接收天线增益、接收机带宽和接收噪声）的界面。使用这些额外的输入参数以及 Q 函数和噪声计算（见附录）的知识，可以统计地确定任何特定移动通信系统的覆盖电平。程序应包含 Q 函数和误差函数（ erf ），使得仿真器能对下列无线设计问题提供答案。

(a) 如果使用者指定上述的所有输入参数以及理想的接收 SNR 和 T-R 距离的特定值，那么 SNR 超过给定值的时间百分比为多少？

(b) 如果使用者指定上述的所有输入参数，以及 SNR 超过给定值的时间百分比，T-R 距离的最大值为多少？

(c) 如果使用者对于特定 T-R 距离 d，指定 SNR 的百分比（假定在小区的边界），则半径为 d 的小区内的覆盖百分比为多少？

(d) 处理上述的(a) ~ (c)，除了使用者指定接收信号电平代替 SNR 的情况之外，修正仿真器的功能。

4.33 在新的美国个人通信系统（ PCS ）中，PCS 计划建设带宽为 1850 ~ 1880 MHz（反向链路）和 1930 ~ 1960 MHz（前向链路）。想要使用 DCS 1900 无线设备，DCS 1900 提供类似于GSM 的服务，每 200 kHz 的无线信道使用 TDMA 技术支持 8 个用户。由于 GSM 的数字技术，GSM 使用者确信当路径损耗指数为 4 时，可以使用 4 小区服务。

(a) 许可使用的 GSM 信道为多少？

(b) 如果每一个DCS1900基站支持最多64个无线信道，全负荷情况下基站服务的用户数目为多少？

(c) 如果要覆盖2500平方公里的圆形的城市，基站发射机功率为20 W，全向天线的增益为10 dB，确定提供所有城市前向链路的小区数目。假定4小区复用，即$n=4$，标准偏差为8 dB。同时假设要求的 –90 dB信号电平必须提供每一小区的90%覆盖，每一移动用户使用3 dBi的增益天线，假设$d_0=1$ km。

(d) 对于(c)中的答案，给出合适的信道复用策略及每一小区使用的信道。你的策略应包括详细情况，如每一基站使用多少信道？最近的复用距离为多少？以及如何分配信道等。假定整个城市统一布置，小区间距离相等，并忽略控制信道的影响（所有信道只为话音信道）。

(e) 求解(1)小区数；(2)总无线信道数；(3)总用户信道（每个无线信道有8个用户信道），参考(d)的答案。总的用户信道等于系统的最大容量，为所有容量同时服务的用户极限。

(f) 如果每一基站花费50万美元，基站内每一天线信道花费5万美元，那么(e)中系统的花费为多少？

(g) 如果系统(d)设计的阻塞率为5%，保持该阻塞率所支持的最多用户数目为多少？假定基站内每一用户信道与其他信道互为中继。

(h) 使用(g)中的答案，一年后需要原始系统建设费的10%作为重构费用，则每一用户的平均花费为多少？

4.34 考虑7小区频率复用。B1小区为当前小区，B2小区为同频小区，见图P4.34(a)，对于位于小区B1中的移动台，求解最小小区半径R，使得前向链路C/I在99%时间内高于18 dB。

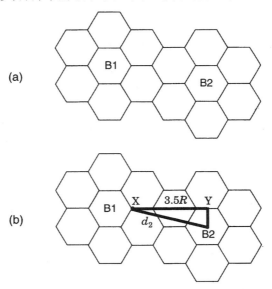

图 P4.34　(a)7小区复用结构；(b)B1与B2之间同频干扰的几何关系

假定下面条件：

同频干扰仅由B2引起。

载频，$f_c=890$ MHz。

参考距离，$d_0=1$ km（假定为自由空间传播）。

假定发射机和接收机均为全向天线，$G_{基站}=6$ dBi，$G_{移动台}=3$ dBi。

发射频率 $P_t = 10$ W（假定各基站功率相等）。

移动台和基站 B1 之间的 $PL(\text{dB})$ 为

$$\overline{PL}(\text{dB}) = \overline{PL}(d_0) + 10(2.5)\log\left(\frac{d_1}{d_0}\right) - X_\sigma \quad \sigma = 0 \text{ dB}$$

移动台和基站 B2 之间的 $PL(\text{dB})$ 为

$$\overline{PL}(\text{dB}) = \overline{PL}(d_0) + 10(4.0)\log\left(\frac{d_2}{d_0}\right) - X_\sigma \quad \sigma = 7 \text{ dB}$$

小区边界如图 P4.34(b) 所示。

4.35 假设室内路径损耗模型为

$$\overline{PL(d)}\text{dB} = 40 + 20\log d + \Sigma FAF \quad d \geqslant 1 \text{ m}$$

其中 d 的测量单位为 m，当 FAF 为每楼层 15 dB 时，计算相隔 3 个楼层的平均接收功率。假设发射机功率 20 dBm，发射和接收天线都为单位增益。发射机与接收机之间穿过楼层的直线距离为 15 m。

第5章 移动无线电传播：小尺度衰落和多径效应

小尺度衰落简称衰落，是指无线电信号在短时间或短距离传播后其幅度、相位或多径时延快速变化，以至于大尺度路径损耗的影响可以忽略不计。这种衰落是由于同一传输信号沿两个或多个路径传播，以微小的时间差到达接收机的信号互相干扰所引起的。这些波称为多径波。接收机天线将它们合成一个幅度和相位都急剧变化的信号，其变化程度取决于多径波的强度、相对传播时间及传播信号的带宽。

5.1 小尺度多径传播

无线信道的多径导致小尺度衰落效应的产生。三个主要效应表现为

- 经过短距和短时传播后信号强度的急速变化。
- 在不同的多径信号上，存在着时变的多普勒（Doppler）频移所引起的随机频率调制。
- 多径传播时延引起的时间弥散（回音）。

在高楼林立的市区，由于移动天线的高度比周围建筑物低很多，因此不存在从移动台到基站的单一视距传播，这样就导致了衰落的产生。即使存在一条视距传播路径，由于地面与周围建筑物的反射，多径传播仍然存在。入射电波从不同的方向传播到达，具有不同的传播时延。在空间中任一点的移动台所收到的信号都由许多平面波组成，它们具有随机分布的幅度、相位和入射角度。这些多径成分被接收机天线按向量合并，从而使接受信号产生衰落失真。即使移动接收机处于静止状态，接收信号也会由于无线信道环境中物体的运动而产生衰落。

如果无线信道中的物体处于静止状态，并且运动只由移动台产生，则衰落只与空间路径有关。此时，当移动台穿过多径区域时，它将信号的空间变化看成瞬时变化。在空间不同点的多径波的影响下，高速运动的接收机可以在很短时间内经过若干次衰落。更为严重的情况是，接收机可能停留在某个特定的衰落很大的位置上。在这种情况下，尽管可能由行人或车辆改变了场模型，从而打破了接收信号长时间失效的情况，但要维持良好的通信状态仍然非常困难。天线的空间分集可以防止极度衰落以至于无效的情况，如第6章所述。图3.1显示了接收机在几米范围内移动时，由于小尺度衰落引起的接收机信号的典型快速变化。

由于移动台和基站的相对运动，每个多径波都经历了明显的频移过程。移动引起的接收机信号频移称为多普勒频移。它与移动台的运动速度、运动方向及接收机多径波的入射角度有关。

5.1.1 影响小尺度衰落的因素

无线信道中的许多物理因素都会影响小尺度衰落，其中包括

- **多径传播**。信道中反射物体以及散射的存在，构成了一个不断消耗信号能量的环境，导致信号幅度、相位及时间的变化。这些因素使发射波到达接收机时形成在时间、空间上相互区别的多个无线电波。不同多径成分具有的随机相位和幅度引起的信号强度的波动，导致小尺度衰落、信号失真等现象。多径传播常常延长信号基带部分到达接收机所用的时间，从而产生码间干扰引起信号模糊。

- **移动台的运动速度**。基站和移动台的相对运动会引起随机频率调制，这是由多径分量存在的多普勒频移现象引起的。决定多普勒频移是正频移或负频移取决于移动接收机是朝向还是背向基站运动。

- **环境物体的运动速度**。如果无线信道中的物体处于运动状态，就会引起时变的多普勒频移。若环境物体以大于移动台的速度运动，那么这种运动将对小尺度衰落起决定性作用。否则，可以仅考虑移动台运动速度的影响，而忽略环境物体运动速度的影响。

- **信号的传输带宽**。如果无线信号的传输带宽大于多径信道带宽，接收信号将会失真，但是本地接收机信号强度不会衰落很多（即小尺度衰落不占主导地位）。以后将会看到，信道带宽可用相关带宽量化。相关带宽可以衡量最大的频率差，在此频率差范围内，不同信号的幅度保持很强的相关性。相关带宽与信道的多径结构有关。若相对于信道来说，传输信号为窄带信号，则信号幅度就会迅速改变，但信号不会出现时间失真。所以，小尺度信号强度的统计特性和小尺度距离中出现信号拖尾效应的概率在很大程度上与多径信道的特定幅度、时延及传输信号的带宽有关。

5.1.2　多普勒频移

当移动台以恒定速率v在长度为d、端点为 X 和 Y 的路径上运动时，收到来自远端信号源 S 发出的信号，如图 5.1 所示。无线电波从源 S 出发，在 X 点与 Y 点分别被移动台接收时所走的路径差为 $\Delta l = d\cos\theta = v\Delta t \cos\theta$。这里 Δt 是移动台从 X 运动到 Y 所需的时间，θ 是 X 和 Y 与入射波的夹角。由于源端距离很远，可以假设 X、Y 处的 θ 是相同的。所以，由路程差造成的接收信号相位变化值为

$$\Delta\phi = \frac{2\pi\Delta l}{\lambda} = \frac{2\pi v\Delta t}{\lambda}\cos\theta \tag{5.1}$$

由此可得出频率变化值，即多普勒频移 f_d 为

$$f_d = \frac{1}{2\pi}\cdot\frac{\Delta\phi}{\Delta t} = \frac{v}{\lambda}\cdot\cos\theta \tag{5.2}$$

由式(5.2)可以看出，多普勒频移与移动台运动速度有关，还与移动台的运动方向和无线电波入射方向之间的夹角有关。若移动台朝向入射波方向运动，则多普勒频移为正（即接收频率上升）；若移动台背向入射波方向运动，则多普勒频移为负（即接收机频率下降）。如 5.7.1 节所述，信号经不同方向传播，其多径分量造成接收机信号的多普勒扩展，因而增加了信号带宽。

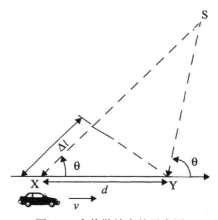

图 5.1　多普勒效应的示意图

例5.1 若一发射机发射载频为1850 MHz，一辆汽车以每小时60英里（60 mph）的速度运动，计算在以下情况下接收机的载波频率：

(a) 汽车沿直线朝向发射机运动

(b) 汽车沿直线背向发射机运动

(c) 汽车运动方向与入射波方向成直角

解：

已知：

    载频 $f_c = 1850$ MHz

    所以波长 $\lambda = c/f_c = \dfrac{3 \times 10^8}{1850 \times 10^6} = 0.162$ m

    车速 $v = 60$ mph $= 26.82$ m/s

(a) 汽车沿直线朝向发射机运动时，多普勒频移为正。

    由式(5.2)，接收频率为

$$f = f_c + f_d = 1850 \times 10^6 + \frac{26.82}{0.162} = 1850.000\,16 \text{ MHz}$$

(b) 汽车沿直线背向发射机运动时，多普勒频移为负。

    由式(5.2)，接收频率为

$$f = f_c - f_d = 1850 \times 10^6 - \frac{26.82}{0.162} = 1849.999\,834 \text{ MHz}$$

(c) 汽车运动方向与入射波方向成直角时，$\theta = 90°$，$\cos\theta = 0$，所以没有多普勒频移。

    接收信号频率与发射频率相同，为1850 MHz。

5.2 多径信道的冲激响应模型

    移动无线信号的小尺度变化与移动无线信道的冲激响应直接相关。冲激响应是宽带信道特性，它包含了所有用于模拟和分析信道中任何类型的无线电传播的信息，这是因为移动无线信道可以建模为一个具有时变冲激响应特性的线性滤波器，其中的时变是由于接收机的空间运动所引起的。信道的滤波特性以任一时刻到达的多径波为基础，其幅度与时延之和影响信道滤波特性。冲激响应是信道的一个重要特性，可用于预测和比较不同移动通信系统的性能，以及某一特定移动信道条件下的传输带宽。

    为说明移动无线信道可建模为一个具有时变冲激响应特性的线性滤波器，可以考察一个时变是严格由接收机空间运动所引起的例子，如图 5.2 所示。

图 5.2   作为时间和空间的函数的移动无线信道

在图 5.2 中，移动台以恒定速率 v 向一固定位置 d 运动。发射机与移动台之间的信道可建模为一个线性时不变系统。然而，由于移动台空间位置的变化引起不同的多径波具有不同的传播时延，因此线性时不变信道的冲激响应就成为移动台位置的函数，即信道冲激响应为 $h(d, t)$。令 $x(t)$ 表示传输信号，则位置 d 处的接收信号 $y(d, t)$ 可表示为 $x(t)$ 与 $h(d, t)$ 的卷积：

$$y(d, t) = x(t) \otimes h(d, t) = \int_{-\infty}^{\infty} x(\tau) h(d, t - \tau) \mathrm{d}\tau \tag{5.3}$$

对于一个因果系统而言，当 $t < 0$ 时 $h(d, t) = 0$，所以式(5.3)简化为

$$y(d, t) = \int_{-\infty}^{t} x(\tau) h(d, t - \tau) \mathrm{d}\tau \tag{5.4}$$

因为移动台以恒定速率 v 运动，所以其位置为

$$d = vt \tag{5.5}$$

将式(5.5)代入式(5.4)中得

$$y(vt, t) = \int_{-\infty}^{t} x(\tau) h(vt, t - \tau) \mathrm{d}\tau \tag{5.6}$$

因为 v 为常数，$y(vt, t)$ 仅为 t 的函数，所以式(5.6)可表示为

$$y(t) = \int_{-\infty}^{t} x(\tau) h(vt, t - \tau) \mathrm{d}\tau = x(t) \otimes h(vt, t) = x(t) \otimes h(d, t) \tag{5.7}$$

由式(5.7)可明显看出，移动无线信道可建模为一个随时间和距离变化的线性时变信道。

因为在短时和短距情况下，v 可看做恒定值，则可令 $x(t)$ 表示所传播的带通信号波形，$y(t)$ 表示接收波形，$h(t, \tau)$ 表示时变多径无线信道的冲激响应。冲激响应完全描述了信道特性，即为 t 和 τ 的函数。其中变量 t 代表运动产生的时间变化，τ 代表在一特定 t 值下信道的多径时延，也可以认为 τ 是时间的增量。接收信号 $y(t)$ 可表示为发送信号 $x(t)$ 与信道冲激响应的卷积（见图 5.3(a)）：

$$y(t) = \int_{-\infty}^{\infty} x(\tau) h(t, \tau) \mathrm{d}\tau = x(t) \otimes h(t, \tau) \tag{5.8}$$

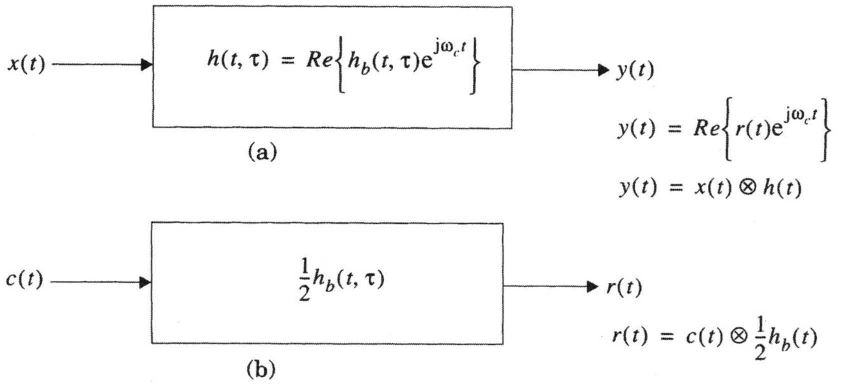

图 5.3 (a)带通信道冲激响应模型；(b)基带的等效信道冲激响应模型

假设将多径信道看做一个带宽受限的带通信道，则$h(t, \tau)$可等效于一个复数基带冲激响应$h_b(t, \tau)$，它的输入输出端是发送与接收信号的复包络形式（见图5.3(b)）。即

$$r(t) = c(t) \otimes \frac{1}{2} h_b(t, \tau) \tag{5.9}$$

在式(5.9)中，$c(t)$、$r(t)$是$x(t)$、$y(t)$的复包络，定义为

$$x(t) = Re\{c(t)\exp(\mathrm{j}2\pi f_c t)\} \tag{5.10}$$

$$y(t) = Re\{r(t)\exp(\mathrm{j}2\pi f_c t)\} \tag{5.11}$$

在式(5.9)中，常数因子1/2是由复包络的性质所决定的，用来在基带上表示带通无线系统。低通特性滤去了载频所带来的高频成分，使信号易于处理和分析。Couch[Cou93]指出带通信号的平均能量$\overline{x^2(t)}$等于$0.5|c(t)|^2$，其中，上面的横线代表对随机信号的总体平均，或是对确定性或各态历经性信号的时间平均。

将冲激响应的多径时延τ离散化为相同的时延段，称为附加时延段。每段时延宽度均等于$\tau_{i+1} - \tau_i$，其中τ_0等于0，表示接收机第一次收到的信号。令$i = 0$，则$\tau_1 - \tau_0$的时延宽度用$\Delta\tau$来表示。规定$\tau_0 = 0$，$\tau_1 = \Delta\tau$，$\tau_i = i\Delta\tau$，其中$i = 0$到$N-1$。N表示相等间隔的多径分量的最大数目，其中包括第一次到达的分量。第i段内收到的多径信号表示多径信号分离出的具有时延τ_i的信号。这种量化为时延段的技术确定了信道模型时延的精确度，模型中的频率间隔为$2/\Delta\tau$。换言之，该模型可用于分析带宽小于$2/\Delta\tau$的传输信号。注意$\tau_0 = 0$是第一次到达的多径分量的附加时延，同时忽略了发送与接收间的传输时延。附加时延是第i次多径分量与第一次到达的分量相比而言的相对时延，表示为τ_i。信道的最大附加时延表示为$N\Delta\tau$。

多径信道的接收信号由许多被减弱、有时延、有相移的传输信号组成，其基带冲激响应模型可表示为

$$h_b(t, \tau) = \sum_{i=0}^{N-1} a_i(t, \tau)\exp[\mathrm{j}(2\pi f_c \tau_i(t) + \phi_i(t, \tau))]\delta(\tau - \tau_i(t)) \tag{5.12}$$

其中，$a_i(t, \tau)$、$\tau_i(t)$分别为在t时刻第i个多径分量的实际幅度和附加时延[Tur72]。式(5.12)中$2\pi f_c \tau_i(t) + \phi_i(t, \tau)$表示第$i$个多径分量在自由空间传播造成的相移，再加上在信道中的附加时延。一般来说，相位仅用一个变量$\theta_i(t, \tau)$来表示，该变量包含了在第i个附加时延内一个多径分量所有的相移。注意，因为$a_i(t, \tau)$可以为0，所以在某些时刻t和时延τ_i，附加时延段可能没有多径情况。在式(5.12)中，N是多径分量可能取值的总数；$\delta(\cdot)$是单位冲激函数，它决定在时刻t与附加时延τ_i有分量存在的多径段数。图5.4示例了$h_b(t, \tau)$的不同状态，其中t的变化方向是指向纸面，时延变化的量化宽度为$\Delta\tau$。现代无线通信系统常常使用空间滤波以增加容量和覆盖范围，因此可以在式(5.12)中包含每个多径分量的入射角度的影响以适应其变化（[Lib99]，[Ert98]，[Mo101]）。

由于$\Delta\tau$的选择和物理信道的时延特性不同，使得在一个附加时延段内可能有两个或多个多径信号到达。这些多径信号不可分解，它们的矢量组合产生单一多径信号的瞬时幅度和相位。这种情形会导致本地区域内的多径信号幅度在一个附加时延段内发生衰落。若只有一个多径分量在一个附加时延段内到达则不会引起显著的衰落。

如果假设信道冲激响应具有时不变性，或至少在一小段时间间隔或距离内具有时不变性，则信道冲激响应模型可简化为

$$h_b(\tau) = \sum_{i=0}^{N-1} a_i \exp(\mathrm{j}\theta_i)\delta(\tau - \tau_i) \tag{5.13}$$

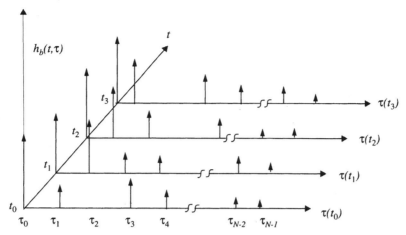

图 5.4　多径无线信道的时变离散冲激响应模型。当调制数据需要与信道冲激响应相卷积时，离散模型在仿真中显得尤为重要[Tra02]

当测量或预测 $h_b(\tau)$ 时，发端采用一个近似等于 $h_b(\tau)$ 函数的测试脉冲 $p(t)$，即

$$p(t) \approx \delta(t - \tau) \tag{5.14}$$

该脉冲用于测量信道的 $h_b(\tau)$。

对小尺度信道建模时，采用基于本地的 $|h_b(t; \tau)|^2$ 平均值来求解信道的功率延迟分布。在不同地方采用 $|h_b(t; \tau)|^2$ 测试，就可以得到一个功率延迟分布的综合结果，其中每个结果都代表了一种可能的小尺度多径信道的状态[Rap91a]。

Cox（[Cox72], [Cox75]）指出，若 $p(t)$ 持续时间比多径信道冲激响应小得多，则接收信号 $r(t)$ 就无需做卷积的反变换来求出多径信号的相对强度。本地功率延迟分布表示为

$$P(\tau) \approx k\overline{|h_b(t;\tau)|^2} \tag{5.15}$$

在本地范围（小尺度范围），对 $|h_b(t; \tau)|^2$ 求平均来产生一个时不变多径功率延迟分布 $P(\tau)$。式(5.15)中的增益 k 将测试脉冲 $p(t)$ 的发送功率与接收机多径延迟分布的总功率联系起来。

5.2.1　带宽与接收功率之间的关系

在实际的无线通信系统中，采用信道测量技术来测出多径信道的冲激响应。考虑在两种极端情况下的信道测量技术，以此为例说明，在相同多径信道中具有不同带宽的两种信号，具有完全不同的小尺度衰落。

考虑一个有规律的无线信号，为

$$x(t) = \text{Re}\{p(t)\exp(j2\pi f_c t)\}$$

其中，$p(t)$ 表示具有很窄带宽 T_{bb} 的重复基带脉冲序列，T_{REP} 是重复周期，远大于信道中附加时延 τ_{max} 的最大测量值。这样，一个宽带脉冲将产生一个与 $h_b(t; \tau)$ 近似的输出。令

$$p(t) = 2\sqrt{\tau_{max}/T_{bb}} \qquad 0 \le t \le T_{bb}$$

且令 $p(t)$ 对其他所有有意义的附加时延来说都为 0。低通信道的输出 $r(t)$ 则为 $p(t)$ 和 $h_b(t, \tau)$ 的卷积：

$$r(t) = \frac{1}{2} \sum_{i=0}^{N-1} a_i (\exp(j\theta_i)) \cdot p(t - \tau_i)$$

$$= \sum_{i=0}^{N-1} a_i \exp(j\theta_i) \cdot \sqrt{\frac{\tau_{max}}{T_{bb}}} \, \text{rect}\left[\frac{t - \tau_i}{T_{bb}} - \frac{1}{2}\right] \tag{5.16}$$

为确定某一时刻 t_0 的接收功率，必须测出功率 $|r(t_0)|^2$。$|r(t_0)|^2$ 值称为信道的瞬时多径功率延迟分布 $|h_b(t; \tau)|^2$，其值等于多径时延除以 τ_{max} 的时间内所接收的能量。应用式(5.16)得

$$r(t_0)|^2 = \frac{1}{\tau_{max}} \int_0^{\tau_{max}} r(t) \times r^*(t) dt$$

$$= \frac{1}{\tau_{max}} \int_0^{\tau_{max}} \frac{1}{4} \text{Re}\left\{ \sum_{j=0}^{N-1} \sum_{i=0}^{N-1} a_j(t_0) a_i(t_0) p(t - \tau_j) p(t - \tau_i) \exp(j(\theta_j - \theta_i)) \right\} dt \tag{5.17}$$

注意，如果所有多径分量都由测试脉冲 $p(t)$ 确定，则对所有 $j \neq i$ 均有 $|\tau_j - \tau_i| > T_{bb}$，并且

$$|r(t_0)|^2 = \frac{1}{\tau_{max}} \int_0^{\tau_{max}} \frac{1}{4}\left(\sum_{k=0}^{N-1} a_k^2(t_0) p^2(t - \tau_k) \right) dt$$

$$= \frac{1}{\tau_{max}} \sum_{k=0}^{N-1} a_k^2(t_0) \int_0^{\tau_{max}} \left\{ \sqrt{\frac{\tau_{max}}{T_{bb}}} \, \text{rect}\left[\frac{t - \tau_i}{T_{bb}} - \frac{1}{2}\right] \right\}^2 dt$$

$$= \sum_{k=0}^{N-1} a_k^2(t_0) \tag{5.18}$$

对于宽带测试信号 $p(t)$，T_{bb} 比信道中多径分量的时延小。式(5.18)表明，接收总功率仅与多径分量各自的功率总和有关，利用测试脉冲的宽度与幅度之比及信道的最大观测附加时延来度量。假设多径分量接收的功率构成了一个随机过程，其中各分量有随机分布的幅度和相位，则可从式(5.17)得出测量宽带波形的平均小尺度接收功率为

$$E_{a,\theta}[P_{WB}] = E_{a,\theta}\left[\sum_{i=0}^{N-1} |a_i \exp(j\theta_i)|^2 \right] \approx \sum_{i=0}^{N-1} \overline{a_i^2} \tag{5.19}$$

在式(5.19)中，$E_{a,\theta}[\bullet]$ 表示 a_i、θ_i 所有可能值的总体平均，所有的上划线表示本地范围内用多径测量设备测出的测量值的样本平均值。由式(5.18)和式(5.19)可得出一个有用的结果，即若传输信号能分离出多个路径，则小尺度接收功率就是各多径分量接收功率之和。实际上，本地范围内各个多径分量的幅度 $p(t)$ 不会有大的起伏[Rap89]。

现在，考虑一个连续波（CW）信号取代脉冲信号，其传输信道与脉冲信号相同，令复包络为 $c(t) = 2$，则瞬时接收信号复包络表示为

$$r(t) = \sum_{i=0}^{N-1} a_i \exp(j\theta_i(t, \tau)) \tag{5.20}$$

瞬时功率为

$$|r(t)|^2 = \left| \sum_{i=0}^{N-1} a_i \exp(\mathrm{j}\theta_i(t,\tau)) \right|^2 \tag{5.21}$$

当接收机在本地范围移动时，信道在 $r(t)$ 上随之改变，接收信号强度就会随 a_i 与 θ_i 的起伏变化而变化。如前所述，在本地范围内 a_i 几乎不变，但 θ_i 会由于空间传播距离的改变而大幅度变化，也就是说，由于 $r(t)$ 是多径分量的特性，导致 $r(t)$ 随接收机短距离运动（波长的数量级）而发生很大起伏。本地范围内的平均接收功率为

$$E_{a,\theta}[P_{CW}] = E_{a,\theta}\left[\left| \sum_{i=0}^{N-1} a_i \exp(\mathrm{j}\theta_i) \right|^2 \right] \tag{5.22}$$

$$\begin{aligned} E_{a,\theta}[P_{CW}] &\approx [(a_0 e^{\mathrm{j}\theta_0} + a_1 e^{\mathrm{j}\theta_1} + \cdots + a_{N-1} e^{\mathrm{j}\theta_{N-1}}) \\ &\quad \times (a_0 e^{-\mathrm{j}\theta_0} + a_1 e^{-\mathrm{j}\theta_1} + \cdots + a_{N-1} e^{-\mathrm{j}\theta_{N-1}})] \end{aligned} \tag{5.23}$$

$$E_{a,\theta}[P_{CW}] \approx \sum_{i=0}^{N-1} \overline{a_i^2} + 2 \sum_{i=0}^{N-1} \sum_{i,j \neq i}^{N} r_{ij} \overline{\cos(\theta_i - \theta_j)} \tag{5.24}$$

其中，r_{ij} 是路径幅度相关系数，定义为

$$r_{ij} = E_a[a_i a_j] \tag{5.25}$$

式中的上划线表示本地范围内移动接收机 CW 测量值的时间平均[Rap89]。注意，当 $\overline{\cos(\theta_i - \theta_j)} = 0$ 和（或）$r_{ij} = 0$ 时，则本地范围内 CW 信号的平均功率等于宽带信号的平均接收功率。这可通过比较式(5.19)和式(5.24)得出。这种情况出现在多径信号相位分布在 $[0, 2\pi]$ 之间，或者是路径幅度互不相关。独立均匀分布的假设是合理的，其原因在于波长不同的多径分量经历了不同长度的路径才到达接收机，其相位可能是随机的。若由于某种理由相位不独立，而路径具有互不相关的幅度，则宽带平均功率仍等于 CW 信号的平均功率。然而，若路径的相位互相依赖，幅度可能相关，则影响路径相位的因素也同样影响幅度。这种情况不太可能发生在无线移动系统的传输频率上。

由此可见，本地范围接收的宽带及窄带信号的总平均功率是相等的。当传输信号带宽远大于信道带宽时，多径结构在任何时刻都可被接收机分离。但是，若传输信号带宽很窄（例如，基带信号的持续时间比信道附加时延大很多），那么多径不能被接收机分离。许多未分离的多径分量的相移会导致大幅度信号起伏（衰落）。

图5.5示例了在室内同时使用 $T_{bb} = 10\,\mathrm{ns}$ 的宽带测量脉冲与 CW 发射信号进行的无线信号测试，载频为 4 GHz。可以看出，测量距离大于 5λ 时，两种接收信号的本地平均接收功率实际上几乎相同，CW 信号经历了快衰落，而宽带信号几乎不变[Haw91]。

例 5.2　假设用离散信道冲激响应作为市区射频无线信道与微蜂窝信道的模型，其最大附加时延分别为 100 μs 和 4 μs。若多径时延段固定为 64，求出可由 SMRCIM 与 SIRCIM 两种模型精确表示的(a) $\Delta\tau$ 和(b)最大射频带宽。用室内信道模型重复此实验，最大附加时延为 500 ns。SIRCIM 与 SMRCIM 在 5.7.6 节中阐述，它们均为基于式(5.12)的随机信道模型。

解：
信道模型最大附加时延为 $\tau_N = N\Delta\tau$。所以由 $\tau_N = 100\,\mu\mathrm{s}$ 和 $N = 64$ 可得 $\Delta\tau = \tau_N/N = 1.5625\,\mu\mathrm{s}$。SMRCIM 模型准确表示的最大带宽为

$2/\Delta\tau = 2/1.5625\ \mu s = 1.28\ MHz$

对 SMRCIM 市区微蜂窝系统模型而言，$\tau_N = 4\ \mu s$，$\Delta\tau = \tau_N/N = 62.5\ ns$。所以最大射频带宽为

$2/\Delta\tau = 2/62.5\ ns = 32\ MHz$

同理，对于室内信道，$\Delta\tau = \tau_N/N = \dfrac{500\times 10^{-9}}{64} = 7.8125\ ns$。

因此，室内信道模型的最大射频带宽为

$2/\Delta\tau = 2/7.8125\ ns = 256\ MHz$

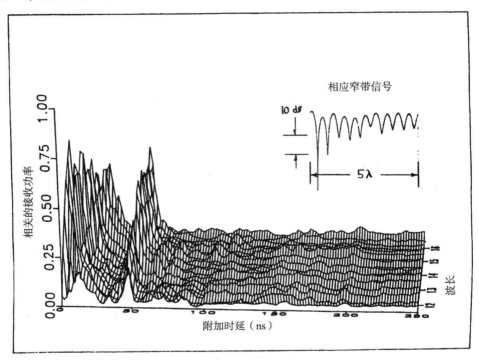

图 5.5　在建筑物内对宽带和窄带接收信号进行的测试。测试路径大于 5λ
　　　　（0.375 m），载频为 4 GHz。宽带功率可看做功率延迟分布区域的功率，
　　　　由式(5.19)计算而来。注意：指向纸内的轴是距离（波长）而不是时间

例 5.3　假设以 10 m/s 的速度运动的移动台收到载频为 1000 MHz 的两个多径分量，第一个多径分量在 $\tau = 0$ 时刻到达，初始相位为 0°，功率为 $-70\ dBm$；第二个多径分量在 0° 时刻到达，其相位也为 $\tau = 1\ \mu s$，功率比第一个多径分量降低了 3 dB。若移动台朝向第一个多径分量入射方向且背向第二个多径分量入射方向运动，试计算在 0 ~ 0.5 s 间，以 0.1 s 为间隔的每一个时刻瞬时窄带功率；比较各间隔内的平均窄带功率；比较各间隔内窄带与宽带平均接收功率。

解：

已知 $v = 10\ m/s$，则 0.1 s 间隔运动距离为 1 m。载频已知为 1000 MHz，信号波长为

$$\lambda = \frac{c}{f} = \frac{3\times 10^{8}}{1000\times 10^{6}} = 0.3\ m$$

由式(5.21)可算出瞬时窄带功率。

题中 $-70\ dBm = 100\ pW$，在 $t = 0$ 时刻两个多径分量的相位均为 0°，所以瞬时窄带功率为

$$|r(t)|^2 = \left| \sum_{i=0}^{N-1} a_i \exp(j\theta_i(t,\tau)) \right|^2$$

$$= \left| \sqrt{100 \text{ pW}} \times \exp(0) + \sqrt{50 \text{ pW}} \times \exp(0) \right|^2 = 291 \text{ pW}$$

当移动台运动时，两个多径分量的相位变化相反。

当 $t = 0.1 \text{ s}$ 时，第一个多径分量的相位为

$$\theta_i = \frac{2\pi d}{\lambda} = \frac{2\pi vt}{\lambda} = \frac{2\pi \times 10 (\text{m/s}) \times 0.1 \text{ s}}{0.3 \text{ m}}$$

$$= 20.94 \text{ rad} = 2.09 \text{ rad} = 120°$$

因为移动台朝向第一个分量入射方向而背向第二个分量，所以 θ_1 为正，θ_2 为负。

因此，在 $t = 0.1 \text{ s}$、$\theta_1 = 120°$ 及 $\theta_2 = -120°$ 时，瞬时功率为

$$r(t)|^2 = \left| \sum_{i=0}^{N-1} a_i \exp(j\theta_i(t,\tau)) \right|^2$$

$$= \left| \sqrt{100 \text{ pW}} \times \exp(j120°) + \sqrt{50 \text{ pW}} \times \exp(-j120°) \right|^2 = 79.3 \text{ pW}$$

同理，在 $t = 0.2 \text{ s}$、$\theta_1 = 240°$ 及 $\theta_2 = -240°$ 时，瞬时功率为

$$|r(t)|^2 = \left| \sum_{i=0}^{N-1} a_i \exp(j\theta_i(t,\tau)) \right|^2$$

$$= \left| \sqrt{100 \text{ pW}} \times \exp(j240°) + \sqrt{50 \text{ pW}} \times \exp(-j240°) \right|^2 = 79.3 \text{ pW}$$

在 $t = 0.3 \text{ s}$、$\theta_1 = 360° = 0°$ 及 $\theta_2 = -360° = 0°$ 时，瞬时功率为

$$|r(t)|^2 = \left| \sum_{i=0}^{N-1} a_i \exp(j\theta_i(t,\tau)) \right|^2$$

$$= \left| \sqrt{100 \text{ pW}} \times \exp(j0°) + \sqrt{50 \text{ pW}} \times \exp(-j0°) \right|^2 = 291 \text{ pW}$$

同理可推出 $t = 0.4 \text{ s}$、$|r(t)|^2 = 79.3 \text{ pW}$ 及 $t = 0.5 \text{ s}$，$|r(t)|^2 = 79.3 \text{ pW}$。

平均窄带功率为

$$\frac{(2)(291) + (4)(79.3)}{6} \text{ pW} = 149 \text{ pW}$$

由式(5.19)可得宽带功率：

$$E_{a,\theta}[P_{W,B}] = E_{a,\theta}\left[\sum_{i=0}^{N-1} |a_i \exp(j\theta_i)|^2 \right] \approx \sum_{i=0}^{N-1} \overline{a_i^2}$$

$$E_{a,\theta}[P_{W,B}] = 100 \text{ pW} + 50 \text{ pW} = 150 \text{ pW}$$

由以上推导可知，当运动时间超过 0.5 s（或距离超过 5 m）时，宽带与窄带接收功率实际相同；所不同的是观察时间间隔内 CW 信号有衰减而宽带信号保持恒定不变。

5.3　小尺度多径测量

由于多径结构在决定小尺度衰落效应方面的重要性，在进行传播测量时采用了许多宽带信道测量技术。这些技术包括直接脉冲测量、扩频滑动相关器测量及扫频测量。

5.3.1　直接射频脉冲系统

使用直接射频脉冲系统是一种简单的信道测量方式（见图5.6）。这种技术使工程师能快速测出信道的功率延迟分布，如Rappaport和Seidel在[Rap89]、[Rap90]中给出的例子。这种系统从本质上相当于一个宽带脉冲型双基地雷达，重复发送脉宽为T_{bb} s的脉冲，接收机采用一个带通型滤波器（带宽$BW = 2/T_{bb}$ Hz）接收信号，由包络检测器检测后进行放大，并存储和显示在一个高速示波器上。这种方法可直接得到信道冲激响应与探测脉冲卷积结果的平方值（见式(5.17)）。若示波器设置为平均模式，则该系统能提供本地功率延迟分布。该系统的另一优点在于它比较简单，这主要是由于可以使用现成的商用设备。

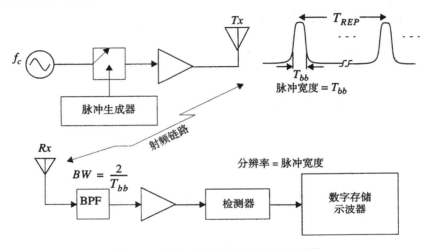

图5.6　直接射频信道冲激响应测量系统

多径分量间最小的可分离时延应等于探测脉冲宽度T_{bb}。该系统的主要问题在于它受干扰与噪声影响严重，这是由进行多径时间分离所需的宽带滤波器引起的。而且，该脉冲系统依赖于第一个到达信号触发示波器的能力。如果第一个到达脉冲受到了阻塞或衰落，信号将会发生严重衰落，系统将可能不会被正确触发。另一个不足之处在于使用的包络检测器，系统收不到多径分量各自的相位。但是相关检测器弥补了这一不足，它可以在该系统中检测到多径信号的相位值。

5.3.2　扩频滑动相关器信道检测

扩频信道检测系统的基本框图如图5.7所示。该系统的优点是，尽管所探测的信号可能为宽带信号，接收机仍然可以用一个宽带混频器加一个窄带接收机来检测发送信号。与直接射频脉冲系统相比，这种检测系统提高了系统的动态范围。

在扩频信道检测器中，载频信号与一伪噪声序列（PN）混频来扩展频谱，增大带宽。该伪噪声序列码片间隔为T_c，码片速率为$R_c = 1/T_c$ Hz。[Dix84]给出了发送扩频信号的功率谱包络值为

$$S(f) = \left[\frac{\sin \pi(f-f_c)T_c}{\pi(f-f_c)T_c} \right]^2 = \mathrm{Sa}^2(\pi(f-f_c)T_c) \tag{5.26}$$

零到零射频带宽为

$$BW = 2R_c \tag{5.27}$$

接收机接收、过滤扩频信号，并采用与发端相同的PN序列发生器解扩。尽管两端的PN序列相同，发端的码片始终仍略快于接收机时钟。用滑动相关器将码片序列混合[Dix84]。当码片时钟快

的 PN 码与慢的 PN 码片相对齐时，两种码片序列的排列实际上是相同的，并给出最大的相关值。当两种序列没有最大相关时，可将到达接收机的扩频信号与异步接收机码片序列混合，这样可以将到达信号的带宽至少扩展到接收机参考 PN 序列的带宽。采用这种方法，相关器后的窄带滤波器能够去除几乎全部的入射信号功率。这就是扩频接收机在实现处理增益和去除带通干扰方面与直接射频脉冲检测系统不同的机理。

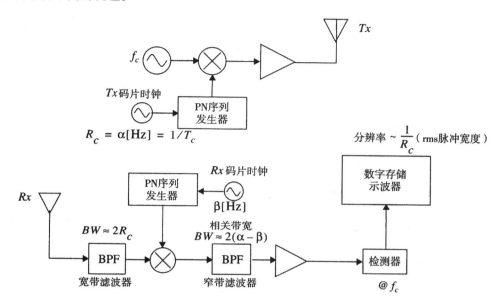

图 5.7　扩频信道冲激响应检测系统

处理增益（PG）如下：

$$PG = \frac{2R_c}{R_{bb}} = \frac{2T_{bb}}{T_c} = \frac{(S/N)_{out}}{(S/N)_{in}} \tag{5.28}$$

其中，$T_{bb} = 1/R_{bb}$ 是基带信号周期。在滑动相关器信道检测的情况下，基带信号频率等于发射机与接收机 PN 序列时钟的频移。

当到达信号与接收机序列相关时，信号解扩后，进行包络检测，并在示波器上显示出来。由于不同多径到达有不同的时延，它们在不同时刻与 PN 序列达到最大相关。不同多径成分的能量基于它们的时延而通过相关器。所以，经过包络检测器，信道冲激响应与信号单个脉冲卷积的结果将显示在示波器上。Cox[Cox72]首次将这种方法用于郊区室外环境的信道冲激响应测试，载频为910 MHz。Devasirvatham（[Dev86], [Dev90a]）则成功地用直接序列扩频信道检测器在办公室和住宅楼测得多径分量的时延扩展与信号电平，载频为850 MHz。Bultitude[Bul89]将这项技术用于室内和微蜂窝信道检测，Landron[Lan92]也做了同样的工作，而 Newhall 和 Saldanha 则对校园和火车站进行了测量[New96a]。实际使用的相关器在[New96b]中进行了说明。

在具有滑动相关性的扩频系统中，多径分量的时间分辨率（Δτ）为

$$\Delta\tau = 2T_c = \frac{2}{R_c} \tag{5.29}$$

换言之，系统可将时间间隔等于或大于 $2T_c$ 的两个多径分量分离出来。实际应用中，时间间隔小于 $2T_c$ 的多径成分也可被分离出来，因为 rms（均方根）脉冲宽度数量级与 T_c 相同，比三角形相关脉冲的绝对带宽小。

滑动相关过程提供等时间测量，即两序列具有最大相关性时进行新的测量。最大相关的时间 (ΔT) 可通过式(5.30)计算：

$$\Delta T = T_c \gamma l = \frac{\gamma l}{R_c} \tag{5.30}$$

其中　　T_c = 码片间隔（s）

　　　　R_c = 码片速率（Hz）

　　　　γ = 滑动因子（无量纲）

　　　　l = 序列长度（码片）

滑动因子定义为发射机码片时钟率与接收机码片时钟率之比[Dev86]，表示为

$$\gamma = \frac{\alpha}{\alpha - \beta} \tag{5.31}$$

其中　　α = 发射机码片时钟率（Hz）

　　　　β = 接收机码片时钟率（Hz）

对最大长度 PN 序列而言，序列长度为

$$l = 2^n - 1 \tag{5.32}$$

其中，n 指序列发生器中移位寄存器的数目[Dix84]。

由于到达的扩频信号与接收机端速率慢一些的 PN 序列相混合，信号实质上被解扩为低频窄带信号。换言之，两种码片彼此滑动的相对速率即为送到示波器的信息速率。窄带信号经过窄带滤波器，滤除了大部分带通型的噪声和干扰。通过一个窄带滤波器 ($BW = 2(\alpha - \beta)$)，就可以实现式(5.28)的处理增益。

等时测量以多径分量显示在示波器上的相对时间为参考。使用滑动相关器时，示波器上的观测时间范围与实际传播时间有关，关系如下：

$$实际传播时间 = \frac{观测时间}{\gamma} \tag{5.33}$$

上式是由于滑动相关器的相对信息速率造成的。例如，式(5.30)中的 ΔT 就是示波器上测得的观测时间而不是实际传播时间。这种时间扩张效应之所以发生在滑动相关器系统中，是由于滑动相关器实际上增大了传播时延。

需要注意的是，必须确认序列长度的周期应大于传播时延。PN 序列周期为

$$\tau_{PNseq} = T_c l \tag{5.34}$$

序列周期给出了到达的多径信号分量最大可能范围的估计值。该范围可由光速乘以式(5.34)中的 τ_{PNseq} 得到。

扩频信道检测系统具有许多优点。其中重要的扩频调制特性之一就是能够滤除带通干扰，以及提高给定发射功率的覆盖范围。滑动相关器的灵敏度可通过改变滑动因子及后相关滤波器带宽进行调整。而且，由于扩频系统具有的处理增益，其所需发射功率比直接脉冲系统要低。

与直接脉冲系统相比，扩频系统的缺点在于其测量不是实时的，功率延迟分布的测量时间依赖于系统参数及测量目的，有时也许会过长。该系统的另一个不足之处在于使用非相干探测器将检测不到多径分量的各自相位，即使采用相干检测器，扩频信号的扫描时间也会导致很大时延，以至于具有不同时延的多径分量的相位在不同时刻被检测，而在此期间信道或许已经发生了变化。

5.3.3 频域信道探测

由于频域与时域存在着对应关系，在频域内测量信道冲激响应是完全可能的。如图5.8所示是一个用于探测信道冲激响应的频域探测器，一台矢量网络测试仪控制一台频率扫描仪，同时S参数测试仪用于检测信道的频率响应。扫描仪通过阶梯式的离散频率扫描方式扫描了一个特定频带（基于载波）。这些阶梯式频率的数量和间隔影响冲激响应的时间分辨率。对于每个频率台阶，S参数测试仪从端口1发送一个已知信号，监视器从端口2接收信号电平。分析仪分析这些信号电平，在测试频率范围内分析出信道的复数响应（即发送的 $S_{21}(\omega)$）。这里响应是信道冲激响应的频域表达式，通过离散傅里叶反变换（IDFT）转换为时域表示形式，并给出冲激响应的带限形式。理论上，这种技术可以间接提供时域的幅度和相位信息。但实际上，这种系统需要收发端有精确时间定位及严格同步，使用范围仅限于近距离测量（如室内信道测量）。该系统的另一个局限性在于测试的非实时性，对于时变信道，频率响应变化非常快，用此方法会得到错误的冲激响应。针对上述不足，必须采用快扫描，使总的扫描频率响应测试间隔尽可能短。可以通过减少频率台阶的方法来实现快扫描，但同时又牺牲了时域的时间分辨率及附加时延范围，Pahlavan 和 Zaghloul 等人（[Pah95]，[Zag91a], [Zag91b]）已成功地将这种扫描频率用于室内传播的研究。

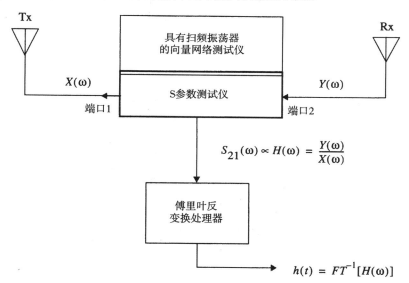

图 5.8　频域信道冲激响应测试系统

5.4　移动多径信道的参数

许多多径信道参数来自式(5.18)给出的功率延迟分布。功率延迟分布可用本节讨论的技术进行测量。它是一个基于固定时延参考量的附加时延的函数，常以相对接收功率图的形式表示。将基于本地的瞬时功率延迟分布取平均就可以得到功率延迟分布，可用它来求解平均小尺度功率延迟分布。对基于探测脉冲的时间分辨率以及多径信道的类型，研究人员一般选择采样空间距离取 1/4 波长，室外信道接收机运动距离不超过 6 m，室内信道运动距离不超过 2 m，信道频率范围为 450 MHz ~ 6 GHz。这种小尺度方法避免了在小尺度统计结果中存在大尺度平均偏差。图5.9示意了室内、室外信道的典型延迟分布，其值来源于大量近距离瞬时分布采样。

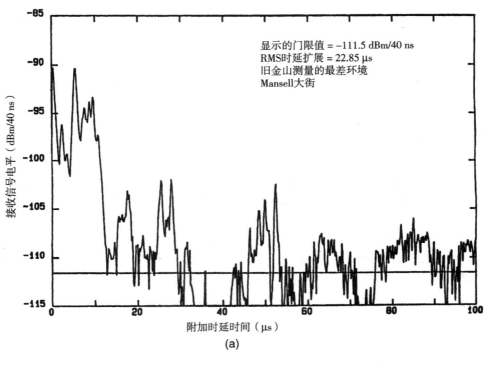

(a)

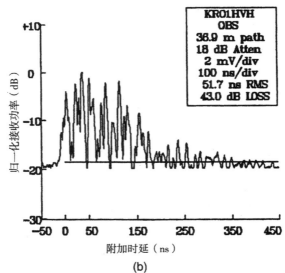

(b)

图 5.9   多径功率延迟分布的测量结果: (a)来源于San Francisco 900 MHz蜂窝系统
（[Rap90] © IEEE）; (b)来源于杂货店内, 载频为4 GHz（[Haw91] © IEEE）

5.4.1   时间色散参数

为了比较不同多径信道以及总结出一些比较通用的无线系统的设计原则，人们采用了量化多径信道的一些参数，其中有平均附加时延、rms 时延扩展以及附加时延扩展（X dB）。这些参数可由功率延迟分布得到。宽带多径信道的时间色散特性通常用平均附加时延（$\bar{\tau}$）和 rms 时延扩展（σ_τ）来定量描述。平均附加时延是功率延迟分布的一阶矩，定义为

$$\bar{\tau} = \frac{\sum\limits_{k} a_k^2 \tau_k}{\sum\limits_{k} a_k^2} = \frac{\sum\limits_{k} P(\tau_k) \tau_k}{\sum\limits_{k} P(\tau_k)} \tag{5.35}$$

rms 时延扩展是功率延迟分布的二阶矩的平方根，定义为

$$\sigma_\tau = \sqrt{\overline{\tau^2} - (\bar{\tau})^2} \tag{5.36}$$

其中

$$\overline{\tau^2} = \frac{\sum\limits_{k} a_k^2 \tau_k^2}{\sum\limits_{k} a_k^2} = \frac{\sum\limits_{k} P(\tau_k) \tau_k^2}{\sum\limits_{k} P(\tau_k)} \tag{5.37}$$

这些时延量值在 $\tau_0 = 0$ 时刻第一个可检测信号到达接收机时开始测量。式(5.35)~式(5.37)并不依赖于 $P(\tau)$ 的绝对功率电平，而仅依赖于多径分量的相对幅度，其值不超过 $P(\tau)$。rms 时延扩展的典型值对于户外无线信道为微秒级，而对于室内无线信道则为纳秒级。表 5.1 示例了 rms 时延扩展的典型测量值。

表 5.1　RMS 时延扩展的典型测量值

环境	频率（MHz）	PMS 时延扩展（σ_τ）	注释	引自
城市	910	1300 ns avg. 600 ns st. dev. 3500 ns max.	纽约城	[Cox75]
城市	892	10~25 μs	旧金山的最坏情况	[Rap90]
小城市	910	200~310 ns	典型情况	[Cox72]
小城市	910	1960~2100 ns	极限情况	[Cox72]
室内	1500	10~50 ns 25 ns（中间）	办公室建筑	[Sal87]
室内	850	270 ns max	办公室建筑	[Dev90a]
室内	1900	70~94 ns avg. 1470 ns max.	三座旧金山的建筑	[Sei92a]

需要引起注意的是，rms 时延扩展和平均附加时延扩展，是由一个功率延迟分布定义的。功率延迟分布来源于本地连续冲激响应的测量值取短时或空间平均。一般情况下，在一个大尺度区域移动通信系统中，多径信道参数的统计就来源于许多本地区域的测量值[Rap90]。

功率延迟分布的最大附加时延（X dB）定义为，多径能量从初值衰落到低于最大能量 X dB 处的时延。也就是说，最大附加时延定义为 $\tau_x - \tau_0$，其中 τ_0 是第一个到达信号，τ_x 是最大时延值，其间到达多径分量不低于最大分量减去 X dB（最强多径信号不一定在 τ_0 处到达）。图 5.10 所示为不低于最强信号 10 dB 的多径分量的时间范围。τ_x 的值有时称为某功率延迟的附加时延扩展。在所有情况下，都必须规定一个门限值，将多径本底噪声与接收的最大多径分量联系起来。

实际上，$\bar{\tau}$、$\overline{\tau^2}$ 和 σ_τ 的值与用于处理 $P(\tau)$ 的噪声门限有关。噪声门限用于区分接收的多径分量与热噪声。如果噪声门限设得太低，噪声就会被当做多径信号进行处理，导致 $\bar{\tau}$、$\overline{\tau^2}$ 和 σ_τ 的值人为升高。

需要注意的是，功率延迟分布与移动无线信道的幅度频率响应（谱响应）之间通过傅里叶变换联系起来。因此，可以通过信道的频率响应特性在频域内建立等价的信道描述。与时域的时延扩展参数类似，频域的相关带宽用于描述信道特性。rms 时延与相关带宽之间的确切关系，即为特定多径结构的函数，它们之间总地来说成反比关系。

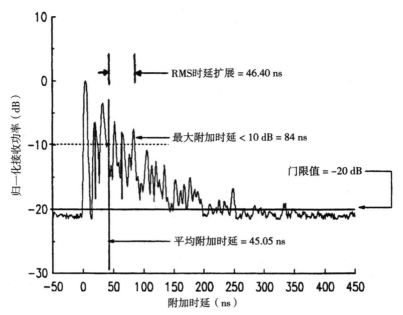

图 5.10　室内功率延迟分布、rms 时延扩展、平均附加时延、最大附加时延（10 dB）及门限值的实例

例 5.4　计算一下功率延迟分布的 rms 时延扩展：

(a)

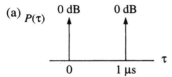

(b) 如果使用 BPSK 调制，则不使用均衡器通过此信道传输的最大比特速率是多少？

解：

(a) $\bar{\tau} = \dfrac{(1)(0) + (1)(1)}{1 + 1} = \dfrac{1}{2} = 0.5\ \mu s$

$\overline{\tau^2} = \dfrac{(1)(0)^2 + (1)(1)^2}{1 + 1} = \dfrac{1}{2} = 0.5\ \mu s^2$

$\sigma_\tau = \sqrt{\overline{\tau^2} - (\bar{\tau})^2} = \sqrt{0.5 - (0.5)^2} = \sqrt{0.25} = 0.5\ \mu s$

(b) $\dfrac{\sigma_\tau}{T_s} \leqslant 0.1$

$T_s \geqslant \dfrac{\sigma_\tau}{0.1}$

$T_s \geqslant \dfrac{0.5\ \mu s}{0.1}$

$T_s \geqslant 5\ \mu s$

$R_s = \dfrac{1}{T_s} = 0.2 \times 10^6\ sps = 200\ Ksps$

$R_b = 200\ Kbps$

5.4.2　相干带宽

时延扩展是由反射及散射传播路径引起的现象，而相干带宽 B_c 是从 rms 时延扩展得出的一个确定关系值。相干带宽是一定范围内的频率的统计测量值，建立在信道平坦（即在该信道上，所有谱分量均以几乎相同的增益及线性相位通过）的基础上。换句话说，相干带宽就是指一特定频率范围，在该范围内，两个频率分量有很强的幅度相关性。频率间隔大于 B_c 的两个正弦信号受信道影响大不相同。如果相干带宽定义为频率相关函数大于 0.9 的某特定带宽，则相干带宽近似为[Lee89b]：

$$B_c \approx \frac{1}{50\sigma_\tau} \tag{5.38}$$

如果将定义放宽至相关函数值大于 0.5，则相干带宽近似为

$$B_c \approx \frac{1}{5\sigma_\tau} \tag{5.39}$$

值得注意的是，相干带宽与 rms 时延扩展之间的精确关系式是具体信道冲激响应及信号的函数，式(5.38)和式(5.39)仅是一个大概的估计值。一般情况下，要确定时变多径信道对某一特定发送信号的精确影响需要用到频谱分析技术与仿真（[Chu87], [Fun93], [Ste94]）。因此，在无线应用中，设计特定的调制解调方式必须采用精确的信道模型（[Rap91a], [Woe94]）。

例 5.5　计算图 E5.5 所给出的多径分布的平均附加时延、rms 时延扩展及最大附加时延（10 dB）。设信道相干带宽取 50%，则该系统在不使用均衡器的条件下对 AMPS 或 GSM 业务是否合适？

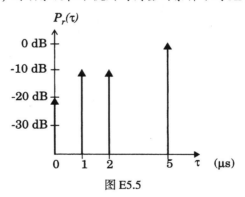

图 E5.5

解：

由式(5.35) ~ 式(5.37)可得出给定多径分布的 rms 时延扩展。各分布的时延测量相对于第一个可测信号，所给信号的平均附加时延为

$$\bar{\tau} = \frac{(1)(5) + (0.1)(1) + (0.1)(2) + (0.01)(0)}{[0.01 + 0.1 + 0.1 + 1]} = 4.38\ \mu s$$

给定功率延迟分布的第二个平均附加时延可算得

$$\overline{\tau^2} = \frac{(1)(5)^2 + (0.1)(1)^2 + (0.1)(2)^2 + (0.01)(0)}{1.21} = 21.07\ \mu s^2$$

所以 rms 时延扩展为 $\sigma_\tau = \sqrt{21.07 - (4.38)^2} = 1.37\ \mu s$

由式(5.39)可得相干带宽为

$$B_c \approx \frac{1}{5\sigma_\tau} = \frac{1}{5(1.37\mu s)} = 146 \text{ kHz}$$

因为 B_c 大于 30 kHz，所以 AMPS 不需均衡器就能正常工作。而 GSM 所需的 200 kHz 带宽超过了 B_c，所以 GSM 需要均衡器才能正常工作。

5.4.3　多普勒扩展和相干时间

时延扩展和相干带宽是用于描述本地信道时间色散特性的两个参数。然而，它们并未提供描述信道时变特性的信息。这种时变特性或是由移动台与基站间的相对运动引起的，或是由信道路径中物体的运动引起的。多普勒扩展和相干时间就是描述小尺度内信道时变特性的两个参数。

多普勒扩展 B_D 是由移动无线信道的时变速率所引起的频谱展宽程度的度量值。多普勒扩展被定义为一个频率范围，在此范围内接收的多普勒频谱为非 0 值。当发送频率为 f_c 的纯正弦信号时，接收信号频谱即多普勒频谱在 $f_c - f_d$ 至 $f_c + f_d$ 范围内存在分量，其中 f_d 是多普勒频移。频谱展宽的大小依赖于 f_d。f_d 是移动台的相对速度、移动台运动方向与散射波到达方向之间夹角 θ 的函数。如果基带信道带宽远大于 B_D，则在接收机端可忽略多普勒扩展的影响。这是一个慢衰落信道。

相干时间 T_C 是多普勒扩展在时域的表示，用于在时域描述信道频率色散的时变特性，与相干时间成反比，即

$$T_C \approx \frac{1}{f_m} \tag{5.40.a}$$

相干时间是信道冲激响应维持不变的时间间隔的统计平均值。也就是说，相干时间就是指一段时间间隔，在此间隔内，两个到达信号有很强的幅度相关性。如果基带信号带宽的倒数大于信道相干时间，那么传输中基带信号可能会发生改变，导致接收机信号失真。若相干时间定义为时间相关函数大于 0.5 的时间段长度，则相干时间近似为[Ste94]：

$$T_C \approx \frac{9}{16\pi f_m} \tag{5.40.b}$$

其中，f_m 是多普勒频移，$f_m = v/\lambda$。实际上，式(5.40.a)给出了瑞利衰落型信号可能急剧起伏的时间间隔，式(5.40.b)常常过于严格。在现代数字通信中，一种普遍的定义方法是将相干时间定义为式(5.40.a)与式(5.40.b)的几何平均，即

$$T_C = \sqrt{\frac{9}{16\pi f_m^2}} = \frac{0.423}{f_m} \tag{5.40.c}$$

由相干时间的定义可知，时间间隔大于 T_C 的两个到达信号受信道的影响各不相同。例如，以 60 mph 速度行驶的汽车，其载频为 900 MHz，由式(5.40.b)可得出 T_C 的一个保守值为 2.22 ms。如果采用数字发送系统，只要符号速率大于 $1/T_C = 454$ bps，信道就不会由于运动的原因而导致失真（但是，也可能由信道冲激响应所决定的多径时延引起失真）。采用实用式(5.40.c)，为避免由于频率色散引起的失真，需要 $T_C = 6.77$ ms，且符号速率必须超过 150 bps。

例5.6　进行小尺度传播测量需要确定适当的空间取样间隔，以保证连续取样值之间有很强的时间相关性。在 $f_c = 1900$ MHz 及 $v = 50$ m/s 情况下，移动 10 m 需要多少个样值？假设测量能够在运动的车辆上实时进行，则进行这些测量需要多少时间？信道的多普勒扩展 B_D 为多少？

解：
由相关性可知，样值间隔时间为 $T_C/2$，选取 T_C 的最小值做保守设计。由式(5.40.b)得

$$T_C \approx \frac{9}{16\pi f_m} = \frac{9\lambda}{16\pi v} = \frac{9c}{16\pi v f_c} = \frac{9 \times 3 \times 10^8}{16 \times 3.14 \times 50 \times 1900 \times 10^6}$$

$$T_C = 565\ \mu s$$

选择样值间隔至少为 $T_C/2$，取为 282.5 μs。

对应的空间取样间隔为

$$\Delta x = \frac{v T_C}{2} = \frac{50 \times 565\ \mu s}{2} = 0.014\,125\ m = 1.41\ cm$$

所以，移动 10 m 距离所需样值数目为

$$N_x = \frac{10}{\Delta x} = \frac{10}{0.014\,125} = 708\ \text{个样值}$$

进行测量所需时间为 $\frac{10\ m}{50\ m/s} = 0.2\ s$

多普勒扩展为 $B_D = f_m = \frac{v f_c}{c} = \frac{50 \times 1900 \times 10^6}{3 \times 10^8} = 316.66\ Hz$

5.5 小尺度衰落类型

5.3 节阐述了信号通过移动无线信道传播时，其衰落类型取决于发送信号的特性及信道特性。信号参数（如带宽、符号周期等）和信道参数（如 rms 延迟扩展和多普勒扩展）之间的关系决定了不同的发送信号将经历不同的衰落类型。移动无线信道中的时间色散和频率色散机制可能导致 4 种显著的效应，这些是由发送信号、信道和发送速率的特性引起的。当多径的时延扩展引起时间色散以及频率选择性衰落时，多普勒扩展就会引起频率色散以及时间选择性衰落。这两种传播机制彼此独立。图 5.11 给出了 4 种不同类型衰落的树图。

图 5.11 小尺度衰落类型

5.5.1 多径时延扩展引起的衰落效应

多径特性引起的时间色散，导致了发送信号产生平坦衰落或频率选择性衰落。

5.5.1.1　平坦衰落

　　如果移动无线信道的带宽大于发送信号的带宽，且在带宽范围内具有恒定增益及线性相位，则接收信号就会经历平坦衰落过程。这种衰落是最常见的一种。在平坦衰落的情况下，信道的多径结构使发送信号的频谱特性在接收机处保持不变。然而，由于多径导致的信道增益的起伏，使接收信号的强度会随着时间变化。平坦衰落信道的特性如图 5.12 所示。

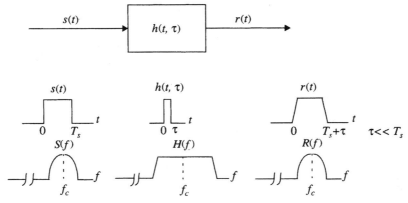

图 5.12　平坦衰落信道的特性

　　由图 5.12 可以看出，如果信道增益随时间变化，则接收信号会发生幅度变化。接收信号 $r(t)$ 增益随时间变化，但其发送频谱特性保持不变。在平坦衰落信道中，发送信号带宽的倒数远大于信道的多径时延扩展，$h_b(t, \tau)$ 可近似认为无附加时延（即 $\tau = 0$ 的一个单一 τ 函数）。平坦衰落信道即幅度变化信道，有时被看做窄带信道，这是由于信道带宽比平坦衰落信道带宽窄得多。典型的平坦衰落信道会引起深度衰落，因此在深度衰落期间需要增加 20 dB 或 30 dB 的发送功率，以获得较低的误比特率，这是与非衰落信道在系统操作方面的不同之处。平坦衰落信道瞬时增益分布对设计无线链路非常重要，最常见的幅度分布是瑞利分布。瑞利平坦衰落信道模型假设信道引起的幅度随时间的变化服从瑞利分布。

　　总之，平坦衰落的条件可概括如下：

$$B_S \ll B_C \tag{5.41}$$

$$T_S \gg \sigma_\tau \tag{5.42}$$

其中，T_S 是传输模型带宽的倒数（如信号周期），B_S 是传输模型的带宽，σ_τ 和 B_C 分别是信道的 rms 时延扩展和相干带宽。

5.5.1.2　频率选择性衰落

　　如果信道具有恒定增益且线性相位响应带宽小于发送信号带宽，那么该信道特性会导致接收信号产生频率选择性衰落。在这种情况下，信道冲激响应具有多径时延扩展，其值大于发送信号波形带宽的倒数。此时，接收信号中包括经历了衰减和时延的发送信号波形的多径波，因此产生接收信号失真。频率选择性衰落是由信道中发送信号的时间色散引起的。这样信道就引起了符号间干扰（ISI）。频域中接收信号的某些频率成分比其他分量获得了更大的增益。

　　频率选择性衰落信道的建模比平坦衰落信道的建模更困难，这是因为必须对每一个多径信号建模，而且必须把信道视为一个线性滤波器。为此要进行带宽多径测量，并在此基础上进行建模。分析移动通信系统时，一般使用统计冲激响应模型，如双线瑞利衰落模型（该模型将冲激响应看做由

两个 τ 函数组成，这两个函数的衰落具有独立性，并且它们之间有足够的时间延迟来使信号产生频率选择性衰落），或用计算机生成或测量出的冲激响应来分析频率选择性小尺度衰落。图 5.13 给出了频率选择性衰落信道的特征。

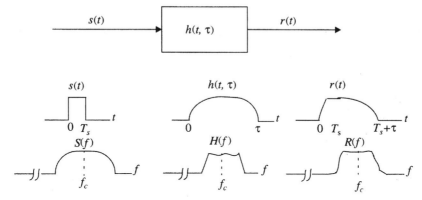

图 5.13　频率选择性衰落信道的特征

对于频率选择性衰落而言，发送信号频谱 $S(f)$ 的带宽大于信道的相干带宽 B_C。由频域可以看出，不同频率获得不同增益时，信道就会产生频率选择。当多径时延接近或超过发送信号的周期时，就会产生频率选择性衰落。由于信号 $s(t)$ 的带宽大于信道冲激响应带宽，频率选择性衰落信号也称为宽带信道。随着时间变化，信号 $s(t)$ 在频谱范围内的信道增益与相位也发生了变化，导致接收信号 $r(t)$ 发生时变失真。信号产生频率选择性衰落的条件为

$$B_S > B_C \tag{5.43}$$

$$T_S < \sigma_\tau \tag{5.44}$$

通常若 $T_S \geqslant 10\,\sigma_\tau$，该信道是平坦衰落的；若 $T_S < 10\,\sigma_\tau$，该信道是频率选择性的。尽管这一范围依赖于所用的调制类型。第 6 章给出了仿真结果，用以说明时延扩展对误比特率（BER）的影响。

5.5.2　多普勒扩展引起的衰落效应

5.5.2.1　快衰落

根据发送的基带信号与信道变化快慢程度的比较，信道可分为快衰落信道和慢衰落信道。在快衰落信道中，信道冲激响应在符号周期内变化很快，即信道的相干时间小于发送信号的信号周期。由于多普勒扩展引起频率色散（也称为时间选择性衰落），从而导致了信号失真。从频域可看出，由快衰落引起的信号失真随发送信号带宽的多普勒扩展的增加而加剧。因此，信号经历快衰落的条件是

$$T_S > T_C \tag{5.45}$$

且

$$B_S < B_D \tag{5.46}$$

需要注意的是，当信道被认定为快衰落或慢衰落信道时，我们并不能据此认定此信道为平坦衰落或频率选择性衰落信道。快衰落仅与由运动引起的信道变化有关。对于平坦衰落信道，可以将冲激响应简单近似为一个 δ 函数（无时延）。因此，平坦衰落、快衰落信道就是 δ 函数幅度的变化率

快于发送基带信号变化率的一种信道。而在频率选择性、快衰落信道中，任意多径分量的幅度、相位及时间变化率都快于发送信号的变化率。实际上，快衰落仅发生在数据速率非常低的情况下。

5.5.2.2 慢衰落

在慢衰落信道中，信道冲激响应变化率比发送的基带信号 $s(t)$ 变化率低得多，因此可假设在一个或若干个带宽倒数间隔内，信道均为静态信道。在频域中，这意味着信道的多普勒扩展远小于基带信号带宽。所以信号经历慢衰落的条件是

$$T_S \ll T_C \tag{5.47}$$

$$B_S \gg B_D \tag{5.48}$$

显然，移动台的速度（或信道路径中物体的速度）及基带信号发送速率决定了信号是经历快衰落还是慢衰落。

不同多径参数与信号经历的衰落类型之间的关系总结在图5.14中。曾有一段时间，一些作者将快慢衰落术语与大小尺度衰落术语相混淆。应该强调的是，快慢衰落涉及的是信道的时间变化率与发送信号的时间变化率之间的关系，而不是传播路径损耗模型。

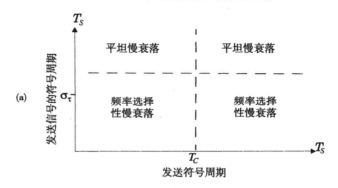

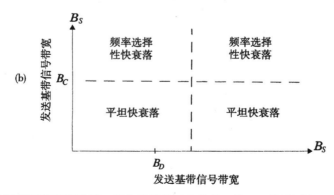

图5.14 信号所经历的衰落类型，其衰落是以下参数的函数：(a)符号周期；(b)基带信号带宽

5.6 瑞利和莱斯分布

5.6.1 瑞利衰落分布

在移动无线信道中，瑞利分布是最常见的用于描述平坦衰落信号接收包络或独立多径分量接收包络统计时变特性的一种分布类型。众所周知，两个正交高斯噪声信号之和的包络服从瑞利分布。

图 5.15 给出了一个瑞利分布的信号的包络，它是一个时间的函数。瑞利分布的概率密度函数（pdf）为

$$p(r) = \begin{cases} \dfrac{r}{\sigma^2}\exp\left(-\dfrac{r^2}{2\sigma^2}\right) & (0 \leq r \leq \infty) \\[2mm] 0 & (r < 0) \end{cases} \tag{5.49}$$

其中，σ 是包络检波之前所接收电压信号的均方根（rms）值，σ^2 是包络检波之前的接收信号包络的时间平均功率。不超过某特定值 R 的接收信号包络的概率由相应的累积分布函数（CDF）给出：

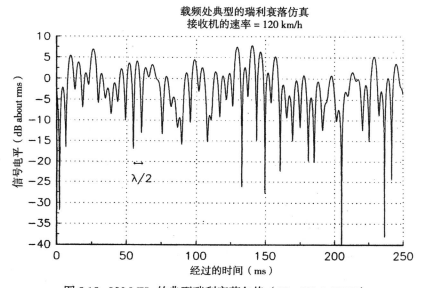

载频处典型的瑞利衰落仿真
接收机的速率 = 120 km/h

图 5.15　900 MHz 的典型瑞利衰落包络（[Fun93] © IEEE）

$$P(R) = Pr(r \leq R) = \int_0^R p(r)\mathrm{d}r = 1 - \exp\left(-\frac{R^2}{2\sigma^2}\right) \tag{5.50}$$

瑞利分布的均值 r_{mean} 为

$$r_{mean} = E[r] = \int_0^\infty r p(r)\mathrm{d}r = \sigma\sqrt{\frac{\pi}{2}} = 1.2533\sigma \tag{5.51}$$

瑞利分布的方差为 σ_r^2，它表示信号包络中的交流功率，其值为

$$\sigma_r^2 = E[r^2] - E^2[r] = \int_0^\infty r^2 p(r)\mathrm{d}r - \frac{\sigma^2 \pi}{2}$$
$$= \sigma^2\left(2 - \frac{\pi}{2}\right) = 0.4292\sigma^2 \tag{5.52}$$

包络的 rms 值是均方的平方根，即 $\sqrt{2}\sigma$，这里 σ 是初始的复数高斯信号（而不是包络检测）的标准差。

r 的中值可以由下式解出：

$$\frac{1}{2} = \int_0^{r_{median}} p(r)\mathrm{d}r \tag{5.53}$$

和

$$r_{median} = 1.177\sigma \qquad\qquad (5.54)$$

因此，瑞利衰落信号的均值与中值仅相差 0.55 dB。注意，中值常用于实际应用中，因为衰落数据的测量一般在实地进行，不能假设服从某一特定分布。采用中值而非均值，容易比较不同的衰落分布，这些不同的分布可能有变化幅度很大的均值。图5.16示意了瑞利概率密度函数。相应的瑞利累积分布函数如图5.17所示。

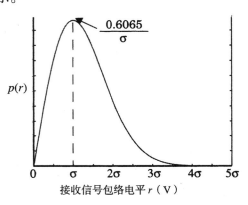

图 5.16　瑞利概率密度函数

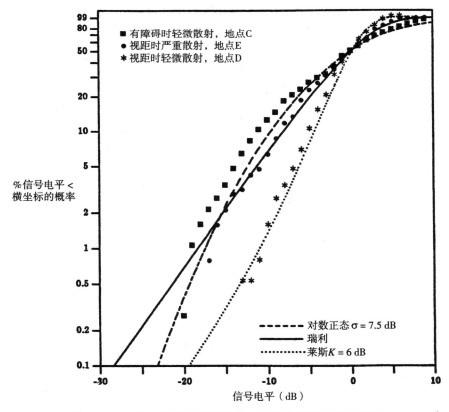

图 5.17　三种小尺度衰落累积分布的测量值及精确的瑞利、
莱斯（Rice）和正态数分布的比较（[Rap89] © IEEE）

5.6.2 莱斯衰落分布

当存在一个主要的稳定的（非衰落）信号分量时，如视距传播，则小尺度衰落的包络分布服从莱斯分布。这种情况下，从不同角度随机到达的多径分量叠加在稳定的主要信号上。反映在包络检测器的输出端，就是会在随机多径上附加一个直流分量。

正如从热噪声中检测出正弦波一样[Ric48]，主要的信号到达时附有许多弱多径信号，从而形成莱斯分布。当主信号减弱时，混和信号近似于一个具有瑞利的噪声信号。因此，当主要分量减弱后，莱斯分布就转变为瑞利分布。

莱斯分布为

$$p(r) = \begin{cases} \dfrac{r}{\sigma^2}e^{-\frac{(r^2 + A^2)}{2\sigma^2}} I_0\left(\dfrac{Ar}{\sigma^2}\right) & (A \geq 0, r \geq 0) \\ 0 & (r < 0) \end{cases} \tag{5.55}$$

参数 A 指主信号幅度的峰值，$I_0(\cdot)$ 是修正的 0 阶第一类贝塞尔函数。莱斯分布常用参数 K 来描述，K 定义为确定信号的功率与多径分量方差之比。K 的表示式为 $K = A^2/(2\sigma^2)$ 或用 dB 表示为

$$K(\text{dB}) = 10\log\frac{A^2}{2\sigma^2} \quad \text{dB} \tag{5.56}$$

参数 K 是莱斯因子，完全确定了莱斯分布。当 $A \to 0$、$K \to -\infty$ dB，且主信号幅度减小时，莱斯分布转变为瑞利分布。图 5.18 给出了莱斯概率分布函数。莱斯 CDF 与瑞利 CDF 的比较如图 5.17 所示。

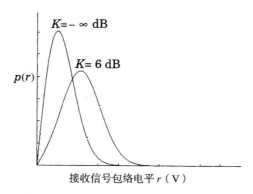

图 5.18 莱斯分布的概率分布密度函数：$K = -\infty$ dB（瑞利）和 $K = 6$ dB。当 $K \gg 1$ 时，莱斯 pdf 近似为高斯 pdf

5.7 多径衰落信道的统计模型

目前已经建立了许多多径模型，用以说明移动信道的观测统计特性。第一个模型由 Ossana [Oss64] 提出，它基于入射波与建筑物表面随机分布的反射波相互干涉。尽管 Ossana[Oss64] 模型预测的平坦衰落功率谱与市区外的相一致，然而该模型假设了在发送机与接收机之间存在一条直视通路，反射角度局限于一个严格范围内。由于市区内直视通路几乎都被建筑物或其他障碍物挡住了，所以 Ossana 模型对市区而言既不灵活也不精确。广泛使用的是基于散射的 Clarke[Cla68] 模型。

5.7.1　平坦衰落的 Clarke 模型

Clarke[Cla68]建立了一种统计模型，其移动台接收信号的场强的统计特性基于散射。该模型假设有一台具有垂直极化天线的固定发射机。入射到移动台天线的电磁场由N个平面波组成，这些平面波具有任意载频相位、入射方位角及相等的平均幅度。注意，相等的平均幅度的基础在于不存在视距通路，到达接收机的散射分量经小尺度距离传播后，经历了相似的衰减。

图 5.19 显示了一辆以速度v沿x方向运动的汽车所接收到的入射平面波。根据运动方向，选择在xy平面进行入射角度测量。由于接收机的运动，每个波都经历了多普勒频移并同一时间到达接收机。也就是说，假设任何平面波（平坦衰落条件下）都没有附加时延。对第n个以角度α_n到达x轴的入射波，多普勒频移为

$$f_n = \frac{v}{\lambda}\cos\alpha_n \tag{5.57}$$

其中，λ为入射波的波长。

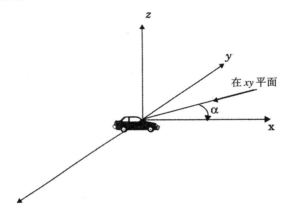

图 5.19　以随机角度到达的平面波示意图

到达移动台的垂直极化平面波存在E和H场强分量，分别表示为

$$E_z = E_o \sum_{n=1}^{N} C_n \cos(2\pi f_c t + \theta_n) \tag{5.58}$$

$$H_x = -\frac{E_o}{\eta} \sum_{n=1}^{N} C_n \sin\alpha_n \cos(2\pi f_c t + \theta_n) \tag{5.59}$$

$$H_y = -\frac{E_o}{\eta} \sum_{n=1}^{N} C_n \cos\alpha_n \cos(2\pi f_c t + \theta_n) \tag{5.60}$$

其中，E_0是本地平均电场（假设为恒定值）的实际幅度值，C_n是表示不同电波幅度的实数随机变量，η是自由空间的固有阻抗（377 Ω），f_c是载波频率。第n个到达分量的随机相位θ_n为

$$\theta_n = 2\pi f_n t + \phi_n \tag{5.61}$$

对E和H场的幅度进行归一化后，可得C_n的平均值，并由下式确定：

$$\sum_{n=1}^{N} \overline{C_n^2} = 1 \tag{5.62}$$

由于多普勒频移与载波频率相比很小，因而三种场分量可建模为窄带随机过程。若 N 足够大，三个分量 E_z、H_x 和 H_y 可以近似看做高斯随机变量。假设相位角在 $(0, 2\pi]$ 间隔内有均匀的概率密度函数，由莱斯分析[Ric48]可知，E 场可用同相和正交分量表示：

$$E_z(t) = T_c(t)\cos(2\pi f_c t) - T_s(t)\sin(2\pi f_c t) \tag{5.63}$$

其中

$$T_c(t) = E_0 \sum_{n=1}^{N} C_n\cos(2\pi f_n t + \phi_n) \tag{5.64}$$

和

$$T_s(t) = E_0 \sum_{n=1}^{N} C_n\sin(2\pi f_n t + \phi_n) \tag{5.65}$$

高斯随机过程在任意时刻 t 均可独立表示为 $T_c(t)$ 和 $T_s(t)$。T_c 和 T_s 是非相关 0 均值的高斯随机变量，有相等的方差如下：

$$\overline{T_c^2} = \overline{T_s^2} = \overline{|E_z|^2} = E_0^2/2 \tag{5.66}$$

其中上划线表示整体平均。

接收的 E 场的包络为

$$|E_z(t)| = \sqrt{T_c^2(t) + T_s^2(t)} = r(t) \tag{5.67}$$

由于 T_c 和 T_s 均为高斯随机变量，从雅克比（Jacob）变换[Pap91]可知，随机接收信号的包络 r 服从瑞利分布：

$$p(r) = \begin{cases} \dfrac{r}{\sigma^2}\exp\left(-\dfrac{r^2}{2\sigma^2}\right) & 0 \leqslant r \leqslant \infty \\ 0 & r < 0 \end{cases} \tag{5.68}$$

其中 $\sigma^2 = E_0^2/2$。

5.7.1.1　Clarke 模型中由多普勒扩展生成的频谱形状

Gans [Gan72]提出了一种 Clarke 模型的谱分析。令 $p(\alpha)\mathrm{d}\alpha$ 表示在角度 α 的微小变化 $\mathrm{d}\alpha$ 内到达的部分功率，令 A 表示定向天线的平均接收功率。当 $N \to \infty$ 时，$p(\alpha)\mathrm{d}\alpha$ 趋向于连续而非离散的分布。如果入射角度的函数 $G(\alpha)$ 表示移动天线的方向增益模式，则总的接收功率可表示为

$$P_r = \int_{0}^{2\pi} AG(\alpha)p(\alpha)\mathrm{d}\alpha \tag{5.69}$$

其中 $AG(\alpha)p(\alpha)\mathrm{d}\alpha$ 是接收功率随角度的微分变化。若散射信号是频率为 f_c 的 CW 信号，则以 α 角度入射的接收信号分量的瞬时功率，可由式(5.57)得出，

$$f(\alpha) = f = \frac{v}{\lambda}\cos(\alpha) + f_c = f_m\cos\alpha + f_c \tag{5.70}$$

其中 f_m 是最大的多普勒频移。注意，$f(\alpha)$ 是 α 的偶函数（即 $f(\alpha) = f(-\alpha)$）。

若 $S(f)$ 代表接收信号的功率谱，则接收功率随频率的微分变化为

$$S(f)|df| \tag{5.71}$$

令接收功率随频率的微分变化与接收功率随角度的微分变化相等，即可得下式：

$$S(f)|df| = A[p(\alpha)G(\alpha) + p(-\alpha)G(-\alpha)]|d\alpha| \tag{5.72}$$

对式(5.70)进行微分，整理可得

$$|df| = |d\alpha||-\sin\alpha|f_m \tag{5.73}$$

由式(5.70)可知，α 可表示为 f 的函数：

$$\alpha = \cos^{-1}\left[\frac{f-f_c}{f_m}\right] \tag{5.74}$$

由此可求出

$$\sin\alpha = \sqrt{1-\left(\frac{f-f_c}{f_m}\right)^2} \tag{5.75}$$

将式(5.73)和式(5.75)代入式(5.72)中，功率谱密度 $S(f)$ 为

$$S(f) = \frac{A[p(\alpha)G(\alpha) + p(-\alpha)G(-\alpha)]}{f_m\sqrt{1-\left(\frac{f-f_c}{f_m}\right)^2}} \tag{5.76}$$

其中

$$S(f) = 0, \qquad |f-f_c| > f_m \tag{5.77}$$

频谱集中在载频附近，超出 $f_c \pm f_m$ 范围的频谱均为0。每个入射波都有自身的载频（受入射方向影响），该频率与中心的频率有轻微偏移。对垂直 $\lambda/4$ 天线（$G(\alpha) = 1.5$）以及0到 2π 间的均匀分布 $p(\alpha) = 1/2\pi$，其输出频谱由式(5.76)得出：

$$S_{E_z}(f) = \frac{1.5}{\pi f_m\sqrt{1-\left(\frac{f-f_c}{f_m}\right)^2}} \tag{5.78}$$

在式(5.78)中，$f = f_c \pm f_m$ 处的功率谱密度不确定，即从0°到180°时到达的多普勒分量，其功率谱密度不确定。但由于 α 连续分布，以及从这些确定角度到达的分量的概率皆为0，因此这并不是一个问题。

图5.20示意了射频信号受多普勒衰落影响的功率谱密度。Smith[Smi75]提出了一种计算机模拟 Clarke 模型的简单方法（见5.7.2节）。多普勒频谱信号经过包络检测器后，其基带频谱最大频率为 $2f_m$。[Jak74]给出了电场产生的基带功率谱密度的表达式：

$$S_{bbE_z}(f) = \frac{1}{8\pi f_m}K\left[\sqrt{1-\left(\frac{f}{2f_m}\right)^2}\right] \tag{5.79}$$

其中 $K[\bullet]$ 是第一类完全椭圆积分。式(5.79)并不是一个直观结果，仅是当接收信号通过非线性包络检测器的瞬时相关性结果。图 5.21 显示了接收信号经过包络检测器后的基带频谱。

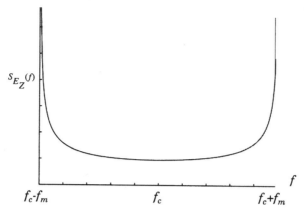

图 5.20 未调制 CW 载波的多普勒功率谱（[Gan72] © IEEE）

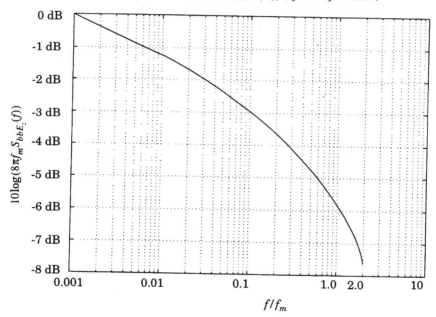

图 5.21 经过包络检测器后的一个 CW 多普勒信号的基带功率谱密度

多普勒扩展的频谱形状决定了时域衰落波形，并且表明了时间相关性和衰落斜率等行为。瑞利衰落仿真器必须采用如式(5.78)所示的衰落频谱，以产生有适当时间相关性的实时衰落波形。

5.7.2 Clarke 和 Gans 衰落模型的仿真

用硬件或软件来仿真多径衰落信道非常有用。一种流行的仿真办法是利用同相和正交调制的概念来产生如式(5.63)中所表示信号的仿真，其频谱和时间特性与被测数据非常相似。

如图 5.22(b)所示，用两个独立的高斯低通噪声源来产生同相和正交衰落分量。每个高斯源可以由两个独立的成直角的高斯随机变量之和组成（如 $g = a + jb$，其中 a 与 b 是高斯随机变量，g 是复数高斯变量）。先在频域用式(5.78)定义的频谱滤波器对随机信号进行整形，再在仿真器最后一级用快速傅里叶反变换（IFFT）产生出多普勒衰落的准确时域波形。

Smith[Smi75]阐述了一种用于实现图5.22(b)的简单计算机程序。这种方法采用了一个复数高斯数字随机发生器（噪声源）来产生一个基带线性频谱，在其正频率段具有复数权重。线性频谱的最大频率分量为f_m。利用实信号的性质，负频率分量可由正频率的高斯复数值取共轭得到。注意，每个复数高斯信号的IFFT是时域的纯实数高斯随机过程，用做正交调制的两个信号之一，如图5.23所示。然后将随机取值的线性频谱与一离散频率表示式$\sqrt{S_{E_z}(f)}$相乘，其中离散频率表达式$S_{E_z}(f_m)$与噪声源噪声点数相同。为解决式(5.78)在通带边缘趋于无穷的问题，Smith通过计算抽样频率处函数的斜率，截短了$S_{E_z}(f_m)$的值，截短处选在非常接近通带边界处，并扩展斜率到通带边界。利用式(5.78)便于实现的优点，图5.22中的仿真常在频域采用复数高斯线性频谱。这意味着低通高斯噪声分量是一系列频率分量（从$-f_m$到f_m的线谱），各分量有相同间距及复数高斯权重。Smith的仿真方法如图5.23所示。

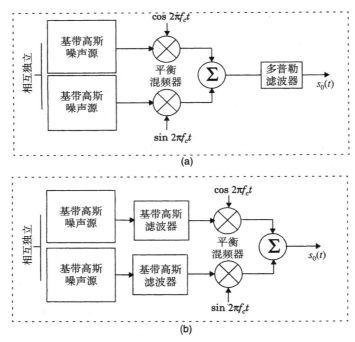

图5.22 采用正交调幅的仿真器，采用(a)射频多普勒滤波器和(b)基带多普勒滤波器

采用图5.23所示的仿真器进行仿真，按以下步骤进行：

1. 指定用于代表$\sqrt{S_{E_z}(f)}$的频域点的数目（N）及最大多普勒频移（f_m）。N值一般取2的幂。
2. 用式$\Delta f = 2f_m/(N-1)$算出相邻谱线的频率间隔。由此可得衰落波形的时间周期$T = 1/\Delta f$。
3. 为噪声源的每个$N/2$的正频率分量产生复数高斯随机变量。
4. 将正频率值取共轭并赋给相应的负频率，以得到噪声源的负频率分量。
5. 将同相和正交噪声源与衰落频谱$\sqrt{S_{E_z}(f)}$相乘。
6. 在同相和正交两条通路上对所得频域信号进行快速傅里叶反变换（IFFT），得到两个长为N的时间序列。然后将各信号点取平方并求和，得到一个如式(5.67)所示根号下的N点时间序列。注意，在进行IFFT变换到模型式(5.63)后，每个正交分量都应该是一个实信号。

7. 对第6步得到的和取平方根，以得到具有适当多普勒扩展及时间相关性的仿真瑞利衰落信号的 N 点时间序列。

有许多种具有可变增益和时延的瑞利衰落仿真器，可以用它们来产生频率选择性衰落效应，如图 5.24 所示。

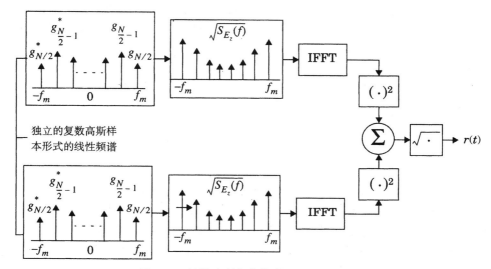

图 5.23 基带瑞利衰落仿真器的频域实现

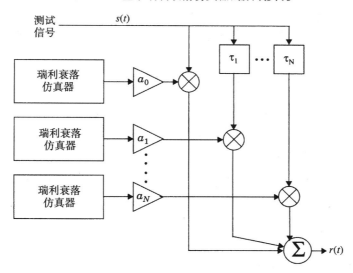

图 5.24 可以将一个信号加到瑞利衰落仿真器中，以确定在多种条件之下的工作性能。
根据增益和时延的不同设置，可以进行平坦或频率选择性衰落条件下的仿真

通过产生一个幅度起支配作用及不超过 $\sqrt{S_{E_z}(f)}$ 并且 $f=0$ 的单频分量，衰落就可以从瑞利型变为莱斯型。对于一个具有多个可分解分量的多径衰落仿真器，这种方法可以用来改变图5.24中仿真器各个多径分量的概率分布。必须注意要恰当地执行 IFFT 变换，以便图5.23中的每个通路都能产生一个实数时域信号，如式(5.64)和式(5.65)中的 $T_c(t)$ 和 $T_s(t)$。

为了确定平坦衰落对信号 $s(t)$ 的影响，只需将信号与衰落仿真器的输出 $r(t)$ 相乘。如果要确定一个以上多径分量的影响，必须用图 5.24 所示的卷积。

5.7.3　电平通过和衰落统计

莱斯计算出了与 Clarke 衰落模型[Cla68]相似的数学问题的联合统计值，为计算电平通过和衰落持续时间提供了简单表达式。由于可以将接收信号的时间变化率与信号电平及移动台速度联系起来，所以衰落信号的电平通过率（LCR）和平均衰落持续时间成为了两个重要的统计值，它可以用于设计差错控制编码及移动通信系统中的分集方案。

电平通过率是指瑞利衰落包络归一化为本地 rms 信号电平后，沿正向穿过某一指定电平的期望速率。每秒电平通过的数目为

$$N_R = \int_0^\infty \dot{r}\, p(R, \dot{r})\mathrm{d}\dot{r} = \sqrt{2\pi}f_m\rho\mathrm{e}^{-\rho^2} \tag{5.80}$$

其中，$\dot{r}$ 是 $r(t)$ 对时间的导数（即斜率）；$p(R, \dot{r})$ 是 $r = R$ 处 r 与 $\dot{r}$ 的联合密度函数；f_m 是最大多普勒频移；$\rho = R/R_{rms}$ 是特定电平 R 相对于衰落包络的本地 rms 幅度进行归一化后的值[Jak74]。式(5.80)给出了在特定电平 R 处每秒电平通过数目 N_R 的值。电平通过率是移动台速率的函数，当给出 f_m 值时可由式(5.80)解出。无论是高或低电平通过，都几乎不可能达到 $\rho = 1/\sqrt{2}$ 处（即 rms 电平下的 3 dB 处）的最大速率。信号包络常常发生浅度衰落，偶然也会发生深度衰落。

例 5.7　对于 1 个瑞利衰落信号，试计算 $\rho = 1$ 时的正向电平通过率，此时最大多普勒频移（f_m）为 20 Hz。若载频为 900 MHz，则在多普勒频移条件下，移动台的最大速率为多少？

解：
利用式(5.80)，0 电平通过的数目为

$$N_R = \sqrt{2\pi}(20)(1)\mathrm{e}^{-1} = 18.44$$

由多普勒关系 $f_{d,max} = v/\lambda$ 可得移动台最大速度。

$f_m = 20$ Hz 时移动台的速度为 $v = f_d\lambda = 20$ Hz$(1/3\text{ m}) = 6.66$ m/s $= 24$ km/h

平均衰落持续时间定义为接收信号低于某指定电平 R 的平均时间段的值。对瑞利衰落信号，表达式为

$$\bar{\tau} = \frac{1}{N_R}Pr[r \leqslant R] \tag{5.81}$$

其中，$Pr[r \leqslant R]$ 是接收信号 r 小于或等于 R 的概率，表达式为

$$Pr[r \leqslant R] = \frac{1}{T}\sum_i \tau_i \tag{5.82}$$

其中，τ_i 是衰落持续时间，T 是衰落信号的观测间隔。接收信号 r 小于或等于门限值 R 的概率由瑞利分布可得

$$P_r[r \leqslant R] = \int_0^R p(r)\mathrm{d}r = 1 - \exp(-\rho^2) \tag{5.83}$$

其中，$p(r)$ 是瑞利分布的 pdf。所以，由式(5.80)、式(5.81)及式(5.83)可得，作为 (f_m) 的函数，平均衰落持续时间可表示为

$$\bar{\tau} = \frac{e^{\rho^2} - 1}{\rho f_m \sqrt{2\pi}} \tag{5.84}$$

信号平均衰落持续时间有助于确定衰落期间最可能丢失的信令比特数。平均衰落持续时间主要依赖于移动台的运动速率，它随着多普勒频率（f_m）的增大而减小。若移动通信系统有特定的衰落余量，则最好通过两个参数来评价接收机的性能：输入信号变得低于某给定电平 R 的平均速率和保持低于该电平的平均时间。这样有利于将衰落期间的信噪比（SNR）与由此引起的误比特率（BER）联系起来。

例 5.8　求出门限电平 $\rho = 0.01$、$\rho = 0.1$、$\rho = 1$ 时的平均衰落持续时间，此时多普勒频率为 200 Hz。

解：

将已知值代入式(5.84)，可求得平均衰落持续时间为

$\rho = 0.01$ 时，$\bar{\tau} = \dfrac{e^{0.01^2} - 1}{(0.01)200\sqrt{2\pi}} = 19.9\ \mu s$

$\rho = 0.1$ 时，$\bar{\tau} = \dfrac{e^{0.1^2} - 1}{(0.1)200\sqrt{2\pi}} = 200\ \mu s$

$\rho = 1$ 时，$\bar{\tau} = \dfrac{e^{1^2} - 1}{(1)200\sqrt{2\pi}} = 3.43\ ms$

例 5.9　求出门限电平 $\rho = 0.707$ 时的平均衰落持续时间，此时多普勒频率为 20 Hz。若一个二进制数字调制的比特间隔为 50 bps，瑞利衰落为快衰落还是慢衰落？在给定数据速率的条件下，每秒误比特的平均数目是多少？假设在比特的任意部分遇到 $\rho < 0.1$ 的衰落时发生 1 个误比特。

解：

将已知值代入式(5.84)，可求得平均衰落持续时间：

$$\bar{\tau} = \frac{e^{0.707^2} - 1}{(0.707)20\sqrt{2\pi}} = 18.3\ ms$$

当数据速率为 50 bps 时，比特周期为 20 ms。因为比特周期大于平均衰落持续时间，所以在给定的速率条件下信号历经快瑞利衰落。由式(5.84)可得，$\rho = 0.1$ 时平均衰落持续时间为 0.002 s，小于一个比特的时段。所以衰落期间平均只有一个比特会被丢失。由式(5.80)可得，$\rho = 0.1$ 时电平通过的数量为 $N_r =$ 每秒有 4.96 个通过。因为假设 1 个误比特发生在任意部分出现衰落时，并且平均衰落持续时间只占 1 个比特时段的一部分，所以误比特总数是每秒 5 个，误比特率 = $(5/50) = 0.1$。

5.7.4　双射线瑞利衰落模型

Clarke 模型及瑞利衰落统计模型，适用于平坦衰落条件而不用考虑多径时延。在现代高速的移动通信系统中，需要为多径时延扩展及衰落效应建模。一个常用的多径模型是独立的瑞利双射线模

型（它是图5.24所示的通用衰落仿真器的一个特定模型）。图5.25是独立双射线瑞利衰落信道模型的框图。该模型的冲激响应表示为

$$h_b(t) = \alpha_1 \exp(j\phi_1)\delta(t) + \alpha_2 \exp(j\phi_2)\delta(t-\tau) \tag{5.85}$$

其中，α_1 和 α_2 相互独立且服从瑞利分布，ϕ_1 和 ϕ_2 相互独立且服从$[0, 2\pi]$的均匀分布，τ 是两射线间的时延。令 $\alpha_2 = 0$，可得到平坦瑞利衰落信道的一个特例：

$$h_b(t) = \alpha_1 \exp(j\phi_1)\delta(t) \tag{5.86}$$

通过改变 τ 可以产生大范围的频率选择性衰落。同时如5.7.2节所述，利用频谱的傅里叶反变换可产生两个独立波形，用以保证瑞利随机变量 α_1 和 α_2 的适当相关性。

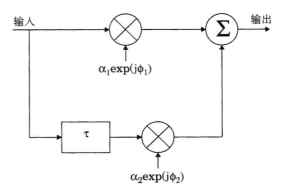

图 5.25　双射线瑞利衰落模型

5.7.5　Saleh 和 Valenzuela 室内统计模型

Saleh和Valenzuela[Sa187]报告了垂直极化全方向天线间室内传播的测试结果，天线位于中等规模办公建筑的同一层。测试用 10 ns、载频为 1.5 GHz 的雷达式脉冲。测试方法包括在扫描发送信号频率时，对检测到的脉冲响应的平方进行平均。采用这种方法可以分离 5 ns 内的多径分量。

Saleh 和 Valenzuela 的测试结果表明：(a)室内信道类似静态信道或仅有微小变化；(b)在发送机与接收机没有视距通道时，信道冲激响应与发送、接收机天线的极化相互独立。从测试结果可知，建筑物房间内的最大多径时延扩展为 100 ~ 200 ns，走廊上为 300 ns。室内 rms 时延扩展的中值为 25 ns，最大值为 50 ns。无视距路径的大尺度损耗在 60 dB 范围变化，服从对数距离指数律（见式(4.68)），其指数变化范围为 3 到 4 之间。

Saleh 和 Valenzuela 基于以上的测试结果，提出了一个简单的室内信道多径模型。该模型假设多径分量以簇的形式到达。接收分量的幅度是独立的瑞利随机变量，其方法及簇内附加时延随簇的时延呈指数型衰减。相应的角度为(0, 2π)间均匀分布的随机变量。各簇和簇内多径分量构成了具有不同速率的泊松（Poisson）到达过程。而且，各簇和簇内各多径分量依次到达的次数呈指数分布。簇的构成形式与建筑结构有关，而簇内的组成分量则由发送机与接收机附近物体的多次反射而形成。

5.7.6　SIRCIM 和 SMRCIM 室内和室外统计模型

Rappaport 和 Seidel[Rap91a]报告了在 5 个工厂及其他类型的建筑内进行测量的结果，载频为 1300 MHz。作者基于离散冲激响应信道模型提出了一个源于实际的统计模型，并编写了一个名为 SIRCIM（室内无线信道冲激响应模型仿真）的计算程序。SIRCIM 可以产生出小尺度室内信道的冲激响应测量的真实样本[Rap91a]。Huang 随后编写了一个类似的程序 SMRCIM（移动无线信道冲激响应模型仿真），用以产生市区的蜂窝及微蜂窝信道的冲激响应[Rap93a]。目前，世界上有超过 100 家机构在使用这些程序，并对这些程序进行了更新，以包括微小区、室内、宏小区在内的信息到达的多个角度（[Nuc99]，[Lib99]）。

在室内环境下，作者记录以 λ/4 为间隔的 1 m 范围内的功率延迟分布冲激响应，从而得到各个多径分量的本地小尺度衰落特征，同时也得到了本地多径信号在数目与到达时间上的小尺度变化。所以统计模型是以下参数的函数：多径时延 τ_i，1 m 本地区域内的小尺度接收间隔 X_l，地形参数 S_m（或 LOS 或 OBS），大尺度 T-R 间距 D_n，以及特性测试区域 P_n。因此，除随机幅度与时延是依赖于周围环境的随机变量外，各基带功率延迟分布均可用类似式(5.12)的方法表示。这为确定模型提供了真实测量结果，可以用它来合成相位。这样本地可以通过仿真获得一个完全的时变复数基带信道冲激响应 $h_b(t; \tau_i)$。

$$h_b(t, X_l, S_m, D_n, P_n) = \sum_i A_i(\tau_i, X_l, S_m, D_n, P_n) e^{j\theta_i[\tau_i, X_l, S_m, D_n, P_n]}$$

$$\delta(t - \tau_i(X_l, S_m, D_n, P_n)) \tag{5.87}$$

式(5.87)中，A_i^2 是离散附加时延间隔 7.8125 ns 内的平均多径接收功率。

在开放式的建筑物内部所测得的多径时延在 40 ~ 800 ns 之间变化。平均多径时延和 rms 时延扩展变化范围为 30 ~ 300 ns。其中值在视距通路（LOS）时为 96 ns，而在有阻碍的路径时为 105 ns。经测试，时延扩展与收–发（T-R）间隔不相关，而是受到其他因素的影响，如工厂生产的产品、建筑物的原材料、建筑物的使用时间、墙体的位置及天花板的高度等。测量表明，生产干燥商品的食品加工厂由于其金属制品比其他工厂的数量少很多，因而其 rms 时延扩展仅为生产金属制品工厂的一半。新修的厂房采用不锈钢条和钢筋混凝土建造，而老厂房的围墙是用砖木砌成的，因此新厂区域内的多径信号比老厂强，而衰落比老厂小。数据表明，建筑物内的无线传播可以用几何/统计混和模型来描述。该模型解释了来自墙、天花板的反射，以及来自产品、设备的散射。

通过分析来自不同建筑物的 50 个本地区域的测量结果可以发现，到达某一位置的多径分量的数目 N_p 是 X、S_m 和 P_n 的函数，而且几乎总服从高斯分布。多径分量的平均数目在 9 到 36 之间，可以通过测量产生一个实际值。定义 $P_R(T_i, S_m)$ 为多径分量在某一特定环境 S_m 以特定的附加时延 T_i 到达接收机的概率。该值可以通过测量得到。首先测出在某一离散附加时延下被测多径分量的数目，然后除以各附加时延间隔可能的多径分量数目之和。用一个分段函数表示某一特定附加时延到达的多径信号的概率：

$$\begin{aligned} P_R(T_i, S_1) \\ (\text{LOS}) \end{aligned} = \begin{cases} 1 - \dfrac{T_i}{367} & (T_i < 110 \text{ ns}) \\[2mm] 0.65 - \dfrac{(T_i - 110)}{360} & (110 \text{ ns} < T_i < 200 \text{ ns}) \\[2mm] 0.22 - \dfrac{(T_i - 200)}{1360} & (200 \text{ ns} < T_i < 500 \text{ ns}) \end{cases} \tag{5.88}$$

$$P_R(T_i, S_2) \atop (\text{OBS}) \quad = \begin{cases} 0.55 + \dfrac{T_i}{667} & (T_i < 100 \text{ ns}) \\[3mm] 0.08 + 0.62 \exp\left(-\dfrac{(T_i - 100)}{75}\right) & (100 \text{ ns} < T_i < 500 \text{ ns}) \end{cases} \tag{5.89}$$

其中，S_1 指视距路径地形，S_2 指有阻碍路径地形。SIRCIM 用式(5.88)或式(5.89)描述到达的分布概率以及多径分量数目的概率 $N_P(X, S_m, P_n)$，用以仿真小尺度的功率延迟分布。同时，采用递归算法循环地将式(5.88)或式(5.89)与均匀分布的随机变量进行比较，直到产生合适的 N_P 为止（[Hua91]，[Rap91a]）。

图 5.26 示例了沿 1 m 路径的 19 个离散接收位置所测得的功率延迟分布，以及 SIRCIM 依据各个多径分量的综合相位计算出的窄带信息[Rap91a]。文献提供的测量结果与 SIRCIM 预测的完全吻合。

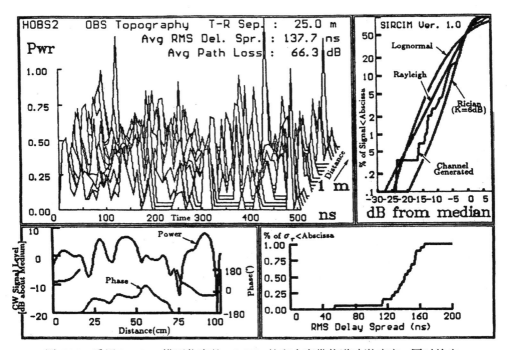

图 5.26　采用 SIRCIM 模型仿真的 1.3 GHz 的室内宽带信道冲激响应。同时给出了信道的时延扩展分布的均方根值和窄带信号功率分布。仿真时考虑信道受到开放式的建筑物阻挡，T-R 距离为 25 m。时延扩展的均方根值为 137.7 ns。所有的多径分量和参数存放在磁盘上（引自[Rap93a] © IEEE）

采用类似的统计建模技术，可以将来源于[Rap90]、[Sei91]、[Sei92a]的市区蜂窝与微蜂窝多径测量数据用于开发 SIRCIM。目前，小区及微小区模型都已经得到了发展。图 5.27 示例了一个室外微小区环境下 SIRCIM 的输出结果[Rap93a]。

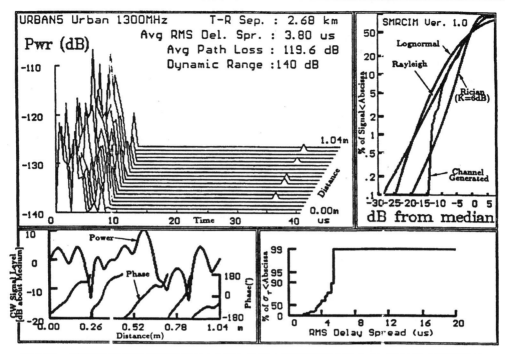

图 5.27　采用 SMRCIM 模型仿真的 1.3GHz 的室内宽带信道冲激响应。同时给出了信道的
时延扩展分布的均方根值和窄带衰落的分布。T-R 距离为 2.68 km，时延扩展的
均方根值为 3.8 μs。所有的多径分量和参数存放在磁盘上（引自 [Rap93a] © IEEE）

5.8　小尺度衰落无线信道的多径成型因子理论

　　人们提出了一种新的分析方法，可对一个处于任一空时信道中的接收机[Dur00]所经历的平坦小尺度衰落进行表征。此方法可将一个具有任意空间复杂度的多径信道特征通过 3 个成型因子来表征，且这 3 个成型因子都具有简单直观的几何解释。此外，这些成型因子还描述了多径衰落信道中接收信号波动的统计特性。利用新提出的成型因子理论可以很容易地推导出电平通过率、平均衰落持续时间、包络自协方差以及相干距离的理论表达式，并且与[Jak74]中的经典结果非常一致。

5.8.1　成型因子的引入

　　术语"小尺度衰落"描述的是由于接收机位置的微小的次波长变化而造成的接收功率电平的快速波动。此效果是由于许多路波束同时作用于一个无线接收机[Jak74]而形成的。在多路波束对接收机的干扰中，既有有益的，也有有害的。最终形成信号的功率波动几乎影响着接收机设计的所有方面，包括动态范围、均衡、分集、调制方案及信道和纠错编码。这些波动是运动方向的函数，与多径时延的到达角有关。

　　许多研究者测量和分析了这些过程的一阶统计特性，主要是通过概率密度函数来描述小尺度衰落的特征（[Ric48]，[Suz77]，[Cou98]），如 5.6 节所述。而衰落过程的自相关统计特性，或者说二阶统计特性，则包括功率谱密度（PSD）、电平通过率及平均衰落持续时间，如 5.7 节所述。

　　现已证明二阶统计特性在很大程度上依赖于接收多径的到达角。然而在对其进行研究时，传统的做法都是使用一个全向的方位角传播模型（见 5.7 节[Jak74]）。也就是说，假设多路波束在到达接收机时，在各个可能方向上的功率都是相等的。事实上，现实的信道往往与这个理想模型并不一致，仅仅当接收机处于一个散射源密度很高、阴影衰落非常严重的地域时，此理想多径传播模型才是合理的，并且得到的理论分析结果与以前的测量[Cla68]比较一致。各向同性的Clarke模型没有考虑移动接收机的运动方向，可以很方便地得出衰落过程的理论统计特性。遗憾的是，最近的测量和模型表明，到达一个本地区域的多径情况与全向传播的假设相去甚远。而且，与到达多径密切相关的接收机移动方向是产生衰落的一个关键因素（[Ros97], [Fuh97]）。如果接收机上装备了定向天线或智能天线系统，则全向信道模型无法精确地描述衰落统计特性[Win98, Lib99, Mo101]。

多径成型因子作为一个新的概念可以允许对本地区域的任何非全向的多径波束分布进行定量分析（假设本地平均信号强度是广义平稳的）。所定义的三个成型因子（角扩展、角收缩和最大衰落方位角方向）与接收信号的衰落率密切相关[Dur99]。四个基本的二阶小尺度衰落特性（电平通过率、平均衰落持续时间、自协方差和相干距离）都可以通过此多径成型因子理论来描述。如下所述，一些经典的传播问题在使用多径成型因子进行分析时会非常简单方便。

5.8.1.1　多径成型因子

三个多径成型因子会对二阶衰落统计特性产生影响。这些可以从多径功率的角度分布$p(\theta)$推论出来。而$p(\theta)$是地方区域平面传播的常见表达式[Gan72]。$p(\theta)$包含了天线增益和极化失谐效果。成型因子是基于$p(\theta)$的复数傅里叶系数定义的：

$$F_n = \int_0^{2\pi} p(\theta) \exp(-\mathrm{j}n\theta)\mathrm{d}\theta \tag{5.90}$$

其中F_n为第n个复数傅里叶系数。在5.8.1.2节中将会显示出这3个成型因子的实用性。

角扩展，Λ

成型因子角扩展Λ用来衡量多径集中在一个到达角方向的程度。定义角扩展为

$$\Lambda = \sqrt{1 - \frac{|F_1|^2}{F_0^2}} \tag{5.91}$$

其中F_0和F_1的定义见式(5.90)。通过式(5.91)定义角扩展有一些好处。首先，由于角扩展被F_0（总的平均接收功率）进行了归一化，使其在发送功率变化时可以保持恒定。其次，Λ可以在$p(\theta)$经过一系列旋转和反射的变换情况下仍保持恒定。最后，此定义非常直观，易于理解；角扩展变化范围为0到1，其中0代表一种极端情况，即只有一个方向的一个多径组成部分，而1代表接收功率的角度分布没有明显的差异（例如，Clark模型）。

应当注意存在于文献中的对于角扩展的其他定义。这些定义或者包括波束宽度或者包括θ均方根的计算，通常不适合应用于任意的信道或诸如$p(\theta)$之类的周期函数（[Ebi91], [Nag96], [Ful98], [Jen98]）。

角收缩，γ

成型因子角压缩用来衡量多径集中在两个方位角方向上的程度。定义角收缩为

$$\gamma = \frac{|F_0 F_2 - F_1^2|}{F_0^2 - |F_1|^2} \tag{5.92}$$

其中F_0、F_1、F_2的定义见式(5.90)。与角扩展的定义类似，角收缩在发送功率变化或在$p(\theta)$经过一系列旋转和反射的变换情况下仍可保持恒定。其可能的取值范围为0到1，其中0代表两个到达方向上没有明显的差异，而1代表从各个方向到达的恰恰只有两个多径组成部分。

最大衰落方位角方向，θ_{max}

第 3 个成型因子——最大衰落方位角方向 θ_{max}，可以看成是方向参数，定义如下：

$$\theta_{max} = \frac{1}{2}\arg\{F_0 F_2 - F_1^2\} \tag{5.93}$$

θ_{max} 值对应着一个方向，向此方向运动，移动用户将经历最大的衰落率。

5.8.1.2　衰落率方差关系式

复数接收电压、接收功率和接收包络是小尺度衰落研究中的 3 个基本随机过程。为了了解这些随机过程在空间上的变化情况，有必要对这三个过程的位置导数或者变化率进行研究。由于平稳过程的导数均值为 0，因此均方导数即为度量信道衰落率的最简单的统计量。事实上，平稳过程的均方导数即为变化率的方差。因此，本小节将提供公式以描述小尺度复数电压、功率及包络的变化率方差关系式。附录 C 中对这些关系式进行了详细证明。

复数接收电压，$\tilde{V}(r)$

复数接收电压 $\tilde{V}(r)$ 是许多多径波入射到接收天线上，并且各自在接收机输入处产生的复数电压总和的基带表达式（见 5.2 节）。附录 C.1 推导了接收机的复数电压沿着方位角方向 θ 的变化率方差 $\sigma_{\tilde{V}'}^2$：

$$\sigma_{\tilde{V}'}^2(\theta) = E\left\{\left|\frac{\mathrm{d}\tilde{V}(r)}{\mathrm{d}r}\right|^2\right\} = \frac{2\pi^2 \Lambda^2 P_T}{\lambda^2}(1 + \gamma\cos[2(\theta - \theta_{max})]) \tag{5.94}$$

其中 λ 是载波频率的波长，P_T 是本地区域平均均方接收功率（以伏特方为单位）。注意到在式(5.94)中对于多径到达角的依赖简化为三个基本的成型因子：角扩展、角收缩和最大衰落方位角方向。$\sigma_{\tilde{V}'}^2$ 的物理意义在于，它描述了一个本地区域信道的空间选择性及一个移动接收机在整个本地区域中移动时的平均复数电压波动情况。

接收功率，$P(r)$

接收功率 $P(r)$ 等于复数电压 $\tilde{V}(r)$ 幅度的平方。注意到定义此功率是以伏特方为单位而不是瓦特。两者仅仅差一个比例常量，此常量与接收机的输入电阻有关。

计算复数幅度的平方属于非线性运算。因此，为推导接收功率的变化率方差关系式，我们假设信道是瑞利衰落信道。然而在推导式(5.94)时，此假设并非是必要的。附录 C.2 推导了接收机的功率沿着方位角方向 θ 的变化率方差 $\sigma_{P'}^2$：

$$\sigma_{P'}^2(\theta) = E\left\{\left(\frac{\mathrm{d}P(r)}{\mathrm{d}r}\right)\right\} = \frac{4\pi^2 \Lambda^2 P_T^2}{\lambda^2}(1 + \gamma\cos[2(\theta - \theta_{max})]) \tag{5.95}$$

式(5.95)中对于多径到达角的依赖再次简化为三个基本的成型因子。$\sigma_{P'}^2$ 的物理意义在于，它描述了在信号包络经历平坦瑞利衰落时，本地区域的平均接收功率波动情况。

接收包络，$R(r)$

接收包络 $R(r)$ 等于复数电压 $\tilde{V}(r)$ 的幅度。在计算均方衰落率时，仍然假设信道为瑞利衰落信道。附录 C.3 在此假设条件下得出了包络变化率方差：

$$\sigma_{R'}^2(\theta) = E\left\{\left(\frac{\mathrm{d}R(r)}{\mathrm{d}r}\right)^2\right\} = \frac{\pi^2 \Lambda^2 P_T}{\lambda^2}(1 + \gamma\cos[2(\theta - \theta_{max})]) \tag{5.96}$$

同样，式(5.96)依赖于三个基本成型因子。包络变化率方差 $\sigma_{R'}^2$ 的物理意义在于，它描述了在信号包络经历平坦瑞利衰落时，本地区域的平均包络波动情况。

5.8.1.3　与全向传播的比较

将三个成型因子Λ、γ和θ_{max}应用到5.7节中所述的经典全向传播模型时，将不会出现到达角偏向集中于一个或两个方向的情况，即不会出现最大角扩展（$\Lambda=1$）和最小角收缩（$\gamma=0$）的情况。全向传播的统计特性是各向同性的，与接收机的移动方位角方向θ无关。

若全向传播模式下各自的值将变化率方差关系式(5.94)~式(5.96)进行归一化，则它们将简化为以下形式：

$$\bar{\sigma}^2(\theta) = \frac{\sigma^2_{V'}(\theta)}{\sigma^2_{V'(omni)}}$$

$$= \frac{\sigma^2_{P'}(\theta)}{\sigma^2_{P'(omni)}}$$

$$= \frac{\sigma^2_{R'}(\theta)}{\sigma^2_{R'(omni)}} \tag{5.97}$$

$$= \Lambda^2(1 + \gamma\cos[2(\theta - \theta_{max})])$$

其中$\bar{\sigma}^2$为归一化衰落率方差。式(5.97)提供了一个非常方便的方法来分析成型因子对于小尺度衰落二阶统计特性的影响。

首先，注意到角扩展描述了本地区域的平均衰落率。观察此影响的一个较简便的方法是考虑同一本地区域两个正交方向上的衰落率方差。由式(5.97)可知，不考虑测量方向，两个衰落率方差的均值总是可由本地区域中两个正交方向上方差的均值得到：

$$\frac{1}{2}[\bar{\sigma}^2(\theta) + \bar{\sigma}^2(\theta + \pi/2)] = \Lambda^2 \tag{5.98}$$

式(5.98)清楚地表明，与全向传播相比，随着多径功率越来越集中于一个单独的方位角方向，本地区域的平均衰落率逐渐降低。[Pat99]中提出了一种方法用以测量基于此关系式的多径角扩展。

其次，注意到角收缩γ并不对本地区域的平均衰落率产生影响。但角收缩可表示出沿不同方位角方向θ的衰落率的可变性。由式(5.97)可知，衰落率方差$\bar{\sigma}^2$为接收机移动角度θ的函数，随着θ的不同而变化，但其变化局限于以下范围：

$$\sqrt{1-\gamma} \leqslant \frac{\bar{\sigma}(\theta)}{\Lambda} \leqslant \sqrt{1+\gamma} \tag{5.99}$$

式(5.99)的上限对应于接收机沿着最大衰落方位角方向运动的情况（$\theta = \theta_{max}$）。而下限则对应于接收机沿着与最大衰落方位角相垂直的方向运动的情况（$\theta = \theta_{max} + \pi/2$）。由式(5.99)可知，随着多径功率越来越集中，本地区域衰落率的可变性逐渐增加。

值得注意的是，一个信道的传播机制并不是仅能由文中提到的三个成型因子Λ、γ和θ_{max}来描述。有可能存在无限多的传播机制，它们都有相同的成型因子，从而进一步导致信道有着近似相同的端到端性能。事实上，对于可能被视为"伪全向"的多径信道，式(5.97)提供了严格的数学准则：

$$|F_1|, |F_2| \ll F_0 \tag{5.100}$$

在式(5.100)的条件下，角扩展近似变为1，角收缩近似变为0。这样，信道的二阶统计特性几乎与Clarke和Gans的经典全向信道完全一致。

5.8.2 衰落现象举例

本节通过对4个不同的非全向传播信道实例进行分析,进一步深入理解成型因子的定义以及它们是如何对衰落率进行描述的。

考虑最简单的小尺度衰落情况,即仅有两个相干的、幅度恒定的多径组成部分,各自的功率分别定义为 P_1、P_2,到达移动接收机的方位角度之差为 α。我们称之为两径信道模型。图 5.29 显示了其功率在角度上的分布情况,可用数学表达式定义为

$$p(\theta) = P_1\delta(\theta - \theta_o) + P_2\delta(\theta - \theta_o - \alpha) \tag{5.101}$$

其中 θ_o 为一任意偏移角度,$\delta(\cdot)$ 为冲激函数。由式(5.91) ~ 式(5.93)可得,在此分布情况下,Λ、γ 以及 $\theta_{\max}$ 的表达式为

$$\Lambda = \frac{2\sqrt{P_1P_2}}{P_1 + P_2}\sin\frac{\alpha}{2}, \quad \gamma = 1, \quad \left(\theta_{\max} = \theta_0 + \frac{\alpha + \pi}{2}\right) \tag{5.102}$$

角收缩 γ 恒等于1,这是因为两径模型在两个方向上是理想聚集的。在两个多径分量由同一个方向到达的极限情况下($\alpha = 0$),角扩展 Λ 为0。而当且仅当两径的功率相等,且方位角度差 α 为 180° 时,角扩展为1。图 5.28 显示了当两径的功率相等时,衰落随着 α 的增加而变化的情况。随着 α 的增加,信道的空间选择性越来越强,对接收机移动的方位角方向的依赖越来越强。

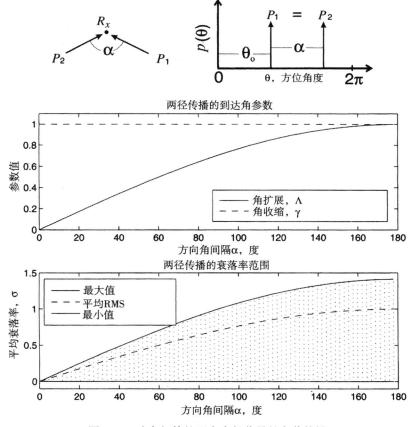

图 5.28 功率相等的两个多径分量的衰落特性

5.8.2.1　扇形信道模型

考虑另一个理论情况，即在一定的方位角度范围内，到达的多径功率是连续且均匀分布的。此模型已被用来描述定向接收天线的传播模式，该模式具有独立的方位角波束[Gan72]。函数$p(\theta)$定义为

$$p(\theta) = \begin{cases} \dfrac{P_T}{\alpha}: & \theta_o \leqslant \theta \leqslant \theta_o + \alpha \\ 0: & \text{其他} \end{cases} \tag{5.103}$$

角度α代表扇形的宽度（单位为弧度），角度θ_0代表任一偏移角度，如图5.29所示。由式(5.91)~式(5.93)可得，在此分布情况下，Λ、γ以及θ_{max}的表达式为

$$\Lambda = \sqrt{1 - \frac{4\sin^2\frac{\alpha}{2}}{\alpha^2}}, \quad \gamma = \frac{4\sin^2\frac{\alpha}{2} - \alpha\sin\alpha}{\alpha^2 - 4\sin^2\frac{\alpha}{2}}, \quad \theta_{max} = \theta_0 + \frac{\alpha + \pi}{2} \tag{5.104}$$

通过观察这些参数的极限情况并结合式(5.95)，可使我们对角扩展和角收缩有更深入的理解。

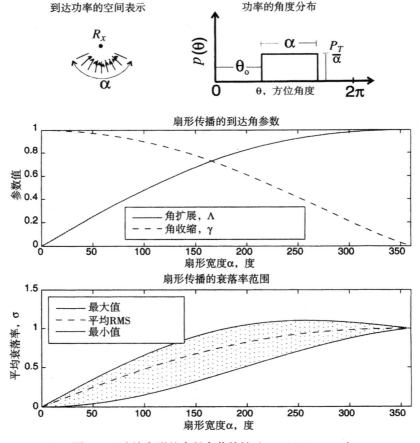

图5.29　连续扇形的多径衰落特性（[Dur00] © IEEE）

图5.29显示了空间信道参数Λ和γ作为函数随自变量（即扇形宽度α）变化的情况。在α为0的极限情况下，即当多径仅从一个方向上到达时，角扩展取到最小值$\Lambda = 0$。在另一极限情况下，即

α 为 360°，多径从所有方向均匀到达时（全向 Clarke 模型），角扩展取到最大值 Λ = 1。角收缩的情况则恰恰相反，在 α 为 0 的极限情况下取到最大值 1(γ = 1)，在 α 为 360° 时取到最小值 0(γ = 0)。如图 5.29 所示，随着多径到达的角度越来越集中，即扇形宽度越来越小，在同一本地区域内的衰落率对方向的依赖性越来越强。然而，总地来看，随着扇形宽度 α 越来越小，衰落率有下降的趋势。

5.8.2.2 双扇形信道模型

本节使用双扇形模型对角收缩的另一个实例进行研究，如图 5.30 所示。入射功率分为离散的两部分，从方位角相等且对立的两个扇形上进行多径传播。功率的角度分布公式定义如下：

$$p(\theta) = \begin{cases} \dfrac{P_T}{2\alpha}: \theta_o \le \theta \le \theta_o + \alpha, & \theta_o + \pi \le \theta \le \theta_o + \alpha + \pi \\ 0: & \text{其他} \end{cases} \tag{5.105}$$

角度 α 为扇形宽度，角度 θ_0 代表任一偏移角度，如图 5.30 所示。由式(5.91) ~ 式(5.93)可得，在此分布情况下，Λ、γ 以及 θ_{max} 的表达式为

$$\Lambda = 1, \quad \gamma = \frac{\sin\alpha}{\alpha}, \quad \theta_{max} = \theta_0 + \frac{\alpha}{2} \tag{5.106}$$

注意到角扩展的值 Λ 恒为 1。无论 α 取何值，从相反方向到达的功率都是相等的。因此，多径到达没有明显的方向性。

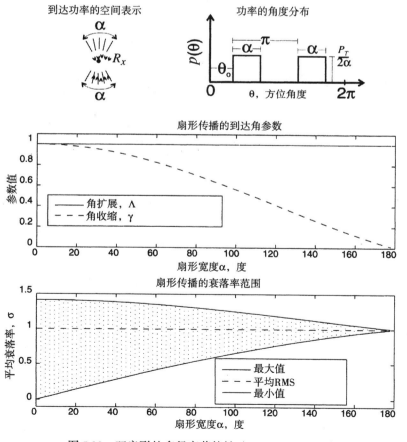

图 5.30 双扇形的多径衰落特性（[Dur00] © IEEE）

在 α 为 180° 的极限情况下（全向传播），角收缩取到最小值 γ = 0。随着 α 的下降，功率角度分布的收缩汇聚程度越来越强。在 α 为 0 的极限情况下，角收缩达到最大值 γ = 1。此情况与上文提到的两径传播实例相对应。由图 5.30 可知，随着扇形宽度 α 的增加，衰落率趋向于各向同性，而均方根均值则保持不变。

5.8.2.3　莱斯信道模型

莱斯信道模型由一个单独的平面波与许多散射波叠加而成[Ric48]。若假设散射波的功率在方位角上平坦分布，则信道可通过 $p(\theta)$ 建模如下：

$$p(\theta) = \frac{P_T}{2\pi(K+1)}[1 + 2\pi K\delta(\theta - \theta_0)] \tag{5.107}$$

其中 K 为连续功率与散射的非连续功率之比，通常称为莱斯 K 因子。由式(5.91) ~ 式(5.93)可得，在此分布情况下，Λ、γ 以及 θ_{max} 的表达式为

$$\Lambda = \frac{\sqrt{2K+1}}{K+1}, \quad \gamma = \frac{K}{2K+1}, \quad \theta_{max} = \theta_0 \tag{5.108}$$

图 5.31 显示了空间信道参数 Λ 和 γ 作为函数随自变量（即莱斯因子 K）变化的情况。当 K 因子很小时，信道近似为全向信道（$\Lambda = 1$，$\gamma = 0$）。随着 K 因子逐渐增加，莱斯信道的角扩展逐渐下降而角收缩则逐渐增加。这说明随着 K 因子逐渐增加，莱斯信道的总体衰落率将逐渐下降，而同一本地区域不同方向上的最大与最小衰落率之差将逐渐增加。

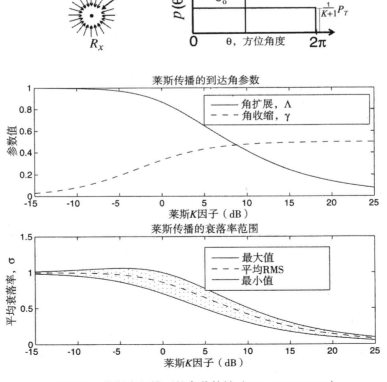

图 5.31　莱斯多径模型的衰落特性（[Dur00] © IEEE）

5.8.3 利用成型因子描述二阶统计特性[Dur00]

在对成型因子如何描述衰落率方差有所了解之后，可以进一步利用成型因子对 5.7.3 节中提到的许多衰落信道的基本二阶统计特性进行重新推导。原先在全向多径传播的假设条件下推导的电平通过率、平均衰落持续时间、空间自协方差及相干距离的表达式，将以角扩展、角收缩及最大衰落方位角方向的形式重新推导计算（[Dur99], [Dur99a], [Dur99b]）。

推导时假设信道为瑞利信道，这样在分析时比较便于处理。瑞利衰落信号的包络服从瑞利分布，其概率密度函数 $p_R(r)$ 的表达式如下所示：

$$p_R(r) = r\sqrt{\frac{2}{P_T}}\exp\left(\frac{-r^2}{P_T}\right), \quad r \geqslant 0 \tag{5.109}$$

其中 P_T 为本地区域平均的总接收功率（单位为伏特方）。

5.8.3.1 电平通过率和平均衰落持续时间

电平通过率的普通表达式如式(5.80)所示[Jak74]：

$$N_R = \int_0^\infty \dot{r}p(R, \dot{r})\mathrm{d}\dot{r} \tag{5.110}$$

其中 R 为门限电平，$p(R, r)$ 为包络与其时间导数的联合概率密度函数。对于瑞利衰落信号，其包络过程的电平通过率为

$$N_R = \frac{\rho\sigma_{\dot{V}}}{\sqrt{\pi P_T}}\exp(-\rho) \tag{5.111}$$

变量 ρ 为归一化门限电平，$\rho = R^2/P_T$ [Jak74]。注意到 $\sigma_{\dot{v}}^2$ 与 $\sigma_{\dot{V}}^2$ 的时间导数相等，具体推导过程见附录 C.1。$\sigma_{\dot{v}}^2$ 是在移动接收机以恒定速率在空间中移动时产生的，且信道的其他方面都是静态的（发射机和散射源是固定的）。

将式(5.94)代入式(5.111)，我们即可得到，在任意的多径功率空间分布、任意的移动接收机运动方向 θ 的瑞利衰落信道中，电平通过率的精确表达式为

$$N_R = \frac{\sqrt{2\pi}v\Lambda\rho}{\lambda}\sqrt{1 + \gamma\cos[2(\theta - \theta_{max})]}\exp(-\rho^2) \tag{5.112}$$

平均衰落持续时间 $\bar{\tau}$ 定义如下（[Jak74], [Cla68]）：

$$\bar{\tau} = \frac{1}{N_R}\int_0^R f_R(r)\mathrm{d}r \tag{5.113}$$

将式(5.109)和式(5.112)的瑞利 PDF 代入式(5.113)可得

$$\bar{\tau} = \frac{\lambda[\exp((\rho^2) - 1)]}{\sqrt{2\pi}v\Lambda\rho\sqrt{1 + \gamma\cos[2(\theta - \theta_{max})]}} \tag{5.114}$$

在对非全向多径条件下的小尺度衰落统计特性进行研究时，式(5.112)与式(5.114)是很有用的工具，研究得到的结果与 5.7.3 节给出的全向信道结果是一致的。

5.8.3.2 空间自协方差

另一个重要的二阶统计特性是接收电压包络的空间自协方差。自协方差函数反映了接收电压包络的相关性随接收位置的变化而变化的情况，在空间分集的研究中经常会用到（[Jak74], [Vau93]）。附录 D 推导出基于成型因子的包络空间协方差函数的近似表达式[Dur99a]，如下所示：

$$\rho(r, \theta) \approx \exp\left[-23\Lambda^2(1 + \gamma\cos[2(\theta - \theta_{max})])\left(\frac{r}{\lambda}\right)^2\right] \tag{5.115}$$

根据式(5.115)，可以对空间中沿方位角方向 θ 相隔距离为 r 的两点间的包络相关性进行估计。在5.8.5 节中，以式(5.115)作为基准与[Jak74]中提出的几种已知的分析解决方案进行了比较。

5.8.3.3　相干距离

相干距离 D_c 定义为空间中的一段距离，在这个距离内，衰落信道基本保持不变。如第 7 章所述，在设计空间分集的无线接收机以对抗空间选择性的过程中，相干距离是很重要的参数。对于移动接收机，还有一个相似的参数，称之为相干时间 T_c。在该段时间内，衰落信道基本保持不变（见式(5.40.b)）。在静态信道情况下，一个移动接收机的相干时间可由相干距离计算得出（$T_c = D_c/v$，其中 v 为移动速度）。

相干距离的定义可能要建立在包络自协方差函数的基础之上。一个对相干距离比较方便的定义是满足公式 $\rho(D_c) = 0.5$ [Ste94]的 D_c 值。在全向瑞利信道中，经典的相干距离值为

$$D_c \approx \frac{9\lambda}{16\pi} \tag{5.116}$$

由一般协方差函数即式(5.115)，通过计算 $\rho(r, \theta)|_{r=D_c} = 0.5$ 可以得到相干距离的一个新定义：

$$D_c \approx \frac{\lambda\sqrt{\ln 2}}{\Lambda\sqrt{23(1 - \gamma\cos[2(\theta - \theta_{max})])}} \tag{5.117}$$

对于全向传播，式(5.117)与式(5.116)大约相差 −3.0%。此外，式(5.117)还可描述非全向多径的情况。本地区域的相干距离随角扩展的降低而增加。且随着角收缩的增加，相干距离对方向 θ 的依赖性越来越强。

5.8.4　将成型因子应用到宽带信道

5.8 节中提出的理论最初是基于小尺度平坦衰落这一假设条件的。意识到宽带信道可以按时延分解为离散的多径成分，我们就可以很容易地明白如何将该理论应用于各个分解后的时延段中，如图 5.4 所示。成型因子理论可以对单独的多径统计特性进行研究[Pat99]。

5.8.5　利用成型因子重新分析经典信道模型

为方便比较，本节将分析三个众所周知的传播实例，其各自的解析解如5.7.1 节～5.7.3 节所述[Jak74]。对实例进行分析时使用了 5.7.4 节概述的成型因子的方法，并且假设移动接收机的速度为 v。经分析显示，此方法可提供更快速、更全面、更精确的解。

第一个实例对应于一个运行于本地区域的窄带接收机，多径从所有方向到达，即功率的角度分布是恒定的。假设接收天线为全向伸缩式拉杆天线，方向与地面正交。由于此拉杆天线的垂直电子极化，因此这一传播场景被视为 E_z 一类的情况[Cla68]。

后两个实例对应着相同的窄带接收机和相同的全向多径信道，但接收机顶端装置一个小的环形天线。这样，环形天线的平面与地面是垂直的。小环形天线这种天线模式削弱了到达的多径，因此功率的角度分布变为

$$p(\theta) = A\sin^2\theta \tag{5.118}$$

其中 A 为任意的增益常量。与全向 E_z 一类的情况不同，此传播场景的统计特性依赖于接收机的移动方向。H_x 一类的情况指的是接收机的移动方向垂直于环形天线模式的主瓣（θ = 0）。H_y 一类的情况

指的是接收机的移动方向平行于环形天线模式的主瓣（$\theta = \pi/2$）。图 5.32 给出了接收天线所对应的 E_z、H_x 及 H_y 三种情况。

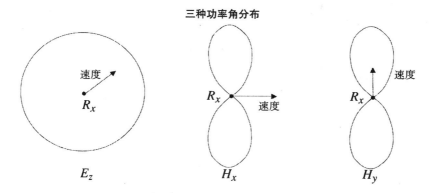

三种功率角分布

E_z　　　　　　H_x　　　　　　H_y

图 5.32　三个不同的电磁多径移动衰落场景（[Dur00] © IEEE）

第一步先根据式 (5.91) ~ 式 (5.93)，由功率的角度分布 $p(\theta)$ 计算出三个空间参数。在 E_z 情况下，空间参数为 Λ、γ 及 $\theta_{max} = 0$。由于此例为全向，所以角扩展取最大值 1，角收缩取最小值 0。对于 H_x 及 H_y 的情况，空间参数为 $\Lambda = 1$、$\gamma = 1/2$ 及 $\theta_{max} = \pi/2$。由于多径没有在一个方向上有明显的偏向，因此角扩展取值与在 E_z 情况下的一样，都取最大值。然而，由于多径在两个方向上有明显的偏向，导致角收缩增加为 $\gamma = 1/2$。

将这些参数及合适的移动方向带入式 (5.112)，3 个实例下的电平通过率变为

$$E_z: \quad N_R = \frac{\sqrt{2\pi}v\rho}{\lambda}\exp(-\rho^2) \tag{5.119}$$

$$H_x: \quad N_R = \frac{\sqrt{\pi}v\rho}{\lambda}\exp(-\rho^2) \tag{5.120}$$

$$H_y: \quad N_R = \frac{\sqrt{3\pi}v\rho}{\lambda}\exp(-\rho^2) \tag{5.121}$$

对应的平均衰落持续时间为

$$E_z: \quad \bar{\tau} = \frac{\lambda}{\sqrt{2\pi}v\rho}[\exp(\rho^2) - 1] \tag{5.122}$$

$$H_x: \quad \bar{\tau} = \frac{\lambda}{\sqrt{\pi}v\rho}[\exp(\rho^2) - 1] \tag{5.123}$$

$$H_y: \quad \bar{\tau} = \frac{\lambda}{\sqrt{3\pi}v\rho}[\exp(\rho^2) - 1] \tag{5.124}$$

这些表达式与 Clarke 在 [Cla68] 中提出的初始解是完全一致的。

现在将信道成型因子代入式 (5.115) 中的近似自协方差函数。三个实例的结果为

$$E_z: \quad \rho(r) = \exp\left[-23\left(\frac{r}{\lambda}\right)^2\right] \tag{5.125}$$

$$H_x: \quad \rho(r) = \exp\left[-11.5\left(\frac{r}{\lambda}\right)^2\right] \tag{5.126}$$

$$H_y: \quad \rho(r) = \exp\left[-34.5\left(\frac{r}{\lambda}\right)^2\right] \tag{5.127}$$

图 5.33 ~ 图 5.35 对这三个函数与它们更严格的解析解进行了比较。注意到 3 个模型的空间自协方差函数与式(5.115)中推导出的近似值都是一致的。当 r 小于或等于相干距离时, 结果几乎是精确的。

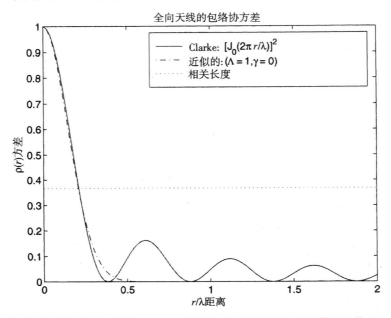

图 5.33　E_z 情况下包络自协方差函数的 Clarke 理论值与成型因子理论近似值的比较（[Dur00] © IEEE）

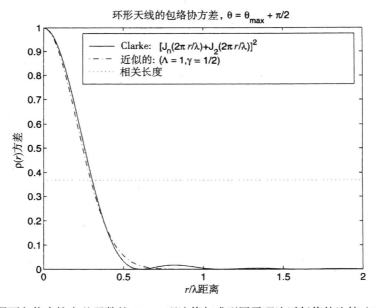

图 5.34　H_x 情况下包络自协方差函数的 Clarke 理论值与成型因子理论近似值的比较（[Dur00] © IEEE）

利用成型因子技术分析衰落统计特性, 可以很直观地将物理信道特征与衰落情况联系起来。在前面的例子中, 只需对图 5.32 中的多径功率分布进行简单的观察, 即可通过分析计算出甚至直接凭直觉估计出空间参数的情况。与[Jak74]中所提出的 E_z、H_x 及 H_y 三种情况下的解析解相比, 利用空间参数来计算电平通过率、平均衰落持续时间及空间自协方差等二阶统计特性，显得更为简单方便。此外，本文所提出的方法还更加全面。例如，一旦确定了成型因子，即可由式(5.112)、式(5.114)及式(5.115)得到 H_x 及 H_y 情况下所有运动方向的统计特性，而不仅仅是诸如 $\theta = 0$ 或 $\theta = \pi/2$ 之类的特殊方向。这样，即可方便地对接收机向各个方向移动时的特定衰落情况进行建模。

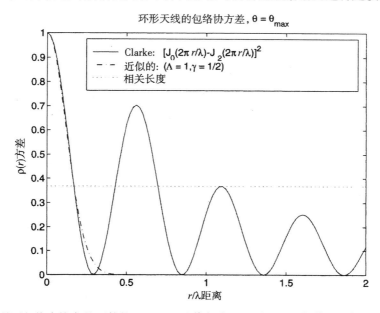

图 5.35　H_y 情况下包络自协方差函数的 Clarke 理论值与成型因子理论近似值的比较（[Dur00] © IEEE）

　　式(5.112)、式(5.114)及式(5.115)所对应的解的形式揭示了瑞利衰落信道中统计特性的一个有趣的性质。因为 3 个成型因子仅依赖于低阶傅里叶系数，所以瑞利衰落信道的许多二阶统计特性对更高阶的多径结构并不敏感。因此，在实际中，角扩展与角收缩已经足够全面地反映了这些衰落过程在时间和空间上的变化情况。

5.9　小结

　　小尺度衰落影响着本地区域接收机天线上的时延和信号电平的动态衰落范围。本章阐明了一个重要原则，即本地接收功率不是带宽的函数。无论信号带宽为多少，本地区域的平均信号电平都是不变的。我们看到，窄带信号在本地区域可能会经历快速的波动，而在同样的本地区域，宽带信号的幅度波动通常会很小。

　　文中描述了三种普通类型的宽带信道探测仪，同时还讲解了为描述多径信道的特征而进行测量的方法。此外，本章还提出了重要的时间和频率的关系式，这些关系式提供了决定时间弥散性（多径时延）和频率弥散性（由于移动产生的变化）的度量标准，并指明了它们是如何与平坦及频率选择性衰落信道的概念相关联的。这些度量标准对于在移动无线环境中设计空中接口标准是非常有用的。

　　文中给出了描述本地区域瑞利衰落传播的经典 Clarke 和 Gans 理论，并给出了基于这些理论的移动无线信号的经典 U 型谱、电平通过率及平均衰落持续时间的统计特性。

　　最后，本章提出了一些普通的统计建模技术，包括基于测量的抽头延迟线模型，如 SIRCIM 及 SMRCIM。基于测量的统计模型的优势在于可再现冲激响应抽样。这些抽样与实际领域中的数据统计特性非常相似。因此，基于测量的统计模型可以提供精确的、现实的信道抽样，从而提高输出结果的可靠性。不需要实际的工作硬件，即可在实验室中可靠地对复杂的信号处理算法进行开发。

本章结束时提出了一个非常有效的新理论——多径成型因子理论，该理论充分利用了到达接收天线的多径功率的方位角度分布的信息。多径成型因子理论为分析小尺度衰落信道提供了一种简单、直观、精确的分析方法，而且考虑了多径传播为非全向的模式。该理论还对无线信道的测量有一定的指导意义。例如，在本地区域可使用一个简单的非相干的接收机来测量某个特定的正交方向上的衰落情况，用以计算不同的多径到达角和衰落率特征。反之，可以使用定向天线来测量到达角特征，用以计算本地区域的衰落情况。

以上所有关于小尺度信道建模的主题在实际空中接口的设计中都是非常关键的，因为它们会影响到时变移动信道中调制数据速率和调制方法的选择。调制技术是下一章关注的主题。

5.10　习题

5.1　确定从一个静态 GSM 发射机接收到的最大和最小的频谱频率，该发射机的中心频率为 1950.000 000 MHz。假设接收机的移动速率为 (a) 1 km/h；(b) 5 km/h；(c) 100 km/h；(d) 1000 km/h。

5.2　描述与一个静态发射机和一个移动接收机相关的所有物理环境，接收机处的多普勒频移等于：(a) 0 Hz；(b) $f_{d_{max}}$；(c) $-f_{d_{max}}$；(d) $f_{d_{max}/2}$。

5.3　利用线性系统理论的第一个原则和复数包络的定义，证明图 5.3 是正确的。也就是说，对于带通信号 $x(t)$ 和 $y(t)$，证明式 (5.9) 是有效的。这是仿真和 DSP 中一个关键的原则。

5.4　画出一个二进制频谱滑动相关器多径测量系统的框图。并阐明它如何测量功率延迟分布。

　　(a) 如果发射机端的码片周期为 10 ns，PN 序列长度为 1023，载频为 6 GHz，试求出：最大相关峰之间的时间，以及接收机 PN 序列时钟比发端慢 30 kHz 时的滑动因子。

　　(b) 如果用示波器来显示 PN 序列的一个全循环（即示波器显示两个连续的最大相关峰值），且将示波器时间轴 10 等分，那么应采用何种适当的最小扫描设置（秒/格）？

　　(c) 系统所需的 IF 通带带宽为多少？在相似的分隔时间下，该系统比直接脉冲系统好在何处？

5.5　已知相关带宽由式 (5.39) 大致给出，描绘当 $T_s \geqslant 10\,\sigma_\tau$ 时的平坦衰落信道。提示，B_c 是 RF 带宽，假设 T_s 是基带信号带宽的倒数。

5.6　如果某种特定调制方法在 $\sigma_\tau / T_s \leqslant 0.1$ 的任何时间内都能提供合适的 BER 性能，试通过观察图 P5.6 中的 RF 信道来确定最小的符号间隔 T_s（即最大的符号速率），不需要使用公式计算。

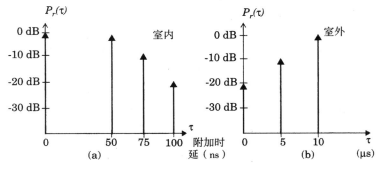

图 P5.6　习题 5.6 的两个信道响应

5.7 如果一个 BPSK 调制的 RF 载波器，其传输的比特速率为 R_b = 100 Kbps 的基带二进制消息，回答以下问题：

    (a) 确定接收到的平坦衰落信号所需要的信道延迟扩展的均方根（rms）值的范围。

    (b) 如果调制载波的频率是 5.8 GHz，则信道的相关时间是多少？假设车辆的行驶速度是每小时 30 英里。

    (c) 根据(b)中的结果，该信道是"快"衰落还是"慢"衰落？

    (d) 根据(b)中的结果，该信道处于"静态"时发送多少数据比特？

    (e) 当信道是哪种衰落时，一个 CDMA RAKE 接收机能够使用多径？（用圆圈标出所有的正确答案）

        (a) 平坦；(b)慢速；(c)快速；(d)频率选择性

5.8 根据图 P5.6 中的功率延迟特征，估算 90% 和 50% 相关时的相关带宽。

5.9 对于一个比特速率为 25 Kbps、没有均衡器的二进制已调信号，大致估算频谱扩展的 rms 值有多大？对于比特速率为 75 Kbps 的 8-PSK 的系统呢？

5.10 已知瑞利衰落移动无线信号电平通过率为 $N_r = \sqrt{2\pi}f_m\rho e^{-\rho^2}$，找出使 N_r 最大的 ρ 值。

5.11 已知瑞利分布包络的概率密度函数是 $p(r) = \dfrac{r}{\sigma^2}\exp\left(\dfrac{-r^2}{2\sigma^2}\right)$，此处 σ^2 是变量，累积分布函数是 $p(r < R) = 1 - \exp\left(\dfrac{-R^2}{2\sigma^2}\right)$。对于瑞利衰落信号，计算信号为 10 dB 或远低于其 rms 值时的时间百分比。

5.12 欲测量市区 CW 载波的衰落特性，假设如下：

    (1) 移动接收机使用垂直单极天线；

    (2) 可以忽略由路径损耗引起的大尺度衰落；

    (3) 移动台与基站间无视距通路；

    (4) 接收信号概率分布函数服从瑞利分布。

        (a) 求出使电平通过率达到最大的信号电平与电平 rms 值的比率，用 dB 表示。

        (b) 假设移动台最大速率为 50 km/h，载频为 900 MHz，求出 1 分钟内信号包络衰减至小于(a)中求出的电平值的最大次数。

        (c) (b)中各衰落的持续时间平均为多大？

5.13 一辆汽车以恒定速率行驶 10 s 内收到 900 MHz 的发送信号。信号电平低于电平 rms 值 10 dB 的平均衰落时段为 1 ms，则汽车在 10 s 内行驶多远？ 10 s 内信号经历了多少次电平 rms 值门限处的衰落？假设汽车行驶速度保持恒定。

5.14 如图 P5.14 所示，汽车以 $v(t)$ 行驶。CW 移动信号经历了多径衰落以后被接收，载频为 900 MHz，则在 100 s 间隔内的平均电平通过率及衰落持续时间为多少？假设 $\rho = 0.1$ 且可忽略大尺度衰落效应。

5.15 一台移动接收机频率为 860 MHz，移动速率为 100 km/h。

    (a) 发送 CW 信号时，画出多普勒频谱草图，标明最大及最小频率。

    (b) 如果 ρ = −20 dB 时，算出电平通过率及平均衰落持续时间。

5.16 估算下列数字无线系统的最大延迟扩展的 rms 值，假设条件为其接收机不使用均衡器（忽略信道编码、天线分集的作用，不考虑使用极低功率电平的情况）。

系统	射频数据速率	调制方法
USDC	48.6 Kbps	π/4DQPSK
GSM	270.833 Kbps	GMSK
DECT	1152 Kbps	GMSK

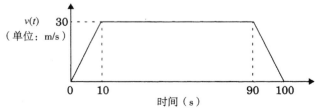

图 P5.14　移动台速率图

5.17 在小尺度衰落的 Clarke 和 Gans 模型中，纵坐标信号 E 由公式

$$E_z(t) = E_0 \sum_{n=1}^{\infty} C_n \cos(2\pi f_c t + \theta_n)$$

给出，此处：$\tau_n = 2\pi f_n t + \phi_n$

$$\sum_{n=1}^{N} \overline{C_n^2} = 1$$

f_n 是第 n 个平面波的多普勒频移，且 $f_n = v/\lambda \cos \alpha_n$。

(a) 给出以窄带同步和正交分量 $T_c(t)$ 和 $T_s(t)$ 表示的 E_z 表达式，例如，$E_z(t) = T_c(t) \cos 2\pi f_c t - T_s(t) \sin 2\pi f_c t$。注，$T_c(t)$ 和 $T_s(t)$ 在任一时刻都是不相关的、均值为 0 的高斯随机变量。

(b) ϕ_n 的分布是什么？

(c) 每一个 C_n 都是一个随机变量或随机过程吗？

(d) 证明：$|E_z(t)|^2 = (E_0^2)/2$。

(e) 设 $|E_z(t)| = r$，求出 r 的概率分布。这种分布的类型是什么？

(f) 如果将 $A \cos 2\pi f_c t$ 添加到 $E_z(t)$ 中，A 是常数，则 r 会遇到什么类型的衰落？

(g) 利用 (f) 中得到的结果，计算 K 值，$K = A^2/2\sigma^2$，$A = 5E_0$。

5.18 5/8 λ 的垂直单极天线采用 Clarke 和 Gans 模型接收一个 CW 信号。求出该天线的射频多普勒谱及相应的包络检测器输出的基带频谱。假设为等向散射且各单位平均接收功率。

5.19 两个独立的复数（正交）高斯源有相同的分布，证明他们相加后的和的幅度（包络）是瑞利分布。假设高斯源均值为 0，方差为单位方差。

5.20 设计一个瑞利衰落仿真器：利用图 5.24 中描述的频域方法，编写一段 MATLAB 程序来仿真瑞利衰落。假设最大多普勒频率是 200 Hz。保证仿真波形图的电平通过率和平均衰落持续时间与例 5.8 相一致。解释仿真输出的不同，并打印出程序源代码、波形图实例和其他相关结果。

5.21 如何把习题 5.20 中的仿真器转换成一个莱斯衰落仿真器？不需要实际去做，对具体的方法进行说明解释即可。

5.22 在下列条件下采用第 5 章阐述的方法来产生一个瑞利衰落信号的时间序列，要求该序列有 8192 个样值：

(a) $f_d = 20$ Hz

(b) $f_d = 200$ Hz

5.23　利用习题5.22给出的数据产生100个样本函数，比较此数据集的累积分布函数（CDF）的模拟值和理论分析值。利用这些数据，计算 $\rho = 1$、0.1、0.01时的 R_{RMS}、N_R 和 $\overline{\tau}$。看看模拟结果与理论分析一致吗？应该是一致的。

5.24　用瑞利、莱斯及正态对数分布重新画出图 5.17 所示的累积分布函数。

5.25　画出莱斯分布在(a) $K = 10$ dB 和(b) $K = 3$ dB 条件下的概率密度函数和累积分布函数。累积分布函数的横坐标用 dB 表示，以信号电平中值为基准。注意，莱斯分布的中值随 K 而变化。

5.26　基于习题 5.25 的答案，若 RSSI 中值为 –70 dBm，则在下面情况之下通过莱斯衰落信道的接收信号大于 –80 dBm 的概率是多少？

(a) $K = 10$ dB，(b) $K = 3$ dB

5.27　在某一特定环境下，本地的平均功率延迟特征由下式给出：

$$P(\tau) = \sum_{n=0}^{2} \frac{10^{-6}}{n^2 + 1} \delta(\tau - n10^{-6})$$

(a) 描绘出信道的功率延迟特征（以 dBm 表示）。

(b) 本地平均功率是多少（以 dBm 表示）？

(c) 信道延迟扩展的均方根值（rms）是多少？

(d) 如果对该信道使用比特速率为 2 M/s 的 256 QAM 调制，则该调制方法将通过平坦衰落还是频率选择性衰落信道？请解释。

(e) 在多大带宽之上，该信道会获得恒定的增益。

5.28　图 P5.28 示意了 900 MHz 的功率延迟分布的本地空间平均值。

(a) 确定信道延迟扩展的 rms 值和平均附加时延。

(b) 确定最大附加时延（20 dB）。

(c) 若在此信道中传输的调制符号的周期 T 小于 $10\sigma_\tau$ 时就需要一个均衡器，试确定不需要均衡器所能传输的最大射频符号速率。

(d) 若一个以 30 km/h 行驶的移动台接收到经信道传播的信号，试确定信道呈静态（或至少有高度相关性）的时间。

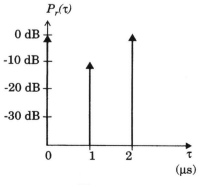

图 P5.28

5.29 一移动台以 80 km/h 速率行驶，此时收到 6 GHz 的平坦瑞利衰落信号。

    (a) 确定 5 s 内 rms 值沿正向过零点的数目。

    (b) 确定衰落值低于电平 rms 值的平均持续时间。

    (c) 确定衰落值比 rms 值低 20 dB 的平均持续时间。

5.30 对于以下的三种情形，判断在快速衰落、频率选择性衰落或平坦衰落下哪个接收到的信号是最好的。

    (a) 二进制调制方法，数据速率为 500 Kbps，f_c =1 GHz，使用典型的市区无线信道。

    (b) 二进制调制方法，数据速率为 5 Kbps，f_c =1 GHz，使用典型的市区无线信道为高速公路上行驶的汽车提供通信服务。

    (c) 二进制调制方法，数据速率为 10 bps，f_c =1 GHz，使用典型的市区无线信道为高速公路上行驶的汽车提供通信服务。

5.31 用计算机仿真产生一个瑞利衰落仿真器，它有 3 个独立的瑞利衰落多径分量，且每个分量有可变的多径时延及平均功率。将一个随机二进制比特流通过仿真器，试观测输出流的时间波形。可为每个比特取一些样值（7 个样值最好）。改变比特发送周期和信道时延，试观测多径扩展造成的影响。

5.32 请基于本章的概念提出一种方法供基站使用，以确定移动用户的车辆行驶速率。这种方法对越区切换算法很有用处。

5.33 根据 5.8 节描述的成型因子理论，描述角收缩 Λ 的物理意义，并给出 $p(\theta)$ 的两个例子，使得(a) $\Lambda = 1$；(b) $\Lambda = 0$。

5.34 利用式(5.117)，确定习题 5.33 中每一个 $p(\theta)$ 的相关距离 D_c。注意，必须假定移动的方向，且假设 $\lambda = 10$ cm。相对于到达多径，移动的方向对 D_c 有何影响？假设每个 $p(\theta)$ 都有四个移动方向，计算每种情况下的 D_c 值。

第6章 移动无线电中的调制技术

调制就是对信号源的编码信息进行处理，使其变为适合传输形式的过程。一般情况下，它包括将基带信号（信源）转变为一个相对基带频率而言频率非常高的带通信号。这个带通信号称为已调信号，而基带信号称为调制信号。调制可以通过使高频载波随信号幅度的变化而改变载波的幅度、相位或者频率来实现。而解调则是将基带信号从载波中提取出来以便一定的接受者（信宿）处理和理解的过程。

本章描述了应用于移动通信系统中的各种不同的调制技术，其中包括用于第一代移动通信系统的模拟调制方案和用于现今及未来系统中的数字调制方案。由于数字调制有许多优点，并且已经用来取代传统的模拟系统，所以本章的重点放在数字调制方案。然而因为模拟系统如今仍在广泛使用，并将继续存在下去，所以首先介绍模拟调制。

调制是各种通信教科书都会涉及到的一个主题。这里我们将注意力集中在用于移动通信系统中的调制和解调技术。许多调制技术都曾被研究并用于移动通信系统，这种研究至今仍在继续。在无线移动信道中，当衰落和多径条件很恶劣时，设计一个能抵抗移动信道损耗的调制方案，这是一项具有挑战性的工作。由于调制的最终目的就是在无线信道中以尽可能好的质量同时占用最少的带宽来传输信号，因此数字信号处理的新发展不断地带来新的调制和解调方法。本章将描述许多实用的调制方案，接收机的体系结构，设计中的折中考虑及它们在不同的信道损耗类型下的性能。

6.1 调频与调幅

调频（FM）是移动通信系统中最普遍的模拟调制技术。调频时已调载波信号的幅度保持不变，而频率随调制信号的变化而改变。这样，调制信号在载波的相位或者频率中包含了所有的信息。在后面将会看到，只要接收信号达到一个特定的最小值（FM门限），就会使接收质量产生非线性的迅速提高。而在调幅（AM）时，接收信号的质量与接收信号的能量之间是线性关系，这是因为调幅是将调制信号的幅度叠加于载波之上，这样调幅信号在载波的幅度中包含了所有的信息。调频相对于调幅而言有许多优点，这使得在许多移动通信应用中，调频是更好的选择。

调频比调幅有更好的抗噪声性能。由于调频信号表现为频率的变化而不是幅度的变化，因此调频信号更不容易受到大气和脉冲噪声的影响，而这些都会造成接收信号幅度的迅速波动。另外在调频中，由于信号幅度的改变不携带信息，所以只要接收到的调频信号在FM门限以上，突发性噪声对调频系统的影响就没有像对调幅系统那么大。在第5章，我们解释了小尺度衰落是怎样导致接收信号的迅速波动的，由此可知调频相对调幅而言有更好的抗衰落性能。除此之外，在调频系统中，我们可以在带宽和抗噪声性能之间进行折中。与调幅系统不同的是，调频系统中可以通过改变调制参数（也就是占用的带宽）来获得更好的信号–噪声性能。可以看到，在一定的条件下，调频系统占用的带宽比原来每增加一倍，其信噪比（SNR）就可增加6 dB。调频系统这种以带宽换取SNR的能力也许正是它比调幅系统优越的最重要的原因。然而，调幅信号占用的带宽小于调频信号。在现在的调幅系统中，由于带内导频音同标准调幅信号一起传输，因此它对衰落的敏感性已经大大地改善。现代的调幅接收机能够监督导频音，并能迅速调整接收增益来补偿信号幅度的波动。

因为调频载波的包络并不随调制信号的变化而改变，所以调频信号是一种恒包络信号。这样不管信号的幅度如何，调频信号传输的功率都是固定值。而且传输信号的恒包络性允许在进行射频功率放大时使用C类功率放大器。而在调幅中，由于必须保持信号和传输信号幅度之间的线性关系，就必须使用像线性A类或AB类这样效率不高的放大器。

当设计便携式用户终端时，由于电池使用时间和功率放大器的效率密切相关，所以放大器的效率是一个非常重要的问题。典型的C类放大器的效率为70%，也就是说在放大器电路末端直流信号功率的70%转变成了发射的射频信号功率。而A类或AB类放大器的效率只有30%~40%，这意味着采用同样的电池，使用恒包络FM调制时的工作时间比AM方式要长一倍。

调频有一种称为截获效应的特性。截获效应是由于随着接收功率的增加而造成接收质量非线性迅速提高的直接结果。如果在调频接收机上出现了两个同频段的信号，那么两者之中较强的那个信号会被接收和调解，而较弱的那个信号则被丢弃。这种固有的选择最强信号丢弃其他信号的能力，使得调频系统具有很强的抗同信道干扰的性能，并能提供很好的接收质量。另一方面，在调幅系统中，所有的干扰同时被接收，所以必须在解调之后去除干扰。

虽然调频系统比调幅系统有许多优点，但是它同样存在一些缺点。为了体现其在降噪和截获效应上的优点，调频系统在传输媒介中需要占用更大的带宽（一般是AM的数倍）。而且调频发射和接收设备都比调幅系统要复杂。尽管调频系统能容忍特定类型的信号和电路的非线性，还是要特别注意它的相位特性。AM和FM都可以用价格低廉的非相关解调器解调。AM可以很容易地用包络检测器解调，而FM可以用鉴频器或斜率检测器解调。AM可以用乘积检测器进行相关解调，在这种情况下，由于调频信号只有在门限以上才有用，所以AM在弱信号条件下的性能优于FM。

6.2　幅度调制

在调幅中，高频载波的幅度大小随调制信号幅度的瞬时改变而改变。如果载波信号是$A_c\cos(2\pi f_c t)$，$m(t)$是调制信号，则调幅信号可表示为

$$s_{\mathrm{AM}}(t) = A_c[1+m(t)]\cos(2\pi f_c t) \tag{6.1}$$

调幅信号的调制指数定义为信号峰值与载波峰值之比。s对一个正弦调制信号$m(t) = (A_m/A_c)\cos(2\pi f_m t)$来说，调制指数是

$$k = \frac{A_m}{A_c} \tag{6.2}$$

调制指数经常表示为百分数的形式，并可称为调制百分比。图6.1给出了正弦调制信号和相应的调幅信号。在图6.1的例子中，$A_m = 0.5A_c$，所以这种信号称为50%调制。当调制百分比大于100%时，如果用包络检测器会造成信号的失真，那么式(6.1)可表示为

$$s_{\mathrm{AM}}(t) = Re\{g(t)\exp(\mathrm{j}2\pi f_c t)\} \tag{6.3}$$

其中$g(t)$是AM信号的复包络，

$$g(t) = A_c[1+m(t)] \tag{6.4}$$

AM信号的频谱如式(6.5)所示：

$$S_{\mathrm{AM}}(f) = \frac{1}{2}A_c[\delta(f-f_c) + M(f-f_c) + \delta(f+f_c) + M(f+f_c)] \tag{6.5}$$

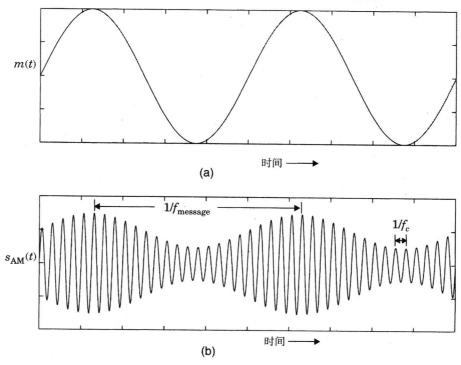

图 6.1　(a)正弦调制信号; (b)调制指数为 0.5 时对应的 AM 信号

其中, $\delta(\cdot)$ 为单位冲激, $M(f)$ 是信号的频谱。图 6.2 给出了信号频谱为三角函数的调幅信号的频谱。由图 6.2 可见, AM 频谱由一个载波频率上的冲激和两个等同于信号频谱的边带构成。在载波频率以上和以下的两个边带, 分别称为上边带和下边带。调幅信号的带宽为

$$B_{\text{AM}} = 2f_m \tag{6.6}$$

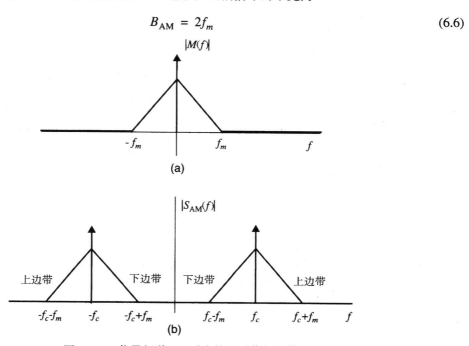

图 6.2　(a)信号频谱; (b)对应的 AM 信号频谱

其中 f_m 是调制信号中的最高频率。调幅信号的总功率为

$$P_{AM} = \frac{1}{2}A_c^2[1 + 2\langle m(t)\rangle + \langle m^2(t)\rangle] \tag{6.7}$$

其中，$\langle \cdot \rangle$ 表示平均值。如果调制信号是 $m(t) = k\cos(2\pi f_m t)$，那么式(6.7)可简化为

$$P_{AM} = \frac{1}{2}A_c^2[1 + P_m] = P_c\left[1 + \frac{k^2}{2}\right] \tag{6.8}$$

其中，$P_c = A_c^2/2$ 是载波信号的功率，$P_m = \langle m^2(t)\rangle$ 是调制信号 $m(t)$ 的功率，k 是调制指数。

例 6.1   发射机以 10 kW 功率发射一个 0 均值的 AM 正弦信号，若调制指数为 0.6，计算载波功率，总功率中有多少为载波功率？计算每个边带的功率。

解：

由式(6.8)有

$$P_c = \frac{P_{AM}}{1 + k^2/2} = \frac{10}{1 + 0.6^2/2} = 8.47\ \text{kW}$$

载波占总功率的百分比为

$$\frac{P_c}{P_{AM}} \times 100 = \frac{8.47}{10} \times 100 = 84.7\ \%$$

每个边带的功率为

$$\frac{1}{2}(P_{AM} - P_c) = 0.5 \times (10 - 8.47) = 0.765\ \text{kW}$$

6.2.1　单边带调幅

因为调幅信号两个边带包含有同样的信息，所以有可能去掉其中一个边带而不损失任何信息。单边带（SSB）调幅系统只传输一个边带（上边带或下边带），所以只占用普通调幅系统一半的带宽。SSB 信号可用数学公式表示为

$$s_{SSB}(t) = A_c[m(t)\cos(2\pi f_c t) \mp \hat{m}(t)\sin(2\pi f_c t)] \tag{6.9}$$

式(6.9)中的负号对应于上边带 SSB，正号对应于下边带 SSB。$\hat{m}(t)$ 是 $m(t)$ 的希尔伯特（Hilbert）变换，即

$$\hat{m}(t) = m(t) \otimes h_{HT}(t) = m(t) \otimes \frac{1}{\pi t} \tag{6.10}$$

$H_{HT}(f)$ 是 $h_{HT}(t)$ 的傅里叶变换，相当于一个 $-90°$ 的相移网络：

$$H(f) = \begin{cases} -j & f > 0 \\ j & f < 0 \end{cases} \tag{6.11}$$

两个用来产生 SSB 信号的常用技术是滤波法和平衡调制法。在滤波法中，将有两个边带的调幅信号通过一个带通滤波器去掉一个边带来实现 SSB 信号，其调制器框图如图 6.3(a)所示。在中频（IF）上使用晶体滤波器可以得到很好的边带抑制。

图 6.3(b)给出了直接运用式(6.9)的平衡调制器的框图。调制信号被分解为两个同样的信号，一个调制同相载波，一个相移 $-90°$ 后再调制一个正交的载波。正交分量的正负号决定了传输的是上边带还是下边带。

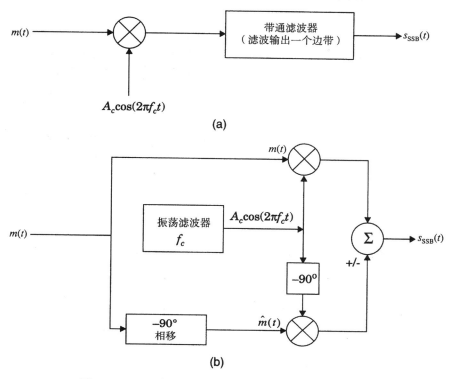

图 6.3 SSB 的产生：(a)用边带滤波器；(b)用平衡调制器

6.2.2 导频音 SSB

虽然 SSB 系统有占用带宽小的优点，但是它的抗信道衰落性能却很差。为了能很好地检波 SSB 信号，接收端乘积检测器中振荡器的频率必须与接收的载波频率一样。如果这两个频率不同，乘积检波后将使解调信号的频谱平移，平移的量即接收载波与本地振荡器频率间的差值。这会导致接收到的音频信号的音调升高或降低。在常规的 SSB 接收机中，很难使本地振荡器频率与接收载波频率调谐到完全相同。多普勒扩展和瑞利衰落会造成信号频谱的移动，使接收信号的音调和幅度发生变化。这些问题可以通过在 SSB 信号中同时传输一个低幅值的导频音来解决。接收机中的锁相环可以检测到这个导频音，并用它来锁定本地振荡器的频率和幅值。如果导频音和承载信息的信号经历了相关的衰落，那么在接收端有可能通过基于跟踪导频音的信号处理方法来抵消衰落的效果。这种处理称为前向信号再生。通过跟踪导频音，传输信号的相位和幅值可以重建。以导频音的相位和幅值为参考，可以修正由瑞利衰落造成的边带信号相位和幅值的失真。

现已发展了三种不同的导频音 SSB 系统，参见[Gos78]、[Lus78]、[Wel78]。这三种系统都传输一个低幅值的导频音，通常它比 SSB 信号包络的峰值功率低 7.5 dB 到 15 dB。它们本质的差别在于低幅值导频音在频谱中的位置不同。其中一种系统的低幅值导频音在边带内（带内音），而另外两种系统的导频音在 SSB 频谱之上或之下。

带内音 SSB 系统有很多优点，它特别适合无线移动环境。在这种技术中，音频频谱的一小部分通过陷波滤波器从音频边带的中心移走，而低幅值导频音则被插入到这个地方，这就既保留了 SSB 信号占用带宽小的优点，同时又提供了很好的对相邻信道的保护。由于导频音和音频信号经历的衰落有很强的相关性，因此带内音系统可以用某些形式的前向自动增益和频率控制方法来减轻多径效应的影响。

　　为了便于处理带内音SSB，导频音必须对数据透明并且在频谱上与其隔开，以避免音频频谱的交叠。McGeehan 和 Bateman[McG84]提出一种透明带内音（TTIB）系统。图6.4描述了他们提出的技术。基带信号频谱被分为带宽大致相等的两个部分。频谱高的部分被滤波器分离出来，并在频谱上平移，平移的值就是陷波滤波器的带宽。低幅导频音被插入到陷波带宽的中心，然后将合成信号发射出去。在接收端导频音被去掉，而进行与发端相反的频谱上的变换，再生出原始的音频频谱。TTIB 系统以系统带宽换取陷波带宽。陷波带宽的选择取决于信道引入的多普勒扩展和实际滤波器的滚降因子。

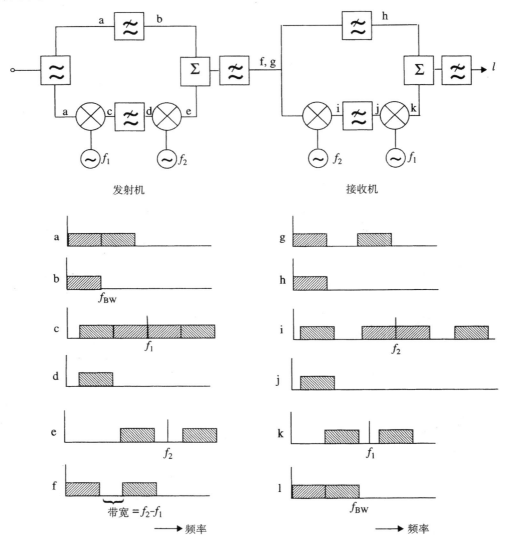

图 6.4　透明带内音系统的图示（[McG84] © IEEE）。只显示
了正频率部分，两种不同的阴影线表示不同的频带

6.2.3　调幅信号的解调

　　调幅信号的解调技术可大致分为两类：相关解调和非相关解调。相关解调需要在接收端知道发射载波的频率和相位。而非相关解调则不需要知道有关相位的信息。在实际的调幅系统中，接收

信号在载波频率经过滤波和放大，然后使用超外差（superheterodyne）接收机将信号变换到中频（IF）上。IF 信号完全保留了 RF 信号频谱的形状。

图 6.5 给出了对调幅信号进行相关解调的乘积检测器的框图。乘积检测器（也称为鉴相器）是一个将输入的带通信号变为基带信号的下变频电路。如果乘积检测器的输入是形如 $R(t)\cos(2\pi f_c t + \theta_r)$ 的调幅信号，那么乘法器的输出可表示为

$$v_1(t) = R(t)\cos(2\pi f_c t + \theta_r)A_0\cos(2\pi f_c t + \theta_0) \tag{6.12}$$

其中，f_c 是振荡器载波频率，θ_r 和 θ_0 分别是接收信号的相位和振荡器的相位。使用附录 G 所示的三角恒等变换，式(6.12)可重新写为

$$v_1(t) = \frac{1}{2}A_0 R(t)\cos(\theta_r - \theta_0) + \frac{1}{2}A_0 R(t)\cos[\pi 2 f_c t + \theta_r + \theta_0] \tag{6.13}$$

由于乘积检测器之后的低通滤波器去掉了两倍载波频率的项，所以输出为

$$v_{out}(t) = \frac{1}{2}A_0 R(t)\cos[\theta_r - \theta_0] = KR(t) \tag{6.14}$$

其中 K 是增益常数，式(6.14)说明，通过低通滤波器后的输出是解调的调幅信号。

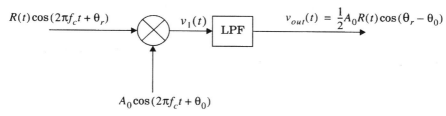

图 6.5　乘法检测器的框图

调幅信号经常通过使用便宜且容易制造的非相关包络检测器解调，理想的包络检测器是一个输出信号与输入信号实际包络成正比的电路。如果包络检测器的输入可表示为 $R(t)\cos(2\pi f_c t + \theta_r)$，则输出可表示为

$$v_{out}(t) = K|R(t)| \tag{6.15}$$

其中 K 是增益常数。一般情况下，当输入信号功率至少比噪声大 10 dB 时，包络检测器才有用。然而乘积检测器当输入信噪比远低于 0 dB 时仍能用于处理调幅信号。

6.3　角度调制

FM 是更为普遍的角度调制方法的一种。角度调制的正弦载波信号是以这样一种方式变化的，载波的角度随基带调制信号的幅度变化而变化。在这种方式中，载波的幅度保持不变（这就是 FM 称为恒包络的原因）。有许多种不同的方法可以使载波信号 $\theta(t)$ 的角度随着基带信号变化。两类最重要的角度调制是调频和调相。

调频（FM）这种角度调制，其载波信号的瞬时频率随基带信号 $m(t)$ 呈线性变化，如式(6.16)所示：

$$s_{FM}(t) = A_c\cos[2\pi f_c t + \theta(t)] = A_c\cos\left[2\pi f_c t + 2\pi k_f\int_{-\infty}^{t}m(\eta)d\eta\right] \tag{6.16}$$

其中 A_c 是载波的幅度，f_c 是载波频率，k_f 是频偏常数（度量单位是 Hz/V）。如果调制信号是幅度为 A_m 的正弦信号，频率为 f_m，则调频信号可表示为

$$s_{\text{FM}}(t) = A_c \cos\left[2\pi f_c t + \frac{k_f A_m}{f_m}\sin(2\pi f_m t)\right] \tag{6.17}$$

调相（PM）这种角度调制，其载波信号的角度 $\theta(t)$ 随基带信号 $m(t)$ 的变化而改变。如式(6.18)所示：

$$s_{\text{PM}}(t) = A_c \cos[2\pi f_c t + k_\theta m(t)] \tag{6.18}$$

在式(6.18)中，k_θ 是相移常数（度量单位是 rad/V）。

由上述方程，显然 FM 信号可以被看做调制信号在调制前先积分的 PM 信号，这意味着先对 $m(t)$ 积分，再将结果作为调相器的输入即可得到 FM 信号。相反，先微分 $m(t)$，再将结果作为调频器的输入也可得到 PM 信号。

调频指数 β_f 定义了信号幅度和传输信号带宽之间的关系，如下式所示：

$$\beta_f = \frac{k_f A_m}{W} = \frac{\Delta_f}{W} \tag{6.19}$$

其中 A_m 是调制信号的峰值，Δf 是发射信号的最大频偏。W 是调制信号的最大带宽。如果像通常情况那样，调制信号是一个低通信号，那么 W 等于调制信号中的最高频率成分 f_{max}。

调制指数 β_p 如下式所示：

$$\beta_p = k_\theta A_m = \Delta\theta \tag{6.20}$$

其中 $\Delta\theta$ 是发射信号的最大角度偏移。

例 6.2　一个正弦调制信号 $m(t) = 4\cos 2\pi 4 \times 10^3 t$，在频偏常数为 10 kHz/V 的 FM 调制器中，计算 (a)最大频率偏移；(b) 调制指数。

解：

已知：

频偏常数 $K_f = 10$ kHz/V

调制频率 $f_m = 4$ kHz

(a) 当输入信号的瞬时值最大时，达到最大频偏，对于给定的 $m(t)$，其最大值为 4 V，于是最大频率偏移值为 $\Delta f = 4$ V $\times$ 10 kHz/V $= 40$ kHz。

(b) 调制指数为

$$\beta_f = \frac{k_f A_m}{f_m} = \frac{\Delta f}{f_m} = \frac{40}{4} = 10$$

6.3.1　调频信号的频谱和带宽

当使用一个正弦测试音如 $m(t) = A_m\cos 2\pi f_m t$ 时，$S_{\text{FM}}(t)$ 的频谱包含载波的成分和在载波频率两旁根据已调制频率 f_m 的整数倍分布的无数多的边带。因为 $S_{\text{FM}}(t)$ 是 $m(t)$ 的非线性函数，对于每一个特定的感兴趣的调制信号波形，都必须专门计算其调频信号频谱。可以看到对于一个正弦信号，调频后其频谱分量是调制指数 β_f 的贝塞尔函数。

FM 信号传输功率中 98% 的在 RF 带宽 B_T 内，其值为

$$B_T = 2(\beta_f + 1)f_m \quad（上边带）\tag{6.21}$$

$$B_T = 2\Delta f \quad（下边带）\tag{6.22}$$

上述对调频带宽的估计称为卡森（Carson）规则。卡森规则表明当调制指数较小时（$\beta_f < 1$），调频信号的频谱集中在载波频率 f_c 附近，并且有一对边带位于 $f_c \pm f_m$。而当调制指数较大时，其带宽约等于或稍大于 $2\Delta f$。

举一个计算调频信号频谱的实际例子。美国 AMPS 蜂窝系统使用的调制指数为 $\beta_f = 3, f_m = 4$ kHz。按照卡森规则，AMPS 信道带宽包含一个 32 kHz 的上边带和 24 kHz 的下边带。然而实际上，AMPS 标准仅仅规定了调制后在载波两旁 20 kHz 以外的信号不得比未调制的载波低 26 dB 以上，又进一步规定在载波两旁 ±45 kHz 以外的信号不得比未调制的载波低 45 dB 以上[EIA90]。

例 6.3 用 100 kHz 的正弦信号以调频方式调制一个 880 MHz 的载波。调频信号的最大频偏值为 500 kHz，如果此调频信号被一个中频为 5 MHz 的超外差接收机接收，计算为使信号通过所需的 IF 带宽。

解:

已知:

调制频率 $f_m = 100$ kHz

频偏 $\Delta_f = 500$ kHz

故调制指数为 $\beta_f = \Delta_f / f_m = 500/100 = 5$

应用卡森规则，调频信号占用带宽为 $B_T = 2(\beta_f + 1)f_m = 2(5 + 1)100$ kHz $= 1200$ kHz。

接收机的 IF 滤波器需要通过上述带宽中的所有成分，所以 IF 滤波器的设计带宽为 1200 kHz。

6.3.2 调频调制方式

有两种基本的方法可产生调频信号: 直接法和间接法。在直接法中，载波的频率直接随着输入的调制信号的变化而改变。在间接法中，先用平衡调制器产生一个窄带调频信号，然后通过倍频把频偏和载波频率提高到需要的水平。

直接法

在这种方法中，通过使用压控振荡器（VCO）使载波频率随基带信号幅度的变化而改变。由于压控振荡器中使用的电抗随输入电压的变化而改变，于是可变电抗使 VCO 的输出瞬时频率正比于输入电压。最常用的电抗器件是可变电压电容器。这种二极管的反向电压越大，二极管的跨越电容就越小。将这种器件加到标准的 Hartley 或 Colpitts 振荡器中，就可以得到调频信号了。图 6.6 给出了一种简单的电抗调制器。虽然 VCO 提供了一种简单的产生窄带调频信号的方法，但是当它用来产生宽带调频信号时，VCO 中心频率（载波）的稳定性成为一个主要的问题。通过附加一个锁相环（PLL）来使中心频率锁定在稳定的参考晶振频率上，能够提高 VCO 的稳定性。

间接法

用间接法实现调频是 Major Edwin Armstrong 在 1936 年提出的。这种方法将窄带调频信号近似看成载波信号和一个与载波相差 90° 的单边带（SSB）信号的和。当 $\theta(t)$ 较小时，使用泰勒级数，式(6.16)可表示为

$$s_{\text{FM}}(t) \cong A_c \cos 2\pi f_c t - A_c \theta(t) \sin 2\pi f_c t \tag{6.23}$$

式中，第一项代表载波，第二项代表边带。

间接法调频发射机的简单框图如图 6.7 所示。通过使用平衡调制器来调制一个压控晶体振荡器，产生一个窄带调频信号。图 6.7 是式(6.23)的直接应用，为使式(6.23)有效，最大频偏必须保持为一个较小的常数，这样输出才是一个窄带调频信号。用倍频器对窄带调频信号倍频就可以得到宽带调频信号。用间接法产生宽带调频信号的一个缺点是系统的相位噪声随频率倍增因子 N 的增大而增大。

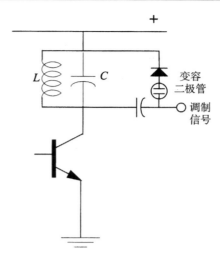

图 6.6　一个简单的电抗调制器，改变变容二级管的电压以调
整一个简单振荡器的频率。这个电路就是一个 VCO

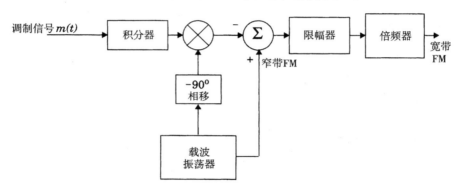

图 6.7　用间接法产生宽带 FM 信号。先用平衡调制器产生
一个窄带 FM 信号，再通过倍频产生宽带 FM 信号

6.3.3　调频检波技术

有许多种方法可以从调频信号中恢复出原始的信号。所有 FM 解调器的目的是为了产生与频率调制器相反的转移特性。这就是说，频率解调器的输出电压应该直接与输入调频信号的瞬时频率成正比。这样一个频率–幅度转换电路就是一个频率解调器。有各种不同的技术可以解调调频信号，如斜率检波、过零检波、锁相环鉴相检波和积分检波。能进行 FM 解调的器件通常称为鉴相器。在实际的接收机中，RF 信号先被接收、放大，然后在载波上滤波，再变换到 IF 上，这时信号的频谱与原始的接收信号相同。

斜率检测器

显而易见，可以通过先将调频信号对时间求导（通常称为斜率检波），再进行包络检波来解调调频信号。这种 FM 解调器的框图如图 6.8 所示。调频信号首先通过一个限幅器来去除信道衰落对信号幅度的干扰，产生恒包络信号。式(6.16)限幅器的输出信号可表示为

$$v_1(t) = V_1 \cos[2\pi f_c t + \theta(t)] = V_1 \cos\left[2\pi f_c t + 2\pi k_f \int_{-\infty}^{t} m(\eta)\mathrm{d}\eta\right] \tag{6.24}$$

实际上将信号通过一个具有增益随频率线性增长的转移特性的滤波器，式(6.24)即可被微分。这种滤波器称为斜率滤波器（这就是斜率滤波器的由来）。这样，微分器的输出为

$$v_2(t) = -V_1\left[2\pi f_c t + \frac{d\theta}{dt}\right]\sin(2\pi f_c t + \theta(t)) \tag{6.25}$$

包络检测器的输出为

$$
\begin{aligned}
v_{out}(t) &= V_1\left[2\pi f_c + \frac{d}{dt}\theta(t)\right] \\
&= V_1 2\pi f_c + V_1 2\pi k_f\, m(t)
\end{aligned}
\tag{6.26}
$$

上式表明包络检测器的输出含有一个与载波频率成正比的直流分量和一个与原始信号成正比的时变项 $m(t)$。通过电容滤除直流成分就可以得到想要的解调信号。

图 6.8　斜率检波式 FM 解调器的框图

过零检波

如果在很大的频率范围内都要求线性，例如在数据通信中，那么过零检测器通过直接对输入的调频信号使用过零点技术来完成频率−幅度的转换。这项技术的基本原理是用过零检测器的输出产生一个脉冲序列，其均值与输入信号的频率成正比。这种解调器有时也称为脉冲平均鉴别器，其框图如图 6.9 所示。输入的调频信号先通过一个限幅电路，将信号转变为一个频率调制的脉冲序列。这个脉冲序列 $v_1(t)$ 再通过一个微分器，其输出用来触发一个单稳态多频振荡器。振荡器的输出为一脉冲序列，其平均持续时间正比于想要得到的信号。再用一个低通滤波器通过提取这个输出信号的慢变成分来进行求均值操作。最后，低通滤波器的输出即为想要的解调信号。

锁相环 FM 检波

锁相环（PLL）是另一种常用的解调调频信号的技术。PLL 是一个能跟踪接收信号的相位和频率的闭合环路控制系统，这样的 PLL 电路如图 6.10 所示。PLL 电路包含一个压控振荡器 $H(s)$，其输出频率随解调输出电压的变化而改变。压控振荡器的输出电压通过鉴相器与输入信号进行比较，鉴相器的输出电压正比于相位的差值。相差信号反馈到 VCO 用来控制输出频率。反馈环路的工作方式便于把 VCO 频率锁定在输入频率上。只要 VCO 的频率锁定在输入频率上，VCO 将继续跟踪输入频率的变化。一旦跟踪成功，VCO 的输出电压就是解调的调频信号。

积分检波

积分检波是更常用的解调调频信号的检波技术。这种技术能以非常低的费用很容易地通过集成电路来实现。这种检测器包含这样一个相移网络，它将输入的调频信号进行相移，相移的值正比于输入的瞬时频率，并用乘积检测器（鉴相器）检测原始调频信号与相移网络输出信号之间的相位差。因为相移网络引入的相移正比于输入的调频信号，所以鉴相器的输出电压也正比于输入调频信号的瞬时频率。这样就完成了频率−幅度的转换，调频信号得到解调。

为了使积分检测器得到最佳性能，由调制信号带宽引入的相移必须非常小（不大于 ±5°）。相移网络对幅度的响应必须为常数，在调频信号所占频谱内对频率的响应为线性，如图 6.11 所示。此外，在载波频率上相移网络要有精确的 90° 相移。

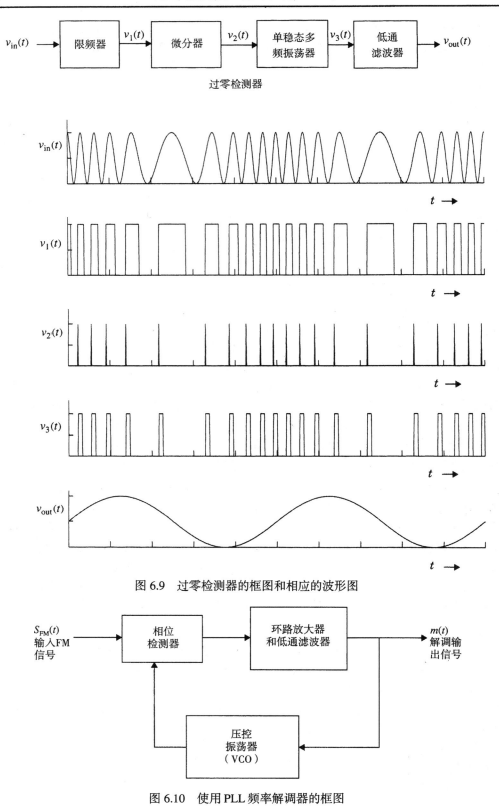

图 6.9　过零检测器的框图和相应的波形图

图 6.10　使用 PLL 频率解调器的框图

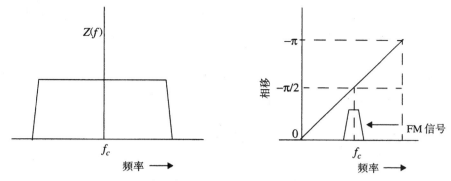

图 6.11　有恒定增益和线性相位的相移网络的特性

图6.12给出了积分检测器的框图。以下的分析说明这个电路的功能正是一个FM解调器。相移网络的相位响应方程可表示为

$$\phi(f) = -\frac{\pi}{2} + 2\pi K(f - f_c) \tag{6.27}$$

其中K是一个比例常数。当一个调频信号（见式(6.16)）通过这个相移网络，其输出可表示为

$$v_\phi(t) = \rho A_c \cos\left[2\pi f_c t + 2\pi k_f \int m(\eta)\mathrm{d}\eta + \phi(f_i(t))\right] \tag{6.28}$$

其中，ρ 是常数，$f_i(t)$是输入调频信号的瞬时频率，它定义为

$$f_i(t) = f_c + k_f m(t) \tag{6.29}$$

乘积检测器的输出正比于 $v_\phi(t)$ 和 $s_{\mathrm{FM}}(t)$ 相差的余弦值，如下所示：

$$\begin{aligned} v_0(t) &= \rho^2 A_c^2 \cos(\phi(f_i(t))) \\ &= \rho^2 A_c^2 \cos(-\pi/2 + 2\pi K[f_i(t) - f_c]) \\ &= \rho^2 A_c^2 \sin[2\pi K k_f m(t)] \end{aligned} \tag{6.30}$$

如果相移值很小，式(6.30)可简化为

$$v_0(t) = \rho^2 A_c^2 2\pi K k_f m(t) = Cm(t) \tag{6.31}$$

这样积分检测器的输出就是我们想要的信号与一个常数的乘积。

在实际中，相移网络通过使用积分振荡器或者延迟线来实现，积分振荡电路更常使用，因为它费用便宜又容易实现。调谐于载波或中频的并行 RLC 电路也能用于制造积分振荡电路。

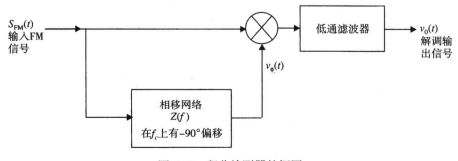

图 6.12　积分检测器的框图

例 6.4 设计一个 RLC 网络，实现一个中频积分 FM 解调器，$f_c = 10.7\,\text{MHz}$，对称带通频谱为 500 kHz。并画出设计网络的转移函数以验证它能否工作。

解：

积分检测器的框图如图 6.12 所示，用 RLC 电路实现的相移网络如图 E6.4.1 所示。这里当 $f = f_c$ 时用 90° 相移代替 –90° 相移。由图 E6.4.1 有

$$\frac{V_q(\omega)}{V_f(\omega)} = \frac{Z_1(\omega)}{Z_1(\omega) + Z_2(\omega)} \tag{E6.4.1}$$

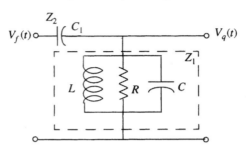

图 E6.4.1　RLC 相移网络的电路图

上式变形为

$$\frac{V_q(\omega)}{V_f(\omega)} = \frac{Y_2}{Y_1 + Y_2} = \frac{j\omega C_1}{j\omega C + \dfrac{1}{R} + \dfrac{1}{j\omega L} + j\omega C_1} = \frac{j\omega R C_1}{1 + jR\Big(\omega(C + C_1) - \dfrac{1}{\omega L}\Big)} \tag{E6.4.2}$$

对整个电路，令 $\omega_c^2 = 1/(L(C_1 + C))$，则

$$Q = \frac{R}{\omega_c L} = R\omega_c(C_1 + C)$$

$$\frac{V_q}{V_f} = \frac{j\omega R C_1}{1 + jQ\Big(\dfrac{\omega}{\omega_c} - \dfrac{\omega_c}{\omega}\Big)} \tag{E6.4.3}$$

这样对于 $\omega = \omega_c$，则

$$\frac{V_q}{V_f} = j\omega_c R C_1$$

这使得在 ω_c 处得到了想要的 90° 相移。在中频，网络引入的相移可表示为

$$\phi(\omega_i) = \frac{\pi}{2} + \arctan\Big[Q\Big(\frac{\omega_i}{\omega_c} - \frac{\omega_c}{\omega_i}\Big)\Big] = 90° + \eta$$

为使系统性能良好，需使 $-5° < \phi(\omega_i) < 5°$（近似）。

这样，$f_c = 10.7\,\text{MHz}$，$B = 500\,\text{kHz}$，在最大中频 $f_i = f_c + 250\,\text{kHz}$ 时，需使

$$Q\left(\frac{10.7 \times 10^6 + 250 \times 10^3}{10.7 \times 10^6} - \frac{10.7 \times 10^6}{10.7 \times 10^6 + 250 \times 10^3}\right) = \tan 5°$$

可得 $Q = 1.894$。

由 $Q = 1.894$，在最小中频 $f_i = f_c - 250\,\text{kHz}$ 时，检验相移：

$$\arctan\left[1.894\left(\frac{10.45}{10.7} - \frac{10.7}{10.45}\right)\right] = -5.12° \approx -5°$$

我们检验了电路在 $Q = 1.894$ 时满足相移的要求。

现在来计算 L、R、C 和 C_1 的值。

选取 $L = 10\ \mu H$，由式(E6.4.3)的第一部分，可计算 R 值为 $1.273\ k\Omega$。

由式(E6.4.3)得第二部分，可得

$$C_1 + C = \frac{Q}{R\omega_c} = \frac{1.894}{(1.273 \times 10^3)2\pi(10.7 \times 10^6)} = 22.13\ pF$$

假设 $C_1 = 12.13\ pF \approx 12\ pF$，可得 $C = 10\ pF$。

所设计的相移网络转移函数的幅度为

$$|H(f)| = \frac{2\pi fRC_1}{\sqrt{1 + Q^2\left(\frac{f}{f_c} - \frac{f_c}{f}\right)^2}} = \frac{97.02 \times 10^{-9}f}{\sqrt{1 + 3.587\left(\frac{f}{10.7 \times 10^6} - \frac{10.7 \times 10^6}{f}\right)^2}}$$

转移函数的相位为

$$\angle H(f) = \frac{\pi}{2} + \arctan\left[Q\left(\frac{f}{f_c} - \frac{f_c}{f}\right)\right] = \frac{\pi}{2} + \tan\left[1.894\left(\frac{f}{10.7 \times 10^6} - \frac{10.7 \times 10^6}{f}\right)\right]$$

转移函数的模值和相位如图E6.4.2所示。由图中可以很容易地看出，相移网络的转移函数满足要求，因此可以进行 FM 检波。

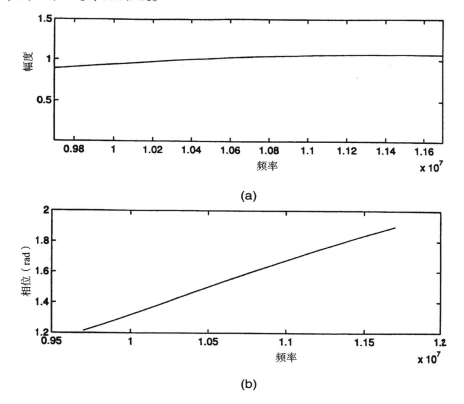

图E6.4.2　(a)设计相移网络的幅度响应；(b)设计相移网络的相位响应

6.3.4　调频信号带宽和信噪比的折中

在角度调制系统中，检波前的信噪比是接收机 IF 滤波器带宽、接收信号功率和接收干扰的函数。然而，检波后的信噪比是信号最大频率 f_{max}、调制指数 β_f 和输入信噪比 $(SNR)_{in}$ 的函数。

设计得当的 FM 接收机的输出 SNR 取决于调制指数，如下式[Cou93]所示：

$$(SNR)_{out} = 6(\beta_f + 1)\beta_f^2 \overline{\left(\frac{m(t)}{V_p}\right)^2}(SNR)_{in} \tag{6.32}$$

其中，V_p 是调制信号 $m(t)$ 的峰平比，输入信噪比 $(SNR)_{in}$ 为

$$(SNR)_{in} = \frac{A_c^2/2}{2N_0(\beta_f + 1)B} \tag{6.33}$$

其中，A_c 为载波幅度，N_0 为 RF 白噪声功率谱密度，B 是接收机前端带通滤波器的 RF 等效带宽。注意到 $(SNR)_{in}$ 中用到的 RF 信号带宽由式(6.21)的卡森公式给出。为了进行对比，把 $(SNR)_{in;AM}$ 定义为 RF 信号带宽为 $2B$ 的普通调幅接收机的输入功率，即为

$$SNR_{in;AM} = \frac{A_c^2}{2N_0B} \tag{6.34}$$

则对于 $m(t) = A_m \sin \omega_m t$，式(6.32)可简化为

$$[SNR]_{out} = 3\beta_f^2(\beta_f + 1)(SNR)_{in} = 3\beta_f^2(SNR)_{in;AM} \tag{6.35}$$

上述 $(SNR)_{out}$ 的表达式，仅当 $(SNR)_{in}$ 超过 FM 检测器的门限值时才有效。超过门限值的最小接收 $(SNR)_{in}$ 值一般为 10 dB 左右。当 $(SNR)_{in}$ 低于门限值时，解调信号成为噪声。在 FM 移动无线电系统中，由于接收机信号在门限值上下波动，经常会听到门限噪声。式(6.35)说明 FM 检测器的输出 SNR 可以通过增大传输信号的调制指数 β_f 来提高。换句话说，可以通过增大调频信号的调制指数来提高 FM 检波的增益。但是，增大调制指数会导致占用带宽的增大。当 β_f 值较大时，估算信道带宽的卡森公式为 $2\beta_f f_{max}$。由式(6.35)的右式可见，FM 检测器的输出 SNR 比具有同样 RF 带宽的 AM 信号的输入 SNR 大 $3\beta_f^2$ 倍。因为 AM 检测器有线性检波增益，所以 FM 的 $(SNR)_{out}$ 比 AM 的 $(SNR)_{out}$ 大许多。

式(6.35)说明在 FM 检测器输出端的 SNR 与信号带宽的三次方成正比。这就清楚地解释了为什么 FM 对衰落信号表现出很好的性能。只要 $(SNR)_{in}$ 大于门限值，$(SNR)_{out}$ 就远大于 $(SNR)_{in}$。一项称为门限扩展的技术可以用于 FM 解调器中，使检波灵敏度提高到 $(SNR)_{in} = 6$ dB 左右。

FM 可以通过在发射端调整调制指数而不是发射功率来提高接收性能。在 AM 中就不能这样处理，因为线性调制不允许以带宽换取 SNR。

例 6.5　一个模拟调频信号，音频带宽为 5 kHz，调制指数为 3，问需要多大的带宽？如果调制指数提高到 5，输出 SNR 能提高多少？为此折中付出的带宽是多少？

解：
由卡森公式可知，调频信号带宽为 $B_T = 2(\beta_f + 1)f_m = 2(3 + 1)5$ kHz $= 40$ kHz，
由式(6.35)，输出 SNR 的提高因子为 $3\beta_f^3 + 3\beta_f^2$，
所以
当 $\beta_f = 3$，输出 SNR 因子 $\approx 3(3)^3 + 3(3)^2 = 108 = 20.33$ dB

当 $\beta_f = 5$，输出 SNR 因子 $\approx 3(5)^3 + 3(5)^2 = 450 = 26.53\text{ dB}$

调制指数从 3 增加到 5，输出 SNR 提高了 $26.53 - 20.33 = 6.2\text{ dB}$。

这种提高是以带宽为代价的。当 $\beta_f = 3$ 时，需要的带宽为 40 kHz；当 $\beta_f = 5$ 时，需要的带宽为 60 kHz。

6.4　数字调制概述

现代移动通信系统都使用数字调制技术。超大规模集成电路（VLSI）和数字信号处理（DSP）技术的发展，使数字调制比模拟的传输系统更有效。数字调制比模拟调制有许多优点，其中包括更好的抗噪声性能，更强的抗信道损耗能力，更容易复用各种不同形式的信息（如声音、数据和视频图像等），以及更好的安全性，等等。除此之外，数字传输系统可采用检查和（或）纠正传输差错的数字差错控制编码技术，并支持复杂的信号条件和处理技术，像信源编码、加密技术和可提高整个通信链路性能的均衡技术。新的多用途可编程数字信号处理器，使得数字调制器和解调器完全用软件来实现成为可能。不同于以前硬件永久固定、面向特定调制解调器的设计方法，嵌入式的软件实现方法可以在不重新设计或替换调制解调器的情况下改变和提高其性能。

在数字无线通信系统中，调制信号（如信息）可表示为符号或脉冲的时间序列，其中每个符号可以有 m 种有限的状态。每个符号代表 n 比特的信息，$n = \log_2 m$ 比特/符号。许多数字调制方案都应用于现代无线通信系统中，还有更多的方案将会加入进来。这些技术当中有些差别很小，每一种都属于一组相关的调制方法。例如，相移键控（PSK）既可以相干解调也可以差分解调，并且每个符号可以有 2 种、4 种、8 种或更多的取值（如 $n = 1$、2、3 或更多比特），这取决于信息在单个符号上以何种方式传输。

6.4.1　影响选择数字调制方式的因素

有几个因素会影响数字调制方案的选择。一个令人满意的调制方案要能在低接收信噪比的条件下提供小的误比特率（BER），对抗多径和衰落情况性能良好，占用最小的带宽，并且容易实现、价格低廉。现有的调制方案不能同时满足以上所有的要求，有的误比特率性能较好，有的带宽利用率较高。对于不同应用的要求，需要在选择数字调制方案时进行折中。

调制方案的性能常用它的功率效率和带宽效率来衡量。功率效率描述了在低功率情况下一种调制技术保持数字信息信号正确传输的能力。在数字通信系统中，为提供抗噪声性能，有必要提高信号的功率。然而为得到特定水平的保真度（也就是可接受的误比特率）所需要提高信号功率的数值，取决于使用的调制方法。一种数字调制方案的功率效率 η_p（有时称为能量效率）是由它怎样有利于信号保真度和功率之间的折中来衡量的，通常表示为在接收机输入端特定的差错概率（如 10^{-5}）下，每比特信号能量和噪声功率谱密度的比值（E_b/N_0）。

带宽效率描述了调制方案在有限的带宽内容纳数据的能力。一般来说，提高数据速率意味着减少每个数字符号的脉冲宽度。这样，数据速率和占用带宽之间就有不可避免的联系。有些调制方案在这两者之间的折中上其性能优于其他的方案。带宽效率反映了对分配的带宽是如何有效利用的，它定义为在给定带宽内每赫兹数据速率吞吐量的值。如果 R 是每秒数据速率，单位是比特，B 是已调 RF 信号占用的带宽，则带宽效率 η_B 表示为

$$\eta_B = \frac{R}{B}\text{ bps/Hz} \tag{6.36}$$

如果一种调制的 η_B 值大，则在分配的带宽内传输的数据更多，所以数字移动系统的系统容量与调制方案的带宽效率有直接的联系。

带宽效率有一个基本的上限。香农的信道编码理论指出，在一个任意小的错误概率下，最大的带宽效率受限于信道内的噪声，下式是信道容量公式[Sha48]：

$$\eta_{Bmax} = \frac{C}{B} = \log_2\left(1 + \frac{S}{N}\right) \tag{6.37}$$

其中，C 是信道容量（单位为 bps），B 是 RF 带宽，S/N 是信噪比。

在数字通信系统的设计中，经常需要在带宽效率和功率效率之间进行折中。例如，在第 7 章中，对信息信号增加差错控制编码，提高了占用带宽（这样就降低了带宽效率），但同时对于给定的误比特率所需的接收功率降低了，于是以带宽效率换取了功率效率。另一方面，更多进制的调制方案（多进制键控）降低了占用带宽，但是增加了所需的接收功率，于是以功率效率换取了带宽效率。

虽然对功率和带宽的考虑非常重要，其他的因素同样会影响对数字调制方案的选择。例如，对服务于大用户群的个人通信系统，用户端接收机的费用和复杂度必须降到最小，这样检波简单的调制方式就最有吸引力。在各种不同的信道损耗下，像瑞利和莱斯衰落及多径时间色散，对于解调器的实现，调制方案的性能是选择调制方案的另一个关键因素。在干扰为主要问题的蜂窝系统中，调制方案在干扰环境中的性能就显得极为重要。对时变信道造成的延时抖动的检测灵敏度，也是在选择调制方案时要考虑的重要因素。一般来说，调制、干扰、信道时变效果和解调器的详细性能，都要通过仿真方法来对整个系统进行分析，从而决定相关的性能和最终的选择。

例 6.6 如果一无线通信链路的 SNR 为 20 dB，RF 带宽为 30 kHz，计算理论上可以传输的最大数据速率。将其与在第 1 章中描述的美国数字蜂窝（USDC）标准做个比较。

解：
已知：
$S/N = 20$ dB $= 100$
RF 带宽 $B = 30\,000$ Hz
由香农信道容量公式(6.37)，可能的最大数据速率为

$$C = B\log_2\left(1 + \frac{S}{N}\right) = 30\,000\log_2(1 + 100) = 199.75\text{ Kbps}$$

USDC 数据速率为 48.6 Kbps，这只有 SNR 为 20 dB 的条件下理论极限值的四分之一。

例 6.7 带宽为 200 kHz，SNR 分别为 10 dB、30 dB 的信道的理论最大数据速率为多少？这与在第 1 章中描述的 GSM 标准相比如何？

解：
已知：
SNR $= 10$ dB $= 10$，$B = 200$ kHz
由香农信道容量公式(6.37)，可能的最大数据速率为

$$C = B\log_2\left(1 + \frac{S}{N}\right) = 200\,000\log_2(1 + 10) = 691.886\text{ Kbps}$$

GSM 的数据速率为 270.833 Kbps，是在 10 dB SNR 条件下理论值的 40%。
由题 SNR $= 30$ dB $= 1000$，$B = 200$ kHz。

可能的最大数据速率为

$$C = B\log_2\left(1 + \frac{S}{N}\right) = 200\,000\log_2(1 + 1000) = 1.99 \ \ \text{Mbps}$$

6.4.2 数字信号的带宽和功率谱密度

信号带宽的定义是随上下文的不同而变化的，实际上并没有一个适用于所有情况的定义[Amo80]。然而所有的定义都是基于信号功率谱密度（PSD）的某种度量。随机信号 $w(t)$ 的功率谱密度的定义如下[Cou93]：

$$P_w(f) = \lim_{T \to \infty}\left(\overline{\frac{|W_T(f)|^2}{T}}\right) \tag{6.38}$$

其中，上划线表示总体平均，$W_T(f)$ 是 $w_T(t)$ 的傅里叶变换，$W_T(f)$ 是信号 $w_T(t)$ 的截短式，定义为

$$w_T(t) = \begin{cases} w(t) & -T/2 < t < T/2 \\ 0 & \text{其他} \end{cases} \tag{6.39}$$

已调（带通）信号的功率谱密度与基带复包络信号的功率谱密度有关。如果一个基带信号 $s(t)$ 如下所示：

$$s(t) = Re\{g(t)\exp(\text{J}2\pi f_c t)\} \tag{6.40}$$

其中 $g(t)$ 是基带信号的复包络，那么带通信号的 PSD 如下：

$$P_s(f) = \frac{1}{4}[P_g(f-f_c) + P_g(-f-f_c)] \tag{6.41}$$

其中 $P_g(f)$ 是 $g(t)$ 的 PSD。

信号的绝对带宽定义为信号的非零值功率谱密度在频率上占用的范围。对于基带矩形脉冲信号，其 PSD 外形为 $(\sin f)^2/f^2$，在频率上无限延伸，它的绝对带宽就为无限值。更为简单和广泛使用的带宽度量是零点 – 零点带宽。零点 – 零点带宽等于频谱主瓣宽度。

一种非常普遍的带宽度量是衡量频谱的分散程度，称为半功率带宽。半功率带宽定义为 PSD 下降到一半时，或者比峰值低 3 dB 时的频率范围。半功率带宽也称为 3 dB 带宽。

联邦通信委员会（FCC）采纳的带宽定义是在占用频带以上部分有信号功率的 0.5%，在占用频带以下部分也有信号功率的 0.5%。也就是占用频带以内有信号功率的 99%。

另一个经常用来规定带宽的方法是指出在规定带宽以外的任意点，信号的 PSD 都低于一个给定值。典型的规定是 45 dB 到 60 dB 的衰减。

6.5 波形编码

数字基带信号经常使用波形编码来使脉冲序列具有特定的频谱特性。移动通信最常用的码型是归零码（RZ）、非归零码（NRZ）和 Manchester 码（见图 6.13 和图 6.14）。所有这些码型可以是单极性的（电压为 0 或 V），也可以是双极性的（电压为 V 或 –V）。RZ 意味着在每比特周期脉冲要回到零值。这会使频谱扩宽，但便于定时同步。另一方面，NRZ 码在每个比特周期不回到零值——信号在每个比特周期内保持定值。NRZ 码比 RZ 码的频谱利用率高，但同步能力差。因为有大量的直流成分，NRZ 线性码用于不需要通过音频放大器或电话线等直流耦合电路的数据上。

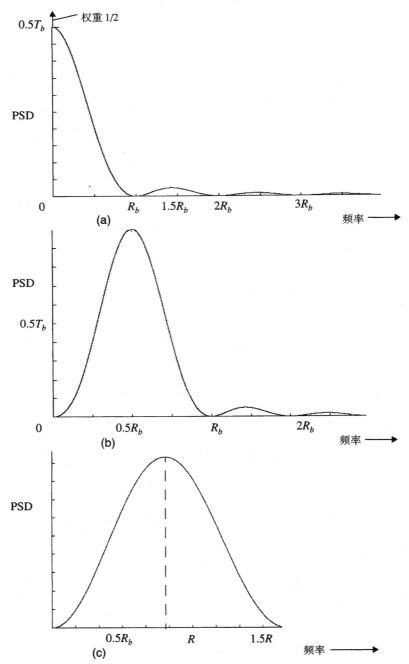

图 6.13　功率谱密度：(a)单极性 NRZ；(b) 单极性 RZ；(c)Manchester 线性码

　　Manchester 码是 NRZ 波形编码的一种特殊类型，它十分适用于必须通过电话线和其他直流耦合电路的信号，因为它没有直流成分，并容易同步。Manchester 码用两个脉冲来表示一个二进制符号，由于每个比特周期内都确保经过零点，所以时钟恢复很容易。这些波形编码的功率谱密度如图 6.13 所示，时间波形如图 6.14 所示。

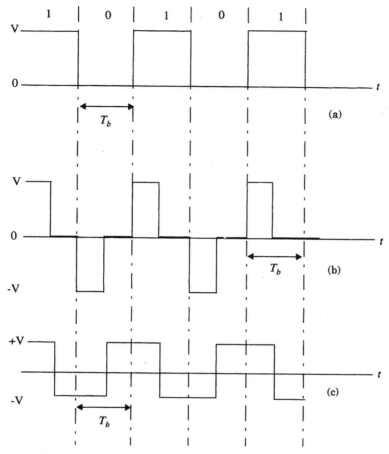

图 6.14　二进制波形编码的时间波形：(a)单极性 NRZ；(b) 单极性 RZ；(c) Manchester 线性码

6.6　脉冲成形技术

　　当脉冲通过限带信道时，脉冲会在时间上延伸，每个符号的脉冲将延伸到相邻符号的时间间隔内。这会造成符号间干扰（ISI），并导致接收机在检测一个符号时发生错误的概率增大。一个显而易见的减少符号间干扰的方法是增加信道带宽。然而，移动通信系统需要占用尽量小的带宽，因此非常需要既可以减少调制带宽和抑制带外辐射又可减小符号间干扰的技术。移动无线系统中在相邻信道内的带外辐射，一般比带内的辐射低 40 dB 到 80 dB。因为很难在 RF 频率上对发射机的频谱直接进行操作，所以脉冲成形就在基带或 IF 上进行。有许多熟知的脉冲成形技术可用来同时减少符号间干扰和已调数字信号的带宽。

6.6.1　消除符号间干扰的奈奎斯特准则

　　奈奎斯特（Nyquist）第一个解决了既能克服符号间干扰又能保持小的传输带宽的问题[Nyq28]。他发现只要把通信系统（包括发射机、信道和接收机）的整个响应设计成在接收机端每个抽样时刻只对当前的符号有响应，而对其他符号的响应全等于零，这样 ISI 的影响就能完全被抵消。如果 $h_{eff}(f)$ 是整个通信系统的冲激响应，这个条件在数学上可表示为

$$h_{eff}(nT_s) = \begin{cases} K & n = 0 \\ 0 & n \neq 0 \end{cases} \tag{6.42}$$

其中 T_s 是符号周期，n 是整数，K 是非零常数。有效的系统传递函数为

$$h_{eff}(t) = \delta(t)*p(t)*h_c(t)*h_r(t) \tag{6.43}$$

其中，$p(t)$ 是符号的脉冲波形，$h_c(t)$ 是信道的冲激响应，$h_r(t)$ 是接收机冲激响应。奈奎斯特得到了满足式(6.42)条件的传递函数 $H_{eff}(f)$ [Nyq28]。

在选取满足式(6.42)的传递函数 $H_{eff}(f)$ 时有两个重要的地方需要考虑。第一，$h_{eff}(t)$ 在接近 $n \neq 0$ 的取样点的地方要迅速衰减。第二，如果信道是理想的（$h_c(t) = \delta(t)$），则在发射端和接收端必须有可能实现或近似实现成形滤波器，以产生期望的 $H_{eff}(f)$。考虑如式(6.44)所示的冲激响应：

$$h_{eff}(t) = \frac{\sin(\pi t/T_s)}{(\pi t)/T_s} \tag{6.44}$$

显然，这个冲激响应满足式(6.42)所示的能消除 ISI 的奈奎斯特条件（见图 6.15）。所以，如果整个通信系统可以建模为一个冲激响应如方程(6.44)所示的滤波器，那么就有可能完全消除 ISI。滤波器的传递函数可以通过对冲激响应做傅里叶变换而得到，如下所示：

$$H_{eff}(f) = \frac{1}{f_s} \text{rect}\left(\frac{f}{f_s}\right) \tag{6.45}$$

这个传递函数对应于绝对带宽为 $f_s/2$ 的矩形"砖墙"滤波器，其中 f_s 为符号速率。虽然这个传递函数满足最小带宽的零 ISI 准则，但实现它时会有实际困难，因为它对应于非因果系统（$t < 0$ 时，$h_{eff}(t)$ 存在）并难以逼近。还有，$(\sin t)/t$ 脉冲波形在每个过零点的斜率都为 $1/t$，仅在 T_s 的整数倍点为零，这样在过零点取样时间内的任何错误都将由于相邻符号间的重叠而造成严重的 ISI（由于相邻取样之间有时间抖动，斜率为 $1/t^2$，$1/t^3$ 更适于减少 ISI）。

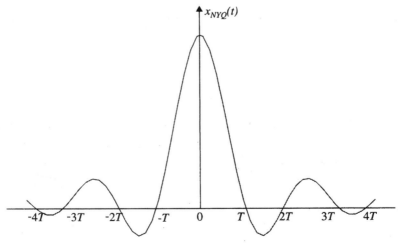

图 6.15　理想的没有符号间干扰的奈奎斯特脉冲波形

奈奎斯特还证明了任何传递函数为矩形带宽 $f_0 \geq 1/2T_s$ 的滤波器，与一个在矩形滤波器的通带外为零值的任意偶函数 $Z(f)$ 相卷积，结果满足零 ISI 条件。数学上，满足零 ISI 条件的滤波器可表示为

$$H_{eff}(f) = \text{rect}\left(\frac{f}{f_0}\right) \otimes Z(f) \tag{6.46}$$

其中 $Z(f) = Z(-f)$，当 $|f| \geq f_0 \geq 1/2T_s$ 时，$Z(f) = 0$。表达为冲激响应的形式，奈奎斯特准则表明任何滤波器只要其冲激响应为

$$h_{eff}(t) = \frac{\sin(\pi t/T_s)}{\pi t} z(t) \tag{6.47}$$

就可以消除 ISI。满足奈奎斯特准则的滤波器称为奈奎斯特滤波器（如图 6.16 所示）。

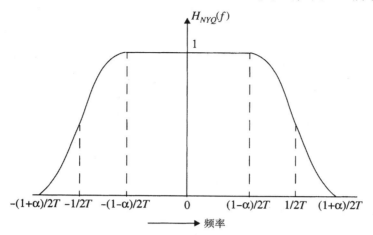

图 6.16　奈奎斯特脉冲成形滤波器的传递函数

假定由信道引入的失真可以通过使用传递函数与信道响应相反的均衡器来完全消除，那么整个传递函数 $H_{eff}(f)$ 可以近似为发射机和接收机滤波器传递函数的乘积。一个有效的端到端传递函数 $H_{eff}(f)$，经常通过在接收机和发射机端都使用传递函数为 $\sqrt{H_{eff}(f)}$ 的滤波器来实现。这带来了能提供系统匹配滤波器响应的优点，同时减少了带宽和符号间干扰。

6.6.2　升余弦滚降滤波器

在移动通信中最普遍的脉冲成形滤波器是升余弦滚降滤波器。升余弦滚降滤波器属于满足奈奎斯特准则的那类滤波器。升余弦滤波器的传递函数为

$$H_{RC}(f) = \begin{cases} 1 & 0 \leq |f| \leq \dfrac{(1-\alpha)}{2T_s} \\[2mm] \dfrac{1}{2}\Big[1 + \cos\Big[\dfrac{\pi(|f| \cdot 2T_s - 1 + \alpha)}{2\alpha}\Big]\Big] & \dfrac{(1-\alpha)}{2T_s} \leq |f| \leq \dfrac{(1+\alpha)}{2T_s} \\[2mm] 0 & |f| > \dfrac{(1+\alpha)}{2T_s} \end{cases} \tag{6.48}$$

其中，α 是滚降因子，取值范围为 0 到 1。图 6.17 画出了对应于不同 α 值的传递函数的图。当 $\alpha = 0$ 时，升余弦滚降滤波器对应于具有最小带宽的矩形滤波器。这种滤波器的冲激响应可由其传递函数做傅里叶变换而得到，

$$h_{RC}(t) = \frac{\sin\left(\dfrac{\pi t}{T_s}\right)}{\pi t} \cdot \frac{\cos\left(\dfrac{\pi \alpha t}{T_s}\right)}{1 - \left(\dfrac{4\alpha t}{2T_s}\right)^2} \tag{6.49}$$

升余弦滚降滤波器在基带的冲激响应（α为不同值时）如图6.18所示。注意与"砖墙"滤波器（α=0）相比，升余弦滚降滤波器的冲激响应在过零点（当$t \gg T_s$时，约为$1/t^3$）衰减很快。可知，快速衰减使得在截短时，其性能与理论值差别不大。由图6.17可见，随着滚降因子α的增加，滤波器带宽也增加，相邻符号间隔内的时间旁瓣减小。这意味着α可以减小对定时抖动的敏感度，但增加了占用的带宽。

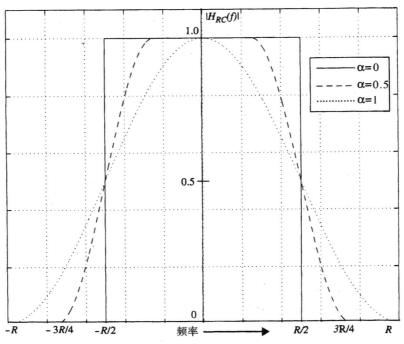

图 6.17 升余弦滤波器的传递函数

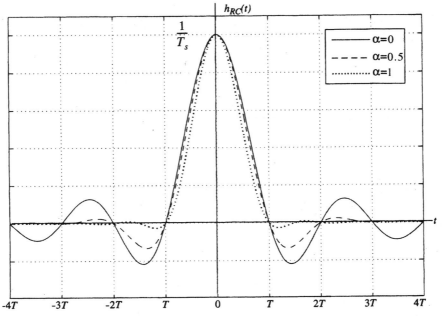

图 6.18 升余弦滚降滤波器的冲激响应

能通过基带升余弦滚降滤波器的符号速率 R_s 由下式给定：

$$R_s = \frac{1}{T_s} = \frac{2B}{1 + \alpha} \tag{6.50}$$

其中 B 为滤波器的绝对带宽。对于射频系统，RF 的通带带宽要加倍，R_s 为

$$R_s = \frac{B}{1 + \alpha} \tag{6.51}$$

余弦滚降传递函数可以通过在发射机端和接收机端使用同样的 $\sqrt{H_{RC}(f)}$ 滤波器来实现，同时在平坦衰落信道中为实现最佳性能提供了匹配滤波。在实现滤波器的响应时，脉冲成形滤波器可以用在基带数据上，也可以用在发射机的输出端。一般来说，在基带上脉冲成形滤波器用 DSP 来实现。因为 $h_{RC}(t)$ 是非因果的，它必须截短。脉冲成形滤波器的典型实现是在 $t = 0$ 点的每个符号两旁扩展 $\pm 6T_s$。由于这个原因，使用脉冲成形的数字通信系统经常同一时刻在调制器中存储几个符号，然后通过查询一个代表了存储符号的离散时间波形来输出这几个符号。举一个例子，假设二进制基带脉冲用一个 $\alpha = 1/2$ 的升余弦滚降滤波器来传输，如果调制器中同一时刻存储 3 比特，那么对任意一组符号可能产生 8 种波形状态。如果用 $\pm 6T_s$ 来表示每个符号（这里一个符号即是一比特）的时间跨度，那么产生的离散时间波形的时间跨度将是 $14T_s$。图 6.19 画出了数据序列 1, 0, 1 的 RF 时间波形。最佳的比特判决时间在 $4T_s$、$5T_s$ 和 $6T_s$，脉冲成形的时间色散特性可从图中看到。

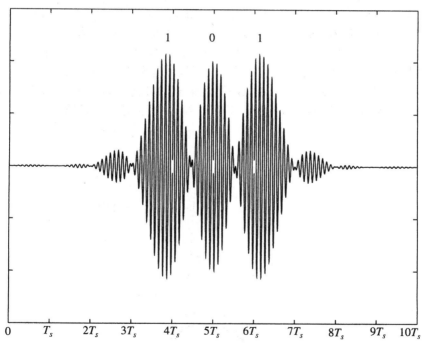

图 6.19　1, 0, 1 数据流的 BPSK 信号通过升余弦滤波器（$\alpha = 0.5$）的脉冲波形。注意判决点（在 $4T_s$、$5T_s$、$6T_s$）并不一定对应于 RF 波形的最大值

只有当载波完全保留了脉冲的波形时，对于升余弦滤波器才可能考虑频谱效率。而如果使用非线性 RF 放大器，那么这是很难实现的。基带脉冲波形的微小失真将会导致传输信号占用的带宽发生急剧的变化。如果不加以适当的控制，将会造成移动通信系统的严重邻信道干扰。移动通信设计者们面临的一个折中难题，是能够减少带宽的奈奎斯特脉冲成形要求采用功率效率较低的线性放大器。一个显而易见的解决方法是使用实时反馈的线性放大器来提高功率效率，这正是当前移动通信中的研究热点。

6.6.3　高斯脉冲成形滤波器

不使用奈奎斯特技术来实现脉冲成形也是有可能的。其中有一项重要的技术，即与最小频移键控（MSK）调制或其他适合于功率效率较高的非线性放大器的调制方式相结合时，使用效率特别高的高斯脉冲成形滤波器。不同于奈奎斯特滤波器在相邻符号的峰值为零值，并且有截短的传递函数，高斯滤波器的传递函数平滑且没有过零点。高斯滤波器的脉冲响应产生了一个与3 dB带宽强相关的传递函数。高斯低通滤波器的传递函数如下：

$$H_G(f) = \exp(-\alpha^2 f^2) \tag{6.52}$$

参数 α 和 B 有关，基带高斯成形滤波器的3 dB带宽为

$$\alpha = \frac{\sqrt{\ln 2}}{\sqrt{2}B} = \frac{0.5887}{B} \tag{6.53}$$

随着 α 的增加，高斯滤波器占用的频谱减少，实际信号在时间上更分散。高斯滤波器的冲激响应为

$$h_G(t) = \frac{\sqrt{\pi}}{\alpha}\exp\left(-\frac{\pi^2}{\alpha^2}t^2\right) \tag{6.54}$$

图6.20给出了当3 dB带宽与符号时间的乘积（BT_s）取不同值时，基带高斯滤波器冲激响应的图示。高斯滤波器的绝对带宽比较窄（虽然不像升余弦滚降滤波器那样窄），并且具有截止尖锐、过冲低及脉冲面积保持不变的性质，使得它非常适用于使用非线性RF放大器和不能精确保持传输脉冲波形不变（这将在本书的6.9.3节详细讨论）的调制技术。需要注意的是，因为高斯脉冲成形滤波器不满足消除ISI的奈奎斯特准则，所以减小占用频谱造成ISI增加，导致性能下降。这样当使用高斯脉冲成形滤波器时，在希望得到的RF带宽和由于ISI造成的不可减少的比特差错之间存在折中。当费用是主要问题并且ISI造成的误比特率和要求的标准值相比较低时，可以使用高斯脉冲。

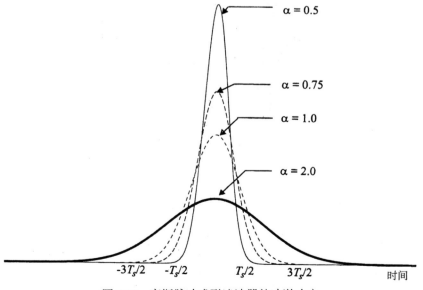

图6.20　高斯脉冲成形滤波器的冲激响应

例6.8　找出 T_s = 41.06 μs 的矩形脉冲的首次过零 RF 带宽。将它与 T_s = 41.06 μs、α = 0.35 的升余弦滤波器脉冲进行比较。

解：

矩形脉冲的首次过零（零点 – 零点）带宽：

$2/T_s = 2/(41.06\,\mu s) = 48.71$ kHz

$\alpha = 0.35$ 的升余弦滤波器的首次过零带宽：

$$\frac{1}{T_s}(1+\alpha) = \frac{1}{41.06\,\mu s}(1+0.35) = 32.88\,\text{kHz}$$

6.7　调制信号的几何表示

数字调制即基于调制器输入信息比特，从一组可能的信号波形（或符号）组成的有限集中选取特定的信号波形 $s_i(t)$。如果总共有 M 种可能的信号，则调制信号集 S 可表示为

$$S = \{s_1(t), s_2(t),...,s_M(t)\} \tag{6.55}$$

对于二进制调制方案，一个二进制信息比特直接映射到信号，S 就只包含两种信号。对于更多进制的调制方案（多进制键控），信号集包含两种以上的信号，每种信号（或符号）代表一个比特以上的信息。对于一个大小为 M 的信号集，最多可在每个符号内传输 $\log_2 M$ 个比特的信息。

将 S 的元素作为一个向量空间中的点来进行观察是很有用的一种做法。通过调制信号的向量空间表示，可以得到许多关于特定调制方案性能的有用信息。向量空间的概念非常普遍，可用于任何一种调制。

这一观点的几何基础是，向量空间中任何物理可实现的波形的有限集，都可以表示为组成该向量空间基底的 N 个标准正交波形的线性组合。为了在向量空间中表示调制信号，必须找出构成该向量空间基底的信号集。只要确定了基底，向量空间中的任意一点都可以表示为基底信号 $\{\phi_j(t) | j = 1, 2,..., N\}$ 的线性组合，如下式：

$$s_i(t) = \sum_{j=1}^{N} s_{ij}\phi_j(t) \tag{6.56}$$

基底信号在时间轴上两两正交，如下式：

$$\int_{-\infty}^{\infty} \phi_i(t)\phi_j(t)\mathrm{d}t = 0 \qquad i \neq j \tag{6.57}$$

每个基底信号都归一化为具有单位能量，即

$$E = \int_{-\infty}^{\infty} \phi_i^2(t)\mathrm{d}t = 1 \tag{6.58}$$

基底信号可以视为构成了向量空间的坐标系统。Gram-Schmidt 过程提供了得到给定信号集的基底信号的系统方法[Zie92]。

例如，对 BPSK 信号集 $s_1(t)$ 和 $s_2(t)$，由下式给出：

$$s_1(t) = \sqrt{\frac{2E_b}{T_b}}\cos(2\pi f_c t) \qquad 0 \leqslant t \leqslant T_b \tag{6.59.a}$$

和

$$s_2(t) = -\sqrt{\frac{2E_b}{T_b}}\cos(2\pi f_c t) \qquad 0 \le t \le T_b \tag{6.59.b}$$

其中，E_b 为每比特的能量，T_b 是比特周期，假设矩形脉冲波形为 $p(t) = \text{rect}((t - T_b/2)/T_b)$，这个信号集的基底 $\phi_i(t)$ 只包括一个 $\phi_1(t)$：

$$\phi_1(t) = \sqrt{\frac{2}{T_b}}\cos(2\pi f_c t) \qquad 0 \le t \le T_b \tag{6.60}$$

BPSK 信号集可由所述基底信号表示为

$$S_{\text{BPSK}} = \left\{ \sqrt{E_b}\phi_1(t), -\sqrt{E_b}\phi_1(t) \right\} \tag{6.61}$$

这个信号集的几何表示如图 6.21 所示。这种提供了每种可能符号状态的复包络的图形化表示方法称为星座图。星座图的 x 轴表示复包络的同相分量，y 轴表示复包络的正交分量。星座图上信号间的距离代表了调制波形间的差异，与存在随机噪声时接收机区分符号的能力有关。

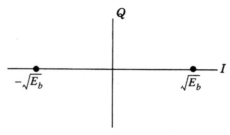

图 6.21　BPSK 星座图

需要注意的是，基底信号的数目总是小于或等于信号集的数目。完整表示调制信号集的基底信号数称为向量空间的维数。如果基底信号和调制信号集里的信号一样多，那么调制信号集中的各个信号一定两两正交。

调制方案的某些性质可以从它的星座图中得到。例如，随着信号点数/维数的增加，调制信号占用的带宽下降。所以，如果一种调制方案的星座很密集，它的带宽效率就比星座疏散的调制方案要高。然而，需要注意的是，已调信号占用的带宽随星座维数 N 的增大而增加。

比特差错概率与星座中最近点之间的距离成正比。这意味着星座密集的调制方案比星座疏散的调制方案的能量效率要低。

对于任意星座，在噪声功率谱密度为 N_0 的加性高斯白噪声信道（AWGN）中，符号差错概率的一个简单上界可由联合界限得到[Zie92]。联合界限提供了对特定调制信号平均差错概率的估计，即 $P_s(\varepsilon/s_i)$

$$P_s(\varepsilon|s_i) \le \sum_{\substack{j=1 \\ j \ne i}} Q\left(\frac{d_{ij}}{\sqrt{2N_0}}\right) \tag{6.62}$$

其中，d_{ij} 为星座中第 i 和第 j 信号点间的欧几里得（Euclidean）距离，$Q(x)$ 为附录 F 中定义的 Q 函数：

$$Q(x) = \int_x^\infty \frac{1}{\sqrt{2\pi}}\exp(-x^2/2)\mathrm{d}x \tag{6.63}$$

如果所有 M 种调制波形同样可靠地传输，那么调制的平均差错概率可估算为

$$P_s(\varepsilon) = P_s(\varepsilon|s_i)P(s_i) = \frac{1}{M}\sum_{i=1}^{M} P_s(\varepsilon|s_i) \tag{6.64}$$

对于对称星座，所有星座点之间的距离都相等，条件差错概率 $P_s(\varepsilon/s_i)$ 对所有的 i 值也都相等。于是，式(6.62)给出了特定星座集符号差错的平均概率。

6.8　线性调制技术

数字调制技术在广义上可分为线性和非线性。在线性调制技术中，传输信号 $s(t)$ 的幅度随调制数字信号 $m(t)$ 的变化而线性变化。线性调制技术的带宽效率高，所以非常适用于在有限频带内要求容纳越来越多用户的无线通信系统。

在线性调制方案中，传输信号 $s(t)$ 可表示为[Zie92]：

$$\begin{aligned}s(t) &= Re[Am(t)\exp(\jmath 2\pi f_c t)]\\ &= A[m_R(t)\cos(2\pi f_c t) - m_I(t)\sin(2\pi f_c t)]\end{aligned} \tag{6.65}$$

其中，A 是幅度，f_c 是载波频率，$m(t) = m_R(t) + jm_I(t)$ 是通常为复数形式的已调信号的复包络。由式(6.65)明显可见，载波幅度随调制信号呈线性变化。线性调制方案一般来说都不是恒包络。后面将会讲到，有些非线性调制既可能有线性包络也可能有恒包络，这取决于基带波形是否经过脉冲成形处理。

线性调制方案有很好的频谱效率，但必须使用功率效率较低的线性 RF 放大器传输[You97]。使用功率效率高的非线性放大器会导致已滤除的边瓣再生，从而造成严重的相邻信道干扰，使线性调制得到的频谱效率全部丢失。然而，已经有很好的方法来克服这些困难。最普遍的线性调制技术包括下面将会讨论到的脉冲成形 QPSK、OQPSK 和 π/4 QPSK。

6.8.1　二进制相移键控（BPSK）

在二进制相移键控中，幅度恒定的载波信号随两个代表二进制数据 1 和 0 的信号 m_1 和 m_2 的改变而在两个不同的相位间跳变，通常这两个相位相差 180°。如果正弦载波的幅度为 A_c，每比特能量 $E_b = \frac{1}{2}A_c^2 T_b$，则传输的 BPSK 信号为

$$s_{\text{BPSK}}(t) = \sqrt{\frac{2E_b}{T_b}}\cos(2\pi f_c t + \theta_c) \qquad 0 \leqslant t \leqslant T_b（二进制的 1） \tag{6.66.a}$$

或者

$$\begin{aligned}s_{\text{BPSK}}(t) &= \sqrt{\frac{2E_b}{T_b}}\cos(2\pi f_c t + \pi + \theta_c)\\ &= -\sqrt{\frac{2E_b}{T_b}}\cos(2\pi f_c t + \theta_c) \quad 0 \leqslant t \leqslant T_b（二进制的 0）\end{aligned} \tag{6.66.b}$$

出于方便的目的，经常将 m_1 和 m_2 一般化为二进制数据信号 $m(t)$，它呈现两种可能的脉冲波形中的一种。这样传输信号可表示为

$$s_{\text{BPSK}}(t) = m(t)\sqrt{\frac{2E_b}{T_b}}\cos(2\pi f_c t + \theta_c) \tag{6.67}$$

BPSK信号等效于抑制载波双边带调幅波形，其中$\cos(2\pi f_c t)$相当于载波，数据信号$m(t)$相当于调制波形。因此BPSK信号可以用平衡调制器产生。

BPSK 的频谱和带宽

BPSK 信号使用双极性基带数据波形 $m(t)$，并可表示为复包络的形式：

$$s_{\text{BPSK}}(t) = Re\{g_{\text{BPSK}}(t)\exp(\text{j}2\pi f_c t)\} \tag{6.68}$$

其中，$g_{\text{BPSK}}(t)$是信号的复包络，见下式：

$$g_{\text{BPSK}}(t) = \sqrt{\frac{2E_b}{T_b}}m(t)\text{e}^{\text{j}\theta_c} \tag{6.69}$$

复包络的功率谱密度（PSD）见下式：

$$P_{g_{\text{BPSK}}}(f) = 2E_b\left(\frac{\sin\pi f T_b}{\pi f T_b}\right)^2 \tag{6.70}$$

通过将基带频谱搬移到载波频率来估计RF上BPSK信号的PSD，并且可用式(6.41)所示的关系。因此，RF 上 BPSK 信号的 PSD 为

$$P_{\text{BPSK}}(f) = \frac{E_b}{2}\left[\left(\frac{\sin\pi(f-f_c)T_b}{\pi(f-f_c)T_b}\right)^2 + \left(\frac{\sin\pi(-f-f_c)T_b}{\pi(-f-f_c)T_b}\right)^2\right] \tag{6.71}$$

矩形和升余弦滚降脉冲成形的 BPSK 信号的 PSD，如图 6.22 所示。由图可见零点－零点带宽是比特速率（$BW = 2R_b = 2/T_b$）的两倍。此外，对于矩形脉冲 BPSK，信号能量的 90% 在大约 $1.6R_b$ 的带宽内，而对于 $\alpha = 0.5$ 的升余弦滤波器，所有能量则在 $1.5R_b$ 的带宽内。

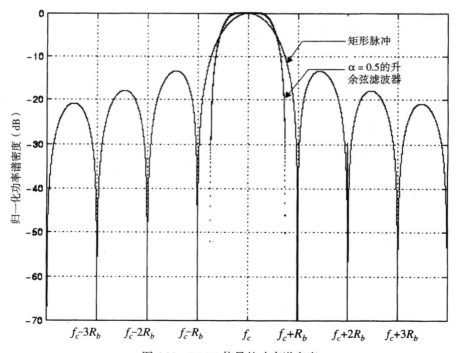

图 6.22　BPSK 信号的功率谱密度

BPSK 接收机

如果没有信道引入的多径损耗，接收的 BPSK 信号可表示为

$$s_{\mathrm{BPSK}}(t) = m(t)\sqrt{\frac{2E_b}{T_b}}\cos(2\pi f_c t + \theta_c + \theta_{ch})$$

$$= m(t)\sqrt{\frac{2E_b}{T_b}}\cos(2\pi f_c t + \theta) \tag{6.72}$$

其中 θ_{ch} 对应于信道中时间延迟造成的相移。BPSK 使用相关或同步解调方法，这要求在接收机端知道载波的相位和频率信息。如果和 BPSK 信号同时传输一个低幅值的载波导频信号，那么在接收机端使用锁相环（PLL）就能恢复出载波的相位和频率。如果没有传输载波导频信号，可以使用 Costas 环或者平方环，从接收到的 BPSK 信号中恢复同步载波的相位和频率。图 6.23 给出了带载波恢复电路的 BPSK 接收机的框图。

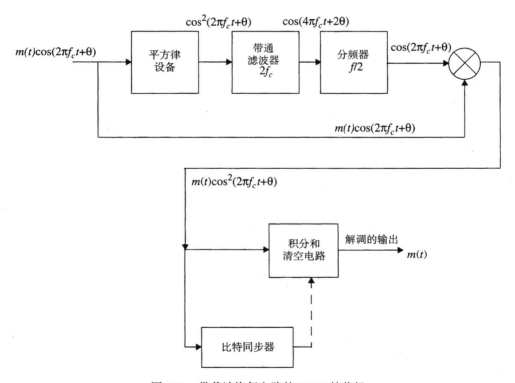

图 6.23　带载波恢复电路的 BPSK 接收机

将接收信号 $\cos(2\pi f_c t + \theta)$ 进行平方后，产生一个直流信号和一个在两倍载波频率有幅度变化的正弦信号。直流信号用中心频率为 $\cos(2\pi f_c t + \theta)$ 的带通滤波器滤除。然后用一个分频器还原出波形 $2f_c$。在分频器后乘法器的输出为

$$m(t)\sqrt{\frac{2E_b}{T_b}}\cos^2(2\pi f_c t + \theta) = m(t)\sqrt{\frac{2E_b}{T_b}}\left[\frac{1}{2} + \frac{1}{2}\cos 2(2\pi f_c t + \theta)\right] \tag{6.73}$$

这个信号输入到 BPSK 检测器中构成低通滤波器部分的积分和清空电路。如果发射机和接收机的脉冲波形匹配，检波将达到最佳效果。为了便于在每个比特周期末尾精确地抽样积分器的输出，使用了一个比特同步器。在每个比特周期的末尾，积分器输出端的开关闭合，将输出信号送到判决

电路，根据积分器的输出是高于还是低于一个特定的门限值来决定接收的信号是对应于二进制1还是0。门限值设置在一个使差错概率最小的最佳值。如果1和0等概率地传输，则采用检测器输出二进制数据1和0的电压的中值作为最佳门限值。

正如在6.7节看到的，对于AWGN信道，许多调制方案的比特差错概率用信号点之间距离的Q函数得到。从图6.21所示BPSK信号的星座图可见，星座中相邻点的距离为$2\sqrt{E_b}$。将它代入式(6.62)，比特差错概率为

$$P_{e,\,\text{BPSK}} = Q\left(\sqrt{\frac{2E_b}{N_0}}\right) \tag{6.74}$$

6.8.2　差分相移键控（DPSK）

差分PSK是相移键控的非相干形式，它不需要在接收机端有相干参考信号。非相干接收机容易制造且价格便宜，因此在无线通信系统中广泛使用。在DPSK系统中，输入的二进制序列先进行差分编码，然后再用BPSK调制器调制。差分编码后的序列$\{d_k\}$是通过对m_k与d_{k-1}进行模2和运算，由输入的二进制序列$\{m_k\}$产生的。其作用相当于如果输入的二进制符号m_k为1，则符号m_k与其前一个符号保持不变；而如果m_k为0，则d_k就改变一次。表6.1给出了按照关系式$d_k = \overline{m_k \oplus d_{k-1}}$由$m_k$序列中产生的DPSK信号。

表 6.1　差分编码过程的图解

$\{m_k\}$		1	0	0	1	0	1	1	0
$\{d_{k-1}\}$		1	1	0	1	1	0	0	0
$\{d_k\}$	1	1	0	1	1	0	0	0	1

DPSK发射机的框图如图6.24所示。它包括一个比特延迟单元和一个可由输入二进制序列产生差分编码序列的逻辑电路。其输出通过一个乘法调制器得到DPSK信号。在接收机端，通过相应的处理过程，从解调的差分编码信号中恢复出原始信号，如图6.25所示。

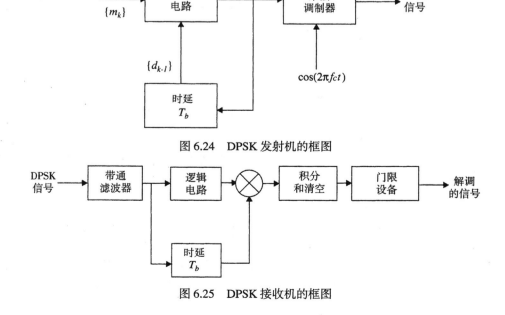

图 6.24　DPSK 发射机的框图

图 6.25　DPSK 接收机的框图

虽然 DPSK 信号有降低接收机复杂度的优点，但是它的能量效率比相干 PSK 低 3 dB。当有加性白噪声时，平均差错概率如下所示：

$$P_{e,\text{DPSK}} = \frac{1}{2}\exp\left(-\frac{E_b}{N_0}\right)$$

(6.75)

6.8.3　四相相移键控（QPSK）

由于在一个调制符号中传输两个比特，四相相移键控比 BPSK 的带宽效率高两倍。载波的相位为四个间隔相等的值，比如 0、$\pi/2$ 和 $3\pi/2$，每一个相位值对应于惟一的一对消息比特。这个符号状态集的 QPSK 信号可定义为

$$s_{\text{QPSK}}(t) = \sqrt{\frac{2E_s}{T_s}}\cos\left[2\pi f_c t + (i-1)\frac{\pi}{2}\right] \qquad 0 \leq t \leq T_s \quad i = 1, 2, 3, 4$$

(6.76)

其中，T_s 为符号持续时间，等于两个比特周期。

使用三角恒等变换，上式在 $0 \leq t \leq T_s$ 可重写为

$$s_{\text{QPSK}}(t) = \sqrt{\frac{2E_s}{T_s}}\cos\left[(i-1)\frac{\pi}{2}\right]\cos(2\pi f_c t)$$
$$- \sqrt{\frac{2E_s}{T_s}}\sin\left[(i-1)\frac{\pi}{2}\right]\sin(2\pi f_c t)$$

(6.77)

如果 QPSK 信号集的基底函数 $\phi_1(t) = \sqrt{2/T_s}\cos(2\pi f_c t)$、$\phi_2(t) = \sqrt{2/T_s}\sin(2\pi f_c t)$ 定义在 $0 \leq t \leq T_s$ 的间隔内，那么信号集内的四个信号可由基底信号表示为

$$s_{\text{QPSK}}(t) = \left\{\sqrt{E_s}\cos\left[(i-1)\frac{\pi}{2}\right]\phi_1(t) - \sqrt{E_s}\sin\left[(i-1)\frac{\pi}{2}\right]\phi_2(t)\right\} \quad i = 1, 2, 3, 4$$

(6.78)

基于这种表示，QPSK 信号可以以用有四个点的二维星座图表示，如图 6.26(a)所示。需要注意的是，差分 QPSK 信号集可以简单地通过旋转星座而得到。例如，图 6.26(b)给出了另一个 QPSK 信号集，其相位的值为 $\pi/4$、$3\pi/4$、$5\pi/4$、$7\pi/4$。

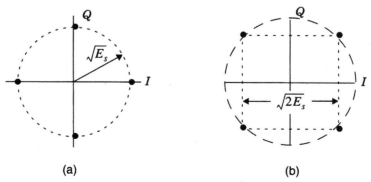

图 6.26　(a)载波相位为 0、$\pi/2$、π 和 $3\pi/2$ 的 QPSK 星座图；
(b) 载波相位为 $\pi/4$、$3\pi/4$、$5\pi/4$、$7\pi/4$ 的 QPSK 星座图

从 QPSK 信号的星座图可以看到，星座中相邻点的距离为 $\sqrt{2E_s}$。因为每个符号对应于两个比特，所以 $E_s = 2E_b$，这样 QPSK 星座中相邻两点的距离为 $2\sqrt{E_b}$。将这一结果代入式(6.62)，可得在加性高斯白噪声（AWGN）信道中的平均比特差错概率：

$$P_{e,\text{QPSK}} = Q\left(\sqrt{\frac{2E_b}{N_0}}\right) \tag{6.79}$$

一个惊人的结果是，QPSK 的比特差错概率与 BPSK 相等，但却在同样的带宽内传输了两倍的数据。这样与 BPSK 相比，QPSK 在同样的能量效率的情况下，可以提供两倍的频谱效率。

与 BPSK 相似，QPSK 也可以通过差分编码来进行非相干解调。

QPSK 信号的频谱和带宽

QPSK 信号的功率谱密度可用与 BPSK 类似的方法得到，用比特周期 T_b 代替符号周期 T_s 即可。因此，当使用矩形脉冲时，QPSK 信号可表示为

$$\begin{aligned}
P_{\text{QPSK}}(f) &= \frac{E_s}{2}\left[\left(\frac{\sin\pi(f-f_c)T_s}{\pi(f-f_c)T_s}\right)^2 + \left(\frac{\sin\pi(-f-f_c)T_s}{\pi(-f-f_c)T_s}\right)^2\right]\\
&= E_b\left[\left(\frac{\sin2\pi(f-f_c)T_b}{2\pi(f-f_c)T_b}\right)^2 + \left(\frac{\sin2\pi(-f-f_c)T_b}{2\pi(-f-f_c)T_b}\right)^2\right]
\end{aligned} \tag{6.80}$$

当用矩形和升余弦滤波脉冲时，QPSK 信号的 PSD 如图 6.27 所示。零点-零点 RF 带宽等于比特速率 R_b，即为 BPSK 信号的一半。

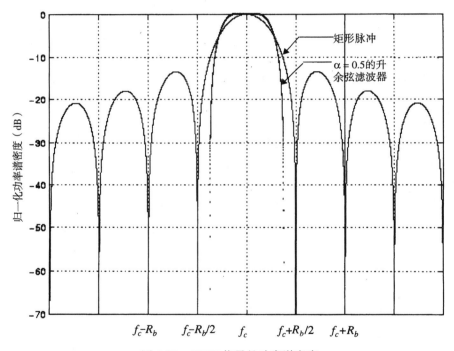

图 6.27　QPSK 信号的功率谱密度

6.8.4　QPSK 发送和检测技术

图 6.28 给出了典型的 QPSK 发射机的框图。单极性二进制消息流比特速率为 R_b，首先用一个单极性-双极性转换器将它转换为双极性非归零（NRZ）序列。然后比特流 $m(t)$ 分为两个比特流 $m_I(t)$ 和 $m_Q(t)$（同相和正交流），每个比特流的比特速率为 $R_s = R_b/2$。比特流 $m_I(t)$ 称为"偶"流，$m_Q(t)$ 称为"奇"流。两个二进制序列分别用两个正交的载波 $\phi_1(t)$ 和 $\phi_1(t)$ 调制。两个已调信号的每一个都可以看做是一个 BPSK 信号，对它们求和产生一个 QPSK 信号。解调器输出端的滤波器将 QPSK 信号

的功率谱限制在分配的带宽内。这样可以防止信号能量泄漏到相邻的信道，还能去除在调制过程中产生的带外杂散信号。在绝大多数实现方式中，脉冲成形在基带进行，从而在发射机的输出端提供适当的 RF 滤波。

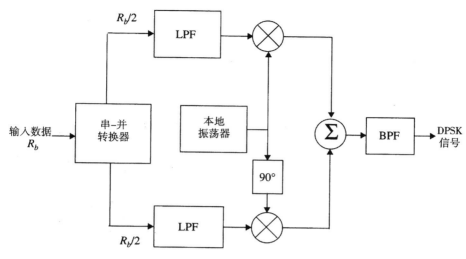

图 6.28　QPSK 发射机的框图

图 6.29 给出了相干 QPSK 接收机的框图。前置带通滤波器可去除带外噪声和相邻信道的干扰。滤波后的输出端分为两个部分，分别用同相和正交载波进行解调。解调用的相干载波用图 6.23 描述的载波恢复电路从接收信号中恢复。解调器的输出提供了一个判决电路，产生同相和正交二进制流。这两个部分复用之后，再生出原始二进制序列。

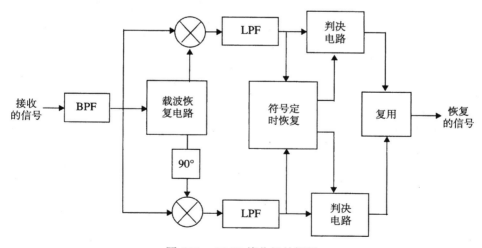

图 6.29　QPSK 接收机的框图

6.8.5　交错四相相移键控

QPSK 信号的幅度非常恒定。然而，当 QPSK 进行脉冲成形时，它们将失去恒包络的性质。偶尔发生的弧度为 π 的相移，会导致信号的包络在瞬时通过零点。任何一种在过零点的硬限幅或非线性放大，都将由于信号在低电压时的失真而在传输过程中带来已被滤除的旁瓣。为了防止旁瓣再生和频谱扩展，必须使用效率较低的线性放大器来放大 QPSK 信号。而一种称为交错 QPSK（OQPSK）

或参差QPSK的改进型QPSK，对于这些有害的影响不是十分敏感[Pas79]，因此能支持更高效的放大器。也就是说，OQPSK确保几乎没有基带信号跳变输入到RF放大器中，这样有利于消除放大器输出端的频谱再生。

如式(6.77)所示，除了偶比特流和奇比特流的时间对齐，OQPSK信号和QPSK信号类似。在QPSK信号中，偶比特流和奇比特流的比特同时跳变，但是在OQPSK信号中，偶比特流和奇比特流 $m_I(t)$ 和 $m_Q(t)$ 在它们对齐的位置错开了一比特周期（半个符号周期）。这两个比特流的波形如图6.30所示。

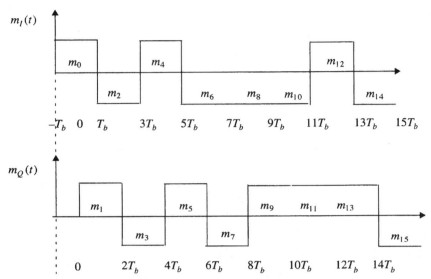

图6.30　OQPSK调制器中同相和正交支路时间交错的波形图：注意交错间隔是半个符号宽度

在标准QPSK中，由于 $m_I(t)$ 和 $m_Q(t)$ 的时间对齐，相位跳变仅在每 $T_s = 2T_b$ 秒发生一次，而且当 $m_I(t)$ 和 $m_Q(t)$ 的值都改变时将发生180°的最大相移。而在OQPSK信号中，每 T_b 秒发生一次比特跳变（因此相位跳变）。因此 $m_I(t)$ 和 $m_Q(t)$ 的跳变瞬时被错开了，所以在任意给定的时刻只有两个比特流中的一个改变它的值。这说明在任意时刻发送信号的最大相移都限制在±90°。因此通过更频繁地转换相位（也就是每 T_b 秒代替 $2T_b$ 秒），OQPSK信号消除了180°相位跳变。

因为180°相位跳变消除了，所以OQPSK信号的带限不会导致信号包络经过零点。显然，带限处理会造成一定程度的ISI，特别是在90°相位点。但是，包络的变化小多了，因此对于OQPSK的硬限幅或非线性放大不会再生出像QPSK那么多的高频旁瓣。这样，占用可频谱就显著减少，同时允许使用效率更高的RF放大器。

OQPSK信号的频谱和QPSK信号完全相同，因此两种信号占用相同的带宽。偶比特流和奇比特流的参差对齐不会改变频谱的基本性质。OQPSK即使在非线性放大后仍能保持其带限的性质，这就非常适合移动通信系统，因为在低功率应用的情况下，带宽效率和高效非线性放大器是起决定性作用的。此外，当在接收机端由于参考信号的噪声造成相位抖动时，OQPSK信号表现的性能比QPSK要好[Chu87]。

6.8.6　π/4 QPSK

π/4相移QPSK调制是一种四相相移键控技术，从最大相位跳变来看，它是OQPSK和QPSK的折中。π/4 QPSK可以相干解调，也可以非相干解调。π/4 QPSK的最大相位变化是±135°，而QPSK

是 180°，OQPSK 是 90°。因此，带限 π/4 QPSK 信号比带限 QPSK 有更好的恒包络性质，但是对包络的变化比 OQPSK 更敏感。π/4 QPSK 最吸引人的特性是它能够非相干解调，这使接收机设计大大简化。此外，在多径扩展和衰落的情况下，π/4 QPSK 比 QPSK 的性能更好[Liu89]。通常，π/4 QPSK 采用差分编码，以便在恢复载波中存在相位模糊时，实现差分检测或相干解调。π/4 QPSK 在差分编码时称为 π/4 DQPSK。

　　在 π/4 QPSK 调制器中，已调信号的信号点从相互偏移 π/4 的两个 QPSK 星座中选取。图 6.31 给出了两个星座和一个合并的星座，两个信号点之间的连线表示可能的相位跳变。在两个星座间切换，对每个连续比特保证其符号间至少有一个 π/4 整数倍的相位变化，这使得接收机能够进行时钟恢复和同步。

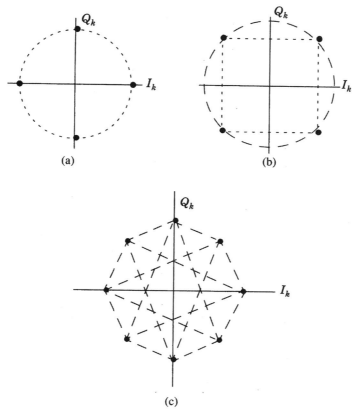

图 6.31　π/4 QPSK 信号星座图：(a) 当 $\theta_{k-1} = n\pi/4$ 时，θ_k 可能的相位
状态；(b) 当 $\theta_{k-1} = n\pi/2$ 时的可能状态；(c) 所有的可能状态

6.8.7　π/4 QPSK 发送技术

　　图 6.32 给出了一个一般的 π/4 QPSK 发射机的框图。输入的比特流通过一个串并（S/P）转换器被分为两个并行数据流 $m_{I,k}$ 和 $m_{Q,k}$，每一个的符号速率等于输入比特速率的一半。第 k 个同相和正交脉冲 I_k 和 Q_k 于时间 $kT \leq t \leq (k+1)T$ 内在信号映射电路的输出端产生，并取决于它们以前的值 I_{k-1}、Q_{k-1} 及 θ_k。θ_k 本身又是 ϕ_k 的函数，ϕ_k 是当前输入符号 m_{Ik} 和 m_{Qk} 的函数。I_k 和 Q_k 表示一个符号持续时间内的矩形脉冲，其幅度如下：

$$I_k = \cos\theta_k = I_{k-1}\cos\phi_k - Q_{k-1}\sin\phi_k \tag{6.81}$$

$$Q_k = \sin\theta_k = I_{k-1}\sin\phi_k + Q_{k-1}\cos\phi_k \qquad (6.82)$$

其中

$$\theta_k = \theta_{k-1} + \phi_k \qquad (6.83)$$

θ_k 和 θ_{k-1} 是第 k 个和第 $k-1$ 个符号的相位。相移 ϕ_k 与输入符号 m_{Ik} 和 m_{Qk} 有关，如表6.2所示。

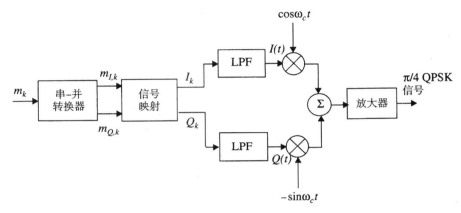

图6.32　一般的 π/4 QPSK 发射机

表6.2　对应于不同输入比特对的载波相位（[Feh91], [Rap91b]）

m_{Ik}, m_{Qk}	ϕ_k
1 1	$\pi/4$
0 1	$3\pi/4$
0 0	$-3\pi/4$
1 0	$-\pi/4$

　　如同在 QPSK 调制器中那样，同相和正交比特流 I_k 和 Q_k 被两个相互正交的载波分别调制，产生如下所示的 π/4 QPSK 波形：

$$s_{\pi/4\mathrm{QPSK}}(t) = I(t)\cos\omega_c t - Q(t)\sin\omega_c t \qquad (6.84)$$

其中

$$I(t) = \sum_{k=0}^{N-1} I_k p(t-kT_s-T_s/2) = \sum_{k=0}^{N-1} \cos\theta_k p(t-kT_s-T_s/2) \qquad (6.85)$$

$$Q(t) = \sum_{k=0}^{N-1} Q_k p(t-kT_s-T_s/2) = \sum_{k=0}^{N-1} \sin\theta_k p(t-kT_s-T_s/2) \qquad (6.86)$$

　　为了减少频带占用，I_k 和 Q_k 通常在调制前通过升余弦滚降脉冲成形滤波器。在式(6.85)和式(6.86)中，函数 $p(t)$ 对应于脉冲波形，T_s 为符号周期。脉冲成形还能减轻频谱再生的问题，这在完全饱和的、非线性放大的系统中十分重要。需要注意的是，I_k 和 Q_k 与波形 $I(t)$、$Q(t)$ 的峰值幅度是以下5种可能值中的一个：0，+1，−1，$+1/\sqrt{2}$，$-1/\sqrt{2}$。

例6.9　假设 $\theta_0 = 0°$，比特流 0 0 1 0 1 1 用 π/4 DQPSK 发送。比特从左到右送入发射机。确定在发送期间相位 θ_k 和 I_k、Q_k 的值。

解：

由题知 $\theta_0 = 0°$，且前两个比特为 $0\,0$，这说明 $\theta_1 = \theta_0 + \phi_1 = -3\pi/4$（根据表 6.2）。

由式(6.81)和式(6.82)，I_1、Q_1 为 $(-0.707, -0.707)$。第二对比特为 $1\,0$，由表 6.2 可知 $\phi_2 = -\pi/4$。

由式(6.83)可知 $\phi_2 = -\pi$。由式(6.81)可知，I_2、Q_2 为 $(-1, 0)$。由比特对 $1\,1$ 得 $\phi_3 = -\pi/4$，由此可得 θ_3 为 $-3\pi/4$。这样 I_3、Q_3 为 $(-0.707, -0.707)$。

由以上讨论可知，$\pi/4$ QPSK 信号的信息完全包含在相邻两个符号的载波相（位）差 ϕ_k 中。因此信息被完全包含在相位差中，所以可用非相干差分检测代替差分编码。

6.8.8 $\pi/4$ QPSK 检测技术

因为便于硬件实现，经常使用差分检测来解调 $\pi/4$ QPSK 信号。在 AWGN 信道中，差分检测 $\pi/4$ QPSK 的 BER 性能比 QPSK 低 3 dB，而相干解调的 $\pi/4$ QPSK 与 QPSK 有同样的 BER 性能。在低比特速率快速瑞利衰落信道中，由于不依赖于相位同步，差分检测提供了一个低差错平底 [Feh91]。有许多种检测技术适用 $\pi/4$ QPSK 信号的解调，包括基带差分检测、IF 差分检测和 FM 鉴频器检测。基带和 IF 差分检测器首先求出相差的余弦的正弦函数，再由此判断相应的相差；而 FM 鉴频器用非相干方式直接检测相差。尽管每种技术有各自的实现问题，但是仿真结果显示，三种接收机结构都有非常接近的 BER 性能[Anv91]。

基带差分检测

图 6.33 给出了基带差分检测器的框图。输入的 $\pi/4$ QPSK 信号用两个同频但不必同相的本地震荡信号作为发射机端未调载波进行正交解调。如果 $\phi_k = \arctan(Q_k/I_k)$ 是第 k 个数据比特的载波相位，那么解调器中同相和正交支路两个低通滤波器的输出 w_k 和 z_k 可表示为

$$w_k = \cos(\phi_k - \gamma) \tag{6.87}$$

$$z_k = \sin(\phi_k - \gamma) \tag{6.88}$$

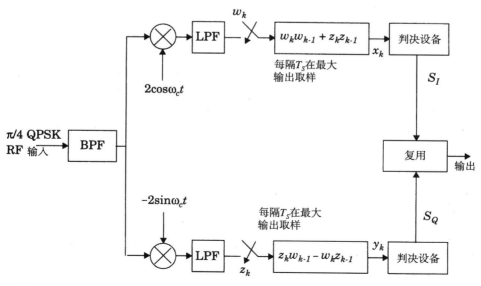

图 6.33 基带差分检测器框图（[Feh91] © IEEE）

其中，假设 γ 是噪声、传播和干扰产生的相移，它比 ϕ_k 的变化慢很多，所以 ϕ_k 实质上是一个常数。两个序列 w_k 和 z_k 通过一个差分解码器，其操作规则如下：

$$x_k = w_k w_{k-1} + z_k z_{k-1} \tag{6.89}$$

$$y_k = z_k w_{k-1} - w_k z_{k-1} \tag{6.90}$$

差分解码器的输出可表示为

$$
\begin{aligned}
x_k &= \cos(\phi_k - \gamma)\cos(\phi_{k-1} - \gamma) + \sin(\phi_k - \gamma)\sin(\phi_{k-1} - \gamma) \\
&= \cos(\phi_k - \phi_{k-1})
\end{aligned}
\tag{6.91}
$$

$$
\begin{aligned}
y_k &= \sin(\phi_k - \gamma)\cos(\phi_{k-1} - \gamma) + \cos(\phi_k - \gamma)\sin(\phi_{k-1} - \gamma) \\
&= \sin(\phi_k - \phi_{k-1})
\end{aligned}
\tag{6.92}
$$

差分解码器的输出通过一个判决电路，它使用表 6.2 进行计算，

$$S_I = 1，\text{如果} \ x_k > 0 \quad \text{或} \quad S_I = 0，\text{如果} \ x_k < 0 \tag{6.93}$$

$$S_Q = 1，\text{如果} \ y_k > 0 \quad \text{或} \quad S_Q = 0，\text{如果} \ y_k < 0 \tag{6.94}$$

其中 S_I 和 S_Q 分别是同相和正交支路检测后的比特。

重要的是要保证接收机本地振荡器频率和发射机载波频率一致，并且不会漂移。载波频率的任何漂移都将引起输出相位的漂移，导致 BER 性能的恶化。

例 6.10　用例 6.9 所示的 $\pi/4$ QPSK 信号，说明接收信号是如何通过基带差分检测器被正确检测的。

解：

假设发射机和接收机的相位完全锁定，接收机的前置增益为 2，使用式(6.91)和式(6.92)，由三个发送信号相位之间的相差结果可得 $(x_1, y_1) = (-0.707, -0.707)$；$(x_2, y_2) = (0.707, -0.707)$；$(x_3, y_3) = (0.707, 0.707)$。由式(6.93)和式(6.94)的判决法则，检测出的比特流为 $(S_1, S_2, S_3, S_4, S_5, S_6) = (0, 0, 1, 0, 1, 1)$。

IF 差分检测器

如图 6.34 所示的 IF 差分检测器，使用延迟线和两个鉴相器而不需要本地振荡器。接收信号先变频到 IF，然后经过带通滤波。将带通滤波设计成与发送的脉冲波形匹配，因此载波相位保持不变，噪声功率降到最小。为了把 ISI 和噪声的作用减至最小，滤波器的带宽选为 $0.57/T_s$ [Liu91]。接收的 IF 信号通过延迟线和两个混频器差分解调。差分检测器输出端信号的带宽是发射机端信号带宽的两倍。

FM 鉴频器

图 6.35 给出了 $\pi/4$ QPSK 的 FM 鉴频检测器的框图。输入信号先通过带通滤波器滤波来与发送信号匹配。滤波后的信号被硬限幅去除包络的波动。硬限幅保留了输入信号相位的变化，所以没有丢失信息。FM 鉴频器提取出接收信号瞬时频率的变化，并在每个符号周期内积分，可得到两个抽样时刻间的相差。该相差再通过一个四值门限比较器来得到原始信号。也可以通过模为 2π 的鉴相器检测。模为 2π 的鉴相器可提高 BER 性能并降低门限噪声的影响[Feh91]。

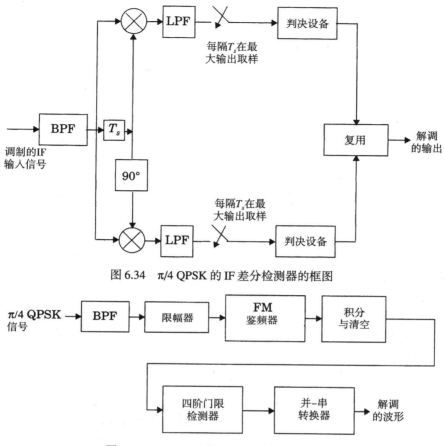

图 6.34　π/4 QPSK 的 IF 差分检测器的框图

图 6.35　π/4 QPSK 的 FM 鉴频检测器的框图

6.9　恒包络调制

许多实际的移动无线通信系统都使用非线性调制方法,这时不管调制信号如何改变,载波的幅度是恒定的。恒包络调制具有可以满足多种应用环境的优点[You79],其中

- 可以使用功率效率高的 C 类放大器,而不会使发送信号占用的频率增大。
- 带外辐射低,可达 –60 dB 至 –70 dB。
- 可用限幅器–鉴频器检测,从而简化接收机的设计,并能很好地抵抗随机噪声和由瑞利衰落引起的信号波动。

恒包络调制有许多优点,但其占用的带宽比线性调制大。但在带宽效率比功率效率重要时,最好不要使用恒包络调制。

6.9.1　二进制频移键控（BFSK）

在二进制频移键控中,幅度恒定不变的载波信号的频率随着两个可能的信息状态（称为高音和低音,代表二进制的 1 和 0）而切换。而根据频率变化影响发射波形的方式,FSK 信号在相邻的比特之间或者呈现连续的相位,或者呈现不连续的相位。通常,FSK 信号的表达式为

$$s_{\text{FSK}}(t) = v_H(t) = \sqrt{\frac{2E_b}{T_b}}\cos\left(2\pi f_c + 2\pi\Delta f\right)t \qquad 0 \leq t \leq T_b \text{（二进制 1）} \tag{6.95.a}$$

$$s_{\text{FSK}}(t) = v_L(t) = \sqrt{\frac{2E_b}{T_b}}\cos\left(2\pi f_c - 2\pi\Delta f\right)t \qquad 0 \leq t \leq T_b \text{（二进制 0）} \tag{6.95.b}$$

在正常的载波频率中，$2\pi\Delta f$ 是恒定的偏移量。

　　一个显而易见的产生 FSK 信号的方法是，依照数据比特是 0 还是 1，在两个独立振荡器中切换。通常，这种方法产生的波形在切换的时刻是不连续的，因此这个 FSK 信号称为不连续 FSK 信号。表达式如下：

$$s_{\text{FSK}}(t) = v_H(t) = \sqrt{\frac{2E_b}{T_b}}\cos\left(2\pi f_H t + \theta_1\right) \qquad 0 \leq t \leq T_b \text{（二进制 1）} \tag{6.96.a}$$

$$s_{\text{FSK}}(t) = v_L(t) = \sqrt{\frac{2E_b}{T_b}}\cos\left(2\pi f_L t + \theta_2\right) \qquad 0 \leq t \leq T_b \text{（二进制 0）} \tag{6.96.b}$$

　　由于不连续的相位会造成诸如频谱扩展和传输差错等问题，在严格规范的无线系统中一般不采用这种 FSK 信号。

　　更常用的产生 FSK 信号的方法是，使用信号波形对单一载波振荡器进行频率调制。这种调制方法类似于生成模拟 FM 信号，只是调制信号 $m(t)$ 为二进制波形。因此，FSK 可表示如下：

$$\begin{aligned} s_{\text{FSK}}(t) &= \sqrt{\frac{2E_b}{T_b}}\cos\left[2\pi f_c t + \theta(t)\right] \\ &= \sqrt{\frac{2E_b}{T_b}}\cos\left[2\pi f_c t + 2\pi k_f \int_{-\infty}^{t} m(\eta)\mathrm{d}\eta\right] \end{aligned} \tag{6.97}$$

　　应当注意，尽管调制波形 $m(t)$ 在比特转换时不连续，但相位函数是与 $m(t)$ 的积分成比例的，因而是连续的。

BFSK 信号的频谱和带宽

　　由于 FSK 信号的复包络是信息信号的非线性函数，确定一个 FSK 信号的频谱通常是相当困难的，经常采用实时平均测量的方法。二进制 FSK 信号的功率谱密度由离散频率分量 f_c、$f_c + n\Delta f$、$f_c - n\Delta f$ 组成，其中 n 为整数。相位连续的 FSK 信号的功率谱密度函数最终按照频率偏移的负四次幂衰落。如果相位不连续，功率谱密度函数按照频率偏移的负二次幂衰落 f_c[Cou93]。

　　FSK 信号的传输带宽 B_T 由卡森公式给出：

$$B_T = 2\Delta f + 2B \tag{6.98}$$

其中 B 为数字基带信号的带宽。假设信号带宽限制在主瓣范围，矩形脉冲信号的带宽 $B = R$。因此，FSK 的传输带宽变为

$$B_T = 2(\Delta f + R) \tag{6.99}$$

如果采用升余弦脉冲滤波器，传输带宽减为

$$B_T = 2\Delta f + (1 + \alpha)R \tag{6.100}$$

其中 α 为滤波器的滚降因子。

二进制 FSK 信号的相干检测

图 6.36 为二进制 FSK 信号相干解调的框图。图示的接收机是在加性高斯白噪声存在的情况下的最佳检测器。它由两个相干器构成，提供本地相干参考信号。相干输出的差值与门限比较器进行比较。如果差值信号大于门限，接收机判别为 1，否则为 0。

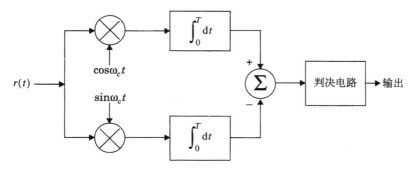

图 6.36　FSK 信号相干检测

下面公式给出相干 FSK 接收机的差错概率：

$$P_{e,\text{FSK}} = Q\!\left(\sqrt{\frac{E_b}{N_0}}\right) \tag{6.101}$$

二进制 FSK 信号的非相干检测

与相移键控不同，可以不用相干载波而检测出噪声信道中的 FSK 信号。图 6.37 为非相干 FSK 接收机的框图。接收机由匹配滤波器和包络检测器构成。图中上面一路的滤波器匹配 FSK 信号的频率 f_H，下面一路匹配频率 f_L。这些匹配滤波器均是中心频率为 f_H 和 f_L 的带通滤波器。包络检测器的输出在 $t = kT_b$ 时抽样（其中 k 为整数），并且将这些值进行比较。根据包络检测器输出的大小，比较器判决数据比特是 1 还是 0。

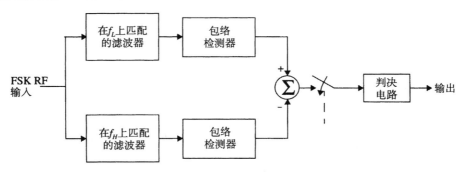

图 6.37　非相干 FSK 接收机的框图

使用非相干检测时 FSK 系统的平均差错概率为

$$P_{e,\text{FSK,NC}} = \frac{1}{2}\exp\!\left(-\frac{E_b}{2N_0}\right) \tag{6.102}$$

6.9.2　最小频移键控（MSK）

最小频移键控（MSK）是一种特殊的连续相位的频移键控（CPFSK）。其最大频移为比特速率的 1/4。也就是说，MSK 是调制系数为 0.5 的连续相位的 FSK。FSK 信号的调制系数类似于 FM 调制系数。定义为 $k_{FSK} = (2\Delta F)/R_b$，其中 ΔF 是最大射频频移，R_b 是比特速率。调制系数 0.5 对应着能够容纳两路正交 FSK 信号的最小带宽。最小频移键控意味着允许正交检测的最小频率间隔（也就是带宽）。如果

$$\int_0^T v_H(t) v_L(t) \mathrm{d}t = 0 \tag{6.103}$$

则两路 FSK 信号 $v_H(t)$ 和 $v_L(t)$ 是正交的。

MSK 有时称为快速 FSK，因为其使用的频率空间仅为常规非相干 FSK 空间的一半[Xio94]。

MSK 是一种高效的调制方法，特别适合在移动无线通信系统中使用。它有很好的特性，例如恒包络、频谱利用率高、BER 低和自同步性能。

MSK 信号也可以看成是一类特殊形式的 OQPSK。在 MSK 中，OQPSK 的基带矩形脉冲被半正弦脉冲取代[Pas79]。这些脉冲在 $2T_b$ 周期中的形状类似于 St. Louis 弧。考虑比特流交错的 OQPSK 信号，如图 6.30 所示。如果用半正弦脉冲代替矩形脉冲，调制信号即为 MSK 信号，N 比特流的表达式为

$$s_{\mathrm{MSK}}(t) = \sum_{i=0}^{N-1} m_{I_i}(t) p(t - 2iT_b) \cos 2\pi f_c t +$$

$$\sum_{i=0}^{N-1} m_{Q_i}(t) p(t - 2iT_b - T_b) \sin 2\pi f_c t \tag{6.104}$$

其中

$$p(t) = \begin{cases} \cos\left(\dfrac{\pi t}{2T_b}\right) & 0 \leqslant t \leqslant 2T_b \\ 0 & 其他 \end{cases} \tag{6.105}$$

其中 $m_{I_i}(t)$ 和 $m_{Q_i}(t)$ 分别是双极性数据流的"奇比特"和"偶比特"，取值分别为 ±1，以 $R_b/2$ 的速率输入带有同相和正交分量的调制器。应当注意在[Sun86]中 MSK 信号有多种形式。例如，一种 MSK 信号仅使用正的半正弦脉冲作为基本脉冲，另一种使用正负交替变化的半正弦脉冲为基本脉冲信号。然而，所有的 MSK 信号都是相位连续的 FSK 信号，通过使用不同的技术来有效地利用频谱[Sun86]。

MSK 信号可看做一种特殊形式的连续相位的 FSK 信号，如使用三角变换改写式(6.104)：

$$s_{\mathrm{MSK}}(t) = \sqrt{\frac{2E_b}{T_b}} \cos\left[2\pi f_c t - m_{I_i}(t) m_{Q_i}(t) \frac{\pi t}{2T_b} + \phi_k\right] \tag{6.106}$$

其中，ϕ_k 根据 π 是 1 或是 -1 而相应地取值为 0 或 $m_I(t)$。从式(6.106)可推出 MSK 信号具有恒定幅值。通过选定载波频率为四分之一比特速率（1/4T）的整数倍，可以保证 MSK 信号在比特转换周期的相位连续性。比较式(6.106)和式(6.97)，可以看出 MSK 信号是二进制信号频率分别为 f_c +1/4T 和 f_c -1/4T 的 FSK 信号。从式(6.106)还可看出，MSK 信号的相位在每一个比特期间是线性变化的[Pro94, Chapter 10]。

MSK 信号的功率谱

从式(6.41)可知，射频信号的功率谱可由基带脉冲函数的傅里叶变换的平方在频谱上平移而得到。MSK 信号的基带脉冲函数由下式给出：

$$p(t) = \begin{cases} \cos\left(\dfrac{\pi t}{2T}\right) & |t| < T \\ 0 & \text{其他} \end{cases} \tag{6.107}$$

因而，通常 MSK 信号的功率谱密度[Pas79]如下：

$$P_{\mathrm{MSK}}(f) = \frac{16}{\pi^2}\left(\frac{\cos 2\pi(f+f_c)T}{1.16f^2T^2}\right)^2 + \frac{16}{\pi^2}\left(\frac{\cos 2\pi(f-f_c)T}{1.16f^2T^2}\right)^2 \tag{6.108}$$

　　图 6.38 给出了 MSK 信号的功率谱密度，同时画出了 QPSK 和 OQPSK 的功率谱密度作为比较。从图中可以看出，MSK 信号的旁瓣比 QPSK 和 OQPSK 信号低。MSK 信号 99％的功率位于带宽 $B = 1.2/T$ 中。而对于 QPSK 和 OQPSK 信号，包纳 99％功率的带宽 $B = 8/T$。MSK 信号在频谱上衰落快是由于其采用的脉冲函数更为平滑。图 6.38 同时显示出 MSK 信号的主瓣比 QPSK 和 OQPSK 信号的宽，因此在根据第一带宽做比较时，MSK 的频谱利用率比相移键控技术要低[Pas79]。

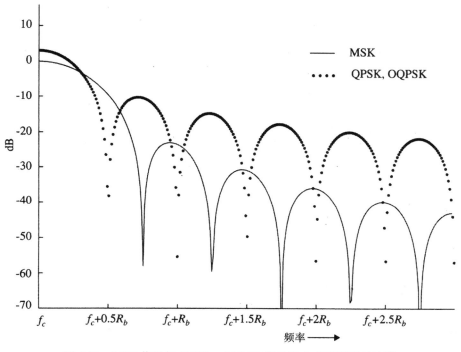

图 6.38　MSK 信号与 QPSK、OQPSK 信号的功率谱密度对比图

　　由于 MSK 信号在比特转换周期不存在相位的急剧变化，为了满足带宽要求而出现频带受限时，MSK 信号的包络不会有过零的现象。即使频带受限，包络仍然或多或少地保持其恒定性。可在接收机使用硬限幅消除包络上的微小变化，而不至于引起带外功率的上升。因为幅度是恒定的，MSK 信号可以使用非线性放大器进行放大。MSK 信号的相位连续特性尤其适合高电抗负载。除此之外，MSK 信号还有很多优点，如解调和同步电路简单等。因此最小移频键控广泛应用于移动通信系统。

MSK 发射机和接收机

　　图 6.39 为一典型的 MSK 调制器。将载波信号与 $\cos[\pi t/2T]$ 相乘，得到两路相位相干的信号，频率分别为 $f_c + 1/4T$ 和 $f_c - 1/4T$。两个窄带带通滤波器将这两路 FSK 信号分离，然后适当组合形成

同相和正交载波分量$x(t)$和$y(t)$。它们再与比特流的奇数分量$m_I(t)$和偶数分量$m_Q(t)$相乘，产生MSK的调制信号$s_{MSK}(t)$。

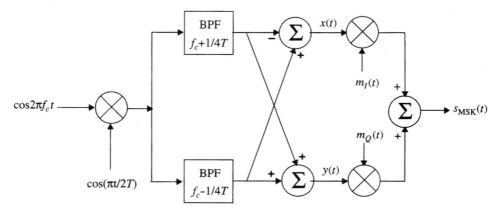

图6.39　MSK发射机的框图，注意$m_I(t)$和$m_Q(t)$偏移T_b

　　MSK接收机的框图参见图6.40。接收到的信号$s_{MSK}(t)$（假设无噪声和干扰）分别与同相和正交载波分量$x(t)$和$y(t)$相乘。乘法器的输出经两比特周期积分后，在每两比特结束时送入判决器。根据积分器输出电平的大小，门限检测器决定信号是0或1。输出数据流对应$m_I(t)$和$m_Q(t)$并可以将其组合得到解调信号。

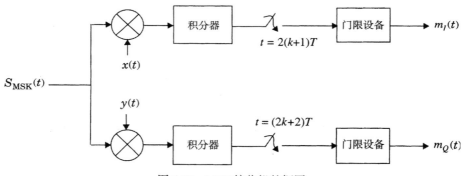

图6.40　MSK接收机的框图

6.9.3　高斯最小移频键控（GMSK）

　　GMSK是由MSK演变而来的一种简单的二进制调制方法。在GMSK中，将调制的不归零（NRZ）数据通过预调制高斯脉冲成形滤波器[Mur81]（见6.6.3节），使其频谱上的旁瓣水平进一步降低。基带的高斯脉冲成形技术平滑了MSK信号的相位曲线，因此稳定了信号的即时频率变化，这使得发射频谱上的旁瓣水平大大降低。

　　预调制高斯滤波器将全响应信号（即每一基带符号占据一个比特周期T）转换为部分响应信号，每一发射符号占据几个比特周期。然而由于脉冲成形并不会引起平均相位曲线的偏离，因此GMSK信号可以作为MSK信号进行相干检测，或者作为一个简单的FSK信号进行非相干检测。实际上，GMSK由于具有极好的功率效率（因为恒包络）和极好的频谱效率而备受青睐。预调制高斯滤波器在发射信号中引进了符号间干扰（ISI），但如果滤波器的3 dB带宽与比特时间乘积（BT）大于0.5，那么性能的下降并不严重。GMSK牺牲了BER性能，但是得到了极好的频谱效率和恒包络特性。

　　GMSK预调制滤波器的脉冲响应由下面的公式给出：

$$h_G(t) = \frac{\sqrt{\pi}}{\alpha}\exp\left(-\frac{\pi^2}{\alpha^2}t^2\right) \tag{6.109}$$

传输函数为

$$H_G(f) = \exp(-\alpha^2 f^2) \tag{6.110}$$

参数 α 与 B 和 $H_G(f)$ 的 3 dB 基带带宽有关，即

$$\alpha = \frac{\sqrt{\ln 2}}{\sqrt{2}B} = \frac{0.5887}{B} \tag{6.111}$$

GMSK 滤波器可以由 B 和基带符号持续时间 T 完全决定，因此习惯上使用 BT 乘积来定义 GMSK。

图 6.41 显示了 GMSK 信号在不同 BT 值下的仿真射频功率谱。MSK 信号与 BT 乘积为无限大的 GMSK 的功率谱相同，作为对比也画在图中。从图中可以清楚地看到，随着 BT 乘积的减小，旁瓣衰落极快。例如，当 $BT = 0.5$ 时，第一旁瓣比主瓣低 30 dB，而对应于 MSK，第一旁瓣只比主瓣低 20 dB。但是 BT 乘积的减小会增加 BER，这是由于低通滤波器引发的符号间干扰造成的。在 6.12 节我们将看到，由于移动速率会导致移动无线信道产生不可减少的 BER，因而只要 GMSK 产生的 BER 小于由移动信道产生的 BER，GMSK 仍然是很好的选择。表 6.3 显示了作为 BT 函数的 GMSK 信号中，包含给定功率百分比的带宽 [Mur81]。

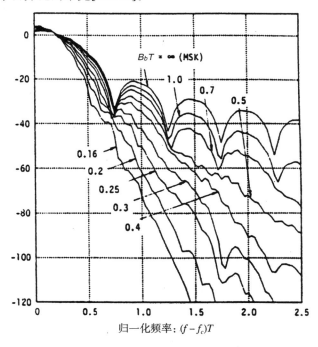

图 6.41　GMSK 信号的功率谱密度（[Mur81] © IEEE）

表 6.3　包含给定百分比功率所占用的 RF 带宽（对于 GMSK 和 MSK，作为 R_b 的一部分）[Mur81]。注意 GMSK 频谱比 MSK 窄

BT	90%	99%	99.9%	99.99%
0.2 GMSK	0.52	0.79	0.99	1.22
0.25 GMSK	0.57	0.86	1.09	1.37
0.5 GMSK	0.69	1.04	1.33	2.08
MSK	0.78	1.20	2.76	6.00

GMSK 信号频谱随着 BT 值的减小越来越紧密的同时，因符号间干扰造成的性能下降加剧。Ishizuka[Ish80]指出，由于滤波器引起的符号间干扰而造成的 BER 性能下降值在 BT 为 0.5887 时最小。这时与无符号间干扰的情况相比，仅增加 0.14 dB。

GMSK 的 BER

GMSK 在高斯加性白噪声信道中的 BER 公式首先在[Mur81]中推出，并且证明当 $BT = 0.25$ 时，性能比 MSK 高 1 dB。因为脉冲成形影响了符号间干扰，GMSK 的 BER 是 BT 的函数，公式如下：

$$P_e = Q\left\{\sqrt{\frac{2\gamma E_b}{N_0}}\right\} \tag{6.112.a}$$

其中 γ 是与 BT 相关的常数，表达式如下：

$$\gamma \cong \begin{cases} 0.68 & ,\ \text{GMSK,\ 其中} BT = 0.25 \\ 0.85 & ,\ \text{简单\ MSK}\ (BT = \infty) \end{cases} \tag{6.112.b}$$

GMSK 接收机和发射机

最简单的产生GMSK信号的方法是将不归零信息比特流通过高斯基带滤波器，其后送入FM调制器。其中高斯基带滤波器的高斯脉冲响应已在式(6.109)中给出。这种调制技术如图 6.42 所示，并且在多种模拟和数字系统中采用。例如美国蜂窝数字分组数据系统（CDPD）和全球移动通信系统（GSM）。图 6.42 也可以使用标准 I/Q 调制器来实现。

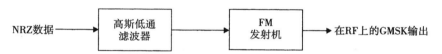

图 6.42　使用直接 FM 调制结果的 GMSK 发射机的框图

可以使用如图 6.43 所示的正交相干检测器来检测 GMSK 信号，或者使用简单的非相干检测器，如标准 FM 鉴频器，载波恢复有时由 de Buda[deB72]方法实现：两路离散频率分量之和经过倍频后再除以 4。De Buda 类似于 Costas 环路，并且等效于带有倍频器的锁相环。这种类型的接收器容易使用图 6.44 所示的数字逻辑实现。两个 D 触发器相当于一个正交积解调器，而异或门相当于基带乘法器。两个 D 触发器生成了相互正交的基波，VCO 中心频率是载波中心频率的四倍。一种不是最好但是非常有效的检测 GMSK 信号的方法是对 FM 解调器的输出进行简单抽样。

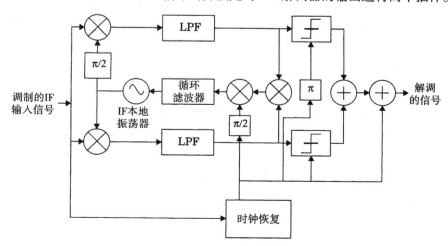

图 6.43　一个 GMSK 接收器的框图

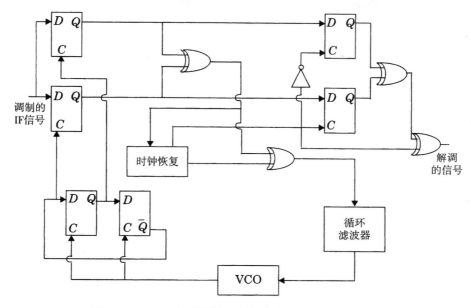

图 6.44 GMSK 解调的数字逻辑电路（[deB72] © IEEE）

例6.11 用一个高斯低通滤波器产生 0.25 GMSK 码，其信道传输速率 R_b 等于 270 Kbps，试求其 3 dB 带宽和 RF 信道包含 90% 功率时的带宽，设高斯滤波器的参数为 α。

解：

由题可得

$$T = \frac{1}{R_b} = \frac{1}{270 \times 10^3} = 3.7 \, \mu s$$

当 $BT = 0.25$ 时，

$$B = \frac{0.25}{T} = \frac{0.25}{3.7 \times 10^{-6}} = 67.567 \, kHz$$

所以 3 dB 带宽为 67.567 kHz。为了求出包含 90% 功率的带宽，查表 6.3 得出 $0.57R_b$ 为对应的值。至此，占用的 RF 频谱包含 90% 功率的带宽由下式求出：

RF $BW = 0.57R_b = 0.57 \times 270 \times 10^3 = 153.9 \, kHz$

6.10 线性和恒包络组合调制技术

现代调制技术可通过改变发射载波的包络和相位（或频率）来传输数字基带数据。因为包络和相位提供了两个自由度，这样的调制技术将基带数据映射到四种或者更多可能的射频载波信号。这种调制技术称为多进制调制，它可以比单独使用幅度调制或者相位调制表示更多的信号。

在多进制信号方案中，两个或多个比特比特组合成符号，在每一个符号持续期间 T_s 传输多进制信号 $s_1(t), s_2(t),..., s_M(t)$ 中的一个。通常，可能的信号数 $M = 2^n$，其中 n 为整数。根据载波的变化是幅度、相位还是频率，调制方法称为多进制幅度键控、多进制相移键控和多进制频移键控。同时改变载波的幅度和相位的调制方法是现在研究的焦点。

多进制信号特别适合于带宽受限的信道，但是由于它对定时抖动的敏感性（例如符号在星座图位置的距离变小所引起定时误差增加，这会导致 BER 的升高）而限制了其进一步的应用。

多进制调制方法以牺牲功率效率为代价，可以获得更好的带宽特性。例如，8-PSK 系统要求的带宽比 BPSK 系统少 $\log_2 8 = 3$ 倍，但是 BER 比 BPSK 要高很多，这是因为信号在星座图上彼此靠得太近。

6.10.1　多进制相移键控（MPSK）

在多进制相移键控中，载波相位取 M 个可能值中的一个，即 $\theta_i = 2(i-1)\pi/M$，其中 $i = 1, 2,..., M$。调制后的波形表达式如下：

$$s_i(t) = \sqrt{\frac{2E_s}{T_s}} \cos\left(2\pi f_c t + \frac{2\pi}{M}(i-1)\right), \ 0 \leqslant t \leqslant T_s \quad i = 1, 2,..., M \quad (6.113)$$

其中 $E_s = (\log_2 M)E_b$ 是每个符号的能量，$T_s = (\log_2 M)T_b$ 是符号周期。上面的公式可用积分形式改写为

$$s_i(t) = \sqrt{\frac{2E_s}{T_s}} \cos\left[(i-1)\frac{2\pi}{M}\right]\cos(2\pi f_c t) \qquad i = 1, 2,..., M$$
$$- \sqrt{\frac{2E_s}{T_s}} \sin\left[(i-1)\frac{2\pi}{M}\right]\sin(2\pi f_c t) \quad (6.114)$$

通过选择基本正交信号 $\phi_1(t) = \sqrt{\frac{2}{T_s}}\cos(2\pi f_c t)$ 和 $\phi_2(t) = \sqrt{\frac{2}{T_s}}\sin(2\pi f_c t)$，其中 $0 \leqslant t \leqslant T_s$，MPSK 信号的表达式为

$$s_{\text{M-PSK}}(t) = \left\{\sqrt{E_s}\cos\left[(i-1)\frac{\pi}{2}\right]\phi_1(t), -\sqrt{E_s}\sin\left[(i-1)\frac{\pi}{2}\right]\phi_2(t)\right\}$$
$$i = 1, 2,..., M \quad (6.115)$$

因为在 MPSK 中只有两个基本信号，所以所有的 MPSK 的星座图是二维的。多进制信号点均匀分布在以原点为中心、$\sqrt{E_s}$ 为半径的圆周上。图 6.45 是 8-PSK 信号的星座图。从图中可以清楚地看出，MPSK 在没有使用脉冲成形的情况下有着恒包络。

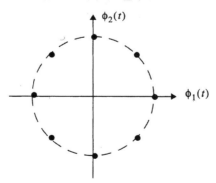

图 6.45　MPSK 的星座图（$M = 8$）

可以利用式(6.62)计算加性高斯白噪声信道中 MPSK 系统的符号差错概率。从图 6.45 中的几何关系中可以很容易看出，相邻符号间的距离等于 $2\sqrt{E_s}\sin\left(\frac{\pi}{M}\right)$。下面给出 MPSK 系统的平均符号差错概率：

$$P_e \leqslant 2Q\left(\sqrt{\frac{2E_b\log_2 M}{N_0}}\sin\left(\frac{\pi}{M}\right)\right) \quad (6.116)$$

　　和 BPSK、QPSK 的解调一样，MPSK 的解调或者使用相干检测，或者使用差分解码进行非相干差分检测。加性高斯白噪声信道中的差分解调 MPSK 系统（$M \geqslant 4$）的符号差错概率大约为[Hay94]

$$P_e \approx 2Q\left(\sqrt{\frac{4E_s}{N_0}}\sin\left(\frac{\pi}{2M}\right)\right) \tag{6.117}$$

MPSK 的功率谱

　　MPSK 信号的功率谱密度可以用类似于处理 BPSK 和 QPSK 的方法而得到。MPSK 信号的符号周期 T_s 与比特周期 T_b 有关：

$$T_s = T_b\log_2 M \tag{6.118}$$

　　矩形脉冲的 MPSK 信号的 PSD 公式如下：

$$P_{\text{MPSK}} = \frac{E_s}{2}\left[\left(\frac{\sin\pi(f-f_c)T_s}{\pi(f-f_c)T_s}\right)^2 + \left(\frac{\sin\pi(-f-f_c)T_s}{\pi(-f-f_c)T_s}\right)^2\right] \tag{6.119}$$

$$P_{\text{MPSK}} = \frac{E_b\log_2 M}{2}\left[\left(\frac{\sin\pi(f-f_c)T_b\log_2 M}{\pi(f-f_c)T_b\log_2 M}\right)^2 \right.$$
$$\left. + \left(\frac{\sin\pi(-f-f_c)T_b\log_2 M}{\pi(-f-f_c)T_b\log_2 M}\right)^2\right] \tag{6.120}$$

　　图 6.46 是 $M = 8$ 和 $M = 16$ 的 MPSK 系统的 PSD 函数。从式(6.120)和图 6.46 可以清楚地看出，在 R_b 保持不变的情况下，MPSK 信号的主瓣随着 M 的增加而减小。因此，随着 M 值的增加，带宽效率也在增加。即 R_b 不变，当 M 增加时 η_B 增加、B 减少。同时，增大 M 意味着星座图会更加紧密，因此功率效率（抗噪声性能）降低。表 6.4 列出了不同 M 值的 MPSK 系统的带宽效率和功率效率，其中 MPSK 信号在加性高斯白噪声信道中经过理想奈奎斯特脉冲整形。假设这些值没有时延抖动和衰落，因为这两个因素当 M 增加时对 BER 有很大的负面影响。在实际的无线通信信道中，通常必须进行仿真来确定 BER 的大小，因为干扰和多径效应会改变 MPSK 信号的瞬时相位，从而在检测器中产生错误。检测器实现方式的其他特点也会影响接收性能。

　　在实际应用中，移动信道中的 MPSK 信号需要使用导频符号或均衡处理，所以在实际商用中并不常见。

表 6.4　MPSK 信号的带宽效率和功率效率

M	2	4	8	16	32	64
$\eta_B = R_b/B*$	0.5	1	1.5	2	2.5	3
E_b/N_o BER = 10^{-6}	10.5	10.5	14	18.5	23.4	28.5

*B：MPSK 信号的主瓣

6.10.2　多进制正交幅度调制

　　在 MPSK 调制中，传输信号的幅度保持在一恒定值，因此星座图是圆形的。通过同时改变相位和幅度，我们获得了一种新的调制方法，称为正交幅度调制（QAM）。图 6.47 画出了 16 进制 QAM 的星座图。星座图由信号点方格组成。多进制 QAM 信号的一般形式定义为

$$s_i(t) = \sqrt{\frac{2E_{min}}{T_s}}a_i\cos(2\pi f_c t) + \sqrt{\frac{2E_{min}}{T_s}}b_i\sin(2\pi f_c t)$$

$$0 \leqslant t \leqslant T \qquad i = 1, 2, \ldots, M \tag{6.121}$$

其中，E_{min}是幅度最小的信号的能量，a_i和b_i是一对独立的整数，根据信号点的位置而定。应该注意多进制 QAM 的每个符号没有恒定的能量，可能的符号间的距离也不恒定。因此，$s_i(t)$的一些特殊值会比其他值更容易检测。

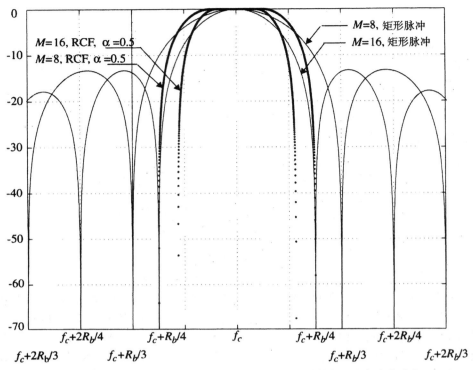

图 6.46　MPSK 功率谱密度，$M = 8, 16$（固定 R_b 的矩形脉冲和升余弦脉冲的 PSD）

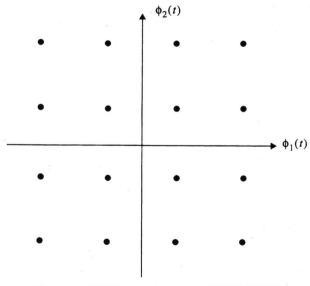

图 6.47　多进制 QAM（$M = 16$）信号的星座图

假设使用矩形脉冲成形滤波器，信号 $S_i(t)$ 扩展为一对如下定义的基本函数：

$$\phi_1(t) = \sqrt{\frac{2}{T_s}}\cos(2\pi f_c t) \qquad 0 \leq t \leq T_s \tag{6.122}$$

$$\phi_2(t) = \sqrt{\frac{2}{T_s}}\sin(2\pi f_c t) \qquad 0 \leq t \leq T_s \tag{6.123}$$

第 i 个信号点的坐标是 $a_i\sqrt{E_{min}}$ 和 $b_i\sqrt{E_{min}}$，其中 (a_i, b_i) 是如下给出的 L 矩阵的元素：

$$\{a_i, b_i\} = \begin{bmatrix} (-L+1, L-1) & (-L+3, L-1) & \dots & (L-1, L-1) \\ (-L+1, L-3) & (-L+3, L-3) & \dots & (L-1, L-3) \\ \cdot & \cdot & \cdot & \cdot \\ \cdot & \cdot & \cdot & \cdot \\ (-L+1, -L+1) & (-L+3, -L+1) & \dots & (L-1, -L+1) \end{bmatrix} \tag{6.124}$$

其中 $L = \sqrt{M}$。例如，对于图 6.47 中的 16-QAM 信号的星座图，其 L 矩阵为

$$\{a_i, b_i\} = \begin{bmatrix} (-3, 3) & (-1, 3) & (1, 3) & (3, 3) \\ (-3, 1) & (-1, 1) & (1, 1) & (3, 1) \\ (-3, -1) & (-1, -1) & (1, -1) & (3, -1) \\ (-3, -3) & (-1, -3) & (1, -3) & (3, -3) \end{bmatrix} \tag{6.125}$$

如果使用相干检测，多进制 QAM 信号在加性高斯白噪声信道中的平均差错概率大约是[Hay94]

$$P_e \cong 4\left(1 - \frac{1}{\sqrt{M}}\right)Q\left(\sqrt{\frac{2E_{min}}{N_0}}\right) \tag{6.126}$$

使用平均信号能量 E_{av}，上式可以表示为[Zie92]：

$$P_e \cong 4\left(1 - \frac{1}{\sqrt{M}}\right)Q\left(\sqrt{\frac{3E_{av}}{(M-1)N_0}}\right) \tag{6.127}$$

QAM 调制信号的功率谱和带宽效率与 MPSK 调制信号相同，而在功率效率方面，QAM 优于 MPSK。表 6.5 列出了不同 M 值的 QAM 信号的带宽效率，其中假设在加性高斯白噪声信道中使用了最优升余弦滚降滤波器。与 MPSK 信号相比较，表中所列出的数据性能更好。实际应用时必须经过仿真信道的不同参数及指定接收机的具体实现方式后，才能确定无线系统的 BER。无线系统中的 QAM 信号必须使用导频信号或均衡。

表 6.5　QAM 的带宽和功率效率[Zie92]

M	4	16	64	256	1024	4096
η_B	1	2	3	4	5	6
E_b/N_o BER = 10^{-6}	10.5	15	18.5	24	28	33.5

6.10.3　多进制频移键控（MFSK）和正交频分复用

在多进制频移键控调制中，传输信号定义为

$$s_i(t) = \sqrt{\frac{2E_s}{T_s}}\cos\left[\frac{\pi}{T_s}(n_c + i)t\right] \qquad 0 \leq t \leq T_s \quad i = 1, 2, \dots, M \tag{6.128}$$

其中，对于某些固定的 n_c，$f_c = n_c/2T_s$。M 个传输信号具有相同的能量和时长，信号频率彼此间隔 $1/2T_s$ Hz，所以信号都是彼此正交的。

对于相干的 MFSK 信号，最佳接收机由一些有 M 个不同载波的 M 相关器或者是匹配滤波器组成。基于联合界的平均差错概率为[Zie92]

$$P_e \leq (M-1)Q\left(\sqrt{\frac{E_b \log_2 M}{N_0}}\right) \qquad (6.129)$$

对于使用匹配滤波器然后经过包络检测器的非相干信号检测方式，其平均差错概率为[Zie92]

$$P_e = \sum_{k=1}^{M-1}\left(\frac{(-1)^{k+1}}{k+1}\right)\binom{M-1}{k}\exp\left(\frac{-kE_s}{(k+1)N_0}\right) \qquad (6.130)$$

仅使用二项展开式的首项，差错概率可界定在如下范围：

$$P_e \leq \frac{M-1}{2}\exp\left(\frac{-E_s}{2N_0}\right) \qquad (6.131)$$

相干 MFSK 信号的信道带宽定义为[Zie92]

$$B = \frac{R_b(M+3)}{2\log_2 M} \qquad (6.132)$$

非相干 MFSK 信号的信道带宽定义为

$$B = \frac{R_b M}{2\log_2 M} \qquad (6.133)$$

这就意味着 MFSK 信号的带宽效率随着 M 的增加而降低。因此与 MPSK 信号不同，MFSK 信号的带宽效率较低。但是由于所有的 M 个信号都是正交的，信号彼此不占用空间，因此功率效率随着 M 的增加而增加。另外，MFSK 信号可使用非线性放大器进行放大，不会引起性能降低。表 6.6 提供了一系列不同 M 值的 MFSK 信号的带宽效率和功率效率。

表 6.6　相干 MFSK 的带宽效率和功率效率[Zie92]

M	2	4	8	16	32	64
η_B	0.4	0.57	0.55	0.42	0.29	0.18
E_b/N_o BER = 10^{-6}	13.5	10.8	9.3	8.2	7.5	6.9

MFSK 信号的正交特性，引导研究人员将正交频分复用（OFDM）作为提供高的功率效率的方法，可在一个信道容纳大量的用户。式(6.128)中的每一个频率都经过二进制数据（开/关）的调制，可提供多路并行载波，并且每个载波都包括部分用户数据。

MFSK 和 OFDM 调制方法用于进行高速的数据连接，它作为 IEEE 802.11a 标准的一部分，可提供 54 Mbps 的 WLAN 连接，同时也提供 MMDS 业务的高速视距和非视距的微波连接。

6.11　扩频调制技术

到目前为止，所有描述的调制和解调技术都争取在静态加性白噪声信道中达到最好的功率效率和（或）带宽效率。由于带宽是一个有限的资源，目前所有调制方案的一个主要设计思想就是最小化传输带宽。相反，扩频技术使用的传输带宽比要求的最小信号带宽大几个数量级。尽管这种系统对于单个用户带宽效率很低，但是扩展频谱的优点是很多用户可以同时使用同一个带宽，而不会相互产生明显的干扰。如果是多用户使用，那么在多径干扰（MAI）存在的环境中，扩频系统的频谱效率将会提高。

除了占用非常大的带宽，扩频信号与普通数字化信息数据相比还有伪随机和类似噪声的特性。扩频波形由伪噪声（PN）序列或所谓的伪噪声码控制。PN 序列是二进制序列，表现出某种随机性，但却可以在指定的接收机上以确定的方式重新产生。扩频信号在接收机处与本地产生的伪随机载波做互相关运算进行解调。正确的 PN 序列经互相关运算后其扩频信号压缩,恢复为同一窄带上的原始调制信号。而来自其他用户的互相关信号只是在接收机的输出产生很小的宽带噪声。

扩展频谱的调制方法具有很多优点,使得它特别适合于无线传播环境,最重要的是其固有的抗干扰能力。由于每一个用户都被分配一个惟一的 PN 码,并与其他用户的 PN 码近似正交,所以接收机可以根据这些 PN 码将每个用户分开(即使他们总是占用同一频带)。也就是说,对于一定数量的用户,使用相同频率的扩频信号之间的干扰可以忽略不计。不仅是某个特定的扩频信号可以从其他的扩频信号中恢复出来,即使当存在窄带干扰时也可以完整地恢复出某个扩频信号。因为窄带干扰只是影响扩频信号的一小部分,很容易通过陷波滤波器去除它的影响,而不损失过多的信息。因为所有的用户都使用相同的频率,所以扩频可以省略频率规划工作,所有的小区都使用相同的信道。

良好的抗多径干扰的特性也是在无线通信中采用扩频系统的另一个基本原因。第 5 章表明,宽带信号是频率选择性的。因为扩频信号在一个很宽的频谱上有着相同的能量,任意给定时间只有一小部分频谱受衰落的影响(参见第 5 章的宽带信号和窄带信号在多径信道中的响应的比较)。从时域上分析,抗多径干扰的原因是传输延时的 PN 信号和原 PN 序列互相关性变差,就像一个其他不相关的用户信号一样而被接收机忽略。也就是说,只要多径信道导致至少一个码片延时,那么多径信号在到达接收机的时候,指定信号在时间上至少有一个码片的变化。PN 序列的关联性在于这种轻微的延迟将会导致指定信号与多径不关联。因此多径对期望的接收信号是不可见的。扩频系统不仅可以抗多径衰落,而且可以利用延时的多径分量来增进系统的性能。可以利用能够预见传输的扩频信号的多径传播延迟的 RAKE 接收机,将数路包含可分解的多径分量的信息组合起来。RAKE 接收机由一组相关器构成,每一路都与特定信号的多径分量有关。相关器的输出根据它们的相对强度加权运算,最终得到一个信号估值[Pri58]。RAKE 接收机将在第 7 章描述。

6.11.1　伪随机序列

伪噪声(PN)或伪随机序列是一种自相关的二进制序列,在一段周期内其自相关性类似于随机二进制序列。伪随机序列的自相关性也与带宽受限的白噪声信号的自相关性特性大致类似。尽管伪噪声序列是确定的,但是它具有很多类似随机二进制序列的性质,例如 0 和 1 的数目大致相同,将序列平移后和原序列的相关性很小,任意两个序列的互相关性很小,等等。PN 序列通常由序列逻辑电路产生。图 6.48 所示的反馈移位寄存器由一系列的两状态存储器设备和反馈逻辑构成。二进制序列按照时钟脉冲在移位寄存器中移动,不同状态的输出逻辑地组合起来并且反馈回第一个存储器作为输入。如果反馈逻辑由独立的"异或"门组成(通常是这种情况),那么此时移位寄存器称为线性 PN 序列生成器。

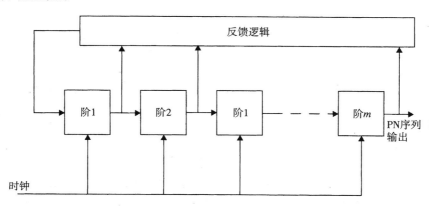

图 6.48　m 阶简化的反馈移位寄存器的框图

　　存储器的最初状态和反馈逻辑电路决定了存储器的其后状态。如果线性移位寄存器在某些时刻到达零状态，它会永远保持零状态不变，因此输出相应地变为全零序列。因为 m 阶反馈移位寄存器只有 2^m-1 个非零状态，所以由 m 阶线性寄存器生成的 PN 序列不会拥有超过 2^m-1 个符号。线性反馈寄存器产生的周期为 2^m-1 的序列称为最大长度（ML）序列。一个极好的 PN 码在[Coo86b]中给出。

6.11.2　直接序列扩频（DS-SS）

　　一个直接序列扩频系统通过将伪噪声序列直接与基带数据脉冲相乘来扩展基带数据，其伪噪声序列由伪噪声代码生成器产生。PN 波形的一个脉冲或符号称为一个"码片"。图 6.49 是使用二进制相位调制的 DS 系统的功能框图。这是一个普遍使用的直接序列扩频的实现方法。同步的数据符号，可能是信息比特或二进制信道编码符号，以模 2 加的方式形成码片，然后再进行相位调制。接收端可能会使用相干或微分相干的相移键控（PSK）解调器。

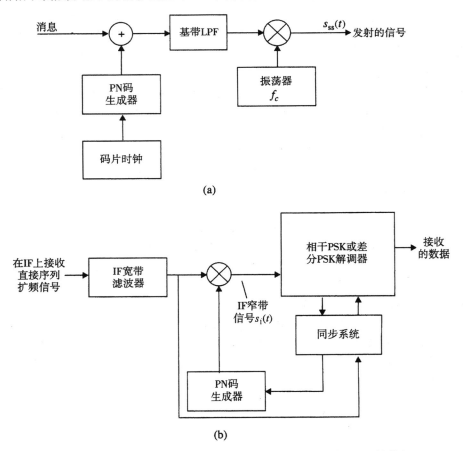

图 6.49　二进制相移调制的 DS-SS 系统的框图：(a)发射机；(b)接收机

　　接收到的单用户扩频信号可以表示如下：

$$s_{ss}(t) = \sqrt{\frac{2E_s}{T_s}} m(t)p(t)\cos(2\pi f_c t + \theta) \tag{6.134}$$

其中，$m(t)$ 是数据序列，$p(t)$ 是 PN 扩频序列，f_c 为载波频率，θ 是 $t=0$ 时的载波相位。数据波形是时间序列上的无交迭的矩形脉冲，每一脉冲的幅度值等于 +1 或 -1。$m(t)$ 序列中的每一个符号代表一个数据符号，周期为 T_s。$p(t)$ 序列中的每一个脉冲代表一个码片，通常是幅度值等于 +1 或 -1 的矩形，周期为 T_c。数据符号和码片的边沿变换相一致，因此 T_s 和 T_c 的比率为整数。如果 B_{ss} 是 $s_{ss}(t)$ 的带宽，B 是通常的已调信号 $m(t)\cos(2\pi f_c t)$ 的带宽，由于 $p(t)$ 扩频有 $B_{ss} \gg B$。

图 6.49(b) 为 DS 接收机。假设接收机已经达到码同步，接收到的信号通过宽带滤波器，然后与本地产生的 PN 代码序列 $p(t)$ 相乘。如果 $p(t) = \pm 1$，则 $p^2(t) = 1$，经乘法运算得到解扩信号 $s(t)$：

$$s_1(t) = \sqrt{\frac{2E_s}{T_s}} m(t)\cos(2\pi f_c t + \theta) \tag{6.135}$$

$s_1(t)$ 作为解调器的输入。因为 $m(t)$ 是 BPSK 信号，相应地可以解出数据信号 $m(t)$。

图 6.50 显示了期望的扩频信号的接收频谱和接收机宽带滤波器输出处的干扰。在解调器输入端，经过扩频序列乘法运算的信号频谱见图 6.50(b)。信号带宽减少到 B，同时抗干扰能量扩展后遍布在超过 B_{ss} 的射频带宽上。解调器的滤波将大多数不与信号频谱交迭的干扰信号去除。所以大部分原始干扰信号能量通过扩频被消除，并且对接收机信号的影响很小。抗干扰能力大致可用比值 B_{ss}/B 来衡量，它相当于如下定义的处理增益：

$$PG = \frac{T_s}{T_c} = \frac{R_c}{R_s} = \frac{B_{ss}}{2R_s} \tag{6.136}$$

系统处理增益越大，抗带内干扰的能力越强。

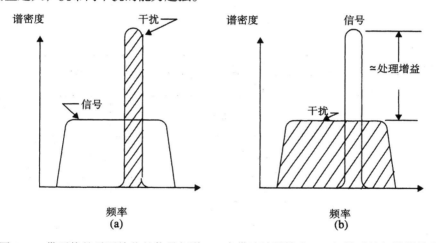

图 6.50　带干扰的需要接收的信号频谱：(a)宽带滤波器输出；(b)解扩后的相关器输出

6.11.3　跳频扩频（FH-SS）

跳频涉及射频的一个周期性的改变。一个跳频信号可以视为一系列调制数据突发，它具有时变的、伪随机的载频。所有可能的载波频率的集合称为跳频集。跳频发生于包括若干个信道的频带上。每个信道定义为其中心频率在跳频集中的频谱区域，它应是一个足够大的带宽，足以包括相应载频上窄带调制突发（通常为 FSK）的绝大部分功率。跳频集中使用的信道带宽称为瞬时带宽。跳频发生的频谱带宽称为总跳频带宽。数据以发射机载波频率跳变的方式发送到看上去随机的信道，而这些信道只有相应的接收机知道。在每个信道上，在发射机再次跳频之前，数据的一些小的突变利用传统的窄带调制发送。

　　只有每次跳频只使用一个载波频率（单信道），数字数据调制才称为单信道调制。图 6.51 给出了一个单信道的 FH-SS 系统。跳频之间的持续时间称为跳频持续时间或跳频周期，记为 T_h。总的跳频带宽和瞬时带宽分别记做 B_{ss} 和 B。这样对于跳频系统，其处理增益 $= B_{ss}/B$。

　　从接收到的信号中去掉跳频称为解跳。如果图 6.51(b)中接收机合成器生成的频率模式和接收到的信号中的频率模式同步，则混频器的输出就是一个位于固定差额处的解跳信号。解调之前，解跳信号输入到传统的接收机中。在跳频中，当一个目标信号占据了一个特定的跳频信道时，这个信道中的噪声和干扰用频率表示，这样就可以进入解调器。因此，一个非目标的用户和目标用户同时在同一信道发射信号的情况下，跳频系统中就有可能出现碰撞。

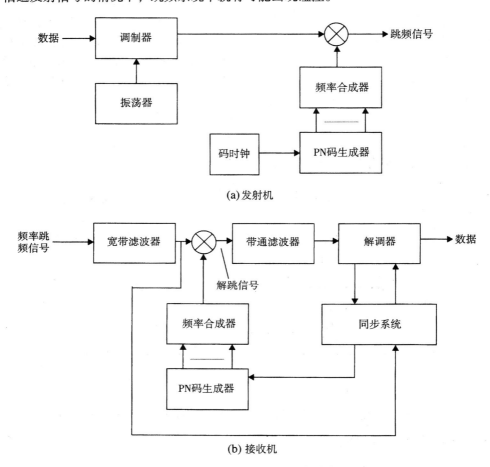

(a) 发射机

(b) 接收机

图 6.51　单信道调制跳频系统的框图

　　跳频可分为快跳频或慢跳频两种。如果一次发射信号期间不止一个频率跳跃，则为快跳频。这样，快跳频意味着跳频速率等于或大于信息符号速率。如果在频率跳跃的时间间隔中有一个或多个信号发射，则为慢跳频。

　　如果采用二进制频移键控（FSK），则一对可能的瞬时频率每次跳频时都要发生变动。一个发射信号占据的频率信道成为发射信道。另一个信号发射时所占据的信道称为互补信道。FH-SS 系统的跳频速率取决于接收机合成器的频率灵敏度、发射信息的类型、抗碰撞的编码冗余度，以及与最近的潜在干扰的距离。

6.11.4　直接序列扩频的性能

图6.52给出了有 K 个用户接入的一个直接序列扩频系统。假设每个用户具有一个每信号 N 个时间片的伪随机序列，信号的周期为 T，因为 $NT_c = T$。

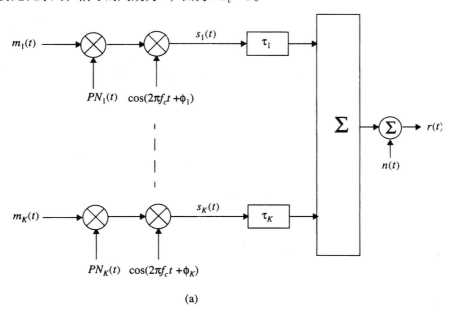

(a)

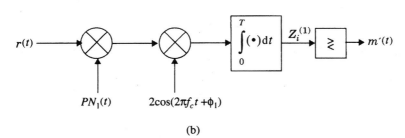

(b)

图 6.52　一个有 K 个用户的 DS-SS 系统的简化框图：(a)一个
CDMA扩频系统的 K 用户模型；(b)用户 1 的接收机制

第 k 个用户的发射信号可表示为

$$s_k(t) = \sqrt{\frac{2E_s}{T_s}} m_k(t) p_k(t) \cos(2\pi f_c t + \phi_k) \tag{6.137}$$

其中，$p_k(t)$ 为第 k 个用户的伪随机码序列，$m_k(t)$ 是第 k 个用户的数据序列。接收到的信号将由 K 个不同的发射信号（一个目标用户和 $K - 1$ 个非目标用户）加上额外噪声的和组成。把接收到的信号和恰当的签名序列关联起来，产生一个判决变量，由此完成接收。用户 1 的第 i 个发送比特的判决变量为

$$Z_i^{(1)} = \int_{(i-1)T+\tau_1}^{iT+\tau_1} r(t) p_1(t - \tau_1) \cos[2\pi f_c(t - \tau_1) + \phi_1] dt \tag{6.138}$$

如果 $m_{1,i} = -1$，那么当 $Z_i^{(1)} > 1$ 时这个比特将被错误接收。差错概率现在可计算为 $Pr[\,Z_i^{(1)} > 0|m_{1,i} = -1\,]$。既然接收到的信号 $r(t)$ 是信号加上额外噪声的线性组合，式(6.138)可以重新记做：

$$Z_i^{(1)} = I_1 + \sum_{k=2}^{K} I_k + \xi \tag{6.139}$$

其中

$$I_1 = \int_0^T s_1(t) p_1(t) \cos(2\pi f_c t)\mathrm{d}t = \sqrt{\frac{E_s T}{2}} \tag{6.140}$$

是接收机对来自用户 1 的信号的响应。

$$\xi = \int_0^T n(t) p_1(t) \cos(2\pi f_c t)\mathrm{d}t \tag{6.141}$$

是代表噪声均值为零，方差如下的高斯随机变量，

$$E[\xi^2] = \frac{N_0 T}{4} \tag{6.142}$$

而

$$I_k = \int_0^T s_k(t - \tau_k) p_1(t) \cos(2\pi f_c t)\mathrm{d}t \tag{6.143}$$

代表来自用户 k 的多址干扰。假定 I_k 是由来自第 k 个干扰者的、在一个比特积分周期 T 上 N 个随机码片的积累效应组成，则根据中心极值定理，这些效应的总和将趋向于高斯分布（参见附录E）。既然有 $K-1$ 个用户作为相同分布的干扰者，多址干扰 $I = \sum_{k=2}^{K} I_k$ 可用一个高斯随机变量近似表示。正如附录E中给出的那样，高斯近似假定每个 I_k 是独立的，但实际上并非如此。高斯近似为平均比特差错概率给出了一个方便的表示：

$$P_e = Q\left(\frac{1}{\sqrt{\dfrac{K-1}{3N} + \dfrac{N_0}{2E_b}}} \right) \tag{6.144}$$

对于单个用户，$K = 1$，这个表示式简化为 BPSK 调制的 BER 表达式。对于不考虑热噪声的干扰受限情况，E_b/N_0 趋向于无限，BER 表达式的值等于

$$P_e = Q\left(\sqrt{\frac{3N}{K-1}} \right) \tag{6.145}$$

这是不能再减少的误差本底，主要是因为多址干扰的存在和假设 DS-SS 接收机处所有的干扰者拥有与目标用户相等的信号功率。实际上，远－近问题是 DS-SS 系统的难题。如果不对每个移动用户进行细致的功率控制，那么一个靠近基站的用户会占用接收信号能量的大部分，使得高斯假设不再精确[Pic91]。对于大量的用户来说，BER 受多址干扰的限制多于热噪声[Lib99]。附录E提供了关于如何计算 DS-SS 系统的 BER 的详细分析。第9章阐述了 DS-SS 系统的容量如何随着传播和多址干扰而改变。

6.11.5　跳频扩频的性能

在跳频扩频系统中，采用BFSK调制时几个用户相互独立地跳变他们的载波频率。如果两个用户没有同时使用同一个频带，BFSK 的差错概率如下：

$$P_e = \frac{1}{2}\exp\left(-\frac{E_b}{2N_0}\right) \tag{6.146}$$

但是，两个用户在同一个频带中同时发送信号，则会发生碰撞。在这种情况下，假定这个差错概率为 0.5 是合理的。这样，总的比特差错概率可以建立如下的模型：

$$P_e = \frac{1}{2}\exp\left(-\frac{E_b}{2N_0}\right)(1-p_h) + \frac{1}{2}p_h \tag{6.147}$$

其中p_h是一次碰撞的概率，这是必须确定的。如果有 M 个可能的跳频信道（称为槽），那么这里有 $1/M$ 的概率，一个给定的干扰者会出现在目标用户的槽中。若有 $K-1$ 个干扰的用户，则与没有碰撞的概率相比较，目标用户频槽中至少存在一个干扰者的概率等于 1 mm，即

$$p_h = 1 - \left(1 - \frac{1}{M}\right)^{K-1} \approx \frac{K-1}{M} \tag{6.148}$$

假定 M 很大。代入式(6.147)得到

$$P_e = \frac{1}{2}\exp\left(-\frac{E_b}{2N_0}\right)\left(1 - \frac{K-1}{M}\right) + \frac{1}{2}\left[\frac{K-1}{M}\right] \tag{6.149}$$

现在考虑如下的特殊情况。如果 $K=1$，差错概率简化为式(6.146)，这是标准的 BFSK 的差错概率。同时，如果 E_b/N_0 趋向无限，则

$$\lim_{\frac{E_b}{N_0} \to \infty} (P_e) = \frac{1}{2}\left[\frac{K-1}{M}\right] \tag{6.150}$$

这表明了由于多址干扰的存在不可减少的 BER。

以上的分析假定所有的用户同步地跳跃载波频率，这称为分槽频率跳跃。这对于许多跳频扩频系统来说并不是一个现实的情况。即使各个用户时钟能达到同步，由于各种传播延迟，无线电信号也不会同步地到达各个用户。正如 Geraniotis[Ger82]中所描述的那样，在异步的情况下，一次碰撞的概率是

$$p_h = 1 - \left\{1 - \frac{1}{M}\left(1 + \frac{1}{N_b}\right)\right\}^{K-1} \tag{6.151}$$

其中N_b是每次跳频的比特数。比较式(6.151)和式(6.148)，我们看到对于异步的情况，一次碰撞的概率增加了（这是预料之中）。在式(6.147)中代入式(6.151)，异步 FH-SS 系统的差错概率是

$$P_e = \frac{1}{2}\exp\left(-\frac{E_b}{N_0}\right)\left\{1 - \frac{1}{M}\left(1 + \frac{1}{N_b}\right)\right\}^{K-1} + \frac{1}{2}\left[1 - \left\{1 - \frac{1}{M}\left(1 + \frac{1}{N_b}\right)\right\}^{K-1}\right] \tag{6.152}$$

FH-SS对于DS-SS有一个优势在于它不受远近问题的影响。因为信号通常不会同时使用同一频率，信号的相对功率电平就不如 DS-SS 系统中那么重要。然而，由于相邻信道间的不完全过滤，较强的信号对较弱的信号将产生干扰，所以远近问题不能完全避免。为了克服偶发的碰撞，传输中需要进行纠错编码。应用有效的 Reed-Solomon 或其他突发纠错编码，甚至在偶发碰撞的情况下，系统性能都能够大幅度提高。

6.12 衰落和多径信道中的调制性能

正如在第4章和第5章中讨论的那样，移动无线信道的特征是存在各种各样的损耗，例如衰落、多径效应和多普勒效应等。为了研究一个移动无线环境中任何一种调制方案的有效性，需要评估在这样的信道条件下调制方案的性能。尽管 BER 的计算，给出了一个特定调制方案性能的一个很好的指示，但它并不提供任何关于差错类型的信息。例如，它不能给出突发差错的概率。在一个衰落的移动无线信道中，发射后的信号很可能会受到很深的衰落，这将导致信号的中断或完全丢失。

计算中断概率是判断一个移动无线信道中信号方案有效性的另一种方法。一次给定发射中发生比特差错的具体数目，可以确定是否出现一次中断事件。在各种信道损耗的情况下，各种调制方案的 BER 和中断概率能够通过分析方法或通过仿真计算出来。在计算慢速、平坦衰减信道中的 BER 时，常用简单的分析方法；而在频率选择性信道中的性能评估和中断概率的计算经常通过计算机仿真来进行。通过将输入比特流和一个适当的信道冲激响应模型进行卷积并在接收机判决电路的输出端对差错计数来实现计算机仿真（[Rap91b], [Fun93]）。

在对多径和衰落信道中的各种调制方案的性能进行研究之前，必须对信道的特性有一个深入的理解。第 5 章描述的信道模型可用来评估各种调制方案。

6.12.1 在慢速、平坦衰落信道中数字调制的性能

正如在第 5 章中讨论的那样，平坦衰落信道在发射的信号 $s(t)$ 中引起乘性（增益）变化。既然慢速、平坦衰落信道的变化比调制慢，可以假设信号的衰减和相移至少在一个符号的间隔上是不变的。这样接收到的信号 $r(t)$ 可以表示为

$$r(t) = \alpha(t)\exp(-j\theta(t))s(t) + n(t) \qquad 0 \le t \le T \tag{6.153}$$

其中，$\alpha(t)$ 是信道的增益，$\theta(t)$ 是信道的相移，$n(t)$ 是加性高斯噪声。

接收机处使用相干或者非相干的匹配滤波检测，这取决于是否可能对相位 $\theta(t)$ 做出精确的估计。

为了计算慢速、平坦衰落信道中任何一种数字调制方案的差错概率，在衰落导致的所有可能的信号强度范围内，必须对 AWGN 信道中的特定调制方式的差错概率进行平均。也就是说，AWGN信道中的差错概率被视为一种有条件的差错概率，其中条件即 α 是固定的。因此，对于慢速、平坦衰落信道中的差错概率，可以通过将 AWGN 信道中衰落概率密度函数上的差错进行平均而得到。这样，慢速、平坦衰落信道中的差错概率可以计算如下：

$$P_e = \int_0^\infty P_e(X)p(X)\mathrm{d}X \tag{6.154}$$

其中 $P_e(X)$ 是有一个特定的信噪比 X 的任意调制的差错概率，$X = \alpha^2 E_b/N_0$，$p(X)$ 是衰落信道中 X 的概率密度函数。E_b 和 N_0 是常量，代表了无衰落的 AWGN 信道中每比特的平均能量和噪声功率密度。随机变量 α^2 是与 E_b/N_0 有关的用以代表衰落信道的瞬时功率值。对于单位增益的衰落信道，可以把 $\overline{\alpha^2}$ 假定为 1，那么可以简单地把 $p(X)$ 看做衰落信道中 E_b/N_0 的瞬时值的分布，并把 $P_e(X)$ 看做由于衰落的随机 E_b/N_0 给定值的比特差错条件概率。

对于瑞利衰落信道，衰落幅度 α 具有瑞利分布，因此衰落功率 α^2 和随之的 X 是具有两个自由度的 α^2 分布。因此

$$p(X) = \frac{1}{\Gamma}\exp\left(-\frac{X}{\Gamma}\right) \qquad X \ge 0 \tag{6.155}$$

其中 $\Gamma = \dfrac{E_b}{N_0}\overline{\alpha^2}$ 是信噪比的平均值。对于 $\overline{\alpha^2}=1$，注意符合衰落信道的平均 E_b/N_0。

通过使用式(6.155)和 AWGN 中一个特定调制方案的差错概率，可以计算出慢速、平坦衰落信道中的差错概率。对相干的二进制 PSK 和相干的二进制 FSK，式(6.154)等价于[Ste87]

$$P_{e,\,\text{PSK}} = \frac{1}{2}\left[1-\sqrt{\frac{\Gamma}{1+\Gamma}}\right] \quad （相干二进制 PSK） \tag{6.156}$$

$$P_{e,\,\text{FSK}} = \frac{1}{2}\left[1-\sqrt{\frac{\Gamma}{2+\Gamma}}\right] \quad （相干二进制 FSK） \tag{6.157}$$

在慢速、平坦的瑞利衰落信道中，DPSK 的平均差错概率和正交的非相干 FSK 如下所示：

$$P_{e,\,\text{DPSK}} = \frac{1}{2(1+\Gamma)} \quad （差分二进制 PSK） \tag{6.158}$$

$$P_{e,\,\text{NCFSK}} = \frac{1}{2+\Gamma} \quad （非相干正交二进制 FSK） \tag{6.159}$$

图 6.53 说明了各种调制方案作为 E_b/N_0 的函数，在一个瑞利平坦衰落环境中其 BER 如何变化。这幅图是通过仿真而不是通过分析得到的，但是和式(6.156) ~ 式(6.159)基本一致[Rap91b]。

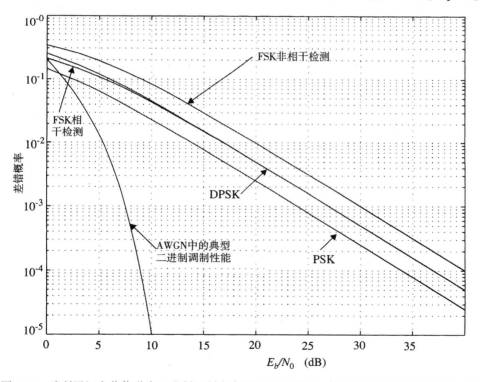

图 6.53 瑞利平坦衰落信道中二进制调制方案的 BER 性能与 AWGN 的典型性能曲线的比较

对于大的 E_b/N_0（比如大的 X 值），差错概率方程可以简化如下：

$$P_{e,\,\text{PSK}} = \frac{1}{4\Gamma} \quad （相干二进制 PSK） \tag{6.160}$$

$$P_{e,\,\text{FSK}} = \frac{1}{2\Gamma} \quad （相干 FSK） \tag{6.161}$$

$$P_{e,\text{DPSK}} = \frac{1}{2\Gamma} \quad (\text{差分 PSK}) \tag{6.162}$$

$$P_{e,\text{NCFSK}} = \frac{1}{\Gamma} \quad (\text{非相干正交二进制 FSK}) \tag{6.163}$$

对于 GMSK，AWGN 信道中的 BER 的表达式在式(6.112.a)中给出，这个方程代入式(6.154)得到一个瑞利衰落的 BER：

$$P_{e,\text{GMSK}} = \frac{1}{2}\left(1 - \sqrt{\frac{\delta\Gamma}{\delta\Gamma + 1}}\right) \cong \frac{1}{4\delta\Gamma} \quad (\text{相干 GMSK}) \tag{6.164}$$

其中

$$\delta \cong \begin{cases} 0.68 & BT = 0.25 \\ 0.85 & BT = \infty \end{cases} \tag{6.165}$$

正如在式(6.160)到式(6.164)中看到的那样，对于较低的 BER，所有 5 种调制技术表现出 BER 和平均信噪比之间相反的代数关系。这和 BER 与 AWGN 信道中的信噪比之间的指数关系形成了对比。根据这些结果，可以看出达到 $10^{-3} \sim 10^{-6}$ 的 BER 需要一个从 30 dB 到 60 dB 的平均信噪比。这明显大于一个非衰落的高斯噪声信道上所需要的值（还需要 20 dB 到 50 dB 的链路）。但是我们可以明显地看出，较差的 BER 性能是因为很深的衰落的非零概率引起的，这时的瞬时 BER 能低到 0.5。BER 的显著改善可以通过使用如分集或差错控制编码这样的技术，从而完全避免深度衰落的可能性，这将在第 7 章讨论。

Yao[Yao92]的工作表明了如何将式(6.154)的分析方法应用于目标信号和经受瑞利、莱斯或对数正态衰落的干扰信号。

例6.12 使用这一节描述的方法，推导出 DPSK 和慢速、平坦衰落信道中的非相干正交二进制 FSK 的差错概率表达式，其中接收到的信号包络具有莱斯概率分布[Rob94]。

解：

莱斯概率密度函数给出如下：

$$p(r) = \frac{r}{\sigma^2}\exp\left(\frac{-(r^2 + A^2)}{2\sigma^2}\right)I_0\left(\frac{Ar}{\sigma^2}\right) \qquad A \geq 0, \, r \geq 0 \tag{E6.12.1}$$

其中，r 是莱斯幅度，A 是直射波幅度。通过适当的变换，莱斯分布可以通过 X 表示为

$$p(X) = \frac{1+K}{\Gamma}\exp\left(-\frac{X(1+K)+K\Gamma}{\Gamma}\right)I_0\left(\sqrt{\frac{4(1+K)KX}{\Gamma}}\right) \tag{E6.12.2}$$

其中，$K = A^2/2\sigma^2$ 是莱斯分布的直射波与随机波幅度的比率。DPSK 和 AWGN 信道中非相干正交 FSK 的差错概率可以表示为

$$P_e(X, k_1, k_2) = k_1\exp(-k_2X) \tag{E6.12.3}$$

其中，对于 FSK，$k_1 = k_2 = 1/2$；对于 DPSK，$k_1 = 1/2$，$k_2 = 1$。

为了得到慢速、平坦衰落信道中的差错概率，我们需要计算表达式：

$$P_e = \int_0^\infty P_e(X)p(X)\mathrm{d}X \tag{E6.12.4}$$

将式(E6.12.2)和式(E6.12.3)代入式(E6.12.4)，积分得到莱斯分布的慢速、平坦衰落信道中的差错概率：

$$P_e = \frac{k_1(1+K)}{(k_2\Gamma + 1 + K)}\exp\left(\frac{-k_2 K\Gamma}{k_2\Gamma + 1 + K}\right)$$

对于 FSK，将 $k_1 = k_2 = 1/2$ 代入，差错概率给出如下：

$$P_{e,\text{NCFSK}} = \frac{(1+K)}{(\Gamma + 2 + 2K)}\exp\left(\frac{-K\Gamma}{\Gamma + 2 + 2K}\right)$$

类似地，对于 DPSK，将 $k_1 = 1/2$、$k_2 = 1$ 代入，我们得到

$$P_{e,\text{DPSK}} = \frac{(1+K)}{2(\Gamma + 1 + K)}\exp\left(\frac{-K\Gamma}{\Gamma + 1 + K}\right)$$

6.12.2　频率选择性移动信道中的数字调制

多径时延扩展引起的频率选择性衰落导致符号间干扰，这样就生成了移动系统不可减少的BER下限。然而，即使一个移动信道不是频率选择性的，由于随机频谱扩展，因运动引起的随时间改变的多普勒扩展也将产生不可减少的BER下限。这些因素使得在一个频率选择性信道上可靠传输的数据速率和BER受到限制。分析频率选择性衰落效应的主要工具是仿真。Chuang[Chu87]通过仿真研究了频率选择性衰落信道中各种调制方案的性能。人们已经对滤波和不滤波的 BPSK、QPSK、OQPSK 和 MSK 调制方案进行了研究，它们的 BER 曲线被仿真为一个归一化的均方根延迟扩展函数（$d = \sigma_\tau/T_s$）。

频率选择性信道中不可减少的BER下限，主要是由符号间干扰导致的错误引起的，它在接收机抽样的瞬间干扰了信号分量。这发生在如下几种情况中：(a)主要的（未受延迟的）信号分量因多径删除而被消除；(b)一个非零的 d 值引起ISI；(c)由于时延扩展接收机的抽样时间发生改变。Chuang观察到频率选择性信道中的比特差错倾向于突发性。基于仿真的结果，我们知道对于小的时延扩展（与符号持续时间有关），平坦衰落是错误突发性的主要原因。对于较大的时延扩展，定时错误和ISI（符号间干扰）是主要的差错机制。

图 6.54 表明平均的不可减少的 BER，对于使用相干检测的不同非滤波调制方案，它是 d 的一个函数。从图中可以看出，BPSK的BER性能是所有比较过的调制方案中最好的。这是因为符号交错干扰（称为交叉轨迹干扰，由于眼图存在多个轨迹）在 BPSK 中并不存在。OQPSK 和 MSK 在两个比特序列之间存在一个 $T/2$ 的时间交错，因此交叉轨迹符号间干扰更加严重了，它们的性能类似于 QPSK。图 6.55 给出了作为均方根时延扩展的一个函数的BER，其中时延扩展归一化到比特周期（$d' = \sigma_\tau/T_b$）而非图 6.54 中使用的符号周期。在一个比特而不是一个符号基础上进行比较，更容易对不同调制做出判断。在图 6.55 中，很明显在信息输出保持不变时，四级调制（QPSK、OQPSK 和 MSK）比BPSK的抗时延扩展性能要好。有趣的是，八进制键控抗干扰力不如四进制键控，这使得我们在第 2 章和第 11 章描述的许多 2G 和 3G 无线标准中采用四进制键控。

6.12.3　衰落和干扰中的 π/4 DQPSK 的性能

Liu 与 Feher（[Liu89], [Liu91]）以及 Fung、Thoma 和 Rappaport（[Rap91b], [Fun93]）研究了移动无线环境中π/4 DQPSK的性能。他们将信道建模成一个频率选择性、双射线、瑞利衰落信道，并带有加性高斯白噪声和同信道干扰。另外，Thoma研究了现实世界中多径信道数据的影响效果，发现这样的信道有时产生比双射线瑞利衰落模型更差的BER。基于分析和仿真结果，人们进行了大量计算来评估双射线之间不同的多径时延、不同的车辆速度（即不同的多普勒频移）下各种同信道干扰的BER。可以将 BER 作为如下参数的函数：

- 归一化到符号速率的多普勒扩展：$B_D T_s$ 或 B_D/T_s
- 第二多径的时延 τ，归一化到符号持续时间：τ/T
- 平均载波能量和噪声功率谱密度的比值，以分贝为单位：E_b/N_0 dB
- 平均载波和干扰功率的比值，以分贝为单位：C/I dB
- 平均主径和延迟路径的功率比：C/D dB

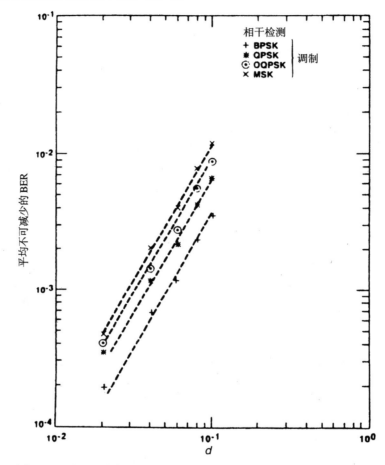

图 6.54　对于一个高斯型功率延迟分布的信道，使用相干检测的不
同调制方案的不可减少的 BER 性能。参数 d 是均方根时延
扩展，而这是用符号周期进行归一化的（[Chu87] © IEEE）

　　Fung、Thoma 和 Rappaport（[Fun93]，[Rap91b]）开发了一个称为 BERSIM（BER 仿真器）的计算机仿真器，证实了 Liu 和 Feher[Liu91]的分析。BERSIM 概念已注册了 5 233 628 号美国专利，如图 6.56 所示。

　　图 6.57 给出了美国数字蜂窝 π/4 DQPSK 系统的平均差错概率图，这里我们将它作为载噪比（C/N）的函数，而且考虑了慢速、瑞利平坦衰落信道中不同的同信道干扰级别。在一个慢速、平坦衰落信道中，多径时间色散和多普勒扩展是可以忽略的，比特差错主要是由衰落和同信道干扰引起的。很明显可以看出，C/I 大于 20 dB 时，比特差错主要是由衰落引起的，干扰的影响甚微。然而，当 C/I 降到 20 dB 以下时，干扰就决定了链路性能。这就是为什么大容量的移动系统是干扰受限的，而非噪声受限的。

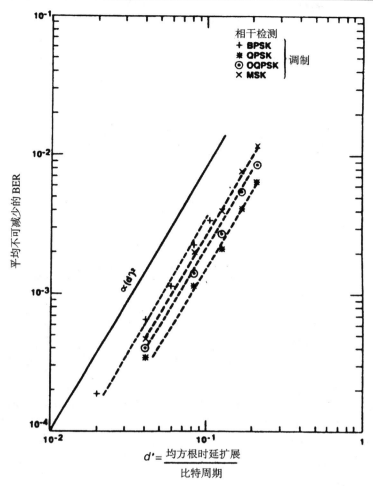

图 6.55 图 6.54 所示一组曲线按照比特周期归一化后的均方根时延扩展函数（[Chu87] © IEEE ）

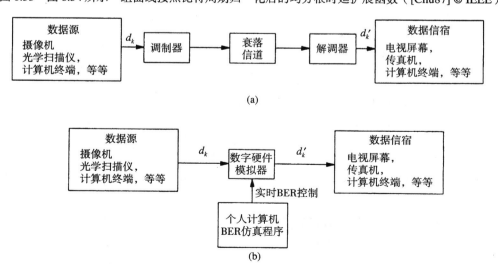

图 6.56 BERSIM的概念: (a)一个实际的数字通信系统的框图; (b)使用由仿真软件作为驱动
的基带数字硬件仿真器进行实时 BER 控制的 BERSIM 框图（ US Patent 5 233 628 ）

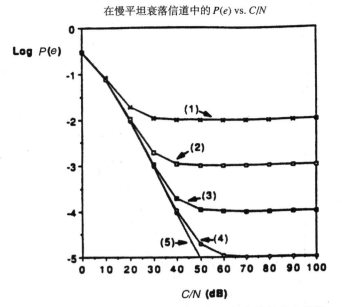

图6.57　在具有同信道干扰和高斯白噪声干扰的平滑慢衰落信道中传输π/4 DQPSK信号的 BER 性能。其中，$f_c = 850$ MHz，$f_s = 24$ ksps，升余弦升降因子为 0.2，$C/I = $(1) 20 dB,(2) 30 dB,(3) 40 dB,(4) 50 dB,(5)无穷大（[Liu91] © IEEE）

在移动系统中，即使没有时间色散，如果 C/N 是无限大的，BER 的减少也有一个下限。这个不可减少的 BER 下限是由于多普勒扩展引起的随机调频造成的，Bello 和 Nelin[Bel62]对其进行了介绍。图 6.58 清楚地表明了 π/4 DQPSK 的多普勒扩展导致的衰落效应。当速度增加后，尽管 E_b/N_0 也在增加，不可减少的 BER 下限值也在增加。这样，一旦达到一定的值，由于移动的原因将使得链路性能不会再有进一步的改善。

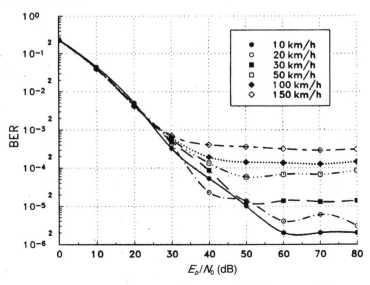

图6.58　在瑞利平滑衰落信道中传输的 π/4 DQPSK 信号的 BER 性能 E_b/N_0 函数。图中曲线为在不同速率下的函数：$f_c = 850$ MHz，$f_s = 24$ ksps，升余弦滚降因子为 0.2，$C/I = 100$ dB，曲线由 BERSIM 产生（[Fun93] © IEEE）

　　图 6.59 给出了美国数字蜂窝 π/4 DQPSK 系统的 BER，这个系统是放在一个双射线瑞利衰落信道中的，其中车辆速度是 40 km/h 和 120 km/h，信噪比 SNR E_b/N_0 = 100 dB。这条曲线是在 C/D = 0 dB 和 10 dB 的情况下画出的，其中 τ/T_s 取不同的值。当两条多径射线之间的时延达到符号周期的 20% 时（也就是说 τ/T = 0.2），由于多径效应引起的 BER 上升到 10^{-2} 以上，使得链路不再可用，甚至当延迟波束平均信号比主波束低 10 dB 以下时也是如此。信道中的平均 BER 对语音编码器是很重要的。作为一个一般的规则，10^{-2} 的信道 BER 是调制解调语音编码器正常工作所需要的。注意到在 τ/T = 0.1 时，差错概率为 10^{-2}，甚至是在第一和第二多径分量的功率相等时也是如此。图 6.59 给出了第二多径的延迟和幅度对平均 BER 的影响。

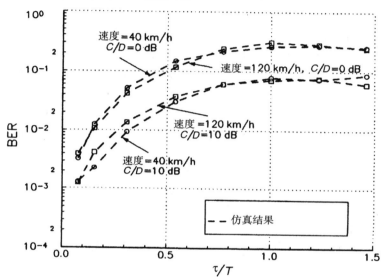

图 6.59　双射线瑞利衰落信道中 π/4 DQPSK 的 BER 性能。其中双射线之间时延 τ 和功率比 C/D 是变化的。f_c = 850 MHz，f_s = 24 ksps，升余弦滚降因子为 0.2，v = 40 km/h，120 km/h，E_b/N_0 = 100 dB。曲线由 BERSIM 产生（[Fun93] © IEEE）

　　由[Chu87]、[Liu91]、[Rap91b]和[Fun93]推导的仿真，为我们进一步了解多种条件中的比特差错机制提供了帮助。移动速率、信道时延扩展、干扰程度和调制方式都独立地影响移动通信系统中的 BER。所以设计和预测在复杂、时变信道条件下的无线通信链路性能时，仿真是很有效的方式 [Tra02]。

6.13　习题

6.1　频率调制信号的三角载波 ω_c = 5000 rad/s，调制系数为 10。假设调制信号 $m(t)$ = 20 cos(5t)，计算出带宽和上、下边带频率。

6.2　调制信号 $m(t)$ = sin(1000πt)对载波为 2 MHz、幅度为 4 V 的信号进行频率调制。调制信号的幅度为 2 V，最大频率偏移为 1 kHz。如果调制信号的幅度和频率分别增至 8 V 和 2 kHz，试写出新的调制信号的表达式。

6.3　如果 f_c = 440 MHz，车辆移动速度最大为 80 mph，确定 TTIB 系统中语音和音调的频谱分布。

6.4　如果 f_d = 12 kHz，W = 4 kHz，确定 FM 发射机的调制系数。假设相关参数为 AMPS 系统的标准参数。

6.5 对于 AMPS 系统的 FM 发射机，如果 $SNR_{in} = 10$ dB，试确定 FM 检测器的 SNR_{out} 有多大。如果 SNR_{in} 增加 10 dB，相应的检测器的 SNR 输出增加多少？

6.6 证明积分检测器可以正确地检测出 FM 信号。

6.7 设计一个中频为 70 MHz 的积分检测器，假设中频通带带宽为 200 kHz。试确定合理的电路参数并画出对应信号中频中心频率的幅度和相位。

6.8 使用计算机仿真，演示 FM 信号可以用(a)斜率检测器和(b)过零检测器进行解调。

6.9 (a) 生成并绘出二进制基带通信系统时域上的波形，系统通过理想信道发送比特串 1, 0, 1，并使用升余弦滚降滤波器 $\alpha = 1/2$。假设符号速率是 50 Kbps，截断时间是 ±6 个符号。

    (b) 画出波形的理想样点图。

    (c) 如果接收机有 $\pm10^{-6}$ 秒的定时抖动，在每一个样点检测电压与理想电压有何差异？

6.10 验证图 6.23 所示的 BPSK 接收机能够恢复数字信息 $m(t)$。

6.11 画出 BPSK、DPSK、QPSK 和非相干 FSK 在加性高斯白噪声信道中的 BER 对 E_b/N_0 的性能。从移动通信的角度来看，列出每一种调制方法的优缺点。

6.12 假设要在 RF 载波上调制一个二进制比特流。如果基带比特流的数据速率是 1 Mb/s，那么：

    (a) 假定采用 BPSK，如果采用简单矩形脉冲，那么 RF 频谱的第一个为零的交叉带宽是什么？

    (b) 假定采用 BPSK，如果使用升余弦滚降脉冲，且 $\alpha = 1$，RF 频谱的绝对带宽是什么？

    (c) 假定采用 BPSK，如果使用升余弦滚降脉冲，且 $\alpha = 1/3$，RF 频谱的绝对带宽是什么？

    (d) 如果在接收机处存在 10^{-6} 秒的时延抖动并且使用了升余弦滚降脉冲，检测器会不会遭受临近符号的符号间干扰？请解释。

    (e) 如果产生 GMSK 调制并且采用了 500 kHz、3 dB 带宽的高斯低通滤波器，FM 峰值频率偏离 ΔF 应该如何选择？

    (f) 对于 $BT \leq 5$ 的 GMSK 调制，有多少频谱旁瓣产生？

6.13 如果移动无线链路的 SNR 为 30 dB 并使用 200 kHz 的信道，试找出理论上最大的数据容量，并将答案与 GSM 标准，即信道速率为 270.8333 Kbps 的链路进行比较。

6.14 比较 IS-54、GSM、PDC 和 IS-95 系统的信道频谱效率。如果它们的 SNR 均为 20 dB，这些系统的理论频谱效率各为多少？

6.15 设计一个升余弦滚降滤波器，$T_s = 1/24\ 300$ s，$\alpha = 0.35$。写出滤波器脉冲响应和频率响应的表达式，并画出相应的结果。如果这个滤波器用在 30 kHz 的发射信道中，则带外损失的发射能量占总量的百分比为多少？确定结果时，有可能要使用计算机仿真或数值分析。

6.16 设计一个高斯脉冲成形滤波器，$BT = 0.5$，符号速率为 19.2 Kbps。写出滤波器脉冲响应的频率响应的表达式，并画出相应的结果。如果这个滤波器用来在 30 kHz 的发射信道中产生 GMSK 信号，则带外损失的发射能量占总数的百分比为多少？当 $BT = 0.2$ 和 $BT = 0.75$ 时，情况又会如何？确定结果时，有可能要使用计算机仿真或数值分析。

6.17 GMSK 计算机仿真：试用计算机仿真重建表 6.3 和图 6.41。如图 6.42 所示简单地将随机 NRZ 二进制信号波形通过高斯脉冲成形滤波器，然后进行 FM 调制。要确定包含所有备有证明文件的源代码，清楚地标记所有的轴和文档，并且显示 PSD 和不同 BT 值下与 R_b 相关的频谱占有结果。

6.18 信号为 MSK 时，推导出式(6.106)。

6.19 试用图 6.39 和图 6.40 所示的 MSK 发射机和接收机产生二进制数据信息 01100101。画出输入处、输出处和系统中的波形。可能需要计算机仿真。

6.20 如果 CDMA 系统中有 63 个用户共享信道，每个用户的处理增益是 511，试确定每个用户的平均差错概率。在确定结果时使用了什么假设？

6.21 在习题 6.20 中，如果允许的差错概率增大一个数量级，试确定用户数增长的百分比。

6.22 在 IS-95 CDMA 中，假设 $K = 20$ 个的用户共享同一个 1.25 MHz 的信道。每一个用户的码片速率为 1.2288 Mcps，每个用户的带宽数据速率为 13 Kbps。如果提供给每一个用户的最大 E_b/N_0 是 7.8 dB，PN 码长度是 32 678 个码片（2^{15}），那么请找出一个用户的 BER。IS-95 的处理增益是多少？

6.23 假定使用了同步跳频多址系统。二进制频移键控的 BER 为

$$P_e = \frac{1}{2}\mathrm{e}^{-\frac{E_b}{2N_0}}$$

每一个用户的 BER 相同。证明如果有 M 个跳频信道和 K 个用户，那么根据多址干扰，不可减少的 BER 如下：

$$\lim_{\frac{E_b}{N_0} \to \infty} P_e = \frac{1}{2}\left[\frac{K-1}{M}\right]$$

6.24 (a) 在 DS-SS 多用户系统中，如果每一个用户的平均 BER 低于 10^{-3}，那么它能够同时支持多少个用户？假定所有用户都进行了功率控制，每一个用户接收到的功率维持在平均值 $E_b/N_0 = 10$ dB，并且假定每一个用户都有一个由 11 位移位寄存器产生的 PN 码。

(b) 使用(a)中的答案，如果同时支持的用户再增加一个，那么将导致一个用户的平均 BER 是多少？这会对其他所有的用户产生很大的影响吗？如果影响很大那是为什么，如果不大也请给出自己的解释。

6.25 FH-SS 系统在连续的 20 MHz 的频谱上使用 50 kHz 的信道。使用快速跳频，每一个比特发生两次跳频。如果系统使用二进制 FSK 调制，确定(a)当用户传输速率为 25 Kbps 时，每秒发生几次跳频？(b)单用户 $E_b/N_0 = 20$ dB 时，差错概率是多少？(c)单用户 $E_b/N_0 = 20$ dB，并且系统中还有 20 个独立跳频的 FH-SS 用户，差错概率是多少？(d)单用户 $E_b/N_0 = 20$ dB，并且系统中还有 200 个独立跳频的 FH-SS 用户，差错概率是多少？

6.26 使用二进制 FSK 的一个跳频 WLAN 系统（蓝牙支持）。假定有 1 MHz 的可用信道 50 个，同一个房间里连接的设备为 K 个。如果每一个用户的 E_b/N_0 为 20 dB，画出平均差错概率，它是设备数的函数，其中 K 的范围为 1 到 100。确定可接收的最大设备数。

6.27 仿真 GMSK 信号并且验证高斯滤波器的带宽对于信号的频谱形状有很大影响。当(a) $BT = 0.2$、(b) $BT = 0.5$ 和(c) $BT = 1$，画出信号的频谱形状。

6.28 当 BT 值为(a) 0.25、(b) 0.5、(c) 1、(d) 5 时，比较加性高斯白噪声信道中的 GMSK 信号的 BER 和 RF 带宽。讨论实际应用时上述情况的优缺点。

6.29 使用数学方法证明 FM 接收机可以监测 π/4 QPSK 信号数据流。（提示：考虑 FM 接收机是怎样响应相位改变的。）

6.30 使用式(6.153)，确定 4 进制 QAM、16 进制 QAM 和 64 进制 QAM 的作为 E_b/N_0 函数的差错概率。在同一个坐标系中画出 4 QAM、16 QAM 和 64 QAM 的图，横坐标为 E_b/N_0，纵坐标为差错概率，将结果和坐标图上的 BPSK 与非一致正交 FSK 相比较。

6.31 (a) 假设在加性白高斯信道中，二进制 DPSK 调制的 BER 为

$$P_e = \frac{1}{2}e^{-\frac{E_b}{2N_0}}$$

求在瑞利平坦衰落信道中 DPSK 的 BER。

(b) 若一瑞利衰落 DPSK 信号的平均信噪比为 30 dB，接收机处的差错概率是多少？

6.32 在加性白高斯信道中，二进制 FSK（非相干）的差错概率为

$$P_e = \frac{1}{2}\exp\left(-\frac{E_b}{N_0}\right)$$

(a) 求瑞利平坦衰落信道中，二进制 FSK 的本地差错概率。

(b) 为达到 10^{-3} 的 BER，与加性白高斯信道相比，在瑞利衰落环境中需要增加多少信号功率（答案以 dB 为单位）。

6.33 通过数学方式证明 π/4 QPSK 信号可以用第 6 章所描述的 IF 和基带差分检测电路进行检测。

6.34 利用平坦衰落信道的差错概率表达式，求出：当信道的 SNR 概率密度服从指数分布 $p(x) = e^{-x}$（$x > 0$）时，DPSK 的平均差错概率。

6.35 在检测 DPSK 信号时，要达到 10^{-3} 的平均 BER，求在以下信道中所需要的 E_b/N_0：
(a) 瑞利衰落信道；(b)莱斯衰落信道，其中 $K = 6$ dB 和 7 dB。

6.36 在检测 BPSK 信号时，要达到 10^{-5} 的平均 BER，求在以下信道中所需要的 E_b/N_0：
(a) 瑞利衰落信道；(b)莱斯衰落信道，其中 $K = 6$ dB 和 7 dB。

6.37 证明式(6.155)的正确性。即证明，若 α 服从瑞利分布，则 α^2 的概率密度函数为 $p(\alpha^2) = \frac{1}{\overline{\alpha^2}}e^{-\alpha^2/\overline{\alpha^2}}$。这是自由度为 2 的 α 方分布。

6.38 利用6.12.1节描述的技术及加性高斯白噪声信道中GMSK的 P_e 表达式，证明式(6.164)的正确性。

6.39 证明瑞利衰落信号的功率概率密度服从指数分布。

第7章　均衡、分集和信道编码

无线通信系统需要利用信号处理技术来改进恶劣的无线电传播环境中的链路性能。如第4章和第5章所述,由于多径衰落和多普勒频移的影响,移动无线信道极易改变。如第6章后面部分所述,这些影响对于任何调制技术的BER来说都会产生很强的负面效应。另外,与AWGN信道相比,恶劣的移动无线信道带给信号的失真和衰落更加明显。

7.1　概述

均衡、分集和信道编码这三种技术,可以用来改进小尺度时间和空间中接收信号的质量和链路性能,它们既可单独使用,又可组合使用。

均衡技术可以补偿时分信道中由于多径效应产生的符号间干扰(ISI)。如第5章、第6章所述,如果调制带宽超过了无线信道的相干带宽,将会产生符号间干扰,并且调制脉冲将会产生时域扩展,从而进入相邻符号。而接收机内的均衡器可对信道中的幅度和延迟进行补偿。由于无线信道的未知性和时变性,因此均衡器需要是自适应的。

分集技术是另外一种用来补偿信道衰落的技术,它通常要使用两个或更多的接收天线来实现。演进中的3G通用空中接口也利用了发射分集,基站通过空间分开的天线或频率发送多份信号的副本。同均衡器一样,分集技术改善了无线通信链路的质量,而且不用改变通用空中接口或者增加发射功率或带宽。不过,均衡技术用来削弱符号间干扰的影响,而分集技术通常用来减少接收时由于移动造成的衰落的深度和持续时间。分集技术通常用在基站和移动接收机。最常用的分集技术是空间分集,即多个天线按照一定的策略被分隔开来,并被连到一个公共的接收系统。当其中的一个天线未检测到信号时,另外一个天线却有可能检测到信号的峰值,这样接收机可以随时选择接收到的最佳信号作为输入。如图5.34,当两个天线全向接收信号时,为了达到两天线之间衰落的非相关性,两个天线只需要0.4λ的间距。其他的分集技术还包括天线极化分集、频率分集、时间分集。CDMA系统利用RAKE接收机,通过时间分集来提高链路性能。

信道编码技术通过在发送的消息中加入冗余数据位来在一定程度上提高链路性能。这样当信道中发生一个瞬时衰落时,同样可以在接收机中恢复数据。在发射机的基带部分,信道编码器将用户的数字消息序列映射成另一段包含更多数字比特的码序列。然后把已编码的码序列进行调制,以便在无线信道中传输。

接收机可用信道编码技术来检测或纠正由于在无线信道中传输而引入的一部分或全部的误码。由于解码是在接收机进行解调之后执行的,所以编码被看做是一种后检测技术。由于编码而附加的数据比特会降低信道中传输的原始数据速率,也就是会扩展信道的传输带宽。有三种常用的信道编码:分组码、卷积码、turbo码。信道编码通常被认为独立于所使用的调制类型。不过最近随着网格编码调制方案、OFDM、新的空时处理技术的使用,这种情况有所改变。因为这些技术把编码、天线分集和调制结合起来,不需增加带宽就可获得巨大的编码增益。

均衡、分集和信道编码这三种技术都用于改进无线链路的性能(如使瞬时BER最小)。但是在实际的无线通信系统中,每种技术在实现方法、所需费用和实现效率等方面有很大的不同。

7.2　均衡原理

在带宽受限（频率选择性的）且时间扩散的信道中，由于多径影响而导致的符号间干扰会使被传输的信号产生失真，从而在接收机中产生误码。符号间干扰被认为是在无线信道中传输高速率数据时的主要障碍，而均衡正是克服符号间干扰的一种技术。

从广义上来讲，均衡可以指任何用来削弱符号间干扰的信号处理操作[Qur85]。在无线信道中，可以使用各种各样的自适应均衡器来消除干扰，并同时提供分集（[Bra70]，[Mon84]）。由于移动衰落信道具有随机性和时变性，这就要求均衡器必须能够实时地跟踪移动通信信道的时变特性，因此这种均衡器又称为自适应均衡器。

自适应均衡器一般包括两种工作模式，即训练模式和跟踪模式。首先，发射机发射一个已知的、定长的训练序列，以便接收机中的均衡器可以调整恰当的设置，使 BER 最小。典型的训练序列是一个二进制的伪随机信号或是一串预先指定的数据比特，而紧跟在训练序列之后被传送的是用户数据。接收机中的自适应均衡器将通过递归算法来评估信道特性，并且修正滤波器系数以对多径造成的失真做出补偿。在设计训练序列时，要求做到即使在最差的信道条件下（如最快车速移动、最长时延扩展、深度衰落等），均衡器也能通过这个序列获得恰当的滤波系数。这样就可以在训练序列执行完之后，使得均衡器的滤波系数已经接近最佳值。而在接收用户数据时，均衡器的自适应算法就可以跟踪不断变化的信道[Hay86]。这样处理的结果就是，自适应均衡器将不断改变其滤波特性。当均衡器得到很好的训练后，就说它已经收敛。

均衡器从调整参数至形成收敛，整个过程的时间跨度是均衡器算法、结构和多径无线信道变化率的函数。为了保证能有效地消除符号间干扰，均衡器需要周期性地做重复训练。均衡器通常用于数字通信系统中，因为在数字通信系统中用户数据是被分为若干段并被放入小的时间段或时隙中传送。时分多址（TDMA）无线通信系统特别适合于使用均衡器。正如在第 9 章中要讨论的，TDMA 系统在长度固定的时间段中传送数据，并且训练序列通常在一个分组的开始被发送。每次收到一个新的数据分组时，均衡器将用同样的训练序列进行修正（[EIA90]，[Gar99]，[Mol01]）。

均衡器常被放在接收机的基带或中频部分实现。因为基带包络的复数表达式可以描述带通信号波形[Cou93]，所以信道响应、解调信号和自适应均衡器的算法通常都可以在基带部分被模拟和实现（[Lo90]，[Cro89]，[Mol01]，[Tra02]）。

图 7.1 是在接收机中使用自适应均衡器的通信系统的结构框图。如果 $x(t)$ 是原始信息信号，$f(t)$ 是复数基带冲激响应，即综合反映了发射机、信道和接收机的射频、中频部分的总的传输特性，那么均衡器收到的信号可以表示成

$$y(t) = x(t) \otimes f^*(t) + n_b(t) \tag{7.1}$$

其中，$f^*(t)$ 是 $f(t)$ 的复共轭函数，$n_b(t)$ 是均衡器输入端的基带噪声，$\otimes$ 表示卷积操作。如果均衡器的冲激响应是 $h_{eq}(t)$，则均衡器的输出为

$$\hat{d}(t) = x(t) \otimes f^*(t) \otimes h_{eq}(t) + n_b(t) \otimes h_{eq}(t)$$
$$= x(t) \otimes g(t) + n_b(t) \otimes h_{eq}(t) \tag{7.2}$$

其中，$g(t)$ 是发射机、信道、接收机的射频、中频部分和均衡器四者的等效冲激响应。横向滤波均衡器的基带复数冲激响应可以描述如下：

$$h_{eq}(t) = \sum_n c_n \delta(t - nT) \tag{7.3}$$

其中，c_n是均衡器的复数滤波系数。均衡器的期望输出值为原始数据$x(t)$。假定$n_b(t) = 0$，那么为了使式(7.2)中的$\hat{d}(t) = x(t)$必须要求$g(t)$为

$$g(t) = f^*(t) \otimes h_{eq}(t) = \delta(t) \tag{7.4}$$

均衡器的目的就是实现式(7.4)，式(7.4)的频域表达式为

$$H_{eq}(f)F^*(-f) = 1 \tag{7.5}$$

其中，$H_{eq}(f)$和$F(f)$分别是$h_{eq}(t)$和$f(t)$所对应的傅里叶变换。

式(7.5)表明均衡器实际上是传输信道的反向滤波器。如果传输信道是频率选择性的，那么均衡器将增强频率衰落大的频谱部分而削弱频率衰落小的频谱部分，以使所收到的频谱的各部分衰落区域平坦、相位趋于线性。对于时变信道，自适应均衡器可以跟踪信道的变化，以使式(7.5)基本满足。

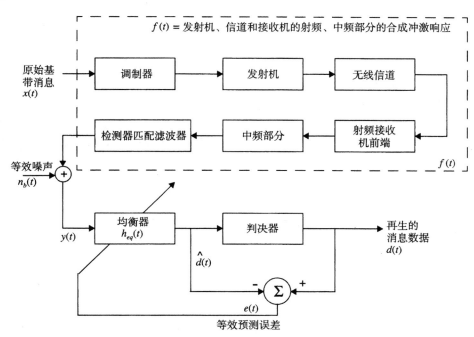

图 7.1 在接收机中使用自适应均衡器的一个简化的通信系统结构框图

7.3 一种常用的自适应均衡器

自适应均衡器是一个时变滤波器，其参数必须不断地调整。自适应均衡器的基本结构如图7.2所示，其中下标k表明了离散的时间（在7.4节，另一个引入的标号也是表示这个意思）。

请注意在图7.2中，均衡器在任一时刻只有一个输入y_k，其值依赖于无线信道的瞬时状态和具体的噪声值（见图7.1）。就此而言，y_k是一个随机过程。具有图7.2所示结构的自适应均衡器称为横向滤波器，它有N个延迟单元，阶数为$N+1$，有N个抽头及可调的复乘数，称之为权重。滤波器权重的表示方法与它在延迟线上的物理结构有关，其第二个下标k表示它们将随时间变化。这些权重通过自适应算法不断更新，其更新方式既可以是每一次采样（即k增加1时）更新一次，也可以是每一组采样更新一次（即经过指定的采样次数才变化）。

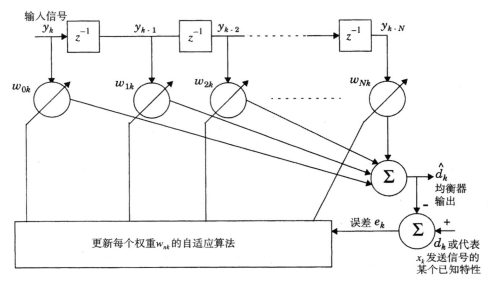

图 7.2　训练中的基本线性均衡器

　　自适应算法是由误差信号 e_k 控制的，而误差信号是通过对均衡器的输出 $\hat{d}_k$ 和信号 d_k 这两者进行比较而产生的，x_k 又是由原始信号 e_k 或某种表达传输信号已知特性的信号所组成的。自适应算法通过误差信号 e_k 使代价函数最小化，即以迭代方式更新均衡器的权重来使代价函数趋于最小。例如，最小均方（LMS）算法通过进行下列迭代操作来寻找最优的或接近最优的滤波器权重：

$$新权重 = 原先权重 + 常数 \times 预测误差 \times 当前输入向量 \tag{7.6.a}$$

其中

$$预测误差 = 原先期望输出值 - 实际输出值 \tag{7.6.b}$$

上面的"常数"可以由算法进行调整，以控制不断迭代过程中滤波器权重的步长变化。在均衡器尝试收敛的过程中，上述迭代将被快速地重复。可以使用许多技术使误差最小化，如梯度算法或最陡下降法。在收敛之后，自适应算法将维持滤波器的权重不变，直到误差信号超过了允许的范围或新的训练序列被发送。

　　在经典的均衡理论（[Wid85], [Qur85]）中，最常用的代价函数是期望输出值和均衡器实际输出值之间的均方误差（MSE），表示为 $E[e(k)e*(k)]$。当均衡器需要正确解出被传送的信号时，系统就必须周期性地传送已知的训练序列。通过检测训练序列，自适应算法对信道进行估测，调整均衡器的权重，以使代价函数最小化，并直到下一个训练序列来临。

　　最近的一些自适应算法能够利用被传送信号的特性进行调整而不再需要训练序列。这些现代的自适应算法可以通过对被传送信号采用特性恢复技术来实现均衡。因为这些算法不需要在传送时附加训练序列就可使均衡器收敛，因此称为盲算法。这些算法包括常模数算法（CMA）和频谱相干复原算法（SCORE）等。CMA 用于恒包络调制，它调整均衡器权重以使信号维持包络的恒定不变 [Tre83]；而 SCORE 则利用被传送信号频谱中的冗余信息[Gra91]。本文中不再对盲算法进行专门介绍；但是在无线应用中，此算法正变得越来越重要。

　　在研究图 7.2 中的自适应均衡器时，要用到向量和矩阵的运算知识。设均衡器的输入信号为向量 y_k：

$$\boldsymbol{y}_k = \begin{bmatrix} y_k & y_{k-1} & y_{k-2} & ... & y_{k-N} \end{bmatrix}^T \qquad (7.7)$$

很明显，自适应均衡器的输出是一个标量，表示为

$$\hat{d}_k = \sum_{n=0}^{N} w_{nk} y_{k-n} \qquad (7.8)$$

根据式(7.7)，权重向量可写为

$$\boldsymbol{w}_k = \begin{bmatrix} w_{0k} & w_{1k} & w_{2k} & ... & w_{Nk} \end{bmatrix}^T \qquad (7.9)$$

根据式(7.7)和式(7.9)，式(7.8)可用向量表示为

$$\hat{d}_k = \boldsymbol{y}_k^T \boldsymbol{w}_k = \boldsymbol{w}_k^T \boldsymbol{y}_k \qquad (7.10)$$

当均衡器的期望输出值为已知，即 $d_k = x_k$ 时，误差信号 e_k 为

$$e_k = d_k - \hat{d}_k = x_k - \hat{d}_k \qquad (7.11)$$

根据式(7.10)，有

$$e_k = x_k - \boldsymbol{y}_k^T \boldsymbol{w}_k = x_k - \boldsymbol{w}_k^T \boldsymbol{y}_k \qquad (7.12)$$

计算 k 时刻的均方误差 $|e_k|^2$，可把式(7.12)平方，得到

$$|e_k|^2 = x_k^2 + \boldsymbol{w}_k^T \boldsymbol{y}_k \boldsymbol{y}_k^T \boldsymbol{w}_k - 2 x_k \boldsymbol{y}_k^T \boldsymbol{w}_k \qquad (7.13)$$

计算 k 时刻的数学期望 $|e_k|^2$，即时间平均，可得

$$E[|e_k|^2] = E[x_k^2] + \boldsymbol{w}_k^T E[\boldsymbol{y}_k \boldsymbol{y}_k^T] \boldsymbol{w}_k - 2E[x_k \boldsymbol{y}_k^T] \boldsymbol{w}_k \qquad (7.14)$$

请注意，为了简便，权重向量 $\boldsymbol{w}_k$ 不用进行时间平均，因为我们假定它已经收敛于最优值而不再随时间变化。

如果 x_k 和 $\boldsymbol{y}_k$ 是相互独立的，则式(7.14)可做进一步简化。但是通常情况下，输入向量 $\boldsymbol{p}$ 与均衡器的期望输出值是相关的，否则均衡器将很难取出所需信号。因而，我们定义输入信号 $\boldsymbol{y}_k$ 与期望输出 $\hat{d}_k = x_k$ 值之间的互相关变量 $\boldsymbol{p}$ 为

$$\boldsymbol{p} = E[x_k \boldsymbol{y}_k] = E\begin{bmatrix} x_k y_k & x_k y_{k-1} & x_k y_{k-2} & ... & x_k y_{k-N} \end{bmatrix}^T \qquad (7.15)$$

并定义如下的 $(N+1) \times (N+1)$ 阶方阵 $\boldsymbol{R}$ 为输入相关矩阵：

$$\boldsymbol{R} = E[\boldsymbol{y}_k \boldsymbol{y}_k{}^*] = E\begin{bmatrix} y_k^2 & y_k y_{k-1} & y_k y_{k-2} & ... & y_k y_{k-N} \\ y_{k-1} y_k & y_{k-1}^2 & y_{k-1} y_{k-2} & ... & y_{k-1} y_{k-N} \\ ... & ... & ... & ... & ... \\ y_{k-N} y_k & y_{k-N} y_{k-1} & y_{k-N} y_{k-2} & ... & y_{k-N}^2 \end{bmatrix} \qquad (7.16)$$

矩阵 $\boldsymbol{R}$ 有时又称为输入协方差矩阵。$\boldsymbol{R}$ 的主对角线包含每一输入信号的平方值，而其余项则反映了输入信号的自相关。

如果 x_k 和 $\boldsymbol{y}_k$ 的相关特性保持不变，则 $\boldsymbol{R}$ 和 $\boldsymbol{p}$ 也不会随时间变化。根据式(7.15)和式(7.16)，式(7.14)可写为

$$均方误差 \equiv \xi = E[x_k^2] + \boldsymbol{w}^T \boldsymbol{R} \boldsymbol{w} - 2\boldsymbol{p}^T \boldsymbol{w} \qquad (7.17)$$

通过调整权重向量 w_k 使式(7.17)取最小值，就可实现自动调节均衡器以取得平坦的频谱响应（即大大削弱符号间干扰）的目的。这是因为当输入信号 y_k 和输出响应 $\hat{d}_k = x_k$ 的特性不变时，均方误差将是 w_k 的二次方程式，使得均方误差最小就可以得到 w_k 的最优解。

例 7.1 式(7.17)中的均方误差是一个多维函数。当权重向量取二阶时，如果以均方误差为纵坐标，权重 w_0 和 w_1 为横坐标，将得到一个碗形抛物面。如果均衡器所用的权重向量超过二阶，则均方误差将是一个超抛物面。在各种情况下，误差函数都是凹面向上的，即可以找到最小值[Wid85]。

利用式(7.17)的梯度可以求得最小均方误差（MMSE）。只要 R 是非奇异的（即有逆矩阵），当 w_k 的取值使得均方误差的梯度为零时，就可获得 MMSE。梯度 ξ 定义为

$$\nabla \equiv \frac{\partial \xi}{\partial w} = \left[\begin{array}{cccc} \dfrac{\partial \xi}{\partial w_0} & \dfrac{\partial \xi}{\partial w_1} & \cdots & \dfrac{\partial \xi}{\partial w_N} \end{array}\right]^T \tag{E7.1.1}$$

对式(7.17)进行扩展，并区分权重变量中的每个信号，可得

$$\nabla = 2Rw - 2p \tag{E7.1.2}$$

设式(E7.1.2)中的 $\nabla = 0$，则得到 MMSE 的最佳权重向量为

$$\hat{w} = R^{-1}p \tag{E7.1.3}$$

例 7.2 研究自适应均衡器时会用到的 4 个矩阵算法规则如下[Wid85]：

1. $w^T R w$ 在运算时可写为 $(w^T)(Rw)$。
2. 对任一方阵，$AA^{-1} = I$。
3. 对于矩阵的乘积，$(AB^T) = B^T A^T$。
4. 对于对称矩阵，$A^T = A$ 和 $(A^{-1})^T = A^{-1}$。

利用式(E7.1.3)以 $\hat{w}$ 代替式(7.17)中的 w 并运用上述规则将得到 ξ_{min}：

$$\xi_{min} = \text{MMSE} = E[x_k^2] - p^T R^{-1} p = E[x_k^2] - p^T \hat{w} \tag{E7.2.1}$$

由式(E7.2.1)可以得到最小均方误差的最佳权重。

7.4　一种通信接收机的均衡器

前一节讲解了常用自适应均衡器的工作过程，并给出了进行算法设计和分析的表达式。本节将阐述均衡器如何适用于无线通信链路。

图 7.1 表明收到的信号中含有噪声。因为噪声 $n_b(t)$ 的存在，均衡器无法工作于理想环境中，不能获得较优的性能，所以最后仍然会存在一些符号间干扰和微小的跟踪误差。因为噪声使式(7.4)难以实现，所以合成的频率响应的瞬时值不会总是平坦的，而会存在一些有限的预测误差。预测误差的定义见式(7.19)。

由于自适应均衡器用数字逻辑实现，因而采用离散形式表示时间信号是最方便的。令 T 表示时间增长的步长，以 $t = t_n$ 表示 $t_n = nT$ 时刻（n 为整数），于是时间波形也可以在离散域中等价地表达为一个以 n 为基础的序列。这样式(7.2)可表示为

$$\hat{d}(n) = x(n) \otimes g(n) + n_b(n) \otimes h_{eq}(n) \tag{7.18}$$

预测误差为

$$e(n) = d(n) - \hat{d}(n) = d(n) - [x(n) \otimes g(n) + n_b(n) \otimes h_{eq}(n)] \tag{7.19}$$

均方误差 $E[|e(n)|^2]$ 是衡量均衡器工作优劣的最重要的参数之一。$E[|e(n)|^2]$ 是预测误差平方 $|e(n)|^2$ 的期望值（总体平均）。但是如果 $e(n)$ 是各态历经的，那么也可以采用时间平均值。实际上，各态历经性是无法证明的，而算法的研究和实现都是采用时间平均代替总体平均。实践证明这是很有效的，而且通常越好的均衡器其 $E[|e(n)|^2]$ 越小。

缩小均方误差能够降低 BER，这可以通过一个简单直观的说明来理解。假设 $e(n)$ 是零均值高斯分布的，则 $E[|e(n)|^2]$ 是误差信号的方差（或功率）。如果方差被最小化，则输出信号 $d(t)$ 被扰动的机会就很小。于是判决器就容易把 $d(n)$ 检测为被传送信号 $x(n)$（见图 7.1），即当 $E[|e(n)|^2]$ 最小化时误判的概率就会小。对于无线通信链路，最好是使误差的瞬时概率（P_e）最小化而并非均方误差最小化，但是 P_e 通常会引出非线性方程，导致其实时求解比解出线性方程 (7.1) ~ (7.19) 要困难得多 [Pro89]。

7.5　均衡技术分类

均衡技术通常被分为两类：线性均衡和非线性均衡。这两类的差别主要在于自适应均衡器的输出如何用于均衡器子序列的控制（反馈）。通常，模拟信号 $\hat{d}(t)$ 经过接收机中的判决器，然后由判决器进行限幅或门限操作，判定信号的数字逻辑值 $d(t)$（见图 7.1）。如果 $d(t)$ 未被应用于均衡器的反馈逻辑中，那么均衡器是线性的；反之，如果将 $d(t)$ 应用于反馈逻辑中，并帮助改变了均衡器的后续输出，那么均衡器是非线性的。实现均衡器的滤波器结构有许多种，而且每种结构在实现时有多种算法。图 7.3 是按均衡器所用的类型、结构和算法对常用均衡器技术进行分类的结果。

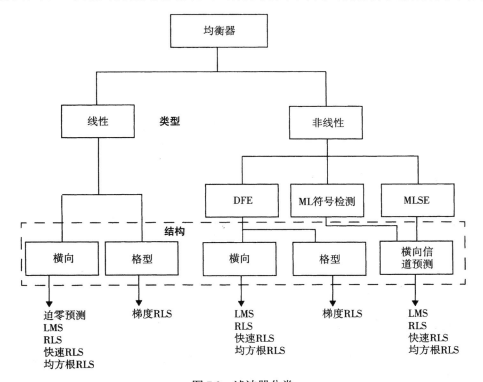

图 7.3　滤波器分类

　　最常用的均衡器结构是线性横向（LTE）结构，如图7.4所示。LTE结构由分为若干级的延迟线构成，级与级之间延迟时间的间隔都为一个符号周期T_s。假设延迟单元的增益和时延T_s都相同，则线性横向均衡器的传递函数可以表示成延迟符号即$\exp(-j\omega T_s)$或z^{-1}的函数。最简单的线性横向均衡器只使用前馈延迟。其传递函数是z^{-1}的多项式，有很多零点，且极点都在$z=0$，所以称为有限冲激响应（FIR）滤波器，或简称为横向滤波器。若均衡器同时具有前馈和反馈链路，则其传递函数将是z^{-1}的有理分式，这称为无限冲激响应（IIR）滤波器。图7.5所示为一个无限冲激响应滤波器。因为IIR滤波器在产生回声脉冲（即产生回声）之后到达一个强脉冲信号时会出现不稳定现象，所以很少使用。

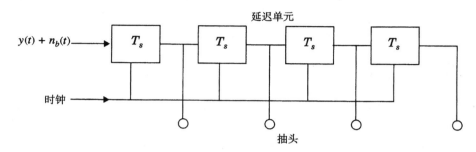

图7.4　基本的线性横向均衡器的结构

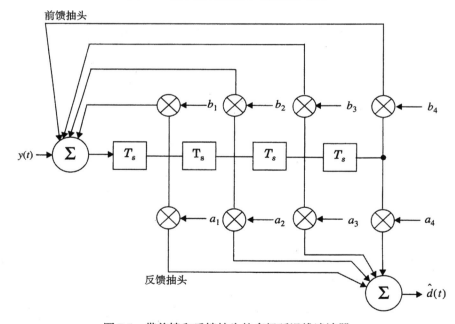

图7.5　带前馈和反馈抽头的多级延迟线滤波器

7.6　线性均衡器

　　如7.5节所述，线性均衡器可由FIR滤波器（或称为横向滤波器）实现。这种均衡器在可用的类型中是最简单的，它把所收到的信号的当前值和过去值按滤波系数（即权重）做线性叠加，并把生成的和作为输出，请参见图7.6。如果延迟单元和抽头增益是模拟信号，那么均衡器输出的连续信号波形将以符号速率被采样，并送至判决器。但是，均衡器通常是在数字域中实现的，其采样信号存储于移位寄存器中。由图 7.6 可知，在判决前，横向滤波器的输出为[Kor85]：

$$\hat{d}_k = \sum_{n=-N_1}^{N_2} (c_n{}^*)y_{k-n} \tag{7.20}$$

其中，$c_n{}^*$ 表示滤波器的系数（或权重），$\hat{d}_k$ 为复数，k 是时刻 y_i 的输出，y_i 是 $t_0 + iT$ 时刻收到的输入信号，t_0 是均衡器的初始工作时间，$N = N_1 + N_2 + 1$ 是滤波器阶数。N_1 和 N_2 分别表示均衡器中前向和反向部分的抽头个数。线性横向滤波器可以达到的最小均方误差 $E[|e(n)|^2]$ 为[Pro89]

$$E[|e(n)|^2] = \frac{T}{2\pi} \int_{-\pi/T}^{\pi/T} \frac{N_0}{\left|F(e^{j\omega T})\right|^2 + N_0} d\omega \tag{7.21}$$

其中，$F(e^{j\omega T})$ 是信道的频率响应，N_0 是噪声功率谱密度。

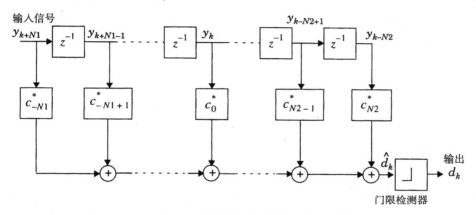

图 7.6   线性横向均衡器的结构

线性均衡器也可由格型滤波器实现，其结构见图 7.7。在格型滤波器中，输入信号 y_k 被转变为一组 N 个作为中间值的前向和后向误差信号，即 $f_n(k)$ 和 $b_n(k)$。这组中间信号被看做各级乘法器的输入，用以计算并更新滤波系数。格型结构的每一级由下列递归方程表示[Bin88]：

$$f_1(k) = b_1(k) = y(k) \tag{7.22}$$

$$f_n(k) = y(k) - \sum_{i=1}^{n} K_i y(k-i) = f_{n-1}(k) + K_{n-1}(k)b_{n-1}(k-1) \tag{7.23}$$

$$b_n(k) = y(k-n) - \sum_{i=1}^{n} K_i y(k-n+i)$$

$$= b_{n-1}(k-1) + K_{n-1}(k)f_{n-1}(k) \tag{7.24}$$

其中，$K_n(k)$ 是格型滤波器第 n 级的反射系数。后向误差信号 b_n 用做对抽头权重的输入，从而得到均衡器的输出为

$$\hat{d}_k = \sum_{n=1}^{N} c_n(k)b_n(k) \tag{7.25}$$

格型均衡器有两大优点：即数值稳定性好和收敛速度更快。而且格型均衡器的特殊结构允许进行最有效长度的动态调整。因而，当信道的时间扩散特性不是很明显时，可以只用少量级数实现；而当信道的时间扩散特性增强时，均衡器的级数可以由算法自动增加，并且不用暂停均衡器的操作。但是，格型均衡器结构比线性横向滤波器要复杂。

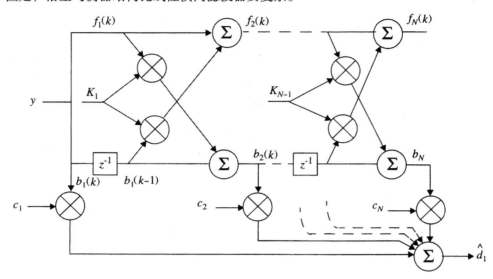

图 7.7　格型均衡器的结构（[Pro91] © IEEE）

7.7　非线性均衡器

当信道失真太严重以致线性均衡器不易处理时，采用非线性均衡器处理会比较好，这在无线通信系统中是非常普遍的。当信道中有深度频谱衰落时，用线性均衡器不能取得满意的效果，这是由于为了补偿频谱失真，线性均衡器会对出现深衰落的那段频谱及近旁的频谱产生很大的增益，从而增加了那段频谱的噪声。

现在已经开发出了三个非常有效的非线性算法，从而改进了线性均衡技术，并在2G、3G中得到普遍应用。它们是[Pro91]

1. 判决反馈均衡（DFE）
2. 最大似然符号检测
3. 最大似然序列估计（MLSE）

7.7.1　判决反馈均衡

判决反馈均衡的基本思路是：一旦检测并判定一个信息符号后，就可在检测后续符号之前预测并消除由这个符号带来的符号间干扰[Pro89]。DFE既可以直接由横向滤波器实现（见图7.8），也可以由格型滤波器实现。横向滤波器由一个前馈滤波器（FFF）和一个反馈滤波器（FBF）组成。FBF由检测器的输出驱动，其系数可被调整以消除先前符号对当前符号的干扰。均衡器的前馈滤波器有 $N_1 + N_2 + 1$ 阶，而反馈滤波器有 N_3 阶，其输出为

$$\hat{d}_k = \sum_{n=-N_1}^{N_2} c_n^* y_{k-n} + \sum_{i=1}^{N_3} F_i d_{k-i} \tag{7.26}$$

其中，c_n^* 和 y_n 是前馈滤波器的各级增益及相应的输入，F_i^* 是反馈滤波器的各级增益。$d_i(i<k)$ 是以前由判决器判决出的信号。一旦由式(7.26)得出 $\hat{d}_k$，即判决出 d_k，而 d_k 又将与以前的判决结果 $d_{k-1}, d_{k-2}, \ldots$ 一起反馈回均衡器，继而得出 $\hat{d}_{k+1}$。

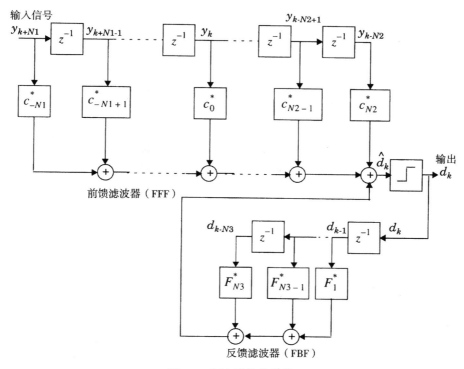

图 7.8 判决反馈均衡器

DFE 的最小均方误差为[Pro89]

$$E[|e(n)|^2]_{min} = \exp\left\{\frac{T}{2\pi}\int_{-\pi/T}^{\pi/T}\ln\left[\frac{N_0}{|F(e^{j\omega T})|^2 + N_0}\right]d\omega\right\} \tag{7.27}$$

除非 $|F(e^{j\omega T})|$ 是常数（即不需要自适应均衡器时），否则式(7.27)中 DFE 的最小均方误差总比式(7.21)中 LTE 的要小。如果有深度衰落，使 $|F(e^{j\omega T})|$ 很小，那么 DFE 的最小均方误差大大小于 LTE 的对应值。因此，当频谱衰落较平坦时，线性横向均衡器会良好地工作；而当频谱衰落严重不均时，LTE 的性能会恶化，而采用 DFE 的均方误差则明显优于采用 LTE 的对应值。另外，LTE 不易用于非最小相位信道，因为最强的信号跟随着第一个到达的信号而到达。因而，DFE 更适应于严重失真的无线信道。

DFE 的格型实现与横向 DFE 的实现相似，也有一个 N_1 阶前馈滤波器和一个 N_2 阶反馈滤波器，且 $N_1 > N_2$。

DFE 的另一种形式是由 Belfiore 和 Park 提出的[Bel79]，称为预测 DFE，请参见图 7.9。像传统 DFE 一样，它也有一个 FFF。可是，其 FBF 是由被检测器的输出和 FFF 的输出之差驱动的。因为它预测了包含在 FFF 中的噪声和残留的符号间干扰，并减去了经过一段时延后的检测器的输出。因而把 FBF 称为噪声预测器。由于 FFF 中有限的抽头数量以及 FBF 逼近的无限性，预测 DFE 与传统的性能是差不多的。预测DFE中的FBF也可用格型结构来实现[Zho90]。这时，可以采用RLS格型算法（将在7.8节中讨论）产生快速的收敛。

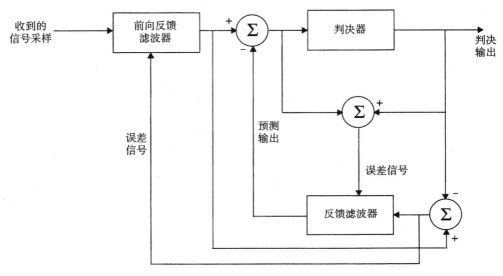

图 7.9　预测 DFE

7.7.2　最大似然序列估计均衡器

当信道中没有任何幅度失真时，先前描述的基于MSE的线性均衡器是以使符号差错概率最小为最优化准则。然而，没有任何幅度失真的环境恰恰是移动通信链路使用均衡器的理想环境。正是基于MSE均衡器的上述限制，导致了人们对最优及次优的非线性结构的研究。这些均衡器采用了经典的最大似然接收机结构的不同形式。通过在算法中使用冲激响应模拟器，MLSE检测所有可能的数据序列（而不是只对收到的符号解码），并选择与信号相似性最大的序列作为输出。MLSE所需的计算量一般较大，特别是当信道的延迟扩展较大时。在均衡器中使用MLSE最先是由Forney提出的[For78]，他建立了一个基本的MLSE估测结构，并采用维特比（Viterbi）算法实现。这个算法（具体描述见7.15节）被认为是在无记忆噪声环境中有限状态马尔可夫（Markov）过程状态序列的最大似然序列估值。最近，该算法已经在移动无线信道的均衡器中成功实现。

在使用MLSE方法估测离散时间域中有限状态机的状态时，首先假定信道参数为f_k，并且由接收机所估测的任意时刻的信道状态是由其最近的L个输入采样决定的。因而，信道的总状态数应为M^L，其中M是调制符号表的大小。也就是说，接收机将用一个有M^L个状态数的表格来对照和估测信道状态。于是，维特比算法按照这个表格来跟踪信道的状态，并给出参数为k的信道中M^L个可能状态的概率排列顺序。

图7.10给出了基于DFE的MLSE接收机的结构框图。对于减少一个数据序列的错误发生概率，MLSE方法是最优的。MLSE不但需要知道信道的特性以便计算矩阵，从而做出判决，而且需要知道干扰信号的噪声的统计分布。因此，噪声的概率密度函数决定了对噪声信号的最佳解调形式。注意，匹配滤波器是对连续信号进行操作的，尽管MLSE和信道估测依赖于离散（非线性）采样。

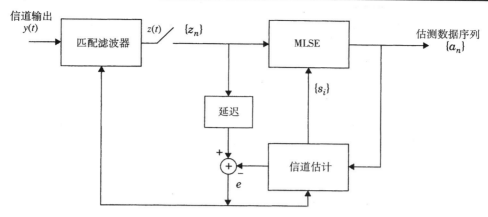

图 7.10   带自适应匹配滤波器的 MLSE 结构

7.8   自适应均衡算法

由于自适应均衡器是对未知的时变信道做出补偿，因而它需要有特殊的算法来更新均衡器的系数，以跟踪信道的变化。关于滤波器系数的算法有很多种，不过自适应算法的详细研究是一项很复杂的工作，已经超出了本书的研究范围。要参阅算法的详细论述，请参考[Wid85]、[Hay86]、[Pro91]。本节将描述自适应均衡器设计的一些实际问题，并简述它的三个基本算法。虽然本节所描述的算法是为了线性、横向均衡器而引入的，但是它也可应用于其他均衡器结构，如非线性均衡器。

决定算法性能的因素有很多，包括：

- **收敛速度**——指对于恒定输入，当迭代算法的迭代结构已经充分接近最优解时（即已经收敛时）算法所需的迭代次数。快速收敛算法可以快速地适应稳定的环境，而且也可以及时地跟上稳定环境的特性变化。
- **失调**——这个参数对于算法很重要，它给出了对自适应滤波器取总平均的均方差的终值与最优的最小均方差之间差距。
- **计算复杂度**——这是指完成迭代算法所需的操作次数。
- **数值特性**——当算法以数字逻辑实现时，由于噪声和计算机中数字表示引入的舍入误差，会导致计算的不精确。这种误差会影响算法的稳定性。

在现实中，计算平台的费用、功耗消耗及无线传播特性，支配着均衡器的结构及其算法的选择。在便携式无线电话的应用中，当需要让用户的通话时间尽量加长时，用户单元的电池使用时间是最关键的。只有当均衡器所带来的链路性能的改进可以抵消费用和功耗所带来的负面影响时，均衡器才会得到应用。

无线信道的环境和用户单元的使用状态也是关键。用户单元的移动速度决定了信道的衰落速率和多普勒频移，它与信道的相干时间直接相关。而均衡器算法的选择及其相应的收敛速度，将依赖于信道的数据传输速度和信道相干时间。

信道的最大期望时延可以指明设计均衡器时所使用的阶数。一个均衡器只能均衡小于或等于滤波器的最大时延的延迟间隔。例如，如果均衡器中的每一个延迟单元（如图 7.2~图 7.8 所示）提供一个 10 μs 的延迟，而由 4 个延迟单元构成一个 5 阶的均衡器，那么可以得到均衡的最大时延扩展为 4 × 10 μs = 40 μs，而超过 40 μs 的多径时延扩展就不能被均衡。由于电路复杂性和处理时间随着均衡器的阶数和延迟单元的增多而增加,因而在选择均衡器的结构及其算法时,得知延迟单元的最大数目是很重要的。Proakis[Pro91]已经讨论过信道衰落对美国数字蜂窝均衡器设计的影响。而Rappaport等人也已经比较过在多种信道条件下的若干种均衡器[Rap93a]。

下面讨论了三种经典的均衡器算法,即迫零算法（ZF）、最小均方算法（LMS）、递归最小二乘算法（RLS）。尽管这三种算法对于现今的大多数无线标准来说不够精细,但是通过它们可以对算法的设计和操作有个基本的理解。

例7.3　下面参考美国数字蜂窝均衡器的设计[Pro91]。如果 $f = 900$ MHz,移动台的移动速率为 $v = 80$ km/h,求:

(a) 最大多普勒频移

(b) 信道相干时间

(c) 假定符号速率为24.3 千个/秒,求不使用更新均衡器时的被传符号的最大数目

解:

(a) 根据式(5.2),最大多普勒频移为

$$f_d = \frac{v}{\lambda} = \frac{(80\ 000/3600)\text{m/s}}{(1/3)\text{m}} = 66.67\ \text{Hz}$$

(b) 根据式(5.40.c),相干时间大约为

$$T_C = \sqrt{\frac{9}{16\pi f_d^2}} = \frac{0.423}{66.67} = 6.34\ \text{ms}$$

注意,如果使用式(5.40.a)或式(5.40.b),那么 T_C 将按2~3的倍数增大或减小。

(c) 为了确保对一个TDMA时隙的一致性,数据必须在6.34 ms的时间间隔中被传送。如果 R_s = 24.3 千个/秒,那么可被传送的比特数为 $N_b = R_s T_C$ = 24 300 × 0.006 34 = 154 个符号。

如第11章所述,美国数字蜂窝标准中的每个时隙的长度为6.67 ms,每时隙中有162个符号,它们非常接近本例中的数值。

7.8.1　迫零算法

在设计的迫零均衡器中,应调整它的系数 c_n,使信道和均衡器组合冲激响应的抽样值在间隔 NT 的采样点除一个外全部为零。如果使滤波器系数的数目无限制地增加,就会得到一个输出端没有符号间干扰的无限长均衡器。当每个延迟单元的时延等于符号间隔 T 时,均衡器的频率响应 $H_{eq}(f)$ 将是周期的,且周期为符号速率 $1/T$。加上均衡器以后的信道总响应应该满足奈奎斯特第一准则（见第6章）:

$$H_{ch}(f)H_{eq}(f) = 1, |f| < 1/2T \tag{7.28}$$

其中, $H_{ch}(f)$ 是信道的折叠频率响应。因而无限长、无符号间干扰的均衡器,实际上就是具有倒转信道折叠频率响应的反向滤波器。不过,无限长均衡器在实现时,其系数的个数通常是截短的。

迫零算法是由Lucky[Luc65]针对有线通信开发出来的。它的缺点是可能会在折叠信道频谱中深衰落的频率处出现极大的噪声增益。由于迫零均衡器完全忽略了噪声的影响,因此它在无线链路中并不常用。但是在SNR高的静态信道中表现性能较好,比如在本地有线电话线路中。

7.8.2 最小均方算法

利用最小均方算法（LMS）的均衡器要比迫零均衡器稳定一些，它所用的准则是使均衡器的期望输出值和实际输出值之间的均方误差（MSE）最小化的准则。沿用 7.3 节的表示法，我们很容易理解最小均方算法。

参考图 7.2，可知误差信号为

$$e_k = d_k - \hat{d}_k = x_k - \hat{d}_k \tag{7.29}$$

且从式(7.10)可知

$$e_k = x_k - y_k^T w_k = x_k - w_k^T y_k \tag{7.30}$$

为了计算 k 时刻的均方误差 $|e_k|^2$，把式(7.12)平方：

$$\xi = E[e_k^* e_k] \tag{7.31}$$

最小均方算法就是要寻求使得式(7.31)的均方误差最小化的方法。

在指定信道条件下，误差信号 e_k 依赖于抽头增益向量 w_N，因而均衡器的 MSE 是 w_N 的函数，记做 $J(w_N)$。根据 7.3 节的推导，为了使均方误差最小，需要使导数即式(7.32)为零，

$$\frac{\partial}{\partial w_N} J(w_N) = -2p_N + 2R_{NN}w_N = 0 \tag{7.32}$$

化简式(7.32)（见例 7.1 和例 7.2），得到

$$R_{NN}\hat{w}_N = p_N \tag{7.33}$$

式(7.33)是一个经典的结果。由于误差被最小化且与所需信号 x_k 等正交，所以式(7.33)称为规范方程。当式(7.33)满足时，均衡器的最小均方误差 MMSE 为

$$J_{opt} = J(\hat{w}_N) = E[x_k x_k^*] - p_N^T \hat{w}_N \tag{7.34}$$

为了获得最优的抽头增益向量 $\hat{w}_N$，规范式(7.33)必须被重复求解，以便均衡器收敛到 J_{opt} 的允许值之内。算法的实现方法有很多种，其中许多最小均方算法是建立在求解式(7.34)的基础上的。有一种方法是计算：

$$\hat{w} = R_{NN}^{-1} p_N \tag{7.35}$$

可是，求逆矩阵所需的运算量为 $O(N^3)$ 数量级[Joh82]。其他算法如高斯消去法[Joh82]和 Cholesky 因式分解法[Bie77]所需的计算量为 $O(N^2)$ 数量级。这些直接求解方程式(7.35)的算法的优点是只需要输入 N 个符号就可求解规范方程，所以也就不需要一个长训练序列。

在实际应用中，均方误差的最小值是按照 Widrow[Wid66]提出的随机梯度算法通过递归求出的。最小均方算法是最简单的均衡算法，每次迭代只需要 $2N+1$ 次计算。滤波器的权重通过下面的方程来更新[Ale86]。令 n 表示迭代次数，LMS 的迭代算法如下：

$$\hat{d}_k(n) = w_N^T(n) y_N(n) \tag{7.36.a}$$

$$e_k(n) = x_k(n) - \hat{d}_k(n) \tag{7.37.b}$$

$$w_N(n+1) = w_N(n) - \alpha e_k^*(n) y_N(n) \tag{7.36.c}$$

其中，下标 N 为均衡器延迟线上的延迟级数，α 为控制收敛速度和算法稳定性的步长。

在均衡器延迟长度的限制内，LMS 均衡器将尽量使其输出端的信扰比最大。如果输入信号在时间上的扩散超过了均衡器延迟线的总延时，那么均衡器将不能减小失真。LMS 算法的收敛速度不高，因为实际上只有步长 α 这一参数可以控制自适应收敛速度。为了保证自适应均衡器不会出现不稳定，对 α 值有如下限制：

$$0 < \alpha < 2 / \sum_{i=1}^{N} \lambda_i \tag{7.37}$$

其中，λ_i 是协方差矩阵 $\boldsymbol{R}_{NN}$ 的第 i 个特征值。由于 $\sum_{i=1}^{N} \lambda_i = \boldsymbol{y}_N^T(n)\boldsymbol{y}_N(n)$，为了避免均衡器出现不稳定，步长 α 可以由总输入功率进行控制[Hay86]。

7.8.3 递归最小二乘算法

梯度 LMS 算法的速度是很慢的，特别是当输入协方差矩阵 $\boldsymbol{R}_{NN}$ 的特征值较大（即 $\lambda_{max}/\lambda_{min} \gg 1$）时。为了实现快速收敛，可以使用含有附加参数的复杂算法。与 LMS 算法使用统计逼近相比，使用最小平方逼近将会获得更快的逼近。也就是说，快速的收敛算法将依赖于实际接收信号的时间平均的误差表达式，而不是统计平均的误差表达式。这个算法称为递归最小二乘（RLS）算法，这是一系列虽然复杂但是很有效的自适应信号处理算法，它可以极大改进自适应均衡器的收敛特性。

基于时间平均的最小平方误差定义如下（[Hay86], [Pro91]）：

$$J(n) = \sum_{i=1}^{n} \lambda^{n-i} e^*(i, n) e(i, n) \tag{7.38}$$

其中，λ 是接近 1 但小于 1 的加权因子，$e^*(i, n)$ 是 $e(i, n)$ 的复共轭，且误差 $e(i, n)$ 为

$$e(i, n) = x(i) - \boldsymbol{y}_N^T(i)\boldsymbol{w}_N(n) \qquad 0 \leq i \leq n \tag{7.39}$$

且

$$\boldsymbol{y}_N(i) = [y(i), y(i-1), \dots, y(i-N+1)]^T \tag{7.40}$$

其中，$\boldsymbol{y}_N(i)$ 是 i 时刻的输入数据向量，$\boldsymbol{w}_N(n)$ 是 n 时刻的新的抽头增益向量。因而，$e(i, n)$ 是用 n 时刻的抽头增益向量测试 i 时刻的旧数据所得的误差，$J(n)$ 是在所有旧数据上用新的抽头增益所测得的累计平方误差。

要完成 RLS 算法就要找到均衡器的抽头增益向量 $\boldsymbol{w}_N(n)$，使得累计平方误差 $J(n)$ 最小。为了测试新的抽头增益向量，会用到先前的数据。而数据加权因子 λ 会在计算时更依赖于最近的数据，也就是说，$J(n)$ 会丢掉非稳定环境中较旧的数据。如果信道是稳定的，那么 λ 可以设为 1[Pro89]。

为了获得 $J(n)$ 的最小值，可使 $J(n)$ 的梯度为 0，即

$$\frac{\partial}{\partial \boldsymbol{w}_N} J(n) = 0 \tag{7.41}$$

由式(7.39) ~ 式(7.41)可知[Pro89]

$$\boldsymbol{R}_{NN}(n)\hat{\boldsymbol{w}}_N(n) = \boldsymbol{p}_N(n) \tag{7.42}$$

其中，$\hat{\boldsymbol{w}}_N$ 是 RLS 均衡器的最佳抽头增益向量。

$$\boldsymbol{R}_{NN}(n) = \sum_{i=1}^{n} \lambda^{n-i} \boldsymbol{y}_N^*(i)\boldsymbol{y}_N^T(i) \tag{7.43}$$

$$p_N(n) = \sum_{i=1}^{n} \lambda^{n-i} x*(i) y_N(i) \tag{7.44}$$

式(7.43)中的矩阵 $R_{NN}(n)$ 是输入向量 $y_N(i)$ 的确定相关矩阵，式(7.44)中的向量 $y_N(i)$ 是均衡器输入 $p_N(i)$ 和期望输出 $d(i)$ 之间的确定互相关向量，其中 $d(i) = x(i)$。另外，要用式(7.42)计算均衡器的权重向量 $\hat{w}_N$，就需要计算 $R_{NN}^{-1}(n)$。

从式(7.43)中 $R_{NN}(n)$ 的定义可知，我们可以得到 $R_{NN}(n-1)$ 的递归公式：

$$R_{NN}(n) = \lambda R_{NN}(n-1) + y_N(n) y_N^T(n) \tag{7.45}$$

由于式(7.45)中的三项都是 $N \times N$ 的方阵，我们可以使用方阵倒数的引理[Bie77]得到 $R_{NN}^{-1}(n-1)$ 的递归公式：

$$R_{NN}^{-1}(n) = \frac{1}{\lambda}\left[R_{NN}^{-1}(n-1) - \frac{R_{NN}^{-1}(n-1) y_N(n) y_N^T(n) R_{NN}^{-1}(n-1)}{\lambda + \mu(n)}\right] \tag{7.46}$$

其中

$$\mu(n) = y_N^T(n) R_{NN}^{-1}(n-1) y_N(n) \tag{7.47}$$

根据上述递归公式，可知

$$w_N(n) = w_N(n-1) + k_N(n) e*(n, n-1) \tag{7.48}$$

其中

$$k_N(n) = \frac{R_{NN}^{-1}(n-1) y_N(n)}{\lambda + \mu(n)} \tag{7.49}$$

RLS 算法可以总结如下：

1. 初始化 $w(0) = k(0) = x(0) = 0$，$R^{-1}(0) = \delta I_{NN}$，其中 I_{NN} 是 $N \times N$ 的单位方阵，δ 是一个数值很大的正常数。

2. 按下列公式进行递归计算：

$$\hat{d}(n) = w^T(n-1) y(n) \tag{7.50}$$

$$e(n) = x(n) - \hat{d}(n) \tag{7.51}$$

$$k(n) = \frac{R^{-1}(n-1) y(n)}{\lambda + y^T(n) R^{-1}(n-1) y(n)} \tag{7.52}$$

$$R^{-1}(n) = \frac{1}{\lambda}[R^{-1}(n-1) - k(n) y^T(n) R^{-1}(n-1)] \tag{7.53}$$

$$w(n) = w(n-1) + k(n) e*(n) \tag{7.54}$$

在式(7.53)中，λ 是一个可以改变均衡器性能的加权系数。如果信道是非时变的，那么 λ 可以设为 1，通常 λ 的取值在 $0.8 < \lambda < 1$ 之间。λ 值对收敛速度没有影响，但是它影响均衡器的跟踪能力。λ 值越小，均衡器的跟踪能力越强。但是，如果 λ 值太小，均衡器将会不稳定[Lin84]。上面描述的 RLS 算法称为 Kalman RLS 算法，它每次迭代的运算量为 $2.5N^2 + 4.5N$。

7.8.4　算法小结

基于 LMS 和 RLS 的均衡算法有很多种。表7.1列出了各种算法所需的计算量及其优缺点。注意，具有同样收敛速度和跟踪能力的 RLS 算法要大大优于 LMS 算法。但是，通常这些 RLS 算法所需的运算量较大，而且程序结构复杂。另外，一些RLS算法易于出现不稳定。快速横向滤波器（FTF）算法在 RLS 算法中所需的运算量是最小的，而且它可以利用一个补偿变量来避免不稳定现象的发生。但是对于动态范围较大的移动无线信道，补偿变量还是有些不稳定，因而 FTF 并未被广泛应用。

表 7.1　各种自适应均衡算法的比较[Pro91]

算法	算法运算次数	优点	缺点
LMS 梯度 DFE	$2N + 1$	运算复杂度低，编程简单	收敛慢、跟踪能力差
Kalman RLS	$2.5N^2 + 4.5N$	快速收敛，良好的跟踪能力	运算复杂度高
FTF	$7N + 14$	快速收敛，良好的跟踪能力，运算复杂度低	编程复杂，不稳定（但可用补偿方法）
梯度格型算法	$13N - 8$	稳定、运算复杂度低	性能没有其他RLS算法好，编程复杂
梯度格型 DFE	$13N_1 + 33N_2 - 36$	运算复杂度低	编程复杂
快速 Kalman DFE	$20N + 5$	可用于 DFE，快速收敛且具有良好的跟踪能力	编程复杂，运算量不低，不稳定
平方根 RLS DFE	$1.5N^2 + 6.5N$	数值特性更好	运算复杂度高

7.9　部分间隔均衡器

直到目前为止，所讨论的均衡器的抽头都是按符号速率分隔的。已知对于被高斯噪声干扰的通信信号的最佳接收机，所包含的是一个以符号速率为采样周期的匹配滤波器。在有信道失真时，在均衡器之前的匹配滤波器必须要和信道以及被干扰的信号相匹配。在实际应用中，信道响应是未知的，因而最佳匹配滤波器必须具有自适应性。而与被传送信号脉冲相匹配的非最佳匹配滤波器可能导致性能的恶化。另外，这种非最佳匹配滤波器对于在其输出采样上的任何定时差错都非常敏感[Qur77]。一个部分间隔均衡器（FSE）基于对输入信号的采样率至少达到了奈奎斯特率[Pro91]，它能够在由于以符号速率采样而产生失真之前对信道做出补偿。另外，这种匹配滤波器能够对任意定时相位下发生的任意时延做出补偿。实际上，部分间隔均衡器是把匹配滤波器和均衡器合并到一个单一滤波器结构之中。表明部分间隔均衡器有效性的仿真结果已由 Qureshi 和 Forney[Qur77]以及 Gitlin 和 Weinstein[Git81]给出。

基于MLSE技术的非线性均衡器技术正逐步受到现代无线系统的欢迎（见7.7.2节）。感兴趣的读者可以在[Ste94]的第 6 章找到有关这方面的更有用和更详细的资料。

7.10　分集技术

分集技术是通信中的一种用相对低廉的投资就可以大幅度改进无线链路性能的接收技术。与均衡不同，分集技术不需要训练码，因此发射机不需要发送训练码，从而节省了开销。而且分集技术的使用范围很广，其中有很多都是非常实用的，并且能以很低的附加费用对链路性能做很好的改进。

分集技术是通过查找和利用自然界无限传播环境中独立的（或至少是高度不相关的）多径信号来实现的。在所有的实际应用中，分集的各个方面的参数都是由接收机决定的，而发射机并不知道分集的情况。

分集的概念可以简单解释如下：如果一条无线传播路径中的信号经历了深度衰落，那么另一条相对独立的路径中可能包含着较强的信号。因此可以在多径信号中选择两个或两个以上的信号，这样做的好处是它在接收机中的瞬时信噪比和平均信噪比都有所提高，并且通常可以提高20 dB到30 dB。

如第4章、第5章所述，衰落有两种：大尺度衰落和小尺度衰落。当移动台的移动距离只有几个波长时，小尺度衰落的特性由幅度波动的深度和速度表征。这些衰落是由移动台附近物体的复杂反射引起的。小尺度衰落通常导致小距离范围内信号强度的瑞利衰落分布。为了防止发生深度衰落，可以采用微分集技术来处理快速变化的信号。例如，图4.1中的小尺度衰落表明，如果两个天线稍微分开，那么在一个天线收到的信号无效时，另一个天线可能收到较强的信号。如果选择最佳信号，接收机就可以削弱小尺度衰落的影响（这称为天线分集或空间分集）。

大尺度衰落是由周围环境地形和地物的差别导致的阴影区所引起的。在重阴影区，移动台接收到的信号强度可能会低于在自由空间传播时的强度。在第4章中，大尺度衰落表现为对数–正态分布，在市区中，其分布的标准偏差大约为10 dB。在其他基站所发射的信号处于阴影区时，移动台通过选择一个所发送信号不在阴影区中的基站，可以从本质上改善前向链路的信噪比。由于移动台利用的提供业务的基站分隔较远，因而这称为宏分集。

宏分集对于基站接收机同样有用。通过使用在空间上充分间隔的基站天线，基站可以选择收到信号最强的天线，从而改善反向链路的信号质量。

7.10.1　选择性分集的引入

在讨论人们经常使用的分集技术之前，先定量地了解一下使用分集技术的优势所在是很有必要的。假设在接收机处有 M 个独立的瑞利衰落信道，每一个信道称为一个分集支路，并且假定每一个支路的平均信噪比（SNR）相等，均为

$$\text{SNR} = \Gamma = \frac{E_b}{N_0}\overline{\alpha^2} \tag{7.55}$$

其中假定 $\overline{\alpha^2} = 1$。

如果每个支路有一个瞬时信噪比 SNR = γ_i，那么从式(6.155)可知，γ_i 的概率密度函数为

$$p(\gamma_i) = \frac{1}{\Gamma}e^{\frac{-\gamma_i}{\Gamma}} \quad \gamma_i \geqslant 0 \tag{7.56}$$

其中 Γ 是每个支路的平均SNR。对于单个支路，其瞬时信噪比小于某一门限值 γ 的概率为

$$Pr[\gamma_i \leqslant \gamma] = \int_0^\gamma p(\gamma_i)\mathrm{d}\gamma_i = \int_0^\gamma \frac{1}{\Gamma}e^{\frac{-\gamma_i}{\Gamma}}\mathrm{d}\gamma = 1 - e^{-\frac{\gamma}{\Gamma}} \tag{7.57}$$

现在，所有 M 个独立分集支路上接收信号的信噪比同时低于某一给定门限值 γ 的概率为

$$Pr[\gamma_1, ..., \gamma_M \leqslant \gamma] = (1 - e^{-\gamma/\Gamma})^M = P_M(\gamma) \tag{7.58}$$

式(7.58)中的 $P_M(\gamma)$ 是各支路的信噪比都未达到瞬时 SNR = γ 的概率。如果有的支路实现了 SNR > γ，那么至少有一条支路 SNR > γ 的概率为

$$Pr[\gamma_i > \gamma] = 1 - P_M(\gamma) = 1 - (1 - e^{-\gamma/\Gamma})^M \tag{7.59}$$

式(7.59)是使用选择性分集[Jak71]时，至少有一路信号的 SNR 超过指定门限值的概率表达式，参见图 7.11。

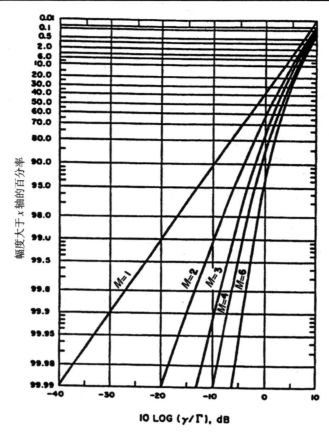

图 7.11   对于 M 条支路选择性分集，门限值 SNR = γ 的概率分布
图，其中 Γ 表示每条支路的平均信噪比（[Jak71] © IEEE）

当使用分集技术时，要想得到接收信号的平均信噪比，首先必须知道衰落信号的概率密度函数。对于选择性分集，平均信噪比可由计算 CDF $P_M(\gamma)$ 时引出，即

$$p_M(\gamma) = \frac{\mathrm{d}}{\mathrm{d}\gamma} P_M(\gamma) = \frac{M}{\Gamma}(1 - \mathrm{e}^{-\gamma/\Gamma})^{M-1}\mathrm{e}^{-\gamma/\Gamma} \tag{7.60}$$

所以，平均 SNR $\bar{\gamma}$ 可以表达为

$$\bar{\gamma} = \int_0^\infty \gamma p_M(\gamma)\mathrm{d}\gamma = \Gamma \int_0^\infty Mx(1 - \mathrm{e}^{-x})^{M-1}\mathrm{e}^{-x}\mathrm{d}x \tag{7.61}$$

其中 $x = \gamma/\Gamma$。Γ 是单个支路（没有使用分集的时候）的平均 SNR。从式(7.61)可以看出，选择性分集改善了平均 SNR，

$$\frac{\bar{\gamma}}{\Gamma} = \sum_{k=1}^{M} \frac{1}{k} \tag{7.62}$$

下面举例说明分集带来的好处。

例 7.4   假定使用的是 4 支路分集，每支路收到一个独立的瑞利衰落信号。若 SNR 的均值为 20 dB，判决门限为 10 dB。试将此情况与没有使用分集的简单接收机进行比较。

解：

此例中指定门限值 $\gamma = 10$ dB，$\Gamma = 20$ dB，并且有 4 条支路。因而 $\gamma/\Gamma = 0.1$。利用式(7.58)可得

$P_4(10 \text{ dB}) = (1 - e^{-0.1})^4 = 0.000\ 082$

若不用分集，根据 $M = 1$，则式(7.58)为

$P_1(10 \text{ dB}) = (1 - e^{-0.1})^1 = 0.095$

值得注意的是，在没有分集时，SNR 低于指定门限值的概率，比采用 4 条支路分集的概率要高三个数量级。

从式(7.62)可以看出，由于保证总是选择最佳信号，因而由选择性分集所选出的支路的平均信噪比必然会提高。所以选择性分集改进了链路性能，而不需要增加发射机功率或复杂的接收机电路。分集所实现的性能改进与 6.12.1 节讨论的各种调制方式的平均 BER 有着直接的关系。

由于只在接收机处使用一个附加检测台和一个天线切换开关，因而选择性分集很易于实现。但它并不是最优的分集技术，因为它并未在同一时刻使用所有可用的支路。而最大比率合并法却不同，它采用同相和加权的技术，利用了 M 支路中的每一条，因此该方法在接收的每一时刻均会达到可实现的最大 SNR。

7.10.2　最大比率合并的引入

若在 M 条分集支路中，每条支路上的信号电压为 r_i，则在最大比率合并中，M 个 r_i 将被调整为同相信号，以便进行相关电压的叠加。在叠加时，每条支路有各自的权重，这样可以实现最大信噪比。如果每条支路的增益为 G_i，则检测器的输出信号包络将为

$$r_M = \sum_{i=1}^{M} G_i r_i \tag{7.63}$$

假定每条支路的平均噪声功率均为 N，则检测器总的噪声功率 N_T 将是每条支路噪声功率的简单加权和，因而

$$N_T = N \sum_{i=1}^{M} G_i^2 \tag{7.64}$$

因此设检测器的信噪比为 γ_M，则

$$\gamma_M = \frac{r_M^2}{2N_T} \tag{7.65}$$

利用 Chebychev 不等式[Cou93]，当 $G_i = r_i/N$ 时，γ_M 取最大值，于是

$$\gamma_M = \frac{1}{2} \frac{\sum (r_i^2/N)^2}{N \sum (r_i^2/N^2)} = \frac{1}{2} \sum_{i=1}^{M} \frac{r_i^2}{N} = \sum_{i=1}^{M} \gamma_i \tag{7.66}$$

所以在分集之后，合成器输出信号的信噪比（见图 7.14）可被简化为各支路信噪比的和。

γ_i 的值是 $r_i^2/2N$，其中 r_i 等于 $r(t)$，其定义见式(6.67)。如第 5 章所示，一个衰落的移动无线电信号的包络可以表示成两个独立的、均值为零、方差为 σ^2 的高斯随机变量 T_c 和 T_2。即

$$\gamma_i = \frac{1}{2N} r_i^2 = \frac{1}{2N} (T_c^2 + T_s^2) \tag{7.67}$$

因而 γ_M 的分布是一个由 $2M$ 个方差为 $\sigma^2/(2N) = \Gamma/2$ 的高斯随机变量构成的 γ_M 分布，其中 Γ 由式(7.65)定义。最终 γ_M 的概率密度函数为

$$p(\gamma_M) = \frac{\gamma_M^{M-1}e^{-\gamma_M/\Gamma}}{\Gamma^M(M-1)!} \qquad \gamma_M \geqslant 0 \tag{7.68}$$

信噪比 γ_M 小于某指定值 γ 的概率为

$$Pr\{\gamma_M \leqslant \gamma\} = \int_0^\gamma p(\gamma_M)\mathrm{d}\gamma_M = 1 - e^{-\gamma/\Gamma}\sum_{k=1}^M \frac{(\gamma/\Gamma)^{k-1}}{(k-1)!} \tag{7.69}$$

式(7.69)是最大比率合并的概率分布函数[Jak71]。信噪比的均值 $\overline{\gamma_M}$ 可直接由式(7.66)推出，它可以简化为每条支路中独立的 $\overline{\gamma_i}$ 的和，即

$$\overline{\gamma_M} = \sum_{i=1}^M \overline{\gamma_i} = \sum_{i=1}^M \Gamma = M\Gamma \tag{7.70}$$

设置最大比率合并接收机的增益和相位的控制算法，与均衡器和RAKE接收机中的算法相似。图 7.14 和图 7.16 阐明了最大比率合并的结构。尽管在通常情况下与其他分集技术相比，使用最大比率合并的费用和复杂度都要高得多，但是它在分集技术的任何实际应用场合都可以采用。

7.10.3　实用空间分集的考虑

空间分集，也称为天线分集，是无线通信中使用最多的分集形式之一。传统无线蜂窝系统的发射机和接收机天线是由很高的基站天线和贴近于地面的移动台天线所组成的。在这个系统中，并不能保证在发射机和接收机之间存在一个直线通路，而且移动台周围物体的大量散射可能导致信号的瑞利衰落。鉴于以上情形，Jakes[Jak70]推断出：如果天线间的间隔距离等于或大于半个波长，那么从不同的天线上收到的信号包络基本是非相关的。

天线分集的概念也被应用于基站设计中。在每个蜂窝小区的中心，为了进行分集接收，装备了多个基站接收天线。但是由于移动台接近地面，容易产生严重的信号散射现象。因此，在基站处的分集天线之间必须隔得相当远（通常是波长的几十倍），才能实现信号的非相关。空间分集既可用于移动台，也可应用于基站，还可同时用于两者。图 7.12 为空间分集的一个通用框图[Cox83a]。

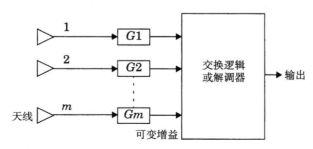

图 7.12　空间分集的通用框图

空间分集可以按接收方法分为以下四类[Jak71]：

1. 选择性分集
2. 反馈分集

3. 最大比率合并

4. 等增益分集

7.10.3.1　选择性分集

选择性分集是 7.10.1 节中分析过的最简单的分集技术，其结构与图 7.12 相似。这种分集有 m 个解调器进行 m 条支路的解调，各支路的增益可被控制以便实现各支路的平均 SNR 相等。就像 7.10.1 节介绍的，瞬时 SNR 最高的支路将被连到解调器。但是在实际应用中，由于难以测量 SNR，因而实际上是采用 $(S+N)/N$ 最大的支路。另外，实际所用的选择性分集系统是无法以瞬时 SNR 为基础进行工作的，但是又必须这样设计，以便选择性电路的内部时间常数小于信号衰落速率的倒数。

7.10.3.2　反馈或扫描分集

扫描分集与选择性分集非常相似，但它不是总采用 M 个支路中信号最好的支路，而是以固定顺序扫描 M 个支路，直到发现某一支路的信号超过了预置的门限。然后这路信号将被选中并送至接收机。一旦这路信号降至门限之下，那么扫描过程将重新开始。与其他方法相比较，它的抗衰落统计特性稍差一些；但这种方法的优点是它非常易于实现——只需要一个接收机，其结构图如图 7.13 所示。

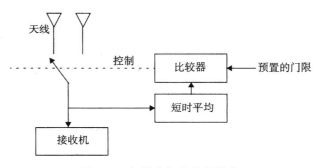

图 7.13　扫描分集的基本形式

7.10.3.3　最大比率合并

这种方法是由 Kahn[Kah54] 最先提出的。它对 M 路信号进行加权，而权重是由各路信号所对应的信号电压与噪声功率的比值决定的。图 7.14 为其结构图。由于各路信号在叠加时要求保证是同相位的（不同于选择性分集），因而每个天线通常都要有各自的接收机和调相电路。最大比率合并的输出 SNR 等于各路 SNR 之和，其解释可以参见 7.10.2 节。所以，即使当各路信号都很差，使得没有一路信号可以单独解调时，最大比率合并算法仍有可能合成出一个达到 SNR 要求的可解调的信号。在所有已知的线性分集合并方法中，这种方法的抗衰落统计特性是最佳的。现在的 DSP 技术和数字接收技术正在逐步采用这种最优的分集方式。

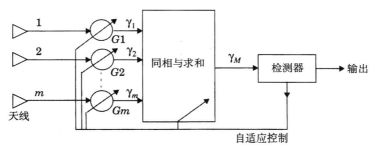

图 7.14　最大比率合并

7.10.3.4　等增益合并

在某些情况下，按最大比率合并的需要产生可变的权重并不方便，因而出现了等增益合并。这种方法也是把各支路信号进行同相后再叠加，只不过加权时各支路的权重相等。这样，接收机仍可以利用同时收到的各路信号，并且接收机从大量不能解调的信号中合成出一个可解调信号的概率很大，其性能只比最大比率合并差一些，但比选择性分集好很多。

7.10.4　极化分集

通常人们认为，对于空间分集在应用中的实用性来说，它在基站的实用性不如移动台。这是因为基站处信号的入射角小，从而要求天线间隔较大[Vau90]。由于在基站使用空间分集的费用较高，这促使人们考虑使用正交极化分集。由于只使用两个正交的分集支路，所以天线可以做成一个。

在蜂窝电话的早期应用中，所有的用户单元被装载在交通工具中，并且使用的是直立的鞭状天线。但是现在，半数以上的用户单元是便携式的，这意味着天线不再是保持直立的，而是随着手的姿势产生了倾角。这个现象使人们对极化分集产生了浓厚的兴趣。

Lee和Yeh在报告中指出，在空中，水平极化和垂直极化路径是非相关的[Lee72]。由于在传输中进行了多次反射，使得信号在不同的极化方向上是非相关的。由第4章可知，因为不同极化方向的反射系数不同，从而导致在每一次的反射或至少其中的一些反射中，信号的幅度和相位的变化产生了差异。经过足够多的随机反射后，信号的极化状态就与发射时的极化状态变成相互独立的。但事实上，收到的信号与发射时的信号在极化状态上还是有一定相关性的。

当人们把环状和线状极化天线用于建筑物内的多径环境时，获得了很好的效果（[Haw91],[Rap92a], [Ho94]）。当传输路径中有障碍物时，极化分集可以惊人地减少多径时延扩展，而不会明显地降低功率。

以前研究极化分集主要是为了用于变化缓慢的固定无线链路。举个典型的例子：在视距微波传输中，可以使用极化分集在一个无线信道中同时传送两个用户的信号。因为在一条链路中信道的变化不会很大，所以两个极化方向上的相互干扰也就很小。随着移动用户的激增，在改进链路的传输效率和提高容量方面，极化分集将会变得越来越重要。Kozono[Koz85]曾经提出一个基站极化分集接收的理论模型，现在描述如下。

极化分集的理论模型

假设移动台在垂直（或水平）极化方向上发出信号，基站采用有2个支路的极化分集天线进行接收。图7.15所示为极化分集的理论模型和系统坐标，其天线由 V_1 和 V_2 两部分构成，与Y轴的夹角分别为 $\pm\alpha$，而移动台所处位置与分集天线的正接收方向的夹角为 β，如图7.15(b)所示。

由于多径效应，有些信号的极化方向由垂直方向变成了水平方向，因而到达基站的信号为

$$x = r_1 \cos(\omega t + \phi_1) \tag{7.71.a}$$

$$y = r_2 \cos(\omega t + \phi_2) \tag{7.71.b}$$

其中，x 和 y 是当 $\beta = 0$ 时的接收信号。假定 r_1 和 r_2 具有独立的瑞利分布，ϕ_1 和 ϕ_2 具有独立均匀分布。

在 V_1 和 V_2 方向收到的信号分别为

$$V_1 = (ar_1\cos\phi_1 + r_2 b\cos\phi_2)\cos\omega t - (ar_1\sin\phi_1 + r_2 b\sin\phi_2)\sin\omega t \tag{7.72}$$

$$V_2 = (-ar_1\cos\phi_1 + r_2 b\cos\phi_2)\cos\omega t - (-ar_1\sin\phi_1 + r_2 b\sin\phi_2)\sin\omega t \tag{7.73}$$

其中 $a = \sin\alpha\cos\beta$，$b = \cos\alpha$。

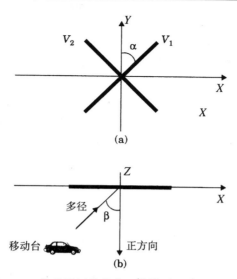

图 7.15　基于[Koz85]的基站极化分集理论模型：(a) X-Y 平面；(b) X-Z 平面

相关系数 ρ 为

$$\rho = \left(\frac{\tan^2(\alpha)\cos^2(\beta) - \Gamma}{\tan^2(\alpha)\cos^2(\beta) + \Gamma} \right)^2 \tag{7.74}$$

其中

$$X = \frac{\langle R_2^2 \rangle}{\langle R_1^2 \rangle} \tag{7.75}$$

和

$$R_1 = \sqrt{r_1^2 a^2 + r_2^2 b^2 + 2r_1 r_2 ab \cos(\phi_1 + \phi_2)} \tag{7.76}$$

$$R_2 = \sqrt{r_1^2 a^2 + r_2^2 b^2 - 2r_1 r_2 ab \cos(\phi_1 + \phi_2)} \tag{7.77}$$

这里，X 为传播路径中移动台和基站间的交叉差值。

相关系数由三个因素决定：极化角度，信号相对于分集天线的正接收方向的偏离角度 β，以及两个极化方向上的交叉灵敏度。通常，相关系数随着 ρ 的增大而增大，却随着 α 的增大而减少。这是因为随着 α 的增大，水平极化分量将增大。

由于天线的 V_1 和 V_2 部分在与垂直方向的夹角为 ±α 处极化，使得收到的信号要比用垂直极化方向的天线所收到的要弱。相对于后者，前者信号损耗 L 的平均值为

$$L = a^2 / X + b^2 \tag{7.78}$$

使用极化分集[Koz85]的实践表明，极化分集是一项可行的分集接收技术，并在无线终端和基站中使用。

7.10.5　频率分集

频率分集在多于一个的载频上传送信号。这项技术的工作原理是，在信道相干带宽之外的频率是不相关的，并且不会出现同样的衰落[Lem91]。在理论上，不相关信道产生同样衰落的概率是各自产生衰落概率的乘积（参见式(7.58)）。

频率分集技术经常用在频分双工（FDM）方式的视距微波链路中。由于对流层的传播和折射，有时会在传播中发生深度衰落。在实际应用中，有一种工作方式称为1：N保护交换方式。在这种方式中，有一个频道是空闲的，但它只是名义上的空闲，实际上是一个备用频道，可以用来提供和同一链路上N个载频（这些载频上的业务是相互独立的）中任一个载频间的频率分集切换。当需要分集时，相应的业务被切换到备用频率上。这项技术的缺点是，它不仅需要备用带宽，而且需要有和频率分集中采用的频道数目相等的若干个接收机。但是对于特殊业务，这个费用也许是划算的。

新的OFDM调制和接入技术利用频率分集来提供跨越较大带宽的、带有差错控制编码的同步调制信号。这样当有频道产生衰落时，该组合的信号仍然可以解调。

7.10.6　时间分集

时间分集是指以超过信道相干时间的时间间隔重复发送信号，以便让再次收到的信号具有独立的衰落环境，从而产生分集效果。现在时间分集技术已经大量地用于扩频CDMA的RAKE接收机中，由多径信道提供传输冗余信息。通过对接收到的CDMA信号的若干个副本（不同的副本经历了不同的多径时延）进行解调，这种RAKE接收机能够及时地对这些副本进行排列，从而在接收机中对原始信号做出较好的估计。

7.11　RAKE 接收机

在CDMA扩频系统（见第6章）中，码片速率通常远远大于信道的平坦衰落带宽。鉴于传统的调制技术需要用均衡器消除相邻符号间的符号间干扰，因而在设计CDMA扩频码时，要保证连续码片之间的相关性比较小。这样，在无线信道传输中出现的时延扩展，可以看做只是被传送信号的再次传送。如果这些多径信号相互间的时延超过了一个码片的长度，那么它们将被CDMA接收机看成非相关的噪声而不再需要均衡了。扩频处理增益使得非相干噪声在解扩后可以忽略。

由于在多径信号中含有可以利用的信息，所以CDMA接收机可以通过合并多径信号来改善接收信号的信噪比。其实RAKE接收机所做的就是：为每一个多径信号提供一个单独的相关接收机，从而尽量获得原始信号的一个正确的时移版本。每个相关接收机将在时延上进行调整，以使得微处理控制器指导不同的相关接收器在不同的时间窗上寻找最佳的多径。一个相关器能搜索的时延范围称为一个搜索窗口。图7.16所示为一个RAKE接收机，它是专为CDMA系统设计的分集接收器，其理论基础是：当传播时延超过一个码片周期时，多径信号实际上可被看做是互不相关的。

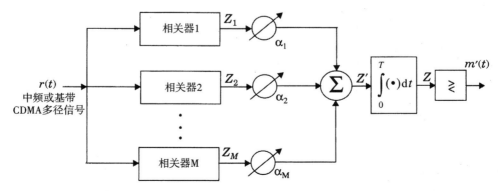

图7.16　M支路RAKE接收机的实现。每个相关器监测一路延迟信号，其各检测支路间的相对时延超过一个码片

RAKE 接收机利用多个相关器分别检测多径信号中最强的 M 个支路信号，然后对每个相关器的输出进行加权，以提供优于单路相关器的信号检测，然后在此基础上再进行解调和判决。

使用 RAKE 接收机的基本思路是由 Price 和 Green[Pri58]提出的。在室外环境中，多径信号间的延迟通常较大，如果码片速率选择得当，那么 CDMA 扩频码较低的自相关特性，可以确保多径信号相互间表现出较好的非相关性。然而，在 IS-95 CDMA 中，RAKE 接收机在室内环境的表现比较糟糕，人们发现表明室内信道的多径时延扩展（约 100 ns）远小于 IS-95 中的码片时间（约 800 ns）。在这种情况下，因为多径问题无法解决，RAKE 接收机将不可用。若使用它，在一个码片时间内将出现典型的瑞利平坦衰落。

为了分析 RAKE 接收机的性能，假定 CDMA 接收机中有 M 个相关器，用来截获 M 个最强的多径信号，使用一个加权网络提供相关器输出的线性合并。假设相关器 1 与信号中最强支路 m_1 同步，而另一支路 m_2 的信号到达的时间比支路 m_1 晚了 τ_1 的时间，此处假设 $\tau_2 - \tau_1$ 大于一个码片时间。这里，第 2 个相关器与支路 m_2 同步，且相关性很强，而与支路 m_1 的相关性很弱。注意，如果接收机中只有一个相关器（见图 6.52），那么一旦这个相关器的输出由于衰落被破坏，则接收机就无法做出纠正，从而导致基于单个相关器的判决操作做出大量误判。而在 RAKE 接收机中，如果一个相关器的输出由于衰落被破坏了，还可以用其他支路做出补救，并且可以通过加权过程进行修复。由于 RAKE 接收机提供了对 M 路信号的良好的统计判决，因而它能够克服衰落，改进 CDMA 的接收性能。

M 路信号的统计判决参见图 7.16。M 个相关器的输出分别为 $Z_1, Z_2, ..., Z_M$，其权重分别为 $\alpha_1, \alpha_2, ..., \alpha_M$。权重的大小是由各相关器的输出功率或 SNR 决定的。如果输出功率或 SNR 比较小，那么相应的权重就小。正如最大比率合并分集方案一样，总的输出信号 Z' 为

$$Z' = \sum_{m=1}^{M} \alpha_m Z_m \tag{7.79}$$

权重 α_m 可用相关器的输出信号总功率归一化，系数总和为单位 1，如式(7.80)所示：

$$\alpha_m = \frac{Z_m^2}{\sum_{m=1}^{M} Z_m^2} \tag{7.80}$$

在研究自适应均衡和分集合并时，曾有多种权重的生成方法。但是，因为多址接入中存在多址干扰，使得多径信号中的某一支路即使收到了强信号，也不一定会在相关检测后得到相应的强输出，因此，如果权重由相关器的实际输出信号的强弱来决定，那么将会给 RAKE 接收机带来更好的性能。

7.12 交织

交织可以在不附加任何开销的情况下，使数字通信系统获得时间分集。由于数字语音编码器（它把模拟语音信号转变为可在无线链路中高效传输的数字信号，语音编码器将在第 8 章介绍）的迅速发展，在所有的第二代和第三代无线系统中，交织成为极其有用的一项技术。

由于语音编码器要将语音频带的信息转变为统一、高效的数字信息格式，因而被编码的数据比特（或称为源比特）中含有大量信息。并且正如第 8 章和第 11 章所表述的，有些源比特特别重要，必须要加以保护，不能出现错误。许多语音编码器都会在其编码序列中产生几个很重要的源比特，而交织器的作用就是将这些源比特分散到不同的时间段中，以便出现深衰落或突发干扰时，来自某

一块源比特中的重要比特不会被同时破坏。而且源比特被分开后，还可以利用差错控制编码（或称为信道编码）来减弱信道干扰对源比特的影响。差错控制编码是为了保护信号免受随机的和突发式的干扰影响，而交织器是在信道编码之前打乱了源比特的时间顺序。

交织器有两种结构类型：分组结构和卷积结构。分组结构是把待编码的 nm 个数据位放入一个 m 行 n 列的矩阵中，即每次是对 nm 个数据位进行交织。通常，每行由 n 个数据位组成一个字，而一个深度为 m 的交织器，就是指行数为 m，其结构示于图7.17。由图可见，源比特按列顺序填入交织矩阵中，而在发送时按行读出，这样就产生了对原始数据以 m 个比特为周期进行分隔的效果。

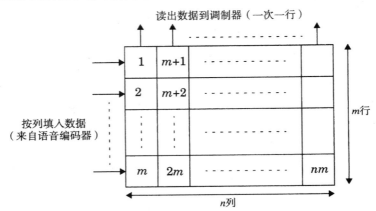

图7.17　分组结构的交织器（按列读入，按行读出）

在接收机中，解交织器按行顺序存储接收到的数据比特，然后按行处理这些数据，一次处理一个字（即一行）。

采用卷积结构的交织器，在多数情况下可以代替分组结构的交织器。而且卷积交织器在用于卷积编码时，可以取得理想的效果。

因为接收机只有在收到了 nm 个比特并进行解交织以后才能解码，所以所有的交织器都有一个固有延时。在现实中，当语音延时超过 40 ms 时将是不可忍受的。因此，所有的无线数据交织器的延时都不超过 40 ms。另外，交织器的字长和深度与所用的语音编码器、编码速率和最大容许延时有较大关系。

7.13　信道编码原理

信道编码通过在被传输数据中引入冗余来避免数字数据在传输过程中出现差错。用于检测差错的信道编码称为检错编码，而既可检错又可纠错的信道编码称为纠错编码。

1948年，香农（Shannon）论证了通过对信息的适当编码，由信道噪声引入的错误可以控制在任何差错范围之内，而且这并不需要降低信息传输速率[Sha48]。应用于 AWGN 信道的香农信道容量公式如下：

$$C = B\log_2\left(1 + \frac{P}{N_0 B}\right) = B\log_2\left(1 + \frac{S}{N}\right) \tag{7.81}$$

其中，C 为信道容量（bps），B 为传输带宽（Hz），P 为接收信号的功率（W），N_0 为单边带噪声功率谱密度（W/Hz），而接收机收到的功率为

$$P = E_b R_b \tag{7.82}$$

其中, E_b 为每比特信号的平均能量, R_b 为信号传输速率。式(7.81)可用传输带宽归一化, 即

$$\frac{C}{B} = \log_2\left(1 + \frac{E_b R_b}{N_0 B}\right) \tag{7.83}$$

其中 C/B 表示带宽效率。

检错和纠错技术的基本目的, 是通过在无线链路的数据传输中引入冗余来改进信道的质量。冗余比特的引入增加了原始信号的传输速率。因此, 在源数据速率固定的情况下, 这增加了带宽需求。结果降低了高 SNR 情况下的带宽效率, 但却大大降低了低 SNR 情况下的 BER。

众所周知, 假如每个比特的 SNR 都超过了香农下限, 即 $M \rightarrow \infty$, 则我们可以通过扩展正交信号集(即让信号波形数 $SNR_b \geqslant -1.6$ dB)来使 BER 减小到任意程度[Vit79]。香农指出在上述条件下, 只要 SNR 足够大, 就可以用很宽的带宽来实现无差错通信。这就是 3G 应用宽带 CDMA 的部分原因。另一方面, 差错控制编码的带宽是随编码长度的增加而增加的。因而, 纠错编码在带宽受限的环境中是有一定优势的, 并且在功率受限的环境中提供一定的链路保护。

信道编码器把源信息变成编码序列, 使其可用于信道传输, 这就是它处理数字信息源的方法。检错码和纠错码有三种基本类型: 分组码、卷积码和 turbo 码。

7.14 分组码和有限域

分组码是一种前向纠错(FEC)编码。它是一种不需要重复发送就可以检出并纠正有限个错误的编码。当其他改进方法(如增加传输功率或使用更复杂的解调器等)不易实现时, 可以用分组码改进通信系统的性能。

在分组码中, 校验位被加到信息位之后, 以形成新的码字(或码组)。在一个分组编码器中, k 个信息位被编为 n 个比特, 而 $n - k$ 个校验位的作用就是检错和纠错[Lin83]。分组码以 (n, k) 表示, 其编码速率定义为 $R_c = k/n$, 这也是原始信息速率与信道信息速率的比值。

分组码的纠错能力是码距的函数。不同的编码方案提供了不同的差错控制能力([Cou93], [Hay94], [Lin83], [Sk193], [Vit79])。

例7.5 在无线语音通信中, 交织和分组码通常结合起来使用。对于 m 行 n 列的交织器, 其码字长为 n 比特。假如每个码字中有 k 个源比特(信息位)、$(n - k)$ 个校验位, 那么把交织和分组编码相结合, 就可以使一个长度为 $l = mb$ 的信道突发误码分解为 m 个长度为 b 的误码。

因而一个能够处理 $b < (n - k)/2$ 个误码的 (n, k) 码与一个深度为 m 的交织器相结合, 就可以产生一个能处理长度为 mb 个突发误码的 (mn, mk) 分组码。只要语音编码中的 mb 个或少于 mb 个比特被破坏, 接收数据就可以完全恢复。

除了编码速率之外, 码距和码重这两个参数也很重要。现定义如下:

码距——它是指两个码字 C_i 和 C_j 间不相同比特的个数, 定义为

$$d(C_i, C_j) = \sum_{l=1}^{N} C_{i,l} \oplus C_{j,l} (\text{模 } q) \tag{7.84}$$

其中, d 是码距, q 是 C_i 和 C_j 所能取值的个数。每个码字的长度是 N 个元素或字符。如果是采用二进制编码, 那么码距就是汉明码距。最小码距是码距集中的最小值 d_{min}, 给出如下:

$$d_{min} = Min\{d(C_i, C_j)\} \tag{7.85}$$

码重——它是指码字中非零元素的个数。如果是采用二进制编码，那么码重就是码字中 1 的数目：

$$w(C_i) = \sum_{l=1}^{N} C_{i,l} \tag{7.86}$$

分组码的特性

线性——假设 C_i 和 C_j 是 (n, k) 分组码，α_1 和 α_2 是任意两个字母，那么当且仅当 $\alpha_1 C_1 + \alpha_2 C_2$ 也是分组码时，称分组码为线性的。线性码必须包含全零码字。所以，恒重码是非线性的。

系统性——系统码是指校验位被加在信息位之后。对于一个 (n, k) 码，前 k 位全是信息位，而后 $n - k$ 位则是前 k 位的线性组合。

循环性——循环码是线性码的一种子集。它满足下列循环移位特性：如果 $C = [c_{n-1}, c_{n-2},..., c_0]$ 是循环码，那么 C 的循环移位 $[c_{n-2}, c_{n-3},..., c_0, c_{n-1}]$ 也是循环码，也就是说，C 的所有循环移位码都是循环码。根据这种特性，循环码具有相当多的编码和解码结构。

编解码技术的研究将借助于一种称为有限域的数学结构。有限域是一个含有有限个元素的代数系统，而且有限域元素的加、减、乘、除法的结果仍在有限域内（即任意两个有限域元素的和与积仍为有限域元素）。有限域元素的加法和乘法满足交换率、结合率和分配率。有限域的定义如下：

令 F 是一个含有有限个元素的集合，而且在其元素上定义了二进制的加法和乘法操作。那么如果集合 F 满足下列条件，F 及其二进制操作就可称为一个域：

- F 满足加法交换率。对于加法，相加后使所得值不变的元素称为零元素，用 0 表示。
- F 中的非零元素满足乘法交换率。对于乘法，相乘后使所得值不变的元素称为单位元素，用 1 表示。
- F 满足分配率。即对于 F 中的任何三个元素 a、b 和 c，有 $a \cdot (b + c) = a \cdot b + a \cdot c$。

元素 a 的相反数记做 $-a$，它与 a 相加时的和为 0（即 $[a + (-a) = 0]$）。元素 a 的倒数记做 $-a$，它与 a 相乘时的积为 1（即 $a \cdot a^{-1} = 1$）。

从域的定义可以得出关于域的四个基本特性：

特性 1：$a \cdot 0 = 0 = 0 \cdot a$
特性 2：对于非零元素 a 和 b，$a \cdot b \neq 0$
特性 3：$a \cdot b = 0$ 且 $a \neq 0$，则 $b = 0$
特性 4：$-(a \cdot b) = (-a) \cdot b = a \cdot (-b)$

对于任何质数 p，存在一个含有 p 个元素的有限域。为了纪念这个域的发现者 Galois[Lin83]，又将其称为 Galois 域，记做 $GF(p)$。$GF(p)$ 可以扩展到 p^m 个元素，记做 $GF(p^m)$，称为 $GF(p)$ 的扩展域，其中 m 为正整数。在数字数据传输和存储系统中，由于编码总是二进制形式的，因而使用最广泛的是二进制域 $GF(2)$ 及其扩展域 $GF(2^m)$。

在二进制算法中，采用的是模 2 加和模 2 乘。除了 2 被看做 0 之外，其他的算法与普通算术相同。由于 $1 + 1 = 0$，$1 = -1$，所以对于差错控制码的生成来说，加法和减法是等效的。

Reed-Solomon 码使用的是非二进制域 $GF(2^m)$，其元素个数大于 2，它是二进制域 $GF(2) = \{0, 1\}$ 的扩展。$GF(2^m)$ 域除了 0 和 1 之外，其余元素都相等，可用 α 表示。所有非 0 元素都可用 α 的幂表示。

为了表达 α 的幂，我们必须定义扩展域中的乘法操作"·"。使用乘法操作可以产生一个含有无限多元素的集合 F：

$$F = \{0, 1, \alpha, \alpha^2, ..., \alpha^j, ...\} = \{0, \alpha^0, \alpha^1, \alpha^2, ..., \alpha^j, ...\} \tag{7.87}$$

为了从 F 获得有限域 $GF(2^m)$，必须对 F 加以条件限制，以便选出 2^m 个元素，且令这 2^m 个元素对于乘法运算自封闭。这个条件就是一个不可约多项式，其典型格式如下[Rhe89]：

$$\alpha^{(2^m-1)} + 1 = 0 \quad \text{或等效为} \quad \alpha^{(2^m-1)} = 1 = \alpha^0 \tag{7.88}$$

使用这个不可约多项式，幂次大于 $2^m - 2$ 的元素可以简化成幂次小于 $2^m - 2$ 的元素，即

$$\alpha^{(2^m+n)} = \alpha^{(2^m-1)} \cdot \alpha^{n+1} = \alpha^{n+1} \tag{7.89}$$

于是集合 F 变为集合 F*，其非零项对于乘法运算自封闭：

$$F* = \left\{ 0, 1, \alpha, \alpha^2, ..., \alpha^{2^m-2}, \alpha^{2^m-1}, \alpha^{2^m}, ... \right\}$$
$$= \left\{ 0, \alpha^0, \alpha^1, \alpha^2, ..., \alpha^{2^m-2}, \alpha^0, \alpha, \alpha^2, ... \right\} \tag{7.90}$$

取 F* 的前 2^m 项，就可以得到有限域 $GF(2^m)$ 元素的表示：

$$GF(2^m) = \left\{ 0, 1, \alpha, \alpha^2, ..., \alpha^{2^m-2} \right\} = \left\{ 0, \alpha^0, \alpha, \alpha^2, ..., \alpha^{2^m-2} \right\} \tag{7.91}$$

有限域 $GF(2^m)$ 中的 2^m 个元素可表示成一个多项式，其幂次小于或等于 $m - 1$；另外元素 0 由零多项式（即不带非零项的多项式）表示[Rhe89]。$GF(2^m)$ 中的每个非零元素可记做多项式 $a_i(x)$，其 m 个系数中至少有一个不为零，

$$\alpha^i = a_i(x) = a_{i,0} + a_{i,1}x + a_{i,2}x^2 + ... + a_{i,m-1}x^{m-1} \tag{7.92}$$

而且，有限域中两个元素间的加法将定义为相应多项式系数的模 2 加。即

$$\alpha^i + \alpha^j = (a_{i,0} + a_{j,0}) + (a_{i,1} + a_{j,1})x + ... + (a_{i,m-1} + a_{j,m-1})x^{m-1} \tag{7.93}$$

这样，我们就可得到一个有限域 $GF(2^m)$，并且通过式(7.92)和式(7.93)可以获得对有限域中 2^m 个元素的多项式表示。

7.14.1　分组码示例

汉明码

汉明（Hamming）码是一种纠错码[Ham50]。这种编码以及由它衍生成的编码，已被用于数字通信系统的差错控制中。汉明码分为二进制汉明码和非二进制汉明码。二进制汉明码具有如下特性：

$$(n, k) = (2^m - 1, 2^m - 1 - m) \tag{7.94}$$

其中，k 是生成一个 n 位的码字所需的信息位的数目，m 是一个正整数。校验位的数目是 $n - k = m$。

Hadamard 码

Hadamard 码是通过选择 Hadamard 矩阵的行向量来实现的。一个 $N \times N$ 的 Hadamard 矩阵 A 由 0 和 1 组成，其任何两行间都恰恰有 N/2 个元素不同。除了一行为全零之外，其余行均有 N/2 个 0 和 N/2 个 1。最小码距为 N/2。

当 $N = 2$ 时，Hadamard 矩阵 A 为

$$A = \begin{bmatrix} 0 & 0 \\ 0 & 1 \end{bmatrix} \tag{7.95}$$

除了上述 $N = 2^m$（m 为正整数）的特殊情况之外，也可以有其他长度的 Hadamard 编码，但这些编码不是线性的。

Golay 码

Golay 码是线性二进制 $(23, 12)$ 码，其最小码距为 7，纠错能力为 3 个比特[Gol49]。Golay 码是一种完备码（汉明码和一些循环码也是完备码），任意码字间的距离不超过 3 比特，可以采用最大似然解码方式进行解码。

循环码

循环（cyclic）码是线性码的子集。它满足前面所讨论的循环移位特性，因而具有大量可用的结构。循环码可以由 $(n - k)$ 次生成多项式 $g(p)$ 生成。(n, k) 循环码生成多项式是 $p^n + 1$ 的一个因子，表示如下：

$$g(p) = p^{n-k} + g_{n-k-1}p^{n-k-1} + ... + g_1 p + 1 \tag{7.96}$$

消息多项式 $x(p)$ 可定义如下：

$$x(p) = x_{k-1}p^{k-1} + ... + x_1 p + x_0 \tag{7.97}$$

其中 $(x_{k-1},..., x_0)$ 代表 k 个信息位。而最后生成码多项式 $c(p)$ 如下：

$$c(p) = x(p)g(p) \tag{7.98}$$

其中 $c(p)$ 是一个小于 n 次的多项式。

循环码的编码通常由一个基于生成式或校验多项式的线性反馈移位寄存器完成。

BCH 码

BCH 循环码是一种重要的分组码，由于其具有多种编码速率，因此可以获得很大的编码增益，并能在高速方式下实现，因而 BCH 循环码是最重要的分组码之一[Bos60]。它的码长为 $n = 2^m - 1$，其中 $m \geq 3$，可被纠正的错误数为 $t < (2^m - 1)/2$。二进制 BCH 码可以推广到非二进制 BCH 码，它的每个编码符号代表 m 个比特。最重要且最通用的多进制 BCH 码为 Reed-Solomon 码。在美国蜂窝数字分组数据系统（CDPD）中，所采用的是 $m = 6$ 的 $(63, 47)$ Reed-Solomon 码。

Reed-Solomon 码

Reed-Solomon 码（RS）是一种多进制码。它能够纠正突发误码，并且通常用于连续编码系统中[Ree60]。Reed-Solomon 码长为 $n = 2^m - 1$，并可扩展到 2^m 或 $2^m + 1$，能够确保校验 e 个误码的校验符号数为 $n - k = 2e$，其最小码距为 $d_{min} = 2e + 1$。Reed-Solomon 码是所有线性码中 d_{min} 值最大的码。

7.14.2　CDPD 中 Reed-Solomon 码的实例研究

为了便于解释，我们选择 GF（64）域来进行研究，因为在 CDPD 系统中采用的就是这个域。这里 $m = 6$，域中的 64 个元素可用 6 比特的符号来表示。在 CDPD 分组中，每个分组有 378 个比特，其中有 282 个用户比特和 8 个 6 比特的标识（48 比特），标识用于每组中的纠错。

我们引入有限域实体 $p(X)$ 来映射这 64 个元素。如果在 $X^n + 1$ 能整除的多项式 $p(X)$ 中 $n = 2^m - 1$，那么这样的既约多项式称为本原多项式。本原多项式 $p(X)$ 在有限域的编码过程中是很重要的，其典型格式为

$$p(X) = 1 + X + X^m \tag{7.99}$$

在 CDPD 系统中采用的 Reed-Solomon 码 $p(X)$ 就是这种格式，如式 (7.99) 所示。对于大范围的域，本原多项式可被列为表格，所以 $p(X)$ 对于任意码有基本精确的值。CDPD 的本原多项式为

$$p_{CDPD}(X) = 1 + X + X^6 \tag{7.100}$$

为了把符号映射到域元素，设置本原多项式 $p(\alpha) = 0$。这将生成下列结果，它将限定域中的元素：

$$\alpha^6 + \alpha + 1 = 0 \tag{7.101}$$

表 7.2 显示了 6 比特符号和域元素之间的映射关系。第一个域元素是 α^0，第二个域元素由 1 和 α 相乘得到，其他域元素可依次获得。任何含 α^5 项的域元素在生成下一个域元素时都会产生一个 α^6 项，但 α^6 项不属于 $GF(64)$，因而需要运行本原多项式把 α^6 转换成 $\alpha + 1$。另外还要指出的是，$\alpha^{62} \cdot \alpha = \alpha^{63} = \alpha^0 = 1$。这在用软件实现有限域乘法时是很重要的。乘法运算可以由元素幂次的模 $2^m - 1$ 加法快速而有效地实现。对于在 CDPD 系统中采用的 $(63, 47)$ Reed-Solomon 码，就是多元素的幂次采用模 63 加法来实现快速乘法。

在 $GF(2^m)$ 中，因为表示有限域元素的多项式的系数由二进制域 $GF(2)$ 扩展而来，所以其元素的加法运算可以由其多项式系数的对应位逐位模 2 加而得到。由于这个域是由二进制域 $GF(2)$ 扩展得到的，其中的系数为 1 或 0，因此可以通过元素的 6 比特符号表示，按逐比特的异或运算实现加法。下面给出几个在域 $GF(64)$ 上的例子：

$$\alpha^{27} + \alpha^5 = (001110)_2 \, XOR \, (100000)_2 = (101110)_2 = \alpha^{55} \tag{7.102.a}$$

$$\alpha^{19} + \alpha^{62} = (011110)_2 \, XOR \, (100001)_2 = (111111)_2 = \alpha^{58} \tag{7.102.b}$$

7.14.2.1　Reed-Solomon 编码

在讨论 Reed-Solomon 编码时，将频繁用到下列多项式：

$d(x)$: 行信息多项式

$p(x)$: 校验多项式

$c(x)$: 码字多项式

$g(x)$: 生成多项式

$q(x)$: 商多项式

$r(x)$: 余数多项式

令

$$d(x) = c_{n-1}x^{n-1} + c_{n-2}x^{n-2} + \dots + c_{2t+1}x^{2t+1} + c_{2t}x^{2t} \tag{7.103}$$

为信息多项式，在解码前获得，表示用户数据，且令

$$p(x) = c_0 + c_1 x + \dots + c_{2t-1}x^{2t-1} \tag{7.104}$$

表 7.2　CDPD 中 $GF(64)$ 元素的三种表示式

幂函数式表示	多项式表示						6比特符号表示					
$0 = \alpha^{63}$						0	0	0	0	0	0	0
$1 = \alpha^{0}$						1	0	0	0	0	0	1
α					x^1		0	0	0	0	1	0
α^2				x^2			0	0	0	1	0	0
α^3			x^3				0	0	1	0	0	0
α^4		x^4					0	1	0	0	0	0
α^5	x^5						1	0	0	0	0	0
α^6					x^1	1	0	0	0	0	1	1
α^7				x^2	x^1		0	0	0	1	1	0
α^8			x^3	x^2			0	0	1	1	0	0
α^9		x^4	x^3				0	1	1	0	0	0
α^{10}	x^5	x^4					1	1	0	0	0	0
α^{11}	x^5				x^1	1	1	0	0	0	1	1
α^{12}				x^2		1	0	0	0	1	0	1
α^{13}			x^3		x^1		0	0	1	0	1	0
α^{14}		x^4		x^2			0	1	0	1	0	0
α^{15}	x^5		x^3				1	0	1	0	0	0
α^{16}		x^4			x^1	1	0	1	0	0	1	1
α^{17}	x^5			x^2	x^1		1	0	0	1	1	0
α^{18}			x^3	x^2	x^1	1	0	0	1	1	1	1
α^{19}		x^4	x^3	x^2	x^1		0	1	1	1	1	0
α^{20}	x^5	x^4	x^3	x^2			1	1	1	1	0	0
α^{21}	x^5	x^4	x^3		x^1	1	1	1	1	0	1	1
α^{22}	x^5	x^4		x^2		1	1	1	0	1	0	1
α^{23}	x^5		x^3			1	1	0	1	0	0	1
α^{24}		x^4				1	0	1	0	0	0	1
α^{25}	x^5				x^1		1	0	0	0	1	0
α^{26}				x^2	x^1	1	0	0	0	1	1	1
α^{27}			x^3	x^2	x^1		0	0	1	1	1	0
α^{28}		x^4	x^3	x^2			0	1	1	1	0	0
α^{29}	x^5	x^4	x^3				1	1	1	0	0	0
α^{30}	x^5	x^4			x^1	1	1	1	0	0	1	1
α^{31}	x^5			x^2		1	1	0	0	1	0	1
α^{32}			x^3			1	0	0	1	0	0	1
α^{33}		x^4			x^1		0	1	0	0	1	0
α^{34}	x^5			x^2			1	0	0	1	0	0
α^{35}			x^3		x^1	1	0	0	1	0	1	1
α^{36}		x^4		x^2	x^1		0	1	0	1	1	0
α^{37}	x^5		x^3	x^2			1	0	1	1	0	0
α^{38}		x^4	x^3		x^1	1	0	1	1	0	1	1
α^{39}	x^5	x^4		x^2	x^1		1	1	0	1	1	0
α^{40}	x^5		x^3	x^2	x^1	1	1	0	1	1	1	1
α^{41}		x^4	x^3	x^2		1	0	1	1	1	0	1
α^{42}	x^5	x^4	x^3		x^1		1	1	1	0	1	0
α^{43}	x^5	x^4		x^2	x^1	1	1	1	0	1	1	1
α^{44}	x^5		x^3	x^2		1	1	0	1	1	0	1
α^{45}		x^4	x^3			1	0	1	1	0	0	1
α^{46}	x^5	x^4			x^1		1	1	0	0	1	0
α^{47}	x^5			x^2	x^1	1	1	0	0	1	1	1
α^{48}			x^3	x^2		1	0	0	1	1	0	1
α^{49}		x^4	x^3		x^1		0	1	1	0	1	0
α^{50}	x^5	x^4		x^2			1	1	0	1	0	0
α^{51}	x^5		x^3		x^1	1	1	0	1	0	1	1
α^{52}		x^4		x^2		1	0	1	0	1	0	1
α^{53}	x^5		x^3		x^1		1	0	1	0	1	0
α^{54}		x^4		x^2	x^1	1	0	1	0	1	1	1
α^{55}	x^5		x^3	x^2	x^1		1	0	1	1	1	0
α^{56}		x^4	x^3	x^2	x^1	1	0	1	1	1	1	1
α^{57}	x^5	x^4	x^3	x^2	x^1		1	1	1	1	1	0
α^{58}	x^5	x^4	x^3	x^2	x^1	1	1	1	1	1	1	1
α^{59}	x^5	x^4	x^3	x^2		1	1	1	1	1	0	1
α^{60}	x^5	x^4	x^3			1	1	1	1	0	0	1
α^{61}	x^5	x^4				1	1	1	0	0	0	1
α^{62}	x^5					1	1	0	0	0	0	1

为校验多项式（c_i 全都是 $GF(64)$ 的域元素）。因而已编码的 Reed-Solomon 多项式为

$$c(x) = d(x) + p(x) = \sum_{i=0}^{n-1} c_i x^i \tag{7.105}$$

当且仅当 n 个域元素（$c_0, c_1, ..., c_{n-1}$）组成的向量是生成多项式 $g(x)$ 的倍数时，此向量才能作为码字。对于一个能纠正 t 个错误的 Reed-Solomon 编码的生成多项式，其格式为

$$g(x) = (x + \alpha)(x + \alpha^2)...(x + \alpha^{2t}) = \sum_{i=0}^{2t} g_i x^i \tag{7.106}$$

对一个循环码进行编码的通用方法是，通过 $d(x)$ 除以 $g(x)$ 的方法来生成 $p(x)$。这将产生商多项式 $q(x)$ 和重要的余数多项式 $r(x)$：

$$d(x) = g(x)q(x) + r(x) \tag{7.107}$$

因而使用式(7.105)，码字多项式可记做

$$c(x) = p(x) + g(x)q(x) + r(x) \tag{7.108}$$

如果校验多项式 $p(x)$ 定义为等于 $r(x)$ 系数的相反数，则

$$c(x) = g(x)q(x) \tag{7.109}$$

因此为了确保码字多项式是生成多项式的倍数，Reed-Solomon 编码器可通过使用等式(7.108)获得 $p(x)$ 的方法来构建。编码和解码的关键是找到 $r(x)$，该余数多项式表征了传输数据。而通过除以多项式 $g(x)$ 获得余数式的直接方法是把 $g(x)$ 连至移位寄存器，如图 7.18 所示。其中，每一个 "+" 代表两个 m 比特数的异或逻辑，每一个 "X" 代表了 $GF(2^m)$ 域中两个 m 比特数间的乘法，而每一个存有 m 比特数的寄存器记做 b_i。

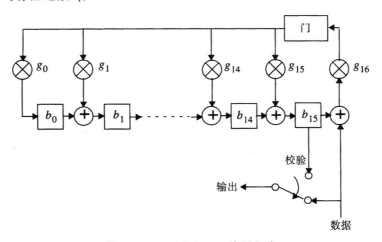

图 7.18　Reed-Solomon 编码电路

起初，所有寄存器被置为 0，且开关接至数据处。编码符号 c_{n-1} 至 c_{n-k} 被顺序移入编码电路，并被同时送至输出端。一旦将 c_{n-k} 送入电路，开关将切至校验处，并且连至反馈网络的门将断开，即不再继续提供反馈。这时，寄存器 b_0 至 b_{2t-1} 里的内容就是所需的校验位 p_0 至 p_{2t-1}，校验位与校验多项式中的系数有直接关系。把它们顺序移至输出端就可以完成 Reed-Solomon 编码。

7.14.2.2   Reed-Solomon 解码

假设所传码字为

$$c(x) = v_0 + v_1 x + ... + v_{n-1} x^{n-1} \qquad (7.110)$$

由于信道干扰而产生误码，使得收到的码字 $r(x)$ 为

$$r(x) = r_0 + r_1 x + ... + r_{n-1} x^{n-1} \qquad (7.111)$$

误差多项式 $e(x)$ 为 $c(x)$ 和 $r(x)$ 之差，使用式(7.110)和式(7.111)得

$$e(x) = r(x) - c(x) = e_0 + e_1 x + ... + e_{n-1} x^{n-1} \qquad (7.112)$$

定义 $2t$ 个部分伴随式 S_i（$1 < i \le 2t$）为 $S_i = r(\alpha^i)$，由于 $\alpha^1, \alpha^2,...,\alpha^{2t}$ 均为每个被传码字 $c(x)$ 的根（因为每个码字都是生成多项式 $g(x)$ 的倍数），因而 $c(\alpha^i) = 0$ 和 $S_i = c(\alpha^i) + e(\alpha^i) = e(\alpha^i)$。显然，$2t$ 个部分伴随式 S_i 只与误差多项式 $e(x)$ 有关，与接收到的特定码字 $r(x)$ 无关。

假设有 k 个错误（$k \le t$），其位置在 $x^{j_1}, x^{j_2},..., x^{j_k}$ 处，其中 $0 \le j_1 < j_2 < ... < j_k < n-1$。把 x^{j_i} 处的误差大小记做 e_{j_i}，那么 $e(x)$ 为

$$e(x) = e_{j_1} x^{j_1} + e_{j_2} x^{j_2} + ... + e_{j_k} x^{j_k} \qquad (7.113)$$

定义差错定位数 $\beta_i = \alpha^{j_i}$（$i = 1, 2,..., k$）。那么由 $2t$ 个部分伴随式的集合，将得到下列方程式：

$$S_1 = e_{j_1} \beta_1 + e_{j_2} \beta_2 + ... + e_{j_k} \beta_k \qquad (7.114.a)$$

$$S_2 = e_{j_1} \beta_1^2 + e_{j_2} \beta_2^2 + ... + e_{j_k} \beta_k^2$$

$$\qquad (7.114.b)$$

$$.............$$

$$S_{2t} = e_{j_1} \beta_1^{2t} + e_{j_2} \beta_2^{2t} + ... + e_{j_k} \beta_k^{2t} \qquad (7.114.c)$$

求解上述方程式的算法就是Reed-Solomon解码算法。误差位置 e_{j_i} 可以由 x^{j_i} 求出，而误差的大小可以由 β_i 直接得到。

Reed-Solomon解码器可以由硬件、软件和软硬件混合实现。通常，用硬件实现的速度很快，但是码长的变化范围不大。例如，现在有几种单片 Reed-Solomon 解码器，可以用于卫星通信、数字视频应用和CD技术之中。这些解码器可以工作在 50 Mbps 以上的速率，但特殊的硬件解决方案只能解决特定的限定标识，如 $GF(255)$ 中的8比特或9比特标识，而CDPD系统的(63, 47) Reed-Solomon 解码使用6比特标识。因为 CDPD 的工作速率要低得多，只有 19.2 Kbps，所以其 Reed-Solomon 解码可以用软件实时实现。对于 CDPD 的开发商来说，软件实现的吸引力更大，因为其开发周期更短、开发费用更低、灵活性更大。

Reed-Solomon解码通常分五步进行。第一步是计算部分 $2t$ 个伴随式 S_i。第二步是用Berlekamp-Massey 算法计算差错定位多项式 $\sigma(x)$。这个多项式是收到码字 $r(x)$ 的误差位置的函数，但是它不能直接指出所收码字中的哪一个符号产生了错误。所以要用Chien搜索算法计算差错定位多项式中的误差位置。第四步是计算每个误差位置处的误差大小。最后，在已知所收码字的误差位置和误差大小的情况下，就可以成功地实现 t 个错误以内的纠错算法[Rhe89]。

伴随式的计算

通常，一个循环码的伴随式定义为收到的码字 $r(x)$ 除以生成多项式 $g(x)$ 所得的余式。在 Reed-Solomon 码中，计算 $2t$ 个部分伴随式。每个部分伴随式 S_i 定义为 $r(x)$ 除以 $x + \alpha^i$ 所得的余式：

$$S_i = rem\left[\frac{r(x)}{x + \alpha^i}\right], \ i = 1, 2, ..., 2t \tag{7.115}$$

多项式除法所得的商式为 $q(x)$，余式为 $rem(x)$。由于余式的次数要小于除式 $p(x)$ 的次数，因此如果 $p(x)$ 的次数为 1（例如 $p(x) = x + \alpha^i$），那么 $rem(x)$ 的次数必为零。也就是说，$rem(x)$ 必是一个域元素，也可记做 rem。所以求解 $2t$ 个部分伴随式的步骤如下，先求

$$\frac{r(x)}{x + \alpha^i} = q(x) + \frac{rem}{x + \alpha^i} \tag{7.116}$$

重新整理上述方程：

$$r(x) = q(x) \cdot (x + \alpha^i) + rem \tag{7.117}$$

令 $x = \alpha^i$，

$$\begin{aligned} r(\alpha^i) &= q(\alpha^i) \cdot (\alpha^i + \alpha^i) + rem \\ &= rem = S_i \end{aligned} \tag{7.118}$$

所以，对 $2t$ 个部分伴随式 S_i 的计算，可以从一个完全展开的多项式除法计算（此处计算较复杂）简化到仅仅计算 $x = \alpha^i$ 时收到的多项式 $r(x)$ [Rhe89]：

$$S_i = r(\alpha^i) , \ i = 1, 2, ..., 2t \tag{7.119}$$

其中

$$r(x) = r_0 + r_1 x + ... + r_{n-1} x^{n-1} \tag{7.120}$$

因而，$r(\alpha^i)$ 可得

$$r(\alpha^i) = r_0 + r_1 \alpha^i + r_2 \alpha^{2i} + ... + r_{n-1} \alpha^{(n-1)i} \tag{7.121}$$

$r(\alpha^i)$ 的计算可按照如下形式高效地实现：

$$r(\alpha^i) = (... ((r_{n-1}\alpha^i + r_{n-2})\alpha^i + r_{n-3})\alpha^i + ...)\alpha^i + r_0 \tag{7.122}$$

差错定位多项式的计算

Reed-Solomon 解码过程可用求解方程组 (7.114.a) ~ (7.114.c) 的方法简化实现。这些 $2t$ 个方程对于 $\beta_1, \beta_2, ..., \beta_k$ 是对称的，也就是幂和对称函数。现在我们定义多项式：

$$\sigma(x) = (1 + \beta_1 x)(1 + \beta_2 x)...(1 + \beta_k x) = \sigma_0 + \sigma_1 x + ... + \sigma_k x^k \tag{7.123}$$

$\sigma(x)$ 的根 $\beta_1^{-1}, \beta_2^{-1}, ..., \beta_k^{-1}$，是差错定位数 β_i 的倒数。因为间接地包含 $r(x)$ 中差错的精确位置，所以 $\sigma(x)$ 称为差错定位多项式。请注意，在解码时必须先解出未知多项式 $\sigma(x)$ 的系数。

$\sigma(x)$ 的系数和差错定位数 β_i 之间有如下关系：

$$\sigma_0 = 1 \tag{7.124.a}$$

$$\sigma_1 = \beta_1 + \beta_2 + ... + \beta_k \tag{7.124.b}$$

$$\sigma_2 = \beta_1\beta_2 + \beta_2\beta_3 + ... + \beta_{k-1}\beta_k \tag{7.124.c}$$

$$............$$

$$\sigma_k = \beta_1\beta_2\beta_3...\beta_k \tag{7.124.d}$$

未知量、σ_i和β_i部分伴随式S_j之间的关系如下，这些等式也就是著名的牛顿恒等式：

$$S_1 + \sigma_1 = 0 \qquad\qquad (7.125.a)$$

$$S_2 + \sigma_1 S_1 + 2\sigma_2 = 0 \qquad\qquad (7.125.b)$$

$$S_3 + \sigma_2 S_2 + \sigma_1 S_1 + 3\sigma_3 = 0 \qquad\qquad (7.125.c)$$

$$S_k + \sigma_1 S_{k-1} + ... + \sigma_{k-1} S_1 + k\sigma_k = 0 \qquad\qquad (7.125.d)$$

求解$\sigma(x)$的最通用的方法是 Berlekamp-Massey 算法[Lin83]。

7.15　卷积码

　　卷积码和分组码有着根本的区别，它不是把信息序列分组后再进行单独编码[Vit79]，而是由连续输入的信息序列得到连续输出的已编码序列。这种映射关系使得其解码方法与分组码的解码方法有着很大的差别。已经证明，在同样的复杂度下，卷积码可以比分组码获得更大的编码增益。

　　卷积码是在信息序列通过有限状态移位寄存器的过程中产生的。通常，移存器包含N级（每级k比特），并对应有基于生成多项式的m个线性代数方程，参见图7.19。输入数据每次以k位（比特）移入移位寄存器，同时有n位（比特）数据作为已编码序列输出，编码速率为$R_c = k/n$。参数N称为约束长度，它指明了当前的输出数据与多少的输入数据有关，N决定了编码的复杂度和能力大小。下面概述了表示卷积编码的不同方法。

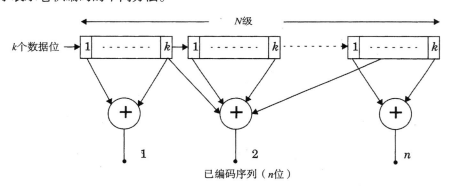

图7.19　卷积编码器的一般结构图

　　生成矩阵——卷积码的生成矩阵是一个半无限矩阵，因为其输入序列的长度是半无限的。因此用它来描述卷积码可能并不方便。

　　生成多项式——对卷积码，我们是指n个向量，每个向量对应于n个模2加法器中的一个。每个向量指明了编码器和模2加法器之间的连接关系：向量的第i个元素为1，表示连到了对应的移存器，而为0表示未连接。

　　逻辑表——逻辑表显示的是与当前输入序列相对应的卷积编码器的输出和编码器的状态。

　　状态图——由于编码器的输出是由输入和编码器的当前状态所决定的，因此可以用状态图来表示编码过程。状态图只是一张表明编码器的可能状态及其状态间可能存在的转换情况的图示。

　　树图——树图以带有分支的树的形式表示出编码器的结构。树的分支表示编码器的各种状态和输出。

网格图——仔细研究树图可以发现,一旦级数超过了约束长度,图的结构将会出现重复。从观察中可以发现,具有相同状态的两个节点所发出的所有分支,在其输出序列方面是相同的。这意味着具有相同标号的节点可以合并。通过在整个树图中进行节点合并,我们可以获得比树图更紧凑的网格图。

7.15.1 卷积码的解码

解码器的功能就是,运用一种可以将错误的发生减小到最低程度的规则或方法,从已编码的码字中解出原始信息。在信息序列和码序列之间有一对一的关系。此外,任何信息序列和码序列将与网格图中惟一的一条路径相联系。因而,卷积解码器的工作就是找到网格图中的这一条路径。

解卷积码的技术有许多种,而最重要的是维特比(Viterbi)算法,它是一种关于解卷积的最大似然解码法。这个算法是首先由 A. J. Viterbi 提出的([Vit67],[For78])。卷积码在解码时的判决既可用软判决也可用硬判决实现,不过软判决较硬判决的特性要好 $2\sim3$ dB。

7.15.1.1 维特比算法

维特比算法可描述如下:

把在时刻 i 状态 S_j 所对应的网格图节点记做 $S_{j,i}$。每个网格节点分配一个值 $V(S_{j,i})$。节点值按如下方式计算:

1. 设 $V(S_{0,0})=0$ 和 $i=1$。
2. 在时刻 i,对于进入每个节点的所有路径计算其不完全路径的长度。
3. 令 $V(S_{j,i})$ 为在 i 时刻到达与状态 S_j 相对应的节点 i 的最小不完全路径长度。通过在前一节点随机选择一条路径就可产生新的结果。非存留支路将从网格图中删除。按照这种方式,可以从 $S_{0,0}$ 处生成一组最小路径。
4. L 表示输入编码段的数目,其中每段为 k 比特,m 为编码器中的最大移存器的长度,如果 $i<L+m$,那么令 $i=i+1$,返回第二步。

一旦计算出所有节点值,则从 $i=L+m$ 时刻、状态 S_0 开始,沿网格图中的存留支路反向追寻即可。这样定义的支路与解码输出将是一一对应的。关于不完全路径的长度,硬判决解码采用汉明距离,而软判决解码将采用欧几里得距离。

7.15.1.2 其他解码算法

Fano 顺序解码

Fano 算法是通过一次检验一条路径来寻找网格图中的最接近路径[Fan63]。对于每一条支路,量值的增量与所接收信号的出现概率成比例,如同维特比解码一样,除了每条支路的量值都加上了一个负常数。这个常数值是经过选择的,它要确保沿正确路径的平均量值将会增大,而沿不正确路径的平均量值将会减小。通过把一个待选路径的量值和一个增长的门限值相比较,这个算法可以检测并消除不正确的路径。Fano 算法和维特比算法的误译性能是可比的,但 Fano 顺序解码的时延要大得多。不过 Fano 算法需要的存储单元很小,所以可用约束长度更大的卷积码进行解码。

堆栈算法

与维特比算法要跟踪处理 $2^{(N-1)k}$ 条路径相比,堆栈算法处理的路径要少一些。在堆栈算法中,可能有更多的路径会按照它们的量值来排序,并且栈顶的路径具有最大的量值。在算法的每一步,只有栈顶的路径被支路所延续。这样会生成 2^k 个后续路径,它们将与其他路径一起按照量值重新排序，排序靠后的将被忽略。然后，利用最大量值来延续路径的过程将重复进行。与维特比算法相比，堆栈算法对量值的计算量较小，但是这些节省的计算量都被栈中路径的重排序计算量所抵消。而与Fano算法相比，因为不用再追踪同一路径，堆栈算法在计算上要简单一些。不过堆栈算法需要更多的存储单元。

反馈解码

这里，解码器在第 j 级对信息比特做出硬判决，它是以从第 j 级到第 $j+m$ 级计算的量值为基础的，m 是一个预定的正整数。判断信息比特是一个"1"或一个"0"，取决于从第 j 级出发、终止于第 $j+m$ 级的最小汉明距离路径，从第 j 级出发时的那条支路包含的是"1"还是"0"。当作为判决时，树图中所选定的支路保留，其他的则丢弃。这就是解码器的反馈特征。下一步就是将树图中的保留部分延长至第 $j+m+1$ 级，并参考从第 $j+1$ 级到 $j+m+1$ 级的路径以确定第 $j+1$ 级的信息比特。这一步在每一级重复。参数 m 是树图中解码器做硬判决前预先考察的级数。反馈解码器不是通过计算量值，而是通过计算接收序列的伴随式并查表纠正差错的方式来实现解码。对于一些卷积码，反馈解码器可以简化为一个多数逻辑编码器或门限解码器。

7.16　编码增益

差错控制编码的优点是，无论它是分组码还是卷积码，都可以为通信链路提供编码增益。编码增益所描述的是解码后的BER与已编码信息在信道传输中的BER相比时所得到的改进量。差错控制编码能在信道BER为 10^{-2} 的情况下实现解码后的BER为 10^{-5} 或更低。

每个差错控制编码都有自己的编码增益，它和编解码实现方式及信道BER概率 P_c 有关，可用解码后的差错概率 P_c 近似表示，P_B 为

$$P_B \cong \frac{1}{n} \sum_{i=t+1}^{n} i\binom{n}{i} P_c^i (1-P_c)^{n-i} \tag{7.126}$$

其中 t 为 (n, k) 分组码中已纠正的差错数。因而，在已知信道BER时，可以很容易地得到解码后的BER。编码增益所给出的量值，实际上表明了在同样信道条件下一个未编码信号要得到同样的解码BER所需提供的附加SNR。

例7.6

均衡

IS-136 USDC标准采用判决反馈均衡器（DFE）。

分集

1. 美国AMPS系统采用空间选择性分集。

2. PACS标准在基站和用户单元采用天线分集。

信道编码

1. IS-95标准建议采用编码比率1/3、约束长度 $L=9$ 的卷积码，并采用32*18的块交织器。

2. AMPS系统在前向控制信道采用(40, 28)的BCH码，在反向控制信道采用(48, 30)的BCH码。

采用均衡、分集和信道编码技术的共同目的是在小范围信道变化情况下提高通信业务的可靠性和质量。每一项技术都有其优缺点。而我们所要权衡的是系统复杂性、功耗和费用与系统性能的关系，尽管每种技术都有能力大大改进系统的性能。

7.17　网格编码调制

网格编码调制（TCM）技术通过把编码和调制过程结合起来，可以在不损失频谱效率的同时获得重要的编码增益[Ung87]。网格编码调制把有冗余度的多进制调制和有限状态编码器相结合，后者决定了用于生成编码信号序列的调制信号的选择。网格编码调制（TCM）利用扩展符号集提供的冗余度来得到编码符号和调制信号间的映射关系，并使得信号子集内的最小空间距离（最小欧几里得距离）最大。在接收机处，信号通过软判决最大似然序列解码器进行解码。不用扩展带宽，也不用降低信息传输速率，只要用网格编码调制就可以获得 6 dB 的增益。

7.18　turbo 码

turbo 码是一种全新的编码，它最近刚刚应用到 3G 无线标准中。turbo 码融合了卷积码的信道估算理论，并且可被认为是嵌套的或平行的卷积码。通过合适地实现，turbo 码可获得远远优于之前的纠错码的编码增益，并使无线链路非常接近香农容量的极限。然而，如此高的性能需要能够判断链路瞬时 SNR 的接收机。turbo 码超过了本书的讨论范畴，它出现在 1993 年，已经有很多相关的书籍和论文对其进行了论述。最早的 turbo 码概念源于[Ber93]。

7.19　习题

7.1　沿用 7.3 节的表达式，并令 $d_k = \sum_{n=0}^{N} w_{nk} y_{nk}$，试证明对于图 P7.1 所示的多输入线性滤波器，均方误差 MSE 具有惟一性（此结构已用于最大比率合并分集、RAKE 接收机和自适应天线）。

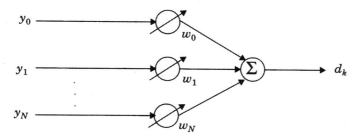

图 P7.1　多输入自适应线性合成器

7.2　考虑图 P7.2 所示的二抽头自适应均衡器。

(a) 试用 w_0、w_1 和 N 表达 MSE。

(b) 如果 $N > 2$，试找出最小 MSE。

(c) 如果 $w_0 = 0$、$w_1 = -2$ 和 $N = 4$，那么 MSE 是多少？

(d) 对于(c)中的常数，如果 $d_k = 2\sin(2\pi k/N)$，那么 MSE 是多少？

7.3　对于图 P7.2 所示的均衡器，要得到 rms 值 $\varepsilon_k = 2$，权值应为多少？假设 $N = 5$，试用 w_0 和 w_1 写出答案。

7.4　如果数字信号处理芯片的处理速度为每秒一百万次乘法操作，求出下列自适应均衡算法在每次迭代时所需的时间。

(a) LMS

(b) Kalman RLS

(c) 平方根 RLS DFE

(d) 梯度格型 DFE

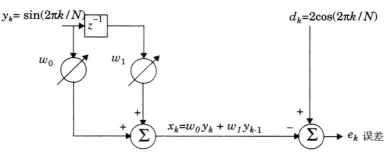

图 P7.2　一个二抽头自适应线性均衡器

7.5　假设某一 RLS 算法需要 50 次迭代才收敛，而 LMS 算法需要 1000 次迭代。如果 DSP 芯片每秒可完成 2500 万次乘法操作，一个 5 阶的均衡器需要在传输时有 10% 的开销，并且在 1900 MHz 的信道中发现有下列多普勒频移。求重训练前的最大符号速率和最大时间间隔。如果每秒 2500 万次乘法操作仍不够快，试确定实现均衡器所需的最小运算次数，并在乘法次数固定的前提下比较最大符号速率。

(a) 100 Hz

(b) 1000 Hz

(c) 10 000 Hz

（提示：考虑相关时间及其对均衡器训练过程的影响）。

7.6　采用计算机模拟实现一个如图 7.2 所示的 2 级（3 抽头）LMS 均衡器。假设每个延迟单元延迟 10 ms，被传输的基带信号 $x(t)$ 是一个 0、1 交替变换的矩形二进制脉冲序列，脉宽为 10 ms。并假设 $x(t)$ 通过一个稳定的散射信道后才到达均衡器，成为 2 径信号。若信道是固定的二路信道，在 $t = 0$ 和 $t = 15$ ms 时有相等的幅度冲激。运用式 (7.35) ~ 式 (7.37)，证明原信号 $x(t)$ 可以由均衡器再生。注意：所有脉冲具有升余弦滚降特性，系数为 $\alpha = 1$。

(a) 提供用于图示均衡器收敛特性的数据。

(b) 以迭代次数为 x 轴绘出 MMSE 的函数曲线。

(c) 获得收敛需要多少次迭代？

(d) 如果第二路信号延迟了 $t = 25$ ms，将会怎样？

(e) 如果第二路信号设为 0，将会怎样？（即把现实中的第二路信号看做噪声，即在一个信道不被使用时应用均衡器的结果。）

7.7　考虑一个单支路瑞利衰落信号，它低于某平均 SNR 门限 6 dB 的概率为 20%。

(a) 以门限作为参考，求出瑞利衰落信号的均值。

(b) 找到一个在平均 SNR 门限之下 6 dB 处的两支路选择性分集接收机。

(c) 找到一个在平均 SNR 门限之下 6 dB 处的三支路选择性分集接收机。

(d) 找到一个在平均 SNR 门限之下 6 dB 处的四支路选择性分集接收机。

(e) 根据上述结果，考虑在使用分集时是否有递减规律？

7.8　采用计算机模拟，重新绘出图 7.11，看看选择性分集所提供的性能改进。

7.9　证明式 (7.66) ~ 式 (7.69) 中关于最大比率合并算法的结果是精确的。并分别绘出采用 1 ~ 4 支路分集时 SNR = γ_M 的概率分布图，要求以 γ/Γ 为变量。

7.10　在 1~6 支路分集的情况下，比较 $\overline{\gamma}/\Gamma$（选择性分集）和 $\overline{\gamma_M}/\Gamma$（最大比率合并分集）。特别是对于每一种分集，要比较随着新支路的加入，SNR 的均值怎样增加。有所发现吗？与 6 支路的选择性分集相比，6 支路的最大比率合并分集对于 SNR 的均值有什么改进？如果 $\gamma/\Gamma=0.01$，求出收到信号低于最大比率合并和选择性分集的门限的概率（假设采用 6 支路分集）。在同样的门限下与单支路瑞利衰落信道相比，结果将会怎样？

7.11　扩展这章的分集概念，并使用第 6 章的平坦衰落 BER 分析，我们可以求出在使用选择性分集的情况下多种调制技术的 BER。

在一个平坦瑞利衰落信道中，定义 γ_0 为实现特定 BER $= y$ 所需的信噪 E_b/N_0，并让 γ 表示由于衰落导致的随机信噪比。而且，当 SNR $= \gamma$ 时，对于某一种调制技术，让 $P(\gamma)$ 表示相应的 BER 函数。即

$$y = Pr[P(\gamma) > x] = Pr[\gamma < P^{-1}(x)] = 1 - e^{(-P^{-1}(x))/\gamma_0}$$

(a) 找出求解 γ_0 的表达式，用 $P^{-1}(x)$ 和 y 表示。

(b) 当在分集选择中使用了 M 条不相关衰落支路时，写出关于 y 的新的表达式。

(c) 在瑞利衰落信道中，求出为了支持 BPSK 调制方式下 10^{-3} 的 BER，所需要的 SNR 的均值。

(d) 在瑞利衰落信道中，当使用 4 支路分集时，求出为了支持 BPSK 调制方式下 10^{-3} 的 BER，所需要的 SNR 的均值。

第8章 语音编码

在通信系统的性能分析中,语音编码是相当重要的。因为在很大程度上,语音编码决定了再生语音的质量和系统容量。在无线通信系统中,带宽是非常宝贵的资源。如何在一个受限制的带宽内容纳更多的用户,是服务提供商们常常需要面对的问题。低比特速率的语音编码提供了解决这个问题的一个方法。在编码器能够传输高质量语音的前提下,如果比特速率越低,就可以在一定的带宽内容纳更多的语音通道。因此,设备商和服务提供商不断地寻求新的编码方法,以便在低比特速率下提供高质量的语音。事实上,所有的2G无线标准的设计目标都是其公共空中接口能够同时支持为单个无线信道两倍的用户数,只要语音编码器能够利用最初规范中的一半速率来支持高质量语音。

8.1 概述

在移动通信系统中,语音编码器的设计和主观测试是相当困难的。只有在低速率语音编码的情况下,数字调制方案才能够有助于提高语音业务的频谱效率。为了使语音编码更具有实用性,语音编码在实施时必须消耗较少的功率;并且在不能提供优质语音质量服务的时候,所提供的语音质量至少也是可容忍的。

所有语音编码系统的目的都是在保持一定的算法复杂度和通信时延的前提下,利用尽可能少的信道容量传送尽可能高质量的语音。通常,编码器的效率和获得此效率的算法复杂度之间有正比关系。算法越复杂,处理时延与成本就会越高。因此就必须在这两个矛盾的因素之间寻求一个平衡点。所有语音处理技术发展的目的就是为了移动该平衡点,从而使平衡点向更加低的比特速率方向移动[Jay92]。

语音编码器的层次如图8.1所示。本章将描述用于设计和实现图8.1的语音编码技术的原理。

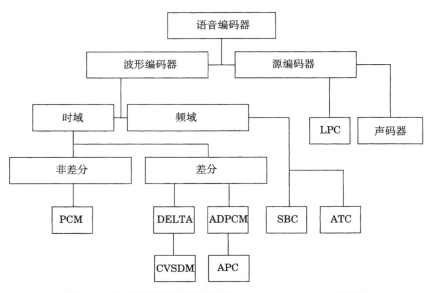

图 8.1 语音编码器的层次分类(R. Z. Zaputowycz 提供)

各种语音编码器进行信号压缩的方法有很大区别。根据压缩方式的不同，广义上可以把语音编码器分为两类：波形编码器和声码器。波形编码器本质上要尽量做到在尽可能靠近的时间段上复制语音信号波形。其设计原则是与信号源无关，因此波形编码器能够对各种各样的信号进行完全相同的编码。波形编码器的优点是，对于多种特征的语音及噪音环境都有很强的健壮性。实现这些优点所需的复杂度很低，而费用为中等程度。波形编码器的例子包括脉冲编码调制（PCM）、差分脉冲编码调制（DPCM）、自适应差分脉冲编码调制（ADPCM）、增量调制（DM）、连续可变斜率增量调制（CVSDM）、自适应预测编码（APC）[Del93]。另一方面，声码器在传输比特速率上能得到很高的效率，但复杂度通常较高。声码器是以信号优先编码为基础的，正是由于这个原因，它们通常适用于特定信号。

8.2　语音信号的特性

语音波形具有许多对设计高效的编码器有用的特性[Fla79]。在编码器设计中最常用的特性包括语音幅度的非均匀概率分布、连续语音抽样信号之间的非零自相关性、语音频谱的非平坦特性、语音中的清音和浊音成分的存在、语音信号的类周期性；最基本特性即语音波形是带限的。一个有限的带宽意味着它可以按照一定的速率抽样。当抽样频率大于2倍的低通信号频率时，就可以从抽样值中完全恢复。语音信号的带限特性使抽样成为可能，同时前面提及的各种特性使量化操作（另一个在语音编码中很重要的处理过程）能以很高的效率实现。

概率密度函数（pdf）——语音幅度的非均匀概率密度函数可能是下一个最值得研究的语音信号的特性。语音信号 pdf 的一般特性是：在幅度接近 0 处概率比较高，在幅度很高处概率比较低，在这两个极端之间单调递减。但是确切的分布依赖于输入带宽和录音条件。式(8.1)的双边指数（拉普拉斯，Laplacian）函数，是电话质量语音信号的长时概率密度函数 $p(x)$ 很好的近似表达式[Jay84]:

$$p(x) = \frac{1}{\sqrt{2}\sigma_x} \exp(-\sqrt{2}|x| / \sigma_x) \tag{8.1}$$

注意，pdf 显示在零值时有一个明显的尖峰，这是因为语音经常性的暂停以及低频语音成分的存在。语音成分的短时 pdf 也是单峰值函数，通常近似成高斯分布。

为了保持输入信号的 pdf 与量化电平分布相匹配，可以采用非均匀量化（包括矢量量化）方法。在高概率分布的地方分配更多的量化电平，而在概率低的地方分配较少的量化电平。

自相关函数（ACF）——语音信号的另一个非常有用的特性是，一个语音的相邻抽样值之间存在很大的相关性。这就表明了对每一个语音抽样，有很大的成分能从以前的抽样值中预测，而且仅有很小的随机误差。所有的差分编码及预测编码的方案都是以采用该特性为基础的。

自相关函数是信号抽样值之间作为抽样时间间隔函数的相似性的定量测量。该函数的数学表达式为[Jay84]

$$C(k) = \frac{1}{N} \sum_{n=0}^{N-|k|-1} x(n)x(n+|k|) \tag{8.2}$$

其中，$x(k)$ 表示第 k 个语音抽样。自相关函数按照语音信号的方差归一化，这样，它的值在 $\{-1, 1\}$ 范围内，且 $C(0) = 1$。典型的信号存在一个邻近抽样相关 $C(1)$，其相关度高达 0.85 到 0.9。

功率谱密度函数（PSD）——语音功率密度的非平坦特性，能够用来在频域内明显地压缩语音编码。PSD 非平坦特性基本上是非零自相关特性在频域中的典型表现。典型语音的长期平均 PSD 表明高频部分对整个语音能量的作用很小。这说明在不同的频域上分别编码，可以产生明显的编码增益。虽然高频部分对能量的作用不显著，但是它也携带了语音信息，因此也需要在编码中充分表现出来。

利用频谱平坦测量（SFM）研究语音频谱的非均匀特性方法，可以得到理论上最大的编码增益的定量分析。SFM 定义为 PSD 在频域轴上均匀间隔抽样点的算术平均与几何平均的比值。数学表达式为

$$SFM = \frac{\left[\dfrac{1}{N}\displaystyle\sum_{k=1}^{N}S_k^2\right]}{\left[\displaystyle\prod_{k=1}^{N}S_k^2\right]^{\frac{1}{N}}} \tag{8.3}$$

其中 S_k 是语音信号 PSD 在频域轴上的第 k 个抽样值。语音信号的长期 SFM 的典型值为 8，而短期值在 2~500 之间变化。

8.3　量化技术

8.3.1　均匀量化

量化过程是把一个信号的连续幅值分割成一系列有限的离散的幅值。可以把量化器看成一个消除信号非相关性的操作，而且这种操作是不可逆的。与抽样不同，量化能产生畸变。在任何语音编码过程中，幅度量化是一个很重要的步骤，它与比特速率一样，在很大程度上决定了整个畸变。n 比特的量化器能够产生 $M = 2^n$ 个离散的幅度电平。任何量化操作产生的畸变是直接与量化阶梯大小的平方成正比的，而与给定幅度范围内电平的数目成反比。一个最常用的测量畸变的方法是均方误差畸变，其定义如下：

$$MSE = E[(x-f_Q(x))^2] = \frac{1}{T}\int_0^T [f_Q(x) - x(t)]^2 dt \tag{8.4}$$

其中，$x(t)$ 是原始语音信号，$f_Q(t)$ 是量化后的语音信号。量化后的畸变通常建模成为加性噪声，可以通过测量输出的信号量化噪声比（SQNR）来测试一个量化器的性能。基本上可以认为，一个脉冲编码调制（PCM）是一个语音信号幅度抽样量化器。PCM 编码技术运用 8 kHz 抽样频率，每个抽样点为 8 比特。该编码技术首先由商业电话采用，作为第一个数字编码标准。PCM 编码器的 SQNR 与用于编码的比特数目有关，下式表达了这种关系：

$$(SQNR)_{dB} = 6.02n + \alpha \tag{8.5}$$

其中，$\alpha = 4.77\ dB$，表示 SQNR 的峰值，$\alpha = 0\ dB$ 为平均 SQNR。上式表明了在编码过程中，每增加 1 个比特，输出的 SQNR 将会改善 6 dB。

8.3.2　非均匀量化

可以通过一个更加有效的方式分布量化电平，从而改善量化器的性能。非均匀量化器是根据输入波形的 pdf 来分布量化电平。一个输入信号的 pdf 为 $p(x)$，其均方畸变由下式给出：

$$D = E[(x-f_Q(x))^2] = \int_{-\infty}^{\infty} [x-f_Q(x)]^2 p(x)dx \tag{8.6}$$

其中 $f_Q(x)$ 为量化器输出。从上式可得，可以在 pdf $p(x)$ 较大的位置，设法降低量化噪声 $[x-f_Q(x)]^2$，从而降低整个畸变。这意味着量化电平必须集中在幅度密度高的区域。

为了设计一个最佳非均匀量化器，必须确定量化电平，使给定 pdf 信号的畸变最小。Lloyd 最大算法[Max60]提供了一种方法，即通过迭代改变量化电平来决定最佳量化电平。这种迭代改变方式要保证均方畸变最小。

在商业电话中，一个简单而又健壮的非均匀量化器是对数量化器。该量化器在出现频率高的低幅度语音信号处运用小的量化台阶，而在不经常出现的高幅度语音信号处运用较大的台阶。在美国和欧洲分别运用不同的压扩技术，如 μ 律和 A 律。

非均匀量化过程中先把模拟信号通过一个压缩（对数）放大器，再把压缩的信号通过一个标准的均匀量化器。在美国，运用 μ 律压扩，微弱的信号被放大，强的信号被压缩。设进入压扩器的语音电平为 $w(t)$，而输出电平为 $v_o(t)$，根据[Smi57]有下式：

$$|v_o(t)| = \frac{\ln(1+\mu|w(t)|)}{\ln(1+\mu)} \tag{8.7}$$

其中 μ 为一个正常数，其典型值为 50~300 之间。$w(t)$ 的峰值归一化为 1。

在欧洲，运用 A 律压扩[Cat69]，其定义如下：

$$v_o(t) = \begin{cases} \dfrac{A|w(t)|}{1+\ln A} & 0 \leqslant |w(t)| \leqslant \dfrac{1}{A} \\[3mm] \dfrac{1+\ln(A|w(t)|)}{1+\ln A} & \dfrac{1}{A} \leqslant |w(t)| \leqslant 1 \end{cases} \tag{8.8}$$

例 8.1　让输入量化器的信号的 pdf 如图 E8.1 所示，假设量化电平为 {1, 3, 5, 7}，计算量化器输出的均方误差畸变及输出信号畸变比。如何改变量化电平的分布来降低畸变？输入 pdf 是多少时这个量化器的性能最佳？

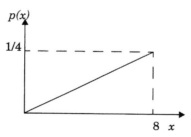

图 E8.1　输入信号的 pdf

解：

由图 E8.1 可得，输入信号 pdf 可以认为是

$$p(x) = \frac{x}{32} \qquad 0 \leqslant x \leqslant 8$$
$$p(x) = 0 \qquad\quad 其他$$

假定的量化电平为 {1, 3, 5, 7}，定义其量化边界为 {0, 2, 4, 6, 8}。

$$均方误差畸变 = D = \int_{-\infty}^{\infty} (x - f_Q(x))^2 p(x)\mathrm{d}x,$$

$$D = \int_0^2 (x-1)^2 p(x)\mathrm{d}x + \int_2^4 (x-3)^2 p(x)\mathrm{d}x + \int_4^6 (x-5)^2 p(x)\mathrm{d}x$$
$$+ \int_6^8 (x-7)^2 p(x)\mathrm{d}x$$

这个表达式的估计值为 0.333。

$$信号功率 = E[x^2] = \int_0^8 p(x)x^2\mathrm{d}x = \int_0^8 \frac{1}{32}(x \cdot x^2)\mathrm{d}x = 32$$

信号 – 畸变比 $= 10\log[E[x^2]/D] = 10\log(32/0.333) = 19.82\,\mathrm{dB}$

为了使畸变最小，必须在高概率分布处集中量化电平。因为输入信号在高幅度位置的出现概率高于低幅度位置。所以必须在幅值接近 8 处，把量化电平安排得更加紧密些（更多的量化电平）；在幅值接近 0 处，把量化电平安排得更加稀疏些（更少的量化电平）。

因为量化电平均匀分布，所以输入信号的 pdf 为均匀时量化器最佳。

8.3.3　自适应量化

正如前文所述，长期的和短期的语音波形的概率密度函数有明显区别。这是由于语音信号具有非稳定性的结果，语音的非稳定性及随时间变化的特性，使其动态范围在 40 dB 以上。一个容纳大的动态范围的有效方式，是采用一个随时间改变的量化技术。一个自适应量化器根据输入信号的功率来改变它的量化阶梯的大小。它在时间轴上的收缩和扩张就像一个手风琴。图8.2 通过两个不同时刻的量化特性解释了这种方法。因为输入语音信号功率电平改变得足够慢，这样可以比较容易地设计和实现简单的自适应算法。一个简单的策略是，使得在任何给定的抽样瞬间，量化器的台阶大小 Δ_k 与前一个抽样瞬间的量化输出 f_Q 成正比，如图8.2 所示。

因为自适应方式是基于量化器的输出而不是输入，台阶的大小不必单独传送，但必须在接收机中再生。

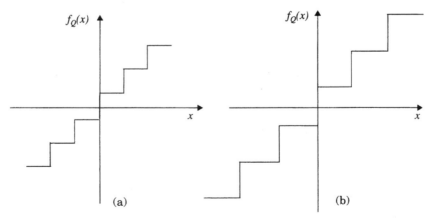

图 8.2　自适应量化器的特征：(a)当输入有一个低幅值时；(b)当输入有一个高幅值时

8.3.4　矢量量化

香农的速率 – 失真定理[Sha48]表明信号源波形到输出码字之间存在映像，这样对于给定的畸变 D，每个抽样值用 $R(D)$ 比特足以重新构造一个波形，并且平均畸变任意接近 D。因此，实际比特

数 R 必须大于 $R(D)$。$R(D)$ 函数也称为速率-失真函数，表达了对于一个给定的畸变可用速率的基本极限。标量量化器性能并不能达到理论上的极限。香农指出，在同一时刻对许多抽样值进行编码而不是在一个时刻只对一个抽样值进行编码，将会获得更好的性能。

矢量量化（VQ）[Gra84]是一个延迟判决的编码技术，它把一组输入抽样值（典型为一帧）称为一个矢量，并映射到一个编码本的索引上。编码本包括有限个矢量组，其中包含了全部可能值。在每一次量化间隔，均在编码本上查找和选择一个项的索引，使它与给定输入信号帧最为匹配。即使抽样值是相互独立的，矢量量化器也能够得到较佳的性能。假如一组中的抽样值有很强的相关性，那么矢量量化器的性能将会大大提高。

一组（矢量）的抽样数量称为矢量量化器的尺寸 L。矢量量化器的速率 R 定义为

$$R = \frac{\log_2 n}{L} \text{ 比特 / 抽样} \tag{8.9}$$

其中，n 为矢量量化编码本的大小，R 也可以取分数值。矢量量化作为标量量化的一个延伸，所有标量量化器的原理均可以运用到矢量量化器上。可以用量化矢量代替量化电平，并且可以通过测量量化矢量和输入矢量之间的欧几里得距离的平方来求得畸变。

矢量量化在低比特速率（等于或小于 $R = 0.5$ 比特/抽样）时的效率最高。因为当 R 较小时，就可以使用一个大的矢量尺寸 L，而矢量量化编码本 2^{RL} 的大小较为合理。使用更大尺寸将会使量化能力过多地浪费在冗余信息上。矢量量化是一个计算密集型操作，因此通常不会直接用于编码语音信号。但是，矢量量化在许多语音编码系统中用于量化语音分析参数，如线性预测系数、频谱系数、滤波器组能量等。这些系统运用改进的矢量量化算法，如多级矢量量化、树型矢量量化、形增益矢量量化。这些算法的计算效率更高。

8.4　自适应差分脉冲编码调制（ADPCM）

脉冲编码调制并不能消除语音信号的冗余度。自适应差分脉冲编码调制[Jay84]是一个更有效解决语音信号中冗余度的方法。前面曾提及一个语音波形的相邻抽样值常常具有很强的相关性。这表明相邻语音幅度之间差分的方差要比语音信号本身的方差小得多。在维持相同的语音质量下，ADPCM 允许用 32 Kbps 比特速率编码，是标准 64 Kbps PCM 的一半。ADPCM 的高效算法已经得到了开发和标准化。CCITT 标准 G.721 ADPCM 算法用于 32 Kbps 语音编码，现已应用于无绳电话系统，如 CT2 和 DECT。

在一个差分 PCM 方法中，编码器对一系列相邻抽样的差分值进行量化，解码器通过对已量化相邻抽样的差分值进行积分来恢复原始信号。因为对于一个给定的 R 比特/抽样，量化误差的方差是直接与输入的方差成正比的。所以对于给定 R，量化器输入方差的减少直接导致了再生信号误差方差的减少。

实际上，ADPCM 编码器要采用信号预测技术来实现。一个线性预测器不是用来对相邻抽样值进行编码，而是用来预测当前抽样值。然后对预测值与实际抽样值之间的差别（也称为预测误差）进行编码，然后将其传输。预测技术是以语音自相关特性为基础的。

图 8.3 给出了一个用于 CT2 无绳电话系统的 ADPCM 编码器的简化框图[Det89]。这个编码器包括一个量化器，它把输入信号抽样值映射成 4 比特输出。ADPCM 编码器以一种自适应的方式，通过改变量化阶梯的大小来充分利用 4 比特动态范围。量化器阶梯的大小依赖于输入的动态范围，也依赖于讲话者的语音，并且随时间变化。实际上，自适应性是通过归一化输入信号实现的。输入信号的归一化利用了一个从当前输入信号动态区域的预测值得到的尺度因子。这个预测值是根据两个

分量得出的：一个是快分量，它具有很快的幅度波动；一个是慢分量，它具有很慢的幅度波动。权衡这两个分量，可以给出一个量化尺度因子。可以看出两个驱动算法的反馈信号——$S_e(k)$（输入信号的估计）及 y_k（量化尺度因子）最终只来自于 $I(k)$，即传输的 4 比特 ADPCM 信号。发射机中的 ADPCM 编码器以及接收机的 ADPCM 解码器使用相同的控制信号驱动，解码仅是编码的逆过程。

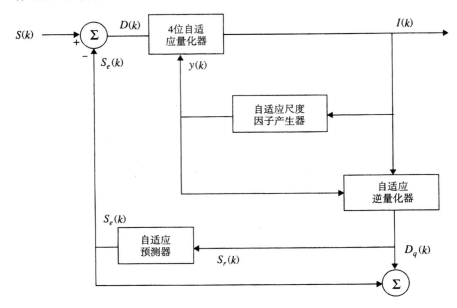

图 8.3   ADPCM 编码器的框图

例 8.2   在一个用于语音编码的自适应 PCM 系统中，输入语音信号的抽样频率为 8 kHz。每个抽样值用 8 比特表示，每 10 ms 重新计算量化阶梯的大小，用 5 比特来对其进行编码传输。计算这样一个语音编码器的传输比特速率。该系统的 SQNR 的峰值和平均值为多少？

解：

已知：

抽样频率 $= f_s = 8$ kHz

每个抽样比特数 $= n = 8$ 比特

每秒的信息比特数 $= 8000 \times 8 = 64\,000$ 比特

因为每 10 ms 重新计算量化阶梯的大小，所以每秒将要传输 100 个阶梯大小的抽样值。因此，

总的开销比特数 $= 100 \times 5 = 500$ bps。

则有效传输比特速率 $= 64\,000 + 500 = 64.5$ Kbps。

量化信号信噪比仅依赖于量化抽样值的比特数。

量化信号信噪比的峰值 $= 6.02n + 4.77 = (6.02 \times 8) + 4.77 = 52.93$ dB。

平均信噪比 $= 6.02n = 48.16$ dB。

8.5   频域语音编码

频域语音编码[Tri79]是指一类语音编码方法，它利用语音感知及语音生成模型，这不同于完全依赖所使用模型的算法。在这类编码器中，语音信号被分成一系列频率成分，分别对它们进行量化和编码。在这种方法中，根据每个频带的感知标准，不同的频率采用不同的编码优先权。这样，量

化噪声仅包含在本频带中，可以避免频带以外的谐波失真。这些方案的优点是：每个频带用于编码的比特数可以动态地改变，并且在不同的频率上共享。

许多频域编码算法的复杂性各不相同。最常用的频域编码包括子带编码（SBC）和分组变换编码。子带编码把语音信号分成许多小的子带，然后根据感知标准来给每个子带编码；而分组变换编码方法对抽样的一个加窗序列的短期变换进行编码,用来编码的比特数与各自感知的重要性成比例。

8.5.1 子带编码

子带编码可以理解成在信号频谱上控制和分布量化噪声的方法。量化是一个非线性操作，它通常在很宽的频谱上产生畸变。人的耳朵不能同样清楚地分辨所有频率的量化畸变。这样，就有可能在窄频带的编码上获得可观的质量改善。在子带编码中，语音通过一组滤波器被分为 4 个或者 8 个子带，每个子带以一个奈奎斯特带通速率抽样（这比原始的抽样速率低），并根据感知标准以不同的量化标准编码。带宽的分割有许多种方法。一种方法是把整个语音频率分成非均匀的子带，而每个子带对语音清晰度的贡献相同。根据这种方法，Crochiere 等人[Cro76]提出了一种方法：

子带号	频率范围
1	200~700 Hz
2	700~1310 Hz
3	1310~2020 Hz
4	2020~3200 Hz

另一个分割语音带宽的方法是把它分成等宽度的子带,每个子带分配的比特数与感知重要性成比例。通常也按音阶划分频带来代替均匀划分。因为人们耳朵的敏感程度随频率上升呈指数下降，这种划分方式与感知过程更加匹配。

有各种不同的处理子带信号的方法。一个显而易见的方法是，利用类似于单个边带调制的调制方法，把子带信号的低通变换调制到 0 频率。这样可以减少抽样频率，并且拥有低通信号编码的其他优点。图 8.4 给出了一种获得这种低通变换的简单方法。输入信号通过第 n 个带宽为 w_n 的带通滤波器，w_{1n} 是带通的下界，w_{2n} 是带通的上界。输出信号 $s_n(t)$ 被余弦信号 $\cos(w_{1n}t)$ 调制，并且通过一个低通滤波器 $h_n(t)$ 进行滤波，其带宽为 $(0-w_n)$。最后的信号 $r_n(t)$ 可以表示为

$$r_n(t) = [s_n(t)\cos(w_{1n}t)] \otimes h_n(t) \tag{8.10}$$

其中，$\otimes$ 表示卷积操作，信号 $r_n(t)$ 的抽样频率为 $2w_n$。从图 8.4 可知，信号被数字编码，且与其他信道上的编码信号进行复用。在接收机中，数据被解复用，得到第 n 个信道 $r_n(t)$ 的估计值。

低通变换技术比较直接易懂，它利用了非交叠的一组带通滤波器。然而，如果没有复杂的带通滤波器，这种方法将产生可感觉到的声音混叠现象。Estaban 和 Galand[Est77]提出了一种方案，可以避免这种现象，甚至对于不严格的子带分割也能实现。正交镜像滤波器组（QMF）也用于实现这个目的。通过设计一组满足某种对称条件的镜像滤波器，能够更好地消除混叠。这样，子带编码不需要采用高阶滤波器就可以很容易地实现。这种方法对于实时操作有很大的吸引力，因为滤波器技术的降低意味着计算量的下降和时延的下降。

子带编码可以用于比特速率在 9.6 Kbps 到 32 Kbps 之间的语音编码。在这个范围内，语音质量与同等比特速率的 ADPCM 的质量相当。另外，考虑低比特速率条件下的复杂性与相对语音质量，它在低于 16 Kbps 时更具有优势。然而，子带编码与其他高比特速率编码技术相比，在高比特速率下其复杂度增加，因此它不适用于高于 20 Kbps 的比特速率。CD-900 蜂窝电话系统采用子带编码进行语音压缩。

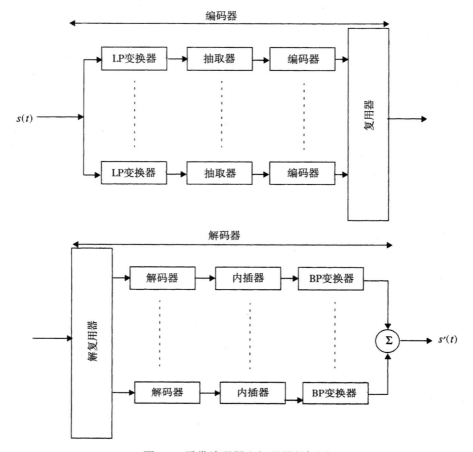

图 8.4　子带编码器和解码器的框图

例 8.3　考虑一个子带编码方案，语音带宽被分割为 4 个频带，下表给出了每个频带的频率范围和每个频带的编码数目。假设不需要传输辅助信号，计算 SBC 编码器的最小编码速率。

子带号	频带（Hz）	编码比特
1	225~450	4
2	450~900	3
3	1000~1500	2
4	1800~2700	1

解：

已知：

　　子带数 $= N = 4$

为了很好地再生带通信号，必须以奈奎斯特速率（即为信号带宽两倍的速率）进行抽样。因此，不同的子带必须使用以下的速率进行抽样：

　　子带 1 $= 2 \times (450 - 225) = 450$ 抽样/秒

　　子带 2 $= 2 \times (900 - 450) = 900$ 抽样/秒

　　子带 3 $= 2 \times (1500 - 1000) = 1000$ 抽样/秒

　　子带 4 $= 2 \times (2700 - 1800) = 1800$ 抽样/秒

总的编码速率：$450 \times 4 + 900 \times 3 + 1000 \times 2 + 1800 \times 1 = 8300$ bps $= 8.3$ Kbps

8.5.2 自适应变换编码

自适应变换编码（ATC）[Owe93]是另一种频域技术，该技术已被成功运用于比特速率为 9.6 Kbps 到 20 Kbps 之间的语音编码。这是一个更加复杂的技术，涉及语音波形加窗输入信号段的分组变换。每个输入信号段通过一组变换系数表示，并且分别量化和传输。在接收机中，量化系数被逆变换，产生一个原始输入信号段的副本。

一个比较有吸引力且常用的语音编码变换是离散余弦变换（DCT）。一个 N 点序列 $x(n)$ 的 DCT 定义为

$$X_c(k) = \sum_{n=0}^{N-1} x(n)g(k)\cos\left[\frac{(2n+1)k\pi}{2N}\right] \quad k = 0, 1, 2, ..., N-1 \tag{8.11}$$

其中，$g(0) = 1$，$g(k) = \sqrt{2}$，$k = 1, 2, ..., N-1$。逆 DCT 定义为

$$x(n) = \frac{1}{N}\sum_{k=0}^{N-1} X_c(k)g(k)\cos\left[\frac{(2n+1)k\pi}{2N}\right] \quad n = 0, 1, 2, ..., N-1 \tag{8.12}$$

在实际条件下，DCT 和逆 DCT 都不能直接按照上式实现，而是采用更加高效的计算 DCT 的快速算法。

大部分实际的变换编码方案中，在保持总的比特数不变的情况下，对不同系数逐帧自适应地改变比特分配。通过随时间变化的统计值来控制动态比特分配，时变的统计值作为辅助信息传送，这需要 2 Kbps 的开销。将被变换或者逆变换的 N 个抽样分别存储在发射机和接收机的缓存中。辅助信息同样用来确定不同系数量化阶梯的大小。在一个实际系统中，辅助信息是对数能量谱的近似表示。典型值包括 L 个频率点，L 的范围是 15~20，通过各组变换系数 $X(k)$ 的 N/L 个相邻平方值求平均而得到。在接收机中，用对数域的几何内插方法，从 L 点频谱得到 N 点频谱。分配给每个变换系数的比特数与其相应的频谱能量成比例。

8.6 声码器

声码器是一类语音编码系统，它在发射机中分析语音信号，然后传输分析得出的参数，在接收机中根据这些参数合成语音。所有的声码器系统在语音的生成过程中，把信号建模为动态系统，并把系统中的某些物理约束量化，这些物理约束是语音信息的有限描述。声码器比波形编码器要复杂，但能在传输比特速率上得到较高的效益。它的缺点是缺乏稳定性，以及其性能取决于说话者。最流行的声码器系统是线性预测编码器，其他的还有信道声码器、共振峰声码器、倒频谱声码器、语音激励声码器。

图 8.5 给出了传统的语音生成模型，它是所有声码系统的基础[Fla79]。由发声机制构成"声源"，它与构成"系统"的智能调制的声道滤波器线性分开。语音信号分为两类：清音和浊音。浊音（"m"、"n"、"v"）是由声带类似周期性振动产生的；清音（"f"、"s"、"sh"）是气流通过一个物理约束摩擦产生的。该模型的相关参数包括基音、调制滤波器的极点频率及相应的幅度参数。多数人的语音基音频率低于 300 Hz，从信号提取出信息是很困难的。对于成年人而言，共振峰集中在 500 Hz、1500 Hz、2500 Hz、3500 Hz。通过仔细地调整语音生成模型的参数，可以合成高质量的信号。

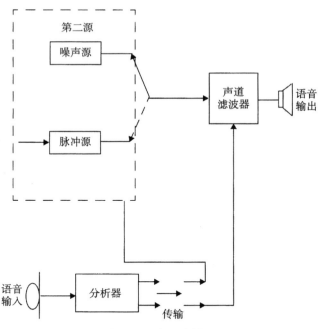

图 8.5　语音生成模型

8.6.1　信道声码器

信道声码器几乎是第一个实际的语音分析–合成系统。信道声码器是频域的声码器，它确定了许多频带语音信号的包络，在抽样、编码后与其他滤波器的编码输出一起多路输出。抽样在每 10 ms 到 30 ms 同步进行。每个频带的能量信息、语音清音/浊音及基音频率一起传输。

8.6.2　共振峰声码器

从概念上来说，共振峰声码器[Bay73]与信道声码器类似。在理论上，共振峰声码器使用的比特速率可以比信道声码器小，因为它所用的控制信号少。共振峰声码器传送频谱包络的峰（共振峰）的位置，而不是传送功率谱包络的抽样。为了表示语音，一个共振峰声码器必须能够识别至少 3 个共振峰，并且必须控制共振峰的强度。

共振峰声码器可在低于 1200 bps 以下的比特速率再生语音。然而，由于从人们的语音中精确计算共振峰的位置和共振峰转换成语音是很难实现的，所以它并不是很成功。

8.6.3　倒频谱声码器

倒频谱声码器通过对数能量谱的反向傅里叶变换生成信号倒频谱，可以分离激励和声道频谱。倒频谱中的低频系数对应于声道频谱包络,高频激励系数形成多个抽样周期内的一个周期性脉冲序列。线性滤波器用于分离激励系数和声音倒频系数。在接收机中，声道频谱系数进行傅里叶变换，产生声道冲激响应。利用一个合成激励信号（随机噪声或周期脉冲序列）与冲击响应卷积，可以重新生成原始信号。

8.6.4　语音激励声码器

语音激励声码器减少了基音提取及语音判决操作。这个系统采用了一个语音低频 PCM 传输和高频信道编码的混合形式。通过提取、带通滤波及消除基带信号，产生一个能量分布在谐波处并且频谱平坦的信号来再生语音。语音激励声码器工作在 7200 bps ~ 9600 bps 之间，它的质量高于传统基音激励声码器。

8.7 线性预测编码器

8.7.1 线性预测编码声码器

线性预测编码器（LPC）[Sch85a]属于时域声码器。这类声码器从时间波形中提取重要的语音特征。LPC 声码器的计算是相当精确的，它在低比特速率声码器中最流行。采用 LPC，就可以用 4.8 Kbps 传输高质量的语音和在更低的比特速率上传输较低质量的语音。

线性预测编码系统把声道模拟成一个全极点线性滤波器，它的传输函数为

$$H(z) = \frac{G}{1 + \displaystyle\sum_{k=1}^{M} b_k z^{-k}} \tag{8.13}$$

其中，G 是滤波器增益，z^{-1} 表示一个单位时延操作。滤波器的激励可以是基音频率上的一个脉冲，也可以是随机白噪声，这取决于是清音还是浊音。可以利用线性预测技术在时域上得到全极点滤波器的系数[Mak75]。预测原理与 ADPCM 中所用的原理相似。然而，线性预测编码系统传输的只是误差信号（预测波形与实际波形之间的差别）中选择的特性，而不是传输误差信号的量化值，其中的参数包括增益因子、基音信息、清音/浊音判别，由此可以得到正确误差信号的近似。这个误差值是解码器的激励信号。在接收机中，利用收到的预测系数来设计合成的滤波器。实际上，许多线性预测编码器传送的滤波系数已经表达了误差信号，可以直接由接收机合成。图 8.6 给出了现行预测编码器系统的框图[Jay86]。

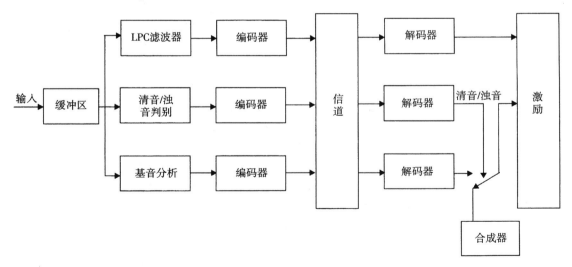

图 8.6 一个 LPC 编码系统的框图

预测器系数的确定——线性预测编码器利用前 p 个抽样值的加权和来估计当前值，p 的典型值在 10~15 之间。采用该技术，当前抽样值 s_n 可以认为是前面的抽样值 s_{n-k} 的线性和，即

$$s_n = \sum_{k=1}^{p} a_k s_{n-k} + e_n \tag{8.14}$$

其中，e_n 是预测误差（余值）。通过计算预测系数，使误差信号中平均能量 E 最小化。E 表达了预测信号与实际信号幅度的差别：

$$E = \sum_{n=1}^{N} e_n^2 = \sum_{n=1}^{N} \left(\sum_{k=0}^{p} a_k s_{n-k} \right)^2 \tag{8.15}$$

其中 $a_0 = -1$。典型的误差是在 10 ms 的时间窗内计算，相应的 $N = 80$。为了使对应于 a_m 的 E 最小化，需要偏导数为 0，

$$\frac{\partial E}{\partial a_m} = \sum_{n=1}^{N} 2s_{n-m} \sum_{k=0}^{p} a_k s_{n-k} = 0 \tag{8.16}$$

$$= \sum_{k=0}^{p} \sum_{n=1}^{N} s_{n-m} s_{n-k} a_k = 0 \tag{8.17}$$

里面的和值可以认为是相关系数 C_{rm}，这样上式可以表达为

$$\sum_{k=0}^{p} C_{mk} a_k = 0 \tag{8.18}$$

在确定相关系数 C_{rm} 之后，可以用式(8.18)确定预测系数，常把式(8.18)表达为矩阵形式，可以运用矩阵反变换来求预测系数。目前已经形成了一系列算法来提高预测系数的计算效率。通常为了正确表达，每个系数必须用 8～10 个比特，所以预测系数并不直接编码[Del93]。因为反射系数（一个密切相关的参数）的动态变化范围较小，所以传输反射系数所要求的精度可以降低。每个反射系数用 6 比特就足够了。这样对于一个 10 阶的预测器，分配给每帧模型参数的总比特数是 72 比特，其中包括 5 比特的增益参数、6 比特的基音周期。如果每 15 ms 到 30 ms 估计一次参数，那么所得的最后比特速率为 2400 bps 到 4800 bps 之间。在编码前通过对系数进行非线性变换，可以改善反射系数对量化误差的敏感性。这可以通过对数面积比（LAR）变换完成，即进行反射系数 $R_n(k)$ 的反双曲正切映射：

$$LAR_n(k) = \tanh^{-1}(R_n(k)) \log_{10} \left[\frac{1 + R_n(k)}{1 - R_n(k)} \right] \tag{8.19}$$

在接收机中，不同的 LPC 方案再生误差信号（激励）的方法是不同的。图 8.7 给出了三个可选的不同方法[Luc89]。第一个是最流行的方法。在接收机中采用两个信号发生器，一个为白噪声，另一个为以当前基音速率为周期的一系列脉冲。激励方法的选择基于发射机中所做的清音/浊音判定，以及在接收机中所得到的与其他信息一起传输的清音/浊音判定。在发射机中提取基音频率信息的技术要求是很难实现的，并且加上激励脉冲的谐波成分之间的相位相干性，常常产生合成语音中的蜂鸣声。这个问题在其他两个方法中得到了缓解，这两个方法就是多脉冲激励 LPC 和随机或码激励 LPC。

8.7.2　多脉冲激励 LPC

Atal 指出[Ata86]，无论脉冲定位得多好，每个基音周期用一个脉冲激励都会产生听觉上的失真。因此，他建议采用多于一个的脉冲，典型值为一个周期 8 个脉冲，并且顺序地调整每个脉冲的位置和幅度，使得频域上的加权均方差最小化。这个技术称为多脉冲激励 LPC（MPE-LPC），可以产生更好的语音质量。不仅是因为每个基音周期存在多个脉冲，使其更易于估计预测误差值；而且多脉冲算法不需要检测基音。通过一个线性滤波器与合成器中一个基音环路，所用的脉冲数量将会减少，特别是在高频部分。

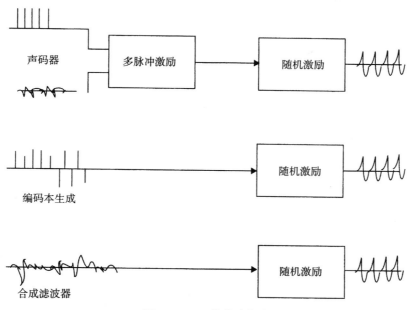

图 8.7 LPC 的激励方法

8.7.3 码激励 LPC

在这种方法中，编码器和解码器有一个随机（0 均值白高斯分布）激励信号的预定编码本 [Sch85b]。对于每一个语音信号，发射机查找每个随机信号的编码本，并寻找一个索引。当把该索引对应的信号用做 LPC 滤波器的激励时，生成的语音在听觉上感觉最合适。发射机传输所找到的最合适的索引。接收机利用这个索引来选择合成滤波器的正确的激励信号。码激励 LPC（CELP）编码器是相当复杂的，需要每秒多于 5 亿次乘、加运算。甚至在激励的编码速率为每抽样只有 0.25 比特的前提下，这种编码器都可以获得很高的质量。这种编码器可以传输比特速率低于 4.8 Kbps 的信号。

图 8.8 解释了选择最佳激励信号的过程。这个过程可以通过一个例子来解释。考虑 5 ms 的语音组，抽样频率为 8 kHz，每组包括 40 个语音抽样。每抽样 1/4 比特的比特速率对应于每组 10 个比特。这样，每组就有 $2^{10} = 1024$ 种可能序列。每个编码本的元素提供了激励信号的 40 个抽样值，以及某一个每 5 ms 变换一次的比例因子。抽样在比例因子的作用之后，顺序通过两个递归滤波器，其中引入了语音的周期性，并调整了频谱包络。在第二个滤波器输出端的再生语音抽样，与原始信号的抽样进行对比形成差分信号。这个差分信号表示再生语音信号的客观误差。通过一个线性滤波器做进一步的处理，对听觉上重要的频率予以加强，对听觉上不太重要的频率予以减弱。

虽然计算量要求很高，但随着 DSP 和 VLSI 技术的进一步发展，使得 CELP 编解码器的实时执行成为可能。QUALCOMN 公司运用变速率（1.2 Kbps 到 14.4 Kbps）的 CELP 编解码器，提出了 CDMA 数字蜂窝标准（IS-95）。在 1995 年，QUALCOMN 公司提出了 QCELP13，即一个 13.4 Kbps CELP 编解码器运行在 14.4 Kbps 速率的信道上。

8.7.4 剩余激励 LPC

剩余激励 LPC（RELP）与波形编码中的 DPCM 技术有关[Del93]。在这类 LPC 编码器中，对从一个语音帧提取的模型参量（LP 参数或相关参数）与激励参数（清音/浊音判定、基音、增益）进行估计之后，在发射机中合成语音，接着从原始信号中去除，以形成一个剩余信号。剩余信号被量化、编码，与 LPC 模型参量一起传输到接收机。在接收机中，剩余误差信号加到运用模型参量生成的信号中，从而合成一个原始语音信号的近似值。因为加入了剩余误差，改善了合成语音的质量。图 8.9 给出了一个简单的 RELP 编解码器的框图。

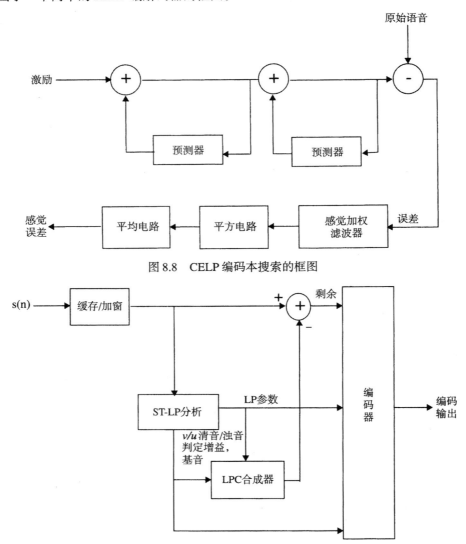

图 8.8   CELP 编码本搜索的框图

图 8.9   RELP 编码器的框图

8.8   为移动通信选择语音编解码器

    选择正确的语音编解码器是设计一个数字移动通信系统的重要一步。因为可以利用的带宽是有限的，所以需要压缩语音，使系统容纳最多的用户。必须在压缩后的语音质量与整个系统的花费和容量之间寻找一个平衡点。同时还必须考虑其他准则，如端到端的编码时延，编码器的算法复杂性，所需的直流功率，与已存在的其他标准的兼容性，以及语音编码对传输误码的稳定性。

    如第 4 章和第 5 章所提及的，移动通信信道主要受传输介质影响的不利因素包括：衰落、多径和干扰。语音编解码器对传输误差要有足够的稳定性，这是很重要的。依靠所用的技术，不同的语音编码器对传输误差具有不同程度的稳定性。例如，在相同的 BER 下，40 Kbps 自适应增量调制（ADM）比 56 Kbps 对数 PCM 要好[Ste93]。但这并不说明通过降低比特速率，就能增加编码器对传输误差的稳定性。在另一方面，因为用越来越少的比特速率表达语音信号，每比特的信息量增加，所以需要更多的保护。低比特速率声码器类的编解码器把声道和听觉机制按参数模型化，某些比特携带的一些重要信息的损失将导致不可接受的畸变。当传输低比特速率编码语音时，根据每个比特对听觉的影响程度及它们对于误差的灵敏程度进行分组，这是相当重要的。根据它们对听觉影响程度的不同，每一组通过不同的前向纠错编码器，从而提供不同程度的误码保护。

　　语音编码器的选择也依赖于小区的大小。当小区足够小时，可以通过频率复用来获得较高的频谱利用率，这样采用一个简单的高速语音编解码器就足够了。在无绳电话系统（如 CT2 和 DECT）中，采用很小的小区（微小区），甚至无需信道编码和均衡，仅采用 32 Kbps ADPCM 编码器就能获得可接受的性能。在用大的小区和低质量话音通道的蜂窝系统条件下，蜂窝系统需要纠错编码，这样语音编解码器需要运用在低比特速率下。在移动卫星通信中，小区足够大，而可用带宽很小，为了容纳更多的用户，语音速率必须为 3 Kbps 等级，而且需要采用声码器技术[Ste93]。

　　多址接入技术的运用，作为一个决定系统频谱效率的重要因素，极大地影响了语音编解码器的选择。美国数字 TDMA 蜂窝系统（IS-136）运用 8 Kbps VSELP 语音编解码器，将模拟系统（AMPS）的容量提高了 3 倍。由于 CDMA 系统内部固有的抗干扰能力和加宽带宽能力，所以可采用低比特速率语音编解码器，而无需考虑对传输误差的稳定性。传输误差可以用功能强大的 FEC 编解码器纠正。在 CDMA 系统中，运用 FEC 编解码器并不会严重影响带宽效率。

　　所用调制的种类也影响了语音编解码器的选择。例如运用频带效率高的调制方案，可以降低对于低比特速率语音编解码器的要求。表 8.1 给出了一系列用于不同数字移动通信系统的语音编解码器的类型。

表 8.1　用于不同数字移动通信系统的语音编解码器

标准	服务类型	所用的语音编码器类型	比特速率（Kbps）
GSM	蜂窝	RPE-LTP	9.6, 13
CD-900	蜂窝	SBC	16
USDC(IS-136)	蜂窝	VSELP	8
IS-95	蜂窝	CELP	1.2, 2.4, 4.8, 9.6, 13.4, 14.4
IS-95 PCS	个人通信系统	CELP	13.4, 14.4
PDC	蜂窝	VSELP	4.5, 6.7, 11.2
CT2	无绳	ADPCM	32
DECT	无绳	ADPCM	32
PHS	无绳	ADPCM	32
DCS-1800	个人通信系统	RPE-LTP	13
PACS	个人通信系统	ADPCM	32

例 8.4　一个数字移动通信系统有一个前向信道，频率带宽为 810 MHz 到 826 MHz，还有一个反向信道，其频率带宽为 940 MHz 到 956 MHz。假设 90% 的带宽用于语音业务通道。使用 FDMA，至少要支持 1150 个同时呼叫。调制方案的频谱效率为 1.68 bps/Hz。假设信道恶化要用比率为 1/2 的 FEC 编码。找出用于该系统的语音编码器传输比特速率的上限。

解：

整个可用的语音信道的带宽 $= 0.9 \times (826 - 810) = 14.4$ MHz。

同时支持的用户数 $= 1150$。

这样，最大的信道带宽 $= 14.4/1150$ MHz $= 12.5$ kHz。

频谱效率 = 1.68 bps/Hz。

这样，最大的信道数据速率 = 1.68 × 12 500 bps = 21 Kbps。

FEC 编码比率 = 0.5。

这样，最大的净数据速率 = 21 × 0.5 Kbps = 10.5 Kbps。

这样，我们需要的语音编码器的数据速率等于或小于 10.5 Kbps。

例 8.5　语音编码器输出的不同比特对信号质量有不同程度的影响。语音编码是在 20 ms 时间段的抽样上完成（编码器输出 260 比特）。在每一组中前 50 个编码比特（类型 1）是最重要的。这样，为了防止信道误差的干扰，使用 10 个 CRC 比特保护，并用一个 1/2 比率的 FEC 编码器进行卷积编码。对下一个 132 比特（类型 2）添加 5 个 CRC 比特，最后 78 比特（类型 3）没有差错保护。计算总的可用信道数据速率。

解：

每 20 ms 传输的类型 1 信道比特数为 (50 + 10) × 2 = 120 比特。

每 20 ms 传输的类型 2 信道比特数为 132 + 5 = 137 比特。

每 20 ms 传输的类型 3 信道比特数为 78 比特。

每 20 ms 传输的总的信道比特数为 120 + 137 + 78 = 335 比特。

这样，总的信道比特速率为 $335/(20 \times 10^{-3})$ = 16.75 Kbps。

8.9　GSM 编解码器

在欧洲，数字蜂窝标准 GSM 语音编解码器曾有一个很长的名字：规则脉冲激励长期预测编解码器（RPE-LTP）。这个编解码器的净比特速率为 13 Kbps。该编解码器在与各种编码器一起进行主观测试后被选中[Col89]。现今，大多数的 GSM 编解码器已在早期编解码器的规范上进行了升级。

RPE-LTP 编解码器[Var88]结合了早期法国提出的基带 RELP 编解码器的优点与德国提出的多路脉冲激励长期预测（MPE-LTP）编解码器的优点。基带 RELP 编解码器的优点是它以低复杂度提供了良好的语音质量。由于高频率再生中音调噪声的引入，以及在传输过程中误码的引入，因此 RELP 编解码器的语音质量是有限的。在另一方面，MPE-LTP 技术以高度复杂度换取了优良的语音质量，而不易受信道误码的影响。通过修改 RELP 编解码器并且与 MPE-LTP 编解码器的某些特征相结合，净比特速率从 14.77 Kbps 降至 13 Kbps，而且没有质量损失。最重要的修正是增加一个长期预测环路。

GSM 编解码器相对复杂、功耗大。图 8.10 给出语音编码器的框图[Ste94]。GSM 编码器包括 4 个主要的处理模块。语音序列首先是预加重，排列成 20 ms 分段，然后进行汉明加窗。接着进行短期预测滤波分析，即计算反射系数 $r_n(k)$ 的对数面积比 LAR（8 个）。8 个 LAR 参数有不同的动态范围和概率分布函数，因此它们使用不同的比特数进行编码。为了使误差 e_n 最小化，LAR 参数也同样用 LPC 反滤波器解码。

LTP 分析包括寻找基音周期 p_n 和增益因子 g_n，使得 LTP 差值 r_n 最小化。为了使 r_n 最小，LTP 通过判定时延值 D 提取基音。D 使当前 STP 误差抽样 e_n 和前一个误差抽样 e_{n-D} 之间的互相关性最大化。以 3.6 Kbps 速率对提取的基音 p_n 和增益 g_n 进行编码。LTP 差值 r_n 经过加权和分解，成为三个候选激励序列。分析这些序列的能量，选择其中能量最高的一个来表示差值。激励序列中的脉冲用最大值归一化，然后进行量化，接着用 9.6 Kbps 传输。

图 8.11 为 GSM 语音解码器的框图[Ste94]。其中包括了 4 个模块，解码器与编码器所执行的操作互补。接收的激励参数通过 RPE 解码，再通过 LTP 合成滤波器，LTP 合成滤波器使用基音和增益参数来合成长期信号。运用接收的反射系数，执行短期合成来再生原始语音信号。

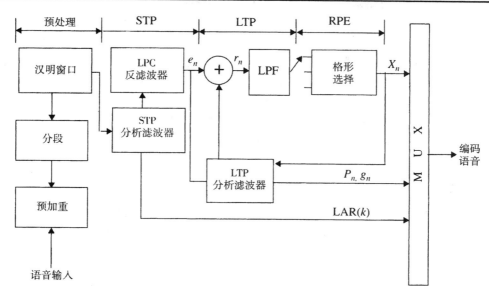

图 8.10　GSM 语音编码器的框图

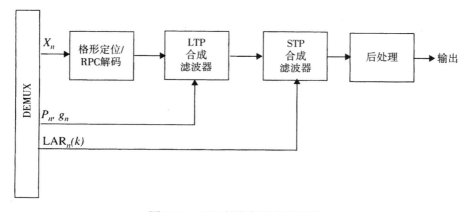

图 8.11　GSM 语音解码器的框图

　　根据比特的重要性，编码器每输出 260 个比特（如 20 ms 语音组）进行一次分级，分成每组 50 比特、132 比特、78 比特。第一组非常重要，称为 *Ia* 类比特；下一个 132 比特比较重要，称为 *Ib* 类比特；最后的 78 比特为 *II* 类。因为 *Ia* 类比特对语音质量影响最大，所以增加了检错 CRC 比特。对 *Ia* 和 *Ib* 比特都进行前向纠错卷积编码。最不重要的 *II* 类比特没有检错和纠错。

8.10　USDC 编解码器

　　美国数字蜂窝系统（IS-136）运用矢量和激励线性预测编码（VSELP）。该编码器的原始数据速率为 7950 bps，在信道编码后总的数据速率为 13 Kbps。VSELP 编解码器是通过公司之间的合作发展起来的。在进行深入的测试之后，摩托罗拉公司的方案被选为语音编码标准。

　　VSELP 语音编码器是一个 CELP 类型编码器的变形[Ger90]。这类编码器的设计目标是中等计算复杂度，以及对信道误码稳定和优秀的语音质量。VSELP 编码器的编码本是按预定义结构组织的，这样可以避免盲目搜索，从而明显减少寻找最佳码字所需的时间。这个编码方法在维持中等复杂度的条件下，可以提高语音质量和对信道误码的稳定性。

图8.12给出了VSELP编码器的框图。8 KbpsVSELP编解码器利用了3个激励源，一个来自长期（"基音"）预测状态或来自于自适应编码本，第二个和第三个来自2个VSELP激励码本。这些VSELP的编码本包括了128个矢量的等效形式。这3个激励序列通过与相应的增益项相乘，然后将结果相加，可以得到一个合并激励序列。在每一个子帧之后，合并激励序列用来更新长期滤波器状态（自适应码本）。合成滤波器是10阶LPC全极点滤波器的直接式。LPC系数每20 ms帧进行一次编码，每5 ms子帧进行一次更新。抽样速率为8 kHz，一个子帧的抽样数是40。解码器如图8.13所示。

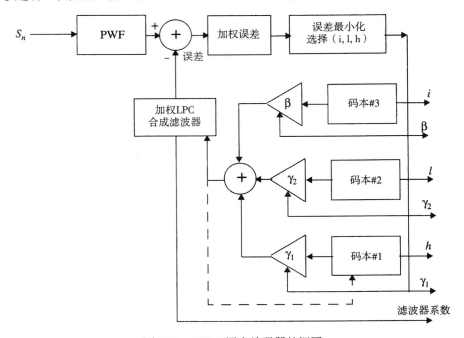

图 8.12　USDC 语音编码器的框图

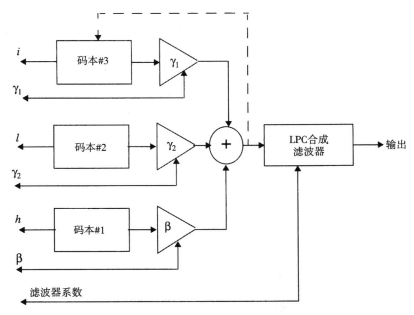

图 8.13　USDC 语音解码器的框图

8.11 语音编码器的性能评估

根据语音编码器对信号质量的保证能力,可以用两种方法来评估语音编码器的性能[Jay84]。客观检测可以给出再生语音与原始语音近似程度的一个定量值。客观检测的例子有:均方误差(MSE)畸变、频率加权 MSE、分段信噪比、清晰度指数。尽管客观检测对编码系统的最初设计和模拟是有用的,但是它也没有必要给出像人耳感觉语音质量那样的精确指示。因为听者才是对语音质量进行最后的判决,所以客观测试与主观试听测试组成了语音编码器性能评估的一个完整部分。

主观试听的执行过程是,让人们在听了语音样本之后,辨别语音质量。语音编码器高度依赖听者,这是因为质量评价是随听者的年龄、性别、语速及其他因素变化的。为模拟真实条件,主观试听在不同的条件下进行,如在噪音中、多个讲话者之间等。这些测试的结果是根据整体质量、听者的努力程度、可懂性、自然度等因素确定的。可懂性测试是听者区分单词的能力。诊断节奏试验(DRT)是一个很流行的测试。在这个测试中,让听者区分一对声音相近的单词,如"those-dose"。典型的 DRT 测试的正确百分率为 75%~90%。诊断可接受(DAM)是另一个评估语音编码系统可接受性的测试。所有这些测试结果是很难评定等级的,这样就需要一个参考系统。最流行的且广泛使用的区分等级的系统是平均意见评分或称 MOS 定级。这是一个 5 级评分系统,每级有一个标准化的描述:很差、差、一般、好、很好。表 8.2 列出了平均意见评分定级系统。

表 8.2 MOS 质量评估

质量指标	分数	听力指标
很好	5	不需努力
好	4	不需很大努力
一般	3	中等努力
差	2	相当大的努力
很差	1	很大的努力,但不能理解意思

对于语音编码器来说,最困难的情形之一就是数字语音编码信号从移动台传输到基站,然后被解调为一个模拟信号;这个模拟信号在编码后作为数字信号在有线线路或无线线路上传播。这种情况称为汇接信令,常常会增大原来在基站接收的 BER。汇接信令很难得到保护,但在语音编码的评估中,这是一个很重要的评估准则。因为在无线系统扩展过程中,需要大量的移动到移动的通信,这样的连接至少包括两个独立的受噪声干扰的汇接。

基本上,语音编码器的 MOS 定级随着比特速率的降低而降低。表 8.3 给出了一些最流行的语音编码性能的 MOS 记分。

表 8.3 编码器的性能([Jay90], [Gar95])

编码器	MOS
64 Kbps PCM	4.3
14.4 Kbps QCELP13	4.2
32 Kbps ADPCM	4.1
8 Kbps ITU-CELP	3.9
8 Kbps CELP	3.7
13 Kbps GSM Codec	3.54
9.6 Kbps QCELP	3.45
4.8 Kbps CELP	3.0
2.4 Kbps LPC	2.5

8.12　习题

8.1　对于一个 8 比特均匀量化器，范围为(-1 V, 1 V)，确定量化器量化台阶的大小。假如信号是一个正弦信号，它的幅值占用了全部范围，计算量化信噪比。

8.2　推导出一个以比特数的函数表示的量化信噪比的通用表达式。

8.3　对于一个 μ 率压扩器，其 μ = 255，以输入电压的大小为变量，绘出输出电压。假如用于压扩器的输入电压为 0.1 V，输出电压为多少？假如输入电压为 0.01 V，输出电压为多少？假设压扩器的最大输入为 1 V。

8.4　对于一个 A 率压扩器，其 A = 90，以输入电压的大小为变量，绘出输出电压。假如用于压扩器的输入电压为 0.1 V，输出电压为多少？假如输入电压为 0.01 V，输出电压为多少？假设压扩器的最大输入为 1 V。

8.5　为了在接收机中恢复信号，使之成为相对正确的值，一个压扩器需要依靠语音压缩和语音扩张（反压缩）。和压缩器相比较，扩张器具有相反的特性。请确定习题 8.3 和习题 8.4 中对于语音压缩的合适的压缩器特性。

8.6　一个语音信号的幅度 pdf 是以 0 为均值的高斯过程，标准偏差为 0.5 V。对于这样的量化器，假设量化电平是以 0.25 V 均匀量化的，确定一个 4 比特量化器的输出均方误差畸变。设计一个非均匀量化器，使得均方误差畸变最小，并判定畸变等级。

8.7　考虑一个子带语音编码器，为听觉频谱在 225 Hz 到 500 Hz 之间分配 5 个比特，在 500 Hz 到 1200 Hz 之间分配 3 个比特，在 1300 Hz 到 3 kHz 之间分配 2 个比特。假设子带语音编码的输出采用比率为 3/4 的卷积编码器。请确定信道编码器的输出数据比特速率。

8.8　列出在移动通信中影响语音编码器选择的 4 个重要因素。详细说明对不能同时兼顾的因素的折中考虑。按顺序列出这些因素重要性等级，并阐述你的意见。

8.9　Deller 教授、Proakis 教授和 Hansen 教授合作了题为"语音信号的离散时间处理"的深入测试[Del93]。作为这个工作的一部分，他们在 Internet 上建立了一个 ftp 站点，其中包括了多种语音文件。浏览该站点并下载一些文件，这些文件中有许多语音编码。报告你的发现，并指出你找出的哪些文件最有用。进入密歇根大学的 ftp 站点，并且执行以下步骤：

(1) 键入 ftp jojo.ee.msu.edu。

(2) 键入 cd \DPHTEXT。

(3) 键入 get README.DPH，从而得到指示和文件描述。

(4) 键入 quit，从而退出 ftp，然后读取 README.DPH 上的材料。

8.10　标量量化计算程序。考虑一个随机变量数据序列 $\{X_i\}$，每个 $X_i \sim N(0, 1)$ 满足一个高斯分布，且均值为 0，方差为 1。构造一个标量量化器，以速率为 3 比特／抽样进行量化。采用通用的 Lloyd 算法确定量化台阶。以一个 250 个抽样值序列来测试该量化器。你的解需要包括：

8 个量化电平的列表；

让一个 10 000 抽样值的序列通过量化器，从而计算量化器的均方误差畸变；

对于一个比率为 3 的标量量化器，计算理论上的均方误差畸变的下限。

8.11　矢量量化计算程序。一个随机变量数据序列 $\{X_i\}$，每个 $X_i \sim N(0, 1)$ 满足一个高斯分布，且均值为 0，方差为 1。构造一个两维矢量量化器，以速率为 3 比特／抽样进行量化（这样有 88 个量化电平）。采用通用的 Lloyd 算法来确定量化台阶。以一个 1200 个抽样值序列来测试该量化器。你的解需要包括：

64 个量化矢量的列表；

让一个 10 000 个矢量（20 000 个抽样值）的序列通过量化器，从而计算量化器的均方误差畸变；

对于一个比率为 3 的大维数量化器，计算理论上的均方误差畸变的下限。

8.12　相关抽样矢量量化。考虑一系列随机变量 $\{X_i\}$ 和 $\{Y_i\}$，其中 $X_i \sim N(0,1)$，$Y_i \sim N(0,1)$，

$$Y_{i+1} = \frac{1}{\sqrt{2}}Y_i + \frac{1}{\sqrt{2}}X_i$$

结果，序列 $\{Y_i\}$ 中的每一个 Y_i 是一个均值为 0、方差为 1 的高斯分布，但抽样值是相关的（这是一个高斯–马尔可夫源的简单例子）。现在做一个二维矢量量化器，以 3 比特/抽样值量化每个抽样。采用通用的 Lloyd 算法来确定量化台阶。以一个 1200 矢量（2400 个抽样值）序列来测试量化器。你的解需要包括：

64 个量化矢量的列表；

运行一个有 10 000 个矢量（20 000 个抽样值）的序列通过量化器，计算量化器的均方误差畸变。当检测序列的长度变化时将会怎样？当 Y_i 之间的相对相关值变化时将会怎样？当矢量量化器的维数变化时将会怎样？

第9章　无线通信多址接入技术

多址接入方案允许多个移动用户同时共享有限的无线频谱。好的频谱共享方案能够通过为多个用户分配有效的带宽(或者有效的信道)来获得高的系统容量。对于高质量的通信,这一点必须做到,并且必须保证不会导致系统性能的降低。

9.1　概述

在无线通信系统中,可以让用户在给基站发送信息的同时接收来自基站的信息。例如,在传统的电话系统中,听和说可能是同时进行的,这种情况通常称为双工通信。双工通信的工作方式在无线电话系统中通常也是需要的。

使用频域技术或者时域技术可以实现双工通信。频分双工(FDD)是指为每一个用户提供了两个确定的频率波段。前向波段用做基站到移动台的信息传输,而反向波段用做从移动台到基站的信息传输。在FDD中,任何双工信道实际上都是由两个简单的信道组成的(前向和反向)。用户单元和基站使用各自的双工器,完成同时在双工信道上进行的无线发射和接收。前向信道和反向信道的频率分割在整个系统中是固定的,而与某个特定的信道无关。

时分双工(TDD)使用时间而不是频率来提供前向链路和反向链路。在TDD中,多个用户通过占用不同的时间段来共享一个无线信道。单个用户能够在给它分配的时隙内接入信道,并且该双工信道有一个前向时隙和一个反向时隙进行双向通信。对于用户而言,如果前向时隙和反向时隙之间的时间间隔很小,那么数据的发送和接收就像是在同时进行的。图9.1说明了FDD和TDD技术。TDD技术允许用户单元和基站在一个信道上进行双工通信(与需要两个单工或专用信道的FDD方式不同),因此这一技术不需要双工器,从而简化了用户设备。

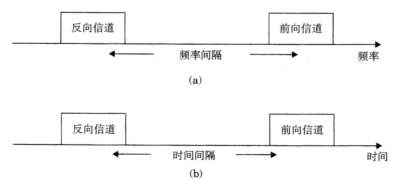

图 9.1　(a) FDD 方式在同一时间提供两个单工信道; (b) TDD 方式在同一频率提供两个单工时隙

在选择FDD和TDD的方式时还必须有一些折中考虑。FDD方式适用于为每个用户提供单独无线频段的无线通信系统。在FDD系统中,因为每个收发信机要同时发送和接收变化范围大于100 dB的无线信号,所以必须慎重地分配用于前向信道和反向信道的频段,使其自身不产生冲突,同时能够与占用这两个频段之间其他频段的用户保持协调。而且,频率间隔必须适应于在系统中使用不太昂贵的射频（RF）和振荡器技术的要求。TDD 方式使每一个收发信机在同一频率上工作——要么作为发射机要么作为接收机，因此消除了对前向和反向频段间隔的需求。但是，接收和发送之间存在着一段时延，因为 TDD 系统不是真正意义上的双工系统，而且这个时延导致系统对单个用户所经历的传输时延非常敏感。同时，由于时隙分配要求有严格的定时，所以 TDD 方式通常只在无绳电话或者短距离便携接入系统中使用。对于固定无线接入系统，由于所有的用户都静止不动，因此传输时延不随时间变化，这样采用 TDD 方式是非常有效的。

9.1.1　多址接入技术概述

频分多址（FDMA）、时分多址（TDMA）和码分多址（CDMA）是无线通信系统中共享有效带宽的三种主要的多址接入技术。依据分配给用户的有效带宽的大小，可以把这些技术分为窄带系统和宽带系统。通常把多址接入系统的双工技术和特定的多址接入方式一起描述，如下面的例子所示。

窄带系统——术语"窄带"指单个信道的带宽同所期望的信道相干带宽相近。在一个窄带多址系统中，有效的无线频谱被划分为许多窄带信道，信道通常按 FDD 双工方式运行。为了把在每个信道上的前向和反向链路之间的干扰减到最小，应选择在可用频谱范围内的最大频率间隔，同时满足能够在每一个用户单元中使用便宜的双工器和普通的天线。在窄带 FDMA 中，为每个用户分配一个未被临近地区其他用户占用的特定信道；并且如果采用 FDD 双工方式（即每个信道有一个前向和反向信道），则这个系统就称为 FDMA/FDD。另一方面，窄带 TDMA 允许多个用户共享同一信道，但是在信道上的一个周期中为每一个用户分配惟一的时隙，因此能够在一个信道上分开这些用户。对于窄带 TDMA 系统，分配的信道通常使用 FDD 技术或 TDD 技术，并且每一个共享的信道都使用 TDMA 方式。这样的系统称为 TDMA/FDD 接入系统或者 TDMA/TDD 接入系统。

宽带系统——在宽带系统中，一个信道的发射带宽要比这个信道的相干带宽宽得多。因此，宽带系统中信道的多径衰落并不会严重影响接收信号，并且频率选择衰落仅仅发生在信号带宽的一小部分中。在宽带多址系统中，允许多个用户在同一信道上发射信号。TDMA 系统在同一信道上给许多发射机分配时隙，并且仅允许一个发射机在某一时隙占用信道；而扩频 CDMA 系统允许所有发射机在同一时间占用信道。TDMA 和 CDMA 系统都可以使用 FDD 或 TDD 双工方式。

除了 FDMA、TDMA 和 CDMA，还有两种多址接入技术用于无线通信，它们分别是分组无线电（PR）和空分多址（SDMA）。在这一章中，我们将讨论上面提到的多址接入技术，并讨论它们在数字蜂窝移动通信系统中应用时的性能和容量。表 9.1 列出了各种无线通信系统中正在使用的不同的多址接入技术。

表 9.1　不同的无线通信系统中使用的多址接入技术

蜂窝移动通信系统	多址接入技术
高级移动电话系统（AMPS）	FDMA/FDD
全球移动通信系统（GSM）	TDMA/FDD
美国数字蜂窝（USDC）	TDMA/FDD
日本数字蜂窝（PDC）	TDMA/FDD
CT2（无绳电话）	FDMA/TDD
欧洲数字无绳电话（DECT）	FDMA/TDD
美国窄带扩频（IS-95）	CDMA/FDD
W-CDMA（3GPP）	CDMA/FDD
	CDMA/TDD
cdma2000（3GPP2）	CDMA/FDD
	CDMA/TDD

9.2　频分多址（FDMA）

频分多址为每一个用户分配了特定信道。从图9.2可以看出，系统给每一个用户分配一个惟一的频段或信道。这些信道按要求分配给请求服务的用户。在呼叫的整个过程中，其他用户不能共享这一频段。在FDD系统中，分配给用户一个信道，即一对频段；一个频段用做前向信道，而另一个用做反向信道。FDMA的特点如下：

- FDMA的信道载波每次只能传送一个电话。
- 如果一个已经分配的FDMA的信道没有使用，那么它就处于空闲状态，但是不能由其他用户使用来增加或共享系统容量。本质上这是一种资源浪费。
- 在分配好语音信道后，基站和移动台就会同时连续不断地发射。
- FDMA的信道带宽相对较窄（AMPS系统使用30 kHz的信道带宽），通常每一个信道仅支持每个载波一条线路。也就是说，FDMA系统通常是窄带系统。
- 窄带信号的符号持续时间与平均时延扩展相比是很大的。这意味着符号间干扰较低，因此在FDMA窄带系统中几乎不需要或根本不需要均衡。
- 与TDMA系统相比，FDMA移动系统要简单得多，尽管TDMA采用了改进的数字信号处理技术。
- FDMA是一种不间断发送模式，因此相对于TDMA而言，它需要较少的比特来满足系统开销（例如同步和组帧比特）。
- FDMA系统相对于TDMA系统有更高的小区站点系统开销，原因在于FDMA系统的每载波仅仅支持一个信道，以及它需要使用昂贵的带通滤波器来消除基站的杂散辐射。
- 由于发射机和接收机同时工作，所以FDMA移动单元要使用双工器。这就增加了FDMA用户单元和基站的费用。
- FDMA需要用精确的射频（RF）滤波器来把相邻信道的干扰减到最小。

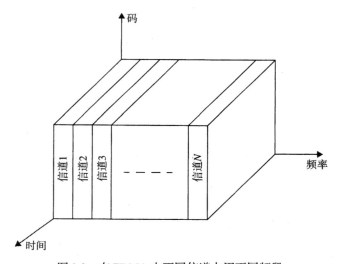

图9.2　在FDMA中不同信道占用不同频段

FDMA中的非线性效应——在一个FDMA系统中，许多信道在一个基站中共享同一天线。功率放大器或功率合成器当工作在最大功率或接近最大功率时是非线性的。这种非线性导致了频域的信号扩展,并产生了交调(IM)频率。IM 是不希望得到的 RF 辐射,它在 FDMA 系统中能干扰其他信道。频谱的扩展导致了对相邻信道的干扰。交调将产生不希望得到的谐波。产生在移动无线波段以外的谐波会干扰邻近频段的服务,而那些存在于波段内的谐波会干扰移动通信系统内的其他用户[Yac93]。

例9.1 如果一个基站发射两个载波频率,一个是 1930 MHz,另一个是 1932 MHz,并且它们已被一个饱和削波放大器放大,求产生的交调频率。如果分配给该移动通信系统的频段是 1920 MHz 到 1940 MHz,求处在波段内和波段外的 IM 频率。

解:

IM 失真发生在频率 $mf_1 + nf_2$ 处,对于所有 m 和 n 的整数值(即 $-\infty < m, n < \infty$)。由非线性设备产生的可能的 IM 频率是

$$(2n + 1)f_1 - 2nf_2, (2n + 2)f_1 - (2n + 1)f_2, (2n + 1)f_1 - 2nf_2,$$
$$(2n + 2)f_{12} - (2n + 1)f_1 \quad \text{对于} \ n = 0, 1, 2,\dots$$

表 E9.1 列出了一些 IM 产物项。

表 E9.1　IM 产物

$n = 0$	$n = 1$	$n = 2$	$n = 3$
1930	1926	1922	1918
1928	1924	1920	1916
1932	1936	1940	1944*
1934	1938	1942*	1946*

表中标有 * 号的频率是在移动通信系统波段之外的频率。

第一个美国模拟蜂窝系统,即高级移动电话系统(AMPS)是以 FDMA/FDD 为基础的。当呼叫进行时,一个用户占用一个信道,并且这一信道实际上是两个单工的、具有 45 MHz 间隔的双工频率的信道。当一个呼叫完成或一个切换发生时,信道就空闲出来以便其他移动用户使用。AMPS 支持多个用户或同时在系统中工作的用户,因为分配给每个用户一个惟一的信道。语音信号在前向信道上从基站发送到移动台单元,并且在反向信道上从移动台单元发送到基站。在 AMPS 中,采用模拟窄带调频(NBFM)调制载波。FDMA 系统中可以同时支持的信道数由式(9.1)给出:

$$N = \frac{B_t - 2B_{guard}}{B_c} \tag{9.1}$$

其中,B_t 是系统带宽,B_{guard} 是在分配频谱时的保护带宽,B_c 是信道带宽。如果在上行链路等带宽分配的条件下,B_t 和 B_c 也可用单工信道来定义。

例9.2 如果为一家美国 AMPS 蜂窝系统运营商的每个单工波段分配了 12.5 MHz,并且如果 B_t 为 12.5 MHz,B_{guard} 为 10 kHz,B_c 为 30 kHz,求 FDMA 系统中的有效信道数。

解:

FDMA 系统中的有效信道数为

$$N = \frac{12.5 \times 10^6 - 2(10 \times 10^3)}{30 \times 10^3} = 416$$

在美国,规定每一家蜂窝运营商有 416 个信道。

9.3　时分多址（TDMA）

　　时分多址系统把无线频谱按时隙划分,并且在每一个时隙中仅允许一个用户,要么接收要么发射。由图9.3我们可以看到,每一个用户占用一个周期性重复的时隙,因此可以把一个信道看做是每一个帧都会出现的特定时隙,其中N个时隙组成一个帧。TDMA系统使用缓存-突发法来发射数据,因此对于任何一个用户而言发射都不是连续的。这就意味着数字数据和数据调制必须与TDMA一起使用,而不像采用模拟FM的FDMA系统。各个用户的发射时隙相互连成一个重复的帧结构,如图9.4所示。由图可以看出,帧是由时隙组成的。每一帧都由头比特、信息数据和尾比特组成。在TDMA/TDD中,帧信息中时隙的一半用于前向链路,而另一半用于反向链路。在TDMA/FDD系统中,有一个完全相同或相似的帧结构,可用于前向发送或反向发送,但前向和反向链路的频率是不同的。一般情况下,TDMA/FDD系统都会有意识地在一个特定用户的前向和反向时隙间设置几个延迟时隙,从而使用户单元不必使用双工器。

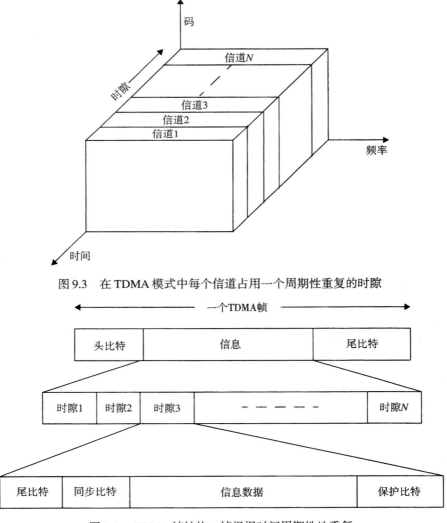

图9.3　在TDMA模式中每个信道占用一个周期性重复的时隙

图9.4　TDMA帧结构。帧根据时间周期性地重复

在一个 TDMA 帧中，头比特包含了基站和用户用来确认彼此地址和同步的信息。保护时间用来保证不同时隙和帧之间的接收机同步。不同的 TDMA 无线标准有不同的 TDMA 帧结构，这将在第 11 章中介绍。TDMA 的特点包括：

● TDMA 使几个用户共享一个载波频率，并且每一个用户利用不相互重叠的时隙。每一帧的时隙数取决于多个因素，如调制技术、有效带宽等。

● 对于用户来说，TDMA 系统的数据传送不是连续的，而是分组发送的。这就使电池消耗低，因为当用户发射机不用时（在大多数时间）可以关掉。

● 由于在 TDMA 中的不连续发送，切换处理对于一个用户单元来说是简单的，因为它可以利用空闲时隙监听其他基站。像移动辅助切换（MAHO）这样的增强链路控制方式，可由一个用户通过监听 TDMA 帧中的一个空闲时隙来执行。

● TDMA 用不同的时隙进行发射和接收，因此不需要双工器。即使使用了 FDD 技术，在用户单元内部也是使用切换器而不是双工器来满足收发信机在接收机和发射机间的切换。

● 在 TDMA 中，采有自适应均衡器是必要的。因为相对于 FDMA 信道，TDMA 信道的发射速率通常要高得多。

● 在 TDMA 中，应把保护时间减到最小。如果为了缩短保护时间而把一个时隙边缘的发射信号过分地压缩，那么发射频谱将会增大并且会干扰邻近信道。

● 由于分组发射，因此在 TDMA 系统中需要较高的同步开销。因为 TDMA 发射被时隙化了，所以就要求接收机与每一个数据分组保持同步。而且，保护时隙对区分用户是非常必要的，这就导致了 TDMA 系统比 FDMA 系统的开销更大。

● TDMA 的一个优点是它有可能给不同用户分配一帧中不同数目的时隙。因此，可以利用基于优先权级联或者重新分配时隙的方法，按照不同用户的要求来提供带宽。

TDMA 的效率——TDMA 系统的效率是指在发射的数据中信息比特所占的百分比，不包括为接入模式而提供的系统开销。帧效率 η_f 是指发射数据比特在每一帧中所占的百分比。注意，发射的数据可以包括原始数据和信道编码，因此一个系统的原始终端用户的效率通常小于 η_f。帧效率按如下方法求出。

每一帧的系统开销比特数是[Zie92]：

$$b_{OH} = N_r b_r + N_t b_p + N_t b_g + N_r b_g \tag{9.2}$$

其中，N_r 是每一帧的参考突发数，N_t 是每一帧的业务突发数，b_r 是每个参考突发的开销比特数，b_p 是每个时隙中每个头比特的开销比特数，b_g 是每个保护时间间隔的等效比特数。每一帧的比特总数 b_T 为

$$b_T = T_f R \tag{9.3}$$

其中，T_f 是帧长，R 是信道比特速率。从而给出帧效率 η_f 为

$$\eta_f = \left(1 - \frac{b_{OH}}{b_T}\right) \times 100\% \tag{9.4}$$

TDMA 系统的信道数——把每个信道的 TDMA 时隙与有效信道相乘，可以求出在一个 TDMA 系统中所提供的 TDMA 信道的时隙数：

$$N = \frac{m(B_{tot} - 2B_{guard})}{B_c} \tag{9.5}$$

其中，m 是每一个无线信道中所能支持的最大 TDMA 用户数。注意有两个保护波段，一个在所分配频率波段的低端，另一个在高端。我们需要这两个波段来保证在波段边缘处的用户不会"溢出"而进入一个邻近的无线业务系统。

例 9.3　考虑全球移动通信系统 GSM，它是一个前向链路处于 25 MHz 的 TDMA/FDD 系统，并且将 25 MHz 分为若干个 200 kHz 的无线信道。如果一个无线信道支持 8 个语音信道，并且假设没有保护波段，求出在 GSM 中包含的同时工作的用户数。

解：

GSM 系统能同时中容纳的用户数为

$$N = \frac{25 \text{ MHz}}{(200 \text{ kHz})/8} = 1000$$

因此，GSM 能同时支持 1000 个用户。

例 9.4　如果 GSM 使用每帧包含 8 个时隙的帧结构，并且每一帧包含 156.25 比特，在信道中数据的发送速率为 270.833 Kbps，求(a)一个比特的时长；(b)一个时隙的时长；(c)一个帧的时长；(d)占用一个时隙的用户在两次发射之间必须等待的时间。

解：

(a) 一个比特的时长为 $T_b = \dfrac{1}{270.833 \text{ Kbps}} = 3.692 \text{ μs}$。

(b) 一个时隙的时长为 $T_{slot} = 156.25 \times T_b = 0.577 \text{ ms}$。

(c) 一个帧的时长为 $T_f = 8 \times T_{slot} = 4.615 \text{ ms}$。

(d) 用户必须等待 4.615 ms（即一个新帧的到达时间）后，才可进行下一次发射。

例 9.5　如果一个标准 GSM 时隙由 6 个尾比特、8.25 个保护比特、26 个训练比特和 2 组业务突发组成，其中每一个业务突发由 58 个比特组成，求帧效率。

解：

一个时隙有 6 + 8.25 + 26 + 2(58) = 156.25 比特。

一个帧有 8 × 156.25 = 1250 比特/帧。

每帧的系统开销为 $b_{OH} = 8(6) + 8(8.25) + 8(26) = 322$ 比特。

因而帧效率为 $\eta_f = \left[1 - \dfrac{322}{1250}\right] \times 100 = 74.24\%$。

9.4　扩频多址（SSMA）

扩频多址使用的发射信号带宽比最小所需的 RF 带宽高若干数量级。伪随机（PN）序列（在第 6 章讨论过）把一个窄带信号在发射前转换成宽带信号。SSMA 可以抵抗多径干扰而增强多址能力。SSMA 在只有一个用户使用时没有很好的带宽效率。然而，许多用户能够互不干扰地共享同一扩频带宽，因此在多用户环境中，扩频多址系统就变成了高带宽效率系统。这一点是无线系统设计者所感兴趣的。目前，扩频多址技术主要有两种类型：直接序列扩频多址（DS）和跳频多址（FH）。直接序列扩频多址也称为码分多址（CDMA）。

9.4.1 跳频多址（FHMA）

跳频多址是一个数字多址系统,此系统中单个用户的载波频率在宽带信道范围内以伪随机的方式变化。图9.5 显示了 FHMA 允许多个用户同时占用同一频谱,其中每个用户基于自身的特定 PN码,在特定的时间占用一个指定的窄带信道。每个用户的数字数据被分为大小一致的数据突发,并在不同的窄带信道上发射出去。任意一个发射突发的瞬时带宽都比整个扩展带宽小得多。用户载频的伪随机变化使得在任意时刻对具体信道的占用也随机变化,这样就可以实现一个大频率范围的多址接入。在 FH 接收机中,利用本地产生的 PN 码使接收机的瞬时频率与发射机同步。在任意时刻,因为使用了窄带 FM 或 FSK,一个跳频信号仅占用一个相对较窄的信道。FHMA 和传统的 FDMA 系统的区别在于,FHMA 调频信号会快速地变更信道。如果载波变化速率大于符号速率,那么此系统就称为快跳频系统;如果载波变化率小于符号速率,那么就称为慢跳频系统。因此,一个快跳频系统可以认为是使用频率分集的 FDMA 系统。FHMA 系统经常使用能量效率高的横包络调制。廉价的接收机可用来提供 FHMA 的非相干检测。这就意味着线性并不是问题,也说明了接收机上的多用户功率不会降低 FHMA 的性能。

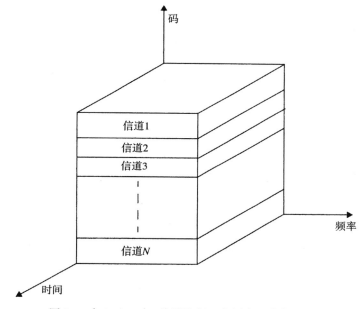

图 9.5 在 CDMA 中,分配给每一个用户一个惟一的 PN
码,该码与其他用户的 PN 码正交或近似正交

一个跳频系统提供了一定级别的安全保证,特别是在使用大数量的信道时。由于一个无意（或监听）接收机不知道频隙的伪随机序列,因此必须很快地进行调谐并搜索希望监听的信号。此外,跳频信号偶尔会发生深度衰落,而使用纠错编码和交织可保证跳频信号不受衰落的影响。纠错编码和交织技术也可以用来防止碰撞的影响,碰撞现象在两个或多个用户同时在同一信道上发射时才会发生。蓝牙和家庭 RF 无线技术为了实现高功率效率和低实施成本,采用了 FHMA 技术。

9.4.2 码分多址（CDMA）

在码分多址系统中,窄带信号乘上了一个称为扩频信号的大带宽信号。扩频信号是一个伪随机码序列,其码片速率比消息中的数据速率高若干数量级。由图9.5可以看出,在 CDMA 系统中的所有用户使用同一载频，并且可以同时发射。每个用户都有其自己的伪随机码字，并且与其他用户的码字几乎是正交的。接收机执行一个时间相关操作来检测惟一需要的码字。所有其他的码字由于不相关而被认为是噪声。为了检测出信号，接收机要知道发射机所用的码字。每个用户都独立于其他用户而运行。

在CDMA中，多址用户的功率决定了一个接收机解相关后的本地噪声。如果小区内用户的功率没有被有效地控制，那么它们在基站接收机处的功率大小是不相等的，因而就会出现远–近效应问题。

许多移动用户共享同一信道时就会发生远–近效应问题。一般情况下，最强的接收移动信号将截获基站的解调器。在CDMA系统中，较强的接收信号提高了较弱信号在基站解调器上的本底噪声，因此降低了较弱信号被接收到的可能性。为了解决远–近效应问题，在大多数实际的CDMA系统中使用功率控制。在蜂窝系统中由基站提供功率控制，以保证基站覆盖区域内的每一个用户给基站提供相同强度的信号。这就解决了由于一个邻近用户的信号过大而覆盖了远处用户信号的问题。基站的功率控制是通过快速抽样每一个移动终端的无线信号强度指示（RSSI）来实现的。尽管在每个小区内使用功率控制，但每小区外的移动终端还会产生不在接收基站控制内的干扰。CDMA的特点包括：

- CDMA系统的许多用户共享同一频率，不管使用的是TDD技术还是FDD技术。
- 与TDMA和FDMA不同，CDMA具有软容量的限制。增加CDMA系统中的用户数目会线性增加本底噪声。因此，CDMA对用户数目没有绝对的限制。当然，当用户数目增加时，对所有用户而言系统性能会逐渐下降，相应地，当用户数目减少时，性能会有所提高。
- 由于信号被扩展在一较宽频谱上，因而可以减小多径衰落。如果频谱带宽比信道的相关带宽大，那么固有的频率分集将减少小尺度衰落的作用。
- 在CDMA系统中，信道数据速率很高。因此，符号（码片）时间很短，而且通常比信道时延扩展小得多。因为PN序列有很好的自相关性，所以超过一个码片延迟的多径将被认为是噪声。可以使用RAKE接收机，通过收集所需要信号中不同时延的信号来提高接收的可靠性。
- 因为CDMA使用同信道小区，所以它可以用宏空间分集来进行软切换。软切换由移动交换中心（MSC）执行，MSC可以同时监视来自两个或多个基站的特定用户信号。MSC可以在任何时刻选择最好的一个信号，而不用切换频率。
- 自干扰是CDMA系统的一个问题。自干扰是由不同用户的扩频序列不是完全正交性造成的。在一个特定PN码的解扩中，对于一个指定的用户而言，用于接收机统计判决的非零成分可能来自于系统中其他用户的发射信号。
- 如果在CDMA接收机上存在比目标用户功率更高的其他用户的功率，那么就会出现远–近效应问题。

9.4.3 混合扩频技术

除了跳频和直接序列扩频这些扩频多址技术之外，还有一些混合扩频技术，这些技术各具有一些特殊的优点。下面讨论这些混合技术。

混合FDMA/CDMA（FCDMA）——这种技术可看做是对当前所提过的DS-CDMA技术的一种替代技术。图9.6说明了这种混合模式的频谱。有效的宽带频谱被划分成一些带宽更小的子频谱。每一个较小的子信道都成为窄带CDMA系统，并具有比原来的CDMA系统低一些的处理增益。这种混合系统的一个优点是带宽不需要连续，而且可以依据不同用户的要求分配在不同的子频谱上。这种 FDMA/CDMA 技术的容量是所有子频谱中运行的系统容量之和[Eng93]。

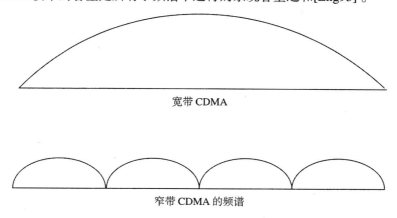

图 9.6　宽带 CDMA 频谱和混合频分直接序列多址频谱的比较

混合直接序列 / 跳频多址（DS/FHMA）——这种技术由一个直接序列调制信号构成，该信号的中心频率以伪随机方式跳变。图 9.7 显示了这种信号的频谱[Dix94]。直接序列跳频系统具有可避免远－近效应的优点。然而，跳频 CDMA 系统不适用于软切换处理，因为很难使跳频基站接收机和多路跳频信号同步。

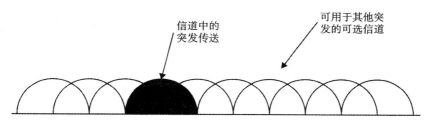

图 9.7　一个混合 FH/DS 系统的频谱

时分 CDMA（TCDMA）——在一个 TCDMA（也称为 TDMA/CDMA）系统中，给不同的小区指定不同的扩频码。在每一个小区内，仅给一个用户分配一个特定的时隙。因此，在任意时刻，在每一个小区内就仅有一个 CDMA 用户正在发射。发生切换时，该用户的扩频码会更改为新小区的扩频码。使用 TCDMA 的一个优点是它可避免远－近效应，因为在任意时刻，在一个小区内只有一个用户正在发射。

时分跳频（TDFH）——这种多址技术在出现严重多径衰落或严重同信道干扰问题时具有一定优点。用户可以在一个新的 TDMA 帧开始时跳到一个新的频率，因此可避免一个特定信道上的严重衰落或碰撞事件。GSM 标准已采用此技术。在 GSM 标准中，已预先定义了跳频序列，并且允许用户在指定小区的特定频率上跳频。如果是两个相互干扰的基站发射机在不同频率和不同时间发射，那么这种模式也避免了邻近小区的通信信道干扰问题。使用 TDFH 技术能成倍地增加 GSM 的系统容量[Gud92]。第 11 章将更加详细地描述 GSM 标准。

9.5　空分多址（SDMA）

空分多址控制了用户的空间辐射能量。从图 9.8 可以看出，SDMA 使用定向波束天线来服务不同的用户。相同的频率（在 TDMA 或 CDMA 系统中）或不同的频率（在 FDMA 系统中）可用于天线波束覆盖的这些不同区域。扇形天线可看做是 SDMA 的一个基本方式。将来有可能使用自适应天线迅速地引导能量沿用户方向发送，这种天线看来是最适合于 TDMA 和 CDMA 的。

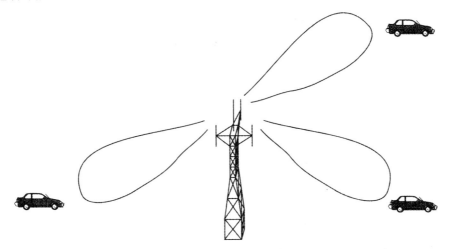

图 9.8　一个空间滤波基站天线利用定向波束来服务不同的用户

在蜂窝系统中，由于一些原因使反向链路出现了更多的困难[Lib94b]。第一，基站完全控制了前向链路上所有发射信号的功率。但是，由于每一个用户和基站间无线传播路径的不同，从每一个用户单元出来的发射功率必须动态控制，以防止任何用户功率太高而干扰其他用户。第二，发射功率受到用户单元电池能量的限制，因此也限制了反向链路上对功率的控制程度。如果为了从每个用户接收到更多能量，使用通过空间过滤用户信号的方法，那么每一个用户的反向链路将得到改善，并且只需更少的功率。

用在基站的自适应天线（最终会用在用户单元），可以解决反向链路的一些问题。不考虑无穷小波束宽度和无穷大快速搜索能力的限制，自适应式天线提供了最理想的 SDMA，继而提供了在本小区内不受其他用户干扰的惟一信道。在 SDMA 系统中，所有用户将使用同一信道在同一时间内双向通信。而且，一个完善的自适应天线系统应能为每一个用户搜索其多个多径分量，并且以最理想方式组合它们，从而收集从每个用户发来的所有的有效信号能量。因为这一系统需要无穷大的天线，所以理想的自适应天线系统是不可行的。但是，9.7.2 节将叙述在使用具有适度定向的、适当大小的天线阵列的情况下可以得到的系统增益。

9.6　分组无线电（PR）

在分组无线电接入技术中，许多用户试图使用一种分散（或协调性很小）的方式接入一个信道。发射可通过使用数据突发来完成。一旦基站接收机检测出由于多个发射机同时发射而产生的碰撞，那么它就会发射一个 ACK 或 NACK 信号来通知发射信号的用户（和所有其他用户）。ACK信号表示基站承认从一特定用户发射的分组被接收，而 NACK（否定确认）表示先前发射的分组没有被基站正确接收。通过使用 ACK 和 NACK 信号，PR 系统具有了完善的反馈，即使在由于碰撞而产生较大传输延迟的时候。

分组无线多址接入是很容易实现的，但是效率较低，并且可能导致延迟。用户使用竞争技术在一共用信道上发射。最好的例子是用于早期卫星系统的 ALOHA 协议。ALOHA 允许每一个用户在其有数据要发射的任何时候发射。正在发射的用户监听确认反馈来判定发射是否成功。如果碰撞发生，用户等待一段时间后再重新发射分组。分组竞争技术的优点在于服务大量用户时的开销很少。可以用吞吐量（T）和一个典型信息分组所经历的平均延迟（D）来衡量竞争技术的性能，T定义为每单位时间成功发射的信息平均数量。

9.6.1　分组无线协议

为了求出吞吐量，确定易损阶段V_p是很重要的。定义V_p为分组可能与其他用户的发射产生碰撞的那段时间间隔。图9.9指出了ALOHA协议[Tan81]的一个分组的V_p。如果其他终端在t_1和$t_1 + 2\tau$之间发射分组，那么分组A将经历碰撞。即使只有分组A的一部分遭受碰撞，也有可能会导致报告消息无效。

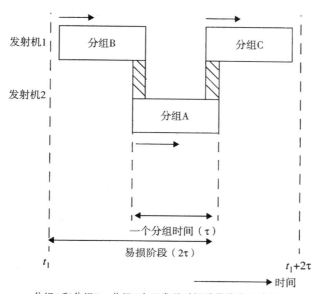

分组A和分组B、分组C由于发送时间重叠将发生冲突

图 9.9　使用 ALOHA 协议时的一个分组的易损阶段

为了研究分组无线协议，假设所有用户发射的所有分组均有固定的长度和固定的信道数据速率，同时所有其他用户可以在任一随机时间产生新的分组。并且假设分组发射服从到达率为λ的泊松分布。如果τ是发射分组所需的时间，那么分组无线网络的业务占有量或吞吐量R可以由下式求出：

$$R = \lambda\tau \tag{9.6}$$

在式(9.6)中，R是到达及缓存的分组的归一化信道流量（用Erlangs来衡量），并且也是对信道利用程度的相对测量。如果$R > 1$，全体用户将以高于信道所能承受的速率来产生分组[Tan81]。因此，为了获得合理的吞吐量，产生新分组的速率必须使$0 < R < 1$。在正常负荷情况下，吞吐量T和所提供的总负荷L是一样的。负荷L是新产生的分组和先前发射时遭受碰撞而要重新发射的分组之和。归一化吞吐量总是小于或等于单位吞吐量，并且可以看做是信道占用时间的表示。归一化吞吐量可由成功发射概率乘以总负荷，也就是

$$T = R \cdot \Pr[\text{无碰撞}] = \lambda\tau \cdot \Pr[\text{无碰撞}] \tag{9.7}$$

其中，Pr[无碰撞]是一个用户成功发射一次的概率。在一个给定分组时间间隔内，用户产生 n 个分组的概率可假设为泊松分布：

$$Pr(n) = \frac{R^n e^{-R}}{n!}$$
(9.8)

假设在一给定分组时间间隔内没有其他分组发射，那么就假设这个分组成功发射。在这段期间不产生分组（即无碰撞）的概率为

$$Pr(0) = e^{-R}$$
(9.9)

根据接入类型的不同，竞争协议可分为随机接入、调度接入和混合接入。在随机接入类型中，用户之间没有协调并且消息一到达发射机就会被发射出去。而调度接入以协调信道上用户的接入为基础，用户在所分配的时隙内或时间间隔内发射消息。混合接入是随机接入和调度接入的组合。

9.6.1.1　纯 ALOHA

纯 ALOHA 协议是适用于数据传输的随机接入协议。一旦有消息需要发射，用户就要接入信道。在数据发射以后，用户在同一信道或另一个独立反馈信道上等待确认消息。当有碰撞发生时（即接到一个 NACK），终端就等待一段随机时间后再重新发射信息。当用户数增加时，由于产生碰撞的概率增加而出现较长的延迟。

对于 ALOHA 协议而言，消息易损阶段是发射分组持续时间的两倍（如图9.9所示）。因此，在 2τ 间隔内无碰撞的概率可通过 $Pr(n)$ 来求出：

$$Pr(n) = \frac{(2R)^n e^{-2R}}{n!} \qquad n = 0$$
(9.10)

我们可以通过估算式(9.10)的方法来确定在 2τ 期间被发射的分组的平均数目（这在确定平均业务量时非常有用）。无碰撞概率为 $Pr(0) = e^{-2R}$。ALOHA 协议的吞吐量可由式(9.7)求出：

$$T = Re^{-2R}$$
(9.11)

9.6.1.2　时隙 ALOHA

在时隙 ALOHA 中，时间被分为相同长度的时隙，这比分组的持续时间 τ 长。每个用户有同步时钟，并且消息仅在一个新时隙的开始时发射，因此形成了分组的离散分布。这样就防止了发射分组的部分性碰撞，也就是说防止了一个分组与另一个分组的一部分发生碰撞。当用户数增加时，由于完全碰撞增多和重复发射丢失的分组增多而使延迟增大。其中，重新发射前发射机等待的时隙数决定了传送的延迟特性。由于通过同步操作防止了部分性碰撞，所以时隙协议的易损阶段仅仅是一个分组的持续时间。在易损阶段没有其他分组产生的概率是 e^{-R}。时隙 ALOHA 的吞吐量可由式(9.12)求出：

$$T = Re^{-R}$$
(9.12)

图9.10显示了 ALOHA 和时隙 ALOHA 系统是怎样在延迟和吞吐量之间进行折中的。

例9.6　确定使用 ALOHA 协议和时隙 ALOHA 协议所能得到的最大吞吐量。

解：
对于 ALOHA 系统，要求使吞吐量达到最大值的分组到达率，可通过对式(9.11)求导，并令其等于零而得出：

$$\frac{\mathrm{d}T}{\mathrm{d}R} = e^{-2R} - 2Re^{-2R} = 0$$

$$R_{max} = 1/2$$

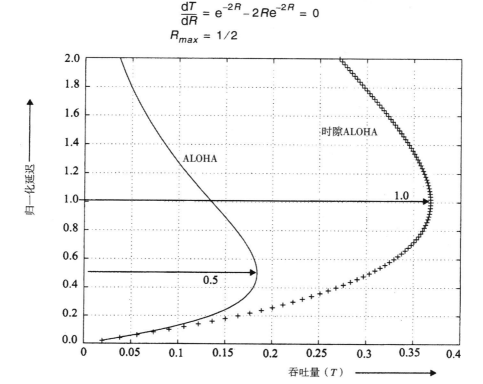

图 9.10　ALOHA 和时隙 ALOHA 分组无线协议在延迟和吞吐量间的折中

使用 ALOHA 协议的最大吞吐量，可通过把 R_{max} 代入式(9.11)后求出。在图 9.10 所示的最大吞吐量就是该值：

$$T = \frac{1}{2}e^{-1} = 0.1839$$

因此我们使用 ALOHA 所能期望的最大吞吐量为 0.184 Erlang。

对于时隙 ALOHA 的最大吞吐量，可通过对式(9.12)求导，并令其等于零而求出：

$$\frac{\mathrm{d}T}{\mathrm{d}R} = e^{-R} - Re^{-R} = 0$$

$$R_{max} = 1$$

最大吞吐量可由把 R_{max} 代入式(9.12)求出。在图 9.10 所示的最大吞吐量就是该值：

$$T = e^{-1} = 0.3679$$

注意时隙 ALOHA 提供的最大信道利用率是 0.368 Erlang，即 ALOHA 所提供的两倍。

9.6.2　载波侦听多址接入（CSMA）协议

ALOHA 协议在发射前不监听信道，因此不能利用其他用户的相关信息。在进行发射前监听一下信道，可以获得更高的效率。在使用 CSMA 协议的网络中，每一终端能够在发射信息前首先测试信道状态，如果信道空闲（即没有监测到载波），那么允许用户按照在网络中所有发射机共用的特定算法来发射分组。

在 CSMA 协议中，检测延迟和传输延迟是两个重要的参数。检测延迟是接收机硬件的一个函数，也是终端用来侦听信道是否空闲所需的时间。传输延迟是一个分组从基站传送到移动终端的速度的相对测量。检测时间越小，终端就能越快地监测到一个空闲信道；而小的传输延迟意味着可以在比分组持续时间小的时间间隔中，将分组通过信道发射出去。

因为只有在一个用户开始发射分组以后，另一用户才可以准备发射并同时侦听这一信道，所以传输延迟是很重要的。如果正要发射的分组还没有到达一直保持发射状态的用户，那么后面的用户将检测到一个空闲信道并也将发射它的分组，因此就导致了这两个分组的碰撞。传输延迟影响CSMA 协议的性能。如果 t_p 是传输时间（单位为秒），R_b 是信道比特速率，m 是一数据分组中的比特数（[Tan81], [Ber92]），那么传输延迟 t_d（以分组传输单元表示）就可以表示为

$$t_d = \frac{t_p R_b}{m} \tag{9.13}$$

下面是 CSMA 技术的一些变形（[Kle75], [Tob75]）：

- **1-坚持 CSMA**——终端监听信道并等待发射，直至它发现信道空闲。信道一旦空闲，终端就以概率 1 来发射它的信息。
- **非坚持 CSMA**——在这种 CSMA 类型中，终端在接收到一个否定确认之后，会在重新发射分组之前等待一段随机时间。这在无线 LAN 应用中是很常见的。在这种应用中，分组发射间隔比最远处用户的传输延迟大得多。
- **p-坚持 CSMA**——p-坚持 CSMA 可应用于分时隙的信道。当发现一个信道是空闲时，就以概率 p 在第一有效时隙内或以概率 $1-p$ 在下一时隙内发射分组。
- **CSMA/CD**——在具有碰撞检测（CD）的 CSMA 中，用户检测它的发射是否产生碰撞。如果两个或多个终端同时开始发射，那么就会监测到碰撞并且立即中断发射。这种情况要求用户支持同时进行发射和接收操作。对于单个无线电信道，通过中断发射来侦听信道；对于双工系统，可以使用完全双工收发信机[Lam80]。
- **数据侦听多址接入（DSMA）**——DSMA 是 CSMA 的一个特殊类型，它在成功解调前向控制信道后才在反向信道上广播数据。用户侦听散布在前向信道中的忙-闲信息。当忙-闲信息指示没有用户在反向信道发射时，用户就可自由地发射分组。这一技术用在第 10 章讲述的蜂窝数字分组数据（CDPD）蜂窝网络中。

9.6.3　预留协议

9.6.3.1　预留 ALOHA

预留 ALOHA 是以时分多址技术为基础的一个分组接入模式。在此协议中，某个分组时隙被赋予优先级，并且能够为用户预留发射分组的时隙。时隙能够被永久预留或者按请求来预留。在通信繁忙的情况下，按请求预留可以保证较好的吞吐量。在预留 ALOHA 的一种类型中，虽然非常长的持续发射可能被打断，但是成功发射一次的终端将长时间预留一个时隙直到它的发射完成。在另一种类型中则允许用户在每一帧都预留的一个子时隙上发送请求消息。如果发射成功（即没有检测到碰撞），那么就给该终端分配下一个帧中的一个普通时隙，以用于其数据发射[Tan81]。

9.6.3.2　分组预留多址（PRMA）

PRMA 是用一种类似于预留 ALOHA 的离散分组时间技术，它以每一个 TDMA 时隙传送语音和数据，并且优先传输语音，同时利用了 TDMA 的周期帧结构。PRMA 被建议作为综合传输分组数据和语音的一种方法[Goo89]。PRMA 定义的帧结构非常类似于 TDMA 系统的帧结构。在每一帧内有固定数目的时隙，可以将其指定为预留的或可用的，这完全取决于控制基站所决定的通信量。PRMA 将在第 10 章讨论。

9.6.4　分组无线电的截获效应

分组无线电多址技术是以在同一信道内的竞争为基础的。当使用调频或扩频调制时,信号最强的用户就有可能成功地截获发射机,即使许多其他用户也在发射。通常,因为传播路径损失小,离发射机最近的接收机能够截获到它。这就称为远 – 近效应。在实际系统中,截获效应既有优点又有缺点。因为一个特定的发射机可以截获接收机,所以许多分组即使在信道上发生了碰撞也可以存活下来。但是,较强的发射机可以使接收机不去检测多个较弱的、正在试图和接收通信的发射机。这就是所说的发射机屏蔽问题。

在分组无线协议中,接收分组与其他因碰撞而丢失分组的最小功率的比率,是分析截获效应的一个有用参数。这一比率就称为截获比率,而且它取决于接收机和其使用的调制方式。

一般情况下,分组无线电支持移动接收机使用随机接入的方式,将分组数据以数据突发的方式发送。如果终端使它们的分组传输同步,那么信道的吞吐量就会增加,因此这样就避免了产生分组部分性交迭。对于通信负荷较高的情况,不分时隙的 ALOHA 协议和分时隙的 ALOHA 协议的效率都很低,这是因为所有发射分组之间的争夺造成了大多数传输发生碰撞,继而导致了多次重新发射和时延的增加。为了减少这种情况的发生,可以在发射前先监听共用信道或一个专用控制信道。在一个实际的移动通信系统中,CSMA 协议不能检测反向信道上遭受深度衰落的分组无线电发射信号。要提高 ALOHA 信道的利用率,可以通过让竞争同一基站的多个接收机用户的发射功率不同而实现。表 9.2 列出了在不同业务类型下应该使用的多址技术。

表 9.2　适用于不同业务类型的多址技术

业务类型	多址技术
突发,短消息	竞争协议
突发,长信息,大量用户	预留协议
突发,长信息,少量用户	固定 TDMA 预留信道的预留协议
流数据或确定性的(语音)	FDMA,TDMA,CDMA

9.7　蜂窝系统的容量

一个无线电系统的信道容量定义为一定频段内所能支持的信道或用户的最大数目。无线容量是一个衡量无线系统频谱效率的参数。这一参数取决于用户所需的载干比(C/I)和信道带宽 B_c。

在蜂窝系统中,基站接收机的干扰来自周围小区的用户,这称为反向干扰;对于一个特定的用户单元,服务基站将提供其所需要的前向信道;与此同时,周围使用相同信道的其他基站将产生前向信道干扰。考虑前向信道干扰问题时,用 D 表示两个相同信道小区之间的距离,且 R 表示小区的半径。保证可接收的同信道干扰水平的最小 D/R 比就称为同信道复用率,由[Lee89a]定义为

$$Q = \frac{D}{R} \tag{9.14}$$

无线电传播的特性决定了在一给定地点的 C/I,可使用第 4 章和附录 B 所描述的模型来求出具体的 C/I 值。如图 9.11 所示,M 个最临近的同信道小区可以作为第一级干扰;在这种情况下,C/I 可表示为

$$\frac{C}{I} = \frac{D_0^{-n_o}}{\displaystyle\sum_{k=1}^{M} D_k^{-n_k}} \tag{9.15}$$

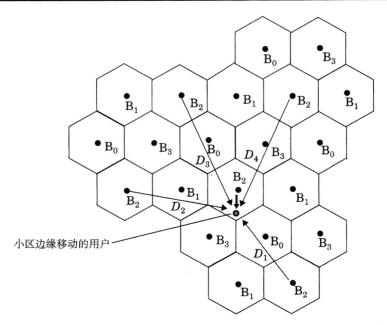

图9.11　簇大小$N=4$的前向信道干扰的说明。图中所示为与服务基站发生干扰的四个
同信道基站。从服务基站到用户的距离是D_0，D_k是从用户到干扰基站的距离

其中，n_0是服务小区中的路径损耗指数，D_0是从服务基站到移动台的距离，D_k是从移动台到第k个小区的距离，n_k是对第k个干扰基站的路径损耗指数。如果只考虑最近的6个干扰小区，并且所有小区近似有相同的距离D及与服务小区相同的路径损耗指数，那么C/I就可表示为

$$\frac{C}{I} = \frac{D_0^{-n}}{6D^{-n}} \tag{9.16}$$

现在，如果假设当移动台在小区边缘（即$D_0=R$）时产生最大干扰，并且如果每一用户的C/I都大于某个最小的$(C/I)_{min}$（它是接收机仍能接收到用户信息的最小C/I），那么为了保证接收性能，必须满足下面的不等式：

$$\frac{1}{6}\left(\frac{R}{D}\right)^{-n} \geqslant \left(\frac{C}{I}\right)_{min} \tag{9.17}$$

因此，从式(9.14)可得，同信道复用因子为

$$Q = \left(6\left(\frac{C}{I}\right)_{min}\right)^{1/n} \tag{9.18}$$

蜂窝系统的无线容量可定义为

$$m = \frac{B_t}{B_c N} \text{ 无线信道 / 小区} \tag{9.19}$$

其中，m是无线容量大小，B_t是分配给系统的总的频谱，B_c是信道带宽，N是满足频率复用要求的小区簇中的小区数。如第3章所述，N是与同信道因子Q相关的：

$$Q = \sqrt{3N} \tag{9.20}$$

从式(9.18)、式(9.19)和式(9.20)可推出无线容量的表达式为

$$m = \frac{B_t}{B_c \dfrac{Q^2}{3}} = \frac{B_t}{B_c \left(\dfrac{6}{3^{n/2}} \left(\dfrac{C}{I} \right)_{min} \right)^{2/n}} \tag{9.21}$$

如[Lee89a]所示，当 $n = 4$ 时，无线容量为

$$m = \frac{B_t}{B_c \sqrt{\dfrac{2}{3} \left(\dfrac{C}{I} \right)_{min}}} \quad \text{无线信道／小区} \tag{9.22}$$

为了提供相同的语音质量，数字系统中的 $(C/I)_{min}$ 可能比模拟系统中的低。具体来说，所需的最小 C/I 在窄带数字系统中大约是 12 dB，而在窄带模拟 FM 系统中大约是 18 dB，精确值取决于现实传播情况下的主观监听测试。在每一个数字无线标准中都有一不同的 $(C/I)_{min}$；而且为了比较不同的系统，必须使用相等的 C/I。如果保持式(9.22)中的 B_t 和 m 不变，那么很明显 B_c 与 $(C/I)_{min}$ 有如下关系：

$$\left(\frac{C}{I} \right)_{eq} = \left(\frac{C}{I} \right)_{min} \left(\frac{B_c}{B_c'} \right)^2 \tag{9.23}$$

其中 B_c 是特定系统的带宽，$(C/I)_{min}$ 是同一系统的可容忍值，B_c' 是不同系统的信道带宽，$(C/I)_{eq}$ 是与一特定系统的 $(C/I)_{min}$ 相比不同系统的最小 C/I 值。注意，对于每个无线信道有固定用户数的系统，当带宽减少一半时，为保证语音质量，$(C/I)_{min}$ 必须增加为原来的 4 倍。式(9.22)说明当 $(C/I)_{min}$ 和 B_c 最小时有最大的无线容量，但式(9.23)显示出 $(C/I)_{min}$ 和 B_c 成反比关系。

例9.7　评估四个不同的蜂窝无线标准，并选出其中具有最大无线容量的系统。

　　系统 A：$B_c = 30$ kHz, $(C/I)_{min} = 18$ dB

　　系统 B：$B_c = 25$ kHz, $(C/I)_{min} = 14$ dB

　　系统 C：$B_c = 12.5$ kHz, $(C/I)_{min} = 2$ dB

　　系统 D：$B_c = 6.25$ kHz, $(C/I)_{min} = 9$ dB

解：

以带宽 6.25 kHz 的系统为基准考察每一个系统，并利用式(9.23)。

　　系统 A：$B_c = 6.25$ kHz, $(C/I)_{eq} = 18 - 20\log(6.25/30) = 31.680$ dB

　　系统 B：$B_c = 6.25$ kHz, $(C/I)_{eq} = 14 - 20\log(6.25/25) = 26.00$ dB

　　系统 C：$B_c = 6.25$ kHz, $(C/I)_{eq} = 2 - 20\log(6.25/12.5) = -4$ dB

　　系统 D：$B_c = 6.25$ kHz, $(C/I)_{eq} = 9 - 20\log(6.25/6.25) = 9$ dB

在比较时，应该选择使 $(C/I)_{eq}$ 最小的系统，因为它对应式(9.22)中系统的最大容量，所以系统 C 提供了最大容量。

在一个数字蜂窝系统中，C/I 可表示为

$$\frac{C}{I} = \frac{E_b R_b}{I} = \frac{E_c R_c}{I} \tag{9.24}$$

其中 R_b 是信道比特速率，E_b 是每比特的能量，R_c 是信道编码的速率，E_c 是每一码字符号的能量。从式(9.23)和式(9.24)可得，(C/I) 与 $(C/I)_{eq}$ 的比率为

$$\frac{\left(\dfrac{C}{I}\right)}{\left(\dfrac{C}{I}\right)_{eq}} = \frac{\dfrac{E_c R_c}{I}}{\dfrac{E_c' R_c'}{I'}} = \left(\frac{B_c'}{B_c}\right)^2 \tag{9.25}$$

R_c 和 B_c 之间的关系总是线性的，并且在移动环境中，如果两个不同的数字系统具有相同的干扰水平 I，那么式(9.25)就可改写为

$$\frac{E_c}{E_c'} = \left(\frac{B_c'}{B_c}\right)^3 \tag{9.26}$$

式(9.26)说明了如果 B_c 减少一半，那么码字符号的能量就增加 8 倍。这样就给出了数字式蜂窝系统中 E_b/N_0 和 B_c 之间的关系。

现在对 FDMA 和 TDMA 的频谱效率进行比较。在 FDMA 中，B_t 被分为 M 个带宽为的 B_c 信道。因此，FDMA 的无线容量为（假设传播路径损耗的条件是 $n = 4$）

$$m = \frac{B_t}{\dfrac{B_t}{M}\sqrt{\dfrac{2}{3}\left(\dfrac{C}{I}\right)}} \tag{9.27}$$

把一个多信道 FDMA 系统占用同一频谱与具有多时隙的单个信道 TDMA 系统进行比较。对于前者（FDMA）的载波和干扰项可写成 $C = E_b R_b$，$I = I_0 B_c$；而后者（TDMA）的载波和干扰项可表示为 $C' = E_b R_b'$，$I' = I_0 B_c'$，其中 R_b 和 R_b' 是两个数字系统的无线发射速率，E_b 是每个比特能量，I_0 表示每赫兹的干扰功率。C' 和 I' 是 TDMA 信道的参数，而 C 和 I 用于 FDMA 信道。

例 9.8 考虑一个具有三个信道的 FDMA 系统，其中每一个信道的带宽为 10 kHz，发射速率为 10 Kbps。一个 TDMA 系统有 3 个时隙，信道带宽为 30 kHz，发射速率为 30 Kbps。

对于 TDMA 模式，用户所承受的载干比是在被使用信道时间的 1/3 内测量的。例如 C'/I' 可在 1 秒中的 333.3 ms 内测量出。因此，C'/I' 可表示为

$$\begin{aligned} C' &= E_b R_b' = \frac{E_b 10^4 比特}{0.333\ s} = 3R_b E_b = 3C \\ I' &= I_0 B_c' = I_0 30\ kHz = 3I \end{aligned} \tag{E.8.8.1}$$

可看出，在这个 TDMA 系统中，一个用户所承受的 C'/I' 和在 FDMA 系统中一个用户所承受的 C/I 相同。因此，在此例中，FDMA 和 TDMA 有相同的无线容量，随之也有相同的频谱效率。然而，TDMA 所需的峰值功率是 $10 \log k$，比 FDMA 所需的要高，其中 k 是具有相同带宽的 TDMA 系统的时隙数。

数字式蜂窝 TDMA 的容量——实际上，相对于模拟蜂窝无线系统，TDMA 系统把容量提高了 3～6 倍。在高干扰环境中，有效的差错控制和语音编码使系统具有更好的链路性能。利用语音激活，一些 TDMA 系统能够更好地利用无线信道。移动辅助切换（MAHO）允许用户检测临近的基站，从而有利于用户选择更好的基站。MAHO 允许采用密集分布的微小区，因此使系统可获得相当大的容量增长。TDMA 也使自适应信道分配（ACA）成为可能。ACA 减少了系统规划的工作量，因为此时不需要进行小区频率规划。在各种系统中，如 GSM、美国数字式蜂窝（USDC）和太平洋数字蜂窝（PDC）已经采用了数字式 TDMA 以获得高容量。表 9.3 比较了基于模拟 FM 的 AMPS 和其他基于数字 TDMA 的蜂窝系统。

表 9.3　AMPS 与基于数字 TDMA 的蜂窝系统的比较[Rai91]

参数	AMPS	GSM	USDC	PDC
带宽（MHz）	25	25	25	25
语音信道	833	1000	2500	3000
频率复用（簇大小）	7	4 或 3	7 或 4	7 或 4
信道/站址	119	250 或 333	357 或 625	429 或 750
通信量（Erlang/km²）	11.9	27.7 或 40	41 或 74.8	50 或 90.8
容量增益	1.0	2.3 或 3.4	3.5 或 6.3	4.2 或 7.6

9.7.1　蜂窝 CDMA 的容量

CDMA 系统的容量是干扰受限的，而在 FDMA 和 TDMA 中是带宽受限的。因此，干扰的减少将导致 CDMA 容量的线性增加。从另一方面来看，在 CDMA 系统中，当用户数减少时，每一个用户的链路性能就会提高。减少干扰的一个最直接的方法就是使用定向天线，这样使用用户在空间上相隔离。定向天线只从一部分用户接收信号，因此减少了干扰。增加 CDMA 容量的另一个方法是不连续发射模式（DTX），此模式利用了语音本身是断断续续的这一特点。在 DTX 中，在没有语音时可关掉收发信机。已观察到有线网络中的语音信号的激活因子大约是 3/8 [Bra68]，而移动系统中为 1/2，因为在移动系统中背景噪声和震动能够触发语音激活检测器。因此，CDMA 系统的平均容量可按激活因子成反比增加。在陆地无线传播中，TDMA 和 FDMA 的频率复用取决于由路径损耗所产生的小区间的隔离，而 CDMA 可以复用小区的所有频率，因而容量有了较大的增加。很多最新的文献提供了详细的 CDMA 容量和系统设计资料（[Lib99], [Kim00], [Gar00], [Mol01]）。

为了评估 CDMA 系统的容量，首先应考虑一个单小区系统[Gil91]。蜂窝网络由多个与基站保持通信的移动用户组成（在一个多小区系统中，所有的基站通过移动交换中心相互连接起来）。小区发射机包含一个线性合成器，这个合成器把所有用户的扩频信号加起来，并且对一个信号使用一个加权因子来实现前向链路的功率控制。当只考虑一个单小区系统时，假设这些加权因子都相等。在小区发射机中还包含一个导频信号，并且由每个移动台在为其反向链路设置功率控制的时候使用。具有功率控制的单小区系统中，反向信道上的所有信号在基站以相同的功率水平被接收。

设用户数为 N。那么，在当前小区中的每一个解调器接收到一个复合波形，此复合波形含有所需信号功率 S 和 $(N-1)$ 个干扰用户的功率，其中每一个干扰用户的功率为 S。因此，信噪比为[Gil91]

$$SNR = \frac{S}{(N-1)S} = \frac{1}{(N-1)} \qquad (9.28)$$

除了 SNR，在通信系统中比特能量-噪声比也是一个重要的参数。它可通过用信号功率除以基带数据速率 R 和用干扰功率除以整个 RF 频段 W 而得到。基站接收机处的 SNR 可用 E_b/N_0 表示：

$$\frac{E_b}{N_0} = \frac{S/R}{(N-1)(S/W)} = \frac{W/R}{N-1} \qquad (9.29)$$

式(9.29)没有考虑在扩频带宽中的背景热噪声 η，如果把 η 考虑进去，E_b/N_0 可表示为

$$\frac{E_b}{N_0} = \frac{W/R}{(N-1) + (\eta/S)} \qquad (9.30)$$

能够接入此系统的用户数可表示为

$$N = 1 + \frac{W/R}{E_b/N_0} - (\eta/S) \qquad (9.31)$$

其中 W/R 为处理增益。背景噪声决定了一个给定发射机功率的小区半径。

为了使容量增加，其他用户产生的干扰应该减少。这可通过减少式(9.28)或式(9.29)中的分母而实现。减少干扰的一个办法就是定向。例如，具有 3 个波束宽 120° 的定向天线的小区收到的干扰为 N_0'，是全向天线所收到的干扰的 1/3。这就使容量增大为原来的 3 倍，而服务的性能保持不变。从另一个角度来看，也就是说在一个全向小区中的相同数目的用户，现在可以在 1/3 区域内获得服务。第二个技术是语音激活检测，在没有语音激活的阶段关掉发射机。语音激活由一个因子 α 来表示，在式(9.29)中的干扰项变为 $(N_s - 1)\alpha$，其中的 N_s 是每一扇区的用户数。使用了这两种技术，在一扇区内 E_b/N_0' 的平均值可表示为

$$\frac{E_b}{N_0'} = \frac{W/R}{(N_s - 1)\alpha + (\eta/S)} \tag{9.32}$$

当用户数目庞大并且系统是干扰受限而不是噪声受限时，用户数可表示为

$$N_s = 1 + \frac{1}{\alpha}\left[\frac{W/R}{\dfrac{E_b}{N_0'}}\right] \tag{9.33}$$

如果假设语音激活因子为 3/8，并且每一服务小区的三个扇区都在使用，式(9.33)就表示相对于一个没有语音激活检测的全向天线系统，SNR 增加了 8 倍，导致用户数增加了 8 倍。

CDMA 功率控制——在 CDMA 中，如果控制每一个移动发射机的功率水平，使得它的信号以所需最小的信号–干扰比达到基站，那么就可得到最大的系统容量[Sal91]。如果在一个小区内所有移动发射机的信号功率都被控制，那么基站从所有移动台接收到的全部信号功率等于平均接收功率和覆盖区域内工作的移动台数目的乘积。如果一个移动台的信号到达基站时太弱，那么必须进行某种折中，通常会采用中断该用户的方法。如果从一个移动用户发来的信号功率太大，那么这个移动单元的性能是可接收的，但是它将给小区内的所有用户增加不希望的干扰。

例 9.9　　如果 $W = 1.25\ \text{MHz}$，$R = 9600\ \text{bps}$，最小可接收的 E_b/N_0 为 10 dB，求出在一个单小区 CDMA系统中分别使用(a)和(b)两种技术时，所能支持的最大用户数。(a)全向基站天线和没有语音激活检测，(b)在基站有 3 个扇区和 $\alpha = 3/8$ 的语音激活检测技术。假设系统是干扰受限的。

解：

(a) 利用式(9.31)，

$$N = 1 + \frac{1.25 \times 10^6/9600}{10} = 1 + 13.02 = 14$$

(b) 对每一扇区使用式(9.33)求出 N_s：

$$N_s = 1 + \frac{1}{0.375}\left[\frac{1.25 \times 10^6/9600}{10}\right] = 35.7$$

因为在每一小区内同时存在三个扇区，所以总用户数为 $3N_s$。因此 $N = 3 \times 35.7 = 107$ 个用户/小区。

9.7.2　多小区 CDMA 的容量

在一个具有独立的前向和反向链路的实际 CDMA 蜂窝系统中，临近的小区共享同一频率，并且每一个基站控制自己小区内每一用户的发射功率。但是，一个特定基站不能控制临近小区内用户的功率。因此，这些用户的发射功率增加了我们所关心的特定小区的反向链路噪声，并减少了反向

链路的容量。图 9.12 是一个相邻小区内用户分布的例子。相邻小区内用户的发射功率将增加我们所关心的特定小区的基站接收机上的干扰（在这里，用户受到本小区基站的功率控制）。小区外干扰的数目决定了一个 CDMA 蜂窝系统的频率复用因子 f。在理想情况下，每一小区共用同一频率并且取得 f 的最大可能值（$f = 1$）。然而，实际上小区外干扰在很大程度上减少了 f。与每一小区共用同一频率的 CDMA 系统相对比，典型的窄带 FDMA/FDD 系统每 7 个小区复用一个信道，在这种情况下，f 为 1/7（参见第 3 章）。

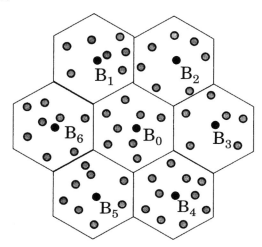

图 9.12　图为在一个 CDMA 蜂窝系统内的用户。每一基站复用同一频率。灰点代表系统内的用户数，其中每一个用户都由自己的基站控制发射功率

在反向链路上，CDMA 系统的频率复用因子可定义为[Rap92b]

$$f = \frac{N_0}{N_0 + \sum_i U_i N_{ai}} \tag{9.34}$$

频率复用效率 F 可定义为

$$F = f \times 100\% \tag{9.35}$$

式(9.34)中，N_0 是由 $(N-1)$ 个小区内用户所产生的总干扰功率，U_i 是第 i 个相邻小区内的用户数，N_{ai} 是由第 i 个相邻小区内用户产生的平均干扰功率。在我们所关注的小区内，如果使用功率控制，则任何一个被服务的用户将与小区内另外 $(N-1)$ 个同时接受服务的用户具有相同的接收功率，并且在从相邻小区内的用户收到的平均功率可由式(9.36)给出：

$$N_{ai} = \sum_j N_{ij} / U_i \tag{9.36}$$

其中 N_{ij} 是我们所关注的小区基站从第 i 个小区内的第 j 个用户接收到的功率。每一个相邻小区可能有不同数目的用户，并且每一个相邻小区的用户将对我们所关注的小区造成不同程度的干扰，此干扰取决于他们和我们所关注的小区基站的距离及其发射功率。一个特定小区的变量 N_{ai} 可以通过标准的统计技术而计算出来。

　　由 Liberti、Rappaport 和 Milstein 所描述的分析法（[Lib94b], [Rap92b], [Lib99]），使用递归几何方法来确定来自小区内和小区外用户信号的传播路径损耗是怎样影响一个 CDMA 系统的频率复用的。这个方法称为同心圆蜂窝几何法，它考虑所有小区具有相同的几何面积，并规定所感兴趣的

小区是一圆形小区，这个小区位于周围所有小区的中央。干扰小区是楔形的并被安置在中央小区的圆周上，图9.13是单层相邻小区的同心圆几何图。

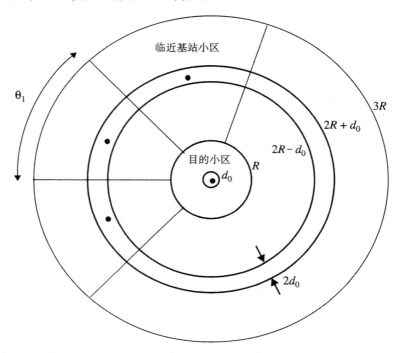

图 9.13　　由 Rappaport 和 Milstein 提出的同心圆蜂窝几何法[Rap92b]。注意到中央小区是一圆形，周围小区是楔行。然而，每一小区覆盖相同的面积

让中央小区的半径为R，并假设存在某一参考距离d_0，使得中央小区内的所有用户所处的位置到中心基站的距离不会小于d_0，也就是目的小区内用户到基站的距离d在d_0与R之间，即$d_0 \leqslant d \leqslant R$。那么干扰小区的第一层就位于$R \leqslant d \leqslant 3R$处，第二层位于$3R \leqslant d \leqslant 5R$处，第$i$层就位于$(2i-1)R \leqslant d \leqslant (2i+1)R$。在每一层上，有$M_i$个相邻小区，此处$i$代表层数。如果假设$d_0$比$R$小得多，那么中心小区的面积$A$就等于：

$$A = \pi R^2 - \pi d_0^2 \approx \pi R^2 \tag{9.37}$$

在小区的第一层内，让A_1代表区域的整个面积。如果第一层内的每一小区具有相同的面积A，那么就应有M_1个楔形小区，并且每一小区跨过一特定角度θ_1。若忽略d_0，很明显对第一层就存在下面两式：

$$A_1 = \pi(3R)^2 - \pi R^2 = M_1 A \tag{9.38}$$

$$\theta_1 = 2\pi / M_1 \tag{9.39}$$

解式(9.38)和式(9.39)，得到$M_1 = 8$，$\theta_1 = 45°$。也就是说，第一层中存在8个楔形小区，并且每一个小区跨度45°。通过递推，可看到第二层及所有后面的层都具有下述关系，即第i层的面积与本层内的小区数有关，可表示为

$$A_i = M_i A = i M_1 A = i8A \quad i \geqslant 1 \tag{9.40}$$

$$\theta_i = \theta_1 / i = \pi / 4i \tag{9.41}$$

同心圆几何法是很有用的,因为一旦确定了目的小区的面积,就很容易确定具有相同覆盖面积的周围小区。而且,由于每一相邻小区到中心小区有相同的半径,因此可以只考虑同一层内一个小区的干扰作用,然后只要简单地把这个小区的作用乘以该层内小区的数目就可以了。

加权因子

考虑相邻小区内用户的不同分布对于干扰的影响,通常是非常必要的。它允许我们确定最坏情况下的频率复用,同时为确定各种不同的用户分布下复用因子 f 的可能范围提供了灵活性。同心圆蜂窝几何法允许将干扰层分为两个子层,内子层位于 $(2i-1)R \le d \le 2iR - d_0$ 处,外子层位于 $2iR + d_0 \le d \le (2i+1)R$ 处。图 9.13 说明了这种分层法(如同下面所述,在临近小区的基站周围存在一个小的禁止区域)。分层后,在一个指定层的楔形小区内就有两个子区:内部区(占有整个小区的小部分面积)和外部区(占有整个小区的大部分面积)。因为每一小区具有和中心小区相同的面积,所以若用户在临近小区上规则分布,那么内部区包含的用户数比外部区少,这样就会影响到中心小区基站接收到的干扰功率。考虑干扰层内其他情况的用户分布,我们可以使用加权因子在一个临近小区的内部和外部层上重新分布用户。

如果 K 是用户密度(即每单位面积内的用户数),那么在中心小区内的用户数为 $U = KA$。如果假设所有小区有相同的用户数,那么在第一层也将有 KA 个用户。使用加权因子来改变内部区和外部区之间相邻小区用户的分布。在第一层内,每一小区的内部区和外部区占有的面积可表示为

$$A_{1in}/M_1 = (\pi(2R)^2 - \pi R^2)/8 = 3A/8 \tag{9.42}$$

和

$$A_{1out}/M_1 = (\pi(3R)^2 - \pi(2R)^2)/8 = 5A/8 \tag{9.43}$$

对于要处理 $U = KA$ 个用户的第一层中的每一个小区,把内部(W_{1in})和外部(W_{1out})区的加权因子应用到用户密度上,就有

$$U = KA = (KW_{1in}A_{1in})/M_1 + (KW_{1out}A_{1out})/M_1 \tag{9.44}$$

和

$$U = KA = KA[3/8W_{1in} + 5/8W_{1out}] \tag{9.45}$$

使用式(9.45),能看到若 $W_{1in} = 1$ 和 $W_{1out} = 1$,那么 3/8 的用户将在内部区,5/8 的用户将在外部区。这可视为频率复用的乐观情况(或上限),因为不到一半的干扰者离基站的距离小于 $2R$,5/8 的用户离基站的距离大于 $2R$,这种情况将带给中心小区较低水平的干扰。但是,如果 $W_{1in} = 4/3$,$W_{1out} = 4/5$,那么在第一层小区中的一半用户离中心基站的距离小于 $2R$,另一半用户离它的距离大于 $2R$(这符合于六边形小区的情况,在这种情况下,一半用户离目的基站较远,另一半用户离目的基站较近)。一个最糟情况下的干扰状况就是在第一层中每一小区的所有 U 个用户都在内部区(这样,由于较小距离和较小的路径损耗,造成了对中心小区更大的干扰)。此时,加权因子是 $W_{1in} = 8/3$,$W_{1out} = 0$。如何为第二层和后面层的小区确定合适的加权因子将作为练习留给大家。

在同心圆几何法中的中心小区和楔行小区的面积,超过了在第3章中所描述的传统六边形小区的面积。一个六边形小区面积为 $A_{hex} = (3\sqrt{3}R^2)/2 = 2.598R^2$,而在同心圆几何法中的每一小区占 πR^2 的面积。因此,中心小区占用的面积是一传统六边形小区占用面积的 1.21 倍。如图 9.13 所示,在第一层中的 8 个楔形小区占用的面积相当于 9.666 个六边形小区占用的总面积。因为频率复用是以临近小区的干扰的相对值为基础的,所以只要用户数和覆盖面积能准确测量,特定的几何形状并不

会给容量的预测带来严重的影响（[Lib94b], [Rap92b], [Lib99] ）。而同心圆几何法更便于分析同信道小区带来的影响。

使用同心圆几何法求 CDMA 容量

　　为求出一多小区 CDMA 系统的容量，可使用同心圆几何法和传播路径损耗模型，确定来自临近小区用户的干扰。利用式(9.34)可以求出频率复用因子。注意到在小区内的干扰功率 N_0 可简单地表示为

$$N_0 = P_0(U-1) \approx P_0 U = P_0 K A \tag{9.46}$$

其中，P_0 是接收到的中心小区内 U 个用户中任意一个用户的功率（因为假设所有的用户在功率控制之下，所以基站接收机中具有相同的接收功率）。通常，实际上假设任何临近小区也有 U 个用户，同时基站从它自己小区内的每一用户接受到的功率也为 P_0。在一个临近小区内，在它自己小区内的每一用户是在功率控制之下的，并且它离自己基站的距离为 d'。因为传播路径损耗是以所有大于 d_0 的距离为基础的，所以假设在所有周围内部存在一宽为 $2d_0$ 的小禁止区（见图 9.14）。禁止区是在每一层中假设不包含用户的一个小环行区，有了它就可以利用任何传播路径损耗模型进行分析，而不用考虑 $d' < d_0$ 这个条件。小的禁止区占用了微不足道的面积，而且实际上具备这种形状的禁止区的临近小区所能提供的干扰水平，与禁止区是围绕基站半径为 d_0 的圆形的临近小区一样，这一点当 $d_0 < R$ 时很容易说明。

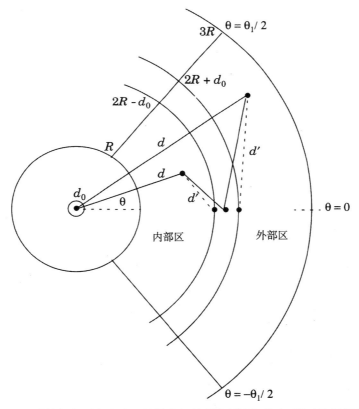

图 9.14　计算相邻用户和中心基站之间的距离的几何分布。通过将相邻小区
分为内部区和外部区，可以使用用户与相邻用户的分布有各种变化

当计算临近小区用户对它自己基站的功率时，对 d' 做一微小的近似。图 9.14 说明了怎样对第一层干扰小区的内部和外部用户计算这一距离。使用余弦法则，就可表示出第 i 层中任一小区内的用户到自己小区的基站的距离：

$$d' = \sqrt{d^2 \sin^2\theta + (2Ri - d_0 - d\cos\theta)^2} \quad \text{对于 } (2i-1)R \leqslant d \leqslant (2i)R - d_0 \tag{9.47}$$

$$d' = \sqrt{d^2 \sin^2\theta + (d\cos\theta - 2Ri - d_0)^2} \quad \text{对于 } (2i)R + d_0 \leqslant d \leqslant (2i+1)R \tag{9.48}$$

那么，有了 d' 和 d，在第 i 个干扰小区内的第 j 个用户对中心小区造成的干扰功率 $P_{0,i,j}$ 可表示为

$$P_{0,i,j}(r, \theta, d_0) = N_{i,j} = P_0(d'/d_0)^n (d_0/d)^n \tag{9.49}$$

其中，n 是在第 3 章和第 4 章讲过的传播路径损耗指数，d' 是如式(9.47)和式(9.48)所示的 θ 的一个函数。式(9.49)右边的两个因子，体现了第 i 个小区的第 j 个用户所辐射的实际发射功率乘以从这一用户到中心基站接收机的传播路径损耗。对一临近小区内的每一个用户计算式(9.49)，就能用式(9.36)计算出 N_{ai}，这样就可以利用式(9.34)来确定 f。

Rappaport 和 Milstein 给出了考虑各种不同的用户加权因子，以及 $n = 2, 3, 4$ 的路径损耗指数和不同的小区尺寸时的仿真系统[Rap92b]。表 9.4 列出了典型结果，这说明了 f 能在 0.316 和 0.707 之间取值，到底取什么值取决于路径损耗指数和用户的分布。因此，单小区 CDMA 系统具有理想的频率复用（$f = 1$），而实际的频率复用是用户分布和路径损耗的函数。

表 9.4 CDMA 蜂窝系统反向信道的频率复用因子，在两个系统实现时是 n 的函数([Rap92b] © IEEE)

d(km)	n	频率复用效率		
		下限	六边形	上限
		$W_1 = 3.0$	$W_1 = 1.38$	$W_1 = 1.0$
		$W_2 = 3.0$	$W_2 = 0.78$	$W_2 = 1.0$
2	2	0.316	0.425	0.462
2	3	0.408	0.558	0.613
2	4	0.479	0.646	0.707
10	2	0.308	0.419	0.455
10	3	0.396	0.550	0.603
10	4	0.462	0.634	0.695

9.7.3 空分多址的容量

一个干扰受限 CDMA 系统运行在 AWGN 信道中，具有完善的功率控制功能，没有来自临近小区的干扰，并且在基站中使用全向天线。对于这样一种 CDMA 系统，利用第 6 章中所述的高斯近似可求出用户的平均 BER P_b 为

$$P_b = Q\left(\sqrt{\frac{3N}{K-1}}\right) \tag{9.50}$$

其中，K 是在一个小区中的用户数，N 是扩频因子。$Q(x)$ 是标准的 Q 函数。式(9.50)假设信号序列是随机的并且 K 足够大，满足高斯近似条件。

为了说明在单小区 CDMA 系统中定向天线是怎样改善反向链路的，下面分析图 9.15。图 9.15 说明了三种可能的基站天线的配置。全向接收天线将检测到来自此系统的所有用户的信号，因此将接收到最大的干扰。定向天线将接收到的干扰分割为较小的值，从而增加了 CDMA 系统中的用户

数（如例 9.9 所示）。在图 9.15(c)中的自适应天线为每一个用户提供了一个波束，这正是 SDMA 系统的最有效形式。一个理想的自适应式天线能为小区中的每一个用户形成一个波束，而且当用户移动时基站会跟踪它。假设形成一波束模式 $G(\phi)$，并使此模式在用户方向上具有最大增益。这样的方向模式可通过在基站使用 N 元自适应阵列天线来实现。假设一个在水平面上不变的波束模式 $G(\phi)$ 能由一个阵列形成，如图 9.16 所示。模式 $G(\phi)$ 能在水平面的 360° 范围内转动，以使服务用户总是处于该天线模式的主瓣中。假设在单小区系统中的 K 个用户均匀地分布在二维小区中（在水平面，$\theta = \pi/2$），并且基站天线能够同时为小区内的所有用户提供这样的模式。在反向链路上，来自所需移动用户的信号功率是 $P_{r,0}$。$K-1$ 个干扰用户在基站天线的信号功率分别为 $P_{r,i}(i = 1,...,k-1)$。一个用户所感受到的平均总干扰功率 I 为（在基站阵列天线处测量，且阵列是指向用户 0 的）

$$I = E\left\{\sum_{i=1}^{K-1} G(\phi_i)P_{r,i}\right\} \tag{9.51}$$

其中，ϕ_i 是水平面上第 i 个用户的方向，它在 x 轴上测量；E 是求平均的符号。式(9.51)不考虑来自临近小区的干扰。如果应用理想的功率控制使每一用户在基站天线上的功率都是一样的，那么 K 个用户均有 $P_{r,i} = P_c$，用户 0 所感受到的平均干扰功率为

$$I = P_c E\left\{\sum_{i=1}^{K-1} G(\phi_i)\right\} \tag{9.52}$$

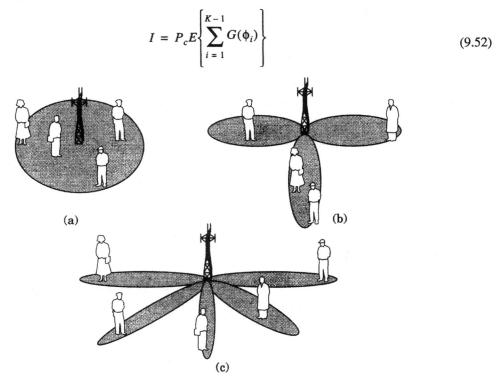

图 9.15　插图说明不同的天线模式：(a) 全向基站天线模式；(b)定向基站天线模式；(c)自适应天线模式，为小区内每一个用户提供单个波束

假设用户相互独立、均匀地分布在整个小区中，那么中心小区的一个用户所感受到的总干扰为

$$I = \frac{P_c(K-1)}{D} \tag{9.53}$$

其中 D 是天线的方向增益，由 $max(G(\phi))$ 求得。在一个典型的蜂窝系统中，D 的变化范围是从 3 dB 到 10 dB。当天线波束模式更窄时，相应的 D 就会增加，所接收到的干扰 I 就会减少。对用户 0 的平均 BER 可表示为

$$P_b = Q\left(\sqrt{\frac{3DN}{K-1}}\right)$$

(9.54)

因此可看出，BER 取决于接收机的波束模式，并且当基站使用高增益自适应式天线时，能获得相当大的改善。

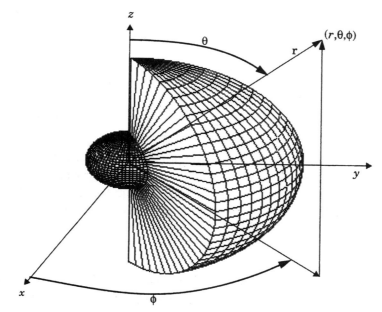

图 9.16　一个理想化的顶部平坦模式，波束宽 60°，有一个 –6 dB 的旁瓣。对于
离基站远近不同的用户，此模式在水平轴上无变化（[Lib94b] © IEEE）

基于来自临近小区的附加干扰增加了干扰水平这一事实，对于多小区环境中使用定向天线的一个特定用户而言，他的平均差错概率可表示为

$$P_b = Q\left(\sqrt{\frac{3fDN}{K-1}}\right)$$

(9.55)

其中，f 是式(9.34)和表 9.4 中所表示的频率复用因子。图 9.17 说明了具有不同传播损耗指数的平均差错概率。在此图中，使用在 9.7.2 节描述过的单个干扰小区层几何法，对两个不同类型的基站天线进行了比较[Lib94b]。在图 9.17 中，一条是使用标准全向基站天线时所得到的平均差错概率曲线，而另一条是使用方向增益大约为 5.1 dB 的顶部平坦波束天线时得到的曲线（此波束对于特定角度范围，方向增益为常数）。假设此波束具有一个跨度为 30° 的最大增益主瓣，以及具有比最大增益低 6 dB 的旁瓣。而且，假设基站形成 K 个分开的波束，分别指向小区内的 K 个用户。注意，在 $n = 4$ 的传播路径损耗环境中，若其平均差错概率为 0.001，那么该系统将支持 350 个用户，而定向天线只支持 100 个用户[Lib94b]。用户增加的数目粗略地等于由该系统所提供的定向数。用户数的增加说明了在无线系统中 SDMA 技术可以提高系统容量。注意，此处没考虑多径的影响。散射和多径对 SDMA 性能的作用是目前研究的一个课题，它们必然会影响 SDMA 技术的性能和实现策略。

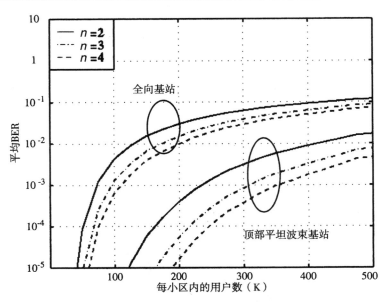

图 9.17　在具有一个同信道小区干扰层的 CDMA 系统中，一个用户的平均
差错概率。目的基站使用(a)全向基站天线和(b)SDMA 系统，它有
$D = 5.1$ dB 的顶部平坦波束，并且分别指向在小区内的 K 个用户。
注意，对于给定的平均差错概率，SDMA 明显提高了系统容量

9.8　习题

9.1　每帧支持 8 个用户且数据速率为 270.833 Kbps 的 GSM TDMA 系统。(a)每一用户的原始数据速率是多少？(b)如果保护时间、频跳时间和同步比特共占用 10.1 Kbps，那么求每一用户的传输效率。

9.2　美国数字蜂窝系统 TDMA 系统的数据速率为 48.6 Kbps，每帧支持 3 个用户。每一用户占用每帧中 6 个时隙中的 2 个。求每一用户的原始数据速率是多少？

9.3　对于习题 9.2，假设每方向信道帧包含 6 个时隙占 324 位；并且在每一时隙内，有 6 个保护位、6 个跳频位、28 个同步位、12 个控制信道位，还有用于管理控制信号的 12 位和 260 个数据位。(a)求美国数字蜂窝标准的帧效率。(b)如果使用半速率语音编码，那么在一帧内支持 6 个用户，求用半速率语音编码的用户的原始数据速率和帧效率。

9.4　太平洋数字蜂窝系统（PDC）TDMA 系统使用 42.0 Kbps，并且每帧支持 3 个用户。每一用户占用每帧 6 个时隙中的 2 个。(a)每一用户的原始数据速率是多少？(b)如果帧效率是 80%，帧长是 6.667 ms，那么求出每帧发送给每一用户的信息比特数。(c)如果使用半速率语音编码，那么每帧 6 个用户，求每帧分配给每一用户的信息比特数。(d)半速率 PDC 中的每一用户的信息数据速率是多少？

9.5　假设对美国 AMPS 标准使用非线性放大器进行 FDMA 发射。如果一个基站同时发射 352 号控制信道和 360 号语音信道，那么求出在前向链路上由于交调而可能携带干扰的所有蜂窝信道。

9.6　如果寻呼系统以 931.9375 MHz 发射，一个蜂窝系统基站在 318 号 AMPS 控制信道上广播，并且两个天线都位于同一广播塔上，求出被一个带有非线性放大器的接收机检测到的包含交调干扰的蜂窝信道。在什么情况下可以产生这种类型的交调？

9.7　在一个非时隙 ALOHA 系统中，分组到达次数符合泊松分布，并且到达率为 1000 分组/秒。如果比特速率是 10 Mbps 和 1000 比特/分组，求(a)系统的归一化吞吐量和(b)使吞吐量最大的每分组比特数。

9.8　在一个时隙 ALOHA 系统中重做习题 9.7。

9.9　如果信道数据速率为 19.2 Kbps，每一分组包含 256 比特，求在分组传输单元中的传输延迟。假设一个用户与发射机之间有一条 10 km 的视距路径。如果使用时隙 ALOHA，那么对于这个系统而言，最佳的每分组所含的比特数是多少（假设 10 km 是发射机和接收机之间的最大距离）？

9.10　假设信道带宽为 30 kHz，所分配的总频谱为 20 MHz。对 $n = 3$ 的传播路径损耗，最小可接收的 $C/I = 14$ dB，求每一小区的模拟信道数。此系统合适的簇大小为多少？

9.11　当 $n = 2$ 和 $n = 4$ 时，重做习题 9.10。

9.12　在全向 CDMA 蜂窝系统中（单小区，单扇区），每用户所需的 $E_b/N_0 = 20$ dB。如果想容纳 100 个用户，每用户的基带数据速率为 13 Kbps，求扩展频谱码片序列最小的信道比特速率。忽略语音激活。

9.13　考虑语音激活，并且激活因子为 40% 时，重做习题 9.12。

9.14　如果为 3 扇区的 CDMA 系统时，重做习题 9.12。包括语音激活的影响，并假设所有用户在 40% 的时间内是激活的。

9.15　使用 9.7.2 节中的几何法验证式(9.47)和式(9.48)。

9.16　假设 1000 个用户均匀地分布在图 9.14 第一层小区的内部区和外部区，当 $R = 2$ km，$d_0 = 100$ m，$n = 2$、3、4 时，验证表 9.4 中的值。

9.17　在使用 SDMA 的单小区 CDMA 系统中，当平均差错概率为 10^{-3}、$R_c/R_b = 511$ 时，求所能同时支持的用户数。假设波束模式有 10 dB 增益，并采用功率控制，忽略语音激活。

9.18　当语音激活因子为 40% 时重做习题 9.17。

9.19　使用 SDMA 的 CDMA 系统，采用多小区，每个小区共享相同的无线信道，当传播路径损耗指数为 $n = 2$、3、4 且平均差错概率为 10^{-2} 时，求能够同时支持的用户数。假设基站为用户提供 $K = 511$ 和增益 6 dB 的方向性。

9.20　使用同心圆几何法，求第二层和所有后续层小区的等效六边形的 2 个加权因子的递归表达。

9.21　模拟单小区复用 CDMA 系统中的反向信道干扰。考虑 7 个六边形小区，并假设每个小区有相等的面积 10 km²。在每个小区中随机地放 30 个用户，并假设 $d_0 = 1$ m 是最近的干扰传播距离，路径损耗指数为 $n = 4$，如果本小区内的 30 个用户有功率控制，求
(a) 接收到的小区内干扰功率
(b) 接收到的小区外干扰功率
(c) 频率复用因子

9.22　当 $n = 3$ 时重做习题 9.21，求出新的(a)、(b)、(c)的解。

第10章 无线网络

10.1 概述

对个人通信的广泛需求促进了网络新技术的发展,这些新技术能满足那些经常来往于楼房和街道、城市和国家间的用户进行声音和数据通信的需求。图10.1给出了一个蜂窝电话系统的模型。这种系统必须能覆盖一定的区域,称之为一个覆盖区域。将许多这样的系统相互连接起来,就组成了能够向整个国家甚至整个大陆的移动用户提供通信服务的无线网络。

要想在某个特定的地域(如一座城市)内实现无线通信,就必须建立一个由基站组成的网络,以保证能覆盖到所有的移动用户。同时,基站也必须连接到一个称为移动交换中心(MSC)的中心设施上。移动交换中心能把公用交换电话网(PSTN)和许多MSC连接起来,最终实现系统中所有无线用户间的通信。PSTN构成了一个全球电信网,它把全世界内的MSC和普通(陆地)电话交换中心(又称中心局)都连接起来。

图10.1描述了20世纪90年代初期典型的蜂窝系统。不过现在发展新的传输体系以满足无线终端用户的需要已成为一种主流。例如,个人通信系统(PCS)可能会通过现在的有线电视体系扩展到邻近区域或城市之间,在那里使用微小区(microcell)来实现本地无线覆盖。光纤传输系统也正用于连接无线端口、基站及MSC。

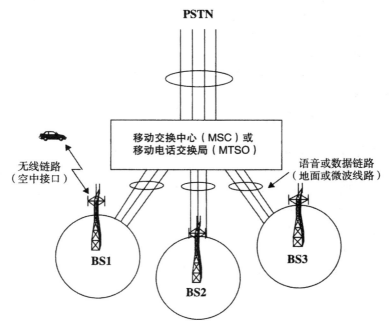

图 10.1 蜂窝系统的框图

为了实现移动用户与基站间的通信,建立了基于通信协议的无线连接,这个协议称为公共空中接口(CAI)。该协议实质上是一个有精确定义的握手通信协议。CAI规定了移动用户和基站间如何通过无线频谱进行通信，并且定义了控制信道的信令方法。CAI必须提供信道的高可靠性，同时指定语音和信道编码，以保证移动用户与基站间准确地收发数据。

在基站中，移动台发送信号中的空中接口部分（如信令和同步数据）被去除，而保留话音业务流，并将其传输到固定网络中的MSC上。一个基站可能需要同时处理50个呼叫，而一个典型的MSC则可能负责100个基站到PSTN上的连接（相当于同时连接5000个呼叫），所以MSC和PSTN之间在任何时候都要有大容量的通信能力。可见，一个网络的规划和标准在很大程度上取决于它是对单个用户还是为许多用户提供服务。

不过，"网络"这个概念常用来泛指各种话音和数据通信。既有单个移动用户与基站间的通信，也指一个大的MSC和PSTN间的连接。这种网络的宽泛定义使我们在描述网络中应用的大量策略和标准时遇到一些挑战，在本章中对所有这些方面进行讨论是不可能的。不过，现今的无线网络基本是按下述概念和标准实现的，即首先实现移动台到基站的连接，然后将基站与MSC连接起来，接着是MSC到PSTN的连接，最后实现世界范围内MSC之间的相互连接。

10.2　无线网络和固定电话网的区别

PSTN中信息的传输通过陆地中继线路（又称为中继，trunk）进行。这些线路包括光纤、铜缆、微波中继及卫星中继。PSTN中的网络配置实际上是静态的，因为只有当用户搬迁住处需要在本地中心局（CO）重新注册时，网络连接才会改变。而另一方面，无线网络的配置是高度动态的，当用户漫游到其他基站覆盖区域或新的区域时，网络将重新进行配置。固定网络是很难改变配置的，无线网络则必须每隔很短的时间就为其用户重新配置一次（以秒计算），以保证用户在移动时能实现呼叫的漫游和不易察觉的切换。固定网络的可用带宽可以通过安装大容量电缆而提高，无线网络提供给用户的带宽则受到射频带宽资源的限制。

10.2.1　公用交换电话网（PSTN）

PSTN是一个高度集成的通信网络，它提供世界上70%的住户间通信。2001年初，国际电信联盟（ITU）估计出世界上有10亿有线电话用户和6亿蜂窝电话用户。陆线电话数量以3%的速度递增，而无线电话数量则以超过40%的速度递增。每一部电话都通过PSTN实现通信。

每个国家都有责任管理好PSTN在其国内部分的使用。然而一段时间以来，一些国家的电话系统已被那些为追求利润而提供本地和长途通话服务的公司所控制。

在PSTN中，每一个城市中或属于同一通信区域内的城镇称为本地接入和传输区（LATA），LATA则通过称为本地交换运营商（LEC）的公司与其他LATA实现通信连接。LEC是一个提供电话服务的公司，它可能是一个本地电话公司，也可能是一个地区电话公司。

长途电话公司运营长途通信网络，提供不同LATA间的连接，并收取长途话费。这些公司可视为局间运营商（IXC），他们拥有并管理大型光纤和微波无线网络，这些网络与一个国家甚至一个大陆的LEC都设有连接。

在美国，1984年的反垄断法案（又叫修正最终裁决或MFJ）造成了AT&T（它曾是美国主要的本地和长途通信公司）分成七个主要的贝尔运营公司（BOC），每一个都有自己的业务范围。尽管政府允许AT&T提供某个BOC内LATA间的长途通信业务及BOC之间的局间通信服务，但AT&T在每个BOC内提供本地通信服务是被禁止的（见图10.2）。同时，不同BOC的LATA之间的通信业务以及长途交换业务也是被禁止的。在美国，包括广为人知的 BOC 在内，共有大约 2000 家电话公司（见图 10.2）。

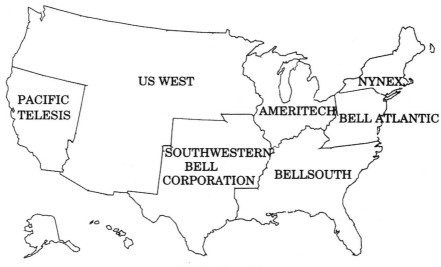

图 10.2　美国各贝尔公司的业务范围

图 10.3 给出了一个简化的本地电话网，又称为本地交换局。每个本地交换局都有一个中心局，它将 PSTN 连接到用户驻地设备（CPE）上，这些设备可能是一部居民住宅电话，也可能是一部办公的专用小型交换机（PBX）。中心局需处理多达一百万的话务接续，它连接到汇接交换机上，而汇接交换机则负责本地交换局和 PSTN 间的连接。汇接交换机从物理上把本地电话网络连接到由一个或多个局间运营商提供的长途干线的 POP（Point of Presence）上[Pec92]。有时 IXC 也可直接连接到中心局 CO 交换机上，以避免本地通信服务费全被 LEC 收取。

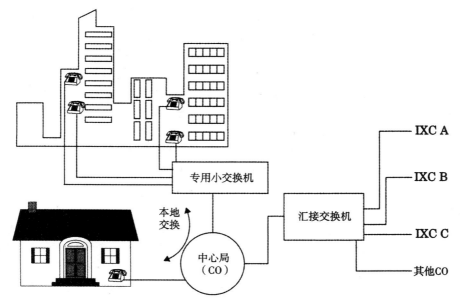

图 10.3　本地陆线电话网

图10.3也给出了PBX如何在一个建筑物或校园内实现电话业务。除了通常经由中心局的市话和长话业务，PBX允许一个组织或实体开通其内线电话业务或其他室内通信业务（不需要通过LEC），如同一个组织的不同地点间专用的网络一样（通过向LEC和ICX供应商租用线路来实现）。一个PBX内的电话连接由PBX的私有拥有者维护，而PBX到CO的连接则由LEC提供和维护。

10.2.2　无线网络的局限性

在本地固定电话网中，所有的终端用户都是静态的。相比之下，无线通信系统要复杂得多。首先，无线网络需要一个连接基站和用户的空中接口，以保证在各种传播环境下，无论用户在什么地方，都能为其提供与有线质量相当的通信。为了保证足够的覆盖区域，必须在通信有效区设立许多（有时达数百个）基站，而且每个基站都要连接到MSC上。除此之外，MSC最终也必须把每个移动用户接续到PSTN上，这需要一个独立的蜂窝信令网来连接LEC、一个或多个IXC及其他的MSC。

时至今日，技术上所能达到的通信容量总是赶不上对无线通信的要求，这在设计MSC时更为明显。一个中心局电话交换机可能同时处理一百万的陆线用户话务，而20世纪90年代中期最复杂的MSC只能同时处理10万至20万蜂窝电话用户的话务。

无线网络的一个特有问题是无线信道的恶劣条件并具有随机的特性。由于用户需要在任何地方、任何移动速度下都能得到通信服务，MSC就必须随时在系统内的基站间进行话务交换，而用于此目的的无线频谱是有限的，因此无线网络实际上是被限制在一个固定的带宽内，同时又要满足不断增加的用户需求。高效的调制技术、频率复用技术，以及地理上分布的无线接入点是无线网络中重要的组成要素。随着无线系统的扩展，基站的数目也必须增加，这加重了MSC的负担。由于移动用户所处的位置经常变化，为了保证用户的无缝通信而不管其所处的位置，无线网络的每个环节都需要更多的信息，在MSC中更是如此。

10.2.3　无线网络和 PSTN 的融合

在全世界，第一代无线系统（模拟蜂窝和无绳电话）是于20世纪80年代早期至中期投入使用的。同时，随着第一代无线系统的引入，陆线电话公司在设计PSTN上也有了革命性的突破。直至20世纪80年代中期，大多数模拟陆线电话仍通过与话音共用中继线路来传输信令，即一条物理线路同时为用户传输信令（被叫号码和振铃命令）和话音。在PSTN中，把传输话音的线路用来传输信令数据的利用率是很低的，因为在没有话音传输时线路也不能用于其他业务。简单地说，就是使用了性能优越的LEC和长话线路去传输低速率的信令信息，而这只用一条带宽低得多的信令信道就能实现。

一条独立的信令信道使得话音线路可以专门用来传输产生收入的话音话务，并且每一条线路可以为更多的用户服务。因此，在20世纪80年代中期，PSTN变成了两个并存的网络—— 一个专用于用户业务，另一个专用于呼叫信令。这种技术称为公共信道信令。

所有的现代电话网络中都采用了公共信道信令。前不久，蜂窝MSC已采用了专门信令信道来实现全球信令互连，从而使全世界的MSC能互相传递用户信息。目前在许多蜂窝电话系统中，话音业务由PSTN承载，而每个呼叫的信令消息通过一个单独的信令信道来承载。通常到信令网络的接入由IXC提供，同时协商收入分配。在北美，蜂窝电话信令网采用7号信令系统（SS7），而每个MSC则按IS-41协议与其他MSC通信[Rap95]。

在第一代蜂窝系统中未采用公共信令信道，信令与话音共用相同的传输线路。而在第二代无线系统中，空中接口已被设计成为移动用户提供并行的用户数据和信令信道，这样每个移动用户能享受到与PSTN中有线用户一样的服务。

10.3 无线网络的发展

10.3.1 第一代无线网络

第一代蜂窝和无绳电话网络是基于模拟通信技术的，所有的蜂窝系统都采用频率调制，而无绳电话则通过一个基站与一个便携终端通信。一个典型的第一代蜂窝电话系统是美国使用的高级移动电话系统（AMPS，见第11章）。从根本上来说，所有第一代系统都是采用如图10.4所示的传输结构。

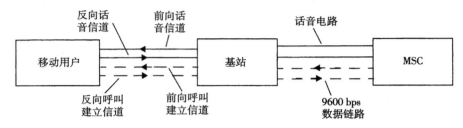

图 10.4　第一代无线网络中移动用户、基站和 MSC 之间的信令传输

图 10.5 描绘了一个第一代蜂窝无线网络，其中包括移动终端、基站及 MSC。这里，由 MSC 负责每个覆盖区域的系统控制，维护每个移动终端的相关信息，并且管理移动切换；同时 MSC 还执行所有的网络管理功能，如呼叫接续和维护、计费，以及监控覆盖区内的欺诈行为。MSC 通过陆地中继线路和汇接交换机连接到 PSTN 上，同时还通过专用信令信道（见图 10.6）与其他 MSC 相连，从而相互交换用户的位置、权限及呼叫信令信息。

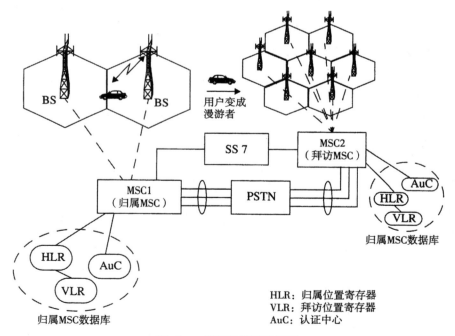

图 10.5　蜂窝无线网的框图

从图 10.6 可以看出，PSTN 与 SS7 信令网络是相互独立的。在现代蜂窝电话系统中，PSTN 负责长途话音业务，而用于提供呼叫建立及向 MSC 通告特定用户信息的信令消息的传递则由 SS7 来承载。

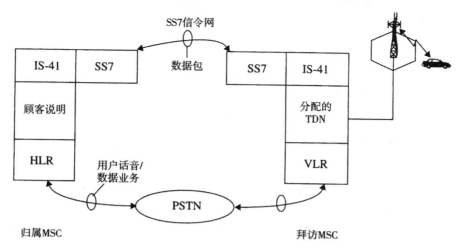

图 10.6　北美蜂窝网络体系，用来在 MSC 间传输用户业务和信令
（[NAC94] © IEEE）。SS7网的组成及其应用将在本章后面论述

　　第一代无线系统能提供基站和移动用户间的模拟话音和低效、低速率的数据通信。不过，话音信号常通过标准的时分复用数字化后，再在基站与 MSC 及 MSC 与 PSTN 之间传递。

　　全球蜂窝网络需要与所有在网络覆盖区注册的用户保持联系，这样才有可能向处于任何位置的漫游用户转发呼入的呼叫。当移动电话处于激活状态但未通话时，它一直监测着附近信号最强的控制信道。当用户漫游到其他业务提供商的覆盖区内时，无线网络必须为他重新注册，同时取消他在原先所属的业务提供者那里的注册。因此当用户在不同的 MSC 覆盖区移动时，网络能把呼叫路山到用户那里。

　　直至20世纪90年代初期，漫游于不同蜂窝系统的美国蜂窝网络用户在他们进入一个新的覆盖区域时都不得不重新进行手动注册。这需要用户呼叫系统管理员来申请注册。到了20世纪90年代初，美国的蜂窝系统运营商采用了新的网络协议标准IS-41，允许在用户移动时蜂窝系统的自动配置，这称为运营商间漫游。IS-41还允许不同业务提供商的MSC在需要时把它们的用户信息传送给其他MSC。

　　IS-41的实现依赖于AMPS的一个特征：自动注册。自动注册是移动终端将其在线状态和位置告知给为其提供服务的MSC的过程。移动终端通过周期性读取和传送其身份信息（MSC根据这些信息经常进行用户列表的更新）来实现自动注册。每隔5～10分钟，就将注册命令放到每个控制信道的信头中，其中包含一个定时器，供移动用户确定他应在何时向为其服务的基站回复注册信息。每个终端用户在短暂的注册期内，报告其MIN和ESN，供MSC刷新其覆盖区域内的用户列表并使其生效。MSC基于每个活动用户的MIN来区分其是归属用户还是漫游用户，并且维护如图10.5所示的HLR和VLR中的实时用户列表。IS-41允许相邻系统的MSC自动处理漫游用户的注册和位置信息，因此用户不必再手动注册，被拜访的系统会为每个新的漫游用户产生一个VLR记录，并通过IS-41通知其归属系统，使其更新自己的HLR。

10.3.2　第二代无线网络

　　第二代无线系统采用了数字调制技术和先进的呼叫处理技术。第二代无线系统的例子包括：全球移动通信系统（GSM），美国 TDMA 和 CDMA 数字标准（电信工业协会 IS-136 及 IS-95 标准），第二代无绳电话（CT2），英国无绳电话标准，个人接入通信系统（PACS）本地环路标准，以及欧洲的无绳及室内电话标准——欧洲数字无绳电话（DECT）。还有很多第二代无线系统，将在第11章讨论。

　　第二代无线网络采用新的网络结构，降低了MSC的计算负担。如同第11章描述的，GSM引入了一个新的概念——基站控制器（BSC），BSC连接在MSC与几个基站之间。在PACS/WACS中，BSC称为无线端口控制单元。这种结构上的变革使MSC和BSC之间的数据接口标准化，因此运营商可以使用不同制造商的MSC和BSC设备。标准化和互操作性是第二代无线网络的新特征，它最终使得MSC和BSC等成为可采购的现货，这很类似于有线电话中的相应部件。

　　所有的第二代无线系统都采用数字语音编码和数字调制，在空中接口中都采用了专用控制信道（公共信道信令，见10.7节），通话中话音和控制信息能够在用户、基站和MSC之间同时进行交换。第二代无线系统还在MSC之间及MSC与PSTN之间提供了专用话音线路和信令线路。

　　与主要用来进行话音通信的第一代网络相比，第二代无线网络则特别设计了能够提供寻呼及其他数据业务的功能，如传真和高数据速率网络接入业务。在第二代无线网络中，网络控制结构更加分散，因此移动台要具有更多的控制功能。在第二代网络中，切换过程是由移动台控制的，称为移动台辅助切换（MAHO，见第3章）。网络中的移动单元有许多第一代网络中用户单元没有的功能，如接收功率报告、邻近基站搜索、数据编码及加密。

　　第二代无绳电话标准的例子就是DECT，它允许每个无绳电话通过自动选择信号最强的基站进行通信。在DECT中，基站更多地控制交换、信令及越区切换。一般来说，第二代网络都尽量减小基站或MSC的运算和交换负担，同时信息配置也更加灵活；这使得系统得以更快地发展，而且系统各部分的关联也相应减少了。

10.3.3　第三代无线网络

　　如同第2章描述的，第三代无线网络将在已经成熟的第二代无线网络的基础上发展起来，其目的是用单独一套标准来满足广泛的无线应用的需求，并在全世界提供通用的通信接口。在第三代系统中，无绳电话和蜂窝电话间的区别将会消失，各种话音、数据和图像通信业务也将通过通用个人通信设备（个人手持终端）实现。

　　第三代无线系统中将使用宽带综合业务数字网（B-ISDN，在10.8节中论述）来提供接入到信息网络（如Internet）及其他公用和专用数据库的能力。这样，许多不同的信息（话音，数据，图像）都可以进行传输，在各种地方（不论人多或人少）都能提供服务，不论固定用户还是高速移动的移动用户都能进行通信。在保证信息可靠传输的同时，很可能采用无线分组通信来分散网络的控制[Goo90]。

　　3G个人通信系统（PCS）和3G个人通信网（PCN）这两个词常用来指为掌上设备服务的第三代无线网络。PCS也被广泛称为未来公众陆地移动电话系统（FPLMTS）；最近又改称为国际移动电信（IMT-2000）及通用移动电信系统（UMTS），后者主要指欧洲先进的个人移动通信。

10.4　固定网络传输层次

　　无线网络的运行主要依赖于陆地连接，如MSC就是用光纤、铜缆或微波连接到PSTN及SS7上的。基站与MSC的连接也是采用视距微波、铜缆及光纤。为了减少两点间连接的物理线路数量，每条线路都必须能连续地传送高速数据。

　　一些标准的数字信令（DS）格式构成了网络的传输层次，它使得拥有大量话音信道的高速数字网络能实现互连。这些数字信令格式采用了时分复用技术。在美国，最基本的数字信令格式是

DS-0，它在一条双向话音信道上以二进制 PCM 的方式传递 64 Kbps 的数据。第二层 DS 格式是 DS-1，它将 24 条全双工 DS-0 话音信道时分复用为一条 1.544 Mbps 的信道（其中 8 Kbps 用于控制）。与数字传输分层相关的是 $T(N)$ 设计，它用来描述传输线路对特定 DS 格式的兼容性。在点对点通信网络中，DS-1 信令是在 T1 型中继线中传输，用于连接基站与 MSC。T1 型中继线将 24 个话音信道数字化后分布在 4 条全双工线路上。在欧洲，CEPT（欧洲邮政和电信会议）规定了一个类似的传输层次，第 0 级代表一条双工的 64 Kbps 话音信道，第 1 级则把 36 条信道集中为一条 2.048 Mbps 的时分复用数字流。世界上大多数的 PTT（私人电报电话业务）都采用了欧洲的这种层次结构。表 10.1 给出了在美国和欧洲采用的数字传输层次结构[Pec92]。

表 10.1 数字化传输中的层次

信令层次	数字比特速率	等效话音线路数	传输系统
北美和日本			
DS-0	64.0 Kbps	1	
DS-1	1.544 Mbps	24	T-1
DS-1C	3.152 Mbps	48	T-1C
DS-2	6.312 Mbps	96	T-2
DS-3	44.736 Mbps	672	T-3
DS-4	274.176 Mbps	4032	T-4
CEPT（欧洲和其他大多数的 PTT）			
0	64.0 Kbps	1	
1	2.048 Mbps	30	E-1
2	8.448 Mbps	120	E-1C
3	34.368 Mbps	480	E-2
4	139.264 Mbps	1920	E-3
5	565.148 Mbps	7680	E-4

通常，传输速率超过 10 Mbps 时需采用同轴电缆、光缆或宽带微波中继，而价格较低的双绞线和同轴电缆则在低速传输场合使用。在连接基站到 MSC 或在无线网络中分配中继话音信道时，广泛采用 T1（DS1）或第一级链路，由普通的双绞线构成。而在连接 MSC 或 CO 与 PSTN 时，则采用 DS-3 或更高速率的线路。

10.5 无线网络中的业务路由

无线网络中需要的传输容量主要依赖于所传输的业务类型。例如，用户的电话呼叫（话音业务）需要专用的网络接入以提供实时通信。尽管控制和信令在本质上是突发的，但它们能与其他突发用户共享网络资源。另外，有些业务需要保证实时传输，有些则不一定需要。因此，所传输的业务类型决定了无线网络的路由选择策略、所采用的协议及呼叫处理技术。

网络常用的路由选择机制有两种：面向连接的选择机制（虚电路路由选择）和无连接选择机制（数据报业务）。在面向连接的路由选择中，信源和信宿之间的通信路径在整个消息持续过程中是保持不变的；当呼叫建立后，网络资源将被信源和信宿独占。由于传输线路的固定，到达信宿的消息顺序与传输前的顺序完全一致。为了保证有噪声干扰时传送数据的正确性，在面向连接的业务中主要依靠差错控制编码，如果编码不足以保证传输的正确性，通信将被中止，所有的消息必须从头重传。

与此相反，无连接的路由选择不用建立一个固定的连接，并且主要采用基于分组的交换，由几个分组组成一个消息，每个分组独立选择路由。一个消息中的分组可能是经过不同的路由传输，所用的时间也不同。此时分组无需按发端顺序到达收端，但在收端要重新排序。由于传输路由各异，有些分组可能由于网络或线路故障而丢失，但其他的仍安全到达。此时它们被附加上足够多的信息，使得在收端能进行消息重现。因此，无连接的路由选择常能避免重新传送整个消息，不过每个分组需要更多的附加信头。典型的信头包括：信源地址、信宿地址、路由信息及用于收端排序的信息。在这里，无需在呼叫开始时进行呼叫建立，每个消息突发是在网络中独立处理的。

10.5.1　电路交换

第一代蜂窝系统中提供的是面向连接的业务。在基站中，话音信道被用户独占，呼叫建立后网络资源也被独占。也就是说，在蜂窝电话的通话过程中，基站和PSTN之间的语音信道由MSC分配给特定的用户。更进一步说，需要通过呼叫建立来连接信源与信宿。由于无线信道被移动用户与MSC之间的双向通信所占，PSTN致力于在MSC与终端用户之间提供话音线路，因而在无线通信中是通过电路交换技术来实现面向连接的业务。在呼叫初始化和呼叫完成时，各种无线电路及专用的PSTN话音线路通过切入切出来处理业务流。

电路交换在整个呼叫过程中建立了一条专用连接（包括基站与移动用户间的无线信道及MSC与PSTN间的专用电话线路）。即使用户可能切换到其他基站，也始终有一条向用户提供服务的专用无线信道，同时MSC独占一条到PSTN的固定全双工的电话连接。

无线数据网络不适于用电路交换实现，因为其数据传输是突发而短暂的，会有很长的空闲时间。通常建立线路的时间比传输的时间还长。电路交换只适合于话音传输，或持续不断的长时间数据传输。

10.5.2　分组交换

无连接业务说明了这样一个事实：消息传输不需要独占资源。分组交换（也叫虚交换）是无连接业务中最常见的技术，它允许许多数据用户与同一物理信道保持虚电路连接。由于用户随时都可能接入网中，当用户需要传递数据时无须通过呼叫建立过程独占线路。分组交换将每个消息分成小的单元进行传递与恢复（[Ber92], [DeR94]）。此时，一定数量的控制信息会加到每个分组中，以明确信源和信宿及满足纠错的需要。

图10.7给出了一个数据分组的格式，它包括信头、用户数据及信尾。信头表示一个新的分组的开始，包括信源、信宿地址、分组顺序号及其他路由和计费信息。用户数据包含了受到差错控制编码保护的信息。信尾则包含一个循环校验码，用于收端检错。

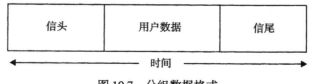

信头	用户数据	信尾

时间

图10.7　分组数据格式

图10.8给出了一个传输中的分组格式，它一般含有5个字段：标识位、地址段、控制段、信息段及帧校验顺序字段。标识位是一个指定的（或保留的）顺序号，代表一个分组的开始和结束。地址段包含用于传输消息及接受确认的信源和信宿地址。控制段有传输确认消息、自动请求重发（ARQ）及分组排序的功能。信息段包含着用户信息，其长度不定。最后一个是帧校验顺序字段或CRC（循环冗余校验）字段，用于检错。

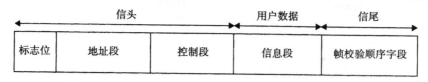

图 10.8 典型的数据分组字段

与电路交换相比,分组交换(在无线链路上使用时也称分组无线技术)在突发短消息传递中有更高的信道利用率。此时只在发射和接收时信道才被占用,这在可用带宽受限的移动通信中是很有价值的。分组无线传输支持数据流控制和重传的协议,因此在信道条件恶劣时也能保证可靠传输。X.25 是一个广泛应用的无线分组传输协议,它规定了分组交换的数据接口([Ber92],[Tan81])。

10.5.3 X.25 协议

X.25 是由 CCITT(现在称为 ITU-T)提出来的,用来为 OSI 参考模型(见图 10.14 的 OSI 分层体系结构)的下三层(层 1、2、3)提供一个标准的无连接网络接入。X.25 协议规定了信源、信宿(数据终端设备 DTE),各个基站(数据电路终端设备 DCE),以及 MSC(数据交换设备 DSE)之间的标准网络接口。X.25 还用在许多分组无线空中接口及固定网络中([Ber92],[Tan81])。

图 10.9 给出了 OSI 模型中 X.25 协议的层次结构。第 1 层协议规定了用户 DTE 与基站 DCE 之间物理接口的机械、电气、次序和功能特性。第 2 层协议规定了用户和基站之间基于公共空中接口的数据链路。第 3 层提供了基站与 MSC 的连接,也称为分组层协议。在这里使用分组打包拆包器(PAD)来连接使用 X.25 接口的网络和没有配备标准 X.25 接口的设备。

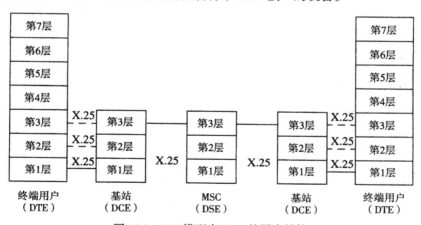

图 10.9 OSI 模型中 X.25 的层次结构

X.25 协议并不限定数据传输速率及分组交换网是如何实现的。该协议提供了一系列标准功能和格式,以及用于设计在无连接网络中提供分组数据的软件结构。

10.6 无线数据业务

如 10.5 节所示,电路交换用在移动数据业务中的效率是很低的,像传真、电子邮件和短消息都是如此。第一代蜂窝网络中使用电路交换进行数据通信,它在将用于模拟调制和公共空中接口的调制信号传至接收端音频滤波器时会遇到困难。因此音频滤波器在数据传输中必须关闭,并且在公共空中接口中必须建立一条专用数据链路。一直以来,对数据业务的需求明显低于话音业务,而第一代用户设备都只用于蜂窝话音传输。不过在 1993 年,美国的蜂窝通信产业提出了蜂窝数字分组

354   无线通信原理与应用（第二版）

数据（CPDP）标准以兼容传统的话音蜂窝系统。在20世纪80年代，另两个名为ARDIS及RMD的数据移动业务，已能够在一个网络中提供无线分组数据传输。

10.6.1　蜂窝数字分组数据（CDPD）

CDPD是用于美国第一代、第二代蜂窝系统的数据业务，它在共享的基础上使用一个30 kHz的AMPS信道（[CTI93], [DeR94]），并向现有的数据网络和其他蜂窝系统提供移动分组数据连接，而不需要额外带宽。CDPD还能在无线信道不被MSC占用时使用该信道进行传输（据估计，一个蜂窝无线信道有30%的时间未被使用，分组数据可以在此时进行传输，直至MSC用其传输话音为止）。

CDPD直接叠加在现有的蜂窝网络结构上，使用现有的基站设备，这使其开发简单、费用也较低。而且，CDPD有自己的路由选择能力，无需使用MSC，它只是在次要的、无干扰的基础上占用话音信道；同时数据信道在其空闲时，可动态分配给不同的蜂窝话音信道。所以CDPD无线信道是随时间改变的。

在传统的第一代AMPS中，每个CDPD信道在本质上是双工的。前向信道用来作为信标及传输来自PSTN的数据；反向信道则将已有的移动用户与CDPD网连接起来，并向各个用户提供传输接入。当有许多用户要同时接入网络中时会出现拥塞。每个CDPD链路占用30 kHz的射频带宽，其数据以19 200 bps的速率传输。由于CDPD采用分组交换，许多调制信号可以在分组的基础上接入同一信道。CDPD能支持广播、发送操作、电子邮件及现场监控业务。GMSK $BT = 0.5$调制的应用，使现今的模拟调频蜂窝网络接收机能够很容易地检测到CDPD而无需重新设计。

CDPD采用固定长度的码组传输。用户数据通过Reed-Solomon(63, 47)每符号6比特编码的分组码，实现纠错功能。每个分组中的282个用户数据比特经编码成为378比特的码组，从而实现8个符号的纠错。

最低的两层协议在CDPD中得到了应用。移动数据链路协议（MDLP）用于实现信息通过CDPD空中接口在数据链路层实体（第2层设备）之间传输。它利用每个数据帧中的地址信息，实现在无线信道中建立逻辑数据链路；还通过顺序控制保持通过数据链路时帧之间的顺序；也可由其实现差错检测和流控制。无线资源管理协议（RRMP）是第3层协议，用来管理CDPD系统中的无线信道资源；以及使移动终端系统（M-ES）在不中断标准话音业务的条件下，搜索和使用一条双向无线信道。RRMP为所有M-ES处理基站确认和配置消息，并且提交供M-ES确认可用CDPD信道的消息，而无需知道信道以前的使用情况。RRMP还能处理跳频命令、小区切换及M-ES改变功率命令。CDPD 1.0版使用基于X.25的广域网部分特征及局域网的帧中继能力。

表10.2列出了CDPD的链路层特征参数。图10.10给出了一个典型的CDPD网。可以看出，移动终端（M-ES）通过移动数据基站（MDBS）经由中介系统（MD-IS）连到Internet上，MD-IS起到了服务器或路由器的作用。通过这种方式，移动用户就能连接到Internet或PSTN上。通过I接口，CDPD既能进行基于IP协议的传输，也能进行基于OSI无连接协议（CLNP）的传输。

表 10.2　CDPD 中数据链路层的特征参数

所用协议	MDLP、RRMP、X.25
信道数据速率（bps）	19 200
信道带宽（kHz）	30
频谱利用率（b/Hz）	0.64
随机差错控制策略	用突发保护覆盖
突发差错控制策略	RS 63, 47（每符号6比特）
抗衰落性能	能抗2.2 ms的衰落
信道接入方式	时隙 DSMA/CD

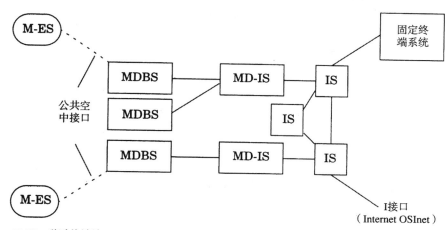

M-ES：移动终端站
MDBS：移动数据基站
MD-IS：移动数据中介系统

图 10.10 CDPD 网

10.6.2 高级无线数据信息系统（ARDIS）

高级无线数据信息系统是由 Motorola 和 IBM 提供的专用网系统，它基于 MDC 4800 和 Motorola 提出的 RD-LAP（无线数据链路接入协议）[DeR94]。ARDIS 为在城市和建筑物内传输短消息提供 800 MHz 的双向移动数据通信信道，同时也为用户提供低速信道。短的 ARDIS 消息有较低的重传率，但分组开销较高；而长的 ARDIS 消息能够在分组长度上扩展分组开销，但重传率较高。ARDIS 已用来提供质量优异的楼内通信，大尺度的天线分集也用来接收移动用户信息。当移动终端发送分组时，许多调谐到发射频率上的基站都能接收这个分组并解码。这样，当许多用户都在申请反向连接时，通过分集接收能保证良好的效果。通过这种方法，只要用户间有足够的距离，ARDIS 基站就能检测并区别同时进行的传输。表 10.3 列举了 ARDIS 的一些特性。

表 10.3 ARDIS 的信道特性

所用协议	MDC 4800	RD-LAP
数据速率（bps）	4800	19 200
信道带宽（kHz）	25	25
频谱利用率（b/Hz）	0.19	0.77
随机差错控制策略	1/2，k = 7 卷积	格码调制，速率 3/4
突发差错控制策略	交织编码（深度 16 比特）	交织编码（深度 32 比特）
抗衰落性能	能抗 3.3 ms 的衰落	能抗 1.7 ms 的衰落
信道接入方式	CSMA 非坚持	时隙 CSMA

10.6.3 RAM 移动数据（RMD）

RAM 移动数据是一个基于 Ericsson 提出的 Mobitex 协议的公共双路数据业务。RAM 能为在城市中往来的用户提供短或长消息的街道一级覆盖。RAM 能进行话音和数据传输，但主要传输数据和传真。传真就像普通文本一样传输到网关处理器，在那里通过与相应的寻呼消息合并而将无线消息转换成合适的格式。这样分组交换传输中只含有正常长度的消息而不含更大的传真图像，而终端用户感觉到他收到的是正常的传真[DeR94]。表 10.4 列举了 RAM 移动数据业务的特点。

表 10.4　RAM 移动数据业务的信道特性

所用协议	Mobitex
数据速率（bps）	8000
信道带宽（kHz）	12.5
频谱利用率（b/Hz）	0.64
随机差错控制策略	12,8 汉明码
突发差错控制策略	交织编码（深度 21 比特）
抗衰落性能	能抗 2.6 ms 的衰落
信道接入方式	时隙 CSMA

10.7　公共信道信令（CCS）

　　公共信道信令是一种数字通信技术，它使得用户数据、信令数据及其他相关信息能通过一个网络同时传输。这是通过带外信令信道实现的，它在逻辑上把同一信道中的网络数据与用户数据（话音或数据）分离开来。在第二代无线网络中，CCS 用来在用户与基站、基站与 MSC、MSC 与 MSC 之间传递用户数据和控制/监测信号。尽管在概念上 CCS 应独占一条信道，但实际上却是通过 TDM 的方式实现的。

　　在 20 世纪 80 年代 CCS 投入使用之前，MSC 和用户间的信令传输与话音传输占用同一频带，PSTN 中 MSC 之间传输的网络控制数据也是在带内传输，这需要网络信息与话音业务共同占用同一信道传输。这种技术称为带内信令技术，它减小了 PSTN 的容量，因为网络信令速率受到话音信道的限制；同时，PSTN 必须顺序处理（不是同时）信令和用户数据。

　　CCS 是一种带外信令技术，它允许在 PSTN 的两个基站间有更快的传输速率。CCS 支持的信令速率不再受话音带宽的限制，它能从 56 Kbps 一直到每秒数兆比特。因此，网络信令看上去似乎是在独立的带外信令信道中传输，而 PSTN 只负责传输用户数据。CCS 支持的经由 PSTN 干线网获得服务的用户数目不断增加，这就需要一个专门的时隙用做信令信道。在第一代蜂窝网络中，SS7 协议族用来提供 CCS，在 ISDN 中就是这样规定的。

　　由于网络信令是突发而短暂的，信令信道应工作于无连接方式，从而使分组交换技术得以有效应用。CCS 一般采用变长分组格式和分层传输结构。与在 PSTN 中采用 CCS 后通信容量的扩大相比，建立一条专门的信令信道所需的花费是微不足道的，并且事实上一条物理线路（如光缆）是同时传输用户数据和网络信令的。

10.7.1　CCS 中的分布式中心交换局

　　随着更多的用户使用无线业务，将 MSC 连到一起的骨干网络将更加依赖于网络信令来保持消息的完整性，为每个移动用户提供端到端的连接，同时使网络出现故障时能得到恢复。在第二代、第三代网络中，CCS 构成了网络控制和管理功能的基础。连接全世界 MSC 的带外信令网，使整个无线网络能更新和跟踪特定的移动用户，而不论他在什么地方。图 10.6 给出了 MSC 是如何同时连接到 PSTN 和信令网上的。

　　如图 10.11 所示，CCS 网络由分布于各地的中心交换局构成，每个局都由交换端点（SEP）、信令转发点（STP）、业务管理系统（SMS）和数据库业务管理系统（DBAS）构成（[Mod92], [Boy90], [Mar90]）。

　　MSC 通过 SEP 向用户提供到 PSTN 的接口。SEP 实现程控交换系统的功能，业务控制点（SCP）就是这样一个系统。SCP 采用 CCS 建立呼叫和访问网络数据库，并指导 SEP 在 SCP 存储的呼叫记录信息的基础上，产生计费账单。

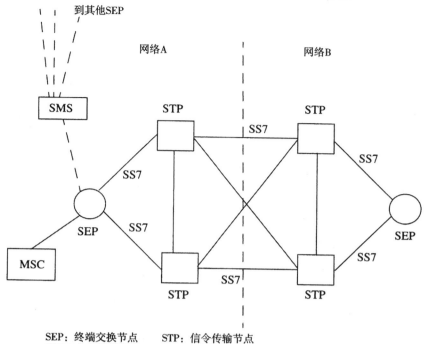

图 10.11　公共信道信令网络体系，STP、SEP 和 SMS
都放在中心交换局中，并且均基于 SS7 运行

　　STP 控制 CCS 网络中节点间的信息交换，为保证高可靠传输（冗余），要求 SEP 通过至少两个
STP 连接到 SS7 网络上（见 10.8 节）。这种使用 STP 的方式称为耦合对。此时，即使其中一个 STP
出现故障，网间连接仍能保持畅通。

　　SMS 包含所有用户的记录，并有供用户访问的免费数据库。DBAS 是一个管理数据库，它含有
业务记录并监测全网的欺诈行为。借助 SS7，汇接交换机中的 SMS 和 DBAS 能提供各种用户业务
和网络服务。

10.8　综合业务数字网（ISDN）

　　综合业务数字网（ISDN）的体系结构完全是在公共信道信令的概念上建立起来的。全世界的
电话用户都通过 PSTN 进行传统的话音通信，而新型的终端用户数据和信令业务则可由一个并行的
独立专用信令网提供。ISDN 定义了一个专用信令网作为 PSTN 的补充，以提供更加灵活和高效的
网络接口与信令系统[Mod92]，并可用来在全世界进行信令传输，以实现话音传输的路由选择，及
其在网络节点和终端用户间提供新型数据业务。

　　在电信网中，ISDN 为终端用户提供了两种不同的信令部分。第一种支持终端用户与网络间的
通信，称为接入信令。接入信令规定了用户如何接入 PSTN 和 ISDN 以进行通信、获得服务，这个
过程由 1 号数字用户信令系统（DSS1）协议控制。第二种信令是网络信令，由 SS7 协议集规定
[Mod92]。在无线通信系统中，ISDN 中的 SS7 对在 MSC 间建立骨干网络连接是很关键的，因为其
提供了用于公共信道信令流的网络接口。

　　ISDN 通过双绞线在终端用户间提供了一个完整的数字接口。ISDN 接口有三种不同的信道。信
息承载的通道称为承载信道（B channel），只用于终端业务传输（话音、数据、图像）。带外信令信

道称为数据信道（D channel），用来向终端用户发送信令和控制信息。如图10.12所示，ISDN能为综合接入到电路交换网和分组交换网的最终用户提供端到端的数字连接能力。

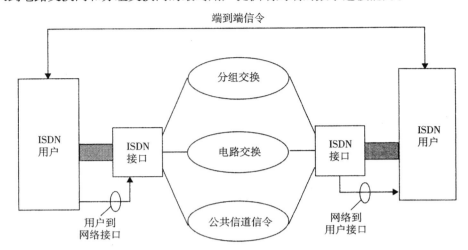

图 10.12　综合业务数字网的框图。图中似乎使用了多条信道，实际上时分复用的数据只需要一条双绞线

　　ISDN终端用户可以选择两种不同的接口，基本速率接口（BRI）和基群速率接口（PRI）。BRI用来向小容量终端（如单线电话）提供服务，而PRI则是用于大容量终端（如PBX）。不论BRI或PRI，B信道都支持64 Kbps的速率，D信道则支持64 Kbps的基群速率或16 Kbps的基本速率。BRI能提供两个64 Kbps的承载信道和一个16 Kbps的信令信道（2B+D），PRI则可为北美和日本提供23条64 Kbps的承载信道和一个64 Kbps的信令信道（23B+D）。在欧洲，PRI能提供30条基本信息信道和一条64 Kbps的信令信道（30B+D）。PRI业务是由DS-1或CEPT第一级链路完成的（参见10.4节）。

　　对于无线服务用户来说，提供给他的ISDN基本速率接口（BRI）与提供给固定终端的完全一样。为区分两种用户，移动BRI规定信令数据（固定网络中的D信道）作为控制信道（移动网络中的C信道），这样无线用户得到的服务便是2B+C业务。

　　与10.2节谈到的数字信令层次很类似，一些ISDN电路可以接续到高速信道（H信道）中。H信道是由ISDN骨干网络使用的，用来在一条物理链路上为许多用户提供高效数据传输，也可被PRI终端用户使用，在需要时实现高速通信。如表10.5所示，ISDN定义了三种速率信道：H0信道（384 Kbps），H11信道（1536 Kbps），H12信道（1920 Kbps）。

表 10.5　ISDN 中的承载业务类型

服务方式	业务类型	传输速率	信道类型
电路交换	无限制	64 Kbps，384 Kbps，1.5 Mbps	B，H0，H11
电路交换	话音	64 Kbps	B
分组交换	无限制	与业务类型有关	B，D（或C）

10.8.1　宽带 ISDN 和 ATM

　　随着计算机系统与视频图像的迅速发展，终端用户业务需要比ISDN提供的标准64 Kbps B信道大得多的带宽。最近制定的ISDN接口标准把用户传输带宽增至几Mbps。这种新兴的技术称为宽带ISDN（B-ISDN），它是建立在异步传输模式（ATM）技术的基础上的。ATM允许分组交换速率达到2.4 Gbps，总的交换容量可高达100 Gbps。

ATM是分组交换与复用技术的结合,目的是在一条物理线路上同时为话音用户和数据用户服务。它的数据速率可从双绞线连接的低速率(64 Kbps)直到光纤连接的 100 Mbps,用于网络节点间的高速通信。ATM能支持两个端点间双向传输固定长度的数据分组,且保持传输次序不变。其数据单元称为信元,它的传输路由是由其头信息(称为标签)决定的,因为头信息可确定信元属于哪个特定的ATM虚连接。标签是由某一个用户的虚连接决定的,并在一个特定连接的整个传输过程中保持不变。头信息还含有拥塞控制数据、排队优先级信息及网络拥塞时决定哪个分组可被丢弃的优先权信息。

图 10.13 给出 ATM 信元的格式。其长度固定为 53 个字节,其中 48 字节为数据,5 字节是头信息。分组长度的固定使得分组交换速度加快,因为此时分组几乎同时到达交换机[Ber92]。为了使信元能同时适应话音和数据用户的需要,对其长度进行了折中处理。

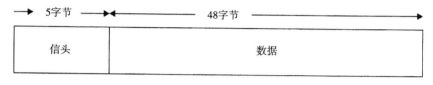

图 10.13 ATM 的信元格式

10.9 7 号信令系统(SS7)

在互联网络之间的公共信道信令(如图10.11)中,SS7信令协议得到了广泛使用。在美国,SS7用来将全国的大部分蜂窝MSC互连起来,它是第一代蜂窝网络中实现自动注册与自动漫游的关键所在。在 Modarressi 和 Skoog 的著作中,对 SS7 的信令结构进行了详细说明[Mod92]。

SS7 来源于由 CCITT 基于公共信道信令标准——CCS No. 6 开发的带外信号系统。进一步的研究工作使 SS7 沿着 ISO-SOI 7 层体系结构的思路发展。其中采用分层传输的结构实现网络通信,各层次之间通过虚接口(分组数据)互相通信,由此建立了一个分层传输接口。OSI-7 网络模型与SS7 协议标准的比较请参见图10.14,OSI 的下三层对应 SS7 协议的网络业务部分(NSP),NSP 则又是由消息传输部分(MTP)和信令连接控制部分(SCCP)组成。

10.9.1 SS7 的网络服务部分(NSP)

NSP通过无连接服务使 ISDN 网点能高效可靠地进行信令传输交换。在 SS7 中,SCCP 不仅支持分组交换网互连,同时也支持面向连接的网络连接到虚电路网络。NSP的另一项功能就是使网点无需借助信令就可随意互相通信。

10.9.1.1 SS7 中的消息传输部分(MTP)

MTP 的功能是确保信令在终端用户与网络之间可靠地传输、发送,它分三层实现。图10.15给出了下面将要讨论的 MTP 各层的功能。

信令数据链路功能(MTP第 1 层)提供到真正进行通信的实际物理信道的接口。物理信道可以包括铜线、双绞线、电缆、移动无线电或卫星链路,并对上层透明。CCITT 建议 MTP 最底层采用 64 Kbps 的传输速率,而 ANSI 建议为 56 Kbps,最小的速率为 4.8 Kbps,用于电话控制操作[Mod92]。

信令链路功能(MTP第 2 层)对应于 OSI 参考模型的第二层,用来在直接相连的两个信令点间提供可靠的传输链路。这一层定义了可变长度的分组消息,称为消息信令单元(MSU)。单独一个 MSU 的分组长度不能超过 272 字节，每个 MSU 中都含有一个标准 16 比特的循环冗余校验码（CRC）用于检错。这一层采用大量的检错和纠错措施。

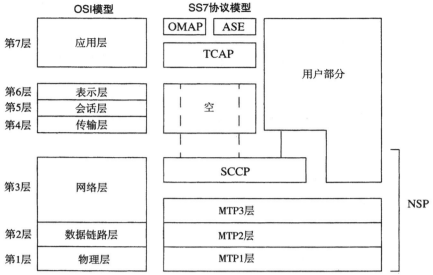

OMAP：操作维护和管理部分
ASE：业务应用单元
TCAP：事务容量应用部分
SCCP：信令连接控制部分
MTP：消息传递部分
NSP：网络业务部分

图 10.14　SS7 协议的体系结构（[Mod92] © IEEE）

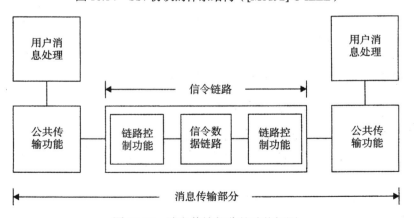

图 10.15　消息传输部分的功能框图

　　MTP 第 2 层还在两信令点之间进行流量控制以监测链路失败。当收端设备没有对数据传输做出响应时，MTP 第 2 层就启动一个定时器来检测链路是否失败，并通知其高层采取措施重新链接。

　　信令网络功能（MTP 第 3 层）是在信令节点间传输消息。在 ISDN 中，这个层有两种功能：信令消息处理和信令网络管理。前者用来实现路由选择、资源分配、消息识别（供信令点确定某个分组数据消息是否是提供给它的用户）。后者则用来在网络节点出现故障时重新配置，并在出现拥塞或部分阻塞时，能重新选择替代路由。

10.9.1.2 SS7 的信令连接控制部分（SCCP）

网络信令连接控制部分（SCCP）使 MTP 的寻址能力增强。MTP 自身的寻址能力是有限的，SCCP 利用子系统代号（SSN）进行局域网寻址，以确定用户在哪个信令点上。它还提供发送全局标题消息的功能，如 800 号码或不计费号码。SCCP 提供了 4 种业务：2 种无连接的，2 种面向连接的，如表 10.6 所示。

表 10.6 SCCP 提供的各种业务

业务种类	服务方式
第 0 类	基本无连接服务
第 1 类	顺序（MTP）无连接服务
第 2 类	基本面向连接服务
第 3 类	流控制的面向连接服务

SCCP 包含四个功能模块，面向连接的控制模块可以在信令链路上进行数据传输，管理模块可以处理 MTP 不能处理的拥塞和故障，路由选择模块对由 MTP 或其他功能模块发送的前向消息进行路由选择。

10.9.2 SS7 的用户部分

如图 10.14 所示，SS7 用户部分提供呼叫控制和管理功能，以及到网络的呼叫建立功能。这些在 SS7 参考模型中对应于较高的层次，并采用 MTP 和 SCCP 提供的传输服务。SS7 用户部分包括 ISDN 用户部分（ISUP）、事务处理能力应用部分（TCAP）及操作维护和管理部分（OMAP）。ISUP 中包括电话用户部分（TUP）和数据用户部分（DUP）。

10.9.2.1 ISDN 用户部分（ISUP）

ISUP 为传输层提供了信令功能，并在 ISDN 环境中实现话音、数据和图像业务。过去话务功能全部由 TUP 实现，现在则是 ISUP 的一部分。ISUP 能通过 MTP 在不同交换节点间传输消息。ISUP 消息包括一个标明信源、信宿的路由标签；一个电路识别码（CIC）；以及一个消息标识码，用于标明每一个消息的格式和功能。它的长度可以变化，最大为 272 字节，其中包括 MTP 层的信头。除了 ISDN 已提供的基本承载业务，它还提供了用户到用户的信令、闭合用户群、呼叫线路识别及呼叫转发。

10.9.2.2 事务处理能力应用部分（TCAP）

SS7 中的事务处理能力应用部分对应于 OSI 的应用层。它以分层的格式调用 SCCP 和 MTP 提供的服务。一个节点处的应用可以执行另一个节点处的应用并使用所得结果。因此，TCAP 可进行远程操作。TCAP 的消息用于 IS-41 中。

10.9.2.3 操作维护和管理部分（OMAP）

OMAP 的功能包括监控、协调和控制，从而使通信中的故障可以消除。全局网络利用了 OMAP 的诊断功能来确定负载和子网行为。

10.9.3 SS7 中的信令流

呼叫建立、MSC 间的切换及用户位置更新是网络中大量信令的主要来源。呼叫建立需要交换一些信息，这些信息含有主叫方的位置（呼叫源，呼叫进程）和被叫方的位置。主叫方和被叫方中的任何一方或全部都可以是移动的，并且当任何一个移动用户在切换后接入 MSC 时，需要的交换信息就会增加。表10.7给出了GSM中呼叫建立产生的信令负荷[Mei93]。在用户漫游至新的覆盖区时，位置记录就会被更新。当用户在VLR区域内以及在两个VLR之间移动时，更新位置记录所需的信令负荷由表10.8给出。

表10.7　GSM中呼叫建立和切换时信令的长度

移动终端为呼叫方	信令负荷
通信双方MSC中的信令长度	120字节
呼叫方MSC及相应VLR中的信令长度	550字节
移动终端为被叫方	
被叫方MSC及交换中的信令长度	120字节
被叫方MSC及相应VLR中的信令长度	612字节
主叫方交换及HLR中的信令长度	126字节
MSC间的切换	
新的MSC及相应VLR中的信令长度	148字节
新的MSC及旧的MSC中的的信令长度	383字节

表10.8　GSM中位置更新时信令的长度

位置更新	信令负荷
当前MSC及相应VLR中的信令长度	406字节
当前VLR及HLR中的信令长度	55字节
新VLR及旧VLR中的信令长度	406字节
新HLR及旧VLR中的信令长度	213字节
旧VLR及HLR中的信令长度	95字节
新VLR及HLR中的信令长度	182字节

10.9.4　SS7的业务

SS7网络主要提供三种业务[Boy90]：Touchstar业务、800业务及可替代付费业务。下面将简要介绍这些业务。

Touchstar——这种业务也称为CLASS，是一组交换控制业务。它可向其用户提供特定的呼叫管理功能，如呼叫返回、呼叫转发、重复拨号、呼叫闭塞、呼叫跟踪及主叫标识等，都属于这种功能。

800业务——这种业务是由Bell系统引入的，它为主叫提供免费通话业务。这些业务是指访问某些专以销售为目标的服务或数据库的业务，呼叫所耗费的费用由服务提供者支付。这种业务由众所周知的两种方式提供，即800-NXX方式和800数据库方式。在800-NXX方式中，一个800呼叫的头6位拨号用来选择局间运营商（IXC）。在800数据库方式中，呼叫在数据库中寻找适合的运营商和路由信息。

可替代付费业务和线路信息库（ADB/LIDB）——这种业务借助CCS网络，使主叫方可以从任何号码中选择一个个人号码（第三方号码，电话卡等），此号码对应的帐户为呼叫付费。

10.9.5　SS7的性能

信令网的性能由连接建立时间（响应时间）或端到端信令传输时间体现。在信令点（SP）和信令转接点（STP）的时延由特定的硬件配置和交换软件的性能决定。在CCITT Q.706、Q.716、Q.766中规定了这些设备处的最大时延。

SS7网络中的拥塞控制——随着用户数量的增加，在业务量很大时需避免信令网出现的拥塞是非常重要的（[Mod92], [Man93]）。SS7网络协议提供了几种拥塞控制方案，以避免链接失败及节点阻塞。

公共信道信令相对于传统信令的优势[Mar90] ——与传统信令相比，CCS有不少的优越性，下面简要列举了这些优越性。

● 更快的呼叫建立——在CCS中，使用高速信令网传输呼叫建立信息，这使得呼叫建立时间比传统信令要短，如多频方式。

● 更高的中继效率（或排队效率）——CCS中呼叫建立和释放时间的缩短使得呼叫时间也更短，最终缩短了网络中的传输用时。这样在业务量很大时，能获得很高的中继效率。

● 各种信息的传输——CCS允许在信令传输的同时传输其他信息，如主叫方标识和业务类型标识（话音或是数据标识）。

10.10　SS7的一个实例：全球蜂窝网络互操作性

蜂窝无线网络为某个特定覆盖区域的所有移动站建立连接，并提供高效的呼叫建立、呼叫传输和切换服务。图10.5给出了一个简化的蜂窝无线网络图，基站是最基本的模块，它是相应覆盖区域（小区）内用户接入网络的中心，通过无线或陆线方式连接到某个MSC上。MSC控制交换和计费过程，并与PSTN协同工作，完成全球通信网与覆盖区域内基站间的信息传输。MSC借助SS7信令网确定其用户漫游时的有效位置并向其转发呼叫，这也要依据一些信息数据库。这些信息数据库包括归属位置寄存器（HLR）、拜访位置寄存器（VLR）和鉴权中心（AuC），它们用来为网络用户随时更新位置和注册记录。这些数据库可以在MSC中实现或通过远端接入的方式访问。

为了实现呼叫建立、呼叫传输和切换，漫游、注册及路由选择这些功能是非常重要的。漫游是无线网络中的基本功能之一（[Boy90]，[Roc89]，[NAC94]）。当一个移动用户离开他最初登记的MSC（归属MSC）的覆盖区域时，他就成为一个漫游用户。对允许漫游的无线网络而言，现有的有线通信不能很好地满足在网络中转发呼叫的需要。为了确保PSTN能向每个移动用户提供话音接口，漫游用户（即使他并非正在呼叫中）需要向当时所在地的MSC（拜访MSC）进行注册。通过注册，漫游用户向为其服务的MSC告知他的存在状态及位置。注册后，相应的注册信息被传递到用户的归属MSC，使其重新更新HLR。当向一个移动用户发出呼叫时，网络将通过路由选择确定一条路由，从而在主叫方和被叫方间建立连接，这个过程就是路由选择。此时，提醒被叫方有一个呼叫到达。接着被叫方通过摘机来应答呼叫（如第3章所述）。

如图10.5所示，归属位置寄存器包括了所有最初在其覆盖区域内登记入网的用户（包括其MIN和ESN），本地用户服务计费与漫游用户是不同的（更便宜），所以MSC必须区分每个呼叫到底是来自本地用户还是漫游用户。拜访位置寄存器是随时间而变的，它包含了漫游至其覆盖区域的用户的信息。MSC首先通过确定漫游用户而更新VLR，然后再访问VLR获得漫游用户信息。在远端作为漫游用户的归属MSC能提供漫游用户的VLR信息，鉴权中心通过归属位置寄存器的数据验证每个使用中的蜂窝电话的MIN和ESN。如果不能匹配，鉴权中心将指示MSC禁止不合法电话，由此就能阻止非法电话接入到网络中。

每个用户单元都能通过比较从控制信道收到的基站标识（SID）和电话中已有的归属基站标识，确定它是否正在漫游。如果是，用户单元将周期性地在反向控制信道上发送很短的消息，以将其MIN及ESN通知被访问的MSC。SID标识了每个MSC的位置，因而每个连到MSC上的基站向控制信道消息中传送相同的SID（第11章将详细讨论AMPS中控制信道的操作过程）。

每个MSC都有一个惟一的标识号，称为MSC标识（MSCID）。通常MSCID与SID是一样的，除非由于覆盖区域很大，业务提供者使用多个交换机。事实上，当一个覆盖区域有多个交换机时，MSCID就是SID简单地附加覆盖区域的交换机标号。

注册

通过比较漫游用户的 MIN 与它对应的 HLR 数据库中的 MIN，拜访 MSC 能够很快确定那些不属于本地系统的用户。一旦用户被确定为漫游用户，拜访 MSC 就把注册申请经由陆线信令网（见图 10.5）发送至用户的归属 MSC，归属 MSC 则通过存储拜访 MSC 中的 MSCID 来更新此用户的 HLR 记录，由此可向漫游用户的归属 MSC 提供位置信息。归属 MSC 同时还检测此用户的 MIN 和 ESN 是否正确，然后利用信令网返回一个用户概况来告知拜访 MSC 用户可用的服务信息。通常这些服务包括：呼叫等待、呼叫转发、三方会话及国际话务接口，拜访 MSC 通过从归属 MSC 收到的漫游用户概况信息来更新自己的 VLR，从而提供给用户与其本地网类似的服务，接着通知漫游用户向此拜访 MSC 注册。归属 MSC 中可能在 HLR 存储额外的防错信息，这些数据也被送到用户概况中以防止漫游用户非法接入拜访 MSC。这里必须注意，PSTN 不包括注册信息传递（它仅用在用户/话音传输中）。整个注册过程用时不超过 4 秒，并且兼容许多不同厂家生产的 MSC。

呼叫转发

一旦漫游用户在拜访网络中注册后，呼叫就从归属 MSC 透明地传递给该用户。如果来自世界上任何一部电话的呼叫是到漫游用户的，那么此呼叫将直接传送到其归属 MSC 上，归属 MSC 接着检查其 HLR 以确定用户的位置。在 HLR 中有用户当时正在访问的 MSC 的标识号，因此归属 MSC 能够把呼叫接续到对应的拜访 MSC 上。

归属 MSC 负责告诉拜访 MSC 有呼叫到来并将其转发给漫游用户。它首先通过信令网发送一个路由来申请到拜访 MSC，拜访 MSC 同样通过信令网返回一个临时电话号码（TDN）给归属 MSC。通常 TDN 代表一个由归属 MSC 通过 PSTN 发送呼叫的临时号码，呼入的呼叫通过归属 MSC 经由 PSTN 直接转发到拜访 MSC。如果此用户不应答呼叫，或具有某种呼叫转发功能，则拜访 MSC 将向归属 MSC 返回一个重定向命令，重定向命令控制归属 MSC 重新发送此呼叫（可能转发到语音信箱或其他电话号码）。

系统间切换

系统间切换用来在 MSC 之间实现漫游用户的无缝连接。在信令网上使用的标准接口允许用户在不同的无线网络之间移动时，MSC 之间能够传递典型的信号测量（切换）数据及 HLR 和 VLR 信息。通过这种方式，用户在不同覆盖区域之间来往时能保持呼叫的连续。

10.11　个人通信业务与个人通信网（PCS/PCN）

个人通信业务（PCS）或个人通信网（PCN）的目的是提供泛在的无线通信覆盖，使用户通过电话网和 Internet 获得各种通信业务，而无需关心自己或想要获取的信息在什么位置。

PCS/PCN 的概念是建立在高级智能网（AIN）基础上的，固定网和移动网将集成在一起以提供通用的网络及数据库接口。AIN 还允许它的用户把单独一个电话号码同时用于无线和有线业务。Ashity、Sheikh 和 Murthy 建议的结构包含三个层次：智能层、传输层和接口层[Ash93]。智能层包括一个存储网络用户信息的数据库，传输层处理信息的传输，接口层向网络用户提供各种接口，并含有用于更新用户位置的数据库。个人通信系统中的用户密度将会很高，这就需要很好的网络配置，网络的高效运行也将需要大量的信令。可见，公共信道信令和高效的信令协议将在 PCS/PCN 中扮演重要角色，用于 PCN 的智能网将采用 SS7 信令。表 10.9 给出了 PCS/PCN 预计能达到的数据传输能力。

表 10.9 无线网络中各种可能的数据负荷

业务类型	平均数据速率（Kbps）	峰值数据速率（Kbps）	最大时延（s）	最大分组丢失率
电子邮件	0.01~0.1	1~10	<10~100	$<10^{-9}$
计算机数据	0.1~1	10~100	<1~10	$<10^{-9}$
电话	10~100	10~100	<0.1~1	$<10^{-4}$
数字化音频	100~1000	100~1000	<0.01~0.1	$<10^{-5}$
视频会议	100~1000	1000~10 000	<0.001~0.01	$<10^{-5}$

10.11.1 PCN 的分组交换与电路交换

在 PCS/PCN 中，分组交换技术将比电路交换具有更大的优越性。决定使用分组交换的因素有如下几点：

- PCN 需要提供更多类型的业务，包括话音、数据、电子邮件和数字图像。
- PCN 要支持许多不经常在线的用户，所以其经济效益取决于能否充分利用带宽和网络资源。
- 相对不可靠的信道更适用于分组交换。另外，分组交换不需要一条专门的高可靠链路，它通过 ARQ 传输方式来补偿丢失或损坏的数据。
- PCN 需要大容量的交换体系在小区之间进行路由选择。

10.11.2 蜂窝分组交换体系

蜂窝分组交换体系将网络控制分散到接口单元中，由此获得支持高密度用户环境的能力。图 10.16 给出了这种结构在城域网（MAN）中应用的概念[Goo90]。信息以几 Gbps 的速率在由光纤组成并在无线网的某个覆盖区充当骨干网络的 MAN 中传输。数据不断地进入和离开各种 MAN 接口，这些接口连接了基站和公共网络交换机（包括 ISDN 交换机）。网络中传输的关键设施是基站接口单元（BIU）、蜂窝控制接口单元（CIU）、中继接口单元（TIU）及每个用户的无线接口单元（WIU）。BIU 连到了 TIU 上，TIU 又连到了 PSTN 上，CIU 则连到了蜂窝控制单元。不同的 MAN 通过网关接口单元（GIU）实现互连，拜访接口单元（VIU）连接到拜访数据库（VDB）和归属数据库（HDB），以进行注册和位置更新。分组交换技术用来在蜂窝交换体系中传输分组。在无线网络中，它的好处在于使用帧头中的地址和其他信息，使散布的网络构件可以不需要中心控制器的介入就能响应移动用户。在分组交换中，利用每个分组中的地址信息在网络构件间建立逻辑链路。

中继接口单元（TIU）

中继接口单元的功能是接受来自 PSTN 的信息。图 10.17 给出了 TIU 如何像物理层那样将标准 PSTN 信息通过物理层传入无线信道。TIU 使用代码转换器和信道编码器，将通过接口的分组格式转换成在固定网络或无线网络中的格式。TIU 还含有分组打包拆包器（PAD），用于将用户信息与帧头合并起来。帧头中有用的信息包括：帧标、校验和分组控制信息。TIU 地址加在所有分组中，该地址可以是永久终端标识（PTI）或虚电路标识（VCI）。PTI 是 TIU 的地址，呼叫从那里产生。VCI 包含在分组头信息中，用来确定传输路由。由 PAD 产生的分组受语音激活检测器的控制，因而在空闲时间里资源得到利用而没有浪费。来自 TIU 的分组通过查询 TIU 路由表中的地址经由 MAN 传输到基站中，PAD 首先读出到达 MAN 的分组的目的地址，然后将其与 PTI（呼叫建立时）和 VCI（呼叫过程中）进行比较，如果存在匹配，PAD 就处理这些分组；否则就放弃它。参与传输的基站地址保存在基站标识注册记录中，用来正确选择信息传输路由。

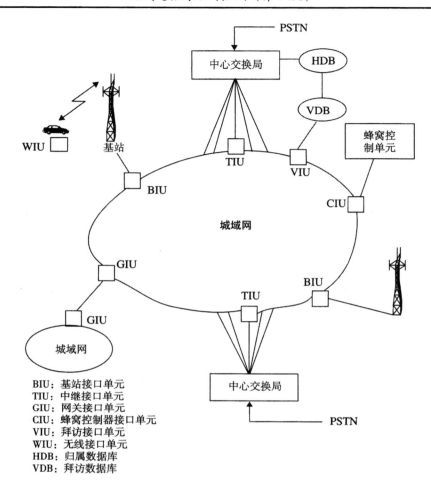

BIU：基站接口单元
TIU：中继接口单元
GIU：网关接口单元
CIU：蜂窝控制器接口单元
VIU：拜访接口单元
WIU：无线接口单元
HDB：归属数据库
VDB：拜访数据库

图 10.16　城域网中的蜂窝分组交换体系（[Goo90] © IEEE）

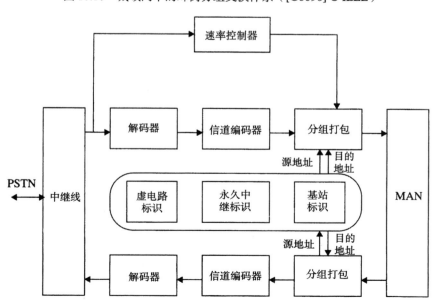

图 10.17　蜂窝中继接口单元（[Goo90] © IEEE）

无线终端接口单元（WIU）

如图 10.18 所示，WIU 直接与信源相连，同时它没有到 PSTN 或 ISDN 的接口，这一点与 TIU 不同；不过其寻址过程与 TIU 是相同的。PAD 把所有在传送数据分组前的信令信息全部移去，然后向终端传输信息流（64 Kbps），WIU 通过访问信道状态监视器来确定是否适合进行切换。WIU 首先读取基站标识号，如果有基站能胜任大量的信令处理或出错率较低，切换就围绕它进行。

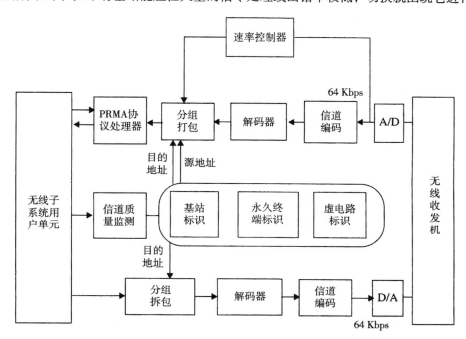

图 10.18 蜂窝无线接口单元（[Goo90] © IEEE）

基站接口单元（BIU）

BIU 在 TIU 和 WIU 之间进行信息交换，同时也发送分组数据以向 PRMA 协议提供反馈信息，其地址存在分组头的永久地址中。BIU 的主要功能是借助传入分组的虚电路标识，将它们传送到 WIU 或 TIU 中。如果没有虚电路标识，这些分组就和 WIU 相连，其中便用到了 WIU 的永久地址。

蜂窝控制器接口单元（CIU）

蜂窝控制器是用来接收、处理和产生用于网络控制的信息分组数据的。借助固有的信令格式可定位各种不同的网络节点，全面实现网络的集中控制，即使网络节点具有一定的智能也不例外。

10.11.2.1 蜂窝分组交换体系中的网络功能

无线网络的控制功能可以分成三类：呼叫处理、移动性管理和无线资源管理[Mei92]。呼叫处理是由中心交换局进行的，而移动管理和无线资源管理则由城域网实现。呼叫建立（移动终端产生）、语音传输和切换服务是这种体系提供的三种基本服务。在呼叫建立前，用户和线路由它们的永久地址标识；但在呼叫建立中，会产生一个虚电路，在 TIU 和 WIU 中则修改为相应的虚地址。不过，基站和控制器中保留的仍是永久地址。

话音传输——在 MAN 网中，数据分组在用户终端、基站及中心交换局之间双向传输。由于此时通话正在进行，不允许对分组进行重新排序，分组数据是按先进先出（FIFO）的原则发送的。当呼叫开始时，就建立一个虚电路以传输话音分组。通话中分组数据有可能会丢失，但只要丢失的不是很多，并不会明显影响通话质量。

切换——蜂窝分组交换体系中，切换过程由各种不同的接口单元共同完成[Mei92]。其中，WIU负责确定信道质量，如果发现某个呼叫由另一个基站处理效果更好，就会启动切换过程，新的基站通过读取信道质量监测器中的基站标识号来确定。然后呼叫被重新转发到这个基站上，此时将通知TIU发生了切换，接着将更新TIU的路由表作为应答。在切换过程中，蜂窝控制器是透明的，当通话出现中断时，WIU将使TIU持续地得到移动终端的位置信息。通过这些措施，将没有分组丢失，切换时发送的分组可以从TIU重新发送到其他基站。

蜂窝分组交换还需要得到完善；不过，随着无线系统的发展，它必将得到广泛的应用，我们应该认识到这一点。

10.12　网络接入的协议

如第9章所述，分组无线竞争技术可用于公共信道传输。ALOHA协议就是这种竞争技术的最好例证，在那里只有当用户有数据要发送时才进行传输，用户通过侦听反向确认信号来确认发送是否成功。当出现中断时，用户单元随机等待一段时间后就进行重发。这种分组技术的好处在于能向大量终端提供服务，同时分组中只需要很短的信头。

移动发射机在以分组的形式向公共基站发送突发信息时，可以采用随机接入的方式。如第9章所述，如果活动终端事先把各自要发送的分组同步到公共时隙，那么空闲信道的容量就可以加倍，因此就能避免部分分组冲突。在业务繁忙时，无时隙和有时隙的ALOHA协议的传输效率都会很低，因为所有的信源都进行数据传输，此时采用随机接入必然导致冲突，从而造成大量重传并增加了时延。为了减少这种情况的发生，可以采用载波侦听多址接入（CSMA），这时发射机在发送前先侦听公共无线信道，或来自基站的专用应答确认信道。

10.12.1　分组预留多址接入（PRMA）

分组预留多址接入是一个由Goodman等人提出的传输协议[Goo89]，用于蜂窝系统中的分组话音终端。它是在时分复用的基础上实现多址接入，允许空间上分布的终端在同一个共用信道上传输话音和低速数据。PRMA最突出的特点就是它让用户自己来获得传输中所需要的无线资源，一旦获取资源，其释放也由发射机完成。PRMA来源于预留ALOHA（时隙的ALOHA与TDMA的组合）。PRMA预留协议的好处就是借助话音激活检测器（VAD）的帮助，可以充分利用话音业务的不连续性，从而提供了无线信道的可用容量。

话音终端的输入自然带有通话的固有特征：时而交谈时而停歇。当第一个分组数据产生时，终端就立即开始抢占并传送话音分组，数字分组数据和话音数据在PRMA可同时进行处理。信道传输比特流被分成一个个的时隙，每一个时隙用于传送一个分组信息，一定量的时隙组合在一起，便构成了帧，它在信道里传输。在一个帧里，各个时隙被移动终端接收以完成与基站的通信。一个成功的呼叫建立表示已经在连续不断的各帧里为某个特定的移动终端预留了一个位置。以帧长为单位传输话音业务基于话音终端在每一个帧里能精确做到只产生一个话音分组。直到通话结束前，预留的时隙固定存在于每一个帧中。当话音终端结束通信后，就停止了信息传输，这时基站会收到一个空的分组。如果再收到一次，预留的时隙将被释放从而可被其他移动终端使用。设计网络时，利用基于排队论的概率模型去分析预测时隙的可用度是解决冲突的有效途径。时隙可用度取决于网络的用法，如果有太多用户，呼叫建立将需要更多的时间。

如果许多用户同时连接到基站，基站就会发生阻塞，数据分组将被丢弃，话音分组则被赋予更高的优先级，因为话音传输需要按顺序进行。基站向移动终端发送的有关先前分组的反馈信息被复用在数据流中，当移动终端收到一个否定信号时，通过自动请求重传这种纠错方法，分组将被重传。

10.13 网络数据库

在第一代无线网络中，只有MSC有网络管理功能，并且邻近系统的MSC不能轻易地相互进行通信，这使得系统间漫游成为一个无法实现的梦想。不过，在第二代、第三代无线网络中，网络控制分散在一些处理器中。例如，第三代网络中引入了多个数据库用于移动台的鉴权、位置更新、计费等。拜访位置寄存器、归属位置寄存器及鉴权中心是网络中各种处理单元接入的几种主要数据库。现在已经提出了用分布式数据库实现无线网络中MSC的互连。

10.13.1 移动性管理分布式数据库

分布式分层数据库结构已被建议用来优化跟踪移动用户的位置和位置更新[Mal92]。图10.19给出了分布式分层数据库间的互连。每个MAN接入点中的数据库部分列出了相关的BSC控制区内的用户。每个BSC都能接收MAN的广播，并且更新其区域内移动用户的数据库。骨干MAN网络中较高层次的数据库允许用户在其控制区内漫游。MAN接口数据库给出了移动用户处于哪个BSC区域，骨干MAN数据库则给出了MAN接口位置。利用类似的分层处理方式，某地的移动终端可以被跟踪，其位置也可以得到更新。这种分解问题的方法是一种很有效的手段，因为它缩小了确定移动终端位置的时间，从而减少了由于繁忙的无线传输造成的拥塞。定位漫游移动用户也会产生繁忙的无线业务从而造成拥塞，利用这种方法也可以有效减少拥塞的发生。每个接受蜂窝业务的用户都有一个对应的归属MAN、主干MAN及MAN数据库。归属和拜访数据库逻辑上是不同的，实际上则是集成在一个数据库中。当移动用户离开归属区进入其他通信区域时，将在拜访数据库中进行注册，并保持到他离开为止。不论何时用户离开其归属区域，对应数据库都将被更新，最终归属MAN数据库中将含有漫游用户的实时位置信息。在CCITT推荐的E.164中，建议网络地址应采用分层的方式表达。这样，一个地址中可同时给出接入MAN的节点、骨干MAN和与某个MSC相关的MAN的地址信息。借助这样的地址格式，漫游用户可以被其归属基站识别，因而用户所处的BSC可以为拜访用户更新自己的数据库。

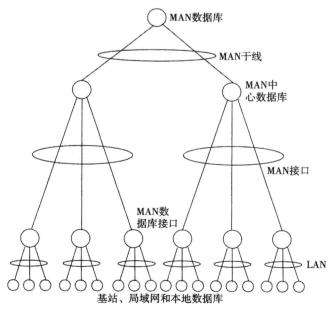

图 10.19 分布式分层数据库的示意图

10.14　通用移动通信系统（UMTS）

通用移动通信系统能提供各种移动业务来适应许多全球通信标准的需要。UMTS是由欧洲的高级通信技术研究（RACE）主题所开发的并用做第三代无线通信系统。为了能处理综合业务的传输，小区重叠是推荐使用的通信结构之一（见图10.20）。在这种结构设计中，由许多宏小区来覆盖通信区域，每个宏小区由若干个微小区和微微小区组成[Van92]。在这里，网络将业务量分配到本地业务中，每个本地业务由微小区和微微小区完成。不过，高速移动业务仍由宏小区完成，以减少切换的次数。从图10.20可知，宏小区之间是互不重叠的，但在其内部则有一定的重叠区。因此，宏小区可以避免重叠小区造成的差错。但是，这种结构最大的缺陷在于减少了频带利用率。在UMTS结构中，是靠网络中的基站提供天线覆盖，这些基站相互连接在一起并连到一个固定交换网上。MAN就是这种网络互连中可选的网络之一。

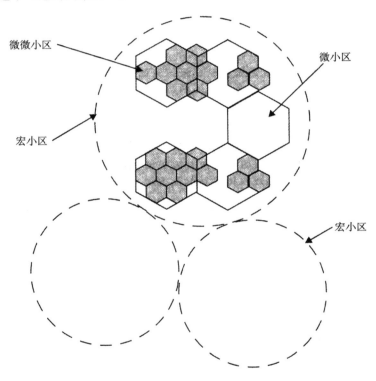

图 10.20　UMTS 的网络结构

网络可达性——网络维护每个终端的常用位置信息。当终端改变位置区（位置区可能由一个小区簇组成）时，其位置信息将被更新。这里位置区的改变是由移动终端收到不同基站的广播信息来判定的。一旦确定了移动终端的精确位置，网络就会利用分布式数据库方便地进行路由选择。

10.15　小结

现代蜂窝网络都是基于数字无线通信和数字网络技术以获得最大的通信容量和最好的服务质量。与以往的模拟系统相比，现在采用均衡、信道编码、交织及语音编码等数字无线技术后，空中接口的服务质量和频谱效率都大为提高。对于数据应用，新的无线系统将信号存储后，以分组的形式在空中接口进行传输。数字空中接口天线格式必须设计成适合于天线系统结构。随着新的天线系统的出现，数字空中接口与个人通信系统骨干网络结构之间的差别将变得模糊。

作为ISDN关键特征的公共信道信令，是无线网络的重要组成部分，将继续用来提供更高的蜂窝容量。SS7成为全世界无线骨干网络的重要部分，也是走向通用的基于分组无线通信网的第一步。在无线网络的发展中，数据库的组织和分布也将是一个关键因素。

或许最重要的是，20世纪90年代后期光纤基础设施的广泛配置将能在未来提供巨大带宽的分组数据传输。随着 VoIP 和互联网浏览器技术的出现与使用，基于分组的移动业务将繁荣发展，并迈向语音和数据都基于分组交换的第四代无线网络。

第11章　无线系统和标准

本章介绍全球使用的多个最初的第一代与第二代蜂窝无线电、无绳电话和个人通信标准。随后在第2章中对2.5G和3G空中接口标准进行了概述。本章首先介绍美国和欧洲最初的模拟蜂窝标准，其次是描述第二代数字蜂窝和PCS标准。在本章的最后是对世界范围内各个标准的小结，以及关于美国PCS、MMDS、WLAN和无线链路频率的讨论。

11.1　AMPS 和 ETACS

在20世纪70年代末，AT&T贝尔实验室开发了美国的第一个蜂窝电话系统，称为高级移动电话业务（AMPS）[You 79]。Ameritech在芝加哥的市区及郊区于1983年末第一次把AMPS投入使用。1983年，美国联邦电信委员会将800 MHz频段上共40 MHz频谱分配给了AMPS。1989年随着蜂窝电话业务需要的上升，联邦电信委员会另外又分配了10 MHz频谱（称为扩展频谱）给蜂窝电信。第一个AMPS蜂窝系统采用大蜂窝和全向基站天线，以减少最初的设备需要。在芝加哥运行的系统覆盖了约2100平方英里的区域。

AMPS系统采用7小区复用模式，并可在需要时采用扇区化和小区分裂来提高容量。在经过附加的主观测试后发现，AMPS的30 kHz信道需要18 dB的信干比（SIR）才能满足系统的性能要求。而采用120度定向天线时，满足要求的最小复用因子 $N = 7$（见第3章），因此采用了7小区复用模式。

AMPS在世界范围内得到了广泛的应用，尤其在美国、南美、澳大利亚和中国的农村地区仍然比较普遍。在美国，通信市场成为一种双头垄断，即每个市场有两个竞争的运营商，而其他国家往往只有一个运营商。这样美国的A、B两个AMPS运营商只能使用416个信道的一部分，而其他地区的AMPS运营商可使用全部可能的信道。尽管各国的AMPS频率分配各有不同，但其空中接口标准在全球是一致的。

欧洲全接入通信系统（ETACS）在20世纪80年代中期开发成功，除信道宽25 kHz与AMPS的30 kHz不同外，它实际上与AMPS是一致的。ETACS与AMPS的另一不同点是用户电话号码（称为移动标识号MIN）的格式，这是因为它要适合不同的欧洲国家代码和美国的地区代码。

11.1.1　AMPS 和 ETACS 系统概述

与其他第一代模拟蜂窝系统一样，AMPS与ETACS在无线传输中采用了频率调制（FM）和频分双工（FDD）。在美国，从移动站到基站（反向链路）的传输使用824 MHz到849 MHz的频段，而基站到移动站（前向链路）使用869 MHz到894 MHz的频段。ETACS反向链路使用890 MHz到915 MHz，而935 MHz到960 MHz为前向链路。每个无线信道实际上由一对单工信道组成，它们彼此有45 MHz分隔。前向和反向信道相隔45 MHz是为了用户单元能使用选择性好而且相对便宜的双工器。对于AMPS，FM调制器的最大频偏是±12 kHz（ETACS为±10 kHz）。在AMPS中，控制信道信息和空白-突发数据流以10 Kbps传输，而在ETACS中为8 Kbps。在AMPS和ETACS中这些宽带数据流的最大频率偏差分别是±8 kHz和±6.4 kHz。

　　AMPS 和 ETACS 蜂窝无线系统一般要建立高塔,用来支撑若干接收天线和发射天线,发射天线的有效发射功率通常为数百瓦。每个基站通常有一个控制信道发射器(用来在前向控制信道上进行广播),一个控制信道接收器(用来在反向控制信道上监听蜂窝电话呼叫建立请求),以及 8 个或更多个 FM 双工话音信道。商用基站可支持多达 57 个话音信道。前向话音信道(FVC)承载电话交谈中来自有线电话网络主叫的信息,并将其送至蜂窝用户。反向话音信道(RVC)承载由有线电话网络用户发起的到蜂窝用户的电话交谈。实际上在不同的系统配置中,根据话务量、系统成熟程度和其他基站的位置,在一个特定基站中使用的控制和话音信道数有很大的不同。在一个业务区内的基站数也有很大的不同,比如在农村地区基站数很少,而在一个大城市中可能有数百个基站。第 3 章和第 4 章就讨论了与小区规划有关的问题。

　　AMPS 和 ETACS 系统中的每个基站在前向控制信道(FCC)上始终连续地发送数字 FSK 数据。这样空闲的蜂窝用户单元可以锁定在所在地区最强的 FCC 上。所有用户必须锁定或“预占”在一个 FCC 上以发起或者接受呼叫。基站反向控制信道(RCC)接收机持续监听锁定在相应 FCC 上的蜂窝用户发送的消息。在美国 AMPS 系统中,每个市场上的两个业务提供商各有 21 个控制信道,这些控制信道在全国是标准化的。ETACS 中单个运营商有 42 个控制信道,这样的系统中的任何蜂窝电话只需扫描有限数量的控制信道就可以找到最好的服务基站。另外,由业务提供商来保证系统中的周围基站所指定的 FCC,不会对正在监听相邻基站中不同控制信道的用户产生相邻信道干扰。

　　在美国的每一个蜂窝服务市场上,给非有线业务提供商(“A”提供商)制定一个奇“系统标识号”(SID),给每个有线业务提供商(“B”提供商)指定一个偶 SID。该 SID 在每个 FCC 上每隔 0.8 秒发送一次,同时发送的还有其他用以报告蜂窝系统状态的开销数据。发送的数据可以包括以下消息:如漫游者是否自动注册,功率控制如何处理,其他标准(如 USDC 或窄带 AMPS)是否能够被该蜂窝系统处理。在美国,尽管蜂窝电话能允许用户同时接入 A 和 B 两方,但用户单元通常总是只接入 A 或 B 一方。而在 ETACS 中,用区域标识号(AID)代替 SID,ETACS 的用户单元可以接入该标准中的任何控制或话音信道。

11.1.2　AMPS 和 ETACS 中的呼叫处理

　　当在公用交换电话网(PSTN)中的一个普通电话发起对一个蜂窝用户的一次呼叫并到达移动交换中心(MSC)时,在系统中每个基站的前向控制信道上同时发送一个寻呼消息及用户的移动标识号(MIN)。该用户单元在一个前向控制信道上成功接收到对它的寻呼后,就在反向控制信道上回应一个确认消息。接收到用户的确认后,MSC 指示该基站给该用户单元分配一个前向话音信道和反向话音信道对,这样新的呼叫就可以在指定话音信道上进行。该基站在将呼叫转至话音信道的同时,分配给用户单元一个监测音(SAT 音)和一个语音移动衰减码(VMAC)。用户单元自动将其频率改至分配的话音信道对上。

　　如下所述,SAT 具有三个不同频率中的一个,使基站和移动站能区分位于不同小区中的同信道用户。在一次呼叫中,SAT 以音频波段上的频率在前向和反向话音信道上连续发送。VMAC 指示用户单元在特定的功率水平上进行发送。在话音信道上,基站和用户单元以空白–突发模式使用宽带 FSK 数据来发起切换,根据需要改变用户发射功率,并提供其他系统数据。空白–突发信令使得 MSC 可以在话音信道上发射突发数据,暂时省略语音和 SAT,而用数据取代它们。这种情况很少被语音用户注意到。

　　当一个移动用户发起一次呼叫时,用户单元在反向控制信道上发送始发消息。用户单元发送它的 MIN、电子序列号(ESN)、站分类标识(SCM)和目的电话号码。如果基站正确收到该消息,则送至 MSC。由 MSC 检查该用户是否已经注册，之后将用户连接到 PSTN，同时分配给该呼叫一个具有特定 SAT 和 VMAC 的前向和反向话音信道对，之后开始通话。

在一个典型的呼叫中，随着用户在业务区内移动，MSC 发出多个空白–突发指令，使该用户在不同基站的不同话音信道间进行切换。在 AMPS 和 ETACS 中，当正在进行服务的基站的反向话音信道上的信号强度低于一个预定门限或者 SAT 音受到一定电平的干扰时，则由 MSC 产生切换决定。门限由业务提供商在 MSC 中进行调整，它必须不断进行测量和改变，以适应用户数的增长、系统扩容及业务流量模式的变化。MSC 在相邻的基站中利用扫描接收机，即所谓的"定位接收机"来确定需要切换的特定用户的信号水平。这样 MSC 就能够找出接受切换的最佳邻近基站。

当一个发自 PSTN 或一个用户的新呼叫请求到达，而某个基站的所有话音信道都已占用时，MSC 将保持该 PSTN 线路接通，同时指示当前基站在 FCC 上发送一个"定向重试"给用户。定向重试消息命令用户单元切换到另一个控制信道上（即不同的基站）以请求话音信道分配。该定向重试能否使呼叫成功，取决于无线电传播效应、用户的特定位置，以及用户所定向的基站当前的业务量。

若干因素可能导致业务质量的下降、掉话或者阻塞。影响系统性能的主要因素有：MSC 的性能，在特定地理区域内的当前业务流量，特定的信道复用方式，相对于用户密度的基站数，系统中用户间特定的传播条件，切换信号门限的设定，等等。在一个用户密集的区域中，由于系统的复杂性，以及缺乏对无线电覆盖和用户使用模式的控制，保持优良的业务和呼叫处理质量是非常困难的。尽管系统运营商努力预测系统的增长，尽力提供良好的覆盖和足够的容量，避免无线网络中的同信道干扰，但是掉话和阻塞仍然会出现。在一个大都市的无线网络中，在业务非常繁忙的情况下，常常有 3%~5% 的掉话率和超过 10% 的阻塞率。

11.1.3　AMPS 和 ETACS 空中接口

AMPS 和 ETACS 信道： AMPS 和 ETACS 使用不同物理速率的信道来发送语音和控制信息。系统中的每个基站同时使用控制信道（也称为建立信道或寻呼信道）来寻呼用户单元，提醒他们呼叫到达或者将已连接的呼叫转移到话音信道上。FCC 以二进制 FSK 连续发射 10 Kbps 的数据（ETACS 中为 8 Kbps）。在 FCC 发送的信息中包括：开销消息、移动台控制消息或控制文件消息。在前向和反向链路上分别使用 FVC 和 RVC 发送语音。AMPS 和 ETACS 的一些空中接口规范列在表 11.1 中。

表 11.1　AMPS 和 ETACS 无线接口规范

参数	AMPS 规范	ETACS 规范
多址方式	FDMA	FDMA
双工方式	FDD	FDD
信道带宽	30 kHz	25 kHz
业务信道/RF 信道	1	1
反向信道频率	824~849 MHz	890~915 MHz
前向信道频率	869~894 MHz	935~960 MHz
语音调制	FM	FM
峰值偏差：话音信道控制/宽带数据	±12 kHz	±10 kHz
	±8 kHz	±6.4 kHz
数据传输信道编码	前向：BCH(40, 28)	前向：BCH(40, 28)
	反向：BCH(48, 36)	反向：BCH(48, 36)
控制/宽带信道上的数据速率	10 Kbps	8 Kbps
频谱效率	0.33 bps/Hz	0.33 bps/Hz
信道数	832	1000

当使用话音信道时，有三种附加信令技术用来在基站和用户单元之间进行监测。监测信号是监测音（SAT）和信令音（ST），以下将详细描述。此外，还在话音信道上使用宽带数据信令来提供简要的数据消息，使用户和基站调整功率或发起一次切换。宽带数据利用空白－突发技术提供，这时话音信道的音频停止，由宽带信令数据的一次短暂突发代替，该数据使用 FSK 以 10 Kbps 发送（ETACS 中为 8 Kbps）。典型的空白－突发事件持续时间少于 100 ms，实际上话音信道用户不会觉察到。

语音调制和解调

在频率调制前，语音信号要经过压扩器、预加重滤波器、偏差限幅器和后偏差限幅滤波器处理。图 11.1 显示 AMPS 调制子系统的框图。在接收机中，解调后的处理正好相反。

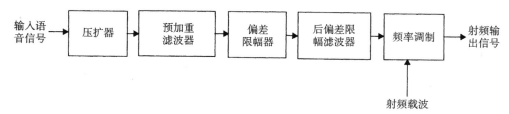

图 11.1 AMPS 语音调制过程

压扩器——为适应较大的语音动态范围，要求输入信号调制前在幅度范围上进行压缩。压缩由一个 2 : 1 压扩器完成，即输入电平每上升 2 dB，输出电平上升 1 dB。其特性规定如下：额定强度标称 1 kHz 的参考输入音在传送载波上产生的峰值频率偏差为 ±2.9 kHz。压扩限定了 30 kHz 信道宽带的能量并在语音突发时产生静音效果。在接收机端进行压缩的相反操作，即以最小的失真确保输入语音电平的恢复。

预加重——压缩器的输出经过一个预加重滤波器，它的标称值为在 300 Hz 和 3 kHz 之间，具有每倍频程 6 dB 的高通响应。

偏差限幅器——偏差限幅器确保移动站的最大频率偏差限值在 ±12 kHz 以内（ETACS 为 ±10 kHz）。而监测信号和带宽数据信号不受这一限制。

后偏差限幅滤波器——通过一个后偏差限幅滤波器对偏差限幅器的输出进行滤波。这是一个低通滤波器，在 3~5.9 kHz 和 6.1~15 kHz 的频段上具有不小于 $40\lg(f\,(Hz)/3000)$ dB 的衰减（相对于在 1 kHz 的响应）。对于 5.9~6.1 kHz 频段，衰减（相对于 1 kHz 的值）必须大于 35 dB。对于 15 kHz 以上的频段，衰减必须大于 28 dB（相对于 1 kHz 的值）。后偏差限幅滤波器确保实现对超过规定频带辐射的抑制，而且呼叫始终存在的 6 kHz SAT 音与发送的语音信号之间不发生干扰。

监测信号（SAT 和 ST 音）

AMPS 和 ETACS 系统在话音信道发送时提供监测信号，使每个基站和用户在呼叫中保持正确连接。SAT 在任何话音信道使用时都产生。

AMPS 和 ETACS 中使用 3 种 SAT 信号，频率分别为 5970 Hz、6000 Hz 和 6030 Hz。基站在每个使用中的话音信道上连续发送 3 个 SAT 音中的一个。SAT 音叠加在前向和反向链路的语音信号上，但用户很难觉察。SAT 的特定频率由 MSC 指定给每次呼叫，它表明一个给定信道对应的基站位置。由于一个业务密集的蜂窝系统往往在一个较小的地理区域内有三个同信道基站，因此 SAT 使用户和基站确定是三个同信道基站中的哪一个正在处理呼叫。

当呼叫建立并分配话音信道后，基站 FVC 开始发送 SAT。用户单元开始监测 FVC，在检测、滤波及解调来自基站的 SAT 后，复制一个相同音并在 RVC 上连续回传给基站。在 AMPS 和 ETACS

中用这种"握手"方式分配一个话音信道。如果在一秒时间间隔内，SAT 没有出现或者没有被正确检测，基站和用户单元停止发送，而 MSC 为新呼叫分配空闲信道。反向信道发送空白－突发数据时，基站暂停发送 SAT。用户单元至少每 250 ms 进行 SAT 的检测和再广播。掉话或者呼叫提前终止往往是由于干扰或用户单元以及基站不能正确检测到 SAT 而造成的。

ST 是 10 Kbps 的数据码组，用户用来表明呼叫终止。这个特殊的"呼叫终止"消息由交替的"0"和"1"组成，由用户单元在 RVC 上发送 200 ms。与取消 SAT 发送的空白－突发消息不同，ST 音必须与 SAT 音同时发送。ST 信号通知基站用户终止呼叫。当用户终止呼叫或者在呼叫中关掉蜂窝电话时，由用户单元自动发送一个 ST 音。这样通知基站和 MSC 呼叫被用户主动终止而不是被系统中断。

宽带空白－突发编码

AMPS 话音信道还传送宽带（10 Kbps）数据流作为空白－突发信令。ETACS 使用 8 Kbps 空白－突发传送。宽带数据流以下面方式编码：每个 NRZ 二进制"1"表示由 1 到 0 的转换，每个二进制 NRZ"0"表示由 0 到 1 的转换。这种编码方式称为 Manchester（或双相）编码。在话音信道上使用 Manchester 码的优点是：Manchester 编码信号的能量集中在传输频率 10 kHz 处（见第 6 章），而在低于 4 kHz 的音频段几乎没有能量分布。这样话音信道上发送的数据码组就能在 30 kHz RF 信道上很容易检测出来，同时用户不会感觉到，并且能够通过带有直流阻隔电路的电话线。在控制和话音信道上的空白－突发传输都采用 Manchester 编码。

Manchester 编码后的宽带数据流通过滤波，并采用 BCH 分组码进行信道编码。宽带数据码组在话音信道上以重复的相同长度短码组形式断续发送，并且具有纠错功能。前向话音信道的空白－突发传送采用 BCH(40, 28) 编码，能够纠正 5 个误码，反向话音信道空白－突发传送采用 BCH(48, 36) 编码。编码后的数据以直接频移键控方式调制发射载波。二进制"1"对应频移 +8 kHz，而"0"对应 –8 kHz（ETACS 中为 ±6.4 kHz）。

用户单元利用空白－突发信令可以发送和接收许多命令，这些命令在 AMPS 和 ETACS 空中接口规范中进行了定义。

11.1.4 N-AMPS

为了在巨大的 AMPS 市场增加容量，1991 年 Motorola 研发了称为 N-AMPS（窄带 AMPS）的类似 AMPS 的系统[EIA91]。由于 2G 的数字技术取代了许多原有的模拟 FM 系统（见第 2 章），因此 N-AMPS 并没有得到广泛的传播。然而，在 2G 设备可以使用之前，N-AMPS 则是一种有效的传输技术。N-AMPS 通过 10 kHz 信道和 FDMA 方式用 30 kHz 服务于三个用户，提供三倍于 AMPS 的容量。通过同时用三个 N-AMPS 信道代替 AMPS 信道，业务提供商可以在人口密集地区为基站提供更多的无线中继信道（因此也就是更好的服务等级）。除了使用亚音频数据流信令之外，N-AMPS 使用与 AMPS 完全相同的 SAT 和 ST 信令及空白－突发功能。

由于使用 10 kHz 信道，减少了 FM 偏差。因此降低了 AMPS 系统中话音质量的 $S/(N+I)$ 指标。为此，N-AMPS 使用了话音压扩来提供合成话音信道静噪功能。

N-AMPS 规定为每个话音信道提供 300 Hz 高通话音滤波器，监测音和信令数据可以无损发送。SAT 和 ST 信令使用连续的 FSK 调制的 200 bps NRZ 数据流发送。SAT 和 ST 信令在 N-AMPS 中称为 DSAT 和 DST，因为它们是数字的并且以很小的预定义码组重复发送。有 7 个可由 MSC 选定的不同的 24 比特 DSAT 码字，基站和移动台在一次呼叫中不断重复 DSAT 码字。DST 信号是 DSAT 信号的简单取反。7 个可能的 DSAT 和 DST 是特别设计的，以提供足够数目的 0、1 变换来使接收器容易实现直流阻隔。

话音信道信令使用 100 bps Manchester FSK 编码数据，当业务必须通过话音信道时，在 DSAT 位置发送。至于 AMPS 宽带信令，有许多在基站和用户单元间传送的消息，这些在 N-AMPS 中使用、与 AMPS 相同的 BCH 预定义的格式，即在 FVC 上为 40 比特，在 RVC 上为 48 比特。

11.2 美国数字蜂窝标准（IS-54 和 IS-136）

第一代模拟 AMPS 系统的设计不能满足现代大城市容量的需要。使用数字调制技术的蜂窝系统（称为数字蜂窝）可以提供较大程度的改善[Rai91]。在 20 世纪 80 年代末期，经过广泛的研究和对主要蜂窝系统制造商的比较，美国数字蜂窝系统（USDC）发展起来，它能在分配的固定频带上支持更多的用户。USDC 是一个时分多址（TDMA）系统，它在每个 AMPS 信道上支持 3 个全速率用户或 6 个半速率用户。因此 USDC 提供了 6 倍于 AMPS 的容量。USDC 与 AMPS 一样使用 45 MHz FDD 双工方式。双模式 USDC/AMPS 系统在 1990 年被美国电子工业协会和通信工业协会（EIA/TIA）制定为暂时标准 IS-54[EIA90]，并在后来升级为 IS-136。由于 USDC 曾在加拿大和墨西哥使用，所以它也可称为北美数字蜂窝（NADC）。

USDC 系统与 AMPS 共享相同的频率、频率复用方案和基站，所以基站和用户单元可以使用相同的设备接入 AMPS 和 USDC 信道。采用支持 AMPS 和 USDC 的方式，蜂窝服务提供商能够将 USDC 话机提供给新的用户，而且随着时间的推移，会逐渐用 USDC 基站代替 AMPS 基站，以 USDC 信道代替 AMPS 信道。由于 USDC 在许多方面保持了 AMPS 的兼容性，所以 USDC 也称为数字 AMPS（D-AMPS）。

城市郊区采用不完全的模拟蜂窝系统，832 个 AMPS 信道中只有 666 个使用（也就是说，某些郊区蜂窝运营者仍不能使用 1989 年分配的扩展频谱）。在这些地区，将 USDC 信道加入扩展频谱内以支持可以在城市系统中漫游的 USDC 话机。在城市地区，每个蜂窝信道都已被使用，大业务量基站所选的频率组转换成 USDC 数字标准。在较大城市中，这种逐步的转变导致干扰的暂时增加，并且在 AMPS 系统上导致掉话。因为基站变换到数字式时，地理区域内的模拟信道数要减少。因此，从模拟到数字的转换速度必须与区域内用户设备的变化相匹配。

相同无线频带内从模拟到数字的平滑过渡是发展 USDC 标准中的一个关键问题。在实际中，只有容量短缺的城市（如纽约和洛杉矶）才迫切地从 AMPS 转变到 USDC，而小城市正在等待更多的用户装配 USDC 话机。N-AMPS 及一个竞争性的 CDMA 数字扩频标准（即后面讨论的 IS-95）的出现延缓了 USDC 在美国的广泛使用，并且许多运营商在 2003 年后宣布他们将不再依赖于 USDC，相应地可以选择 GPRS 和宽带 CDMA（见第 2 章）。

为保持与 AMPS 话机的兼容性，USDC 前向控制链路和反向控制链路采用了与 AMPS 完全相同的信令技术。因此，尽管 USDC 话音信道采用了信道速度为 48.6 Kbps 的 4 阶 π/4 DQPSK 调制，但前向控制链路和反向控制链路与 AMPS 相同，采用同样的 10 Kbps 信令方案和同样标准化的控制信道。新近的标准 IS-136（正式的 IS-54 Rev.C）也包括了用于 USDC 控制信道的 π/4 DQPSK 调制[Pad95]。IS-54 Rev.C 提供四进制键控以取代 USDC 专用信道上的 FSK，目的是为了提高控制信道的数据速率，在专用用户群之间提供特定服务，如寻呼和短消息。

11.2.1 USDC 无线接口

为了保证从 AMPS 到 USDC 的顺利过渡，IS-136 系统规定可按 AMPS 和 USDC 标准来进行操作（双模式），这样用一部话机即可在两种系统中实现漫游。IS-136 系统所采用的频段和信道间隔与 AMPS 的相同，在每个 AMPS 的信道上支持多个 USDC 用户。USDC 方案采用了第 9 章讨论的

TDMA技术，该方案在使用比特速率较低的语音编码器时，可以灵活地在单个无线信道内容纳多个用户。表11.2总结了USDC的空中接口。

表11.2 USDC无线接口规范总结

参数	USDC IS-54 规范
多址方式	TDMA/FDD
调制	π/4 DQPSK
信道带宽	30 kHz
反向信道频带	824~849 MHz
前向信道频带	869~894 MHz
前向和反向信道数据速率	48.6 Kbps
频谱效率	1.62 bps/Hz
均衡器	未指定
信道编码	7 比特 CRC 和 1/2 比率、约束长度为 6 的卷积编码
交织	2 时隙交织器
每信道用户	3（全速率语音编码器，7.95 Kbps/ 用户）
	6（半速率语音编码器，3.975 Kbps/ 用户）

USDC信道——USDC控制信道与模拟AMPS控制信道相同。除了原有的42个AMPS主控制信道之外，USDC还附加了42个控制信道，称为次控制信道。因此USDC控制信道是AMPS的两倍，所以可以寻呼双倍的控制信道业务。提供商可以方便地用次控制信道来标识USDC的使用，因为AMPS话机并不对次控制信道进行监视或解码。当从AMPS系统转换到USDC/AMPS系统时，提供商可以决定让MSC仅在次控制信道上向USDC移动台发送消息记录，而在AMPS主控制信道上仅发送现有的AMPS业务。对于这样的一个系统来说，USDC用户只是自动监视在USDC模式中运行的前向辅助控制信道。当USDC用户开始要求增加附加控制信道时，就在主控制信道上和次控制信道上同时发送USDC寻呼信息。

USDC话音信道在每个前向链路和反向链路中都占30 kHz的频段，可以最多支持3个用户（AMPS只支持1个用户）。每个话音信道支持TDMA结构，提供6个时隙。对于全速率话音，三个用户以等间隔方式利用6个时隙。例如，用户1占用时隙1和时隙4，用户2占用时隙2和时隙5，用户3占用时隙3和时隙6。对于半速率话音，每个用户每帧占用一个时隙。

在每个USDC话音信道上，实际同时提供4个数据信道。对于最终用户来说，最重要的数据信道是数字业务信道（DTC），它载有用户信息（即话音或用户数据），其他三个信道载有蜂窝系统的信息。反向DTC载有用户到基站的语音数据，前向DTC载有基站到用户的用户数据。三个辅助信道包括编码数字验证色码（CDVCC）、慢速辅助控制信道（SACCH）和快速辅助控制信道（FACCH）。

CDVCC每个时隙都要发送12比特消息，功能上类似于AMPS中使用的SAT。CDVCC是范围在1到255之间的8比特数字，用取自截短(12,8)汉明码的4个附加信道编码进行保护。基站在前向话音信道上发送一个CDVCC值，每个用户必须接收、解码，并在反向话音信道向基站重新发送一个相同的CDVCC值。如果这种CDVCC"握手"方式不能正确完成，该时隙将让出给其他用户，并且用户发射机将自动关闭。

在每个时隙中都要发送SACCH，它提供了与数字话音并行的信令信道。SACCH载有各种用户和基站之间的控制及辅助信息，并在多个连续时隙上提供一个信息，用来交流功率水平变化或切换要求。SACCH也用于移动台报告其他邻近基站信号强度的测试结果，以使得基站可以实现移动台辅助切换（MAHO）。

FACCH是另一个信令信道，用于发送基站和移动台之间的重要控制数据和特定业务数据。当发送FACCH数据时，该数据就代替了一帧内的用户信息数据（如话音）。FACCH在USDC中可以被认为是一种空白－突发的传送，FACCH可发送双音多频（DTMT）信息、呼叫释放指令、快速中继指令、MAHO及用户状态请求等。FACCH还提供了很大的灵活性，如果在某些TDMA时隙中DTC空闲，则允许提供商断续地处理送往蜂窝网络的业务。下面将讨论到，FACCH数据的处理类似于语音数据，要打包、交织并填入时隙中；但不同之处是：通过在USDC时隙中的信道编码，语音数据仅有部分比特受到保护，而FACCH数据用1/4比率的卷积信道编码来保护时隙中所有的传输比特。

USDC业务信道的帧结构——如图11.2所示，USDC系统的TDMA帧由6个时隙组成。它支持3个全速率业务信道或6个半速率信道。TDMA帧长是40 ms。由于USDC采用FDD技术，前向信道时隙和反向信道时隙可同时工作。每个时隙设计用来传送语音编码器两个邻近帧的交织语音数据（语音编码器正常为20 ms，是TDMA帧长的一半）。USDC标准要求两个邻近语音编码帧的数据在一个指定时隙内发送。USDC语音编码器在20 ms帧内提供159比特的原始语音编码数据，但信道编码使20 ms长的语音帧中的比特数增加到260比特。如果FACCH代替语音数据被发送，则一帧语音编码数据由一块FACCH数据来代替。一个时隙中的FACCH数据实际上是由两个邻近FACCH数据块组成的。

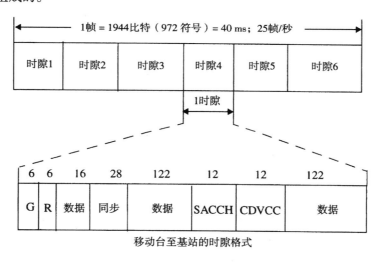

图 11.2 前向链路和反向链路上的 USDC 时隙与帧结构

在反向话音信道中，每个时隙中有两个122比特的突发序列和一个16比特的突发序列（每时隙共260比特），这些比特来自两个交织的语音帧（或FACCH数据块）。另外，在反向信道时隙中还要发射28个同步比特、12个SACCH数据比特、12个CDVCC比特和12个保留时间比特。

在前向话音信道上，每个时隙包含两个130比特的突发序列，这些比特来自两个连续的交织语音帧（如果无语音，则为FACCH数据），还包括28个同步比特、12比特的SACCH数据、12比特的CDVCC和12个保留比特。在前向信道和反向信道上，每时隙都包含324个比特，长度为6.667 ms。

前向信道和反向信道中的时隙在时间上交错排列。前向信道中第 N 帧的时隙1开始于反向信道第 N 帧时隙1起始端加上44个符号所处的时隙（如206个符号 = 412比特）。如同第9章中所述，这就允许每个移动台在前向、反向链路进行双工操作时可以简单地使用一个发送 / 接收转换开关，而不是使用复用器。USDC提供了调整前向信道时隙和反向信道时隙之间时间交错的功能。该调整以 1/2 时隙的整数倍来进行，使得系统可以与安排到时隙中的新用户取得同步。

语音编码——USDC语音编码器叫做矢量和激励线性预测编码器（VSELP），属于码激励线性预测编码器（CELP）或随机激励线性预测编码器（SELP）的一种（见第8章）。这类编码器是以编码本为基础来确定如何量化差值激励信号的。VSELP所有的编码本有一个预先确定的结构，使得编码本搜索过程所要求的计算量明显减少。VSELP算法由多个公司合作开发，IS-54标准选取的是Motorola公司实现的算法。该 VSELP 编码的输出速率为 7950 bps，每 20 ms 为一个语音帧；每秒为一个用户产生 50 个语音帧，每帧包含 159 个语音比特。

信道编码——语音编码器帧中的159比特根据它们在识别时的重要性分为两类，即77个第一类比特和82个第二类比特。第一类比特是最重要的比特位，有一个比率为 1/2、约束长度 $K = 6$ 的卷积码来保护。除了卷积编码之外，第一类比特中的12个重要比特利用7比特CRC检错码进行分组编码。这就保证了最重要的语音编码比特在接收器中被检测到的概率较高。第二类比特不是很重要，因此没有对它们进行差错保护。经信道编码后，每个语音编码帧的159比特用260个信道编码比特来表示。加上信道编码后，语音编码器的总比特速率为 13 Kbps。图11.3给出了对语音编码数据进行信道编码的过程。

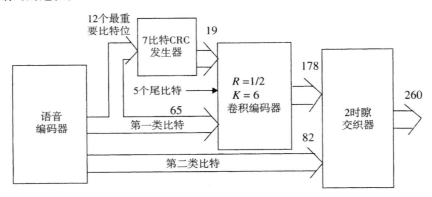

图 11.3   USDC 语音编码器输出的差错保护

对FACCH数据采用的信道编码不同于语音编码数据。一个FACCH数据块每20 ms帧中包含了49个数据比特。一个16比特的CRC码字附加到每个FACCH数据块中，产生一个65比特的编码FACCH码字。然后这65比特的码字通过比率为1/4、约束长度为6的卷积编码器，以便产生每20 ms帧中260比特的FACCH数据。一个FACCH数据块所占带宽和一个编码语音帧所占带宽一样。采取这种方式，DTC上的语音数据可以由编码FACCH数据来代替。在USDC中，DTC数据的交织和FACCH数据的交织是相同的。

每个SACCH数据字包含6个比特。每个原始SACCH数据通过一个比率为1/2、约束长度为5的卷积编码器，每20 ms产生12个编码比特，即每个USDC中有24个比特。

交织——在发送之前，编码语音数据要与邻近语音帧的数据交织到两个时隙上。也就是说，每个时隙包含着每个语音帧的一半数据。语音数据放到图 11.4 所示的 26 × 10 交织器中。数据以列顺序输入交织阵列中。两个连续语音帧分别定为 x 和 y，其中 x 是前一个语音帧，y 是当前语音帧。从图 11.4 可以看出，阵列中所需的 260 比特只有 130 个提供给 x，另外的 130 个提供给 y。两个邻近帧的语音编码数据以第二类和第一类相混合的方式放入交织器，然后语音数据以行顺序从交织器输出。对编码 SACCH 的交织方法与语音数据的相同。另一方面，6 比特的 FACCH 消息字由 1/2 比率的卷积码来编码，并采用跨度为 12 个连续时隙的增量交织器[EIA90]。

$$\begin{bmatrix} 0x & 26x & 52x & 78x & 104x & 130x & 156x & 182x & 208x & 234x \\ 1y & 27y & 53y & 79y & 105y & 131y & 157y & 183y & 209y & 235y \\ 2x & 28x & 54x & 80x & 106x & 132x & 158x & 184x & 210x & 236x \\ \cdot & & & & & & & & & \\ \cdot & & & & & & & & & \\ 12x & 38x & 64x & 90x & 116x & 142x & 168x & 194x & 220x & 246x \\ 13y & 39y & 65y & 91y & 117y & 143y & 169y & 195y & 221y & 247y \\ \cdot & & & & & & & & & \\ \cdot & & & & & & & & & \\ 24x & 50x & 76x & 102x & 128x & 154x & 180x & 206x & 232x & 258x \\ 25y & 51y & 77y & 103y & 129y & 155y & 181y & 207y & 233y & 259y \end{bmatrix}$$

图 11.4　USDC 中两个邻近语音编码器帧的交织

调制——为了与 AMPS 兼容，USDC 采用了 30 kHz 的信道。在控制（寻呼）信道上，USDC 和 AMPS 使用相同的、采用 Manchester 编码的 10 Kbps 二进制 FSK 调制。在话音信道上，用总比特速率为 48.6 Kbps 的数字调制代替了 FM 调制。为了在 30 kHz 的信道中获得相同的比特速率，该调制需要的频谱效率为 1.62 bps/Hz。另外，为了限制相邻信道干扰（ACI），在数字信道中必须采用频谱成形技术。

使用常规的脉冲成形四相调制方法如 QPSK 和 OQPSK，就可满足频谱效率的要求。然而如第 6 章讨论的，由于在移动无线环境中，对称差分相移键控调制（通常叫做 π/4-DQPSK）有许多优点，所以 USDC 采用了这种调制，信道符号速率为 24.3 Kbps，符号持续时间为 41.1523 μs。

脉冲成形用来减少传输宽带，同时限制符号间干扰（ISI）。在发射机中，信号通过一个滚降系数为 0.35 的均方根升余弦滤波器进行滤波。接收机也使用一个对应的均方根升余弦滤波器。在相移键控中使用脉冲成形后，就变为一种线性调制技术，它要求使用线性放大以保持脉冲形状。非线性调制会破坏脉冲形状，导致信号带宽的扩展。使用脉冲成形的 π/4-DQPSK 调制，可以在具有 50 dB 相邻信道保护的 30 kHz 信道带宽上支持 3 个（最终是 6 个）语音信号的传输。

解调——用于接收机的解调及解码类型由制造商确定。如第 5 章所述，可以在 IF 或基带上完成差分检测。后者的实现通常可以采用一个简单的鉴别器或数字信号处理器（DSP）。这样不仅降低了解调器的成本，而且简化了射频电路。DSP 还可支持 USDC 均衡器和双模式功能的实现。

均衡——在 900 MHz 移动信道中进行的测量表明，在美国四个城市的所有测量点中，均方时延扩展少于 15 μs 的占 99%，而少于 5 μs 的接近 80%[Rap90]。对一个采用符号速率为 24.3 Kbps 的 DQPSK 调制的系统来说，如果 σ/T = 0.1（σ 是均方时延扩展，T 是符号持续时间），符号间干扰产生的 BER 变得不能忍受时，则最大均方时延扩展是 4.12 μs。如果超过了这个值，就需要采用均衡来减少 BER。Rappaport、Seidel 和 Singh[Rap90]的工作表明，对于这四个城市大约 25% 地区的测量结果，其均方时延扩展超过4 μs。所以尽管IS-54标准中没有确定具体的均衡实现方式，但是为USDC系统规定了均衡器。

为USDC提出的一种均衡器是反馈判决均衡器（DFE）[Nar90]。它包括4个前馈抽头和1个反馈抽头，其中前馈抽头间隔为符号的一半。这种分数间隔类型使得均衡器对简单的定时抖动具有抵抗能力。自适应滤波器的系数由第7章描述的递归最小平方（RLS）算法来更新。设备制造商开发了许多USDC专用均衡器。

11.2.2　美国数字蜂窝的派生标准（IS-94 和 IS-136）

在IS-136中加入新的网络特征就产生了新型的无线业务和传输拓扑结构。因为TDMA提供MAHO功能，所以移动台能够获知信道条件，并向基站报告。反过来，这一点又增加了蜂窝系统使用的灵活性。例如，MAHO用于支持基站进行的动态信道分配，这样就允许MSC可以灵活使用服务区内位于特定位置的多个基站，并能增强每个基站对其覆盖特征的控制。

IS-94标准利用了最初的IS-54标准提供的能力，使蜂窝电话直接连到专用交换机上（PBX）。将MSC的智能功能移到基站中，则有可能利用放置于建筑物内的小基站（微小区），在一个建筑或校园内提供无线PBX业务。IS-94规定了一项技术，用来提供使用非标准控制信号的专用或封闭式蜂窝系统。IS-94系统于1994年提出，到2001年已大量用于办公建筑和饭店。

IS-54反向信道标准在USDC控制信道上提供了48.6 Kbps的控制信道信令，在最初的AMPS信道上提供了10 Kbps的FSK控制信道。然而，网络功能在IS-54反向信道没有完全开发。最终的USDC标准IS-136提供了一组新的特征和业务，使得USDC可与IS-95和GSM 2G标准相竞争。IS-136规定了短消息功能和专用用户组特征，使其更适合于无线PBX应用和寻呼应用。而且，IS-136规定了一种"休眠"模式，可以使兼容蜂窝电话节省电池能量。IS-136用户终端与IS-54不兼容，因为IS-136对全部控制信道采用48.6 Kbps速率（不支持10 Kbps FSK）。这使IS-136的调制解调器成本较低，因为每个移动单元只需使用48.6 Kbps的调制解调器。

11.3　全球移动系统（GSM）

全球移动系统（GSM）是第二代蜂窝系统的标准，它是为了解决欧洲第一代蜂窝系统四分五裂的状态而发展起来的。GSM是世界上第一个对数字调制、网络层结构和业务做了规定的蜂窝系统，也是世界上使用最广泛的2G技术。在GSM之前，欧洲各国在整个欧洲大陆上采用不同的蜂窝标准；对于用户来讲，就不可能使用一种制式的手机在整个欧洲进行通信。GSM最初是为泛欧蜂窝业务而发展的，它保证通过使用ISDN来得到大范围的网络业务。GSM的成功超出了每个人的预想，对世界上新的蜂窝通信及个人通信设备来讲，GSM是最为流行的标准。到2001年，世界范围内已有3.5亿用户。

在900 MHz频段为欧洲制定一个公共移动通信系统的任务由欧洲电信管理部门（CEPT）下设的移动特别小组（GSM，Groupe spécial mobile）委员会来承担。1992年由于商业上的原因，GSM改名叫做全球移动系统（Global System for Mobile）[Mou92]。GSM标准的制定是由欧洲电信标准协会（ETSI）完成的。

GSM最初于1991年投入到欧洲市场。到1993年底，南美、亚洲和澳洲的几个国家也采用了GSM。世界各国政府联合制定了GSM的等效技术标准——DCS 1800，它在1.8 GHz到2.0 GHz的频段上提供个人通信业务（PCS）。

11.3.1　GSM 的业务和特征

GSM业务分类遵循ISDN业务的分类原则，可分为电信业务和数据业务。电信业务包括标准移动电话业务、移动台发起或基站发起的业务。数据业务包括计算机间通信和分组交换业务。用户业务分为三大类。

- **电信业务：**包括紧急呼叫和传真。GSM也提供可视图文和图文电视业务，尽管这些并不是GSM标准的组成部分。
- **承载业务或数据业务：**该业务被限定在开放系统互连（OSI）参考模型（见第 10 章）的第1层~第3层上。所支持的业务包括分组交换协议，数据速率从 300 bps 到 9.6 Kbps。数据可以用透明方式传送，也可以用非透明方式传送。在透明方式下，GSM 为用户数据提供标准信道编码；在非透明方式下，GSM 提供基于特定数据接口的特殊编码功能。
- **补充 ISDN 业务：**本质上是数字业务，它包括呼叫转移、闭合用户群和主叫识别，这些业务在模拟移动网络中是无法实现的。补充业务还包括短消息业务（SMS）。该业务允许GSM的手机和基站在传送正常语音业务时，可同时传送一定长度（160 个 7 比特的 ASCII 字符）的字母数字信息。SMS 也提供小区广播，它允许 GSM 基站以连续方式重复传送 ASCII 信息，该信息最长为 15 个含 93 个字符的字符流。SMS 也可用于安全和咨询业务，例如在接收范围内向所有 GSM 用户播发交通或气象信息。

从用户的观点来说，GSM 的一个最显著特点就是用户识别卡（SIM），它是一种存储装置，可以存储用户识别号，为用户提供服务的网络、地区、专用键，以及其他用户特定的信息。SIM 卡有一个四位数的个人 ID 号，使用 SIM 卡能激活 GSM 手机来通话。SIM 卡可用智能卡来实现，这种卡有信用卡大小，可以插入任何 GSM 话机中。SIM 卡还可采用插入式模块来实现，这种方式没有用SIM 卡方便，但仍有可移动性和便携性。没有 SIM 装置，GSM 移动台不会工作。正是 SIM 使 GSM 用户能识别自己的身份。无论用户身处世界何地，都可以将他的 SIM 输入到任意合适的终端——饭店电话、公用电话及任何便携或移动电话，然后就能接收所有对该终端的呼叫，也可以用该终端向外呼叫而话费计算在他们的家庭电话上。

GSM 的第二个显著特点是所提供的空中保密性。模拟调频（FM）蜂窝电话系统很容易被监听；与此不同的是，要窃听 GSM 通话是不可能的。根据规定，只有系统提供商知道密码，可以对GSM发射机发送的数字比特流进行加密，从而实现保密。这个密码对每个用户来说可随时改变。每一个提供商和 GSM 设备制造商在生产 GSM 设备或采用 GSM 系统之前，都必须签署谅解备忘录（MoU）。MoU 是一项国际协议，它允许各地区及承运者共享加密算法和其他专用信息。

11.3.2　GSM 系统的体系结构

GSM 系统体系结构主要包括三个相关的子系统，这些子系统通过一定的网络接口互相连接，并与用户相连。它们是基站子系统（BSS）、网络与交换子系统（NSS）及操作支持子系统（OSS）。移动台（MS）也是一个子系统，但通常被认为是 BSS 的一部分。GSM 中所涉及的设备和业务都支持这些特定子系统的一个或多个。

BSS 也叫无线子系统，提供并管理着移动台和移动业务交换中心（MSC）之间的无线传输通道。BSS 也管理着移动台与所有其他 GSM 子系统的无线接口。每个 BSS 包括多个基站控制器（BSC），BSC 经由 MSC 将 MS 连接到 NSS。NSS 管理着系统的交换功能并允许 MSC 与其他网络（如 PSTN 和 ISDN）通信。OSS 支持 GSM 的运营及维护，允许系统工程师对 GSM 系统的所有方面进行监视、诊断和检修。该子系统与其他GSM子系统内部相连,仅提供给负责网络业务设备的GSM运营公司。

　　图11.5给出了GSM系统结构的框图。MS通过无线空中接口与BSS相连。BSS包括许多BSC,这些BSC连接到一个MSC上,每个BSC控制着多到几百个的基站收发信台（BTS）。一些BTS可存在于BSC处,而其他一些是远程分布的,通过微波链路或专门租用线路直接与BSC相连。在相同BSC控制下的两个BTS间的移动台切换在GSM规范中称为切换或HO,可由BSC处理而不需要MSC,这样就大大减少了MSC的交换负担。

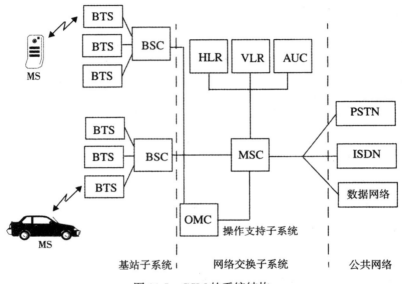

图11.5　GSM的系统结构

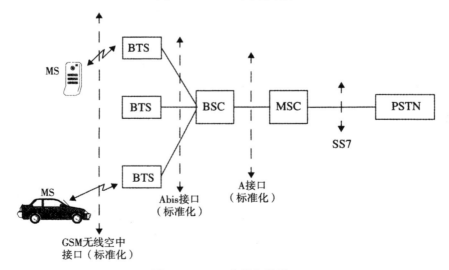

图11.6　GSM中的各类接口

　　图11.6所示,连接BTS和BSC之间的接口叫做Abis接口,该接口传送业务数据并维护数据。对于所有制造商来说,将Abis接口定为标准化接口。实际上,每个GSM基站制造商的Abis接口略有不同,因此迫使业务提供商采用相同制造商的BTS和BSC设备。

BSC 经由专用/租用线路或微波链路直接连到 MSC 上。BSC 和 MSC 之间的接口叫做 A 接口，该接口在 GSM 中也是标准化接口。A 接口采用 SS7 协议，该协议称为信令修正控制部分（SCCP），它支持 MSC 和 BSS 之间的通信，也支持个人用户与 MSC 之间的网络消息。A 接口允许业务提供商可以使用不同制造商提供的基站和交换设备。

NSS 处理外部网络和位于无线子系统中 BSC 之间的 GSM 呼叫交换，同时也负责管理并提供几个用户的数据库的接入。在 NSS 中，MSC 是中心单元，控制着所有 BSC 之间的业务。NSS 中有三个不同的数据库，叫做归属位置寄存器（HLR）、访问位置寄存器（VLR）和鉴权中心（AUC）。HLR包含着每一个相同 MSC 中用户的用户信息和位置信息。在特定 GSM 系统中，每个用户被分配给一个独有的国际移动用户识别号码（IMSI），该号码用来区分每一个归属用户。VLR 中暂时保存着正在访问中某一特定 MSC 覆盖区域的漫游用户的 IMSI 和用户信息。VLR 连接到某一特定区域的几个相近的 MSC 上，并包含该区域内每一个访问用户的信息。一旦漫游用户注册到 VLR，MSC 就将必要的信息发送到访问用户的 HLR，于是根据漫游用户的 HLR，漫游用户的呼叫可以适时地发送到PSTN。鉴权中心包含一个设备识别寄存器（EIR），它负责识别被偷盗或者经常改变的电话，这些电话发送的识别数据不符合保存在 HLR 或 VLR 中的信息。

OSS 支持一个或者多个操作维护中心（OMC），该中心用于监视和维护 GSM 系统中每个 MS、BS、BSC 和 MSC 的性能。OSS 有三个主要功能：(1)维护特定区域中所有通信硬件和网络操作；(2)管理所有收费过程；(3)管理系统中的所有移动设备。在每个 GSM 系统中，对每一个任务有一个特定的 OMC。OMC 负责调整所有基站参数和计费过程，同时为系统操作者提供一定的功能来确定系统中每一个移动设备的性能和完整性。

11.3.3　GSM 无线子系统

在所有成员国中，GSM 均使用专为系统留用的两个 25 MHz 的频段。890~915 MHz 频段用于用户到基站的传输（反向链路），935~960 MHz 频段用于基站到用户的传输（前向链路）。GSM 使用 FDD 和 TDMA/FHMA 的混合制式使基站可同时接入多路用户。前向和反向有效频段被划分为200 kHz 宽的信道，该信道以绝对无线频率信道号（ARFCN）标识。一个 ARFCN 代表一对前向、反向信道，两者间隔为 45 MHz，并且每个信道对于 8 个 TDMA 用户是时间共享的。

8 个用户中的每个用户都使用相同的 ARFCN，并占用每一帧中的单一时隙（TS）。前向链路和反向链路上的无线传输都以 270.833 Kbps（1625/6 Kbps）的信道数据速率进行，并采用 $BT = 0.3$ 的二进制 GMSK 调制。因而，信令比特持续的时间是 3.692 μs，每个用户的有效信道传输为 33.854 Kbps（270.833 Kbps/8 个用户）。当 GSM 超载运行时，实际上用户数据的传输速度最大可以达到 24.7 Kbps。每个 TS 都分配等时的时间段，每段内有 156.25 个信道比特，在此之中，有 8.25 比特的保护时间及6 比特的开始和停止时间，从而防止相邻时隙间的重叠。如图 11.7 所示，每个 TS 长度为 576.92 μs，而单个 GSM TDMA 帧长为 4.615 ms。在 25 MHz 的带宽内，有效信道总数为 125（假定没有保护频段）。在实际实现中，GSM 频段的高端和低端提供了 100 kHz 的保护带，所以仅能实现 124 个信道。表 11.3 总结了 GSM 的空中接口。

时隙号码和 ARFCN 相组合构成了前向链路和反向链路中的一个物理信道。每个 GSM 中的物理信道在不同的时间可以映射为不同的逻辑信道。这就是说，每个具体时隙或帧可以专门用来处理业务数据（如语音、传真、图文电视数据等用户数据），信令数据（GSM 系统内部工作所要求的数据），或者是控制信道数据（来自于 MSC、基站或移动用户）。GSM 技术要求规定逻辑信道要有广泛的变化性，而且它们可以用来连接 GSM 网络的物理层和数据链路层。这些逻辑信道在有效传输用户数据的同时，还能在每个ARFCN上提供网络控制。如下面所述，GSM为特定的逻辑信道提供明确的时隙分配和帧结构。

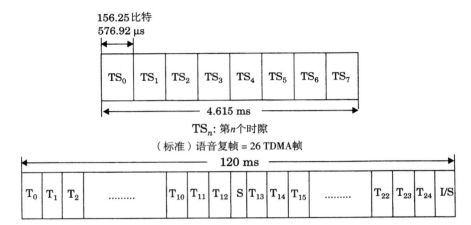

图 11.7　语音专用控制信道帧和复帧结构

表 11.3　GSM 空中接口规范总结

参数	规范
反向信道频率	890~915 MHz
前向信道频率	935~960 MHz
ARFCN 数	0~124 和 975~1023
Tx/Rx 频率间隔	45 MHz
Tx/Rx 时隙间隔	3 个时隙
调制数据速率	270.833 333 Kbps
帧长	4.615 ms
每帧用户数（全速率）	8
时隙长	576.9 μs
比特长	3.692 μs
调制	0.3 GMSK
ARFCN 信道间隔	200 kHz
交织（最大延迟）	40 ms
语音编码比特速率	13.4 Kbps

11.3.4　GSM 信道类型

　　GSM 有两种类型的逻辑信道，称为业务信道（TCH）和控制信道（CCH）[Hod90]。业务信道携带数字化的用户编码语音或用户数据，在前向链路和反向链路上具有相同的功能和格式。控制信道在基站和移动台之间传输信令和同步指令。某些类型的控制信道只定义给前向链路或反向链路。GSM 中有六个不同类型的 TCH 及更多类型的 CCH，下面我们详细论述。

11.3.4.1　GSM 业务信道

　　GSM 业务信道可以是全速率的，也可以是半速率的，能传送数字语音或用户数据。当以全速率传送时，用户数据包含在每帧的一个时隙内；当以半速率传送时，用户数据映射到相同的时隙上，但是在交替帧内发送。也就是说，两个半速率信道用户将共享相同的时隙，但是每隔一帧交替发送。

在 GSM 标准中，TCH 数据在某些 ARFCN 的 TDMA 帧中的 TS 0 内是不发送的，这些 ARFCN 作为每个小区的广播站（因为在多数帧内，这一时隙是为控制信道突发数据保留的）。而且，每隔 13 个帧，TCH 数据就被一个慢速辅助控制信道（SACCH）数据或空闲帧打断。图 11.7 给出在连续帧中 TCH 是如何传送的。26 个连续的 TDMA 帧组成复帧（也叫语音复帧，以区分于控制信道复帧）。对于每一组的 26 个帧来说，第 13 帧和第 26 帧分别由 SACCH 数据或空闲帧组成。当采用全速率 TCH 时，第 26 帧包含了空闲比特，当采用半速率 TCH 时，第 26 帧包含了 SACCH 数据。

全速率 TCH

全速率 TCH 支持下面的全速率语音和数据信道：

- **全速率语音信道（TCH/FS）**——全速率语音信道传送用户语音，该语音是数字化的，速率为 13 Kbps。当 GSM 信道编码加到数字化语音中后，全速率语音信道速率为 22.8 Kbps。
- **全速率 9600 bps 数据信道（TCH/F9.6）**——全速率业务数据信道传送以 9600 bps 发送的用户数据。加上应用于 GSM 系统的前向纠错编码，9600 bps 的数据以 22.8 Kbps 发送。
- **全速率 4800 bps 数据信道（TCH/F4.8）**——全速率业务数据信道传送以 4800 bps 发送的用户数据。加上应用于 GSM 系统的前向纠错编码，4800 bps 的数据以 22.8 Kbps 发送。
- **全速率 2400 bps 数据信道（TCH/F2.4）**——全速率业务数据信道传送以 2400 bps 发送的用户数据。加上应用于 GSM 系统的前向纠错编码，2400 bps 的数据以 22.8 Kbps 发送。

半速率 TCH

半速率 TCH 支持下列语音和数据信道：

- **半速率语音信道（TCH/HS）**——半速率语音信道设计用来传送数字化语音，该语音以全速率信道的一半速率进行采样。GSM 先得到速率约为 6.5 Kbps 的语音编码，加上 GSM 信道编码，半速率语音信道速率为 11.4 Kbps。
- **半速率 4800 bps 数据信道（TCH/H4.8）**——半速率业务数据信道传送以 4800 bps 发送的用户数据。加上应用于 GSM 系统的前向纠错编码，4800 bps 的数据以 11.4 Kbps 发送。
- **半速率 2400 bps 数据信道（TCH/H2.4）**——半速率业务数据信道传送以 2400 bps 发送的用户数据。加上应用于 GSM 系统的前向纠错编码，2400 bps 的数据以 11.4 Kbps 发送。

11.3.4.2　GSM 控制信道

GSM 系统中有三种主要的控制信道：广播信道（BCH）、公共控制信道（CCCH）和专用控制信道（DCCH）。每个信道由几个逻辑信道组成，这些逻辑信道按时间分布提供 GSM 必需的控制功能。

GSM 中的 BCH 和 CCCH 前向控制信道仅在一定的 ARFCN 信道上实现，并以特定的方式分配时隙。在一个重复的 51 帧序列（称为控制信道复帧）中，BCH 和 CCCH 前向控制信道仅分配到 TS 0，且仅在某些帧上用那些称为广播信道的 ARFCN 来广播。TS1 到 TS7 载有常规 TCH 业务，因此 ARFCN 仅能在 8 个时隙中的 7 个时隙上载有全速率用户数据。

GSM 规范定义了 34 个 ARFCN 为标准广播信道。对于每个广播信道，第 51 帧不包含任何 BCH/CCCH 前向信道数据，被认为是空闲信道。然而反向信道的 CCCH 能够在任何帧（甚至是空闲帧）的 TS 0 接收用户的传输。另一方面，DCCH 数据可以在任何时隙和任何帧期间发送，整个帧全部包含的是 DCCH 传输数据。GSM 控制信道详述如下。

- **广播信道（BCH）**——广播信道在每个小区中指定的 ARFCN 前向链路上运行，仅在某些 GSM 帧的第一时隙（TS 0）发送数据。与双工的 TCH 不同，BCH 仅使用前向链路。正像 AMPS 中的前向控制信道用做邻近移动台信标一样，BCH 作为一个 TDMA 信标，使任何邻近的移动台可以识别并锁定。BCH 为小区内所有移动台提供同步，并且偶尔会被相邻小区内的移动台探测到，所以接收功率和 MAHO 判决可以来自小区外用户。尽管 BCH 数据在 TS 0 内传送，相同 ARFCN 的 GSM 帧中的其他 7 个时隙还可用于 TCH 数据、DCCH 数据或填满伪突发序列。而且，小区内所有其他 ARFCN 的所有 8 个时隙，可用于 TCH 数据或 DCCH 数据。

BCH 由三个单独的信道来定义，每个信道连接到 51 帧序列中各个帧的 TS 0 上。图 11.8 表明 BCH 是如何分配帧的。三种类型的 BCH 如下：

(a) **广播控制信道（BCCH）**——BCCH 是一个前向控制信道，用于广播诸如小区和网络标识、小区运行特征（当前控制信道结构、信道利用率和阻塞）等一些消息。BCCH 还广播当前小区中使用的信道列表。一个控制复帧（每 51 帧中有 4 个）的第 2 帧到第 5 帧包含 BCCH 数据。从图 11.8 中可以注意到，TS 0 在某些特定帧中包含 BCCH 数据，在其他特定帧中包含其他 BCH 信道（FCCH 和 SCH）、公共控制信道（CCCH）或空闲帧。

(b) **频率校正信道（FCCH）**——FCCH 是一个特定数据突发序列，占用第一个 GSM 帧的 TS 0，在控制信道复帧中每 10 帧重复一次。FCCH 允许用户单元将内部频率标准（本振）和基站的精确频率进行同步。

(c) **同步信道（SCH）**——SCH 出现在紧接 FCCH 帧后出现的帧中的 TS 0 内。当允许移动台与基站进行帧同步时，SCH 用来识别服务基站。帧号（FN）随同基站识别码（BSIC）在 SCH 突发序列期间发送，其范围为 0 到 2 715 647。在 GSM 系统中，每个 BTS 惟一地分配一个 BSIC。由于移动台可能距离服务基站 30 km 远，必须经常调整指定移动用户的定时，使得基站接收到的信号与基站时钟同步。BS 同时也通过 SCH 向移动台发送时间提前命令。在控制信道复帧中每隔 10 个帧发送一次 SCH，如图 11.8 所示。

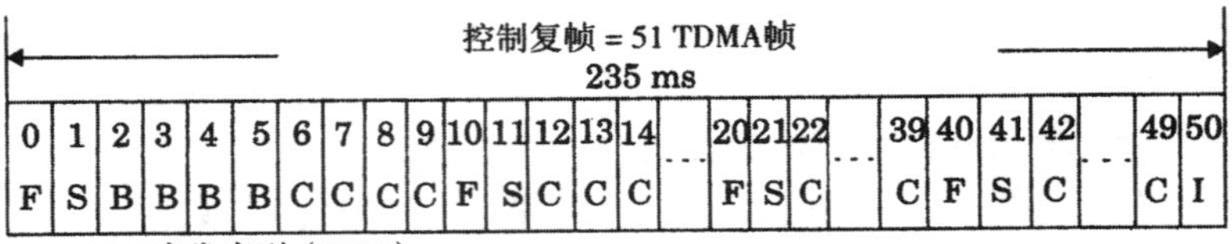

F: FCCH 突发序列（BCH）
S: SCH 突发序列（BCH）
B: BCCH 突发序列（BCH）
C: PCH/AGCH 突发序列（CCCH）
I: 空闲

(a)

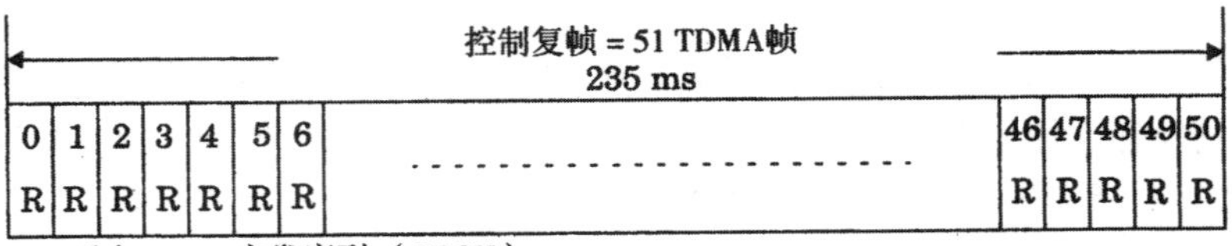

R: 反向 RACH 突发序列（CCCH）

(b)

图 11.8　(a) 前向链路 TS 0 控制信道复帧；(b) 反向链路 TS 0 控制信道复帧

● **公共控制信道（CCCH）**——在广播信道的 ARFCN 上，每个没有被 BCH 或空闲帧使用的 GSM 帧的 TS 0 被公共控制信道所占用。CCCH 包括三个不同的信道：寻呼信道（PCH）是一个前向链路信道；随机接入信道（RACH）是一个反向链路信道；接入认可信道（AGCH）是一个前向链路信道。由图 11.8 可看出，CCCH 是最普遍使用的控制信道，用于寻呼指定用户、给指定用户分配信令信道、接收移动台的业务要求。这些信道描述如下。

(a) **寻呼信道（PCH）**——PCH 从基站向小区内所有移动台提供寻呼信号，通知指定的移动台接收发自 PSTN 的呼叫。PCH 在 RACH 上发送目标用户的 IMSI，同时要求得到来自移动台的认可。相反，PCH 也可以用来向所有用户提供小区广播的 ASCII 文本消息，这是 GSM 短消息业务特点的一部分。

(b) **随机接入信道（RACH）**——RACH 是一个反向链路信道，可用来让用户接收来自 PCH 的寻呼，也可用来使移动台发出一个呼叫。RACH 采用有时隙的 ALOHA 接入方法。所有移动台必须在 GSM 帧的 TS 0 内要求接入或响应 PCH。在 BTS，每帧（甚至空闲帧）将在 TS 0 内从移动台接收 RACH 的传输。在建立服务时，GSM 基站必须响应 RACH 的传输，这是通过为呼叫中的信令分配一个信道并安排一个独立专用控制信道（SDCCH）来完成的，这一连接由基站通过 AGCH 来确认。

(c) **接入认可信道（AGCH）**——AGCH 被基站用来向移动台提供前向链路通信，它载有使移动台在特定物理信道（时隙和 ARFCN）中运行的数据。AGCH 是用户在脱离控制信道之前基站发送的最后的 CCCH 消息。基站用 AGCH 响应在前一 CCCH 帧内移动台发出的 RACH。

● **专用控制信道（DCCH）**——GSM 中有三种类型的专用控制信道，与业务信道一样（见图 11.7），专用控制信道是双向的。在前向和反向链路中有相同的格式和功能。DCCH 存在于除 BCH ARFCN 的 TS 0 之外的任何时隙内和 ARFCN 上。独立专用信道（SDCCH）用于提供用户所要求的信令服务。慢速辅助控制信道（SACCH）和快速辅助控制信道（FACCH）用于通话时移动台和基站之间辅助数据的传输。

(a) **独立专用控制信道（SDCCH）**——SDCCH 载有信令业务数据，这些数据在移动台与基站相连之后、基站分配 TCH 之前由基站发送。当基站和 MSC 确认用户且为移动台分配资源时，SDCCH 保证移动台和基站保持联系。SDCCH 可被认为是一个中间的暂时信道，用来接收来自 BCH 新完成的呼叫。当等待基站分配 TCH 信道时，它还保持业务。当移动台取得帧同步并等待 TCH 时，SDCCH 用来发送认证和告警信息（非语音）。如果对 BCH 或 CCCH 业务要求较低时，SDCCH 可安排自己的物理信道或占用 BCH 的 TS 0。

(b) **慢速辅助控制信道（SACCH）**——SACCH 总是与业务信道或 SDCCH 相关联，并映射在相同的物理信道上，因此，每个 ARFCN 对它当前所有的用户载有 SACCH 数据。与 USDC 标准一样，SACCH 载有 MS 和 BTS 之间的一般信息。在前向链路上，SACCH 被用来向移动台发送慢速的、但是规则变化的控制信息，例如 ARFCN 上每个用户的传输功率级指令和特定定时提前量指令。反向 SACCH 载有接收信号长度、TCH 的质量，以及邻近小区的 BCH 的测量结果等一些信息。在每个语音复帧/专用控制信道复帧中（见图 11.7）的第 13 帧期间发送 SACCH（当采用半速业务时是在第 26 帧）。在这些帧中，8 个时隙都被专门用来在 ARFCN 上向 8 个全速率用户提供 SACCH 数据（半速率时为 16 个用户）。

(c) **快速辅助控制信道（FACCH）**——FACCH载有紧急信息，本质上包含有与SDCCH相同类型的信息。当没有为某特定用户指定一个SDCCH而且有紧急信息（例如切换要求）时，就需指定FACCH。FACCH以"偷"帧的方式从分配给它的业务信道接入到时隙中。这一点是通过在一个TCH前向信道突发序列中设定两个名为"偷"帧比特的特殊比特数来完成的。如果设定了"偷"帧比特，时隙内就包含有该帧的FACCH数据而不是TCH数据。

11.3.5　GSM的一个呼叫实例

为了理解各种业务信道和控制信道是如何使用的，我们考虑GSM系统中移动台发出呼叫的情况。首先，用户在监测BCH时，必须与相近的基站取得同步。通过接收FCCH、SCH、BCCH信息，用户将被锁定到系统及适当的BCH上。为了发出呼叫，用户首先要拨号，并按压GSM手机上的发射按钮。移动台用它锁定的基站的ARFCN来发射RACH数据突发序列。然后，基站以CCCH上的AGCH信息作为响应，CCCH为移动台指定一个新的信道进行SDCCH连接。正在监测BCH中的TS 0的用户，将从AGCH接收到它的ARFCN和TS安排，并立即转到新的ARFCN和TS上，这一新的ARFCN和TS分配就是物理上的SDCCH（不是TCH）。一旦转接到SDCCH，用户首先等待传给它的SACCH帧（等待最大持续26帧或120 ms，如图11.7所示），该帧告知移动台要求的定时提前量和发射机功率。基站根据移动台以前的RACH传输数据，能够决定出合适的定时提前量和功率级，并且通过SACCH发送适当的数据供移动台处理。在接收和处理完SACCH中的定时提前量信息之后，用户能够发送正常的话音业务所要求的突发序列消息。当PSTN从拨号端连接到MSC，且MSC将语音路径接入服务基站时，SDCCH检查用户的合法性及有效性，随后在移动台和基站之间发送信息。几秒钟后，基站经由SDCCH告知移动台重新转向一个为TCH安排的ARFCN和TS。一旦再次接到TCH，语音信号就在前向和反向链路上传送，呼叫成功建立，SDCCH被清除。

当PSTN发出呼叫时，其过程与上述过程类似。基站在BCH适当帧内的TS 0期间，广播一个PCH消息。锁定于相同ARFCN上的移动台检测对它的寻呼，并回复一个RACH消息，以确认接收到寻呼。当网络和服务基站连接后，基站采用CCCH上的AGCH将移动台分配到一个新的物理信道，以便连接SDCCH和SACCH。一旦用户在SDCCH上建立了定时提前量并获准确认后，基站就在SDCCH上重新分配物理信道，同时也确立了TCH的分配。

11.3.6　GSM帧结构

每一个用户在分配给它的时隙内传输突发数据。正如GSM所规定的，这些数据突发序列具有五种规定格式中的一种[Hod90]。图11.9表明了不同控制和业务突变的五种数据突发序列类型。正常突变用于前向和反向链路的TCH及DCCH传输。在特定帧的TS 0（见图11.8(a)），FCCH和SCH突发序列用来广播前向链路上的频率和时间同步控制消息。RACH突发序列被所有移动台用来接收来自任何基站的服务，而伪突发序列用做前向链路上未使用时隙的填充信息。

图11.10表明了正常突发序列的数据结构，它包括以速率270.833 333 Kbps（每个突发序列末端不使用8.25个保护时间比特）传输的148比特。在每个时隙的148个比特中，有114比特为信息承载比特，它们以接近突发序列始端和末端的两个57比特序列来传输。中间段由26比特的训练序列构成，这些序列允许移动台或基站接收器的自适应均衡器在对用户数据解码之前先分析无线信道特征。在中间段的两端都有称为"偷"帧标志的控制比特。这两个标志用来区分在同一物理信道上的时隙中包含的是话音（TCH）数据还是控制（FACCH）数据。在一帧中，每个GSM用户单元用一个时隙来传输，用一个时隙来接收，并且可能用6个空闲时隙来检测自己及相邻5个基站的信号强度。

正常突发序列

3个 起始比特	58个 加密数据比特	26个 训练比特	58个 加密数据比特	3个停 止比特	8.25个 保护时间比特

FCCH突发序列

3个 起始比特	142个固定零比特	3个停 止比特	8.25个 保护时间比特

SCH突发序列

3个 起始比特	39个 加密数据比特	64个 训练比特	39个 加密数据比特	3个停 止比特	8.25个 保护时间比特

RACH突发序列

8个 起始比特	41个 同步比特	36个 加密数据比特	3个停 止比特	68.25个 扩展保护时间比特

伪突发序列

3个 起始比特	58个 混合比特	26个 训练比特	58个 混合比特	3个停 止比特	8.25个 保护时间比特

图 11.9　GSM 中的时隙时间突发序列

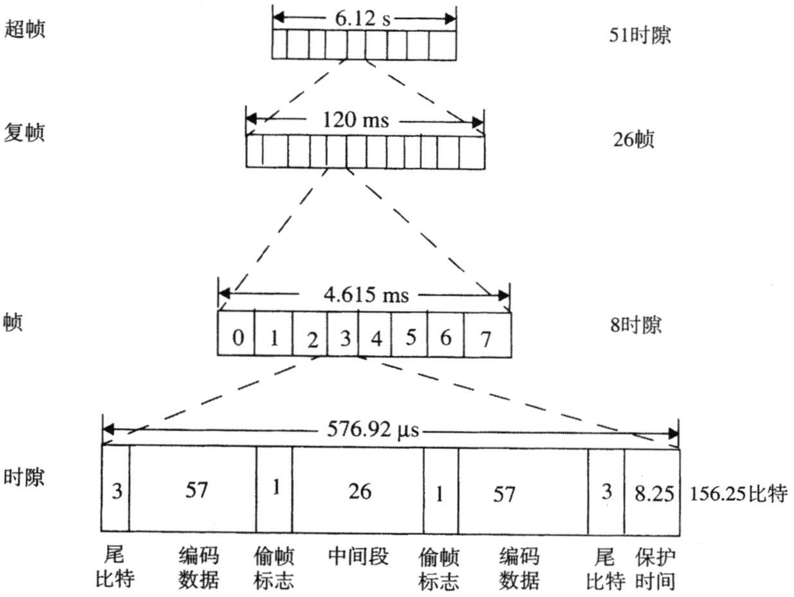

图 11.10　GSM 的帧结构

如图 11.10 所示，每一 TDMA 帧有 8 个时隙，帧长为 4.615 ms。一帧包括 8 × 156.25 = 1250 比特，尽管有些比特并未用到。帧速率为 270.833 Kbps/1250 比特 / 帧或每秒 216.66 帧。第 13 帧或第 26 帧并不用于业务数据，而是用于控制数据。每一个标准语音帧集合形成复帧，进而集合又形成超帧和巨帧（图 11.10 中没有表示出巨帧）。一个复帧包含 26 个 TDMA 帧；而一个超帧包含 51 个复帧、1326 个 TDMA 帧；一个巨帧则包含 2048 个超帧、2 715 648 个 TDMA 帧。一个完整的巨帧每 3 小时 28 分 54 秒发射一次，这对 GSM 来说是很重要的，因为加密算法是在精确帧数的基础上进行的，而且只有使用巨帧提供的大帧数才能保证充分的保密。

图 11.8 表明，与业务/专用控制信道复帧相比，控制复帧包含 51 帧（235.365 ms），而前者只有 26 帧。这样做的目的是保证任何 GSM 用户（在服务小区或邻近小区内）能够从 PCH 接收到 SCH 和 FCCH 传输数据，无论它们使用哪一种帧或时隙。

11.3.7　GSM 中的信号处理

图 11.11 给出了 GSM 中从发射机到接收机的所有操作。

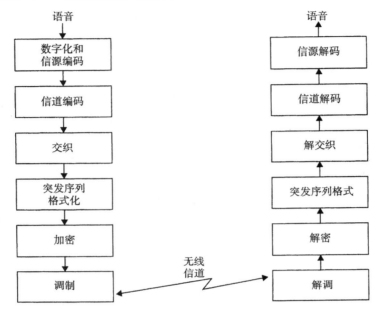

图 11.11　GSM 中从发射机到接收机的所有操作

语音编码——GSM 语音编码器是基于余值激励线性预测（RELP）的编码器，通过加入一个长时预测器（LTP）来增强它的性能。编码器为每一个 20 ms 长的语音块提供 260 个比特，因此产生的比特速率为 13 Kbps。该语音编码器是在对 20 世纪 80 年代后期的各类候选编码器进行广泛的主观评价后选出的。在技术规范中包含了半速率编码器的条款。

GSM 语音编码器利用了通常谈话中的一个实际情况：每个人的讲话时间不足 40%。GSM 在语音编码器中加入一个语音激活检测器（VAD），使得 GSM 以断续传输模式（DTX）来运行。该模式能延长用户电池寿命，并能减少瞬时无线接口，因为在静默期间，GSM 发射机是没有激活的。在接收末端，补偿噪声子系统（CNS）引入一个背景声学噪声来补偿由于 DTX 而产生的不舒适静音。

TCH/FS、SACCH 和 FACCH 信道编码——根据对语音质量贡献的程度，语音编码器的输出比特按顺序分组，以利于差错保护。一帧总共 260 比特，其中最重要的 50 比特（称为 Ia 比特）中加入 3 个奇偶校验（CRC）比特。这样有利于接收机的非纠错检测。接下来的 132 比特连同开始的 53 比特（50 个 Ia 比特加上 3 个奇偶校验位）重新排序，并在其后附加 4 个零尾比特，产生一个 189 比特的数据块。然后该数据用比率为 1/2、约束长度 $K = 5$ 的卷积编码器进行差错保护编码，产生一个 378 比特的序列。剩下的不是很重要的 78 比特没有增加任何差错保护，并与已有的序列相连形成 20 ms 帧内 456 比特的数据块。差错保护编码方案加上信道编码将 GSM 语音信号总的数据速率增加到 22.8 Kbps。图 11.12 描述了差错保护方案。

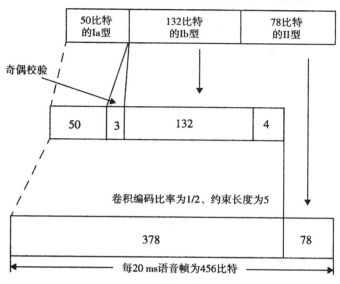

图 11.12 GSM 中语音信号的差错保护

数据信道编码——GSM 全速率数据信道（TCH/F9.6）编码的基本特点是：每 5 ms 间隔处理 60 比特用户数据，这是按照修订的 CCITT V.110 标准进行的。如 Steele[Ste94]所述，240 个用户比特再加上 4 个尾比特，然后作用于约束长度 $K = 5$ 的半速率卷积压缩编码器。所得到的 488 个编码比特压缩减少至 456 个编码数据比特（32 比特不传送），这些数据分成 4 个 114 比特的突发序列，以交织的方式用于连续的时隙中。

控制信道编码——GSM 控制信道消息被确定为 184 比特长度，用截短二进制循环 Fire 码进行编码，然后通过半速率卷积编码器。

Fire 码的生成多项式是

$$G_5(x) = (x^{23} + 1)(x^{17} + x^3 + 1) = x^{40} + x^{26} + x^{23} + x^{17} + x^3 + 1$$

该多项式产生 184 个消息比特，后面跟有 40 个奇偶校验比特。为清空随后的卷积编码器，因此再加上 4 个尾比特，这样产生一个 228 比特的数据块。该数据块用于 $K = 5$ 的半速率卷积编码，其产生多项式为 $G_0(x) = 1 + x^3 + x^4$ 和 $G_1(x) = 1 + x + x^3 + x^4$（这与 TCH 类型 Ia 的数据比特编码生成多项式相同）。所得到的 456 个编码比特在 8 个连续帧上交织，其交织方式与 TCH 语音数据相同。

交织——为了使突变衰落对接收数据的影响最小，每 20 ms 语音帧或者控制信息中的 456 个编码比特被分为 8 个 57 比特的子块。这 8 个子块构成单一的语音帧并将其分布到 8 个连续的 TCH 时隙中。如果由于干扰或衰落时突发序列丢失，这样信道编码保证有足够的比特被正确接收并用来纠错。每个 TCH 时隙载有来自两个不同的 20 ms（456 比特）话音（或控制）段的两个 57 比特数据块。图 11.13 正确显示了语音帧是如何在时隙中对角交织的。注意 TS 0 包含有来自第 n 个语音编码帧（图中以 "a" 表示）的第 0 个子块的 57 比特数据，以及来自第($n - 1$)个语音编码帧（图中以 "b" 表示）的第 4 个子块的 57 比特数据。

加密——加密方法通过使用保密技术改变了 8 个交织块的内容,而该技术仅有特定移动台和基站收发机知道。由于加密算法在呼叫之间是变化的, 所以增强了安全性。两种加密算法分别用于防止未认可网络接入或保护无线传输的私密性, 这两种算法称为 A3 和 A5。其中 A3 算法通过识别用户 SIM 中的口令字和 MSC 处的密钥来确认每个移动台。A5 算法为每个时隙发送的 114 个编码数据比特提供扰频, 以确保安全。

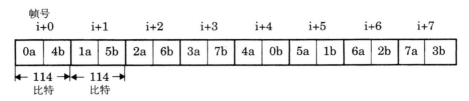

图 11.13　TCH/SACCH/FACCH 数据的对角交织。8 个语音
子块被分布到特定时隙号的 8 个连续 TCH 时隙上

突发序列格式——突发序列格式将二进制数据加到加密块中，以便提供接收信号的同步和均衡。

调制——GSM 所用的调制方式是 0.3 GMSK。其中 0.3 表示高斯脉冲成形滤波器的 3 dB 带宽比特周期乘积（即 $BT = 0.3$）。GMSK 是一种特殊类型的数字 FM 调制。在 GSM 中，通过使 RF 载波偏移 ±67.708 kHz 来表示二进制中的"1"和"0"。GSM 信道速率为 270.833 333 Kbps，正好是 RF 频移的 4 倍。这样使得调制频谱所占的频带最小，因此增加了信道容量。MSK 调制信号通过高斯滤波器后以平滑快速的频率变化，否则将会使能量扩展到相邻信道。

跳频——正常条件下，属于特定物理信道的每个数据突发序列都是用相同的载频来发送的。然而，如果特定小区内的用户遇到多径问题，该小区就被网络操作者确定为"跳频小区"。在这种情况下，就采用慢跳频来抵消小区内多径或其他干扰的影响。跳频是一帧一帧进行的，因此发生跳频的最大速率为 217.6 跳 / 秒，而在跳频序列重复之前，最多只有 64 个信道可用。跳频完全由业务提供商指定。

均衡——均衡是在接收端通过每一时隙中间段所发送的训练序列来实现的。GSM 没有指定均衡器的类型，而是由制造商确定。

解调——在前向信道发送信号中，特定用户感兴趣的部分由所分配的 TS 和 ARFCN 来确定。适当的 TS 在突发序列格式提供的同步数据的协助下得到解调。解调后，二进制信息依次经过解密、解交织、信道解码及语音解码。

11.4　CDMA 数字蜂窝标准（IS-95）

如第 9 章所述，码分多址（CDMA）比 TDMA 和 FDMA 具有许多优越性[Gil91]。美国通信工业协会（TIA）颁布了基于 CDMA 的、可提高系统容量的美国数字蜂窝系统[TIA93]，即 IS-95 系统。IS-95 系统和 IS-136 一样，与现存的美国模拟蜂窝系统（AMPS）的频带兼容。因此，可以比较经济地生产出用于双模式运行的移动台和基站。1994 年，Qualcomm 公司首先生产出了 CDMA/AMPS 双模式电话；到了 2001 年，全世界已有超过 8000 万的 CDMA 用户。

IS-95 是一种直接序列扩频 CDMA 系统，它允许同一小区内的用户使用相同的无线信道，邻近小区内的用户也可使用相同的无线信道。CDMA 完全取消了对频率规划的要求。为了利于从 AMPS 向 CDMA 的过渡，每个 IS-95 信道在每个单向链路上占有 1.25 MHz 的频谱宽度，也就是美国蜂窝提供商所得频谱的 10%（美国蜂窝系统是 25 MHz，每个业务提供商接收一半的频谱，即 12.5 MHz）。实际上，AMPS 载波必须提供一个 270 kHz 的保护带（典型的 9 个 AMPS 信道）。IS-95 完全兼容第 10 章所述的 IS-4l 网络标准。

与其他蜂窝标准不同的是，根据话音激活和系统网络要求，IS-95 的用户数据速率（不是信道码片速率）要实时地改变。而且，IS-95 的前向链路和反向链路采用不同的调制和扩频技术。在前向链路上，基站通过采用不同的扩频序列同时发送小区内全部用户的用户数据；同时还要发送一个导频码，使得所有移动台在估计信道条件时可以使用相干载波检测。在反向链路上，所有移动台以异步方式响应，并且由于基站的功率控制，理想情况下每个移动台具有相同的信号电平值。

IS-95 系统采用的语音编码器是 Qualcomm 公司的 9600 bps 码激励线性预测编码器（QCELP），该编码器检测话音激活，并在静默期间将数据速率降至 1200 bps。中间数据速率 2400 bps、4800 bps 和 9600 bps 也用于特定情况。如第 8 章和 11.4.4 节所述，Qualcomm 公司于 1995 年推出了 14 400 bps 编码器，该编码器使用的语音数据速率为 13.4 bps（QCELPl3）。

11.4.1　频率和信道规范

IS-95 为反向链路运行指定的频段是 824~849 MHz，为前向链路指定的是 869~894 MHz。IS-95 的 PCS 版也设计用于 1800~2000 MHz 的国际应用。一对前向、反向信道相隔 45 MHz。许多用户共享同一公共信道用于传输数据。最大用户数据速率为 9.6 Kbps。IS-95 中的用户数据通过各种技术被扩展到码片速率为 1.2288 Mchip/s（Mcps）的信道上（总扩频因子为 128）。前向链路和反向链路的扩频过程是不同的。在前向链路中，用户数据使用 1/2 比率的卷积码进行编码，然后交织，最后通过 64 个正交扩频序列（沃尔什函数）之一来扩频。给定小区中的每个移动台都分配有一个不同的扩频序列，使得不同用户的信号至少在没有多径干扰情况下能完全分开。为了减小不同小区中使用相同扩频序列的用户间的干扰，并提供所要求的宽带频谱特性（并不是所有沃尔什函数都产生宽带功率谱），特定小区内的所有信号用一个码片长度为 2^{15} 的伪随机序列来进行扰频。

由于同一小区内所有前向信道用户的信号同步地进行扰频，所以它们之间仍然保持正交性。在前向链路上提供一个导频信道（码），以使得同一小区内的每一用户在利用相干检测时能确立并响应信道特性。导频信道的发射功率要高于用户信道功率。

在反向链路中，采用了不同的扩频方法，因为每个接收信号是经由不同的传播路径到达基站的。反向信道用户数据流首先用 1/3 比率的卷积码进行编码；经过交织后，将每个编码符号块映射给一个正交沃尔什函数，从而产生 64 列正交信号。最后，分别通过码片周期为 $2^{42}-1$ 的用户特定码和码片周期为 2^{15} 的基站特定码，将 307.2 Kchip/s（Kcps）的数据流扩展以得到 4 倍的扩展流，即速率为 1.2288 Mcps。采用 1/3 比率的卷积编码和沃尔什函数映射所产生的抗干扰能力，要比传统的重复扩频编码方式的抗干扰能力强。由于非相干检测和基站处接收到的小区内干扰等原因，这种抗干扰能力的增强对反向链路是很重要的。

反向链路的另一个根本内容是对一个用户的传输功率进行严格控制，以避免由于接收用户功率的不同而引起的"远近效应"。链路中采用开环与快速闭环相接合的功率控制方式来调整小区中用户的发射功率，以使得基站所接收的信号具有相同的功率。闭环功率控制命令以 800 bps 的速率发送，而这些比特是从语音帧中"偷"取得到的。如果没有快速功率控制，由于衰落引起的功率快速变化将使系统中所有用户的性能降低。

在基站和用户端，都采用 RAKE 接收机来解决多径问题，以减少衰减程度。第 7 章曾经论述过，RAKE 接收机利用了信道中的多径时延，将所传输信号的延时信号联合起来以改善链路质量。在 IS-95 中，在基站处使用了三分支 RAKE 接收机。IS-95 结构也为基站在软切换期间提供了分集，在两小区间移动的移动台与此两小区都保持联系。移动台接收机将来自两个基站的信号组合起来，方法与组合不同的多径信号相同。

11.4.2　前向 CDMA 信道

前向 CDMA 信道包括 1 个导频信道、1 个同步信道、7 个寻呼信道和 63 个前向业务信道[Li93]。导频信道允许移动台获得前向 CDMA 信道捕获定时，为相干解调提供一个参考相位。还为每个移动台提供基站间寻呼强度的比较方式，以确定何时切换。同步信道向移动台广播同步消息，工作速率为1200 bps。寻呼信道用来从基站向移动台发送控制信息和移动信息，工作速率为9600 bps、4800 bps和2400 bps。前向业务信道所支持的各种用户速率为9600 bps、4800 bps、2400 bps和1200 bps。

图 11.14 描述了前向业务信道的调制过程[EIA90]。前向业务信道上的数据被分成 20 ms 的帧。用户数据首先进行卷积编码，接着根据实际的用户数据速率进行格式化和交织，然后用一个沃尔什码和一个速率为 1.2288 Mcps 的长 PN 序列来扩展信号。表 11.4 列出了前向业务信道的调制参数。

发射机所使用的语音数据速率的可变范围是 1200~9600 bps。

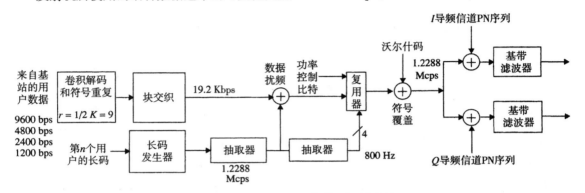

图 11.14 前向 CDMA 信道的调制过程

表 11.4 IS-95 前向业务信道的调制参数（不包括新的 13.4 Kbps 编码器）

参数	数据速率（bps）			
用户数据速率	9600	4800	2400	1200
编码比率	1/2	1/2	1/2	1/2
用户数据重复周期	1	2	4	8
基带编码数据速率	19 200	19 200	19 200	19 200
PN 码片 / 编码数据比特	64	64	64	64
PN 码片速率（Mcps）	1.2288	1.2288	1.2288	1.2288
每比特的 PN 码片数	128	256	512	1024

11.4.2.1 卷积编码器和重复电路

语音用户数据用一个约束长度为 9 的半速率卷积编码器进行编码。编码过程可由生成器矢量 G_0 和 G_1 来说明，G_0 和 G_1 分别是 753（八进制）和 561（八进制）。

语音编码器利用了语音中的暂停和间隔，在静默期间将速率从 9600 bps 降到 1200 bps。为保证 19.2 Kbps 的基带符号速率，当用户速率少于 9600 bps 时，从卷积编码器产生的符号在块交织前要重复。如果消息速率为 4800 bps，每个符号要重复一次。如果消息速率为 2400 bps 或 1200 bps，每个符号分别重复 3 次或 7 次。重复使得对任何可能的数据速率都会产生一个每秒 19 200 个符号的已编码速率。

11.4.2.2 块交织

卷积编码和重复之后，编码符号被发送到 20 ms 的块交织中，其结构是 24 × 16 阵列。

11.4.2.3 长 PN 序列

在前向信道中，直接序列用于数据扰码。每个用户分到一个特有的长 PN 序列，该序列是码片周期为 $2^{24} - 1$ 的周期长码。

该码由下述特征多项式来确定[TIA93]:

$$p(x) = x^{42} + x^{35} + x^{33} + x^{31} + x^{27} + x^{26} + x^{25} + x^{22} + x^{21} + x^{19} + x^{18}$$
$$+ x^{17} + x^{16} + x^{10} + x^{7} + x^{6} + x^{5} + x^{3} + x^{2} + x^{1} + 1$$

通过 42 比特的序列发生器状态矢量和 42 比特的掩码进行模 2 内积来产生 PN 长码。发生器的初始状态确定如下：二进制掩码的最高有效位是 "1"，其余是 "0"；而发生器在连续 41 个 "0" 之后变成 "1"。

在长码发生器中使用了两种类型的掩码，一种是用于移动台电子序列号（ESN）的公共掩码，一种是用于移动台识别号（MIN）的专用掩码。所有 CDMA 呼叫都使用公共掩码来初始化。在完成认证识别后，转换成专用掩码。公共长码定义如下：M_{41} 到 M_{32} 设置为 1100011000，M_{31} 到 M_0 设置为移动台 ESN 比特的置换：定义置换如下[TIA93]：

$$ESN = (E_{31}, E_{30}, E_{29}, E_{28}, E_{27}, ..., E_3, E_2, E_1, E_0)$$

$$置换的 ESN = (E_0, E_{31}, E_{22}, E_{13}, E_4, E_{26}, E_{17}, E_8, E_{30}, E_{21}, E_{12}, E_3,$$
$$E_{25}, E_{16}, E_7, E_{29}, E_{20}, E_{11}, E_2, E_{24}, E_{15}, E_6, E_{28}, E_{19},$$
$$E_{10}, E_1, E_{23}, E_{14}, E_5, E_{27}, E_{18}, E_9)$$

专用掩码的 M_{41} 和 M_{40} 设定为 "01"，M_{39} 到 M_0 由专用程序来确定。图 11.15 为掩码的格式。

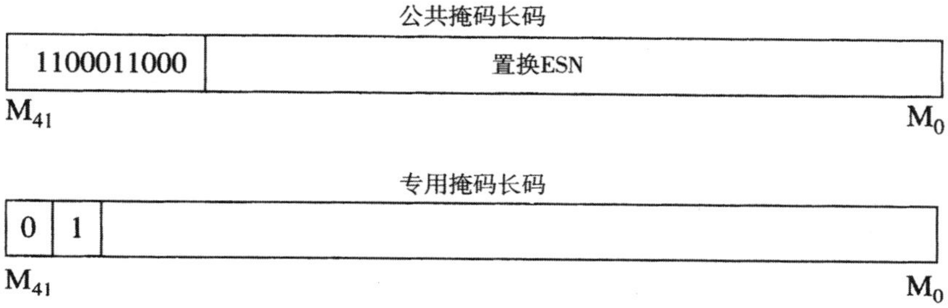

图 11.15　IS-95 的长码掩码格式

11.4.2.4　数据扰码

数据扰码是在块交织器后完成的。1.2288 MHz 的 PN 序列通过一个抽取器。该抽取器仅保留 64 个连续码片中的第一个码片。从抽取器出来的符号速率是 19.2 Kbps。块交织器的输出序列和图 11.14 所示的抽取器输出符号进行模 2 加，完成数据扰码。

11.4.2.5　功率控制子信道

为减少每个用户的平均 BER，IS-95 力求使每个用户的功率在到达基站接收机时是一样的。基站反向业务信道接收机估计并响应特定移动台的信号强度（实际上是信号强度和干扰）。因为信号和干扰都是连续变化的，基站每 1.25 ms 更新一次功率控制。功率控制命令是在功率控制子信道上发送给用户的，该命令使移动台以 1 dB 的步长来提高或降低自己的发射功率。如果接收信号功率较低，则在功率控制子信道上发送一个 "0"，命令移动台提高自己的平均输出功率。如果移动台功率较高，则发送一个 "1" 来命令移动台降低自己的功率。功率控制比特对应于前向业务信道上的两个调制符号。图 11.16 显示了在数据扰码后加入功率控制比特。

功率控制比特采用插入技术来传送[TIA93]。在 1.25 ms 周期内，发送 24 个数据符号。IS-95 为功率控制比特指定了 16 个可能的功率控制群位置，每个位置对应于前 16 个调制符号中的一个。在 1.25 ms 周期内，从长码抽取器获得的 24 个比特用于数据扰码，而仅有最后 4 个比特用来确定功率控制比特的位置。在图11.16所示的例子中，最后4比特是"1011"（十进制的11），功率控制比特开始于位置11。

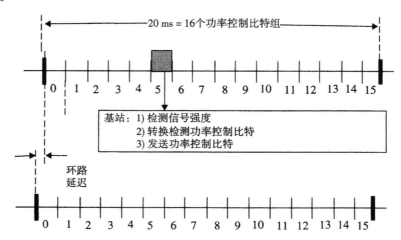

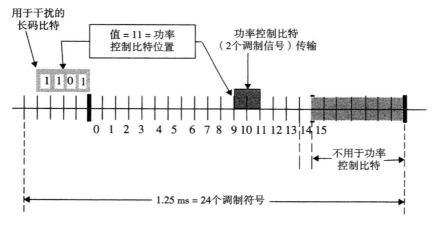

图 11.16　IS-95 前向业务信道功率控制比特位的随机化

11.4.2.6　正交覆盖

在前向链路上，正交覆盖在数据扰码之后执行。每个在前向 CDMA 信道上传送的业务信道数据用一个码片速率为1.2288 Mcps的沃尔什函数来扩频。沃尔什函数由64个二进序列组成，每个序列长度为64。这些序列相互正交，并为前向链路上的所有用户提供正交信道。一个用户若是用沃尔什函数 n 来扩频，则为其分配的信道号是 n（n 从 0 到 63）。沃尔什序列每 52.083 μs 重复一次，相当于一个编码数据符号的时间间隔。也就是一个数据符号用 64 个沃尔什码片来扩频。

64×64 沃尔什函数矩阵（也叫 Hadamard 矩阵）由下列递推过程产生。

$$H_1 = 0 \qquad\qquad H_2 = \begin{matrix} 0 & 0 \\ 0 & 1 \end{matrix}$$

$$H_4 = \begin{matrix} 0 & 0 & 0 & 0 \\ 0 & 1 & 0 & 1 \\ 0 & 0 & 1 & 1 \\ 0 & 1 & 1 & 0 \end{matrix} \qquad\qquad H_{2N} = \begin{matrix} H_N & H_N \\ H_N & \overline{H_N} \end{matrix} \text{，其中 } N \text{ 是 2 的幂}$$

在 64 × 64 沃尔什函数矩阵中，每一行对应一个信道号。对于信道 n，发射机中的符号由矩阵第 n 行的 64 个沃尔什码片来扩频。信道 0 总是被指定给导频信道。因为信号 0 代表沃尔什码 0，其元素全为 0，所以导频信道只是一个"空白"沃尔什码，仅由正交 PN 序列组成。同步信道对 IS-95 系统来说是十分重要的，所分配的信道号为 32。如果存在寻呼信道，则分配给它们最低的信道号，所余下的信道都是前向业务信道。

11.4.2.7　正交调制

在正交覆盖完成后，符号要进行正交扩频，如图 11.14 所示。采用码片周期为 $2^{15} - 1$ 的短二进制扩频序列来进行调制，同时也方便在移动台接收器处完成捕获和同步。这个短扩频序列称为导频 PN 序列，它是基于下列特征多项式的：

对于同相（I）调制有

$$P_I(x) = x^{15} + x^{13} + x^9 + x^8 + x^7 + x^5 + 1$$

对于正交（Q）调制有

$$P_Q(x) = x^{15} + x^{12} + x^{11} + x^{10} + x^6 + x^5 + x^4 + x^3 + 1$$

在特征多项式的基础上，导频 PN 序列 $i(n)$ 和 $q(n)$ 由下列线性递推产生：

$$i(n) = i(n\text{-}15) \oplus i(n\text{-}10) \oplus i(n\text{-}8) \oplus i(n\text{-}7) \oplus i(n\text{-}6) \oplus i(n\text{-}2)$$

$$q(n) = q(n\text{-}15) \oplus q(n\text{-}13) \oplus q(n\text{-}11) \oplus q(n\text{-}10) \oplus q(n\text{-}9) \oplus q(n\text{-}5) \oplus q(n\text{-}4) \oplus q(n\text{-}3)$$

其中同相 PN 码和正交 PN 码是分别使用的，$\oplus$ 代表模 2 加。在相连的 14 个"0"后插入一个"0"，便产生一个长为 2^{15} 的导频 PN 序列。I 和 Q 导频 PN 序列的初始状态为：第 1 个输出量为"1"，接着是 13 个连续的"0"。导频 PN 序列的码片速率为 1.2288 Mcps。根据表 11.5，正交扩频的二进制 I 和 Q 输出映射成相位。

表 11.5　前向 CDMA 信道的 I 和 Q 映射

I	Q	相位
0	0	$\pi/4$
1	0	$3\pi/4$
1	1	$-3\pi/4$
0	1	$-\pi/4$

11.4.3　反向 CDMA 信道

图 11.17 给出了反向业务信道的调制过程。反向信道上的用户数据被分成 20 ms 长的帧。反向信道上的所有传输数据在传输之前要经过卷积编码、块交织、64 阶正交调制和扩频。表 11.6 给出了反向业务信道的调制参数 [EIA92]。在反向信道中，语音或用户数据速率可以是 9600 bps、4800 bps、2400 bps 或 1200 bps。

反向 CDMA 信道由接入信道（AC）和反向业务信道（RTC）组成。这两种信道共享相同的频率段，且每个业务/接入信道由特定的用户长码来识别。移动台通过接入信道来初始化与基站之间的通信，并响应寻呼信道信息。接入信道是一个随机信道，每个信道用户由它们的长码来惟一确认。在反向 CDMA 信道中，每个支持的寻呼信道最多包含 32 个接入信道。当 RTC 以可变速率工作时，AC 以 4800 bps 的固定速率工作。

表 11.6　反向业务信道的调制参数（不包括新的 13.4 Kbps 编码器）

参数	数据速率（bps）			
用户数据速率	9600	4800	2400	1200
编码比率	1/3	1/3	1/3	1/3
发射占用周期（%）	100.0	50.0	25.0	12.5
编码数据速率（sps）	28 800	28 800	28 800	28 800
每个沃尔什符号的比特数	6	6	6	6
沃尔什符号速率	4800	4800	4800	4800
沃尔什码片速率（Kcps）	307.2	307.2	307.2	307.2
沃尔什符号持续时间（μs）	208.33	208.33	208.33	208.33
PN 码片/编码符号	42.67	42.67	42.67	42.67
PN 码片/沃尔什符号	256	256	256	256
PN 码片/沃尔什码片	4	4	4	4
PN 码片速率（Mcps）	1.2288	1.2288	1.2288	1.2288

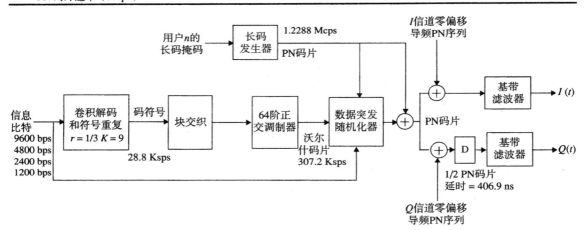

图 11.17　单一用户反向业务信道的调制过程

11.4.3.1　卷积编码和符号重复

反向业务信道中使用的卷积编码器比率为 1/3，约束长度为 9。三个发生器矢量 g_0、g_1、g_2 分别是 557（八进制）、663（八进制）、771（八进制）。

当数据速率少于 9600 bps 时，卷积编码得到的编码比特在交织前要进行符号重复，方法与前向信道的相同。重复后，编码器的输出符号速率为 28 800 bps。

11.4.3.2　块交织

在卷积编码和重复后，接着完成块交织。块交织器长度为 20 ms，是一个 32 行和 18 列的阵列。编码符号以列顺序写入阵列，以行顺序读出。

11.4.3.3　正交调制

反向 CDMA 信道采用 64 阶正交调制，每 6 个编码比特为一组，用 64 个沃尔什函数中的 1 个进行调制，也就是用沃尔什函数内的 64 个码片来调制。根据下面的公式来确定沃尔什函数：

$$沃尔什函数量 = c_0 + 2c_1 + 4c_2 + 8c_3 + 16c_4 + 32c_5$$

其中，c_5 表示用于选择沃尔什函数的 6 个编码符号中的最后比特位，c_0 表示第一个比特位。

沃尔什码片的传输速率为 307.2 Kcps，如式(11.1)所示：

$$28.8 \text{ Kbps} \times (64 \text{ 沃尔什码片})/(6 \text{ 已编码比特}) = 307.2 \text{ Kbps} \tag{11.1}$$

注意，沃尔什函数在前向信道和反向信道中的使用目的不同。在前向信道中，沃尔什函数用于扩频指定的用户信道；而在反向信道中，沃尔什函数用于数据调制。

11.4.3.4　可变速率数据传输

在反向 CDMA 信道上发送的是可变速率数据。当数据速率小于 9600 bps 时，码符号的重复引入了冗余量。当在某些时刻关闭发射机时，就使用一个随机函数发生器来发送一定的比特。当数据速率为 9600 bps 时，所有交织器的输出比特都被发送。当数据速率为 4800 bps 时，交织器输出比特的一半被发送，移动台的传送工作时间为 50%，依次类推（见表 11.6）。图 11.18 给出不同数据速率的传输过程[EIA92]。20 ms 帧内的数据被分成 16 个功率控制组，每组周期为 1.25 ms。一些功率控制组选通，而一些则不选通。数据突发随机化器保证了每一个重复的码符号能被正确传输。在非选通过程中，移动台所发送的功率要比邻近选通期间发送的功率至少低 20 dB，或者比传输噪声还低，二者取较低的值。这样就减少了对相同反向 CDMA 信道上其他移动台的干扰。

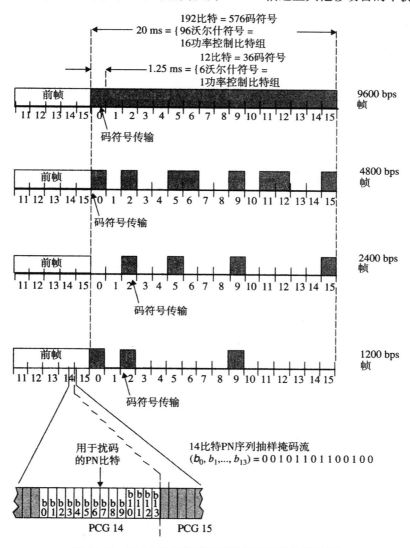

图 11.18　IS-95 反向信道不同数据速率的传输过程

数据突发随机化器产生一个"0"和"1"的掩码模式，它可随机地屏蔽掉由码重复而产生的冗余数据。从长码中取出的14比特块决定了掩码模式，这14个比特是前一帧倒数第二个功率控制组用于扩频的长码的最后14个比特，它们表示为

$$b_0\ b_1\ b_2\ b_3\ b_4\ b_5\ b_6\ b_7\ b_8\ b_9\ b_{10}\ b_{11}\ b_{12}\ b_{13}$$

其中，b_0表示最高比特位，b_{13}表示最低比特位。数据突发随机化器的算法如下：

- 如果用户数据速率为 9600 bps，在所有的 16 个功率控制组上发射。
- 如果用户数据速率为 4800 bps，在下列 8 个功率控制组上发射。

$$b_0, 2 + b_1, 4 + b_2, 6 + b_3, 8 + b_4, 10 + b_5, 12 + b_6, 14 + b_7$$

- 如果用户数据速率为 2400 bps，在下列 4 个功率控制组上发射。

1）b_0，若 $b_8 = 0$ 或 $2 + b_1$ 若 $b_8 = 1$

2）$4 + b_2$，若 $b_9 = 0$ 或 $6 + b_3$ 若 $b_9 = 1$

3）$8 + b_4$，若 $b_{10} = 0$ 或 $10 + b_5$ 若 $b_{10} = 1$

4）$12 + b_6$，若 $b_{11} = 0$ 或 $14 + b_7$ 若 $b_{11} = 1$

- 如果用户数据速率为 1200 bps，在下列 2 个功率控制组上发射。

1）b_0（若 $b_8 = 1$ 且 $b_{12} = 0$），或 $2 + b_1$（若 $b_8 = 1$ 且 $b_{12} = 0$），

　　或 $4 + b_2$（若 $b_9 = 0$ 且 $b_{12} = 1$），或 $6 + b_3$（若 $b_9 = 1$ 且 $b_{12} = 1$）。

2）$8 + b_4$（若 $b_{10} = 0$ 且 $b_{13} = 0$），或 $10 + b_5$（若 $b_{10} = 1$ 且 $b_{13} = 0$），

　　或 $12 + b_6$（若 $b_{11} = 0$ 且 $b_{13} = 1$），或 $14 + b_7$（若 $b_{11} = 1$ 且 $b_{13} = 1$）。

11.4.3.5　直接序列扩频

反向业务信道由速率为 1.2288 Mcps 的长码 PN 序列来扩频。长码的产生已在 11.4.2.3 节中描述过。每个沃尔什码片由 4 个长码 PN 码片来扩频。

11.4.3.6　正交调制

在发送前，反向业务信道由 I 和 Q 信道导频 PN 序列来扩频，这些导频 PN 序列与前向 CDMA 信道中使用的相同，它们用于同步目的。反向链路调制是交错正交移相键控（OQPSK）调制。由 Q 导频 PN 序列扩频的数据要比由 I 导频 PN 序列扩频的数据延时码片周期的一半（406.901 ns）。这个延时用于改善频谱形状和同步。根据表 11.5，二进制 I 和 Q 数据被映射成相位。

11.4.4　具有 14.4 Kbps 语音编码器的 IS-95[ANS95]

为了给高质量语音提供高数据速率编码，对 IS-95 空中接口结构做出改动，以便提供高数据速率业务。在反向链路上，卷积编码比率由 1/3 变为 1/2。在前向链路上，对用 1/2 比率卷积编码的编码符号流，每 6 个符号去掉 2 个，则编码比率由 1/2 变为 3/4。这些改变使得有效信息速率分别从 9600 bps、4800 bps、2400 bps 和 1200 bps 提高到 14 400 bps、7200 bps、3600 bps 和 1800 bps，并且保持其他空中接口结构的参数不变。

可变速率语音编码器 QCELP13 用于这个高数据速率信道。QCELP13 是 QCELP 的修正版本。除了使用高数据速率来改善 LPC 余值的量化之外，QCELP13 相对于 QCELP 算法还有其他几种改善，包括频谱量化、语音激活检测、基音预测及基音滤波的改善。QCELP13 算法可以用几种模式来运行。模式 0 与原来的 QCELP 语音编码器的运行方式相同。QCELP13 对激活语音进行最高数据速率

编码,而对静默时进行最低数据速率编码。中间数据速率用于其他不同的语音模式,如静态浊音和清音帧,因此降低了平均语音速率而增大了系统容量。

11.5　无绳电话中的 CT2 标准

CT2 是 1989 年由英国提出的第二代无绳电话标准[Mor89a],是为用于家庭和办公室等环境而设计的通信系统。该系统可提供"telepoint"业务,即允许用户使用 CT2 手机在一个共用无绳电话亭处接入 PSTN。

11.5.1　CT2 业务和特征

CT2 是第一代模拟无绳电话的数字化版本。与模拟无绳电话相比,CT2 能提供高质量的话音,对干扰、噪声和衰落有较强的抑制能力.而且与其他个人电话一样采用带内置天线的手机。数字传输可以提供较好的安全性。由于只有在输入个人识别号(PIN)后,呼叫才有可能建立,所以对未经认证的用户手机是无用的。CT2 用户单元中的电池典型通话时间为 3 小时,待机时间为 40 小时。CT2 系统采用动态信道分配,使得在拥挤办公室或城区环境中的系统规划组织的工作量最小。

11.5.2　CT2 标准

CT2 标准规定了固定部分(CFP)和便携部分(CPP)如何通过无线链路进行通信。固定部分对应于基站,便携部分对应于用户单元。在欧洲和中国香港,分配给 CT2 的频带是 864.10 MHz ~ 868.10 MHz。在这个频带范围内,安排了 40 个时分双工(TDD)信道,每个信道的带宽为 100 kHz。

CT2 标准规定了三个空中接口信令层和语音编码技术。信令层 1 规定了 TDD 技术、数据复用、链路初始化及交换方式。信令层 2 规定了数据确认、误差检测及链路维持。信令层 3 规定了连接 CT2 到 PSTN 的协议。表 11.7 总结了 CT2 的空中接口规范。

表 11.7　CT2 无线规范总结

参数	规范
频段	864.15~868.05 MHz
多址方式	FDMA
双工类型	TDD
信道数	40
信道间隔	100 kHz
信道/载波数	1
调制类型	2 电平 GMSK($BT = 0.3$)
峰值频率偏差范围	14.4~25.2 kHz
信道数据速率	72 Kbps
谱效率	50 Erlang/km^2/ MHz
带宽效率	0.72 bps/Hz
语音编码	32 Kbps ADPCM(G.721)
控制信道(净)速率	1000/2000 bps
最大有效发射功率	10 mW
功率控制	是
动态信道分配	是
接收机灵敏度	40 dBV/m 以上(BER = 0.001)
帧长	2 ms
信道编码	(63, 48)循环码

　　调制——所有信道采用相位连续的高斯滤波二进制频移键控调制。最常用的滤波器带宽比特周期乘积 $BT = 0.3$，峰值频率偏差最大为 25.2 kHz。信道传输速率为 72 Kbps。

　　语音编码——语音波形采用 32 Kbps 的 ADPCM 来进行编码[Det89]。所用算法符合 CCITT 的标准 G.721。

　　双工类型——采用时分双工获得双向全双工通信。一个 CT2 帧持续时间为 2 ms，在前后链路之间被平等地分成两部分。32 Kbps 的数字语音以速率 64 Kbps 传输。用户语音用 1 ms 来传达，另有 1 ms 的间隔用于反向通路，这样就消除了用户单元对频率匹配或双工滤波器的要求。由于每个 CT2 信道支持 72 Kbps 的数据，余下的 8 Kbps 用于控制数据（D 子信道）和突发同步序列（SYN 子信道）。根据 CT2 的状态，信道带宽被分配给一个或多个子信道。不同子信道的组合称为复用，在 CT2 中有三种不同的复用方式（详细内容见[Ste90]、[Pad95]）。

11.6　欧洲数字无绳电话（DECT）

　　DECT 系统是由欧洲电信标准协会（ETSI）制定的泛欧数字无绳电话标准[Och89]、[Mul91]。它是第一个泛欧的无绳电话标准，于 1992 年 7 月确定。

11.6.1　特点

　　DECT 为高用户密度、小范围通信提供了无绳通信的框架，它覆盖了包括应用和环境的一个宽广范围。DECT 对话音和数据应用提供了极高质量的服务[Owe91]。DECT 的主要功能是为专用交换机（PBX）的便携用户提供区域移动性。DECT 标准同时也支持 "telepoint" 业务。DECT 是一个开放型标准（OSI），它可以将移动用户连接到广域的固定网络（如 ISDN）或者移动网络（如 GSM）上。DECT 在几百米的范围内可以为便携台和固定基站之间提供低功率的无线接入。

11.6.2　DECT 体系结构

　　DECT 系统同 ISDN 相类似，也是基于开放系统互连原则的。控制平面（C 平面）和用户平面（U 平面）使用较低层（即物理层和媒体接入控制层）提供的服务。DECT 能够寻呼多达 6000 个用户而不需要知道这些用户位于哪个小区。DECT 不是一个完全的系统概念，这一点与其他如 AMPS、GSM 等蜂窝标准不同。它是为无线本地环路或城市区域接入而设计的，但是它可用于与广域无线系统（如 GSM）相连接[Mul91]。DECT 根据便携台接收的信号来动态地分配信道，而且特定设计为只在普通速度提供切换。

　　物理层——DECT 采用 FDMA/TDMA/TDD 无线传输方式。在一个 TDMA 时隙中，从 10 个载频中动态地选择出一个。物理层规范要求信道带宽是信道数据速率（1152 Kbps）的 1.5 倍，即信道带宽为 1.728 MHz。DECT 在每一帧中有 24 个时隙，其中 12 个时隙用于固定台到便携台（基站到便携终端）的通信，另外 12 个时隙用于便携台到固定台（便携终端到基站）的通信。这 24 个时隙组成一个长度为 10 ms 的 DECT 帧。在每个时隙中，共有 480 个比特。其中 32 个比特用于同步，388 个比特用于数据传输，60 个比特用于保护时间。DECT TDMA 时隙和帧结构如图 11.19 所示。

　　媒体接入控制层（MAC）——MAC 层包括一个寻呼信道和一个控制信道，用于把信令信息传送到 C 平面。传送用户信息的信道将用户信息传送到 U 平面（实现 ISDN 业务或帧中继或帧交换业务）。用户信息信道的正常比特速率是 32 Kbps；但是 DECT 也支持其他的比特速率，例如用于 ISDN 和局域网的 64 Kbps 或其他 32 Kbps 的倍数的比特速率。MAC 层也支持呼叫交接和广播定标（beacon）服务，以使得所有空闲的便携台能找到并锁定到最佳的固定无线端口。

数据链路控制层（DLC）——DLC层负责向网络层提供可靠的数据链路，并对每个用户将逻辑物理信道划分成时隙，DLC对每个时隙提供格式化和纠错检错功能。

网络层——网络层是DECT的主要信令层，是基于ISDN（第三层）和GSM协议的信令层。DECT网络层提供呼叫控制业务、电话交换业务，以及面向连接的消息业务和移动性管理。

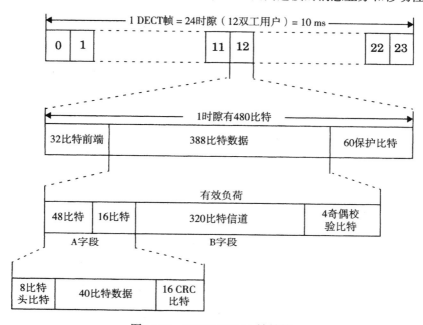

图 11.19　DECT TDMA 帧结构

11.6.3　DECT 功能概念

DECT子系统是一种微小区或微微小区无绳电话系统,可以连接到一个专用自动交换机上或是公用电话交换机上。DECT系统总是包含有下列五个功能块，如图 11.20 所示:

● **便携手持设备（PH）**——该部分是移动手持设备或终端。另外,无绳终端适配器（CTA）可以用来提供传真或视频通信。

● **无线固定部分（RFP）**——该部分支持DECT公共空中接口的物理层，每一个RFP覆盖微小区中的一个小区。RFP与便携台之间的无线传输采用多载波TDMA,并采用时分双工（TDD）的全双工方式。

● **无绳控制器（CC或簇控制器）**——该部分处理一个或一组RFP的MAC层、DLC层和网络层，并形成DECT设备的中央控制单元。在 CC 中完成 32 Kbps 的 ADPCM 的语音编码。

● **网络特定的接口单元**——该部分支持在多手机环境下便利的呼叫完成。CCITT推荐的接口标准是基于ISDN协议的G.732。

● **补充业务**——当DECT用于提供"telepoint"业务时，该部分提供集中鉴权和计费功能，当DECT用在多点PABX网络时，该部分提供移动性管理功能。

由于系统受 *C/I* 的限制，紧凑设置RFP可以提高系统的容量，减少其他系统的干扰。图 11.20 中有详细阐述。

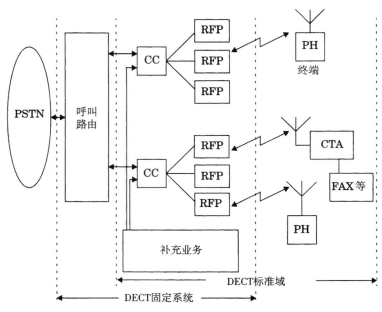

图 11.20　DECT 的功能概念

11.6.4　DECT 无线链路

DECT 工作于 1880 MHz ～ 1900 MHz 的频段。在该频段中，DECT 标准从 1881.792 MHz ～ 1897.344 MHz 之间确定了 10 个间隔为 1728 kHz 的信道。DECT 支持多载波 /TDMA/TDD 结构。每个基站提供一个支持 12 个双工语音信道的帧结构，每一个时隙可以占用任意的 DECT 信道。因此，DECT 基站在 TDMA/TDD 结构上可支持 FHMA。如果每个 DECT 基站跳频被停止，则在要求频率重新使用之前，在 DECT 频段上可提供 120 个信道。每个不同的信道分配一个时隙以便利用跳频带来的优点，同时也是为了避免异步方式中其他用户的干扰。DECT 无线规范可参见表 11.8。

信道类型——DECT 在每个 B 字段时隙中可提供用户数据（见图 11.19）。每个时隙提供 320 个用户比特，因而每个用户产生 32 Kbps 数据流。尽管有 4 个奇偶校验比特位用于粗略地差错检测，但是并不提供纠错功能。

在每一个建立呼叫的时隙中，有 64 个比特携带有 DECT 的控制信息（见图 11.19）。根据控制信息的性质，这些比特位被分配给四个逻辑信道中的一个。于是，每个用户总的控制信道数据速率是 6.4 Kbps。DECT 控制信息的正确发送依赖于差错检测和重新传输。64 比特的控制字包含有 16 个循环冗余校验（CRC）比特和 48 个控制数据比特。DECT 控制信道的最大信息吞吐量为 4.8 Kbps。

语音编码——模拟语音用 8 kHz 采样速率数字化为 PCM。数字语音样值根据 CCITT G.721 的推荐标准进行 32 Kbps 的 ADPCM 编码。

信道编码——对于语音信号，不采用信道编码，因为 DECT 对每个时隙提供了跳频。由于 DECT 系统被确定为在室内环境下使用，此时可容忍的端到端系统时延比较小，信道可以建模为"开"或"关"两种形式（见第 7 章），因此可以避免信道编码和交织。但是，在每个时隙中，控制信道采用了 16 比特的循环冗余校验码。

调制——DECT 采用 GMSK 调制技术。正如第 6 章所述，最小频移键控（MSK）是 FSK 的一种形式。两个符号的相移被限定为连续的。在调制前，信号用一个高斯滤波器进行滤波处理。

天线分集——在 DECT 中，基站 RFP 接收机的空间分集是用两个天线来实现的，选出能为每个时隙提供最优信号的天线。这一点是基于功率测试或通过适当质量测量（如干扰或 BER）来完成的。天线分集解决了衰落和干扰问题。在用户单元中不采用天线分集。

表 11.8 DECT 无线规范总结

参数	规范
频段	1880~1900 MHz
载波数	10
射频信道带宽	1.728 MHz
多址方式	FDMA/TDMA 每帧 24 个时隙
双工类型	TDD
频谱效率	500 Erlang/km²/MHz
语音编码器	32 Kbps ADPCM
平均传输功率	10 mW
帧长	10 ms
信道比特速率	1152 Kbps
数据速率	32 Kbps 业务信道
	6.2 Kbps 控制信道
信道编码	CRC 16
动态信道分配	是
调制	GFSK（$BT = 0.3$）
语音信道／射频信道	12

11.7 个人接入通信系统（PACS）

PACS 是一个第三代个人通信系统，由贝尔公司于 1992 年最先提出并开发（[Cox87], [Cox92]）。PACS 对室内和微小区用户提供语音、数据和视频图像业务。其设计覆盖范围在 500 米以内。PACS 的主要目标是将各种形式的无线本地环路通信系统综合成一个具有完全电话性能的系统，以便向本地交换运营商（LEC）提供无线接入。贝尔公司在设计思想上是发展具有 LEC 的 PACS 这一概念，并命名为无线接入通信系统（WACS）。但是由于美国联邦通信委员会引入了一段未经核准的 PCS 频段（见 11.10 节），因此 WACS 经过修正产生了 PACS。在最初的 WACS 提议中，一个 2 ms 长的帧确定出 10 个 TDMA/FDD 时隙，信道带宽为 350 kHz，信道数据速率为 500 Kbps，采用 QPSK 调制。在 PACS 中，信道带宽、数据速率、每帧时隙数和帧长都有略微的改动，并用 π/4 QPSK 调制代替了 QPSK。

11.7.1 PACS 系统的体系结构

PACS 发展成为一个广泛的无线接入系统，应用于个人和公共电话系统，可运行于各类 PCS 频段。PACS 可以连接到 PBX 或中心交换局。在居住区域应用中，PACS 可以接受中心局的服务 [JTC95]。

PACS 结构包含有四个主要部件：用户单元（SU），无线端口（RP），无线端口控制单元（RPCU），接入管理器（AM），请参见图 11.21。SU 可以是固定部分，也可以是便携台。RP 连接到 RPCU 上。接口 A 是空中接口，提供了 SU 和 RP 之间的连接。接口 P 提供了通过 RP 连接 SU 和 RPCU 所要求的协议，而且接口 P 通过一个嵌入操作信道（EOC）来连接 RPCU 及其 RP。

PACS PCS 标准包含一个固定分布式网络和网络智能。只有接近 500 m 的分布式网络才设计为无线的。

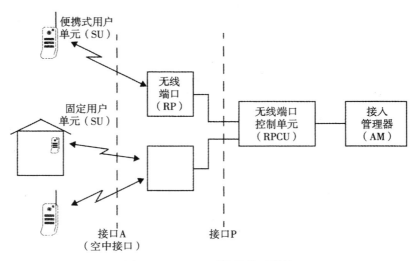

图 11.21　PACS 系统的体系结构

11.7.2　PACS 无线接口

PACS 系统被设计用在美国 PCS 频段（见表 11.9）。许多 RF 信道采用 80 MHz 间隔的频分复用和时分复用。PACS 和 WACS 信道带宽为 300 kHz[JTC95]。

表 11.9　PACS 无线规范（FDD 或 TDD 实现）

参数	规范
多址方式	TDMA
双工方式	FDD 或 TDD
频带	1~3 GHz
调制	π/4 DQPSK
信道间隔	300 kHz
移动台平均发射功率	200 mW
基站平均功率	800 mW
服务区内覆盖概率	大于 90%
信道编码	CRC
语音编码	16 比特 ADPCM
每帧时隙数	8
帧长	2.5 ms
每帧用户数	8（FDD）或 4（TDD）
信道比特速率	384 Kbps
语音速率	32 Kbps
BER	小于 10^{-2}
语音延时	小于 50 ms

WACS 最初采用 TDMA/FDD 方式，在每个无线信道中，一个 2 ms 长的帧提供了 8 个时隙。当采用 FDD 时，反向链路时隙与前后链路时隙间有一偏移，偏移量为一个时隙加上 62.5 μs。前向链路使用 1850 MHz~1910 MHz 频段，反向链路使用 1930 MHz~1990 MHz 频段。

在 1920 MHz~1930 MHz 之间，为美国免执照的 PCS 频段发展起来的 PACS 系统采用 TDD 代替了 FDD[JTC95]。PACS 时隙和帧结构见图 11.22。

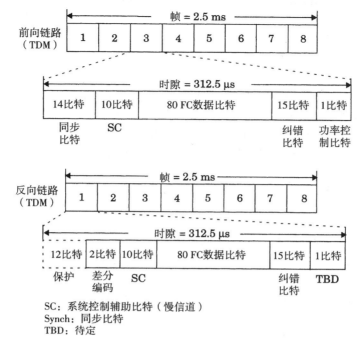

图 11.22　PACS 帧结构

调制——PACS 采用 π/4 DQPSK 调制。RF 信号用一个升余弦滚降滤波器（滚降系数为 0.5）进行成形，使得传输信号 99% 的能量被限定在 288 kHz 的信道带宽内。在 2.5 ms 长的帧中发送 8 个时隙，每个时隙包含 120 个比特。当使用 TDD 时，每个用户前向链路和反向链路时隙间的时偏是两个时隙（625 μs）间隔。

语音编码——WACS 对数字语音采用 32 Kbps ADPCM 编码。ADPCM 具有低复杂度、最小成本和无线链路保密性的性能。

PACS 信道——PACS 提供系统广播信道（SBC），该信道主要用于前向链路的寻呼信息。一个 32 Kbps 的 SBC 可以为多达 80 000 个用户提供告警和系统信息。同步信道（SYN）和慢信道（SC）用于前向链路中用户单元的同步。在前向链路和反向链路中，用户信道只在快信道（FC）中传送。如图 11.22 所示，每个 PACS 中还有其他几个特定用途的逻辑信道[JTC95]。

多址接入——PACS 是一种基于 TDMA 的技术，它支持 FDD 和 TDD。安装在中心局馈线末端的固定无线设备，可以向众多便携手持设备和数据终端提供服务。在单个用户激活的基础上，终端用户可以共享无线链路。该链路在公共体系结构中被设计用来提供一个范围较宽的用户传输速率。

功率控制——PACS 用户单元采用自适应功率控制，使得传输过程中电池消耗最小，同时也可以减少反向通路中信道间的干扰。

11.8　太平洋数字蜂窝（PDC）

太平洋数字蜂窝标准开发于 1991 年，在日本拥挤的蜂窝频带内可以提供所需的系统容量[Per92]。PDC 也称为日本数字蜂窝系统（JDC）。PDC 在日本比较流行，2001 年拥有超过 5000 万的用户。

PDC 有些类似于 IS-54 标推，但是它对话音信道和控制信道采用 4 阶调制，这一点更像北美的 IS-136 标准。采用 FDD 和 TDMA 技术，在一个 25 kHz 的无线信道上、一个 20 ms 长的帧内为三个用户提供三个时隙。在每个信道上采用 $\pi/4$ DQPSK 调制，信道数据速率为 42 Kbps。信道编码采用 $R = 9/17$、$K = 5$ 的带有 CRC 的卷积编码。语音编码采用 6.7 Kbps 的 VSELP 语音声码器，加上信道编码的 4.5 Kbps，每个用户共有 11.2 Kbps。一种新的半速率语音和信道编码标准将在每 20 ms 帧内支持 6 个用户。

在日本，给 PDC 分配了 80 MHz 的带宽。PDC 低频段中前向信道和反向信道的间隔为 130 MHz。前向信道频段为 940 MHz ~ 956 MHz，反向信道频段为 810 MHz~826 MHz。PDC 高频段中前向信道与反向信道间隔为 48 MHz，前向信道频段为 1477 MHz~1501 MHz，反向信道频段为 1429 MHz ~ 1453 MHz。PDC 采用移动台辅助切换（MAHO），并且能够支持 4 小区复用。

11.9　个人手提电话系统（PHS）

个人手提电话系统是日本的一种空中接口标准，由无线系统研究开发中心（RCR）开发。日本通信技术委员会制定了 PHS 网络的接口[Per93]。

PHS 标准同 DECT 和 PACS-UB 一样，采用 TDMA 和 TDD 技术，每个无线信道上提供 4 个双工数据信道。在前向链路和反向链路中采用了 $\pi/4$ DQPSK 调制，信道速率为 384 Kbps。每个 TDMA 帧长为 5 ms，采用 32 Kbps 的 ADPCM，并且有 CRC 差错检测。

PHS 在 1895 MHz~1918.1 MHz 范围内支持 77 个无线信道，每个信道宽度为 300 kHz。其中 1906.1 MHz~1918.1 MHz 范围内的 40 个信道用于公共系统，1895 MHz~1906.1 MHz 范围内的 33 个信道用于家庭或办公室。

PHS 采用动态信道分配，所以基站能够根据基站和便携台得到的 RF（接口）信号强度来分配信道。PHS 采用一定的控制信道来锁定空闲的用户。由于 PHS 是为微小区和室内 PCS 使用而设计的，所以仅在步行速度时提供切换[Oga94]。

11.10　美国 PCS 和 ISM 频段

在 20 世纪 80 年代中期，美国联邦通信委员会（FCC）为工业、科学和医学（ISM）提供了免执照的无线频谱，其频段分别为 902 MHz ~ 928 MHz、2400 MHz ~ 2483.5 MHz 和 5725 MHz ~ 5850 MHz。只要无线传输采用扩频调制，并且功率低于 1 W，就可以享用 ISM 频段。FCC 规则的第 15 部分规定了 ISM 频段中免执照发射机的使用。

在 1993 年，FCC 为 PCS 分配了 140 MHz 的频段。图 11.23 显示了 1850 MHz~1990 MHz 之间在 1994 年和 1995 年取得执照的频率。A 块和 B 块为 30 MHz 宽，为大城市设定，称为主要贸易区（MTA）；C 块至 F 块被核准用于大的乡村地区，称为基本贸易区（BTA）。在美国有 51 个 MTA 和 492 个 ETA，除了 120 MHz 被核准的频段，只有 20 MHz 分配给免执照的应用。其中 10 MHz 用于同步应用（如语音），另外 10 MHz 用于异步应用（如无线分组数据）。运行在 PCS 免执照频段内的设备必须符合 FCC 规则第 15 部分中的"频谱成形"技术。这种格式由 WINForum 组织开发，从而提高免执照频段内各系统的协调性，并使设计者方便地设计系统结构（调制、编码、信令协议、帧结构等）。在格式中有两个基本要求是：(1) 一种"听先于讲"（LBT）的要求，这就保证了发射机不会中断已进行的通信；(2) 发射功率根据信号带宽的平方根来变化。这是为了得到宽带系统和窄带系统在干扰角度上的类似性。

获得美国 PCS 执照便可使用任何的空中接口和系统结构，只要它符合 FCC 规定。对于运行在 2 GHz PCS 频率的系统还没有确定的标准。于是，TIA 和通信工业联盟的 T1 委员会成立联合技术委员会（JTC），对原有的标准进行重新评价，并提出建议。JTC 认为 PCS 标准本质上应分为两类：

一类是"高级标准"，它支持微小区和高速移动性。另一类是"低级标准"，它适合于低功率、低复杂度和低速移动性。JTC正在研究七个主要标准，其中五个是现有的空中接口的变形，它们是GSM、IS-136、IS-95（高级）和DECT、PACS（低级）。其他两个标准，一个是基于Omnipoint提出的TDMA/CDMA混合方式，另一个是基于Interdigital提出的宽带CDMA（W-CDMA）方式。另外，在TIA的TR41技术委员会的领导下，TIA发起了为运行于免执照PCS频段[Pad95]的无线用户房屋设备（WUPE）开发标准的活动，这些设备应符合FCC规定的第15部分。在此之中，可以采用各种类型的调制，包括直接序列和跳频扩频。

美国2 GHz的PCS频段目前为点对点微波无线系统所占用。在PCS系统被广泛利用之前，大部分现存的微波基站必须重新分配到其他频段（如6 GHz）或者转变成光纤设备。PCS执照发放者要对频谱的重新分配进行成本补偿。对于免执照频段，由于必须在免执照设备供应商之间发展一种合理的机制来共同承担重新分配的成本，所以重新分配的成本补偿费是直接的。另外，在传输期间，特定区域中特定频率的使用必须限定在那些已经很清楚的标准上。为解决这些问题，人们成立了名为UTAM Inc.的产业论坛[Pad95]。

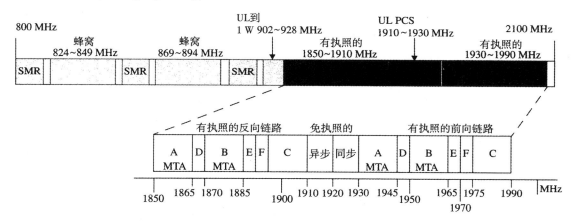

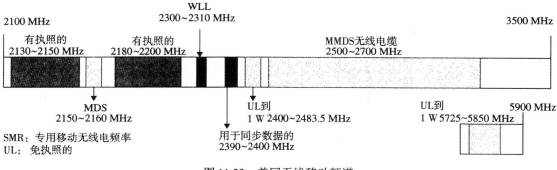

图 11.23　美国无线移动频谱

11.11　美国无线微波频段电视

美国无线微波频段电视系统使用 2150 MHz~2160 MHz 和 2500 MHz~2700 MHz 频段内的微波无线频率，以提供类似于传统有线电视系统所有的多频道电视节目。微波信号在空中从发射塔到达每个用户家中的天线处，这样就不需要使用有线电视系统所要求的庞大的有线网和放大器。该类型的无线电视系统包括发端设备（卫星信号接收设备、无线发射器，其他广播设备和发射天线）和用户接收设备（天线、频率转换设备和机顶盒）。目前，无线微波电视已获得FCC的批推，可以发送多达33个频道的节目。典型的节目在25~35频道上，这包括本地"off-air"广播频道，该频道节目可以直接由用户天线接收而不需要无线微波链路运营商重新发送。

FCC已经为无线微波频段电视业务在一系列频道群上颁发了执照。这些频道群包括为MDS和MMDS无线电视业务特别分配的频道群，以及原来为教育电视固定业务（ITFS）而批准的频道群。ITFS上剩余的容量可以租给商业无线电视提供商。目前，全部33个频道都有潜在容量，可供各方面的无线电视公司租用或购买。FCC对频道的使用施加了一定的条件和限制。

FCC于1992年冻结了对MDS/MMDS新应用的申请，于1993年冻结了ITFS的申请。这样做是为了使FCC有时间去更新无线电视数据库及重新规定这些业务的规则。新的MDS/MMDS应用将与PCS执照一样通过竞拍来选择。ITFS认证将根据FCC指定的标准在进行比较的基础上授予。这些频段可能不久就会分配给3G无线业务。

尽管1992年有线电视法的主要规章条款不适用于无线电视系统，但该系统还是受到它的影响。美国国会申明，1992年通过有线电视法的意图是建立和支持现有新的多频道视频业务（如无线电视）与现有有线电视垄断间的竞争。1992年有线电视法的一项重要条款，就是保证新的多频道视频业务提供商可以无偏差地接入传统有线电视节目。

11.12　全球标准总结

下面的几个表总结了全世界几个主要的蜂窝系统、无绳系统和个人通信系统的标准。另外，图 11.23 给出了美国移动无线频谱的分配。

表 11.10 给出了全世界第一代模拟蜂窝无线系统的比较。表 11.11 是数字无绳系统的比较。表11.12列出了三个最广泛的第二代蜂窝无线标准。表11.13列出了三个主要的第二代无绳电话/PCS标准。

表 11.10　模拟蜂窝系统概况

标准名称	移动台/基站发射功率（MHz）	信道间隔（kHz）	信道数	区域
AMPS	824~849/869~894	30	832	美国，中国 *
TACS	890~915/935~960	25	1000	欧洲，中国 *
ETACS	872~905/917~950	25	1240	英国，中国 *
NMT 450	453~457.5/463~467.5	25	180	欧洲
NMT 900	890~915/935~960	12.5	1999	欧洲
C-450	450~455.74/460~465.74	10	573	德国，葡萄牙
RTMS	450~455/460~465	25	200	意大利
Radiocom 2000	192.5~199.5/200.5~207.5		560	
	215.5~233.5/207.5~215.5		640	
	165.2~168.4/169.8~173		256	
	414.8~418/424.8~428	12.5	256	法国
NTT	925~940/870~885	25/6.25	600/2400	
	915~918.5/860~863.5	6.25	560	
	922~925/867~870	6.25	480	日本
JTACS/NTACS	915~925/860~870	25/12.5	400/800	
	898~901/843~846	25/12.5	120/240	
	918.5~922/863.5~867	12.5	280	日本

表 11.11　数字无绳系统空中接口参数总结

	CT2	CT2+	DECT	PHS	PACS
地区	欧洲	加拿大	欧洲	日本	美国
双工类型	TDD		TDD	TDD	FDD 或 TDD
频段（MHz）	864~868	944~948	1880~1900	1895~1918	1850~1910/ 1930~1990 或 1920~1930
载波间隔（kHz）	100		1728	300	300/300
载波数	40		10	77	400 或 32
信道/载波	1		12	4	8 或 4
信道比特速率	72		1152	384	384
调制	GFSK		GFSK	π/4 DQPSK	π/4 DQPSK
语音编码	32 Kbps		32 Kbps	32 Kbps	32 Kbps
手机平均发射功率（mW）	5		10	10	25
手机峰值发射功率（mW）	10		250	80	100
帧长（ms）	2		10	5	2.5 或 2.0

表 10.12　第二代数字蜂窝标准总结

	GSM	IS-136	PDC
商用年份	1990	1991	1993
频率	890~915 MHz（R） 935~960 MHz（F）	824~849 MHz（R） 869~894 MHz（F）	810~830 和 1429~1453 MHz（R） 940~960 和 1477~1501 MHz（F）
多址方式	TDMA/FDMA/FDD	TDMA/FDMA/FDD	TDMA/FDMA/FDD
调制	GMSK（$BT=0.3$）	π/4 DQPSK	π/4 DQPSK
载波间隔	200 kHz	30 kHz	25 kHz
信道数据速率	270.833 Kbps	48.6 Kbps	42 Kbps
话音信道数	1000	2500	3000
频谱效率	1.35 bps/Hz	1.62 bps/Hz	1.68 bps/Hz
语音编码	13 Kbps RELP-LTP	7.95 Kbps VSELP	6.7 Kbps VSELP
信道编码	CRC（$r=1/2; L=5$ 卷积码）	7 比特 CRC（$r=1/2; L=6$ 卷积码）	卷积码 CRC
均衡器	自适应	自适应	自适应
移动台发射功率 最大值/平均值	1 W/125 mW	600 mW/200 mW	

表 10.13　免执照的/短频段的 PCS 标准概况

	PACS-UB	DCS 1800	PHS
商用年份	1992	1993	1993
频率	1920~1930 MHz	1710~1785 MHz（R） 1805~1880 MHz（F）	1895~1907 MHz
多址方式	TDMA/FDMA/FDD	TDMA/FDMA/FDD	TDMA/FDMA/FDD
调制	π/4 QPSK	GMSK	π/4 QPSK
载波间隔	300 kHz	200 kHz	300 kHz
数据速率	384 Kbps	270.833 Kbps	384 Kbps
话音信道/射频信道	4	8	4
语音编码	32 Kbps ADPCM	13 Kbps RELP-LTP	32 Kbps ADPCM
信道编码	CRC	卷积，$r=1/2$	CRC
接收机	相关接收	相关接收	相关接收
移动台发射功率最大值/平均值	200 mW/20 mW	1 W/125 mW	80 mW/10 mW

11.13　习题

11.1　请从下列空中接口标准中区分出哪些是数字的，哪些是模拟的，哪些是TDMA体制的，哪些是CDMA体制的？ GSM，AMPS，ETACS，IS-95，IS-136，DECT。

11.2　下面哪种说法对GSM来说是错误的？

(a) 上行链路和下行链路信道频率间隔为45 MHz。

(b) 一个时隙中有8个半速率用户。

(c) GSM调制器的峰值频偏是GSM数据速率的整数倍。

(d) GSM采用了恒包络调制。

11.3　列出所有不支持移动台辅助切换的蜂窝系统名称。

11.4　在GSM系统中所使用的基带高斯脉冲成形滤波器的截止频率是多少？

11.5　1989年FCC为蜂窝业务分配了一个10 MHz的附加频段。对每一种蜂窝标准，在该频段内，能提供多少附加信道？

11.6　在IS-95系统中，前向信道采用比率为1/2的卷积编码，而在反向信道采用比率为1/3的卷积编码，为什么这么做？

11.7　下面哪种说法对IS-95系统来说是错误的。

(a) 在容量上没有严格限制。

(b) 可以进行软切换。

(c) 采用慢跳频。

(d) 前向链路和反向链路中所能提供的信道数是不同的。

11.8　在IS-95系统的前向链路中，不同的信道是如何区分的？

11.9　GSM中所用的GMSK调制方案的频谱效率是多少？

11.10　下列系统中，仅基于频分多址（FDMA）的系统是哪一个？

(a) DECT　　(b) CT2　　(c) USDC　　(d) GSM

11.11　哪一个蜂窝系统采用最大带宽效率的调制？

11.12　哪些蜂窝系统不采用恒包络调制方案？

11.13　USDC中选择$\pi/4$ DQPSK调制方案代替DQPSK的原因是什么？

11.14　GSM系统中，每个小区能提供多少个全速率物理频道？

11.15　下列AMPS信道中，哪个是空白–突发信道？

(a) 寻呼信道（PC）

(b) 反向话音信道（RVC）

(c) 慢速辅助控制信道（SACCH）

(d) 快速辅助控制信道（FACCH）

11.16　计算AMPS系统中使用的FM调制指数。

11.17　数字蜂窝系统采用卷积编码而不用块编码进行差错保护，这样做的主要原因是

(a) 卷积编码在瑞利衰减条件下性能较好。

(b) 卷积编码器对突发差错有较好的稳固性。

(c) 卷积编码与块编码相比，较简单。

(d) 对于卷积码解码，实时软判决解码算法可以提高性能。

11.18　下面哪个系统是基于微小区结构的？

(a) GSM　　(b) DECT　　(c) USDC　　(d) IS-95

11.19　在 DECT 系统上，用户传输数据的最大速率是多少？

11.20　在单一 AMPS 信道中，USDC 系统能提供多少个全速率用户？

11.21　在 IS-95 CDMA 系统中，反向功率控制子信道所能补偿的最大衰减是多少？

11.22　在图 11.9 的一般 GSM 实现中，为什么 26 个均衡训练比特放在一帧的中部而不是开始位置？为什么在数据突变后有一个 8.25 比持的保护期？

11.23　用 800 MHz 频段 GSM 和 1900 MHz 频段 DCS-1900 来覆盖 1000 平方公里的区域，比较二者所要求的全向小区数。假设 GSM 和 DCS-1900 接收机的灵敏度为 -104 dBm，并假设二者的发射机功率和天线增益相等。

11.24　用 DCS-1900 和 IS-95 来覆盖 1000 平方公里的区域，比较二者所要求的全方位小区数。假设二者的发射机功率和天线增益相等。

11.25　在 AMPS、IS-95 CDMA 和 IS-54 TDMA 系统中，小区覆盖半径是如何受到系统负荷影响的？

11.26　在 IS-95 CDMA 系统反向链路中，当用户数目接近理论极限值时，什么原因导致了阻塞？

11.27　对于免执照 PCS 频段，PACS 采用 TDD 代替 FDD 的原因是什么？

11.28　对于一个 DECT 系统，在室外有明显多径影响的环境中，可能会出现什么情况？请解释你的答案，并给出定性分析。

11.29　画出 USDC 半速率时隙中的比特分配，并回答下列问题：

(a) USDC 空中接口的信道数据速率是多少？

(b) 每个 USDC 时隙中有多少用户比特？

(c) 每个 USDC 帧长时间是多少？

(d) 用本书中帧效率的定义来确定 USDC 的帧效率。

11.30　考虑一个 AMPS 或 ETACS 系统，

(a) 列出 AMPS 中可能的监测音（SAT）。

(b) 对于一个业务提供商，为什么信令音（ST）是有用的？

(c) 列出至少五种蜂窝电话接入方式，指出如何区分？

11.31　对于全速率 USDC 系统，考虑数据是如何在信道间分配的。

(a) 总的 RF 数据速率是多少？

(b) 对于 SACCH，总的 RF 数据速率是多少？

(c) 对于 CDDVC，总的 RF 数据速率是多少？

(d) 对于同步、上升和保护时间，总的数据速率是多少？

(e) 证明 (b)～(d) 中的答案相加是 (a) 中的答案。

(f) 全速率 USDC 所提供的终端用户数据速率是多少？

11.32　证明 GSM 为每个用户分配的总的 RF 数据速率为 33.854 Kbps。通过相加下面每一个部分的用户数据速率来说明这一点。

(a) 语音编码器。

(b) 语音差错保护。

(c) SACCH。

(d) 保护时间、上升、同步。

11.33　为了确定由 GSM 基站发送的帧数，请计算移动台必须等待的最大时间。

附录A 中继理论

两类主要的中继无线电系统是丢失呼叫清除（LCC）系统和丢失呼叫延迟（LCD）系统[Sta90]。

在丢失呼叫清除系统中，对呼叫请求不提供排队。当一个用户请求服务时，具有最小的呼叫建立时间，如有空闲信道，用户可以立即接入。如果所有信道都被占用，则呼叫被阻塞而不能接入系统。用户此时得不到服务，但可以随后任意重试。假定用户呼叫呈泊松分布到达且用户数趋于无穷。Erlang B 公式将服务等级（GOS）定义为任意一个用户在一个丢失呼叫清除系统中遇到呼叫阻塞的概率。假设所有阻塞的呼叫立即回到一个无穷大的"用户池"中，并可在将来任意时间重试。一个阻塞用户发起的连续呼叫之间的时间间隔是一个随机过程并假设为泊松分布。对于一个具有大量信道且拥有众多用户（用户呼叫模式相似）的大系统而言，上述模型是精确的。

在丢失呼叫延迟系统中，将被阻塞的呼叫请求放入队列中。当用户进行一次呼叫尝试而此时却无空闲信道时，该呼叫请求将被延迟直至出现空闲信道。对于 LCD 系统，首先需要确定所有信道被占用的概率；其次，需要知道当所有信道被占用时，在得到可用信道前呼叫必须被延迟多久的概率。LCD 系统中一个呼叫不能立即接入信道的概率由 Erlang C 公式确定。对于 LCD 系统，GOS定义为呼叫延迟时间超过 t 秒的概率。可以利用 Erlang C 公式和业务分布的知识来分析 GOS。Erlang C 公式假定系统中的用户数趋于无穷，且队列中所有的呼叫最终都能得到服务；同时它还假定系统中有大量的信道和大量呼叫模式相似的用户。通常，5 个或以上的信道才可认为是有足够大量的信道。

A.1 Erlang B 公式

Erlang B 公式确定了一个呼叫被阻塞的概率，这是对没有将阻塞呼叫进行排队的中继系统（即 LCC 系统）的 GOS 度量。Erlang B 模型基于以下假定：

● 呼叫请求无记忆，即所有用户，包括阻塞用户都可以在任何时间请求分配一个信道。
● 在所有信道被占用前，任何空闲信道完全都可用来服务于呼叫。
● 用户占用一个信道间隔（称为服务时间）的概率是指数分布。指数分布中较长时间的呼叫发生的概率较小。
● 在中继池中可用信道数是有限的。
● 业务请求是泊松分布的，即意味着呼叫间隔时间是指数分布的。
● 呼叫请求到达时间彼此独立。
● 忙信道数等于服务中的用户数，且阻塞概率由下式给出：

$$Pr[\text{阻塞}] = \frac{\left(\dfrac{A^C}{C!}\right)}{\displaystyle\sum_{k=0}^{C} \dfrac{A^k}{k!}} \tag{A.1}$$

上式即 Erlang B 公式。其中，C 是中继信道数，A 是中继系统的总负荷。

A.1.1 Erlang B 公式的导出

考察一个具有 C 个信道和 U 个用户的系统。设 λ 为单位时间总的平均呼叫到达率, H 为平均呼叫持续时间(平均呼叫长度)。若 A 是中继系统总负荷, A_U 是每个用户产生的平均负荷, 则 $A_U = \lambda_1 H$, 其中 λ_1 是单个用户的平均呼叫到达率, 且 $A = U A_U = \lambda H$。

一个用户的呼叫请求被阻塞的概率为

$$Pr[\text{阻塞}] = Pr[C \text{ 个信道中没有空闲}] \tag{A.2}$$

假定呼叫以泊松分布达到, 则

$$Pr = \{a(t+\tau) - a(t) = n\} = \frac{e^{-\lambda\tau}}{n!}(\lambda\tau)^n \qquad n = 0,1,2... \tag{A.3}$$

其中, $a(t)$ 是从 $t = 0$ 后到达的呼叫数, τ 是连续呼叫请求的时间间隔。λ 为单位时间的平均呼叫请求数, 称为到达率。

泊松过程表明第 n 个呼叫到达的时间与连续呼叫之间的时间间隔相互独立。呼叫间隔时间呈指数分布且彼此独立, 间隔时间少于时间 s 的概率为 $Pr(\tau_n \leqslant s) = 1 - e^{-\lambda s}$ ($s \geqslant 0$), 其中 τ_n 是第 n 次到达的时间间隔, 即 $\tau_n = t_{n+1} - t_n$, t_n 是第 n 次呼叫到达的时间。τ_n 的概率密度函数[Ber92]为

$$p(\tau_n) = \lambda e^{-\lambda\tau_n}, \tau_n \geqslant 0 \tag{A.4}$$

对每个 $t \geqslant 0$, $\delta \geqslant 0$,

$$Pr\{a(t+\delta) - a(t) = 0\} = 1 - \lambda\delta + O(\delta) \tag{A.5}$$

$$Pr\{a(t+\delta) - a(t) = 1\} = \lambda\delta + O(\delta) \tag{A.6}$$

$$Pr\{a(t+\delta) - a(t) \geqslant 2\} = O(\delta) \tag{A.7}$$

其中, $O(\delta)$ 是在时间间隔 δ 中有超过一个呼叫到达的概率, 它是 δ 的函数并且满足 $\lim\limits_{\delta \to 0}\left\{\dfrac{O(\delta)}{\delta}\right\} = 0$。

在 δ 秒内有 n 个呼叫到达的概率可从式(A.3)得出

$$Pr = \{a(t+\delta) - a(t) = n\} = \frac{e^{-\lambda\delta}}{n!}(\lambda\delta)^n \tag{A.8}$$

用户服务时间是接入中继系统并分配信道的一个呼叫的持续时间。假定服务时间为指数分布, H 为平均呼叫时间, $\mu = 1/H$ 为平均服务率(单位时间内平均服务呼叫数)。H 也称为平均保持时间。第 n 个用户的服务时间少于呼叫持续时间 s 的概率为

$$P_r\{s_n < s\} = 1 - e^{-\mu s} \quad s > 0 \tag{A.9}$$

服务时间的概率密度函数为

$$p(s_n) = \mu e^{-\mu s_n} \tag{A.10}$$

其中 s_n 是第 n 个用户的服务时间。

Erlang B 公式表示的中继系统称为 $M/M/C/C$ 排队系统。第一个 M 表示呼叫到达是非记忆泊松过程, 第二个 M 表示服务时间呈指数分布; 第一个 C 表示可用中继信道数, 第二个 C 表示对同时服务用户数有严格限制。

马尔可夫链的性质可以用来导出 Erlang B 公式。考虑一个离散时间随机过程 $\{X_n | n = 0, 1, 2,...\}$，从正整数集中取值，这样该过程的可能状态是 $i = 0, 1,...$。如果该过程从当前状态 i 转移到下一状态 $i + 1$，并只依赖于状态 i 而与前面状态无关，则该过程称为马尔可夫链。利用离散时间马尔可夫链，我们可以在特定业务条件下于分离观察点观察业务情况。一个实际中继系统的运作在时间上是连续的，但可以分成很小的时间间隔 δ 来分析，δ 是一个很小的正数。如果 N_k 是 $k\delta$ 时间内系统中的呼叫（占用信道）数目，那么 N_k 可以表示为

$$N_k = N(k\delta) \tag{A.11}$$

其中，N 是一个离散随机过程，表示在离散时间上被占用信道的数量。N_k 是一个离散时间马尔可夫链，其平稳状态占有率与连续马尔可夫链相同，并可在 $0, 1, 2, 3,..., C$ 中取值。

转移概率 $P_{i,j}$ 描述了在一个小的观察间隔内的信道占用率，由下式给出：

$$P_{i,j} = Pr\{N_{k+1} = j | N_k = i\} \tag{A.12}$$

利用方程 (A.5)～(A.7)，且使 $\delta \to 0$，可得

$$P_{oo} = 1 - \lambda\delta + O(\delta) \tag{A.13}$$

$$P_{ii} = 1 - \lambda\delta - \mu\delta + O(\delta) \quad i \geq 1 \tag{A.14}$$

$$P_{i, i+1} = \lambda\delta + O(\delta) \quad i \geq 0 \tag{A.15}$$

$$P_{i, i-1} = \mu\delta + O(\delta) \quad i \geq 1 \tag{A.16}$$

$$P_{i,j} = O(\delta) \quad j \neq i, \ j \neq i+1, \ j \neq i-1 \tag{A.17}$$

马尔可夫链的状态转移图由图 A.1 表示。

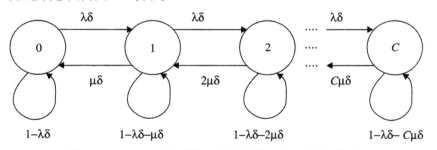

图 A.1　Erlang B 中用马尔可夫链状态图表示的转移概率

图 A.1 中具有 C 个信道的中继系统可表示为一个马尔可夫链。在该马尔可夫链状态图中，假定系统中有 0 个信道被占用，即无用户。在一个小的时间间隔后，系统继续保持 0 信道占用的概率为 $(1 - \lambda\delta)$。从占用 0 信道变为占用 1 信道的概率为 $\lambda\delta$。另一方面，从占用 1 个信道变为占用 0 个信道的概率为 $\mu\delta$。类似地，系统继续占用 1 信道的概率为 $1 - \lambda\delta - \mu\delta$。所有从一个状态转出的概率和为 1。

在一长段时间后，系统达到平稳状态，有 n 个信道被占用。图 A.2 表示了一个 LCC 系统的平稳状态响应。

在平稳状态，占用 n 个信道的概率和占用 $(n - 1)$ 个信道的概率相等，并且是转移概率 $\lambda\delta$ 的倍数。

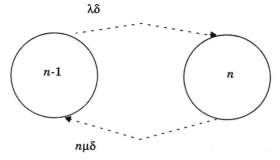

图 A.2 n 个信道被占用的 LCC 中继系统平稳状态

因此，在平稳状态条件下，

$$\lambda\delta P_{n-1} = n\mu\delta P_n, \; n \leqslant C \tag{A.18}$$

式(A.18)称为全局平衡方程，并且

$$\sum_{n=0}^{C} P_n = 1 \tag{A.19}$$

对不同的 n 值，利用全局平衡方程，可得

$$\lambda\delta P_{n-1} = P_n n\mu\delta, \; n=1, 2, 3..., C \tag{A.20}$$

$$\lambda P_{n-1} = P_n n\mu \tag{A.21}$$

$$P_1 = \frac{\lambda P_0}{\mu} \tag{A.22}$$

利用不同的 n 值对式(A.20)求值：

$$P_n = P_0\left(\frac{\lambda}{\mu}\right)^n \frac{1}{n!} \tag{A.23}$$

且

$$P_0 = \left(\frac{\mu}{\lambda}\right)^n P_n n! = 1 - \sum_{i=1}^{C} P_i \tag{A.24}$$

将式(A.23)代入式(A.24)，得

$$P_0 = \frac{1}{\sum\limits_{n=0}^{C}\left(\frac{\lambda}{\mu}\right)^n \frac{1}{n!}} \tag{A.25}$$

从式(A.23)可得 C 中继信道阻塞概率为

$$P_c = P_0\left(\frac{\lambda}{\mu}\right)^C \frac{1}{C!} \tag{A.26}$$

将式(A.25)代入式(A.26)，得

$$P_c = \frac{\left(\frac{\lambda}{\mu}\right)^C \frac{1}{C!}}{\sum\limits_{n=0}^{C} \left(\frac{\lambda}{\mu}\right)^n \frac{1}{n!}} \tag{A.27}$$

总负荷 $A = \lambda H = \lambda/\mu$。代入式(A.27)得阻塞概率为

$$P_c = \frac{A^C \frac{1}{C!}}{\sum\limits_{n=0}^{C} A^n \frac{1}{n!}} \tag{A.28}$$

式(A.28)即为 Erlang B 公式。

A.2   Erlang C 公式

Erlang C公式来自这样的假设系统,即其中不能立即分配信道的所有呼叫请求都保持在一个队列中。Erlang C 公式如下:

$$Pr[\text{延迟的呼叫}] = \frac{A^C}{A^C + C!\left(1 - \frac{A}{C}\right)\sum\limits_{k=0}^{C-1} \frac{A^k}{k!}} \tag{A.29}$$

如果没有空闲信道,呼叫就被延迟并保持在一个队列中,队列中延迟的呼叫被迫等待超过 t 秒的概率为

$$Pr[\text{等待} > t \,|\, \text{延迟的呼叫}] = e^{-\frac{(C-A)}{H}t} \tag{A.30}$$

其中, C 是可用信道数, t 是呼叫延迟时间, H 是一个呼叫的平均持续时间。任意呼叫等待时间超过 t 秒的概率为

$$Pr[\text{等待} > t] = Pr[\text{延迟的呼叫}]Pr[\text{等待} > t \,|\, \text{延迟的呼叫}]$$
$$= Pr[\text{延迟的呼叫}]e^{-\frac{(C-A)}{H}t} \tag{A.31}$$

在一个排队系统中所有呼叫的平均延迟 D 为

$$D = \int_0^\infty Pr[\text{延迟的呼叫}]e^{-\frac{(C-A)}{H}t} \,\mathrm{d}t \tag{A.32}$$

$$D = Pr[\text{延迟的呼叫}]\frac{H}{(C-A)} \tag{A.33}$$

而排队呼叫的平均延迟为 $H/(C-A)$。

A.2.1   Erlang C 公式的导出

考虑一个具有 C 个中继信道的系统。导出 Erlang C 公式的假定类似于导出 Erlang B 公式的假定,另外规定,如果到达的呼叫没有分配信道,则将其放入一个无限长度的队列中。每个呼叫按照到达的次序得到服务,到达过程遵循泊松分布,即

$$Pr\{a(t + \Delta t) - a(t) = n\} = \frac{e^{-\lambda t}(\lambda \Delta t)}{n!} \quad , n = 0, 1, 2,... \tag{A.34}$$

其中，a 为等待服务的到达呼叫数。

如同 Erlang B 公式导出时，假定所有呼叫到达时间间隔相互独立且呈指数分布，连续呼叫到达的时间间隔 $\tau_n = t_{n+1} - t_n$，到达时间间隔的分布为

$$Pr\{\tau_n \le s\} = 1 - e^{-\lambda s} , s \ge 0 \tag{A.35}$$

如同 Erlang B 的情形，已在中继系统中的每个用户的服务时间假定为指数分布，即

$$Pr\{s_n \le s\} = 1 - e^{-\mu s} , s \ge 0 \tag{A.36}$$

利用离散时间马尔可夫链（其转移概率由式(A.12)至式(A.17)给出），Erlang C 公式很容易导出。$P_{i,j}$ 表示从状态 i 到 j 的转移概率。系统状态转移图如图 A.3 所示 。

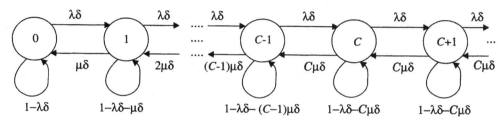

图 A.3　Erlang C 中用马尔可夫链状态图表示的转移概率

Erlang C 公式根据以下假设导出，即中继系统是一个 $M/M/C/D$ 队列。其中，C 表示实时用户的最大数目，D 是可以保持在队列中等待服务的最大呼叫数。如果设 D 无穷大，则系统是 $M/M/C/\infty$ 队列，一般简称为 $M/M/C$ 队列。如果 D 有限，则 P_k 表示系统中发现 k 个呼叫（包括服务中和排队的呼叫）的平稳状态概率。即

$$P_k = \lim_{k \to \infty} Pr\{N_t = k\} \tag{A.37}$$

其中，N_t 是 t 时刻等待和正在使用系统的总呼叫数。在平稳状态下，系统处于状态 k，其在下一个转移间隔转向状态 $k-1$ 的概率等于由状态 $k-1$ 转向状态 k 的概率。从图 A.3 所示的状态图可知：

$$\lambda \delta P_{k-1} = k\mu \delta P_k \qquad k \le C \tag{A.38}$$

则

$$P_k = \left(\frac{\lambda}{\mu}\right)\frac{1}{k}P_{k-1} \qquad k \le C \tag{A.39}$$

和

$$\lambda \delta P_{k-1} = C\mu \delta P_k \qquad k \ge C \tag{A.40}$$

因此

$$P_k = \left(\frac{\lambda}{\mu}\right)\frac{1}{C}P_{k-1} \qquad k \ge C \tag{A.41}$$

且遵循

$$
P_k = \begin{cases} \left(\dfrac{\lambda}{\mu}\right)^k \dfrac{1}{k!} P_0 & k \leq C \\[4mm] \dfrac{1}{C!}\left(\dfrac{\lambda}{\mu}\right)^k \dfrac{1}{C^{k-C}} P_0 & k \geq C \end{cases}
\tag{A.42}
$$

因 $\displaystyle\sum_{k=0}^{\infty} P_k = 1$，有

$$
P_0\left[1 + \left(\frac{\lambda}{\mu}\right) + \dots + \frac{1}{C!}\left(\frac{\lambda}{\mu}\right)^{C+1} \frac{1}{C^{(C+1)-C}} + \dots \right] = 1
\tag{A.43}
$$

$$
P_0\left[1 + \sum_{k=1}^{C-1}\left(\frac{\lambda}{\mu}\right)^k \frac{1}{k!} + \sum_{k=C}^{\infty} \frac{1}{C!}\left(\frac{\lambda}{\mu}\right)^k \frac{1}{C^{k-C}} \right] = 1
\tag{A.44}
$$

i.e.,
$$
P_0 = \frac{1}{\displaystyle\sum_{k=1}^{C-1}\left(\frac{\lambda}{\mu}\right)^k \frac{1}{k!} + \frac{1}{C!}\left(\frac{\lambda}{\mu}\right)^C \dfrac{1}{\left(1 - \dfrac{\lambda}{\mu C}\right)}}
\tag{A.45}
$$

所有 C 个信道都被占用时，一个到达呼叫必须等待的概率可由式(A.42)决定

$$
Pr[C\text{ 个信道忙}] = \sum_{k=C}^{\infty} P_k = \sum_{k=C}^{\infty} \frac{1}{C!}\left(\frac{\lambda}{\mu}\right)^k \frac{1}{C^{k-C}} P_0
$$

$$
= P_0 \frac{1}{C!}\left(\frac{\lambda}{\mu}\right)^C \sum_{k=C}^{\infty}\left(\frac{\lambda}{\mu}\right)^{k-C} \frac{1}{C^{k-C}}
$$

$$
= P_0 \frac{1}{C!}\left(\frac{\lambda}{\mu}\right)^C \frac{1}{\left(1 - \dfrac{\lambda}{\mu C}\right)}
\tag{A.46}
$$

上式仅当 $\dfrac{\lambda}{\mu C} < 1$ 时有效。代入式(A.45)中的 P_o，可得

$$
Pr[C\text{ 个信道忙}] = \frac{\dfrac{1}{C!}\left(\dfrac{\lambda}{\mu}\right)^C}{\left(1 - \dfrac{\lambda}{\mu C}\right)\left[\displaystyle\sum_{k=0}^{C-1}\left(\frac{\lambda}{\mu}\right)^k \frac{1}{k!} + \frac{1}{C!}\left(\frac{\lambda}{\mu}\right)^C \dfrac{1}{\left(1 - \dfrac{\lambda}{\mu C}\right)} \right]}
\tag{A.47}
$$

$$= \frac{(\lambda/\mu)^C}{\left[(\lambda/\mu)^C + C!\left(1 - \frac{\lambda}{\mu C}\right)\sum_{k=0}^{C-1}\left(\frac{\lambda}{\mu}\right)^k\left(\frac{1}{k!}\right)\right]}$$

但 $A = \lambda/\mu = \lambda H$，代入 式(A.47)，可得

$$Pr[C \text{ 个信道忙}] = \frac{A^C}{A^C + C!\left(1 - \frac{A}{C}\right)\sum_{k=0}^{C-1}\frac{A^k}{k!}} \tag{A.48}$$

此式即为 Erlang C 的表达式。

附录 B 链路预算中的噪声系数计算

在确定无线通信系统的覆盖率和服务质量时，计算接收机的接收噪声和 SNR 是十分重要的。

如第 3 章、第 6 章、第 7 章所示，SNR 决定了链路质量和无线通信系统中的差错概率。因此，为确定不同传播条件下合适的发射机功率或接收机信号电平，估算 SNR 的能力是很重要的。

接收机天线的信号电平可以基于第 3 章、第 4 章给出的路径损耗公式计算出来。要计算接收机的噪声电平，则需要知道接收机每级电路的增益（或损耗），以及接收机天线的背景噪声温度。而接收机噪声系数则是一个非常方便的度量标准，可以允许设计者在不知道接收机各级具体组成部分的情况下将接收机引起的加性噪声考虑在内。

由于所有的电子器件都产生热噪声，从而累积增加了接收机检波器输出处的噪声电平。为将接收机输出处的噪声表示为接收机输入端的等效电平，一般采用噪声系数的概念[Cou93]。要表示为接收机输入端的噪声电平，只需将接收机噪声系数加入到背景噪声电平中，以便为接收机输入端的总噪声功率建模。

噪声系数以 F 表示，定义为

$$F = \frac{\text{室温下测量的器件的输出噪声功率}}{\text{如果器件没有噪声干扰的器件输出功率}} \tag{B.1}$$

F 总是大于 1 并且假定处于室温中的一个匹配负载接在器件的输入端。噪声系数为 1 表示一个无噪声器件。

噪声系数与器件的有效噪声温度 T_e 有关，即

$$T_e = (F - 1)T_0 \tag{B.2}$$

其中，T_0 是环境室温（通常为 290 K 至 300 K，即 63°F 至 75°F，或者 17°C 至 27°C）。噪声温度按开尔文（绝对温度）测量，其中 0 K 表示绝对零度，或 –273°C。一个无噪声器件的有效噪声温度 $T_e = 0$ K。

注意，T_e 并不一定对应器件的物理温度。例如指向太空的定向卫星碟形天线通常的有效温度为 50 K 的数量级（这是因为太空很冷而产生非常少的热噪声），然而一个 10 dB 的衰减器具有约 2700 K 的有效温度（出自式(B.2)和式(B.4)）。指向地面的天线一般具有对应于地表物理温度的有效噪声温度，约为 290 K。

一个简单的负性负载（如一个电阻）在室温下将噪声功率由下式转化为一个匹配负载：

$$P_n = kT_0B \tag{B.3}$$

其中，k 为玻尔兹曼常数，为 1.38×10^{-23} 焦耳 / 开尔文，B 为测量器件的等效带宽。对负性负载如室温下的传输线或衰减器，器件损耗（L 以 dB 为单位）等于器件的噪声系数。即

$$F \text{ (dB)} = L \text{ (dB)} \tag{B.4}$$

为了计算噪声，以负性元件组成的天线可视为具有单位增益，即使它们的辐射模式具有测量增益也是如此。

噪声系数和噪声温度的概念在通信分析中十分有用,因为不需要接收机每级的增益来确定接收机整个的噪声放大倍数。如果一个室温下阻性负载连接在噪声系数为 F 的接收机的输入端,则相对于输入端接收机的输出噪声功率是输入端噪声功率的 F 倍,用公式表示为

$$P_{out/Ref.in} = FkT_0B = \left(1 + \frac{T_e}{T_0}\right)kT_0B \tag{B.5}$$

且接收机实际输出噪声功率为

$$P_{out} = G_{sys}FkT_0B = G_{sys}kT_0B\left(1 + \frac{T_e}{T_0}\right) \tag{B.6}$$

其中, G_{sys} 是接收机各级的总增益。

对于一个级联系统,整个系统的噪声系数可以从各单个元件的噪声系数和增益计算出来。即

$$F_{sys} = F_1 + \frac{F_2 - 1}{G_1} + \frac{F_3 - 1}{G_1G_2} + \cdots \tag{B.7}$$

或等效为

$$T_{esys} = T_1 + \frac{T_2}{G_1} + \frac{T_3}{G_1G_2} + \cdots \tag{B.8}$$

其中的增益是绝对值(不以 dB 形式)。下例表明如何计算一个移动接收站的噪声系数及用于链路预算的平均接收机噪声水平。

例 B.1 如果一个无线链路向接收机天线的输入端提供 20 dB 的 SNR,而且该接收机的特定噪声系数为 6 dB,则接收机检测器级的 SNR 是多少?

解:
利用噪声系数的概念,很容易由式(B.5)计算出检测器级的 SNR。
由于接收机同时放大信号和噪声,且输出噪声是输入噪声的 F 倍,则

$$SNR_{OUT} = \frac{SNR_{IN}}{F}$$

或以 dB 值表示为 $SNR_{OUT} = SNR_{IN} - F$。
所以本例中 $SNR_{OUT(dB)} = 20 \text{ dB} - 6 \text{ dB} = 14 \text{ dB}$,虽然接收机输入 SNR 是 20 dB,但输出 SNR(解调前的 SNR)等于 14 dB。

例 B.2 考虑一个 AMPS 蜂窝电话,具有 30 kHz 的等效 RF 带宽。电话如图 B.2 所示连接在一个移动天线上。如果电话的噪声系数是 6 dB,同轴电缆损耗是 3 dB,天线具有有效温度 290 K,根据天线端的输入计算该移动接收机系统的噪声系数。

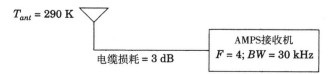

图 B.2 具有电缆损耗的移动接收机系统

解：

要确定接收机系统的噪声系数，必须首先确定电缆和 AMPS 接收机的等效噪声系数。注意 3 dB 损耗等于损耗因子 2.0。利用式(B.4)，已知电缆具有与损耗相等的噪声系数，并且使所有数值为绝对单位（而不以 dB 为单位），则由式(B.7)接收机系统的噪声系数为

$$F_{sys} = 2.0 + \frac{(4-1)}{0.5} = 8 = 9\,dB$$

例 B.3　对于图 B.2 中的接收机，相对于天线端的输入，确定其平均热噪声功率，设 $T_o = 300\,K$。

解：

从例 B.2 可知，电缆/接收机系统具有 9 dB 的噪声系数。利用式(B.2)，系统的有效噪声温度为

$$T_e = (8-1) \times 300 = 2100\,K$$

利用式(B.8)，整个系统源自天线的噪声温度为

$$T_{total} = T_{ant} + T_{sys} = (290 + 2100)K = 2390\,K$$

现利用式(B.5)的右边，天线端的平均热噪声功率为

$$P_n = \left(1 + \frac{2390}{300}\right)(1.38 \times 10^{-23})(300\,K)(30\ 000\,Hz)$$

$$= 1.1 \times 10^{-15}\,W = -119.5\,dBm$$

例 B.4　对于图 B.2 中的接收机，要在接收机输出端提供 30 dB 的 SNR，则在天线端需要的平均信号强度是多少？

解：

由例 B.3 得平均噪声电平是 –119.5 dBm ，因此信号功率必须比噪声大 30 dB，则

$$P_S(dBm) = SNR + (-119.5) = 30 + (-119.5) = -89.5\,dBm$$

附录 C 成型因子理论中的方差率关系式

该附录源于第 5 章中的三种方差率关系式。

C.1 复合电平中的方差率

一个接收到的基带复合电平信号的功率谱密度（PSD）与多径功率[Gan72]的角分布有关：

$$S_{\tilde{V}}(k) = \frac{p\left(\theta + \arccos \dfrac{k}{k_{max}}\right) + p\left(\theta - \arccos \dfrac{k}{k_{max}}\right)}{\sqrt{k_{max}^2 - k^2}}, \quad |k| \le k_{max} \tag{C.1}$$

其中，θ 是有向传播方位角，$p(\cdot)$ 是入射的多径功率的角分布，k_{max} 代表最大波数，其值等于 $2\pi/\lambda$。注意，因为多径到达角直接与空间选择性有关，所以 PSD 是波数 k 的函数，而不是频率 ω 的函数。广义上，如果一个移动接收机工作在静态信道，则它的 PSD 与多普勒频谱 $S_{\tilde{V}}(\omega)$ 相同。

二次衰减过程由以下积分[Jak74]给出：

$$\sigma_{V'}^2 = \frac{1}{2\pi} \int_{-k_{max}}^{k_{max}} (k - k_c)^2 S_{\tilde{V}}(k) \mathrm{d}k \tag{C.2}$$

其中 k_c 是 PSD 的质心：

$$k_c = \frac{1}{2\pi F_0} \int_{-k_{max}}^{k_{max}} k S_{\tilde{V}}(k) \mathrm{d}k \tag{C.3}$$

F_0 由式(5.90)定义，它是该过程真正的平均功率。

现将式(C.3)代入式(C.2)，并使变量 $\theta_x = \theta \pm \mathrm{tancos}(k/k_{max})$，其中，+、− 分别对应式(C.1)中的左右两个 $p(\cdot)$，重新整理积分限后计算 $\sigma_{V'}^2$ 的公式变为

$$\sigma_{V'}^2 = \frac{F_0 k_{max}^2}{2} - \frac{k_{max}^2}{(2\pi)^2 F_0}\left[\int_0^{2\pi} p(\theta_x)\cos(\theta - \theta_x)\mathrm{d}\theta_x\right]^2 + \frac{k_{max}^2}{2\pi}\left[\int_0^{2\pi} p(\theta_x)\cos[2(\theta - \theta_x)]\mathrm{d}\theta_x\right] \tag{C.4}$$

将 $\sigma_{V'}^2$ 关于 θ 做复数傅里叶展开得

$$\sigma_{V'}^2 = \frac{1}{2\pi}\mathrm{Real}\left\{\sum_{n=0}^{\infty} A_n \exp(jn\theta)\right\} = \frac{A_0}{2\pi} + \frac{1}{2\pi}\mathrm{Real}\{A_2 \exp(j2\theta)\} \tag{C.5}$$

其中，对奇数 n，所有的 A_n 都为零，这是因为 $\sigma_{\tilde{V}'}(\theta) = \sigma_{\tilde{V}'}(\theta + \pi)$，即移动传播方向每改变 180° 就产生相同的统计。而且，式(C.4)在 $n > 2$ 时关于 θ 没有谐波分量。故只需解出剩下的两个复数系数的结果：

$$A_0 = \int\limits_{0}^{2\pi} \sigma_{V'}^2 \mathrm{d}\theta = \pi k_{max}^2 \left[F_0 - \frac{|F_1|^2}{F_0} \right] = \pi k_{max}^2 \Lambda^2 E\{|\tilde{V}|^2\} \tag{C.6}$$

$$A_2 = \int\limits_{0}^{2\pi} \sigma_{V'}^2 \exp(-j2\theta) \mathrm{d}\theta = \pi k_{max}^2 \left[F_2 - \frac{F_1^2}{F_0} \right] = A_0 \gamma \exp(-j2\theta_{max}) \tag{C.7}$$

其中 Λ、γ 和 θ_{max} 是式(5.91)至式(5.93)定义的三个基本空间信道参数。如果将这两个系数代回式(C.5)中，最终结果就是式(5.94)中 $\sigma_{V'}^2$ 的关系式。

对于一个移动接收机，以单位时间变化代替距离很容易衡量出衰落方差率。如果该移动接收机工作在其他的静态信道中，则均方时间变化率 $\sigma_{\dot{V}}^2$ 就等于 $\sigma_{V'}^2$ 再乘以接收机平方速率。

C.2　功率的方差率

功率的随机过程定义为 $P(r) = \tilde{V}^*(r)\tilde{V}(r)$。因而，$k \neq 0$ 时功率的PSD是两个复合电平PSD的卷积：$S_P(k) = (1/2\pi) S_{\tilde{V}}(k) \otimes S_{\tilde{V}}(-k)$，假设复合电平 $\tilde{V}(r)$ 是一个高斯过程（瑞利衰落的条件）[Pap91]。则功率的方差率关系式可写为

$$\sigma_{P'}^2 = \frac{1}{2\pi} \int\limits_{-\infty}^{\infty} k^2 S_P(k) \mathrm{d}k \tag{C.8}$$

$$= \frac{1}{2\pi} \int\limits_{-\infty}^{\infty} k^2 \left[\frac{1}{2\pi} \int\limits_{-\infty}^{\infty} S_{\tilde{V}}(\lambda) S_{\tilde{V}}(\lambda - k) \mathrm{d}\lambda \right] \mathrm{d}k \tag{C.9}$$

将 $k = \lambda - k'$ 代入上式得

$$\sigma_{P'}^2 = \int\limits_{-\infty}^{\infty} \int\limits_{-\infty}^{\infty} (\lambda - k')^2 S_{\tilde{V}}(\lambda) S_{\tilde{V}}(k') \mathrm{d}k' \mathrm{d}\lambda \tag{C.10}$$

根据频谱质心 k_c 对上式进行重组可以重新表示为

$$\sigma_{P'}^2 = 2 \underbrace{\left[\frac{1}{2\pi} \int\limits_{-\infty}^{\infty} S_{\tilde{V}}(k) \mathrm{d}k \right]}_{P_T} \underbrace{\left[\frac{1}{2\pi} \int\limits_{-\infty}^{\infty} (k - k_c)^2 S_{\tilde{V}}(k) \mathrm{d}k \right]}_{\sigma_{V'}^2} \tag{C.11}$$

现在只需简单用式(5.94)代替 $\sigma_{V'}^2$，就得到式(5.95)。

C.3　包络的方差率

基于功率关系式 $P(r) = R^2(r)$，可能得到下式：

$$E\left\{ \left(\frac{\mathrm{d}P}{\mathrm{d}r}\right)^2 \right\} = 4E\{P(r)\} E\left\{ \left(\frac{\mathrm{d}R}{\mathrm{d}r}\right)^2 \right\} \tag{C.12}$$

该式对瑞利衰落过程有效，因为 R 和它的导数相互独立[Ric48]。让式(C.12)的左边等于式(5.95)中的功率方差率关系式，就得到式(5.96)中一个瑞利衰落电平包络的衰落率均方分布。

附录 D　成型因子理论中的近似空间自协方差函数

该附录源自小范围瑞利衰落信号的近似空间自协方差函数。

接收包络的空间自协方差函数定义如下（[Jak74], [Tur95]）：

$$\rho(r) = \frac{E\{R(\vec{r}_o)R(\vec{r}_o + r\hat{r})\} - (E\{R\})^2}{E\{R^2\} - (E\{R\})^2} \tag{D.1}$$

其中，$\vec{r}_o$ 是沿水平方向（如果该衰落过程是广义平稳过程，方向任意），$\hat{r}$ 是指向接收机移动方向 θ 的一个单位向量。为拓展多径场的自协方差的近似表示，首先将函数 $\rho(r)$ 展开成麦克劳林（Maclaurin）级数：

$$\rho(r) = \sum_{n=0}^{\infty} \frac{r^{2n}}{(2n)!} \frac{d^{2n}\rho(r')}{dr'^{2n}}\bigg|_{r'=0} \tag{D.2}$$

式(D.2)仅包括 r 的偶数幂，因为任何真正的自协方差函数都是一个偶函数。一个自协方差函数的微分满足如下关系式[Pap91]：

$$\frac{d^{2n}}{dr^{2n}}E\{R(\vec{r}_o)R(\vec{r}_o + r\hat{r})\}\bigg|_{r'=0} = (-1)^n E\left\{\left(\frac{d^n R}{dr^n}\right)^2\right\} \tag{D.3}$$

将上式用于式(D.2)的麦克劳林级数，重新整理得

$$
\begin{aligned}
\rho(r) &= 1 + \frac{\displaystyle\sum_{n=1}^{\infty} \frac{(-1)^n r^{2n}}{(2n)!} E\left\{\left(\frac{d^n R}{dr^n}\right)^2\right\}}{E\{R^2\} - (E\{R\})^2} \\[2mm]
&= 1 - \frac{E\left\{\left(\dfrac{dR}{dr}\right)^2\right\}}{2[E\{R^2\} - (E\{R\})^2]} r^2 + \cdots \\[2mm]
&= 1 - \frac{\dfrac{\pi^2}{\lambda^2}\Lambda^2(1 + \gamma\cos[2(\theta - \theta_{max})])P_T}{2\left(1 - \dfrac{\pi}{4}\right)P_T} r^2 + \cdots
\end{aligned}
\tag{D.4}
$$

现在考虑将 $\rho(r)$ 用一个任意高斯函数来近似表示，该函数由麦克劳林级数展开表示的：

$$
\begin{aligned}
\rho(r) &\approx \exp\left[-a\left(\frac{r}{\lambda}\right)^2\right] \\[2mm]
&\approx \sum_{n=0}^{\infty} \frac{(-1)^n a^n}{n!}\left(\frac{r}{\lambda}\right)^{2n} \\[2mm]
&\approx 1 - a\left(\frac{r}{\lambda}\right)^2 + \cdots
\end{aligned}
\tag{D.5}
$$

这里选择高斯函数作为真正的自协方差的一般近似，因为高斯函数是一个方便且具有很好相关性的函数。通过为式(D.4)和式(D.5)设置相同的二次项选择合适的常量 a，以确保对于极小的 r 而言，这两个自协方差函数的表现一样：

$$a = \underbrace{\left[\frac{2\pi^2}{4-\pi}\right]}_{\approx 23.00}\Lambda^2(1 + \gamma\cos[2(\theta - \theta_{max})]) \tag{D.6}$$

因此，利用式(D.5)和式(D.6)可知，如式(5.115)所示，近似空间自协方差仅仅依赖于三个多径成型因子。

附录 E 扩频 CDMA 的高斯近似

本附录包括详细的数学分析，提供确定 CDMA 移动无线系统中一个信道用户的平均误比特率（BER）的表达式。利用本附录提供的表达式，可以分析多种干扰条件下的 CDMA 系统。利用这些表达式可以省略或减少许多情况下花费时间去仿真 CDMA 系统。

在利用二进制信号的扩频码分多址（CDMA）系统中，基站从第 k 个移动用户接收到的无线信号（假设没有衰落或多径）可以表示为[Pur77]

$$s_k(t - \tau_k) = \sqrt{2P_k} a_k(t - \tau_k) b_k(t - \tau_k) \cos(\omega_c t + \varphi_k) \tag{E.1}$$

其中，$b_k(t)$ 是用户 k 的数据序列，$a_k(t)$ 是用户 k 的扩频（或码片）序列，τ_k 是用户 k 参照用户 0 的延迟，P_k 是用户 k 的接收功率，φ_k 是用户 k 相对于用户 0 的载波相位偏移。因为 τ_k 和 φ_k 都是相对量，我们可以定义 $\tau_0 = 0$，$\varphi_0 = 0$。

$a_k(t)$ 和 $b_k(t)$ 是取值 -1 和 $+1$ 的二进制序列。周期伪随机（PN）码片序列 $a_k(t)$ 有以下形式：

$$a_k(t) = \sum_{j=-\infty}^{\infty} \sum_{i=0}^{M-1} a_{k,i} \Pi\left(\frac{t - (i + jM)T_c}{T_c}\right) \qquad a_{k,i} \in \{-1, 1\} \tag{E.2}$$

其中，M 是 PN 序列重复之前已发送的码片数量，T_c 是码片周期，MT_c 是 PN 序列的重复周期，$\Pi(t)$ 表示单位冲激函数，i 是一个 PN 码片周期中表示特定码片的指数。

$$\Pi(t) = \begin{cases} 1 & 0 \leqslant t < 1 \\ 0 & \text{其他} \end{cases} \tag{E.3}$$

对于用户数据序列 $b_k(t)$，T_b 是比特周期。假定比特周期是码片周期的整数倍，$T_b = NT_c$。注意 M、N 不一定相等。当它们相等时，PN 序列在每个数据比特周期内重复。用户数据序列 $b_k(t)$ 为

$$b_k(t) = \sum_{j=-\infty}^{\infty} b_{k,j} \Pi\left(\frac{t - jT_b}{T_b}\right) \qquad b_{k,j} \in \{-1, 1\} \tag{E.4}$$

在一个移动扩频 CDMA 无线系统中，来自多个用户的信号进入接收机输入端。通常利用一个相关接收机从同信道的所有用户中"滤出"目标用户。

在接收机一侧，如图 E.1 所示，相关器输入端的信号为

$$r(t) = \sum_{k=0}^{K-1} s_k(t - \tau_k) + n(t) \tag{E.5}$$

其中，$n(t)$ 是加性高斯噪声，其双边功率谱密度为 $N_0/2$。假定式(E.5)中的信道没有多径，即纯平坦的慢衰落。

接收到的信号中包括目标用户和 $(k - 1)$ 个非目标用户的信号，都被送入基带，将其与目标用户（如用户 0）的 PN 序列相乘，并在一个比特周期内积分。假定接收机的延迟和相位与用户 0 同步，则用户 0 的判决统计为

$$Z_0 = \int_{jT_b}^{(j+1)T_b} r(t)a_0(t)\cos(\omega_c t)\mathrm{d}t \tag{E.6}$$

为简便起见，以下分析中只考虑比特 0（即式(E.6)中 $j = 0$ 的情况）。

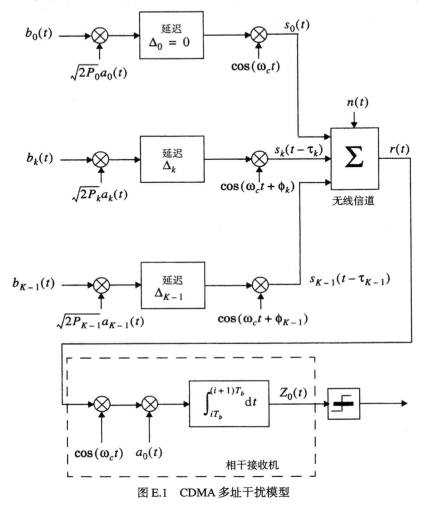

图 E.1　CDMA 多址干扰模型

将式(E.1)和式(E.5)代入式(E.6)，接收机判决统计为

$$Z_0 = \int_{t=0}^{T_b} \left[\left(\sum_{k=0}^{K-1} \sqrt{2P_k}\, a_k(t-\tau_k)b_k(t-\tau_k)\cos(\omega_c t + \phi_k) \right) + n(t) \right] a_0(t)\cos(\omega_c t)\mathrm{d}t \tag{E.7}$$

也可以表示为

$$Z_0 = I_0 + \eta + \zeta \tag{E.8}$$

其中，I_0 是目标用户（$k = 0$）贡献的部分判决统计，ζ 是所有同信道用户的多址干扰（包括相同小区和不同小区），η 是热噪声部分。

目标用户贡献部分可由下式给出：

$$
\begin{aligned}
I_0 &= \sqrt{2P_0} \int_{t=0}^{T_b} a_k^2(t) b_k(t) \cos^2(\omega_c t) \mathrm{d}t \\
&= \sqrt{\frac{P_0}{2}} \int_{t=0}^{T_b} \left(\sum_{i=-\infty}^{\infty} b_{k,i} \Pi\left(\frac{t - iT_b}{T_b}\right) \right)(1 + \cos(2\omega_c t)) \mathrm{d}t \\
&= \sqrt{\frac{P_0}{2}} b_{k,0} \int_{t=0}^{T_b} (1 + \cos(2\omega_c t)) \mathrm{d}t \\
&\approx \sqrt{\frac{P_0}{2}} b_{k,0} T_b
\end{aligned}
\tag{E.9}
$$

噪声项 η 为

$$
\eta = \int_{t=0}^{T_b} n(t) a_0(t) \cos(\omega_c t) \mathrm{d}t
\tag{E.10}
$$

假定 $n(t)$ 是具有双边功率谱密度 $N_0/2$ 的白高斯噪声，则 η 项为

$$
\mu_\eta = E[\eta] = \int_{t=0}^{T_b} E[n(t)] a_0(t) \cos(\omega_c t) \mathrm{d}t = 0
\tag{E.11}
$$

η 的偏差为

$$
\begin{aligned}
\sigma_\eta^2 &= E[(\eta - \mu_\eta)^2] = E[\eta^2] \\
&= E\left[\int_{\lambda=0}^{T_b} \int_{t=0}^{T_b} n(t) n(\lambda) a_0(t) a_0(\lambda) \cos(\omega_c t) \cos(\omega_c \lambda) \mathrm{d}t \mathrm{d}\lambda \right] \\
&= \int_{\lambda=0}^{T_b} \int_{t=0}^{T_b} E[n(t) n(\lambda)] a_0(t) a_0(\lambda) \cos(\omega_c t) \cos(\omega_c \lambda) \mathrm{d}t \mathrm{d}\lambda \\
&= \int_{\lambda=0}^{T_b} \int_{t=0}^{T_b} \frac{N_0}{2} \delta(t - \lambda) a_0(t) a_0(\lambda) \cos(\omega_c t) \cos(\omega_c \lambda) \mathrm{d}t \mathrm{d}\lambda \\
&= \frac{N_0}{2} \int_{t=0}^{T_b} a_0^2(t) \cos^2(\omega_c t) \mathrm{d}t = \frac{N_0}{4} \int_{t=0}^{T_b} (1 + \cos(2\omega_c t)) \mathrm{d}t \\
&= \frac{N_0}{4}\left(T_b + \frac{1}{2\omega_c} \sin(2\omega_c T_b) \right) \approx \frac{N_0 T_b}{4} \qquad \omega_c \gg \frac{2}{T_b}
\end{aligned}
\tag{E.12}
$$

式(E.8)中的第三部分 ζ 表示多址干扰对判决统计的贡献。ζ 是 $K-1$ 项 I_k 的和：

$$
\zeta = \sum_{k=1}^{K-1} I_k
\tag{E.13}
$$

其中每项为

$$
I_k = \int_{t=0}^{T_b} \sqrt{2P_k} b_k(t - \tau_k) a_k(t - \tau_k) a_0(t) \cos(\omega_c t + \phi_k) \cos(\omega_c t) \mathrm{d}t
\tag{E.14}
$$

为检验多址干扰对单个用户（如简单的用户 0）的平均比特差错概率的影响，有必要对式(E.14)进行简化。图 E.2 表示了 $b_k(t - \tau_k)$、$a_k(t - \tau_k)$ 及 $a_0(t)$ 之间的关系。

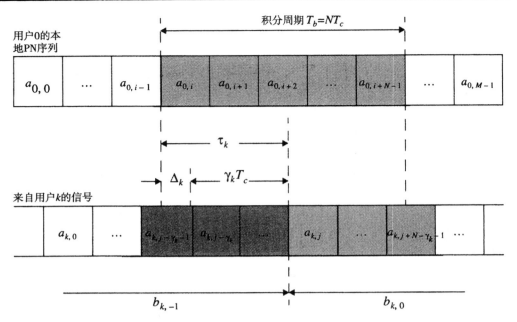

图 E.2　用户 0 的本地 PN 序列 $a_0(k)$ 及来自用户 k 的接收信号 $s_k(t-\tau_k)$ 的时序

图 E.2 中的量 γ_k 和 Δ_k 的值由用户 k 相对于用户 0 的延迟 τ_k 来确定，即[Pur77]

$$\tau_k = \gamma_k T_c + \Delta_k \qquad 0 \leqslant \Delta_k < T_c \tag{E.15}$$

第 k 个干扰用户对判决统计的贡献为（[Pur77], [Mor89b]）

$$I_k = T_c \sqrt{\frac{P_k}{2}} \cos\varphi_k \left\{ \left(X_k + \left(1 - \frac{2\Delta_k}{T_c}\right)Y_k \right) + \left(1 - \frac{\Delta_k}{T_c}\right)U_k + \left(\frac{\Delta_k}{T_c}\right)V_k \right\} \tag{E.16}$$

其中，X_k、Y_k、U_k 和 V_k 由 A、B 决定的分布为

$$p_{X_k}(l) = \binom{A}{\frac{l+A}{2}} 2^{-A} \qquad l = -A, -A+2, \ldots, A-2, A \tag{E.17}$$

$$p_{Y_k}(l) = \binom{B}{\frac{l+B}{2}} 2^{-B} \qquad l = -B, -B+2, \ldots, B-2, B \tag{E.18}$$

$$p_{U_k}(l) = \frac{1}{2} \qquad l = -1, 1 \tag{E.19}$$

$$p_{V_k}(l) = \frac{1}{2} \qquad l = -1, 1 \tag{E.20}$$

有必要利用信号序列的统计特征展开式(E.16)来确定多址干扰对特定目标用户 BER 的影响（见[Leh87]、[Mor89b]）。由此导出式(E.17)～式(E.20)。

为导出式(E.17)～式(E.20)，假定码片是矩形方波，参考图 E.2，式(E.16)可以写为

$$I_k = \sqrt{\frac{P_k}{2}} \cos\varphi_k$$

$$\times \left\{ \left(b_{k,-1} \sum_{l=j-\gamma_k}^{j-1} a_{k,l} a_{0,l+i-j+\gamma_k} + b_{k,0} \sum_{l=j}^{j+N-\gamma_k-1} a_{k,l} a_{0,l-j+i+\gamma_k} \right)(T_c - \Delta_k) \right.$$

$$\left. + \left(b_{k,-1} \sum_{l=j-\gamma_k-1}^{j-1} a_{k,l} a_{0,l+i-j+\gamma_k+1} + b_{k,0} \sum_{l=j}^{j+N-\gamma_k-2} a_{k,l} a_{0,l-j+i+\gamma_k+1} \right)\Delta_k \right\} \tag{E.21}$$

也很容易改为

$$I_k = T_c\sqrt{\frac{P_k}{2}} \cos\varphi_k$$

$$\times \left\{ \left(b_{k,-1} \sum_{l=0}^{\gamma_k-1} a_{k,l+j-\gamma_k} a_{0,l+i} + b_{k,0} \sum_{l=\gamma_k}^{N-1} a_{k,l+j-\gamma_k} a_{0,l+i} \right)\left(1 - \frac{\Delta_k}{T_c}\right) \right.$$

$$\left. + \left(b_{k,-1} \sum_{l=-1}^{\gamma_k-1} a_{k,l+j-\gamma_k} a_{0,l+i+1} + b_{k,0} \sum_{l=\gamma_k}^{N-2} a_{k,l+j-\gamma_k} a_{0,l+i+1} \right)\left(\frac{\Delta_k}{T_c}\right) \right\} \tag{E.22}$$

由此得出[Leh87]:

$$I_k = T_c\sqrt{\frac{P_k}{2}} \cos\varphi_k$$

$$\times \left\{ \left(\sum_{l=0}^{\gamma_k-1} b_{k,-1} a_{k,l+j-\gamma_k} a_{l+i} + \right.\right.$$

$$\left. \sum_{l=\gamma_k}^{N-2} b_{k,0} a_{k,l+j-\gamma_k} a_{0,l+i} + b_0 a_{k,N-1+j-\gamma_k} a_{0,N-1+i} \right)\left(1 - \frac{\Delta_k}{T_c}\right)$$

$$+ \left(\sum_{l=0}^{\gamma_k-1} b_{k,-1} a_{k,l+j-\gamma_k} a_{0,l+i+1} + \right.$$

$$\left.\left. \sum_{l=\gamma_k}^{N-2} b_{k,0} a_{k,l+j-\gamma_k} a_{0,l+i+1} + b_{-1} a_{k,j-\gamma_k-1} a_{0,i} \right)\left(\frac{\Delta_k}{T_c}\right) \right\} \tag{E.23}$$

Lehnert 定义随机变量 $Z_{k,l}$ 为[Leh87]

$$Z_{k,l} = \begin{cases} b_{k,-1}a_{k,l+j-\gamma_k}a_{0,l+i} & l = 0, \gamma_k - 1 \\ b_{k,0}a_{k,l+j-\gamma_k}a_{0,l+i} & l = \gamma_k, N - 2 \\ b_{k,0}a_{k,N-1+j-\gamma_k}a_{0,N-1+i} & l = N - 1 \\ b_{k,-1}a_{k,j-\gamma_k-1}a_{0,i} & l = N \end{cases} \tag{E.24}$$

其中，每个 $Z_{k,j}$ 是独立的贝努利（Bernoulli）试验，在 $\{-1,1\}$ 上均匀分布。

利用式(E.24)及 $a_{0,l}a_{0,l} = 1$，式(E.23)表示为

$$I_k = T_c\sqrt{\frac{P_k}{2}}\cos\varphi_k \times \left\{ \left(\sum_{l=0}^{N-2} Z_{k,l}\left(\left(1-\frac{\Delta_k}{T_c}\right) + a_{0,l+i}a_{0,l+i+1}\left(\frac{\Delta_k}{T_c}\right)\right)\right) \right.$$
$$\left. + Z_{k,N-1}\left(1-\frac{\Delta_k}{T_c}\right) + Z_{k,N}\left(\frac{\Delta_k}{T_c}\right) \right\} \tag{E.25}$$

令 $\mathcal{A}$ 为 $[0, N-2]$ 上 $a_{0,l+i}a_{0,l+i+1} = 1$ 的所有整数的集合。类似地，$\mathcal{B}$ 为 $[0, N-2]$ 上 $a_{0,l+i}a_{0,l+i+1} = -1$ 的所有整数的集合。则式(E.25)可表示为

$$I_k = T_c\sqrt{\frac{P_k}{2}}\cos\varphi_k \left\{ \left(\sum_{l \in \mathcal{A}} Z_{k,l} + (1-2\Delta_k/T_c)\sum_{l \in \mathcal{B}} Z_{k,l}\right) \right.$$
$$\left. + Z_{k,N-1}\left(1-\frac{\Delta_k}{T_c}\right) + Z_{k,N}\left(\frac{\Delta_k}{T_c}\right) \right\} \tag{E.26}$$

现定义：

$$X_k = \sum_{l \in \mathcal{A}} Z_{k,l} \tag{E.27}$$

$$Y_k = \sum_{l \in \mathcal{B}} Z_{k,l} \tag{E.28}$$

$$U_k = Z_{k,N-1} \tag{E.29}$$

$$V_k = Z_{k,N} \tag{E.30}$$

注意到 $\{Z_{k,l}\}$ 是独立贝努利试验的集合[Coo86]，每个取值都在 $\{-1,1\}$ 上均匀分布。若以 A 表示集合 $\mathcal{A}$ 的元素数目，B 表示集合 $\mathcal{B}$ 的元素数目。则 X_k 和 Y_k 的概率密度函数为

$$p_{X_k}(l) = \binom{A}{\frac{l+A}{2}}2^{-A} \qquad l = -A, -A+2, \ldots, A-2, A \tag{E.31}$$

$$p_{Y_k}(l) = \binom{B}{\frac{l+B}{2}}2^{-B} \qquad l = -B, -B+2, \ldots, B-2, B \tag{E.32}$$

量 U_k 和 V_k 的分布为

$$p_{U_k}(l) = \frac{1}{2} \qquad l = -1, 1 \tag{E.33}$$

$$p_{V_k}(l) = \frac{1}{2} \qquad l = -1, 1 \tag{E.34}$$

因此，由特定多址干扰源对判决统计的影响可完全由式(E.16) ~ 式(E.20)中的 P_k、ϕ_k、Δ_k、A 和 B 等量来确定。注意 A 和 B 只取决于用户 0 的序列。此外，因集合 $\mathcal{A}$ 和 $\mathcal{B}$ 不相交且遍历所有可能长度为 N 的信号序列，其中共有 $N-1$ 种可能的码片电平转换，所以 $A+B=N-1$。

E.1　高斯近似

利用高斯近似来确定二进制 CDMA 多址接入通信系统的 BER 是基于如下的假设，即由式(E.8)给出的判决统计 Z_0 可以抽象为一个高斯随机变量（[Pur77], [Mor89b]）。式(E.8)的第一项 I_0 是确定的，其值由式(E.9)给出。Z_0 的其他两项（如 ζ 和 η）可视为零均值高斯随机变量。假定加性接收机噪声 $n(t)$ 是一个带通高斯噪声，则由式(E.10)给出的 η 是一个零均值高斯随机变量。本节根据多址干扰项 ζ 可近似为一个高斯随机变量这一假设，从而导出误码率的表达式。

首先定义一个混合噪声的干扰项 ξ，即

$$\xi = \zeta + \eta \tag{E.35}$$

则判决统计 Z_0 为

$$Z_0 = I_0 + \xi \tag{E.36}$$

其中，Z_0 是高斯随机变量，均值为 I_0，方差等于 ξ 的方差 σ_ξ^2。

在确定一个接收比特的值时，差错概率等于下列情况的概率，即当 I_0 为正数时，$\xi < -I_0$；或者当 I_0 为负数时，$\xi > I_0$。由于这种结构，ξ 呈对称分布，两种情况等概发生。这样出错概率等于 $\xi > |I_0|$ 的概率。若 ξ 是零均值高斯随机变量，方差为 σ_ξ^2，则比特差错概率为

$$\begin{aligned}
P_e &= \int_{|I_0|}^\infty p_\xi(x)\mathrm{d}x \\
&= \int_{|I_0|}^\infty \frac{1}{\sqrt{2\pi}\sigma_\xi} \exp\left(\frac{-x^2}{2\sigma_\xi^2}\right)\mathrm{d}x \\
&= \frac{1}{\sqrt{2\pi}} \int_{|I_0|/\sigma_\xi}^\infty \exp\left(\frac{-u^2}{2}\right)\mathrm{d}u \\
&= Q\left(\frac{|I_0|}{\sigma_\xi}\right)
\end{aligned} \tag{E.37}$$

其中，Q 函数在附录 F 中定义。利用式(E.9)，可重写为

$$P_e = Q\left(\sqrt{\frac{P_0 T_b^2}{2\sigma_\xi^2}}\right) \tag{E.38}$$

假定多址干扰对判决统计 ζ 的贡献可视为零均值高斯随机变量，方差为 σ_ζ^2，噪声对判决统计 η 的贡献是零均值高斯噪声过程，方差 $\sigma_\eta^2 = N_o T_b/4$。因为噪声和多址干扰是独立的，所以 ζ 的方差可写为

$$\sigma_\xi^2 = \sigma_\zeta^2 + \sigma_\eta^2 \tag{E.39}$$

以下内容证明了 ζ 的高斯近似，以及确定 σ_ζ^2 的值。

利用式(E.13)和式(E.16)，全部多址干扰对用户 0 的判决统计的贡献为

$$\zeta = \sum_{k=1}^{K-1} T_c \sqrt{\frac{P_k}{2}} \cos\varphi_k \left\{ X_k + \left(1 - \frac{2\Delta_k}{T_c}\right)Y_k + \left(1 - \frac{\Delta_k}{T_c}\right)U_k + \left(\frac{\Delta_k}{T_c}\right)V_k \right\} \tag{E.40}$$

也可表示为

$$\zeta = \sum_{k=1}^{K-1} W_k T_c \sqrt{\frac{P_k}{2}} \cos\varphi_k \qquad \text{(E.41)}$$

其中

$$W_k = X_k + \left(1 - \frac{2\Delta_k}{T_c}\right)Y_k + \left(1 - \frac{\Delta_k}{T_c}\right)U_k + \left(\frac{\Delta_k}{T_c}\right)V_k \qquad \text{(E.42)}$$

X_k 和 Y_k 的确切分布由式(E.17)和式(E.18)给出，U_k 和 V_k 的分布由式(E.19)和式(E.20)给出。注意对给定的 W_k，Δ_k 只能取离散值（$(N-1)B - B^2 + 6$ 的最大值）。

可以利用中心极限定理（CLT）（[Sta86], [Coo86]）来证明 ζ 可以近似为一个高斯随机变量。CLT考虑大量相同分布随机变量 x_i 的正态和，其中 y 是正态随机变量，如下所示：

$$y = \frac{1}{\sqrt{M}} \sum_{i=0}^{M-1} (x_i - \mu) \qquad \text{(E.43)}$$

每个 x_i 有均值 μ 及方差 σ^2。但当 M 很大时，随机变量 y 近似为正态分布（具有零均值和单位方差的高斯分布）。要证明干扰功率电平不等或不是常数时的高斯近似，需要考虑 Stark 和 Woods[Sta86] 给出的更一般的 CLT 定义。

CLT[Sta86]更一般的描述为

$$y = \sum_{i=0}^{M-1} x_i \qquad \text{(E.44)}$$

是 M 个随机变量 x_i 的和，x_i 不需具有相同的分布，但必须是独立的，每个的均值为 μ_{x_i}，方差为 $\sigma_{x_i}^2$。这样如果

$$\sigma_{x_j}^2 \ll \sigma_y^2 = \sum_{i=0}^{M-1} \sigma_{x_i}^2 \quad j = 0 \ldots M-1 \qquad \text{(E.45)}$$

则当 M 增大时，y 接近于一个高斯随机变量。

此外，y 的均值和方差分别为

$$\mu_y = \sum_{i=0}^{M-1} \mu_{x_i} \qquad \text{(E.46)}$$

$$\sigma_y^2 = \sum_{i=0}^{M-1} \sigma_{x_i}^2 \qquad \text{(E.47)}$$

式(E.45)的条件等效于没有单个用户在整个多址干扰中起决定作用。

考虑到 ζ 的统计基于若干特定的条件，包括 $K-1$ 个延迟的集合 $\{\Delta_k\}$，$K-1$ 个相移的集合 $\{\phi_k\}$，$K-1$ 个接收功率水平的集合 $\{P_k\}$，以及用户 0 的 PN 序列的全部周期中的码片转换数目。

可以看出对特定的一个操作条件集，每个多址干扰是不相关的[Leh87]：

$$var(\zeta|\{\Delta_k\}, \{\varphi_k\}, \{P_k\}, B) = E\left[\left(\sum_{k=1}^{K-1} I_k\right)^2\middle|\{\Delta_k\}, \{\varphi_k\}, \{P_k\}, B\right]$$

$$= \sum_{k=1}^{K-1} E[I_k^2|\Delta_k, \varphi_k, P_k, B]$$

$$= \sum_{k=1}^{K-1} \frac{T_c^2 P_k}{2}\cos^2\varphi_k E[W_k^2|\Delta_k, B] \qquad (E.48)$$

式(E.42)中的 X_k、Y_k、U_k 和 V_k 项也是不相关的，则

$$E[W_k^2|\Delta_k, B] = E[X_k^2|B] + \left(1 - \frac{2\Delta_k}{T_c}\right)^2 E[Y_k^2|B] +$$

$$\left(1 - \frac{\Delta_k}{T_c}\right)^2 E[U_k^2] + \left(\frac{\Delta_k}{T_c}\right)^2 E[V_k^2] \qquad (E.49)$$

注意到随机变量 U_k 和 V_k 以相同的概率在 $\{-1, +1\}$ 上取值，因此 $E[U_k^2] = 1$，$E[V_k^2] = 1$，且满足下式：

$$E[W_k^2|\Delta_k, B] = E[X_k^2|B] + \left(1 - \frac{4\Delta_k}{T_c} + \frac{4\Delta_k^2}{T_c^2}\right)E[Y_k^2|B] +$$

$$1 - \frac{2\Delta_k}{T_c} + \frac{2\Delta_k^2}{T_c^2} \qquad (E.50)$$

其中，X_k 是 A 个独立同分布的贝努利试验的变量 x_i 的和，其中每个 x_i 等概地在 $\{-1, +1\}$ 上取值。在式(E.31)中，A 是可能值的数目；对于 $[0, N-2]$，存在比特模式 $a_{0,l+i}a_{0,l+i+1} = 1$，$l \in [0, N-2]$。i 是相对于 PN 序列的开始而检测到的比特码第一个码片的偏移量。现求解 $E[X_k|B]$：

$$E[X_k^2|B] = E\left[\left(\sum_{i=0}^{A-1} x_i\right)^2\right] = \sum_{i=0}^{A-1} E[x_i^2] = A = N - B - 1 \qquad (E.51)$$

其中，B 是比特转换的数目（即 l 的值），且比特模式 $a_{0,l+i}a_{0,l+i+1} = -1$。类似地，对于 Y_k 有

$$E[Y_k^2|B] = E\left[\left(\sum_{i=0}^{B-1} b_i\right)^2\right] = \sum_{i=0}^{B-1} E[b_i^2] = B \qquad (E.52)$$

类似地，式(E.50)可改写为

$$E[W_k^2|\Delta_k, B] = N - B - 1 + \left(1 - \frac{4\Delta_k}{T_c} + \frac{4\Delta_k^2}{T_c^2}\right)B + \left(1 - \frac{2\Delta_k}{T_c} + \frac{\Delta_k^2}{T_c^2}\right) + \frac{\Delta_k^2}{T_c^2}$$

$$= N + 2(2B+1)\left(\left(\frac{\Delta_k}{T_c}\right)^2 - \frac{\Delta_k}{T_c}\right) \qquad (E.53)$$

利用式(E.48)有

$$E[I_k^2|\Delta_k, \varphi_k, P_k, B] = T_c^2 P_k \cos^2\varphi_k\left(\frac{N}{2} + (2B+1)\left(\left(\frac{\Delta_k}{T_c}\right)^2 - \frac{\Delta_k}{T_c}\right)\right) \qquad (E.54)$$

在一个码片间隔的 Δ_k 及 φ_k 上对式(E.54)取期望值得

$$E[I_k^2|P_k, B] = \frac{T_c^2 P_k}{2}\left(\frac{N}{2} + (2B+1)\left(-\frac{1}{6}\right)\right) \qquad (E.55)$$

最后假定每个用户信号序列为随机的，通过 B 取式(E.55)的平均值，且 $E[B] = (N-1)/2$，对于接收功率电平 P_k，总的多址干扰的方差为

$$E[I_k^2|P_k] = \frac{NT_c^2 P_k}{6} \tag{E.56}$$

若 $K-1$ 个干扰用户的功率电平和是常数，则

$$\sigma_{I_k}^2 = \frac{NT_c^2 P_k}{6} \tag{E.57}$$

如果 $K-1$ 个 $\sigma_{I_k}^2$ 的值满足式(E.45)，则当 $K-1$ 增大时，ζ 将变为零均值高斯随机变量，ζ 的方差为

$$\sigma_\zeta^2 = \frac{NT_c^2}{6}\sum_{k=1}^{K-1} P_k \tag{E.58}$$

由于式(E.36)的判决统计 Z_0 可视为一个高斯随机变量，因此其均值由式(E.9)确定，方差由式(E.39)决定：

$$\sigma_\xi^2 = \sigma_\zeta^2 + \sigma_\eta^2$$

$$= \frac{NT_c^2}{6}\sum_{k=1}^{K-1} P_k + \frac{N_0 T_b}{4} \tag{E.59}$$

因此，由式(E.38)，平均比特差错概率为

$$P_e = Q\left(\frac{\sqrt{\frac{P_0}{2}T_b}}{\sqrt{\frac{NT_c^2}{6}\sum_{k=1}^{K-1} P_k + \frac{N_0 T_b}{4}}}\right)$$

$$= Q\left(\sqrt{\frac{1}{\frac{1}{3N}\sum_{k=1}^{K-1}\frac{P_k}{P_0} + \frac{N_0}{2T_b P_0}}}\right) \tag{E.60}$$

在典型的移动无线环境中，通信链路是干扰受限的，而不是噪声受限的。对于干扰受限的情况，$\frac{N_0}{2T_b} \ll \frac{1}{3N}\sum_{k=1}^{K-1} P_k$，平均比特差错概率为

$$P_e = Q\left(\sqrt{\frac{3N}{\sum_{k=1}^{K-1} P_k/P_0}}\right) \tag{E.61}$$

在非干扰受限情况下，对于理想功率控制，即对所有的 $k=1,...,K-1$，$P_k = P_0$，有

$$P_e = Q\left(\sqrt{\frac{1}{\frac{K-1}{3N} + \frac{N_0}{2T_b P_0}}}\right) \tag{E.62}$$

最后，对于理想功率控制的干扰受限情况，式(E.62)可近似为

$$P_e = Q\left(\sqrt{\frac{3N}{K-1}}\right) \tag{E.63}$$

注意到在式(E.60)中，是在假定多址干扰方差取平均值后得到BER。在下面的 E.2 节中将给出 BER 的另一个表达式，是在各种可能操作条件下而不是在平均的操作条件下求 BER 的平均值。

E.2　改进的高斯近似（IGA）

E.1节的表达式只在用户数 K 很大时才有效，而且依赖于 $K-1$ 个干扰用户功率电平的分布。当 K 很大时，如果式(E.45)不能满足，那么仍不能将 ζ 视为一个高斯随机变量。

当 E.1 节的高斯近似不够准确时，需要做进一步的分析。需要在每个用户特定操作条件下，定义干扰项 I_k。在此情况下，对于较大的 K 每个 I_k 才成为高斯的。定义 Ψ 是特定操作条件下多址干扰的方差：

$$\Psi = var(\zeta|(\{\varphi_k\}, \{\Delta_k\}, \{P_k\}, B)) \tag{E.64}$$

首先注意到多址干扰的条件方差 Ψ 是一个随机变量，该变量基于操作条件集 $\{\varphi_k\}$、$\{\Delta_k\}$、$\{P_k\}$ 和 B。在式(E.60)中，BER 是在假定多址干扰方差取平均值时求得的。对照式(E.37)计算 Ψ 的平均值，若 Ψ 分布可知，则可通过计算 Ψ 的全部可能值的平均值求出 BER。即

$$P_e = E\left[Q\left(\sqrt{\frac{P_0 T_b^2}{2\Psi}}\right)\right] = \int_0^\infty Q\left(\sqrt{\frac{P_0 T_b^2}{2\Psi}}\right) f_\Psi(\psi) d\psi \tag{E.65}$$

由式(E.48)和式(E.54)：

$$\Psi = \sum_{k=1}^{K-1} T_c^2 P_k \cos^2\varphi_k\left(\frac{N}{2} + (2B+1)\left(\left(\frac{\Delta_k}{T_c}\right)^2 - \frac{\Delta_k}{T_c}\right)\right) = \sum_{k=1}^{K-1} Z_k \tag{E.66}$$

其中

$$Z_k = \frac{T_c^2}{2} P_k U_k V_k \tag{E.67}$$

及

$$U_k = 1 + \cos(2\varphi_k) \tag{E.68}$$

$$V_k = \frac{N}{2} + (2B+1)\left(\left(\frac{\Delta_k}{T_c}\right)^2 - \frac{\Delta_k}{T_c}\right) \tag{E.69}$$

因为 U_k 和 V_k 对所有 k 的分布一致，去掉下标可得

$$Z_k = \frac{T_c^2}{2} P_k U V = \frac{T_c^2}{2} P_k Z' \tag{E.70}$$

$$U = 1 + \cos(2\varphi) \tag{E.71}$$

$$V = \frac{N}{2} + (2B+1)\left(\left(\frac{\Delta}{T_c}\right)^2 - \frac{\Delta}{T_c}\right) \tag{E.72}$$

很明显有 $E[Z'] = E[UV] = E[U]E[V] = N/3$。

U 的分布为[Mor00]

$$f_U(u) = \frac{1}{\pi\sqrt{u(1-u)}} \qquad 0 < u < 2 \tag{E.73}$$

V 的分布为[Mor00]

$$f_{V|B}(v) = \frac{1}{\sqrt{\tilde{B}(2v+\tilde{B}-N)}} \qquad \frac{N-\tilde{B}}{2} < v < \frac{N}{2} \tag{E.74}$$

其中，$\tilde{B} = B + \frac{1}{2}$。

U、V 的乘积，记为 Z' 的分布[Mor89b]：

$$f_{Z'|B}(z) = \frac{1}{2\pi\sqrt{\tilde{B}}z}\ln\left(\frac{\sqrt{N-z}+\sqrt{\tilde{B}}}{\sqrt{N-z}-\sqrt{\tilde{B}}}\right) \qquad 0 < z \leqslant N, z \neq N - \tilde{B} \tag{E.75}$$

在第 k 个用户接收功率为 Z_k 的条件下，P_k 的分布为

$$f_{Z_k|B,P_k}(z) = \frac{2}{T_c^2 P_k}f_{Z'|B}\left(\frac{2z}{T_c^2 P_k}\right) \tag{E.76}$$

在式(E.75)中，令 $\hat{B}_k = (T_c^2 P_k/2)(B+1/2)$ 及 $\hat{N}_k = NT_c^2 P_k/2$，则

$$f_{Z|B,P_k}(z) = \frac{1}{2\pi\sqrt{\hat{B}_k}z}\ln\left(\frac{\sqrt{\hat{N}_k-z}+\sqrt{\hat{B}_k}}{\sqrt{\hat{N}_k-z}-\sqrt{\hat{B}_k}}\right) \qquad 0 < z \leqslant \hat{N}_k, z \neq \hat{N}_k - \hat{B}_k \tag{E.77}$$

因为 Ψ 是 $K-1$ 个 Z_k 项之和，Ψ 的概率密度函数由以下卷积给出：

$$f_{\Psi|B,\{P_k\}} = f_{Z|B,P_1}(z) * f_{Z|B,P_2}(z) * \ldots * f_{Z|B,P_{K-1}}(z) \tag{E.78}$$

若接收功率集 $\{P_k\}$ 是确定的而非随机的，可对每个 P_k 值解式(E.77)，进而算出式(E.78)对于该 $f_\Psi(\Psi)$ 的值。若接收功率是随机变量，可对干扰用户基于功率电平分布得出 Z_k 的表达式。可假定每个用户的功率电平是相同的且随机分布的，则 Z_k 项的分布也是一致的，且 $f_{Z_k|B}(z) = f_{Z|B}(z)$。假定接收干扰功率分布为 $f_P(p)$ [Lib95]，则

$$f_{Z|B}(z) = \int_0^\infty \frac{2}{T_c^2 p}f_{Z'|B,P}\left(\frac{2z}{T_c^2 p}\right)f_P(p)\mathrm{d}p \tag{E.79}$$

则式(E.78)可写为

$$f_{\Psi|B}(\Psi) = f_{Z|B}(z) * f_{Z|B}(z) * \ldots * f_{Z|\dot{B}}(z) \tag{E.80}$$

及多址干扰方差的概率密度函数为

$$f_\Psi(\psi) = E_B[f_{\Psi|B}(\psi)] = 2^{1-N}\sum_{j=0}^{N-1}\binom{N-1}{j}f_{\Psi|j}(\psi) \tag{E.81}$$

可将式(E.81)用于式(E.65)中确定平均比特差错概率，[Mor89b]显示这种方法在理想功率控制及干扰用户数非常少时是很精确的。

式(E.65)假定为干扰受限情形。一般情况下，当噪声项较大时，有

$$P_e = E\left[Q\left(\sqrt{\frac{P_0 T_b^2}{2\left(\psi + \frac{N_0 T_b}{4}\right)}}\right)\right] = \int_0^\infty Q\left(\sqrt{\frac{P_0 T_b^2}{2\left(\psi + \frac{N_0 T_b}{4}\right)}}\right)f_\psi(\psi)\mathrm{d}\psi \tag{E.82}$$

因此，利用式(E.76)和式(E.79)，Morrow 和 Lehnert[Mor00]的结果可以扩展到如下一些情形：干扰用户的功率电平恒定却不相等，干扰用户的功率电平是独立同分布的随机变量（[Lib94a], [Lib95]）。

E.3 改进的高斯近似的简化表达式（SEIGA）[Lib95]

E.2节的表达式十分复杂并且要求相当多的计算时间。Holtzman[Hol92]提出在理想功率控制下求解式(E.65)及式(E.81)的方法。此外，他的结果由 Liberti（[Lib94a], [Lib99]）扩展，即将 $K-1$ 个干扰用户的功率水平当做独立和相同分布的随机变量。本节将给出下列情形的结果，即干扰用户的接收功率是常数但不相同（可以代表宽带 CDMA 系统的情况）。

简化的比特差错概率表达式是基于一个连续函数 $f(x)$ 的，$f(x)$ 可写为

$$f(x) = f(\mu) + (x-\mu)f'(\mu) + \frac{1}{2}(x-\mu)^2 f''(\mu) + \ldots \tag{E.83}$$

如果 x 是随机变量，μ 是 x 的均值，则[Coo86]

$$E[f(x)] = f(x) + \frac{1}{2}\sigma^2 f''(x) + \ldots \tag{E.84}$$

其中 σ^2 是 x 的偏差。

为减少计算量，可用差分代替求导，即

$$\begin{aligned} f(x) &= f(\mu) + (x-\mu)\left(\frac{f(\mu+h)-f(\mu-h)}{2h}\right) \\ &\quad + \frac{1}{2}(x-\mu)^2\left(\frac{f(\mu+h)-f(\mu)+f(\mu-h)}{h^2}\right) + \ldots \end{aligned} \tag{E.85}$$

可得近似式：

$$E[f(x)] \approx f(\mu) + \frac{\sigma^2}{2}\left(\frac{f(\mu+h)-2f(\mu)+f(\mu-h)}{h^2}\right) \tag{E.86}$$

在[Hol92]中，建议 h 可取为 $\sqrt{3}\sigma$，得

$$E[f(x)] \approx \frac{2}{3}f(\mu) + \frac{1}{6}f(\mu+\sqrt{3}\sigma) + \frac{1}{6}f(\mu-\sqrt{3}\sigma) \tag{E.87}$$

用近似式(E.65)，得

$$\begin{aligned} P_e &= E\left[Q\left(\sqrt{\frac{P_0 T_b^2}{2\psi}}\right)\right] \\ &\approx \frac{2}{3}Q\left(\sqrt{\frac{P_0 T_b^2}{2\mu_\psi}}\right) + \frac{1}{6}Q\left(\sqrt{\frac{P_0 T_b^2}{2(\mu_\psi+\sqrt{3}\sigma_\psi)}}\right) + \frac{1}{6}Q\left(\sqrt{\frac{P_0 T_b^2}{2(\mu_\psi-\sqrt{3}\sigma_\psi)}}\right) \end{aligned} \tag{E.88}$$

其中，μ_ψ 是在特定操作条件下多址干扰 Ψ 的均值，σ_ψ^2 是 Ψ 的方差，多址干扰 Ψ 的条件方差由式(E.66)给出。若来自 $K-1$ 个干扰用户的接收功率是以均值 μ_p、方差 σ_p^2 相同分布，则利用式(E.70)~式(E.72)的关系，Ψ 的均值可得

$$\mu_\psi = \sum_{k=1}^{K-1} E[Z_k] = \frac{T_c^2 E[UV]}{2}\sum_{k=1}^{K-1} E[P_k] = \frac{T_c^2 N}{6}(K-1)\mu_p \tag{E.89}$$

利用式(E.89)，Ψ 的方差可得

$$
\begin{aligned}
\sigma_\Psi^2 &= E\left[\left(\sum_{k=1}^{K-1} Z_k\right)^2\right] - \mu_\Psi^2 \\
&= (K-1)E[Z_k^2] + (K-1)(K-2)E[Z_k Z_j] - \mu_\Psi^2 \\
&= (K-1)\frac{T_c^4 E[P_k^2]}{160}(7N^2+2N-2) + (K-1)(K-2)\frac{T_c^4 E[P_k P_j]}{144}(4N^2+N-1) - \mu_\Psi^2 \\
&= (K-1)\left(\frac{T_c^4}{4}\right)\left[\left(\frac{63N^2+18N-18}{360}\right)(\sigma_p^2+\mu_p^2) + \left(\frac{10(K-2)(N-1)-40N^2}{360}\right)\mu_p^2\right] \\
&= (K-1)\left(\frac{T_c^4}{4}\right)\left[\frac{7N^2+2N-2}{40}\sigma_p^2 + \left(\frac{23N^2}{360} + N\left(\frac{1}{20}+\frac{K-2}{36}\right) - \frac{1}{20} - \frac{K-2}{36}\right)\mu_p^2\right]
\end{aligned}
\tag{E.90}
$$

其中，μ_P 是每个干扰用户接收功率的均值，σ_P^2 是接收功率的方差。

式(E.89)和式(E.90)的表达式由 Liberti[Lib94a]给出，比 Holtzman[Hol92]给出的结果更为普遍，因为他考虑了干扰用户的功率电平为独立和相同分布随机变量的情况。

注意到式(E.88)只在 $\mu_\Psi > \sqrt{3}\sigma_\Psi$ 时有效，以保证第三项的分母是正的。这就要求限制：

$$
\frac{\sigma_P^2}{\mu_P^2} < \frac{10K(4N^2-3N+3)-(109N^2-6N+6)}{27(7N^2+2N-2)}
\tag{E.91}
$$

除限定 σ_P^2/μ_P^2 外，式(E.91)还限定了计算式(E.88)时最小的用户数 K，这是因为 σ_P^2 和 μ_P^2 都是正值。考察式(E.91)可知，无论 σ_P 和 μ_P 是什么值，对于 $N \geq 7$，K 必须大于2才能使用式(E.88)。对于 $N < 7$，K 必须大于3。对于多数实际系统 $N \geq 7$，因而在单个干扰用户的情形下不能解出式(E.88)，注意到这是信噪比无穷大的情形。在本节后面部分，可以看到对于有限的 E_b/N_0，改进的高斯近似的简化式可在某些条件下用于 $K=2$ 的情形。这样，表示 $K=2$ 的比特差错概率时，E.2 节的改进高斯近似（IGA）可以使用；并且对于随机功率，式(E.91)可以用来确定允许的最小 K 值。

对于式(E.91)不满足的情况，可在式(E.86)中使用小于 $\sqrt{3}\sigma$ 的值 h。但当 h 值减小时，改进高斯近似的简化表达式就接近式(E.60)的高斯近似；对于较小的用户数目，结果不会很精确。

对于理想功率控制的特殊情形，即所有用户有相同的功率水平，并且不是随机的，式(E.90)可以使用 $\sigma_P^2 = 0$ 的条件。特别是对于 $\mu_P = 2$ 和 $\sigma_P^2 = 0$，码片周期归一化为 $T_c = 1$，Holtzman[Hol92]得出式(E.89)和式(E.90)的结果：

$$
\mu_\Psi = \frac{N}{3}(K-1)
\tag{E.92}
$$

$$
\sigma_\Psi^2 = (K-1)\left[\frac{23N^2}{360} + N\left(\frac{1}{20}+\frac{K-2}{36}\right) - \frac{1}{20} - \frac{K-2}{36}\right]
\tag{E.93}
$$

当 $K-1$ 个干扰用户具有恒定但不相等的功率水平，Ψ 的均值和偏差为

$$
\mu_P = \frac{NT_c^2}{6}\sum_{k=1}^{K-1} P_k
\tag{E.94}
$$

$$
\sigma_\Psi^2 = \frac{T_c^4}{4}\left[\left(\frac{23N^2+18N-18}{360}\sum_{k=1}^{K-1} P_k^2\right) + \left(\frac{N-1}{36}\sum_{\substack{k=1 \\ j\neq k}}^{K-1}\sum_{j=1}^{K-1} P_k P_j\right)\right]
\tag{E.95}
$$

在理想功率控制下，对所有 $P_k = 2$（$k=1,\dots,K-1$）且归一化 $T_c = 1$，式(E.94)和式(E.95)分别简化为式(E.92)和式(E.93)。最后，在最一般的情形中，每个用户的接收功率是均值 $\mu_{p;k}$ 和方差 $\sigma_{p;k}^2$ 的随机变量，Ψ 的均值和方差为

$$\mu_\psi = \frac{NT_c^2}{6} \sum_{k=1}^{K-1} \mu_{p;k} \tag{E.96}$$

$$\sigma_\psi^2 = \frac{T_c^4}{4} \left[\left(\frac{23N^2 + 18N - 18}{360} \sum_{k=1}^{K-1} \mu_{p;k}^2 \right) \right.$$
$$\left. + \left(\frac{N-1}{36} \sum_{k=1}^{K-1} \sum_{\substack{j=1 \\ j \neq k}}^{K-1} \mu_{p;k}\mu_{p;j} \right) + \left(\frac{7N^2 + 2N - 2}{40} \right) \sum_{k=1}^{K-1} \sigma_{p;k}^2 \right] \tag{E.97}$$

式(E.94) ~ 式(E.97)的表达式归纳了 Holtzman[Hol92]在如下情况中的结果，即干扰用户的功率水平是不相等的常量，及干扰用户的功率水平是独立和非相同的分布。注意到式(E.89)、式(E.90)及式(E.96)、式(E.97)对任何具有相应均值和偏差的功率水平分布都成立。

在噪声项较大时，式(E.88)可以改写成为[Hol92]

$$P_e = E\left[Q\left(\sqrt{\frac{P_0 T_b^2}{2\left(\psi + \frac{N_0 T_b}{4}\right)}} \right) \right]$$

$$\approx \frac{2}{3} Q\left(\sqrt{\frac{P_0 T_b^2}{2\left(\mu_\psi + \frac{N_o T_b}{4}\right)}} \right)$$

$$+ \frac{1}{6} Q\left(\sqrt{\frac{P_0 T_b^2}{2\left(\mu_\psi + \sqrt{3}\sigma_\psi + \frac{N_o T_b}{4}\right)}} \right) + \frac{1}{6} Q\left(\sqrt{\frac{P_0 T_b^2}{2\left(\mu_\psi - \sqrt{3}\sigma_\psi + \frac{N_o T_b}{4}\right)}} \right) \tag{E.98}$$

与前述的内容相比，在求式(E.98)时，对 K 的要求比式(E.88)中宽松。特别是对于给定的 σ_P，对 μ_P 的要求为

$$\sigma_P^2 < \left([10K(4N^2 - 3N + 3) - (109N^2 - 6N + 6)]\mu_P^2 + \frac{120\mu_P N^2 N_0}{T_c^2} \right.$$
$$\left. + \frac{90N_0^2 N^2}{(K-1)T_c^4} \right) \div (27(7N^2 + 2N - 2)) \tag{E.99}$$

对不同的 E_b/N_0 值检验式(E.99)及其表 E.1 中的值。注意到 N_{min} 可以近似为 $0.24(E_b/N_0)$，此时 E_b/N_0 取线性单位（非 dB）。在表 E.1 中，当 N 大于 N_{min} 时，必须以适当的 μ_P 和 σ_P 满足式(E.99)，从而得到使用式(E.98)的一个解。

表 E.1　在单个干扰用户时，对给定 E_b/N_0 求解式(E.98)所要求的最小 N 值

E_b/N_0(dB)	N_{min}	E_b/N_0(dB)	N_{min}
0.0	1	17.0	12
3.0	1	20.0	23
7.0	2	23.0	44
10.0	3	27.0	106
13.0	6	30.0	211

这一方法可用于 Holtzman 的研究[Hol92]，包括非理想功率控制的情形。图 E.3 和图 E.4 显示了利用本附录描述的不同方法，分析单小区 CDMA 系统得到的平均 BER。所示结果中所用的处理增益 N 为每个比特 31 个码片。

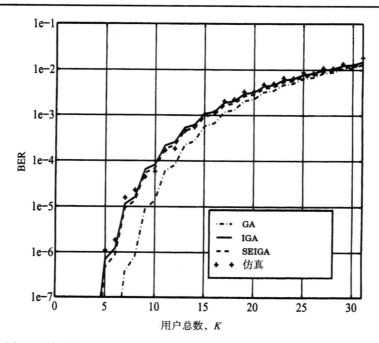

图 E.3　某一期望用户的平均 BER（系统用户总数 $N = 31$ 的函数）的比较。假设所有 K 个用户的功率电平都是固定的。$K_2 = [K/2]$ 个用户的功率为 $P_0/4$。剩下的 $K_1 = K - 1 - K_2$ 个用户的功率与期望用户相同，都为 P_0。注意到 SEIGA 与 IGA 的曲线是比较一致的。曲线的阶段性是由于当用户增加时，他们在高和低的功率之间轮流进行选择

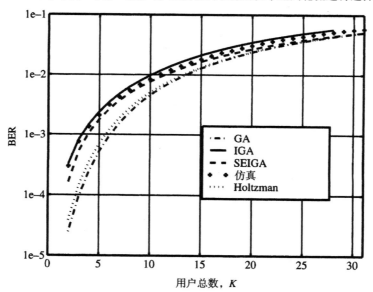

图 E.4　在干扰用户的功率为随机同分布的情况下，GA、IGA 及 SEIGA 的比较。干扰源功率服从标准差为 5 dB 的对数正态分布。期望用户的功率是恒定的且等于每个干扰用户的功率均值。"Holtzman" 所对应的曲线代表了 [Hol92] 中式（E.88）所描述的计算。注意到在 [Lib94a] 中推导的更为一般的 Holtzman 结果—— SEIGA 与 IGA 更为接近

附录 F   *Q*、*erf* 和 *erfc* 函数

F.1   *Q* 函数

计算涉及一个高斯过程的概率时，需要找出高斯（正态）概率密度函数曲线下的面积，如图 F.1 所示。

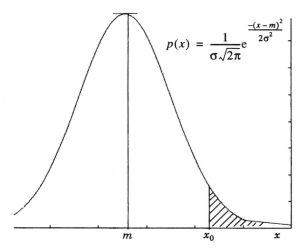

图 F.1   高斯概率密度函数，阴影面积为一个高斯随机变量 $Pr(x \geqslant x_0)$

图 F.1 显示一个高斯随机变量 x 超过 x_0 的概率 $Pr(x \geqslant x_0)$，它可以表示为

$$Pr(x \geqslant x_0) = \int_{x_0}^{\infty} \frac{1}{\sigma\sqrt{2\pi}} e^{-(x-m)^2/(2\sigma^2)} \mathrm{d}x \tag{F.1}$$

式(F.1)中的高斯概率密度函数不可能以闭式积分。

用下式替换可以改写高斯密度函数：

$$y = \frac{x-m}{\sigma} \tag{F.2}$$

得出：

$$Pr\left(y > \frac{x_0 - m}{\sigma}\right) = \int_{\left(\frac{x_0 - m}{\sigma}\right)}^{\infty} \frac{1}{\sqrt{2\pi}} e^{-y^2/2} \mathrm{d}y \tag{F.3}$$

其中，式(F.3)右边是一个正态高斯概率密度函数，即均值为 0，标准差为 1。式(F.3)的积分式可表示为 *Q* 函数，令

$$Q(z) = \int_{z}^{\infty} \frac{1}{\sqrt{2\pi}} e^{-y^2/2} \mathrm{d}y \tag{F.4}$$

则式(F.1)、式(F.3)可写为

$$P\left(y > \frac{x_0 - m}{\sigma}\right) = Q\left(\frac{x_0 - m}{\sigma}\right) = Q(z) \tag{F.5}$$

Q 函数受限于下列两个解析表达式：

$$\left(1 - \frac{1}{z^2}\right)\frac{1}{z\sqrt{2\pi}}e^{-z^2/2} \geqslant Q(z) \geqslant \frac{1}{z\sqrt{2\pi}}e^{-z^2/2}$$

对大于 3.0 的 z 值，两个边界都非常接近 $Q(z)$。

$Q(z)$ 的两个重要性质是

$$Q(-z) = 1 - Q(z) \tag{F.6}$$

$$Q(0) = \frac{1}{2} \tag{F.7}$$

$Q(z)$ 对 z 的图形，如图 F.2 所示。

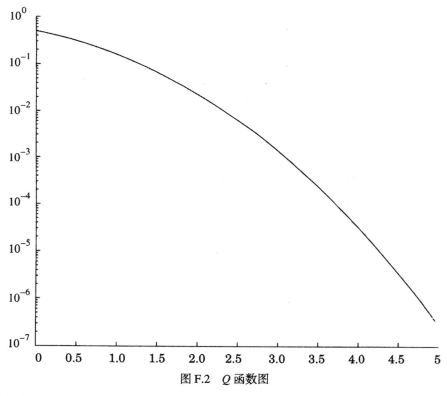

图 F.2　Q 函数图

对不同 z 值的 Q 函数，以表 F.1 给出。

表 F.1　Q 函数列表

z	$Q(z)$	z	$Q(z)$
0.0	0.500 00	2.0	0.022 75
0.1	0.460 17	2.1	0.017 86
0.2	0.420 74	2.2	0.013 90
0.3	0.382 09	2.3	0.010 72
0.4	0.344 58	2.4	0.008 20

（续表）

z	Q(z)	z	Q(z)
0.5	0.308 54	2.5	0.006 21
0.6	0.274 25	2.6	0.004 66
0.7	0.241 96	2.7	0.003 47
0.8	0.211 86	2.8	0.002 56
0.9	0.184 06	2.9	0.001 87
1.0	0.158 66	3.0	0.001 35
1.1	0.135 67	3.1	0.000 97
1.2	0.115 07	3.2	0.000 69
1.3	0.096 80	3.3	0.000 48
1.4	0.080 76	3.4	0.000 34
1.5	0.066 81	3.5	0.000 23
1.6	0.054 80	3.6	0.000 16
1.7	0.044 57	3.7	0.000 11
1.8	0.035 93	3.8	0.000 07
1.9	0.028 72	3.9	0.000 05

F.2 *erf* 和 *erfc* 函数

误差函数（*erf*）定义为

$$erf(z) = \frac{2}{\sqrt{\pi}}\int_0^z e^{-x^2}dx \tag{F.8}$$

余误差函数（*erfc*）定义为

$$erfc(z) = \frac{2}{\sqrt{\pi}}\int_z^\infty e^{-x^2}dx \tag{F.9}$$

两者的关系为

$$erfc(z) = 1 - erf(z) \tag{F.10}$$

Q 函数与 *erf*、*erfc* 的关系为

$$Q(z) = \frac{1}{2}\left[1 - erf\left(\frac{z}{\sqrt{2}}\right)\right] = \frac{1}{2}erfc\left(\frac{z}{\sqrt{2}}\right) \tag{F.11}$$

$$erfc(z) = 2Q(\sqrt{2}z) \tag{F.12}$$

$$erf(z) = 1 - 2Q(\sqrt{2}z) \tag{F.13}$$

式(F.11)和式(F.13)中的关系广泛用于误差概率计算。表 F.2 给出 *erf* 函数的值。

表 F.2 误差函数 *erf*(z)的列表

z	erf(z)	z	erf(z)
0.1	0.112 46	1.6	0.976 35
0.2	0.222 70	1.7	0.983 79
0.3	0.328 63	1.8	0.989 09
0.4	0.428 39	1.9	0.992 79
0.5	0.520 49	2.0	0.995 32

z	erf (z) z		erf (z)
0.6	0.603 85	2.1	0.997 02
0.7	0.677 80	2.2	0.998 14
0.8	0.742 10	2.3	0.998 85
0.9	0.796 91	2.4	0.999 31
1.0	0.842 70	2.5	0.999 59
1.1	0.880 21	2.6	0.999 76
1.2	0.910 31	2.7	0.999 87
1.3	0.934 01	2.8	0.999 93
1.4	0.952 28	2.9	0.999 96
1.5	0.966 11	3.0	0.999 98

附录 G　数学公式表

表 G.1　三角恒等式

$$\sin(A \pm B) = \sin A \cos B \pm \cos A \sin B$$

$$\cos(A \pm B) = \cos A \cos B \mp \sin A \sin B$$

$$\cos A \cos B = (1/2)[\cos(A + B) + \cos(A - B)]$$

$$\sin A \sin B = (1/2)[\cos(A - B) - \cos(A + B)]$$

$$\sin A \cos B = (1/2)[\sin(A + B) + \sin(A - B)]$$

$$\sin A + \sin B = 2\sin\left(\frac{A + B}{2}\right)\cos\left(\frac{A - B}{2}\right)$$

$$\sin A - \sin B = 2\sin\left(\frac{A - B}{2}\right)\cos\left(\frac{A + B}{2}\right)$$

$$\cos A + \cos B = 2\cos\left(\frac{A + B}{2}\right)\cos\left(\frac{A - B}{2}\right)$$

$$\cos A - \cos B = -2\sin\left(\frac{A + B}{2}\right)\sin\left(\frac{A - B}{2}\right)$$

$$\sin 2A = 2\sin A \cos A$$

$$\cos 2A = 2\cos^2 A - 1 = 1 - 2\sin^2 A = \cos^2 A - \sin^2 A$$

$$\sin A/2 = \sqrt{(1 - \cos A)/2} \qquad \cos A/2 = \sqrt{(1 + \cos A)/2}$$

$$\sin^2 A = (1 - \cos 2A)/2 \qquad \cos^2 A = (1 + \cos 2A)/2$$

$$\sin x = \frac{e^{jx} - e^{-jx}}{2j} \qquad \cos x = \frac{e^{jx} + e^{-jx}}{2} \qquad e^{jx} = \cos x + j\sin x$$

$$A\cos(\omega t + \phi_1) + B\cos(\omega t + \phi_2) = C\cos(\omega t + \phi_3)$$

where

$$C = \sqrt{A^2 + B^2 - 2AB\cos(\phi_2 - \phi_1)}$$

and

$$\phi_3 = \arctan\left[\frac{A\sin\phi_1 + B\sin\phi_2}{A\cos\phi_1 + B\cos\phi_2}\right]$$

$$\sin(\omega t + \phi) = \cos(\omega t + \phi - 90°)$$

$$\cos(\omega t + \phi) = \sin(\omega t + \phi + 90°)$$

表 G.2　近似式

Taylor's series	$f(x) = f(a) + \dot{f}(a)\dfrac{(x-a)}{1!} + \ddot{f}(a)\dfrac{(x-a)^2}{2!} + \ldots$
Maclaurin's series	$f(0) = f(0) + \dot{f}(0)\dfrac{x}{1!} + \ddot{f}(0)\dfrac{x^2}{2!} + \ldots\ldots$
For small values of x $(x \ll 1)$	$\dfrac{1}{1+x} \cong 1 - x$ $(1+x)^n \cong 1 + nx \quad n \geq 1$ $e^x \cong 1 + x$ $\ln(1+x) \cong x$ $\sin(x) \cong x$ $\cos(x) \cong 1 - \dfrac{x^2}{2}$ $\tan(x) \cong x$

表 G.3　不定积分

$$\int \sin(ax)\mathrm{d}x = -(1/a)\cos ax \qquad \int \cos(ax)\mathrm{d}x = (1/a)\sin ax$$

$$\int \sin^2(ax)\mathrm{d}x = \frac{x}{2} - \frac{\sin 2ax}{4a}$$

$$\int x\sin(ax)\mathrm{d}x = (1/a^2)(\sin ax - ax\cos ax)$$

$$\int x^2\sin(ax)\mathrm{d}x = (1/a^3)(2ax\cos ax + 2\cos ax - a^2x^2\cos ax)$$

$$\int \sin(ax)\sin(bx) = \frac{\sin(a-b)x}{2(a-b)} - \frac{\sin(a+b)x}{2(a+b)} \qquad (a^2 \neq b^2)$$

$$\int \sin(ax)\cos(bx) = -\left[\frac{\cos(a-b)x}{2(a-b)} + \frac{\cos(a+b)x}{2(a+b)}\right] \qquad (a^2 \neq b^2)$$

$$\int \cos(ax)\cos(bx) = \frac{\sin(a-b)x}{2(a-b)} + \frac{\sin(a+b)x}{2(a+b)} \qquad (a^2 \neq b^2)$$

$$\int e^{ax}\mathrm{d}x = \frac{e^{ax}}{a}$$

$$\int xe^{ax}\mathrm{d}x = \frac{e^{ax}}{a^2}(ax - 1)$$

$$\int x^2 e^{ax}\mathrm{d}x = \frac{e^{ax}}{a^3}(a^2x^2 - 2ax + 2)$$

$$\int e^{ax}\sin(bx)\mathrm{d}x = \frac{e^{ax}}{a^2 + b^2}(a\sin(bx) - b\cos(bx))$$

$$\int e^{ax}\cos(bx)dx = \frac{e^{ax}}{a^2+b^2}(a\cos(bx)+b\sin(bx))$$

$$\int \cos^2 ax\,dx = \frac{x}{2}+\frac{\sin 2ax}{4a}$$

$$\int x\cos(ax)dx = (1/a^2)(\cos(ax)+ax\sin(ax))$$

$$\int x^2\cos(ax)dx = (1/a^3)(2ax\cos ax - 2\sin ax + a^2 x^2 \sin ax)$$

表 G.4　定积分

$$\int_0^\infty x^n{}^{-ax}dx = \frac{n!}{a^{n+1}}$$

$$\int_0^\infty e^{-r^2 x^2}dx = \frac{\sqrt{\pi}}{2r}$$

$$\int_0^\infty x e^{-r^2 x^2}dx = \frac{1}{2r^2}$$

$$\int_0^\infty x^2 e^{-r^2 x^2}dx = \frac{\sqrt{\pi}}{4r^3}$$

$$\int_0^\infty x^n e^{-r^2 x^2}dx = \frac{\Gamma[(n+1)/2]}{2r^{n+1}}$$

$$\Gamma(k) = (k-1)! \quad \text{for integers } k \geq 1$$

$$\int_0^\infty \frac{\sin ax}{x}dx = \frac{\pi}{2}, 0, -\frac{\pi}{2} \quad \text{for } a>0, a=0, a<0$$

$$\int_0^\infty \frac{\sin^2 x}{x}dx = \frac{\pi}{2}$$

$$\int_0^\infty \frac{\sin^2 x}{x^2}dx = \frac{\pi}{2}$$

$$\int_0^\infty \frac{\sin^2 ax}{x^2}dx = |a|\frac{\pi}{2}$$

For m and n integers

$$\int_0^\pi \sin^2(mx)dx = \int_0^\pi \sin^2(x)dx = \int_0^\pi \cos^2(mx)dx = \int_0^\pi \cos^2(x)dx = \frac{\pi}{2}$$

$$\int_0^\pi \sin(mx)\cos(nx)dx = \begin{cases} \dfrac{(2m)}{(m^2-n^2)} & \text{if } (m+n) \text{ odd} \\ 0 & \text{if } (m+n) \text{ even} \end{cases}$$

表 G.5　函数

Rectangular	$rect\left(\dfrac{t}{T}\right) = \begin{cases} 1 & |t| \leqslant T/2 \\ 0 & |t| > T/2 \end{cases}$
Triangular	$\Lambda\left(\dfrac{t}{T}\right) = \begin{cases} 1 - \dfrac{|t|}{T} & |t| \leqslant T \\ 0 & |t| > T \end{cases}$
Sinc	$Sa(x) = \dfrac{\sin x}{x}$
Unit Step	$u(t) = \begin{cases} 1 & t > 0 \\ 0 & t < 0 \end{cases}$
Signum	$\mathrm{sgn}(t) = \begin{cases} 1 & t > 0 \\ -1 & t < 0 \end{cases}$
Impulse	$\delta(t) = \begin{cases} 1 & t = 0 \\ 0 & t \neq 0 \end{cases}$
Bessel	$J_n(\beta) = \dfrac{1}{2\pi}\displaystyle\int_{-\pi}^{\pi} e^{j(\beta\sin\theta - n\theta)}\,d\theta$
nth moment of a random variable X	$E[X^n] = \displaystyle\int_{-\infty}^{\infty} x^n p_X(x)\,dx \qquad$ where $n = 0,1,2,...$ and $p_X(x)$ is the pdf of X
nth central moment of X	$E[(X-\mu)^n] = \displaystyle\int_{-\infty}^{\infty} (x-\mu)^n p_X(x)\,dx \qquad$ where $\mu = E[X]$
Variance of X	$\sigma^2 = \displaystyle\int_{-\infty}^{\infty} (x-\mu)^2 p_X(x)\,dx \qquad$ where $\mu = E[X]$

表 G.6　概率函数

Discrete distribution

Binomial

$$Pr(k) = \binom{n}{k} p^k q^{n-k} \qquad k = 0, 1, 2, ...n$$

$$= 0 \qquad\qquad\qquad \text{otherwise}$$

$$0 < p < 1, \quad q = 1 - p$$

$$p(x) = \sum_{k=0}^{n} \binom{n}{k} p^k q^{n-k} \delta(x - k)$$

$$\bar{x} = np$$

$$\sigma_x^2 = npq$$

Poisson

$$Pr(k) = \frac{\lambda^k e^{-\lambda}}{k!} \qquad k = 0, 1, 2, \ldots\ldots$$

$$p(x) = \sum_{k=0}^{n} \frac{\lambda^k e^{-\lambda}}{k!} \delta(x - k)$$

$$\bar{x} = \lambda$$

$$\sigma_x^2 = \lambda$$

Continuous distribution

Exponential

$$p(x) = a\mathrm{e}^{-ax} \qquad x > 0$$
$$ = 0 \qquad\qquad \text{otherwise}$$

$$\bar{x} = a^{-1}$$
$$\sigma_x^2 = a^{-2}$$

Gaussian (normal)

$$p(x) = \frac{1}{\sigma_x \sqrt{2\pi}} \exp\left[-\frac{(x - \bar{x})^2}{2\sigma_x^2}\right] \qquad -\infty \leqslant x \leqslant \infty$$

$$E\{x\} = \bar{x}$$

$$E\{(x - \bar{x})^2\} = \sigma_x^2$$

Bivariate Gaussian (normal)

$$p(x, y) = \frac{1}{2\pi\sigma_x\sigma_y\sqrt{1 - \rho^2}} \exp\left\{-\frac{1}{2(1 - \rho^2)}\left[\left(\frac{x - \bar{x}}{\sigma_x}\right)^2 + \left(\frac{y - \bar{y}}{\sigma_y}\right)^2 \right.\right.$$
$$\left.\left. -\frac{2\rho}{\sigma_x\sigma_y}(x - \bar{x})(y - \bar{y})\right]\right\}$$

$$E\{x\} = \bar{x}$$
$$E\{y\} = \bar{y}$$

$$E\{(x - \bar{x})^2\} = \sigma_x^2$$

$$E\{(y - \bar{y})^2\} = \sigma_y^2$$

$$\rho = \frac{E[xy] - \mu_x\mu_y}{\sigma_x\sigma_y} \text{ is the correlation coefficient}$$

$$E\{(x - \bar{x})(y - \bar{y})\} = \sigma_x\sigma_y\rho$$

Rayleigh

The *pdf* of the envelope of Gaussian random noise having zero mean and variance σ_n^2

（续表）

$$p(r) = \frac{r}{\sigma_n^2}\exp[-r^2/2\sigma_n^2] \qquad r \geqslant 0$$

$$E\{r\} = \bar{r} = \sigma_n\sqrt{\pi/2}$$

$$E\{(r-\bar{r})^2\} = \sigma_r^2 = \left(2-\frac{\pi}{2}\right)\sigma_n^2$$

Ricean

The *pdf* of the envelope of a sinusoid with amplitude A plus zero mean Gaussian noise with variance σ^2

$$p(r) = \frac{r}{\sigma^2}\exp\left[-\frac{(r^2+A^2)}{2\sigma^2}\right]I_0\left(\frac{Ar}{\sigma^2}\right) \qquad r \geqslant 0$$

For $A/\sigma \gg 1$, this is closely approximated by the following Gaussian PDF:

$$p(r) \cong \frac{1}{\sigma\sqrt{2\pi}}\exp\left[-\frac{(r-A)^2}{2\sigma^2}\right]$$

Uniform

$$p(x) = \begin{cases} \dfrac{1}{b-a} & a < x < b \\ 0 & \text{elsewhere} \end{cases}$$

$$\bar{x} = \frac{a+b}{2}$$

$$\sigma_x^2 = \frac{(b-a)^2}{12}$$

表 G.7　傅里叶变换公式

Operation	Function	Fourier Transform
Linearity	$a_1w_1(t) + a_2w_2(t)$	$a_1W_1(f) + a_2W_2(f)$
Time Delay	$w(t-T_d)$	$W(f)e^{-j\omega T_d}$
Scale Change	$w(at)$	$\dfrac{1}{\lvert a\rvert}W\left(\dfrac{f}{a}\right)$
Conjugation	$w^*(t)$	$W^*(-f)$
Duality	$W(t)$	$w(-f)$
Real Signal Frequency Translation [$w(t)$ is real]	$w(t)\cos(\omega_c t + \theta)$	$\frac{1}{2}[e^{j\theta}W(f-f_c) + e^{-j\theta}W(f+f_c)]$

Complex Signal Frequency Translation	$w(t)\mathrm{e}^{j\omega_c t}$	$W(f-f_c)$
Bandpass Signal	$\mathrm{Re}\{g(t)\mathrm{e}^{j\omega_c t}\}$	$\frac{1}{2}[G(f-f_c)+G^*(-f-f_c)]$
Differentiation	$\dfrac{\mathrm{d}^n w(t)}{\mathrm{d}t^n}$	$(j2\pi f)^n W(f)$
Integration	$\displaystyle\int_{-\infty}^{t} w(\lambda)\mathrm{d}\lambda$	$(j2\pi f)^{-1}W(f)+\frac{1}{2}W(0)\delta(f)$
Convolution	$w_1(t)*w_2(t)$ $=\displaystyle\int_{-\infty}^{\infty} w_1(\lambda)\cdot w_2(t-\lambda)\mathrm{d}\lambda$	$W_1(f)W_2(f)$
Multiplication	$w_1(t)w_2(t)$	$W_1(f)*W_2(f)$ $=\displaystyle\int_{-\infty}^{\infty} W_1(\lambda)\cdot W_2(f-\lambda)\mathrm{d}\lambda$
Multiplication by t^n	$t^n w(t)$	$(-j2\pi)^{-1}\dfrac{\mathrm{d}^n W(f)}{\mathrm{d}f^n}$

表 G.8　傅里叶变换对

Function	Time Waveform $w(t)$	Spectrum $W(f)$
Rectangular	$\mathrm{rect}\left(\dfrac{t}{T}\right)$	$T[\mathrm{Sa}(\pi f T)]$
Triangular	$\Lambda\left(\dfrac{t}{T}\right)$	$T[\mathrm{Sa}(\pi f T)]^2$
Unit Step	$u(t)\triangleq\begin{cases}+1, & t>0\\ -1, & t<0\end{cases}$	$\frac{1}{2}\delta(f)+\dfrac{1}{j2\pi f}$
Signum	$\mathrm{sgn}(t)\triangleq\begin{cases}+1, & t>0\\ -1, & t<0\end{cases}$	$\dfrac{1}{j\pi f}$
Constant	1	$\delta(f)$
Impulse at $t=t_0$	$\delta(t-t_0)$	$\mathrm{e}^{-j2\pi f t_0}$

Sinc	$Sa(2\pi Wt)$	$\dfrac{1}{2W}\,\text{rect}\left(\dfrac{f}{2W}\right)$
Phasor	$e^{j(\omega_0 t + \phi)}$	$e^{j\phi}\delta(f - f_0)$
Sinusoid	$\cos(\omega_c t + \phi)$	$\dfrac{1}{2}e^{j\phi}\delta(f - f_c) + \dfrac{1}{2}e^{-j\phi}\delta(f + f_c)$
Gaussian	$e^{-\pi(t/t_0)^2}$	$t_0 e^{-\pi(ft_0)^2}$
Exponential, One-sided	$\begin{cases} e^{-t/T}, & t \geq 0 \\ 0, & t < 0 \end{cases}$	$\dfrac{T}{1 + j2\pi fT}$
Exponential, Two-sided	$e^{-|t|/T}$	$\dfrac{2T}{1 + (2\pi fT)^2}$
Impulse Train	$\displaystyle\sum_{k=-\infty}^{k=\infty}\delta(t - kT)$	$\displaystyle f_0\sum_{n=-\infty}^{n=\infty}\delta(f - nf_0),\qquad f_0 = 1/T$

附录 H 缩 略 词

数字部分

1xDV	3G extension of IS-95B: shared data and voice	IS-95B 的3G 扩展：共享数据和话音业务
1xDO	3G extension of IS-95B: data only	IS-95B 的 3G 扩展：增强分组数据业务
1xEV	3G extension of IS-95B: data with circuit-switched voice	IS-95B 的 3G 扩展：电路交换话音数据
1xRTT	3G extension of IS-95B: one RF channel	IS-95B 的 3G 扩展：单载波无线传输技术
2G	Second Generation wireless technology	第二代无线技术
3G	Third Generation wireless technology	第三代无线技术
3GPP	3G Partnership Project for Wideband CDMA standards base on backward compatability with GSM and IS-136/PDC	第三代合作伙伴计划，基于 GSM 和 IS-136/PDC 的后向兼容性的宽带 CDMA 标准
3GPP2	3G Partnership Project for cdma2000 standards base on backward compatability with IS-95	第三代合作伙伴计划，基于 IS-95 的后向兼容性的 CDMA2000 标准
3xRTT	3G extension of IS-95B: three RF channels	IS-95B 的3G 扩展：3 个 RF 信道

A

AC	Access Channel	接入信道
ACA	Adaptive Channel Allocation	自适应信道分配
ACF	Autocorrelation function	自相关函数
ACI	Adjacent Channel interference	邻信道干扰
ACK	Acknowledge	确认
ADB/LIDB	Alternate Billing Service and Line Information Database	轮换次序服务/在线信息数据库
ADM	Adaptive Delta Modulation	自适应增量调制
ADPCM	Adaptive Digital Pulse Code Modulation	自适应差分脉冲编码调制
ADSL	Asynchronous Digital Subscriber Line	非对称数字用户线路
AGCH	Access Grant Channel	允许接入信道
AIN	Advanced Intelligent Network	高级智能网
AM	Amplitude Modulation	调幅
AMPS	Advanced Mobile Phone System	高级移动电话系统
ANSI	American National Standards Institute	美国国家标准协会
APC	Adaptive Predictive Coding	自适应预测编码
ARDIS	Advance Radio Data Information Systems	高级无线数据信息系统
ARFCN	Absolute Radio Frequency Channel Numbers	绝对无线频率信道数

ARPU	Average Revenue Per User　每用户平均收入
ARQ	Automatic Repeat Request　自动重传请求
ATC	Adaptive Transform Coding　自适应变换编码
ATM	Asynchronous Transfer Mode　异步传输模式
AUC	Authentication Center　鉴权中心
AWGN	Additive White Gaussian Noise　加性高斯白噪声

B

BER	Bit Error Rate　误比特率
BERSIM	Bit Error Rate Simulator　误比特率模拟器
BCH	Bose-Chaudhuri-Hocquenghem, *also* Broadcast Channel　广播信道
BCCH	Broadcast Control Channel　广播控制信道
BFSK	Binary Frequency Shift Keying　二进制频移键控
BISDN	Broadband Integrated Services Digital Network　宽带综合业务数字网
BIU	Base Station Interface Unit　基站接口单元
BOC	Bell Operating Company　贝尔运营公司
BPSK	Binary Phase Shift Keying　二进制相移键控
BRAN	Broadband Radio Access Networks　宽带无线接入网
BRI	Basic Rate Interface　基本速率接口
BSC	Base Station Controller　基站控制器
BSIC	Base Station Identity Code　基站识别码
BSS	Base Station Subsystem 基站子系统
BT	3 dB bandwidth-bit-duration product for GMSK　GMSK 的 3 dB 带宽与比特时长乘积
BTA	Basic Trading Area　基本贸易区
BTS	Base Transceiver Station　基站收发信机

C

CAD	Computer-Aided Design　计算机辅助设计
CAI	Common Air Interface　公共空中接口
CATT	China Academy of Telecommunication Technology　中国通信技术协会
CB	Citizens Band　民间频带
CCCH	Common Control Channel　公共控制信道
CCH	Control Channel　控制信道
CCI	Co-channel Interference　同信道干扰
CCIR	Consultative Committee for International Radiocommunications　国际无线电通信咨询委员会
CCITT	International Telgraph and Telephone Consultative Committee　国际电话与电报顾问委员会
CCS	Common Channel Signaling　公共信道信令
CD	Collision Detection　冲突检测
CDF	Cumulative Distribution Function　累积分布函数
CDMA	Code Division Multiple Access　码分多址

CDPD　　　Cellular Digital Packet Data　蜂窝数字分组数据
CDVCC　　Coded Digital Verification Color Code　编码数字检验色码
CELP　　　Code Excited Linear Predictor　码激励线性预测编码器
CFP　　　 Cordless Fixed Part　无绳固定部分
C/I　　　　Carrier-to-Interference Ratio　载干比
CIC　　　　Circuit Identification Code　电路识别码
CIR　　　　Carrier-to-Interference Ratio　约定信息速率
CIU　　　　Cellular Controller Interface Unit　蜂窝控制器接口单元
CLNP　　　Connectionless Protocol (Open System Interconnect)　非连接协议（开放系统互联）
CMA　　　 Constant modulus algorithm　常模数算法
CNR　　　　Carrier-to-Noise Ratio　载体对噪声比率
CNS　　　　Comfort Noise Subsystem　补偿噪声子系统
CO　　　　 Central Office　中心局
codec　　　Coder/decoder　编解码
COST　　　Cooperative for Scientific and Technical Research　海外科学技术委员会
CPE　　　　Customer Premises Equipment　用户驻地设备
CPFSK　　 Continuous Phase Frequency Shift Keying　连续相位频移键控
CPP　　　　Cordless Portable Part　无绳手提部分
CRC　　　　Cyclic Redundancy Code　循环冗余码
CSMA　　　Carrier Sense Multiple Access　载波检测多址接入
CT2　　　　Cordless Telephone-2　第二代无绳电话标准
CVSDM　　Continuously Variable Slope Delta Modulation　连续可变斜率增量调制
CW　　　　 Continuous Wave　连续波

D

DAM　　　　Diagnostic Acceptability Measure　可接受性分析测量
DAS　　　　Distributed Antenna System　分布式天线系统
DBAS　　　Database Service Mangement System　数据库业务管理系统
dBi　　　　 dB gain with respect to an isotropic antenna　等方性天线 dB 增益
dBd　　　　 dB gain with respect to a half-wave dipole　半波双级 dB 增益
DCA　　　　Dynamic Channel Allocation　动态信道分配
DCCH　　　Dedicated Control Channel　专用控制信道
DCE　　　　Data Circuit Terminating Equipment　数据电路终端设备
DCS　　　　Digital Communication System　数字通信系统
DCS1800　 Digital Communication System—1800　数字通信系统 1800
DCT　　　　Discrete Cosine Transform　离散余弦变换
DECT　　　Digital European Cordless Telephone　欧洲数字无绳电话
DEM　　　　Digital Elevation Model　数字评价模型
DFE　　　　Decision Feedback Equalization　判决反馈均衡
DFT　　　　Discrete Fourier Transform　离散傅里叶变换
DLC　　　　Data Link Control　数据链路控制

DM   Delta Modulation   增量调制

DPCM   Differential Pulse Code Modulation   差分脉冲编码调制

DQPSK   Differential Quadrature Phase Shift Keying   差分四相相移键控

DRT   Diagnostic Rhyme Test   节奏分析测试

DS   Direct Sequence   直接序列

DSAT   Digital Supervisory Audio Tone   数字监测音

DSE   Data Switching Exchange   数据交换机

DS/FHMA   Hybrid Direct Sequence/Frequency Hopped Multiple Access   混合直接序列 / 跳频多址

DSL   Digital Subscriber Line   数字用户线

DSP   Digital Signal Processing   数字信号处理

DS-SS   Direct Sequence Spread Spectrum   直接序列扩频

DST   Digital Signaling Tone   数字信令音

DTC   Digital Traffic Channel   数字业务信道

DTE   Data Terminal Equipment   数据终端设备

DTMF   Dual Tone Multiple Frequency   双音多频

DTX   Discontinuous Transmission Mode   非连续传输模式

DUP   Data User Part   数据用户部分

E

EDGE   Enhanced Data Rates for GSM Evolution   GSM 的发展，增强数据速率

EIA   Electronic Industry Association   电子工业协会

EIR   Equipment Identity Register   设备识别寄存器

EIRP   Effective Isotropic Radiated Power   有效全向辐射功率

E_b/N_0 Bit Energy-to-noise Density   比特能量噪声密度比

EOC   Embedded Operations Channel   嵌入操作信道

erf   Error Function   误差函数

erfc   Complementary Error Function   余误差函数

ERMES   European Radio Message System   欧洲无线消息系统

ERP   Effective Radiated Power   有效辐射功率

E-SMR   Extended-Specialized Mobile Radio   扩展专用移动无线电

ESN   Electronic Serial Number   电子序列号

ETACS   Extended Total Access Communication System *also* European Total Access Cellular System   扩展的全接入通信系统

ETSI   European Telecommunications Standard Institute   欧洲电信标准协会

F

FACCH   Fast Associated Control Channel   快速辅助控制信道

FAF   Floor Attenuation Factor   楼层衰减因子

FBF   Feedback Filter   反馈滤波器

FC   Fast Channel   快信道

FCC	Federal Communications Commission, Inc., *also* Forward Control Channel	（美国）联邦通信委员会
FCCH	Frequency Correction Channel	频率校正信道
FCDMA	Hybrid FDMA/CDMA	混合 FDMA/CDMA
FDD	Frequency Division Duplex	频分双工
FDMA	Frequency Division Multiple Access	频分多址
FDTC	Forward Data Traffic Channel	前向数据业务信道
FEC	Forward Error Correction	前向纠错
FFF	Feed Forward Filter	前馈滤波器
FFSR	Feed Forward Signal Regeneration	前馈信号产生
FH	Frequency Hopping	跳频
FHMA	Frequency Hopped Multiple Access	跳频多址
FH-SS	Frequency Hopped Spread Spectrum *also* Frequency Hopping Spread Spectrum	跳频扩频
FLEX	4-level FSK-based paging standard developed by Motorola	Motorola开发的4级基于 FSK 的寻呼标准
FM	Frequency Modulation	调频
FN	Frame Number	帧数
FPLMTS	Future Public Land Mobile Telephone System	未来公众陆地移动电话系统
FSE	Fractionally Spaced Equalizer	部分间隔均衡器
FSK	Frequency Shift Keying	频移键控
FTF	Fast Transversal Filter	快速横向滤波器
FVC	Forward Voice Channel	前向语音信道

G

GIS	Graphical Information System	地理信息系统
GIU	Gateway Interface Unit	网关接口单元
GMSK	Gaussian Minimum Shift Keying	高斯最小频移键控
GOS	Grade of Service	服务等级
GPRS	General Packet Radio Service	通用分组无线业务
GSC	Golay Sequential Coding (a 600 bps paging standard)	格雷序列编码（一种 600 bps 寻呼标准）
GSM	Global System for Mobile Communication *also* Global System Mobile	全球移动通信系统

H

HAAT	Height Above Average Terrain	平均高度
HSCSD	High Speed Circuit Switched Data	高速环路交换数据
HDB	Home Database	归属数据库
HDR	High Data Rate	高速数据速率
HIPERLAN	High Performance Radio Local Area Network	高性能无线局域网
HLR	Home Location Register	归属位置寄存器

I

IDCT	Inverse Discrete Cosine Transform	离散反余弦变换
iDen	Integrated Digital Enhanced Network	集成数字增强型网络
IDFT	Inverse Discrete Fourier Transform	离散傅里叶逆变换
IEEE	Institute of Electrical and Electronics Engineers	电气和电子工程师协会
IF	Intermediate Frequency	中频
IFFT	Inverse Fast Fourier Transform	快速傅里叶逆变换
IGA	Improved Gaussian Approximation	改进高斯近似
IIR	Infinite Impulse Response	无限冲激响应
IM	Intermodulation	互调
IMSI	International Mobile Subscriber Identity	国际移动用户识别
IMT-2000	International Mobile Telecommuncation 2000	国际移动电信 2000
IMTS	Improved Mobile Telephone Service	改进移动电话业务
IP	Internet Protocol	因特网协议
IS-54	EIA Interim Standard for U.S. Digital Cellular with Analog Control Channels 美国数字蜂窝 EIA 暂行标准	
IS-95	EIA Interim Standard for U.S. Code Division Multiple Access 美国码分多址 EIA 暂行标准	
IS-136	EIA Interim Standard 136—USDC with Digital Control Channels EIA暂行标准136	
ISDN	Integrated Services Digital Network 综合业务数字网	
ISI	Intersymbol Interference 符号间干扰	
ISM	Industrial, Scientific, and Medical 工业、科学及医学	
ISUP	ISDN User Part ISDN 用户部分	
ITFS	Instructional Television Fixed Service 教育电视固定业务	
ITU	International Telecommunications Union 国际电信联盟	
ITU-R	ITU's Radiocommunications Secto ITU 国际电信联盟无线电通信部门	
IXC	Interexchange Carrier 局间运营商	

J

JDC	Japanese Digital Cellular (later called Pacific Digital Cellular) 日本数字蜂窝（后称为太平洋数字蜂窝）
JRC	Joint Radio Committee 联合无线委员会
JTACS	Japanese Total Access Communication System 日本全接入通信系统
JTC	Joint Technical Committee 联合技术委员会

L

LAN	Local Area Network 局域网
LAR	Log-area Ratio 对数面积比
LATA	Local Access and Transport Area 本地接入和传输区
LBT	Listen-before-talk 听先于讲
LCC	Lost Call Cleared 丢失呼叫清除
LCD	Lost Call Delayed 丢失呼叫延迟

LCR	Level Crossing Rate 电平交叉率
LEC	Local Exchange Carrier 本地交换运营商
LEO	Low Earth Orbit 近地轨道
LMDS	Local Multipoint Distribution Systems 本地多点分配系统
LMS	Least Mean Square 最小均值
LOS	Line-of-sight 视距
LPC	Linear Predictive Coding 线性预测编码
LSSB	Lower Single Side Band 下边带
LTE	Linear Transversal Equalizer 线性横向均衡器
LTP	Long Term Prediction 长期预测

M

MAC	Medium Access Control 媒体接入控制
MAHO	Mobile Assisted Handoff 移动台辅助切换
MAI	Multiple Access Interference 多址干扰
MAN	Metropolitan Area Network 城域网
M-ary	Multiple Level Modulation 多电平调制
MC	Multicarrier 多载波
MCS	Multiple Modulation and Coding Schemes 多媒体通信系统
MDBS	Mobile Database Stations 移动数据库站
MDLP	Mobile Data Link Protocol 移动数据链路协议
MDS	Multipoint Distribution Service 多点分布业务
MDR	Medium Data Rate 媒体数据速率
MFJ	Modified Final Judgement 修正最终判决
MFSK	M-ary Frequency Shift Keying 多进制频移键控
MIN	Mobile Identification Number 移动台识别符号
MIRS	Motorola Integrated Radio System (for SMR use) Motorola集成无线系统（为SMR 使用）
ML	Maximal Length 最大长度
MLSE	Maximum Likelihood Sequence Estimation 最大似然序列估计
MMAC	Multimedia Mobile Access Communication System 多媒体移动接入通信系统
MMDS	Multichannel Multipoint Distribution Service 多信道多点分布业务
MMSE	Minimum Mean Square Error 最小均方误差
MOS	Mean Opinion Score 平均评价得分
MoU	Memorandum of Understanding 谅解备忘录
MPE	Multipulse Excited 多脉冲激励
MPSK	M-ary Phase Shift Keying 多进制相移键控
MS	Mobile Station 移动台
MSB	Most Significant Bit 最高有效比特
MSC	Mobile Switching Center 移动交换中心
MSCID	MSC Identification MSC 标识

MSE	Mean Square Error	均方误差
MSK	Minimum Shift Keying	最小频移键控
MSU	Message Signal Unit	消息信令单元
MTA	Major Trading Area	主要贸易区
MTP	Message Transfer Part	消息传递部分
MTSO	Mobile Telephone Switching Office	移动电话交换局
MUX	Multiplexer	多路器

N

NACK	Negative Acknowledge	否定确认
NADC	North American Digital Cellular	北美数字蜂窝
NAMPS	Narrowband Advanced Mobile Phone System	窄带高级移动电话系统
NBFM	Narrowband Frequency Modulation	窄带调频
NEC	National	国立的
N-ISDN	Narrowband Integrated Service Digital Network	窄带综合业务数字网
NMT-450	Nordic Mobile Telephone — 450	北欧移动电话——450
NRZ	Non-return to Zero	非归零码
NSP	Network Service Part	网络业务部分
NSS	Network and Switching Subsystem	网络和交换子系统
NTACS	Narrowband Total Access Communication System	窄带全接入通信系统
NTT	Nippon Telephone and Telegraph	日本电话电报公司

O

OBS	Obstructed	阻塞的
OFDM	Orthogonal Frequency Division Multiplexing	正交频分复用
OMAP	Operations Maintenance and Administration Part	操作维护和管理部分
OMC	Operation Maintenance Center	操作维护中心
OQPSK	Offset Quadrature Phase Shift Keying	交错四相相移键控
OSI	Open System Interconnect	开放系统互联
OSS	Operation Support Subsystem	操作支持子系统

P

PABX	Private Automatic Branch Exchange	专用自动小交换机
PACS	Personal Access Communication System	个人接入通信系统
PAD	Packet Assembler Disassembler	分组打包拆包器
PAF	Partition Attenuation Factor	区分衰减因子
PAN	Personal Area Network	个域网
PBX	Private Branch Exchange	专用小交换机
PCH	Paging Channel	寻呼信道
PCM	Pulse Code Modulation	脉冲编码调制
PCN	Personal Communication Network	个人通信网
PCS	Personal Communication System	个人通信系统

PDC   Pacific Digital Cellular   太平洋数字蜂窝

pdf   probability density function   概率密度函数

PG   Processing Gain   处理增益

PH   Portable Handset   便携手持设备

PHP   Personal Handyphone   个人手提电话

PHS   Personal Handyphone System   个人手提电话系统

PL   Path Loss   路径损耗（传播损耗）

PLL   Phase Locked Loop   锁相环

PLMR   Public Land Mobile Radio   公用陆地移动无线电

PN   Pseudo-noise   伪噪声

POCSAG   Post Office Code Standard Advisory Group   邮局编码标准咨询组

POTS   Plain Old Telephone Service   常规电话业务

PR   Packet Radio   分组无线电

PRI   Primary Rate Interface   基群速率接口

PRMA   Packet Reservation Multiple Access   分组预留多址

PSD   Power Spectral Density   功率谱密度

PSK   Phase Shift Keying   相移键控

PSTN   Public Switched Telephone Network   公用交换电话网

PTI   Permanent Terminal Identifier   永久终端标识

Q

QAM   Quadrature Amplitude Modulation   正交调幅

QCELP   Qualcomm Code Excited Linear Predictive Coder   Qualcomm 码激励线性预测编码器

QMF   Quadrature Mirror Filter   正交镜像滤波器

QPSK   Quadrature Phase Shift Keying   正交相移键控

R

RACE   Research on Advanced Communications in Europe   欧洲高级通信研究

RACH   Random Access Channel   随机接入信道

RCC   Reverse Control Channel   反向控制信道

RCS   Radar Cross Section   雷达截面

RD-LAP   Radio Data Link Access Protocol   无线数据链路接入协议

RDTC   Reverse Data Traffic Channel   反向数据业务信道

RELP   Residual Excited Linear Predictor   余值激励线性预测器

RF   Radio Frequency   射频

RFP   Radio Fixed Part   无线固定部分

RLC   Resistor Inductor Capacitor   由电阻、电导、电容组成的一种电路

RLS   Recursive Least Square   递归最小二乘算法

RMD   RAM Mobile Data   RAM 移动数据

RPCU   Radio Port Control Unit   无线端口控制单元

RPE-LTP   Regular Pulse Excited Long-Term Prediction   规则脉冲激励－长期预测

RRMS	Radio Resource Management Protocol　无线资源管理协议
RS	Reed-Solomon　RS 编码
RSSI	Received Signal Strength Indication　无线接收信号强度指示
RTT	Radio Transmission Technology　无线传输技术
RVC	Reverse Voice Channel　反向语音信道
Rx	Receiver　接收机
RZ	Return to Zero　归零

S

SACCH	Slow Associated Control Channel　慢辅助控制信道
SAT	Supervisory Audio Tone　检测音
SBC	System Broadcasting Channel *also* Sub-band Coding; Southwestern Bell Corporation 系统广播信道，或子带编码
SC	Slow Channel　慢信道
SCCP	Signaling Connection Control Part　信令连接控制部分
SCH	Synchronization Channel　同步信道
SCM	Station Class Mark　基站分类标识
SCORE	Spectral Coherence Restoral Algorithm　频谱相干复原算法
SCP	Service Control Point　业务控制点
SDCCH	Stand-alone Dedicated Control Channel　独立专用控制信道
SDMA	Space Division Multiple Access　空分多址
SEIGA	Simplified Expression for the Improved Gaussian Approximation　改进高斯近似简化表示
SELP	Stochastically Excited Linear Predictive Coder　随机激励线性预测编码器
SEP	Switching End Points　交换端点
SFM	Spectral Flatness Measure　谱平坦性测量
S/I	*see* SIR　信号干扰比
SID	Station Identity　基站标识
SIM	Subscriber Identity Module　用户标识模块
SIR	Signal-to-Interference Ratio　信号干扰比（信干比）
SIRCIM	Simulation of Indoor Radio Channel Impulse Response Models　室内无线信道冲激响应模型仿真
SISP	Site Specific Propagation　特定站址传播
SMR	Specialized Mobile Radio　专用移动无线电
SMRCIM	Simulation of Mobile Radio Channel Impulse Response Models　移动无线信道冲激响应模型仿真
SMS	Short Messaging Service *also* Service Management System　短消息业务，或业务管理系统
S/N	*see* SNR　信噪比
SNR	Signal-to-Noise Ratio　信噪比
SOHO	Small Office/Home Office　家庭办公

SONET	Synchronous Optical Network	同步视觉网络
SP	Signaling Point	信令点
SQNR	Signal-to-Quantization Noise Ratio	信号量化噪声比
SS	Spread Spectrum	扩频
SSB	Single Side Band	单边带
SSMA	Spread Spectrum Multiple Access	扩频多址
SS7	Signaling System No. 7	7 号信令系统
ST	Signaling Tone	信令音
STP	Short Term Prediction, *also* Signaling Transfer Point	短时预测，或信令转接点
SYN	Synchronization channel	同步信道

T

TACS	Total Access Communications System	全接入通信系统
TCAP	Transaction Capabilities Application Part	事务容量应用部分
TCDMA	Time Division CDMA	时分 CDMA
TCH	Traffic Channel	业务信道
TCM	Trellis Coded Modulation	网格编码调制
TDD	Time Division Duplex	时分双工
TDFH	Time Division Frequency Hopping	时分跳频
TDMA	Time Division Multiple	时分多址
TDN	Temporary Directory Number	临时电话号码
TD-SCDMA	Time Division-Synchronous Code Division Multiple Access	时分同步码分多址接入
TIA	Telecommunications Industry Association	电信工业协会
TIU	Trunk Interface Unit	中继接口单元
TTIB	Transparent Tone-in-Band	透明带内业务
TUP	Telephone User Part	电话用户部分
Tx	Transmitter	发射机

U

UF	Urban Factor	市区因子
UMTS	Universal Mobile Telecommunications System	通用移动电信系统
UNII	Unlicensed National Information Infrastructure	免执照的国际信息组织
US	United States of America	美国
USDC	United States Digital Cellular, see IS-136 and NADC	美国数字蜂窝系统
USGS	United States Geological Survey	美国地理测量
USSB	Upper Single Side Band	上单边带
UTRA	UMTS Terrestrial Radio Access	UMTS 的陆地无线接入

V

VAD	Voice Activity Detector	话音激活检测器
VCI	Virtual Circuit Identifier	虚拟电路标识
VCO	Voltage Controlled Oscillator	电压控制振荡器
VDB	Visitor Database	拜访数据库

VHE　　　　Virtual Home Entertainment　虚拟归属环境
VIU　　　　Visitor Interface Unit　拜访接口单元
VLR　　　　Visitor Location Register　拜访位置寄存器
VLSI　　　 Very Large-Scale Integration　大规模集成电路
VMAC　　　Voice Mobile Attenuation Code　语音移动衰减码
VoIP　　　 Voice over Internet Protocol　IP 电话
VQ　　　　 Vector Quantization　矢量量化
VSELP　　　Vector Sum Excited Linear Predictor　矢量和激励线性预测器

W
WACS　　　Wireless Access Communication System (later called PACS)　无线接入通信系统
WAN　　　 Wide Area Network　广域网
WAP　　　 Wireless Applications Protocol　无线应用协议
WARC　　　World Administrative Radio Conference　世界无线电管理委员会
W-CDMA　 Wideband CDMA　宽带 CDMA
WECA　　　Wireless Ethernet Compatability Alliance　无线以太网兼容性
WIN　　　　Wireless Information Network　无线信息网
WIU　　　　Wireless Interface Unit　无线接口单元
WLAN　　　Wireless Local Area Network　无线局域网
WLL　　　　Wireless Local Loop　无线本地环路
WRC-2000　ITU World Radio Conference　ITU 国际无线会议
WUPE　　　Wireless User Premises Equipment　无线用户驻地设备

Z
ZF　　　　　Zero Forcing　迫零

附录I 参考文献

[Abe70] Abend, K. and Fritchman, B. D., "Statistical Detection for Communication Channels with Intersymbol Interference," *Proceedings of IEEE*, pp. 779–785, May 1970.

[Ald00] Aldridge, I., Analysis of Existing Wireless Communication Protocols, COMS E6998-5 Course Project taught by Prof. M. Lerner, Summer 2000, Columbia University, NY, USA, *http://www.columbia.edu/~ir94/wireless.html*.

[Aka87] Akaiwa, Y., and Nagata, Y., "Highly Efficient Digital Mobile Communications with a Linear Modulation Method," *IEEE Journal on Selected Areas in Communications*, Vol. SAC-5, No. 5, pp. 890–895, June 1987.

[Ake88] Akerberg, D., "Properties of a TDMA Picocellular Office Communication System," *IEEE Globecom*, pp. 1343–1349, December 1988.

[Ale82] Alexander, S. E., "Radio Propagation Within Buildings at 900 MHz," *Electronics Letters*, Vol. 18, No. 21, pp. 913–914, 1982.

[Ale86] Alexander, S. T., *Adaptive Signal Processing,* Springer-Verlag, 1986.

[Ame53] Ament, W. S., "Toward a Theory of Reflection by a Rough Surface," *Proceedings of the IRE*, Vol. 41, No. 1, pp. 142–146, January 1953.

[Amo80] Amoroso, F., "The Bandwidth of Digital Data Signals," *IEEE Communications Magazine*, pp. 13–24, November 1980.

[And94] Anderson, J. B., Rappaport, T. S., and Yoshida, S., "Propagation Measurements and Models for Wireless Communications Channels," *IEEE Communications Magazine*, November 1994.

[And98] Andrisano, O., Tralli, V., and Verdone, R., "Millimeter Waves for Short-range Multimedia Communication Systems," *Proceedings IEEE*, Vol. 86, pp. 1383–1401, July 1998.

[Anv91] Anvari, K., and Woo, D., "Susceptibility of p/4 DQPSK TDMA Channel to Receiver Impairments," *RF Design*, pp. 49–55, February 1991.

[ANS95] ANSI J-STD-008 - Personal Station-Base Compatibility Requirements for 1.8-2.0 GHz Code Division Multiple Access (CDMA) Personal Communication Systems, March 1995.

[Are01] Arensman, R., "Cutting the Cord," *Electronics Business Magazine*, pp 51–60, June 2001.

[Ash93] Ashitey, D., Sheikh, A., and Murthy, K. M. S., "Intelligent Personal Communication System," *43rd IEEE Vehicular Technology Conference*, pp. 696–699, 1993.

[Ata86] Atal, B. S., "High Quality Speech at Low Bit Rates: Multi-pulse and Stochastically Excited Linear Predictive Coders," *Proceedings of ICASSP*, pp. 1681–1684, 1986.

[Bay73] Bayless, J.W., et al., "Voice Signals: Bit-by-bit," *IEEE Spectrum*, pp. 28–34, October 1973.

[Bel62] Bello, P. A., and Nelin, B. D., "The Influence of Fading Spectrum on the Binary Error Probabilities of Incoherent and Differentially Coherent Matched Filter Receivers," *IRE Transactions on Communication Systems*, Vol. CS-10, pp. 160–168, June 1962.

[Bel79] Belfiori, C. A., and Park, J. H., "Decision Feedback Equalization," *Proceedings of IEEE*, Vol. 67, pp. 1143–1156, August 1979.

[Ber87] Bernhardt, R. C., "Macroscopic Diversity in Frequency Reuse Systems," *IEEE Journal on Selected Areas in Communications*, Vol-SAC 5, pp. 862–878, June 1987.

[Ber89] Bernhardt, R. C., "The Effect of Path Loss Models on the Simulated Performance of Portable Radio Systems," *IEEE Globecom*, pp. 1356–1360, 1989.

[Ber92] Bertsekas, D., and Gallager R., *Data Networks*, 2nd edition, Prentice Hall, Englewood Cliffs, NJ, 1992.

[Ber93] Berrou, C., Glavieux, A., and Thitimajshima, P., "Near Shannon Limit Error-Correcting Coding and Decoding: Turbo Codes," *IEEE International Communication Conference (ICC)*, Geneva, May 1993, pp. 1064–1070.

[Bie77] Bierman, G. J., *Factorization Method for Discrete Sequential Estimation*, Academic Press, New York, 1977.

[Bin88] Bingham, J. A. C., *The Theory and Practice of Modem Design*, John Wiley & Sons, New York, 1988.

[Boi87] Boithias, L., *Radio Wave Propagation*, McGraw-Hill Inc., New York, 1987.

[Bos60] Bose, R. C., and Ray-Chaudhuri, D. K., "On a Class of Error Correcting Binary Group Codes," *Information and Control*, Vol. 3, pp. 68–70, March 1960.

[Bou88] Boucher, J. R., *Voice Teletraffic Systems Engineering*, Artech House, c. 1988.

[Bou91] Boucher, N., *Cellular Radio Handbook*, Quantum Publishing, c. 1991.

[Boy90] Boyles, S. M., Corn, R. L., and Moseley, L. R., "Common Channel Signaling: The Nexus of an Advanced Communications Network," *IEEE Communications Magazine*, pp. 57–63, July 1990.

[Bra68] Brady, P. T., "A Statistical Analysis of On-Off Patterns in 16 Conversations," *Bell System Technical Journal*, Vol. 47, pp. 73–91, 1968.

[Bra70] Brady, D. M., "An Adaptive Coherent Diversity Receiver for Data Transmission through Dispersive Media," *Proceedings of IEEE International Conference on Communications*, pp. 21–35, June 1970.

[Bra00] Braley, R. C., Gifford, I. C., and Heile, R. F., "Wireless Personal Area Networks: An Overview of the IEEE P802.15 Working Group," *ACM Mobile Computing and Communications Review*, Vol. 4, No. 1, p. 20–27, Feb. 2000.

[Buc00] Buckley, S., "3G Wireless: Mobility Scales new Heights," Telecommunications Magazine, November 2000.

[Bul47] Bullington, K., "Radio Propagation at Frequencies above 30 Megacycles," *Proceedings of the IEEE*, 35, pp. 1122–1136, 1947.

[Bul89] Bultitude, R. J. C., and Bedal, G. K., "Propagation Characteristics on Microcellular Urban Mobile Radio Channels at 910 MHz," *IEEE Journal on Selected Areas in Communications*, Vol. 7, pp. 31–39, January 1989.

[Cal88] Calhoun, G., *Digital Cellular Radio*, Artech House Inc., 1988.

[Cat69] Cattermole, K. W., *Principles of Pulse-Code Modulation*, Elsevier, New York, 1969.

[CCI86] Radio Paging Code No. 1, *The Book of the CCIR*, RCSG, 1986.

[Chu87] Chuang, J., "The Effects of Time Delay Spread on Portable Communications Channels with Digital Modulation," *IEEE Journal on Selected Areas in Communications*, Vol. SAC-5, No. 5, pp. 879–889, June 1987.

[Cla68] Clarke, R. H., "A Statistical Theory of Mobile-Radio Reception," *Bell Systems Technical Journal*, Vol. 47, pp. 957–1000, 1968.

[Col89] Coleman, A., et al., "Subjective Performance Evaluation of the REP-LTP Codec for the Pan-European Cellular Digital Mobile Radio System," *Proceedings of ICASSP*, pp. 1075–1079, 1989.

[Coo86a] Cooper, G. R., and McGillem, C. D., *Probabilistic Methods of Signal and System Analysis*, Holt, Rinehart, and Winston, New York, 1986.

[Coo86b] Cooper, G. R., and McGillem, C. D., *Modern Communications and Spread Spectrum*, McGraw Hill, New York, 1986.

[Cor97] Correia, L., and Prasad, R., "An Overview of Wireless Broadband Communications," *IEEE Communications Magazine*, pp. 28–33, January 1997.

[Cou93] Couch, L. W., *Digital and Analog Communication Systems*, 4th edition, Macmillan, New York, 1993.

[Cou98] Coulson, A. J., Williamson, A. G., and Vaughan, R. G., "A Statistical Basis for Log-Normal Shadowing Effects in Multipath Fading Channels," *IEEE Transactions on Communications*, Vol 46, pp. 494–502, April 1998.

[Cox72] Cox, D. C., "Delay Doppler Characteristics of Multipath Delay Spread and Average Excess Delay for 910 MHz Urban Mobile Radio Paths," *IEEE Transactions on Antennas and Propagation*, Vol. AP-20, No. 5, pp. 625–635, September 1972.

[Cox75] Cox, D. C., and Leck, R. P., "Distributions of Multipath Delay Spread and Average Excess Delay for 910 MHz Urban Mobile Radio Paths," *IEEE Transactions on Antennas and Propagation*, Vol. AP-23, No.5, pp. 206–213, March 1975.

[Cox83a] Cox, D. C., "Antenna Diversity Performance in Mitigating the Effects of Portable Radiotelephone Orientation and Multipath Propagation," *IEEE Transactions on Communications*, Vol. COM-31, No. 5, pp. 620–628, May 1983.

[Cox83b] Cox, D. C., Murray, R. R., and Norris, A. W., "Measurements of 800 MHz Radio Transmission into Buildings with Metallic Walls," *Bell Systems Technical Journal*, Vol. 62, No. 9, pp. 2695–2717, November 1983.

[Cox84] Cox, D. C., Murray, R., and Norris, A., "800 MHz Attenuation Measured in and around Suburban Houses," *AT&T Bell Laboratory Technical Journal*, Vol. 673, No. 6, July–August 1984.

[Cox87] Cox, D. C., Arnold, W., and Porter, P. T., "Universal Digital Portable Communications: A System Perspective," *IEEE Journal on Selected Areas of Communications*, Vol. SAC-5, No. 5, pp. 764, 1987.

[Cox89] Cox, D. C., "Portable Digital Radio Communication—An Approach to Tetherless Access," *IEEE Communication Magazine*, pp. 30–40, July 1989.

[Cox92] Cox D. C., "Wireless Network Access for Personal Communications," *IEEE Communications Magazine*, pp. 96–114, December 1992.

[Cro76] Crochiere R. E., et al., "Digital Coding of Speech in Sub-bands," *Bell Systems Technical Journal*, Vol. 55, No. 8, pp. 1069–1085, October 1976.

[Cro89] Crozier, S. N., Falconer, D. D., and Mahmoud, S., "Short Block Equalization Techniques Employing Channel Estimation for Fading, Time Dispersive Channels," *IEEE Vehicular Technology Conference*, San Francisco, pp. 142–146, 1989.

[CTI93] Cellular Telephone Industry Association, *Cellular Digital Packet Data System Specification*, Release 1.0, July 1993.

[Dad75] Dadson, C. E., Durkin, J., and Martin, E., "Computer Prediction of Field Strength in the Planning of Radio Systems," *IEEE Transactions on Vehicular Technology*, Vol. VT-24, No. 1, pp. 1–7, February 1975.

[deB72] deBuda, R., "Coherent Demodulation of Frequency Shift Keying with Low Deviation Ratio," *IEEE Transactions on Communications*, Vol. COM-20, pp. 466–470, June 1972.

[Dec93] Dechaux, C., and Scheller, R., "What are GSM and DECT?" *Electrical Communication*, pp. 118–127, 2nd quarter, 1993.

[Del93] Deller, J. R., Proakis, J. G., and Hansen, J. H. L., *Discrete-time Processing of Speech Signals*, Macmillan Publishing Company, New York, 1993.

[DeR94] DeRose, J. F., *The Wireless Data Handbook*, Quantum Publishing, Inc., 1994.

[Det89] Dettmer, R., "Parts of a Speech transcoder for CT2," *IEE Review*, September 1989.

[Dev86] Devasirvatham, D. M. J., "Time Delay Spread and Signal Level Measurements of 850 MHz Radio Waves in Building Environments," *IEEE Transactions on Antennas and Propagation*, Vol. AP-34, No. 2, pp. 1300–1305, November 1986.

[Dev90a] Devasirvatham, D. J., Krain, M. J., and Rappaport, D. A., "Radio Propagation Measurements at 850 MHz, 1.7 GHz, and 4.0 GHz Inside Two Dissimilar Office Buildings," *Electronics Letters*, Vol. 26, No. 7, pp. 445–447, 1990.

[Dev90b] Devasirvatham, D. M. J., Banerjee, C., Krain, M. J., and Rappaport, D. A., "Multi-Frequency Radiowave Propagation Measurements in the Portable Radio Environment," *IEEE International Conference on Communications*, pp. 1334–1340, 1990.

[Dey66]   Deygout J., "Multiple Knife-edge Diffraction of Microwaves," *IEEE Transactions on Antennas and Propagation*, Vol. AP-14, No. 4, pp. 480–489, 1966.

[Dix84]   Dixon, R. C., *Spread Spectrum Systems*, 2nd Edition, John Wiley and Sons, New York, 1984.

[Dix94]   Dixon, R. C., *Spread Spectrum Systems with Commercial Applications*, 3rd Edition, John Wiley & Sons Inc., New York, 1994.

[Don93]   Donaldson, R. W., "Internetworking of Wireless Communication Networks," *Proceedings of the IEEE*, pp. 96–103, 1993.

[Dur73]   Durante, J. M., "Building Penetration Loss at 900 MHz," *IEEE Vehicular Technology Conference*, 1973.

[Dur98]   Durgin, G. D., Rappaport, T. S., and Xu, H., "Measurements and Models for Radio Path Loss and Penetration Loss in and Around Homes and Trees at 5.8 GHz," *IEEE Transactions on Communication*, Vol. 46, No. 11, pp. 1484–1496, November 1998.

[Dur98a]   Durgin, G. D., and Rappaport, T. S., "A Basic Relationship Between Multipath Angular Spread and Narrow-Band Fading in a Wireless Channel," *IEE Electronics Letters*, Vol. 34, pp. 2431–2432, December 1998.

[Dur98b]   Durgin, G. D., Rappaport, T. S., and Xu, H., "Radio Path Loss and Penetration Loss Measurements in and around Homes and Trees at 5.85 GHz," 1998 AP-S International Symposium, Atlanta, GA, pp. 618–634, June 21–26, 1998.

[Dur99]   Durgin, G. D., and Rappaport, T. S., "Three Parameters for Relating Small-Scale Temporal Fading to Multipath Angles-of-Arrival," *PIMRC'99*, Osaka, Japan, September 1999, pp. 1077–1081.

[Dur99a]   Durgin, G. D., and Rappaport, T. S., "Effects of Multipath Angular Spread on the Spatial Cross-Correlation of Received Volatage Envelopes," *IEEE Vehicular Technology Conference*, Houston, TX, May 1999, Vol. 2, pp. 996–1000.

[Dur99b]   Durgin, G. D., and Rappaport, T. S., " Level Crossing Rates and Average Fade Duration of Wireless Channels with Spatially Complicated Multipath," Globecom'99, Brazil, December 1999, pp. 427–431.

[Dur00]   Durgin, G. D., and Rappaport, T. S., "Theory of Multipath Shape Factors for Small-Scale Fading Wireless Channels," *IEEE Transactions on Antennas and Propagation*, Vol. 48, No. 5, pp. 682–693, May 2000.

[Ebi91]   Ebine, Y., Takahashi, T., and Yamada, Y., "A Study of Vertical Space Diversity for a Land Mobile Radio," *Electronics Communication Japan*, Vol. 74, No. 10, pp. 68–76, 1991.

[Edw69]   Edwards, R., and Durkin, J., "Computer Prediction of Service Area for VHF Mobile Radio Networks," *Proceedings of the IEE*, Vol. 116, No. 9, pp. 1493–1500, 1969.

[EIA90]   EIA/TIA Interim Standard, "Cellular System Dual Mode Mobile Station—Land Station Compatibility Specifications," IS-54, *Electronic Industries Association*, May 1990.

[EIA91]   EIA/TIA Interim Standard, "Cellular System Mobile Station—Land Station Compatibility Specification IS-88," Rev. A, November 1991.

[EIA92]   "TR 45: Mobile Station - Base Station Compatibility Standard for Dual-mode Wideband Spread Spectrum Cellular System," PN-3118, *Electronics Industry Association*, December 1992.

[Eng93]   Eng, T., and Milstein, L. B., "Capacities of Hybrid FDMA/CDMA Systems in Multipath Fading," *IEEE MILCOM Conference Records*, pp. 753–757, 1993.

[Eps53]   Epstein, J., and Peterson, D. W., "An Experimental Study of Wave Propagation at 840 M/C," *Proceedings of the IRE*, 41, No. 5, pp. 595–611, 1953.

[Ert98]   Ertel, R., Cardieri, P., Sowerby, K. W., Rappaport, T. S., and Reed, J. H., "Overview of Spatial Channel Models for Antenna Array Communication Systems," *Special Issue: IEEE Personal Communications*, Vol. 5, No. 1, pp.10–22, February 1998.

[Est77]   Estaban, D., and Galand, C., "Application of Quadrature Mirror Filters to Split Band Voice Coding Schemes," *Proceedings of ICASSP*, pp. 191–195, May 1977.

[EUR91] European Cooperation in the Field of Scientific and Technical Research EURO-COST 231, "Urban Transmission Loss Models for Mobile Radio in the 900 and 1800 MHz Bands," Revision 2, The Hague, September 1991.

[Fan63] Fano, R. M., "A Heuristic Discussion of Probabilistic Coding," *IEEE Transactions on Information Theory*, Vol. IT-9, pp. 64–74, April 1963.

[FCC91] *FCC Notice of Inquiry for Refarming Spectrum below 470 MHz*, PLMR docket 91–170, November 1991.

[Feh91] Feher, K., "Modems for Emerging Digital Cellular Mobile Radio Systems," *IEEE Transactions on Vehicular Technology*, Vol. 40, No. 2, pp. 355–365, May 1991.

[Feu94] Feuerstein, M. J., Blackard, K. L., Rappaport, T. S., Seidel, S. Y., and Xia, H. H., "Path Loss, Delay Spread, and Outage Models as Functions of Antenna Height for Microcellular System Design," *IEEE Transactions on Vehicular Technology*, Vol. 43, No. 3, pp. 487–498, August 1994.

[Fil95] Filiey, G. B., and Poulsen, P. B., "MIRS Technology: On the Fast Track to Making the Virtual Office a Reality," *Communications*, pp. 34–39, January 1995.

[Fla79] Flanagan, J. L., et al., "Speech Coding," *IEEE Transactions on Communications*, Vol. COM-27, No. 4, pp. 710–735, April 1979.

[For78] Forney, G. D., "The Viterbi Algorithm," *Proceedings of the IEEE*, Vol. 61, No. 3, pp. 268–278, March 1973.

[Fuh97] Fuhl, J., Rossi, J.-P., and Bonek, E., "High-Resolution 3-D Direction-of-Arrival Determination for Urban mobile Radio," *IEEE Transactions on Antennas and Propagation*, Vol. 45, pp. 672–682, April 1997.

[Ful98] Fulghum, T. and Molnar, K., "The Jakes Fading Model Incorporating Angular Spread for a Disk of Scatterers," *IEEE Vehicular Technology Conference*, Ottawa, Canada, May 1998, pp. 489–493.

[Fun93] Fung, V., Rappaport, T. S., and Thoma, B., "Bit Error Simulation for $\pi/4$ DQPSK Mobile Radio Communication Using Two-ray and Measurement-based Impulse Response Models," *IEEE Journal on Selected Areas in Communication*, Vol. 11, No. 3, pp. 393–405, April 1993.

[Gan72] Gans, M. J., "A Power Spectral Theory of Propagation in the Mobile Radio Environment," *IEEE Transactions on Vehicular Technology*, Vol. VT-21, pp. 27–38, February 1972.

[Gar91] Gardner, W. A., "Exploitation of Spectral Redundancy in Cyclostationary Signals," *IEEE Signal Processing Magazine*, pp. 14–36, April 1991.

[Gar95] Gardner, W., QUALCOMM Inc., personal correspondence, June 1995.

[Gar99] Garg, V. K. and Wilkes, J. E., *Principles & Applications of GSM*, Prentice Hall, Upper Saddle River NJ, 1999.

[Gar00] Garg, V. K., *IS-95 CDMA and cdma2000*, Prentice Hall, Upper Saddle River, NJ, 2000.

[Ger82] Geraniotis, E. A., and Pursley, M. B., "Error Probabilities for Slow Frequency-Hopped Spread Spectrum Multiple-Access Communications Over Fading Channels," *IEEE Transactions on Communications*, Vol. COM-30, No. 5, pp. 996–1009, May 1982.

[Ger90] Gerson, I. A., and Jasiuk, M. A., "Vector Sum Excited Linear Prediction (VSELP): Speech Coding at 8 kbps," *Proceedings of ICASSP*, pp. 461–464, 1990.

[Gil91] Gilhousen, et al., "On the Capacity of Cellular CDMA System," *IEEE Transactions on Vehicular Technology*, Vol. 40, No. 2, pp. 303–311, May 1991.

[Git81] Gitlin, R. D., and Weinstein, S. B., "Fractionally Spaced Equalization: An Improved Digital Transversal Filter," *Bell Systems Technical Journal*, Vol. 60, pp. 275–296, February 1981.

[Gol49] Golay, M. J. E., "Notes on Digital Coding," *Proceedings of the IRE*, Vol. 37, p. 657, June 1949.

[Goo89] Goodman, D. J., Valenzula, R.A., Gayliard, K.T., and Ramamurthi, B., "Packet Reservation Multiple Access for Local Wireless Communication," *IEEE Transactions on Communications*, Vol. 37, No. 8, pp. 885–890, August 1989.

[Goo90] Goodman, D. J., "Cellular Packet Communications," *IEEE Transactions on Communications*, Vol. 38, No. 8, pp. 1272–1280, August 1990.

[Goo91] Goodman, D. J., "Trends in Cellular and Cordless Communications," *IEEE Communications Magazine*, pp. 31–39, June 1991.

[Gos78] Gosling, W., McGeehan, J. P., and Holland, P. G., "Receivers for the Wolfson SSB/VHF Land Mobile Radio System," *Proceedings of IERE Conference on Radio Receivers and Associated Systems*, Southampton, England, pp. 169–178, July 1978.

[Gow93] Gowd, K., et al., "Robust Speech Coding for Indoor Wireless Channel," *AT&T Technical Journal*, Vol. 72, No. 4, pp. 64–73, July/August 1993.

[Gra84] Gray, R. M., "Vector Quantization," *IEEE ASSP Magazine*, pp. 4–29, April 1984.

[Gri87] Griffiths, J., *Radio Wave Propagation and Antennas*, Prentice Hall International, 1987.

[Gud92] Gudmundson, B., Skold, J., and Ugland, J. K, "A Comparison of CDMA and TDMA systems," *Proceedings of the 42nd IEEE Vehicular Technology Conference*, Vol. 2, pp. 732–735, 1992.

[Ham50] Hamming, R. W., "Error Detecting and Error Correcting Codes," *Bell System Technical Journal*, April 1950.

[Has93] Hashemi, H., "The Indoor Radio Propagation Channel," *Proceedings of the IEEE*, Vol. 81, No. 7, pp. 943–968, July 1993.

[Hat90] Hata, Masaharu, "Empirical Formula for Propagation Loss in Land Mobile Radio Services," *IEEE Transactions on Vehicular Technology*, Vol. VT-29, No. 3, pp. 317–325, August 1980.

[Haw91] Hawbaker, D. A., *Indoor Wideband Radio Wave Propagation Measurements and Models at 1.3 GHz and 4.0 GHz*, Masters Thesis, Virginia Tech, Blacksburg, VA, May 1991.

[Hay86] Haykin, S., *Adaptive Filter Theory*, Prentice Hall, Englewood Cliffs, NJ, 1986.

[Hay94] Haykin, S., *Communication Systems*, John Wiley and Sons, New York, 1994.

[Hel89] Hellwig, K., Vary P., Massaloux, D., Petit, J. P., Galand, C., and Rasso, M., "Speech Codec for the European Mobile Radio Systems," *IEEE Global Telecommunication Conference & Exhibition*, Vol. 2, pp. 1065–1069, 1989.

[Hen01] Henty, B., "Throughput Measurements and Empirical Prediction Models for IEEE 802.11b Wireless LAN (WLAN) Installations," Masters Thesis, Virginia Tech, Blacksburg, VA, August 2001

[Ho94] Ho, P., Rappaport, T. S., and Koushik, M. P., "Antenna Effects on Indoor Obstructed Wireless Channels and a Deterministic Image-Based Wide-Band Propagation Model for In-Building Personal Communication Systems," *International Journal of Wireless Information Networks*, Vol. 1, No. 1, pp. 61–75, January 1994.

[Hod90] Hodges, M. R. L., "The GSM Radio Interface," *British Telecom Technological Journal*, Vol. 8, No. 1, pp. 31–43, January 1990.

[Hol92] Holtzman, J. M., "A Simple, Accurate Method to Calculate Spread-Spectrum Multiple-Access Error Probabilities," *IEEE Transactions on Communications*, Vol. 40, No. 3, March 1992.

[Hor86] Horikishi, J., et al., "1.2 GHz Band Wave Propagation Measurements in Concrete Buildings for Indoor Radio Communications," *IEEE Transactions on Vehicular Technology*, Vol. VT-35, No. 4, 1986.

[Hua91] Huang, W., "*Simulation of Adaptive Equalization in Two-Ray, SIRCIM and SMRCIM Mobile Radio Channels,*" Masters Thesis in Electrical Engineering, Virginia Tech, December 1991.

[IEE91] "Special Issue on Satellite Communications Systems and Services for Travelers," *IEEE Communications Magazine*, November 1991.

[Ish80] Ishizuka, M., and Hirade, K., "Optimum Gaussian filter and Deviated-Frequency-Locking Scheme for Coherent Detection of MSK," *IEEE Transactions on Communications*, Vol. COM-28, No.6, pp. 850–857, June 1980.

[ITU93] *ITU World Telecommunications Report*, December 1993.

[ITU94] *ITU Documents of TG8/1 (FPLMTS)*, International Telecommunications Union, Radiocommunications Sector, Geneva, 1994.

[Jac94]   Jacobsmeyer, J., "Improving Throughput and Availability of Cellular Digital Packet Data (CDPD)," *Proc. Virginia Tech 4th Symposium on Wireless Personal Communications*, pp. 18.1–18.12, June 1994.

[Jak70]   Jakes, W. C., "New Techniques for Mobile Radio," *Bell Laboratory Rec.*, pp. 326–330, December 1970.

[Jak71]   Jakes, W. C., "A Comparison of Specific Space Diversity Techniques for Reduction of Fast Fading in UHF Mobile Radio Systems," *IEEE Transactions on Vehicular Technology*, Vol. VT-20, No. 4, pp. 81–93, November 1971.

[Jak74]   Jakes, W. C. Jr., *Microwave Mobile Communications*, Wiley-Interscience, 1974.

[Jay84]   Jayant, N. S., Noll, P., *Digital Coding of Waveforms*, Prentice Hall, Englewood Cliffs, NJ, 1984.

[Jay86]   Jayant, N. S., "Coding Speech at Low Bit Rates," *IEEE Spectrum*, pp. 58–63, August 1986.

[Jay90]   Jayant, N. S., "High Quality Coding of Telephone Speech and Wideband Audio," *IEEE Communications Magazine*, pp. 10–19, January 1990.

[Jay92]   Jayant, N. S., "Signal Compression: Technology, Targets, and Research Directions," *IEEE Journal on Selected Areas of Communications*, Vol. 10, No. 5, pp. 796–815, June 1992.

[Jen98]   Jeng, S.-S., Xu, G., Lin, H.-P., and Vogel, W., J., "Experimental Studies of Spatial Signature Variation at 900 MHz for Smart Antenna Systems," *IEEE Transactions on Antennas and Propagation*, Vol. 46, pp. 953–962, July 1998.

[Joh82]   Johnson, L. W., and Riess, R. D., *Numerical Analysis*, Addison-Wesley, 1982.

[JTC95]   JTC Standards Project 066: "Baseline Text for TAG #3 PACS - UB," Motorola Inc., February 1995.

[Kah54]   Kahn, L., "Ratio Squarer," *Proceedings of IRE (Correspondence)*, Vol. 42, pp. 1074, November 1954.

[Kim00]   Kim, K. I., Ed., *Handbook of CDMA System Design, Engineering, and Optimization*, Prentice Hall, Upper Saddle River, NJ, 2000.

[Kle75]   Kleinrock, L., and Tobagi, F. A., "Packet Switching in Radio Channels, Part 1: Carrier Sense Multiple-Access Models and Their Throughput-Delay Characteristics," *IEEE Transactions on Communications*, Vol. 23, No. 5, pp. 1400–1416, 1975.

[Kor85]   Korn, I., *Digital Communications*, Van Nostrand Reinhold, 1985.

[Koz85]   Kozono, S., et al., "Base Station Polarization Diversity Reception for Mobile Radio," *IEEE Transactions on Vehicular Technology*, Vol. VT-33, No. 4, pp. 301–306, November 1985.

[Kra50]   Krauss, J. D., *Antennas*, McGraw-Hill, New York, 1950.

[Kre94]   Kreuzgruber, P., et al., "Prediction of Indoor Radio Propagation with the Ray Splitting Model Including Edge Diffraction and Rough Surfaces," *1994 IEEE Vehicular Technology Conference*, Stockholm, Sweden, pp. 878–882, June 1994.

[Kuc91]   Kucar, A. D., "Mobile Radio—An Overview," *IEEE Communications Magazine*, pp. 72–85, November 1991.

[Lam80]   Lam, S. S., "A Carrier Sense Multiple Access Protocol for Local Networks," *Computer Networks*, Vol. 4, pp. 21–32, 1980.

[Lan96]   Landron, O., Feuerstein, M. J., and Rappaport, T. S., "A Comparison of Theoretical and Empirical Reflection Coefficients for Typical Exterior Wall Surfaces in a Mobile Radio Environment," *IEEE Transactions on Antennas and Propagation*, Vol. 44, No. 3, pp. 341–351, March 1996.

[Lee72]   Lee, W. C. Y., and Yeh, S. Y., "Polarization Diversity System for Mobile Radio," *IEEE Transactions on Communications*, Vol. 20, pp. 912–922, October 1972.

[Lee85]   Lee, W. C. Y., *Mobile Communications Engineering*, McGraw Hill Publications, New York, 1985.

[Lee86]   Lee, W. C. Y., "Elements of Cellular Mobile Radio systems," *IEEE Transactions on Vehicular Technology*, Vol. VT-35, No. 2, pp. 48–56, May 1986.

[Lee89a] Lee, W. C. Y., "Spectrum Efficiency in Cellular," *IEEE Transactions on Vehicular Technology*, Vol. 38, No. 2, pp. 69–75, May 1989.

[Lee89b] Lee, W. C. Y., *Mobile Cellular Telecommunications Systems*, McGraw Hill Publications, New York, 1989.

[Lee91a] Lee, W. C. Y., "Overview of Cellular CDMA," *IEEE Transactions on Vehicular Technology*, Vol. 40, No. 2, May 1991.

[Lee91b] Lee, W. C. Y., "Smaller Cells for Greater Performance," *IEEE Communications Magazine*, pp. 19–23, November 1991.

[Leh87] Lehnert, J. S., and Pursley, M. B., "Error Probabilities for Binary Direct-Sequence Spread-Spectrum Communications with Random Signature Sequences," *IEEE Transactions on Communications,* Vol. COM-35, No. 1, January 1987.

[Lem91] Lemieux, J. F., Tanany, M., and Hafez, H. M., "Experimental Evaluation of Space/Frequency/Polarization Diversity in the Indoor Wireless Channel," *IEEE Transactions on Vehicular Technology*, Vol. 40, No. 3, pp. 569–574, August 1991.

[Li93] Li, Y., *Bit Error Rate Simulation of a CDMA System for Personal Communications*, Masters Thesis in Electrical Engineering, Virginia Tech, 1993.

[LiC93] I., C.-L., Greenstein L. J., and Gitlin R.D., "A Microcell/Macrocell Cellular Architecture for Low- and High Mobility Wireless Users," *IEEE Vehicular Technology Transactions*, pp. 885–891, August 1993.

[Lib94a] Liberti, J. C., Jr., "CDMA Cellular Communication Systems Employing Adaptive Antennas," *Preliminary Draft of Research Including Literature Review and Summary of Work-in-Progress*, Virginia Tech, March 1994.

[Lib94b] Liberti, J. C. Jr., and Rappaport, T. S., "Analytical Results for Capacity Improvements in CDMA," *IEEE Transactions on Vehicular Technology*, Vol. 43, No. 3, pp. 680–690, August 1994.

[Lib95] Liberti, J. C. Jr., *Analysis of Code Division Multiple Access Mobile Radio Systems with Adapative Antennas,* Ph.D. Dissertation, Virginia Tech, Blacksburg, August, 1995.

[Lib99] Liberti, J. C. and Rappaport, T. S., *Smart Antennas for Wireless Communications: IS-95 and Third Generation Applications*, Prentice Hall, Upper Saddle River, NJ, 1999.

[Lin83] Lin, S., and Costello, D. J. Jr., *Error Control Coding: Fundamentals and Applications*, Prentice Hall, Englewood Cliffs, NJ, 1983.

[Lin84] Ling, F., and Proakis, J. G., "Nonstationary Learning Characteristics of Least Squares Adaptive Estimation Algorithms," *Proceedings ICASSP84*, San Diego, California, pp. 3.7.1–3.7.4, 1984.

[Liu89] Liu, C. L., and Feher, K., "Noncoherent Detection of p/4-Shifted Systems in a CCI-AWGN Combined Interference Environment," *Proceedings of the IEEE 40th Vehicular Technology Conference*, San Fransisco, 1989.

[Liu91] Liu, C., and Feher, K., "Bit Error Rate Performance of p/4 DQPSK in a Frequency Selective Fast Rayleigh Fading Channel," *IEEE Transactions on Vehicular Technology*, Vol. 40, No. 3, pp. 558–568, August 1991.

[Lo90] Lo, N. K. W., Falconer, D. D., and Sheikh, A. U. H., "Adaptive Equalization and Diversity Combining for a Mobile Radio Channel," *IEEE Globecom*, San Diego, December 1990.

[Lon68] Longley, A G., and Rice, P. L., "Prediction of Tropospheric Radio Transmission Loss Over Irregular Terrain; A Computer Method," *ESSA Technical Report*, ERL 79-ITS 67, 1968.

[Lon78] Longley, A. G., "Radio Propagation in Urban Areas," *OT Report*, pp. 78-144, April 1978.

[Luc65] Lucky, R. W., "Automatic Equalization for Digital Communication," *Bell System Technical Journal*, Vol. 44, pp. 547–588, 1965.

[Luc89] Lucky, R. W., *Silicon Dreams: Information, Man and Machine*, St. Martin Press, New York, 1989.

[Lus78] Lusignan, B. B., "Single-sideband Transmission for Land Mobile Radio," *IEEE Spectrum*, pp. 33–37, July 1978.

[Mac79] MacDonald, V. H., "The Cellular Concept," *The Bell Systems Technical Journal*, Vol. 58, No. 1, pp. 15–43, January 1979.

[Mac93] Maciel, L. R., Bertoni, H. L., and Xia, H. H., "Unified Approach to Prediction of Propagation Over Buildings for all Ranges of Base Station Antenna Height," *IEEE Transactions on Vehicular Technology*, Vol. 42, No. 1, pp. 41–45, February 1993.

[Mak75] Makhoul, J., "Linear Prediction: A Tutorial Review," *Proceedings of IEEE*, Vol. 63, pp. 561–580, April 1975.

[Mal89] Maloberti, A., "Radio Transmission Interface of the Digital Pan European Mobile System," *IEEE Vehicular Technology Conference*, Orlando, FL, pp. 712–717, May 1989.

[Mal92] Malyan, A. D., Ng, L. J., Leung, V. C. M., and Donaldson, R. W., "A Microcellular Interconnection Architecture for Personal Communication Networks," *Proceedings of IEEE Vehicular Technology Conference*, pp. 502–505, May 1992.

[Man93] Mansfield, D. R., Millsteed, G., and Zukerman, M., "Congestion Controls in SS7 Signaling Networks," *IEEE Communications Magazine*, pp. 50–57, June 1993.

[Mar90] Marr, F. K., "Signaling System No.7 in Corporate Networks," *IEEE Communications Magazine*, pp. 72–77, July 1990.

[Max60] Max, J., "Quantizing for Minimizing Distortion," *IRE Transactions on Information Theory*, March 1960.

[McG84] McGeehan, J. P., and Bateman, A. J., "Phase Locked Transparent Tone-in-band (TTIB): A New Spectrum Configuration Particularly Suited to the Transmission of Data over SSB Mobile Radio Networks," *IEEE Transactions on Communications*, Vol. COM-32, No. 1, pp. 81–87, January 1984.

[Mei92] Meier-Hellstern, K. S., Pollini, G. P., and Goodman, D., "Network Protocols for the Cellular Packet Switch," *Proceedings of IEEE Vehicular Technology Conference*, Vol. 2, No. 2, pp. 705–710, 1992.

[Mei93] Meier-Hellstern, K. S., et al., "The Use of SS7 and GSM to Support High Density Personal Communications," *Wireless Communications: Future Directions*, Kluwer Academic Publishing, 1993.

[Mil62] Millington, G., Hewitt, R., and Immirzi, F. S., "Double Knife-edge Diffraction in Field Strength Predictions," *Proceedings of the IEE*, 109C, pp. 419–429, 1962.

[Mod92] Modarressi, A. R., and Skoog, R. A., "An Overview of Signal System No.7," *Proceedings of the IEEE*, Vol. 80, No. 4, pp. 590–606, April 1992.

[Mol91] Molkdar, D., "Review on Radio Propagation into and Within Buildings," *IEE Proceedings*, Vol. 138, No. 1, pp. 61–73, February 1991.

[Mol01] Molisch, A. F., Ed., *Wideband Wireless Digital Communications*, Prentice-Hall, Upper Saddle River, NJ, 2001.

[Mon84] Monsen, P., "MMSE Equalization of Interference on Fading Diversity Channels," *IEEE Transactions on Communications*, Vol. COM-32, pp. 5–12, January 1984.

[Mor89a] Moralee, D., "CT2 a New Generation of Cordless Phones," *IEE Review*, pp. 177–180, May 1989.

[Mor89b] Morrow, R. K., Jr., and Lehnert, J. S., "Bit-to-bit Error Deprndence in Slotted DS/SSMA Packet Systems with Random signature Sequences," IEEE Transactions on Communications, Vol. 37, No. 10, October 1989.

[Mor00] Morrow, R. K., and Rappaport, T. S. "Getting In," *Wireless Review*, pp. 42–44, March 1, 2000, *http://www.wirelessreview.com/issues/2000/00301/feat24.htm*

[Mou92] Mouly, M., and Pautet, M. B., *The GSM System for Mobile Communication*, ISBN: 2-9507190-0-7, 1992.

[Mul91] Mulder, R. J., "DECT—A Universal Cordless Access System," *Philips Telecommunications Review*, Vol. 49, No. 3, pp. 68–73, September 1991.

[Mur81] Murota, K., and Hirade, K., "GMSK Modulation for Digital Mobile Radio Telephony," *IEEE Transactions on Communications*, Vol. COM-29, No. 7, pp. 1044–1050, July 1981.

[NAC94] North American Cellular Network, "*An NACN Standard,*" Rev. 2.0, December 1994.

[Nag96] Naguib, A. F., and Paulraj, A., "Performance of Wireless CDMA with M-ary Orthogonal Modulation and Cell Site Arrays," *IEEE Journal on Selected Areas of Communications*, Vol. 14, pp. 1770–1783, December 1996.

[Nar90] Narasimhan, A., Chennakeshu, S., and Anderson, J. B., "An Adaptive Lattice Decision Equalizer for Digital Cellular Radio," *IEEE 40th Vehicular Technology Conference*, pp. 662–667, May 1990.

[New96a] Newhall, W. G., Saldanha, K., and Rappaport, T. S., "Propagation Time Delay Spread Measurements at 915 MHz in a Large Train Yard," *IEEE Vehicular Technology Conference*, Atlanta, GA, April 29–May 1, 1996, pp. 864–868.

[New96b] Newhall, W. G., Rappaport, T. S., and Sweeney, D. G., "A Spread Spectrum Sliding Correlator System for Propagation Measurements," *RF Design*, pp. 40–54, April 1996.

[Nob62] Noble, D., "The History of Land-Mobile Radio Communications," *IEEE Vehicular Technology Transactions*, pp. 1406–1416, May 1962.

[Nuc99] Nucols, E., "Implementation of Geometrically Based Single-Bounce Models for Simulation of Angle-of-Arrival of Multipath Delay Components in the Wireless Channel Simulation Tools, SMRCIM and SIRCIM," Masters Thesis, Virginia Tech, Blacksburg, VA, December 1999.

[Noe01] Noel, Frederic, "Higher Data Rates in GSM/Edge with Multicarrier," Masters Thesis, Chalmers University of Technology, April 2001, Technical Report EX024/2001.

[Nyq28] Nyquist, H., "Certain Topics in Telegraph Transmission Theory," *Transactions of the AIEE*, Vol. 47, pp. 617–644, Febuary 1928.

[Och89] Ochsner, H., "DECT — Digital European Cordless Telecommunications," *IEEE Vehicular Technology 39th Conference*, pp. 718–721, 1989.

[Oet83] Oeting, J., "Cellular Mobile Radio—An Emerging Technology," *IEEE Communications Magazine*, pp. 10–15, November 1983.

[Oga94] Ogawa, K., et al., "Toward the Personal Communication Era - the Radio Access Concept from Japan," *International Journal on Wireless Information Networks,* Vol. 1, No. 1, pp. 17–27, January 1994.

[Oku68] Okumura, T., Ohmori, E., and Fukuda, K., "Field Strength and Its Variability in VHF and UHF Land Mobile Service," *Review Electrical Communication Laboratory*, Vol. 16, No. 9–10, pp. 825–873, September–October 1968.

[Oss64] Ossana, J. Jr., "A Model for Mobile Radio Fading due to Building Reflections: Theoretical and Experimental Fading Waveform Power Spectra," *Bell Systems Technical Journal*, Vol. 43, No. 6, pp. 2935–2971, November 1964.

[Owe91] Owen, F. C. and Pudney, C., "DECT: Integrated Services for Cordless Telecommunications," *IEE Conference Publications*, No. 315, pp. 152–156, 1991.

[Owe93] Owens, F. J., *Signal Processing of Speech*, McGraw Hill, New York, 1993.

[Pad94] Padovani, R., "Reverse Link Performance of IS-95 Based Cellular Systems," *IEEE Personal Communications*, pp. 28–34, 3rd quarter, 1994.

[Pad95] Padyett, J., Gunther, E., and Hattari, T., "Overview of Wireless Personal Communications," *IEEE Communications Magazine*, January 1995.

[Pah95] Pahlavan, K., and Levesque, A. H., *Wireless Information Networks*, Chapter 5, John Wiley & Sons, New York, 1995.

[Pap91] Papoulis, A., *Probability, Random Variables, and Stochastic Processes*, 3rd Edition, McGraw Hill, New York, 1991.

[Par76] Parsons, J. D., et al., "Diversity Techniques for Mobile Radio Reception," *IEEE Transactions on Vehicular Technology*, Vol. VT-25, No. 3, pp. 75–84, August 1976.

[Pas79] Pasupathy, S., "Minimum Shift Keying: A Spectrally Efficient Modulation," *IEEE Communications Magazine*, pp. 14–22, July 1979.

[Pat99] Patwari, N., Durgin, G. D., Rappaport, T. S., and Boyle, R. J., "Peer-to-Peer Low Antenna Outdoor Radio Wave Propagation at 1.8 GHz," *IEEE Vehicular Technology Conference*, Houston, TX, May 1999, Vol. 1, pp. 371–375.

[Pec92] Pecar, J. A., O'Conner, R. J., and Garbin, D. A., *Telecommunications Factbook*, McGraw Hill, New York, 1992.

[Per92] Personal Digital Cellular, Japanese Telecommunication System Standard, RCR STD 27.B, 1992.

[Per93] Personal Handy Phone System, Japanese Telecommunication System Standard, RCR-STD 28, December 1993.

[Pic91] Pickholtz, R. L., Milstein, L. B., and Schilling, D., "Spread Spectrum for Mobile Communications," *IEEE Transactions on Vehicular Technology*, Vol. 40, No. 2, pp. 313–322, May 1991.

[Pri58] Price, R., and Green, P. E., "A Communication Technique for Multipath Channel," *Proceedings of the IRE*, pp. 555–570, March 1958.

[Pro89] Proakis, J. G., *Digital Communications*, McGraw-Hill, New York, 1989.

[Pro91] Proakis, J., "Adaptive Equalization for TDMA Digital Mobile Radio," *IEEE Transactions on Vehicular Technology*, Vol. 40, No. 2, pp 333–341, May 1991.

[Pro94] Proakis, J. G., and Salehi, M., *Communication Systems Engineering*, Prentice Hall, 1994.

[Pur77] Pursley, M. B., Sarwate, D. V., and Stark, W. E., "Performance Evaluation for Phase-Coded Spread-Spectrum Multiple-Access Communication—Part II: Code Sequence Analysis," *IEEE Transactions on Communications*, Vol. COM-25, No. 8, August 1987.

[Qur77] Qureshi, S. U. H., and Forney, G. D., "Performance Properties of a T/2 Equalizer," *IEEE Globecom*, pp. 11.1.1–11.1.14, Los Angeles, CA, December 1977.

[Qur85] Qureshi, S. U. H., "Adaptive Equalization," *Proceeding of IEEE*, Vol. 37, No. 9, pp. 1340–1387, September, 1985.

[Rai91] Raith, K., and Uddenfeldt, J., "Capacity of Digital Cellular TDMA Systems," *IEEE Transactions on Vehicular Technology*, Vol. 40, No. 2, pp. 323–331, May 1991.

[Ram65] Ramo, S., Whinnery, J. R., and Van Duzer, T., *Fields and Waves in Communication Electronics*, John Wiley & Sons, New York, 1965.

[Rap89] Rappaport, T. S., "Characterization of UHF Multipath Radio Channels in Factory Buildings," *IEEE Transactions on Antennas and Propagation*, Vol. 37, No. 8, pp. 1058–1069, August 1989.

[Rap90] Rappaport, T. S., Seidel, S.Y., and Singh, R., "900 MHz Multipath Propagation Measurements for U.S. Digital Cellular Radiotelephone," *IEEE Transactions on Vehicular Technology*, pp. 132–139, May 1990.

[Rap91a] Rappaport, T. S., et al., "Statistical Channel Impulse Response Models for Factory and Open Plan Building Radio Communication System Design," *IEEE Transactions on Communications*, Vol. COM-39, No. 5, pp. 794–806, May 1991.

[Rap91b] Rappaport, T. S., and Fung, V., "Simulation of Bit Error Performance of FSK, BPSK, and π/4 DQPSK in Flat Fading Indoor Radio Channels Using a Measurement-based Channel Model," *IEEE Transactions on Vehicular Technology*, Vol. 40, No. 4, pp. 731–739, November 1991.

[Rap91c] Rappaport, T. S., "The Wireless Revolution," *IEEE Communications Magazine*, pp. 52–71, November 1991.

[Rap92a] Rappaport, T. S., and Hawbaker, D. A., "Wide-band Microwave Propagation Parameters Using Circular and Linear Polarized Antennas for Indoor Wireless Channels," *IEEE Transactions on Communications*, Vol. 40, No. 2, pp. 240–245, February 1992.

[Rap92b] Rappaport, T. S., and Milstein, L. B., "Effects of Radio Propagation Path Loss on DS-CDMA Cellular Frequency Reuse Efficiency for the Reverse Channel," *IEEE Transactions on Vehicular Technology*, Vol. 41, No. 3, pp. 231–242, August 1992.

[Rap93a] Rappaport, T. S., Huang, W., and Feuerstein, M. J., "Performance of Decision Feedback Equalizers in Simulated Urban and Indoor Radio Channels," Special issue on land mobile/portable propagation, *IEICE Transactions on Communications*, Vol. E76-B, No. 2, February 1993.

[Rap93b] Rappaport, S. S., "Blocking, Hand-off and Traffic Performance for Cellular Communication Systems with Mixed Platforms," *IEE Proceedings,* Vol. 140, No. 5, pp. 389–401, October 1993.

[Rap95]   *Cellular Radio & Personal Communications: Selected Readings*, edited by Rappaport, T. S., IEEE Press, New York, ISBN: 0-7803-2283-5, 1995.

[Rap96]   Rappaport, T. S., "Coverage and Capacity," *Cellular Business*, pp. 90–96, February 1996.

[Rap97]   Rappaport, T. S., and Brickhouse, R. A., "A Simulation Study of Urban In-Building Frequency Reuse," *IEEE Personal Communications Magazine*, pp. 19–23, February 1997.

[Rap00]   Rappaport, T. S., "Isolating Interference," *Wireless Review*, pp. 33–35, May 1, 2000. *http://www.wirelessreview.com/issues/2000/00501/feat23.htm.*

[Ree60]   Reed, I. S., and Solomon, G., "Polynomial Codes over Certain Finite Fields," *Journal of the Society for Industrial and Applied Mathematics,* June 1960.

[Reu74]   Reudink, D. O., "Properties of Mobile Radio Propagation Above 400 MHz," *IEEE Transactions on Vehicular Technology,* Vol. 23, No. 2, pp. 1–20, November 1974.

[Rhe89]   Rhee, M. Y., *Error Correcting Coding Theory*, McGraw-Hill, New York, 1989.

[Ric44]   Rice, S. O., "Mathematical Analysis of Random Noise," *Bell Systems Technical Journal,* Vol. 23, pp. 282-332, July 1944; Vol. 24, pp. 46–156, January 1945;

[Ric48]   Rice, S. O., "Statistical Properties of a Sine Wave Plus Random Noise," *Bell Systems Technical Journal*, Vol. 27, pp. 109–157, January 1948.

[Ric67]   Rice, P. L., Longley, A. G., Norton, K. A., and Barsis, A. P., "Transmission Loss Predictions for Tropospheric Communication Circuits," *NBS Tech Note 101*; two volumes; issued May 7, 1965; revised May 1, 1966; revised January 1967.

[Rob01]   Robert, M., "Bluetooth: A Short Tutorial," *Wireless Personal Communications: Bluetooth Tutorial and Other Technologies*, Tranter, W. H. et al., Eds. Kluwer Academic Publishers, 2001, pp. 249–270.

[Rob94]   Roberts, J. A., and Bargallo, J. M., "DPSK Performance for Indoor Wireless Ricean Fading Channels," *IEEE Transactions on Communications*, pp. 592–596, April 1994.

[Roc89]   Roca, R. T., "ISDN Architecture," *AT&T Technical Journal*, pp. 5–17, October 1989.

[Ros93]   Rossi, J.-P. and Levi, A. J., "A Ray Model for Decimetric Radiowave Propagation in an Urban Area," *Radio Science*, Vol. 27, No. 6, pp. 971–979, 1993.

[Ros97]   Rossi, J.-P., Barbot, J.-P., and Levy, A., J., "Theory and Measurement of the Angle of Arrival and Time Delay of UHF Radiowaves Using a Ring Array," *IEEE Transactions on Antennas and Propagation*, Vol. 45, pp. 876–884, May 1997.

[Rus93]   Russel, T. A., Bostian, C. W., and Rappaport, T. S., "A Deterministic Approach to Predicting Microwave Diffraction by Buildings for Microcellular Systems," *IEEE Transactions on Antennas and Propagation*, Vol. 41, No. 12, pp. 1640–1649, December 1993.

[Sal87]   Saleh, A. A. M., and Valenzeula, R. A., "A Statistical Model for Indoor Multipath Propagation," *IEEE Journal on Selected Areas in Communication*, Vol. JSAC-5, No. 2, pp. 128–137, Febuary 1987.

[Sal91]   Salmasi, A., and Gilhousen, K. S., "On the System Design Aspects of Code Division Multiple Access (CDMA) Applied to Digital Cellular and Personal Communications Networks," *IEEE Vehicular Technology Conference,* pp. 57–62, 1991.

[San82]   Sandvos, J. L., "A Comparison of Binary Paging Codes," *IEEE Vehicular Technology Conference*, pp. 392–402, 1982.

[Sch85a] Schroeder, M. R., "Linear Predictive Coding of Speech: Review and Current Directions," *IEEE Communications Magazine*, Vol. 23, No. 8, pp. 54–61, August 1985.

[Sch85b] Schroeder, M. R., and Atal, B. S., "Code-excited Linear Prediction (CELP): High Quality Speech at Very Low Bit Rates," *Proceedings of ICASSP*, pp. 937–940, 1985.

[Sch92] Schaubach, K. R., Davis, N. J. IV, and Rappaport, T. S., "A Ray Tracing Method for Predicting Path Loss and Delay Spread in Microcellular Environments," in *42nd IEEE Vehicular Technology Conference,* Denver, pp. 932–935, May 1992.

[Sei91] Seidel, S.Y., Rappaport, T. S., Jain, S., Lord, M., and Singh, R., "Path Loss, Scattering and Multipath Delay Statistics in Four European Cities for Digital Cellular and Microcellular Radiotelephone," *IEEE Transactions on Vehicular Technology,* Vol. 40, No. 4, pp. 721–730, November 1991.

[Sei92a] Seidel, S. Y., et al., "The Impact of Surrounding Buildings on Propagation for Wireless In-building Personal Communications System Design," *1992 IEEE Vehicular Technology Conference,* Denver, pp. 814–818, May 1992.

[Sei92b] Seidel, S. Y., and Rappaport, T. S., "914 MHz Path Loss Prediction Models for Indoor Wireless Communications in Multifloored Buildings," *IEEE Transactions on Antennas and Propagation,* Vol. 40, No. 2, pp. 207–217, Febuary 1992.

[Sei94] Seidel, S. Y., and Rappaport, T. S., "Site-Specific Propagation Prediction for Wireless In-Building Personal Communication System Design," *IEEE Transactions on Vehicular Technology,* Vol. 43, No. 4, November 1994.

[Sha48] Shannon, C. E., "A Mathematical Theory of Communications," *Bell Systems Technical Journal,* Vol. 27, pp. 379–423 and 623–656, 1948.

[Skl93] Sklar, B., "Defining, Designing, and Evaluating Digital Communication Systems," *IEEE Communications Magazine,* pp. 92–101, November 1993.

[Skl01] Sklar, B., *Digital Communications,* 2nd Edition, Prentice-Hall, Upper Saddle River, NJ, 2001.

[Ski96] Skidmore, R., Rappaport, T. S., and Abbott, A. L., "Interactive Coverage Region and System Design Simulation for Wireless Communication Systems in Multifloored Environments: SMT Plus," *IEEE International Conference on Universal Personal Communications,* Cambridge, MA, September 29–October 2, 1996, pp. 646–650.

[Smi57] Smith, B., "Instantaneous Companding of Quantized Signals," *Bell System Technical Journal,* Vol. 36, pp. 653–709, May 1957.

[Smi75] Smith, J. I., "A Computer Generated Multipath Fading Simulation for Mobile Radio," *IEEE Transactions on Vehicular Technology,* Vol. VT-24, No. 3, pp. 39–40, August 1975.

[Sta86] Stark, H., and Woods, J. W., *Probability, Random Variables, and Estimation Theory for Engineers,* Prentice Hall, Englewood Cliffs, NJ, 1986.

[Sta90] Stallings W., *Local Networks,* Macmillan Publishing Company, New York, 1990.

[Sta99] Starr, T., Cioffi, J. M., and Silverman, P. J., *Understanding Digital Subscriber Line Technology,* Prentice-Hall, Upper Saddle River, NJ, 1999.

[Ste87] Stein, S., "Fading Channel Issues in System Engineering," *IEEE Journal on Selected Areas in Communications,* Vol. SAC-5, No.2, February 1987.

[Ste90] Steedman, R., "The Common Air Interface MPT 1375," in *Cordless Telecommunications in Europe,* W. H. W. Tuttlebee, editor, Springer-Verlag, 1990.

[Ste93] Steele, R., "Speech codecs for Personal Communications," *IEEE Communications Magazine,* pp. 76–83, November 1993.

[Ste94] Steele, R. ed., *Mobile Radio Communications,* IEEE Press, 1994.

[Stu81] Stutzman, W. L., and Thiele, G. A., *Antenna Theory and Design,* John Wiley & Sons, New York, 1981.

[Stu93] Stutzman, W. L., *Polarization in Electromagnetic Systems,* Artech House, Boston, 1993.

[Sun86] Sundberg, C., "Continuous Phase Modulation," *IEEE Communications Magazine,* Vol. 24, No.4, pp. 25–38, April 1986.

[Sun94] Sung, C. W., and Wong, W. S., "User Speed Estimation and Dynamic Channel Allocation in Hierarchical Cellular System," *Proceedings of IEEE 1994 Vehicular Technology Conference,* Stockholm, Sweden, pp. 91–95, 1994.

[Suz77]   Suzuki, H., "A Statistical Model for Urban Radio Propagation," *IEEE Transactions on Communications*, Vol. 25, pp. 673–680, July 1977.

[Tan81]   Tanenbaum, A. S., *Computer Networks*, Prentice Hall Inc., 1981.

[TD-SCDMA Forum]   TD-SCDMA Forum, *www.tdscdma-forum.org*.

[Tek91]   Tekinay, S., and Jabbari, B., "Handover and Channel Assignment in Mobile Cellular Networks," *IEEE Communications Magazine*, pp. 42–46, November 1991.

[Tel01]   Telecommunications News, Special Wireless Issue, Agilent Technologies, Issue 22, June 10, 2001

[TIA93]   TIA/EIA Interim Standard-95, "Mobile Station—Base Station Compatibility Standard for Dual-Mode Wideband Spread Spectrum Cellular System," July 1993.

[Tie01]   Tiedemann, E. G., "CDMA2000-1X: New Capabilities for CDMA Networks," *IEEE Vehicular Technology Society Newsletter*, Vol. 48, No. 4, November 2001.

[Tob75]   Tobagi, F. A., and Kleinrock, L., "Packet Switching in Radio Channels, Part II: The Hidden-Terminal Problem in Carrier Sense Multiple Access and the Busy-Tone Solution," *IEEE Transactions on Communication*, Vol. 23, No. 5, pp. 1417–1433, 1975.

[Tra01]   Tranter, W. H., Woerner, B. D., Reed, J. H., Rappaport, T. S., and Robert, M., Eds., *Wireless Personal Communications: Bluetooth Tutorial and Other Technologies*, Kluwer Academic Publishers, 2001.

[Tra02]   Tranter, W. H., Shanmugan, K., Kosbar, K., and Rappaport, T. S., *Simulation of Modern Communication Systems with Wireless Applications*, Prentice Hall, Upper Saddle River, NJ, 2002.

[Tre83]   Treichler, J. R., and Agee, B. G., "A New Approach to Multipath Correction of Constant Modulus Signals," *IEEE Transactions on Acoustics, Speech, and Signal Processing*, Vol. ASSP-31, pp. 459–471, 1983.

[Tri79]   Tribolet, J. M., and Crochiere, R. E., "Frequency Domain Coding of Speech," *IEEE Transactions on Acoustics, Speech, and Signal Processing*, Vol. ASSP-27, pp. 512–530, October 1979.

[Tuc93]   Tuch, B., "Development of WaveLAN, and ISM Band Wireless LAN," *AT&T Technical Journal*, pp. 27–37, July/August 1993.

[Tur72]   Turin, G. L. et al., "A Statistical Model of Urban Multipath Propagation," *IEEE Transactions on Vehicular Technology*, Vol. VT-21, pp. 1–9, February 1972.

[Tur87]   Turkmani, A. M. D., Parson, J. D., and Lewis, D. G., "Radio Propagation into Buildings at 441, 900, and 1400 MHz," *Proceedings of the 4th International Conference on Land Mobile Radio*, December 1987.

[Tur92]   Turkmani, A. M. D., and Toledo, A. F., "Propagation into and within Buildings at 900, 1800, and 2300 MHz," *IEEE Vehicular Technology Conference*, 1992.

[Ung87]   Ungerboeck, G., "Trellis Coded Modulation with Redundant Signal Sets Part 1: Introduction," *IEEE Communication Magazine*, Vol. 25, No. 2, pp. 5–21, February 1987.

[Val93]   Valenzuela, R. A., "A Ray Tracing Approach to Predicting Indoor Wireless Transmission," *IEEE Vehicular Technology Conference Proceedings*, pp. 214–218, 1993.

[Van92]   Van Nielen, M. J. J., "UMTS: A Third Generation Mobile System," *IEEE Third International Symposium on Personal, Indoor & Mobile Radio Communications*, pp. 17–21, 1992.

[Van87]   Van Rees, J., "Measurements of the Wideband Radio Channel Characteristics for Rural, Residential and Suburban Areas," *IEEE Transactions on Vehicular Technology*, Vol. VT-36, pp.1–6, February 1987.

[Var88]   Vary, P., et al., "Speech Codec for the Pan-European Mobile Radio System," *Proceedings of ICASSP*, pp. 227–230, 1988.

[Vau90]   Vaughan, R. G., "Polarization Diversity in Mobile Communications," *IEEE Transactions on Vehicular Technology*, Vol. 39, No. 3, pp. 177–186, August 1990.

[Vau93]   Vaughan, R. G., and Scott, N. L., "Closely Spaced Monopoles for Mobile Communications," *Radio Science*, Vol. 28, No. 6, pp. 1259–1266, November/December 1993.

[Vio88]   Violette, E. J., Espeland, R. H., and Allen, K. C., "Millimeter-Wave Propagation Characteristics and Channel Performance for Urban-Suburban Environments," *National Telecommunications and Information Administration*, NTIA Report 88–239, December 1988.

[Vit67]   Viterbi, A. J., "Error Bounds for Convolutional Codes and an Asymptotically Optimum Decoding Algorithm," *IEEE Transactions on Information Theory*, Vol. IT-13, pp. 260–269, April 1967.

[Vit79]   Viterbi, A. J., and Omura, J. K., *Principles of Digital Communication and Coding*, McGraw Hill, New York, 1979.

[Von54]   Von Hipple, A.R., *Dielectric Materials and Applications*, Publication of MIT Press, MA, 1954.

[Wag94]   Wagen, J., and Rizk, K., "Ray Tracing Based Prediction of Impulse Responses in Urban Microcells," *1994 IEEE Vehicular Technology Conference*, Stockholm, Sweden, pp. 210–214, June 1994.

[Wal88]   Walfisch, J., and Bertoni, H. L., "A Theoretical Model of UHF Propagation in Urban Environments," *IEEE Transactions on Antennas and Propagation*, Vol. AP-36, pp. 1788–1796, October 1988.

[Wal92]   Walker, E. H., "Penetration of Radio Signals into Buildings in Cellular Radio Environments," *IEEE Vehicular Technology Conference*, 1992.

[Wel78]   Wells, R., "SSB for VHF Mobile Radio at 5 kHz Channel Spacing," *Proceedings of IERE Conference on Radio Receivers and Associated Systems*, Southampton, England, pp. 29–36, July 1978.

[Wid66]   Widrow, B., "Adaptive Filter, 1: Fundamentals," *Stanford Electronics Laboratory*, Stanford University, Stanford, CA, Tech. Rep. 6764–6, December 1966.

[Wid85]   Widrow, B., and Stearns, S. D., *Adaptive Signal Processing*, Prentice Hall, 1985.

[Win98]   Winters, J. H., "Smart Antennas for Wireless Systems," *IEEE Personal Communications*, Vol. 1, pp. 23–27, February 1998.

[Wir01]   Wireless Valley Communications, Inc, *SitePlanner 2001 Product Manual*, Blacksburg, Virginia, c. 2001, www.wirelessvalley.com

[Woe94]   Woerner, B. D., Reed, J. H., and Rappaport, T. S., "Simulation Issues for Future Wireless Modems," *IEEE Communications Magazine*, pp. 19–35, July 1994.

[Xia92]   Xia, H., and Bertoni, H. L., "Diffraction of Cylindrical and Plane Waves by an Array of Absorbing Half Screens," *IEEE Transactions on Antennas and Propagation*, Vol. 40, No. 2, pp. 170–177, February 1992.

[Xia93]   Xia, H., et al., "Radio Propagation Characteristics for Line-of-Sight Microcellular and Personal Communications," *EEE Transactions on Antennas and Propagation*, Vol. 41, No. 10, pp. 1439–1447, October 1993.

[Xio94]   Xiong, F., "Modem Techniques in Satellite Communications," *IEEE Communications Magazine*, pp. 84–97, August 1994.

[Xu00]   Xu, H., Boyle, R. J., Rappaport, T. S., and Schaffner, J. H., "Measurements and Models for 38 GHz Point-to-Multipoint Radiowave Propagation," *IEEE Journal on Selected Areas in Communications: Wireless Communications Series*, Vol. 18, No. 3, pp. 310–321, March 2000.

[Yac93]   Yacoub, M. D., *Foundations of Mobile Radio Engineering*, CRC Press, 1993.

[Yao92]   Yao, Y. D., and Sheikh, A. U. H., "Bit Error Probabilities of NCFSK and DPSK Signals in Microcellular Mobile Radio Systems," *Electronics Letters*, Vol. 28, No. 4, pp. 363–364, February 1992.

[You79]   Young, W. R., "Advanced Mobile Phone Service: Introduction, Background, and Objectives," *Bell Systems Technical Journal*, Vol. 58, pp. 1–14, January 1979.

[Zag91a]   Zaghloul, H., Morrison, G., and Fattouche, M., "Frequency Response and Path Loss Measurements of Indoor Channels," *Electronics Letters*, Vol. 27, No. 12, pp. 1021–1022, June 1991.

[Zag91b] Zaghloul, H., Morrison, G., and Fattouche, M., "Comparison of Indoor Propagation Channel Characteristics at Different Frequencies," *Electronics Letters*, Vol. 27, No. 22, pp. 2077–2079, October 1991.

[Zho90] Zhou, K., Proakis, J. G., and Ling, F., "Decision Feedback Equalization of Time Dispersive Channels with Coded Modulation," *IEEE Transactions on Communications*, Vol. 38, pp. 18–24, January 1990.

[Zie90] Ziemer, R. E., and Peterson, R. L., *Digital Communications*, Prentice Hall, Englewood Cliffs, NJ, 1990.

[Zie92] Ziemer, R. E., and Peterson, R. L., *Introduction to Digital Communications*, Macmillan Publishing Company, 1992.

[Zog87] Zogg, A., "Multipath Delay Spread in a Hilly Region at 210 MHz," *IEEE Transactions on Vehicular Technology*, Vol. VT-36, pp. 184–187, November 1987.

索　引